# 暗生物來了！

衰老是必然的嗎？

自然科普 1

李天適 著

# 前言

本書中的「傳統生物學家」，就是那些認為，僅憑分子生物學就能夠解開生命全部奧秘的學者。他們認為生命只是簡單的化學循環，只是無數化學反應中產生的能量交換。我不同意他們這樣的說法，因為現在還沒有發現生命的本質，所以把他們塑造成了本書中的「反派」。

現代生物學並不完美，特別是進化生物學，疑點多得就像星辰大海。其實大多數生物學家都在自己的領域中發現了可疑之處，但有礙於表面和氣的學術環境，他們往往只能在自己的著作中含蓄的提出一點點異議。這些毫不起眼的「一點點」被藏在浩瀚的生物學海洋裡，沒有掀起多大波瀾。而我是一個喜歡雞蛋裡挑骨頭的人，於是在查閱了幾百本進化生物學書籍之後，把每本書裡的「一點點」收集到一起，猛然間，看到一個巨大事實忽然從暗流湧動的海洋中竄了出來，像一頭上百噸的藍鯨就在你的眼前躍出海面！

# 目 錄

# 第一章　傳統進化論中有爭議的問題

## 第一節　果殼裡的進化論

達爾文進化論的處境有點尷尬。表面上看，有著強大理論基礎和現實依據的進化論似乎就像堅果的果殼一樣結實。可是幾乎所有人都知道果殼裡面的局限性——方寸之間小小天地，外面才是廣袤森林。想要突破這層果殼卻非常困難，需要肥沃的土壤、充足的水分和適宜的溫度。達爾文也是普通人，並不是簡單而理性的機器，他能寫出正確的理論，也會表現出局限性，特別是面對生物進化這樣複雜而多變的課題，本書就將從進化論的局限性來提出自己的觀點。

生物是怎麼來的？到目前為止最接近真相的，當然還是達爾文的進化論。「毋庸置疑，達爾文的理論是那個時代乃至人類歷史上傑出的學術成就。但生物進化的秘密遠不止達爾文在進化論中所探討的問題。事實上，達爾文甚至都沒有意識到有關生物進化最核心的問題，更遑論解決。」[1]

自從1859年《物種起源》的出版宣告達爾文版進化論誕生以來，一百六十多年的時間裡，作為一個科學理論，它已經找到了大量的證據。達爾文進化論在風口浪尖上翻滾了這麼多年，一直被質疑，卻從未被推翻。這說明了兩個問題：首先，進化論大體是正確的，紙裡包不住火，一個謬誤或者謊言很難在科技高度發達的今天，在全人類面前屹立一百多年不倒；但是其次，也說明了進化論並不完美，所以才飽受質疑。

達爾文進化論的不少內容被後來人不斷修改，甚至有一些分支被證明是錯誤的，但是核心思想卻始終沒有被推翻過，這就是現代進化論的兩大理論基石：

①共同祖先。地球上的生物「五百年前是一家」，當然不是真的五百年，

(1) 安德莉亞斯·瓦格納，《適者降臨——自然如何創新》（杭州：浙江人民出版社，2018），頁4。

而是幾億、幾十億年。無論什麼物種，無論怎樣都能夠追溯到一個共同的祖先。雖然祖先相同，但是每一代都會多少有點改變，這樣的差異經過長期積累，造就了地球上多姿多彩的生命。

②自然選擇。指的是自然界對生物的選擇作用，即適者生存、不適者淘汰的現象。生物不斷地被大自然篩選，適合的生物生存下來，不適合的被淘汰出局。

進化論最大的對手當然就是神創論。因為在進化論誕生之前，神創論一直牢牢控制著人類的思想。雖然在達爾文之前也有一些小人物或者不大不小的人物提出過一些類似的進化觀點，但是都沒能撼動神創論的江湖地位，甚至沒能引起教會的注意，連點動靜都沒有。直到鴻篇巨著《物種起源》橫空出世。達爾文收集了大量的證據，包括化石證據、比較解剖學證據、地球物理學證據等。並且總結前人的經驗教訓，提出了一個相對周密、較為完善的理論體系。加上達爾文在科學界早就很有聲望，這使神創論遭到了巨大的打擊。

在之後的一百多年裡，進化論擁躉前赴後繼，找到了越來越多的證據來支持自己的理論，並發揚了「宜將剩勇追窮寇，不可沽名學霸王」的精神，試圖徹底擊敗神創論。但是一場世紀大戰打下來，神創論仍舊活蹦亂跳地存在，而且在某些國家（包括某些發達國家），神創論的支持率還在小幅上升！

一般來說，這有兩個原因：

一是宗教和科學是兩個層面的事情，宗教是思想意識、精神、信仰層面；而進化論是一個科學理論，科學是現實世界的自然規律，不管你信不信它都存在，所以兩者大可井水不犯河水，和平共處。

二是因為進化論本身有一些缺點，甚至是一些重大、無法解釋的缺陷。與其他學科不同，生物學（特別是進化生物學）的理論體系並不穩定，一些主流觀點經常改變，甚至每隔幾個月就會有變化，比如對人類進化歷史的重構。但是偏偏爭議最大的自然選擇理論卻一直沒有被革新，一百多年來，幾代生物學家都被困在這個過時的模型之中。

「我們的世界並不完美，演化並不是一隻萬能之手。世界是一大堆有缺陷的零件的臨時組合，這些零件各有各的背景故事……自然選擇只不過是演化論的一條原理，但達爾文的死忠們用這一條原理來套所有難以解釋的、動物形態或行為上的奇特現象，這就太急功近利了。」[(2)]

不要罵我，這句話不是我說的，是美國國家科學院院士、哈佛大學教授、

---

(2) 斯蒂芬·傑·古爾德，《火烈鳥的微笑》（江蘇：江蘇科學技術出版社，2009），頁22。

古生物學家、進化生物學家史蒂芬·傑·古爾德（Stephen Jay Gould）說的。

「獲得過諾貝爾獎的生物學家莫諾（Jacques Monod）評論說：『進化論的麻煩在於，每個人都自以為理解它。』哈佛大學的進化論大師邁爾（Ernst Mayr）也曾感歎說：『自1860年以來，沒有哪兩個作者對達爾文主義的理解完全相同。』」[3] 造成這種情況的原因除了大家的思維方式不同之外，主要還是因為進化理論確實還存在著巨大的真空地帶。進化論是支撐整個生物學大廈的基礎理論，根基一直有問題，大廈當然晃晃悠悠。

多年沒有重大革新的生物學正面臨著越來越多的問題，也許這預示著將有一場重大的變革，也許我們需要用全新的視角去審視這個學科。絕大多數開明的生物學家都承認進化論有缺點，諸多科學家也在嘗試著彌補或者解釋這些缺點，但是一直收效不大。幾個根本無法解釋的難題仍在困擾著我們，現在先來瞧瞧這些巨大的未解之謎～～～

## 第二節　生命重要還是繁殖重要？

1665年的秋天，牛頓坐在蘋果樹下苦苦思索著行星圍繞太陽做圓周運動的原因。咣當！一隻蘋果落下來，落在了他的腳邊，牛頓天才的大腦靈光一閃，忽然想到了蘋果下落是因為引力的作用，於是解開了行星繞日運動之謎。

這個傳說是牛頓侄女敘述給伏爾泰的，現在已經無從得知它的真實性。但是我知道，假如有人能夠從掉落到頭上或者身邊的物體上受到啟發，發現萬有引力定律，那麼這個人一定有敢於懷疑一切的勇氣，因為別人都認為這件事情天經地義。

設想一下，每個人都有過物體落到頭上的經歷，比如你可能被水果、乒乓球或橡皮打中過腦袋。什麼？你沒有被砸過？被雨淋過吧？那也是雨點受到了地球引力的作用。什麼，也沒被雨淋過？好吧，你洗過淋浴吧……但是，所有人都認為乒乓球彈起後就應該向下落，雨點當然也應該灑向大地，總不能飛到天上去，或者繞著地球一圈圈旋轉。大家都認為這些是不需要證明的公理、是自然法則，只有牛頓這樣的奇葩才會琢磨其中的奧秘，就像愛迪生琢磨母雞孵蛋的奧秘一樣。可見，很多自然法則都有規律可循，有原因在裡面，而且這個原因很可能和表面觀察到的完全不同，並不能簡單地說「就應該這樣啊！」但是仔細研究生物學書籍你就會發現，現代生物學疑點太多了，被傳統生物學家

(3) 史鈞，《瘋狂人類進化史》（重慶：重慶出版社，2016），頁264。

以「就應該這樣……」和「……不這樣的生物都已經滅亡了」含糊而過的環節也太多了。

自然法則的規律正是生物學家應該孜孜以求的，因為「規律性」對科學無比重要，或者說科學的工作方向就是尋找「規律性」，每個學科的定理、定律、法則就是自然規律的歸納和總結。而生物學的「規律性」現在還沒有找到很多，強調一下，隨機的突變不應該算作規律性。

順便下個定義，本書中的「傳統生物學家」，就是那些認為，僅憑分子生物學就能夠解開生命全部奧秘的人。他們認為生命只是簡單的化學循環，只是無數化學反應中產生的能量交換。我不同意他們這樣的說法，所以把他們塑造成了本書中的「反派」，呵呵。我這麼做當然有風險，因為對很多人來說，反對生物學教條、質疑達爾文進化論，似乎就是同意神創論。其實這當然不是一回事，一個好的科學理論，一定是經得起推敲的，也不怕被質疑。而以達爾文進化論為基礎的現代生物學又恰恰明顯地忽視了一些東西……

質疑達爾文的自然選擇理論是有風險的，還會被當作「科學盲」，起碼理查．道金斯教授是這麼認為的：「在達爾文之前，即使有教養的人，儘管已經拋棄了對於岩石、溪流和日食的『為什麼』問題。卻仍然含蓄地接受關於生物的『為什麼』問題的合理性。現在，只有科學盲才這麼做。然而『只有』這兩個字隱瞞了一個令人不快的事實，那就是它指的是絕大多數人。」[4] 簡單地說就是：「如果質疑達爾文的自然選擇理論，你就是科學盲；現在很多人都質疑，所以很多人都是科學盲。」

我不認為生物和岩石、溪流、日食一樣，所以當然要問「為什麼」。所以，好吧，我也成了「科學盲」。

我在後面會經常抨擊傲慢的傳統生物學家，這就是其中的一個原因。

「（很多開明的）科學家得出一個驚人的認識，即不論用什麼方法來定義生命，生命的本質都不在DNA、組織或肉體等實質形式中，而是在這些實質形式所包含的能量與資訊之無形組織中。」[5] 但是真的只是在無形組織中嗎？還是我們暫時還無法觀察到他們的「形」？

人類對新事物的認識都會有個朦朧和試錯的過程，比如對黑洞的理解，我們一直以為它是個「洞」，是個旋渦、空的、虛無……而實際上，黑洞是天體，或者說是一個星球，一個實際存在的「體」。只不過它的質量特別大，

---

(4) 理查．道金斯，《基因之河》（上海：上海科學技術出版社，2012），頁78。
(5) 凱文．凱利，《科技想要什麼》（北京：電子工業出版社，2016），頁15。

連光都無法反射出來，所以看不見。之前我們對黑洞的認識，無論認為它是「黑洞」，還是「灰洞」，都是錯誤的。那麼，生命的本質是否也有「形」有「體」呢？

問大家一個問題：母雞為什麼要過馬路？如果我給出的答案是：「因為母雞要到馬路對面去呀。」這個答案大家能滿意嗎？當然不能滿意。我應該回答：母雞要去找小雞，母雞要去找小蟲，或者母雞要去超市……這些答案似乎都好得多，起碼不是廢話。

有一個女孩吐槽自己老公很傻，和他說話太費勁。看到了老公穿鞋，女孩問「你幹啥去？」，「出去」「去哪裡？」「下樓」「下樓幹啥？」「去樓外面」「*$#&%^&%$^^*……」生活中可以說一些這樣的廢話，無傷大雅，但是傳統生物學家偏偏能給出很多這樣奇妙的答案。

生物學裡有一個至關重要的問題：「為什麼生物這麼重視生殖？」，普通人常犯的錯誤是認為「養兒防老」。生物學家當然不會犯這麼笨的錯誤，因為他們知道與人類不同，動物的後代不會成為它們的助手，更不會幫它們養老，只會成為它們的競爭對手，跟它們競爭食物、競爭空間，甚至爭奪異性。

但是生物學家會給出另外一個錯誤的回答，因為生物書上的標準答案就是這樣的一句廢話「想把自己的基因遺傳下去啊。」相信每一個學過生物學的人也都會想到這個答案，這已經成為思維定式了。但是如果我再問一句「為什麼想把自己的基因遺傳下去呢？」，相信沒有人能回答出來，也沒人願意回答——這事兒不就應該這樣嗎？

其實生殖的定義就是產生後代和遺傳基因。所以上面這句廢話就和「為什麼抗戰中中國軍隊贏了？」「因為日本軍隊輸了。」是一樣的同義反覆，根本不是問題的答案。

「有時候，最好的科學源於最簡單的問題。這個問題可能看起來如此的顯而易見，以至於幾乎所有人都不會對此質疑，也就沒必要去回答。我們就是不愛去挑戰那些完全自明的東西。因此，偶爾，當有人站起來並問道：『為什麼會這樣？』的時候，我們都會發現一個看起來想當然的事情，其實完完全全還是一個謎……而我們從未好好對此進行過思考。」(6) 真正的科學家要看每個人都看得到的東西，然後思考沒有人思考過的問題。這就是創新之源泉。

接著問前面的問題：生存的目的只是為了把基因遺傳下去？你和你的基因很熟悉嗎？你對它很有好感嗎？你知道它的拼寫順序嗎？你希望周圍出現幾個

(6) 內莎・凱里，《遺傳的革命》（重慶：重慶出版社，2016），頁81。

長得跟你完全一樣的陌生人嗎？算了，根本不是那麼回事兒，其實如果不是沃森和克裡克發現了DNA的雙螺旋結構，你根本就不知道你的遺傳物質是個什麼東西。

有一個笑話，微博上一個叫「小山竹」的小姑娘（就是後來《爸爸去哪兒》裡的那個小萌娃）和她爸爸的對話：

小山竹：「爸爸，如果你年輕的時候多吃點苦，現在我就是富二代、官二代啦。」

爸爸：「你現在吃點苦，將來你兒子就是富二代、官二代啦。」

小山竹：「憑什麼讓我吃苦，讓那小兔崽子享福？」

爸爸：「我年青的時候就是這麼想滴。」

父母一輩子打拼，似乎是為了孩子，但是卻不知道到底為了啥。

很多家長都喜歡說一句話「一切為了孩子」，他們也是真的這麼做的，不但生活上給孩子創造最好的條件，而且整個家庭都在圍著孩子轉。孩子去哪裡上學，家長就在哪裡租房陪讀，甚至還有為了孩子能上好大學，舉家遷往高考分數線較低的邊疆省份。

事實就是這樣，老話說：「世界上沒有無緣無故的愛，也沒有無緣無故的恨。」而父愛如山，母愛如海，世界上最偉大的愛，卻好像是無緣無故的。大家先別急著下結論，理智的琢磨一下，父母給你的愛，你給子女的愛，為了什麼呢？

還可以接著問一下，在確認了孩子是你親生的之後，你希望孩子長得像你，還是像楊冪、彭于晏？你希望孩子頭腦像你，還是像牛頓、愛因斯坦？你希望孩子的工作能力像你，還是像馬雲、王健林？你希望孩子的體格像你，還是像劉翔、寧澤濤？所以，只要確認孩子是你的，基因像誰無所謂，越優秀越好。其實我們只是受控於來自潛意識的聲音：「要自己的孩子。」

你想把基因遺傳下去，是因為你的潛意識知道這意味著什麼。雖然你的意識不知道，但是潛意識知道。

為了能更好地解答前面提出的問題，我們還是先討論繁殖的重要性。按照自然選擇理論，最適者生存下來並將其優良的特性傳播到整個群體中。自然選擇是用斯賓塞的話「最適者生存」定義的，所以在許多人看來，當然應該是生命更重要。生存大於一切，適者生存，生物的一切行為和活動都應該圍繞著生存，都應該對生存有利，否則就會滅亡。要知道，你的生命並不只屬於你一個人，你的身體由上百萬億個細胞組成，每一個細胞都是一個生命。你的生存直接決定了這麼多生命的生存，應該是無比重要的事情。

可是實際上未必如此，因為對於很多生物來說，似乎繁殖更加重要。生物重視繁殖，不管是動物還是植物。甚至有很多生物似乎就是為了繁殖而活著。

家燕每年春天回北方，回來後馬上忙著修補舊的燕子窩或者搭建新窩，緊接著雌燕子抓緊時間下蛋、孵蛋，然後雌雄燕子一起哺育小燕子。如果食物充足，這一批小燕子成長良好，很快就能學會飛行並且離開燕子窩。在時間來得及的情況下，這對大燕子還會再產一窩蛋，儘快把新的小燕子哺育長大，然後趕在深秋到來之前飛回南方。

一隻成年燕子的平均重量一般25克左右，燕子蛋的重量平均2.5克左右，每窩平均4個蛋。那麼雌燕子每年產下8個燕子蛋共重20克，將近一隻成年燕子的體重！

一些動物會產很多的卵，甚至總重量接近自己的體重。比如蜱蟲，俗名草爬子，喜歡叮在人和動物身上吸食血液，能夠傳播多種疾病，比如森林腦炎。山裡人經常會在牛和狗的身上看到蜱蟲，野外徒步或者露營的驢友有時也會中招。這種噁心的小蟲子一旦叮上就死不撒口，不要輕易把它們拔掉，因為這樣它們的口器會留在皮膚裡引起感染。據說可以滴上幾滴酒精或者食用油，讓這些小蟲子沉溺其中無法呼吸，只能自己脫落。也有說用火燒，它會自己拱出來。但是上面這些方法我都沒見過，所以，如果條件允許，最好去醫院處理，否則蜱蟲的殘留可能會帶來大麻煩。

當然，完整去除蜱蟲之後，肯定是要補上一腳解解恨的。但是也有例外，某個生物學家發現自己被叮了一隻蜱蟲之後大喜過望，一直小心呵護，讓它在自己胳膊上吃得飽飽的。直到幾天之後，腦滿腸肥的蜱蟲自己掉落。科學家仔細地把它裝在小瓶子裡接著觀察。可惜也許生境不對，蜱蟲死翹翹了。科學家還大大的唏噓感慨了一番。

喔，似乎有點跑題了。我在這裡想說的是，蜱蟲一次產卵1500顆，數量不算太多，但是這占了它一多半的體重。沒吸血之前，它們長得扁扁的，輕飄飄一口氣都能吹走，吸了血之後肚子大了好幾倍，很胖很胖像一顆圓滾滾的黃豆，但是產卵之後身體就又乾癟下來，而且很快會死去，蜱蟲的生死似乎只是為了下蛋。這一輩子沒幹別的，就下蛋了。

燕子的蛋大一些，會增加小燕子的成活率，蛋小一些，會增加燕子媽媽的生存率。因為野生動物畢竟不像現在的人類——食物已經基本不是問題，野生動物可是要每天打拼掙口糧的。澳大利亞有一種胖乎乎的小鳥，叫做細尾鷯鶯，它有一個有趣的生活習性，沒有領地沒有窩的小鳥幫助有領地的小鳥養育後代，以期將來繼承領地什麼的。這些保姆經常抓蟲餵食幼鳥，但是奇怪的是，它們餵養的幼鳥並不比沒有保姆的幼鳥更健壯！這是為什麼呢？原來有保姆幫忙的鳥媽媽偷偷地下了更小的蛋，這樣就給自己節約了營養。這些營養當然有用，調查發現，下大蛋的母鳥年死亡率大概三分之一，而下小蛋的母鳥就能降低到五分之一。鳥類有調整自己產蛋量的本事，牛津鳥類學家大衛·賴克（David Lack）得出結論：「鳥類調整其產蛋數以期獲得個體繁殖的最大成功率。」(7)

另一方面，小燕子從剛剛孵出來，一直到能夠飛翔覓食，都是由成年燕子來餵養，長大了的小燕子體重接近成年燕子的一半，那麼8隻小燕子的體重幾乎等於它們雙親體重之和的兩倍！每天晚上，大燕子和小燕子一起站在窩邊，如果不仔細看，還真分不清父母和孩子。如果你家附近有這麼一個燕子窩，就可以看到這樣可笑又可敬的畫面，幾隻圓滾滾黃嘴丫的小燕子站在巢裡，似乎要把小小的燕窩壓碎，它們正張著大嘴等著瘦弱的大燕子一趟趟地把小昆蟲叼回來。

燕子的一生是這樣度過的：它們平均壽命8～10年，出生第二年性成熟。每年開春，家燕以每小時80公里左右的速度，飛行5000多公里來到北方。長途跋涉鞍馬勞頓，休息一下嗎？絕不！燕子們會馬上開始築新巢或者修補舊巢。當然沒有水泥，都是用泥水和自己的唾液，一般燕子築新巢要用半個月左右，不斷工作和分泌唾液，以致一些燕子嘴角出血。新巢修好後燕子會儘快產蛋、孵蛋、養育子女，接著會再產一窩蛋、孵蛋、養育子女。第二窩小燕子會飛時，已經秋風瑟瑟，燕子們又要啟程5000多公里飛回南方。每年都這樣，直到年老體衰無法生育。

當然，像燕子這樣，雄性幫助雌性一起哺育幼崽的動物並不占多數。鳥類和魚類有一些，但是大多數哺乳動物的雄性在交配之後，都會留下幾個精子就溜之大吉。也許是因為自然界中沒有強烈的一對一觀念，很多動物的雌性在發情期會和多個雄性交配，而雄性當然無法確認自己是不是孩子的父親，也就沒有多少責任心。

千萬不要認為動物很傻，不懂得偷懶和享受，其實誰都知道養育後代的辛苦，所以才會有杜鵑把蛋產在別的鳥巢裡，讓別人代為撫養後代的事情。

燕子一生辛勞，幾乎傾盡一切資源繁殖和養育後代，而不是為了自己的

(7) R·M·尼斯，G·C·威廉斯，《我們為什麼生病》（北京：海南出版社，2009），頁21。

生存。這不是極端的例子，更不可思議的是癭蚊的孤雌生殖。雌性癭蚊並不產卵，後代在母親體內發育，它們生活在母親的組織中，為了生長，幼蟲從裡啃食母親的器官，最終竟然塞滿了整個母體。幾天之後幼蟲出生，母親已經被吃剩了一個外殼。

這樣的情況並不少見，在一些蜘蛛群落中，小蜘蛛孵化出來之後，它們的母親就會死去。這些小蜘蛛就以母親的屍體為食，母親用自己的一切來保證後代的延續。

動物不但把自己的食物讓給下一代，自己的衣服也會讓出去。母兔交配十多天之後，會從自己身上往下拔毛，鋪成一個暖暖的窩，這就是給小兔子準備的。母兔拔自己的毛不是因為熱，兔子一年四季都可以生育，冬天生育的母兔也會拔毛。人工飼養的兔子，如果主人能給提供一個比較舒適溫暖的窩，就能減少母兔的拔毛現象。誰都知道拔毛很疼，兔子也不會例外。

生物為了後代鞠躬盡瘁的例子在自然界中比比皆是，倘若仔細觀察，甚至你會發現，其實每一個物種都是這樣，隨便挑出一個物種，看一下它的種子、卵或者胚胎，都是營養物質高度集中的地方；而在自然環境下，哪怕只節省一點點能量，都意味著會有更多的生存機會。從這一點看來，繁殖和養育確實與進化論的「適者生存」相悖。注意，這裡強調的「適者」，是動物的個體，而不是整個物種。

在野外，野生動物遇到人類一般都會遠遠地躲開，即便老虎和黑熊這樣的猛獸也是如此。除非年老體弱抓不到別的獵物，或者——認為人類威脅到了自己的幼崽，它們就會放手一搏，不顧一切地攻擊人類，所以有經驗的獵人都知道，帶著幼崽的猛獸才是最危險的猛獸。

動物在自己的幼崽遇到危險的時候常常會拼命，特別是雌性，往往豁出命來與敵人周旋。鳥類在捕食者面前會假裝受傷，吸引對方攻擊自己，從而帶著捕食者遠離巢穴和幼鳥。這樣的例子被觀察到無數次，而且發生在不同科屬的鳥類身上。它們會裝得很像，貼地掙扎飛行最後落在地面，翅膀下垂或展開，撲撲棱棱發出鳴叫，一副會被手到擒來的樣子。

這樣送到嘴邊的美食對捕食者有絕對的吸引力，一般都能被成功的引離巢穴。但是這樣的演戲必然給演員帶來巨大的危險，而且確實有很大的傷亡概率，「演員」們經常假戲真做被捕食者捕獲。

表演者不知道這樣的後果嗎？她的心裡當然很清楚，這麼冒險一定是有原因的，而這個原因一定比自己的生存更重要。這是與「適者生存」相矛盾的。

繁殖比生命重要，其實最簡單的證據就在動物界，當一個雌性動物帶著幾隻幼崽忍饑挨餓食不果腹的時候，很少有哪個母親會吃掉孩子，她們往往寧可餓死，也不會傷害孩子。這對於天性兇狠的猛獸（虎、豹、狼、熊等）來說更是不易。

也許有讀者能夠舉出一些被飼養的雌性動物吃掉自己幼崽的例子，但是這往往因為幼崽生病，或者母獸受了驚嚇，也可能是可悲的誤會，來源於飼養者的無知，他們不懂得動物的習性而去觸摸幼崽，他們的體味遮蓋了幼崽原有的體味，母獸憑藉氣味辨別不出自己的孩子，而棄養或者吃掉幼崽。

有的人認為父母可以從後代那裡得到回報，其實在動物界根本沒這回事兒。「鴉有反哺之義」，一般用來提醒人們要懂得感恩父母、孝敬長輩。實際上，這也是一個誤會，從來沒有一篇科學文獻或者觀察記錄能夠證明小烏鴉會餵養老烏鴉。估計是烏鴉同伴之間搶奪或者交換食物的情景被文學家看到，揮動他們沒邊兒的想像力，經過浪漫的藝術加工之後變成文學作品，正好被統治階級拿來教育子民。

對於自然界中的動物來說，幼崽不但不會幫助父母幹活兒，反而會成為它們的競爭對手。因為動物的後代和親代都處於相同的生態位，所以在領地和覓食方面一定會產生衝突，而且比和其他物種的衝突更為激烈，同源近親的競爭才是最激烈的競爭。關於這個問題，達爾文這麼看：「但不可否認的是，同種個體之間所進行的生存競爭必然是最激烈的，因為它們居住在同一區域內，吃著相同的食物，並且還受到相同危險的威脅。」[8]

野生動物一般需要比較大的領地，比如一隻獰貓，個頭兒比家貓大不了多少，但是活動範圍卻有500個足球場那麼大，這麼小小的一隻小貓咪竟然需要這麼大的地盤兒才能找到足夠的食物生存下來。而且野生動物對自己的領地都極為重視，它們持續不斷地巡視自己的領地，經常通過蹭樹皮、留爪印和撒尿來標識領地。

當然，一般來說，哺乳動物的子女不會搶奪自己母親的領地，但是對隔壁的「阿姨」就不會這麼客氣了。比如雪豹，每年到了青年小豹開始獨立生活到處流浪的季節，很多老豹子就會被這些流浪者趕出自己的領地變成乞丐。結果王阿姨被劉阿姨的兒子占了老巢，劉阿姨被王阿姨的女兒搶了領地。當然這些年青小豹不會再把自己的媽媽接到自己的新家頤養天年，最後王阿姨和劉阿姨都無家可歸。兩個老朋友相逢在乞討的路上，執爪相看淚眼，竟無語凝噎……

---

(8) 查理斯·達爾文，《物種起源》（江蘇：江蘇人民出版社，2011），頁70。

早知如此，何必生這幾個小王八蛋？

要知道，對於很多動物來說，領地就是一切，沒有領地的流浪者（特別是老年動物）一般不會生存很長時間。

植物的後代對親本生存的影響比動物還大，因為它們的後代沒有腿也沒有翅膀（少數有一些小技巧，比如蒲公英的冠毛絨球），往往跑不了很遠，就生長在附近，彼此之間爭奪養料。

我在花卉市場買了一盆袖珍椰子，它是棕櫚科竹棕屬的常綠小灌木，幾個小植株擠在一起，綠瑩瑩的很好看。但是養了一年之後發現它基本沒長人，正巧親戚喜歡，就劈了兩個植株，一年過去，她的袖珍椰子長得有我的兩倍高。高大的椰子更漂亮，於是我就給剩下的椰子換了大盆，但是收效不明顯。只好狠狠心，扔掉一半分枝。果然，因為競爭養料的對手少了，剩下的植株就像打了激素一樣，長得又肥又大。

我常年泡在生物論壇裡。在生物進化方面，國內影響比較大的論壇就是百度貼吧裡的進化論吧，吧裡有很多有趣兒的帖子，也有很多高素質的吧友。大家平常喜歡探討生物問題，大多數人比較友好。但是有些吧友是達爾文的鐵杆粉絲（或者稱為進化論的原教旨主義者），如果有人質疑達爾文理論的任何一點，他們就會全力攻擊。可是進化論本身確實有很多瑕疵，所以在他們被別人駁倒的時候，就會耍賴說「……只能是這樣，不這樣的物種都已經滅絕了，所以現在見不到。」比如燕子生殖為什麼比生存更重要，他們就會說「因為不重視生殖的燕子種類都滅絕了」。

「知乎」網上有人提問：「為什麼有人說『女人永遠是對的』？」

知友回答：「按照達爾文的進化論解釋：一種人認為女生永遠是對的，另一種人不這麼認為，後來沒有女生嫁給第二種人，於是他們滅絕了。」

這樣的萬能公式似的答案當然是在耍賴，這是典型的「用結果來證明結果」的詭辯方法，還不如神創論的「嗯，神就是這樣設計的」來得直率一點，反正大家都沒啥證據。

在論壇裡和網友討論繁殖的重要性，他說：「不以繁殖為最主要工作的物種都活不到現在。」

我回覆：「這是以結果來證明結果，進化生物學的大Bug。」

他反問：「所以呢？」

我回答：「等待著進化生物學的革命！」

如果光明正大地來辯論，就會發現燕子的努力繁殖確實不是為了自己的生存，而且這不是個例，幾乎所有物種的雌性都在傾其所有地繁殖後代，一生都在繁殖——養育後代——準備下一次繁殖中度過，很少有休閒、度假等私人時間。而雄性動物除了覓食維生之外，也一直都在求偶——交配——鍛煉身體準備打敗其他雄性競爭對手的努力中度過一生，有時甚至比雌性付出還大。

雌性歐洲螳螂會攻擊任何比它體形小的移動物體（比如視頻上有螳螂抓住了一隻跟它大小差不多的老鼠），由於雄性昆蟲一般比雌性昆蟲體形小，交配又需要身體靠近，所以很多雄性成了雌性的攻擊目標。不管交配前還是交配後，一些殘暴的母螳螂有殺死並吃掉公螳螂的傾向，就像吃其他昆蟲一樣。

「因此，公螳螂總是小心翼翼地接近母螳螂，就好像豪豬之間互相保持距離：爬得很慢，試圖躲過母螳螂的餘光，如果母螳螂稍一轉頭，他就『定格』不動——母螳螂不會注意靜止的東西……當公螳螂爬到母螳螂身後一定距離時，就拼命一跳，跳到母螳螂背上。如果失敗，就離被吃掉不遠了；如果成功，則如同達爾文所說『止於至善』——他的生命將在下一代身上延續。交配後，它立即逃之夭夭。」[9]

也有人認為繁殖是為了傳宗接代。那麼再問一句，傳宗接代為什麼如此重要？大家會回答「當然為了自己的種群能夠生存下去」。其實這又是個誤區，千萬不要認為動物都那麼偉大，為了物種的延續可以犧牲自己。你娶妻生子是為了人類能夠生存下去嗎？就算智商如此之高的人類，也無法做到大公無私，更不要說弱肉強食、勝者為王的動物。公螳螂也不想讓母螳螂吃掉自己，絕對不像兒童讀物裡面說的：用自己做點心給母螳螂加強營養來繁殖下一代。所以黑貓警長被母螳螂給騙了，人家公螳螂不想死，也沒有吃掉它的必要。只要交配成功，公螳螂從來都是能跑多遠，就跑多遠。

一個重要的現象可以證明繁殖不是為了種群利益，那就是動物界的殺嬰，這是對種群非常有害的行為，卻並沒有被自然選擇篩選掉。殺嬰是說很多動物的雄性有時會殺死另一隻雄性與雌性的後代，以此達到使雌性進入交配狀態的目的（哺乳期的雌性一般不發情），或者只是為了確立領地。

在新的獅王清理前任獅王幼崽的時候，有時被殺掉的不只是幼崽，還有試圖保護孩子的母獅，也有母獅帶著孩子逃離獅群的情況。這當然會造成獅群的大動盪，而使種群蒙受巨大的損失。

獅群自相殘殺的現象相當嚴重，比如南非薩比森保護區內赫赫有名的「壞男孩聯盟」，由6只雄獅組成，它們在幾年之內就殺害了100多隻獅子。

---

(9) 斯蒂芬·傑·古爾德，《火烈鳥的微笑》（江蘇：江蘇科學技術出版社，2009），頁19。

殺嬰現象在動物界大量存在，並不只限於貓科動物，比如河馬也會殺嬰，而公熊更是離譜，成年公熊是造成未成年小熊死亡的最主要原因。

群居動物中廣泛存在殺嬰行為，比如長尾葉猴和黑猩猩等等。為了防止幼崽被殺害，母猩猩有時不得不與種群中的幾個公猩猩交配，讓他們分不清小猩猩是不是自己的孩子，這樣就都不會下毒手。

牧民都知道，母羊一般只會餵養自己的孩子，如果把小羊羔清洗得過於乾淨，母親分辨不出來自己的孩子，就會把它趕走。這時怎麼辦呢？或者沒有母羊餵養的羊羔，怎麼讓別的母羊收養呢？需要把母羊尿液、乳汁擦在羊羔身上，把羔羊糞便擦在母羊鼻子上，然後再大費周折的讓母羊產生錯覺，以為羊羔是自己的孩子，才能給羊羔哺乳。

螞蟻也只會照顧和自己有血緣關係的幼蟲，幼蟲掉到外面，工蟻會把它拾起來放回原處。但是如果用洗滌劑清洗幼蟲，工蟻就會把它殺死或吃掉。母火雞依靠聲音來分辨自己的孩子，但是如果耳聾，她聽不到自己孩子的聲音，那就很可惜，它會殺掉所有的小崽。

有人說正是因為生物重視生殖，所以物種才生存下來。如果真的是這樣，那麼上面這些殺嬰和棄嬰的現象根本不該發生，自然選擇為什麼不淘汰減少種群數量的行為呢？而且最能夠保存下來的物種應該是這樣的情況：自己少生育，但是努力幫助同類繁殖和撫養後代，這樣才能把自己的利益最大化，同時有利於物種的延續，但是自然界中基本沒有這樣的生物。退而求其次，為了物種的利益也應該把別人的後代和自己的孩子一視同仁，比如哺育和撫養鄰居的後代，但是很少有這種情況，我們看到動物對同類的後代基本不關心。

再退一步說，就算雄獅不喜歡母獅和前夫所生的孩子，把它們趕走就可以了，不是為了種群嗎？為什麼要殺死呢？雖然離群的小獅子基本會餓死或被吃掉，但是萬一遇到《獅子王》裡的貓鼬丁滿和疣豬彭彭呢，不就活下來了麼～～～

現實的原因是因為雄獅知道，萬一這些小獅子真的沒死，長大後可能會對自己構成威脅，所以斬草除根，才不會考慮什麼物種延續。同理，公熊也是這麼想的。

如果自然選擇起作用，或者真的考慮物種的利益，為什麼不進化出混居動物，共同撫養幼崽呢？哺乳動物在給幼崽餵奶的時候，有的母親奶水多，有的母親奶水少，如果能夠群居餵奶肯定是最佳選擇，會極大提高幼崽的成活率。混居也可以更好的照顧幼崽的安全，方便母親出去覓食。但是現實很少見到，除非血緣非常接近。

生物只關心後代是否是自己的，根本不關心種群的延續。有一些昆蟲，比如某些蜻蜓和豆娘，雄性的陰莖具有小鏟子或者螺旋結構，能夠把前面和雌性交配的前夫精子挖出來。

「雄鼠能誘發布魯斯效應：當它們來到懷孕雌鼠前時，它們的氣味足以引起雌鼠流產和再次受精……在蠓這種表現奇異的物種中，雄性把自己的身體充作了交配栓。交配後，雌性吃掉它的配偶，剩下雄性生殖器還粘著……以前認為交配栓的作用是防止精液洩露，但是，防止再次受精仍同樣是個可行的假說……一個阻止精子替換更有效的方法是延長交配時間。雄家蠅不管自己的精子實際上在15分鐘內已經全部輸送完畢的事實，仍然保持交配大約1小時。」[10]

這樣的情況在動物（特別是昆蟲）中很常見，很多雄性都會在交配之後想辦法放上「塞子」，而遲來者也會有自己的辦法，有的陰莖帶鉤，可以勾出塞子，有的用虹吸作用把塞子吸出來。

雄性動物在爭奪雌性青睞的時候，明顯不是為了種族，而是為了自己，因為它們有時會下死手。有一種肉眼很難看到、比沙粒還小的流浪蟻。為了獲得交配權，有的爭鬥中的雄蟻會給對手噴上一種化學物質，使它聞起來像外來的入侵者。而不明真相的工蟻會一擁而上，把這個無辜的假入侵者撕碎。

如果生物繁殖是為了種族的繁衍而不是為了自己，也許就不會有性選擇了。也就是說，不會有雄孔雀絢爛的大尾巴，不會有威爾遜天堂鳥奔放的舞蹈，也不會有公鹿雄赳赳的大鹿角。要這些華而不實的東西幹嘛？這些裝備浪費資源，引來捕食者，還經常讓一些雄性打得你死我活，沒必要嘛。雌性沒有這些東西，不也活得挺好嗎？既然大家都是自己人，繁殖交配也是為了種群，那麼誰和雌性交配不都一樣麼，生下來都是種族的後裔。為了後代擁有更好的基因，雄性動物們完全可以進行一些友誼賽，跳高、跳遠、長跑、短跑什麼的，獲勝者自願獻出精子就好唄。

生物只顧自己的利益，另一個證據就是草食動物的角。雄性羚羊的角主要是用來炫耀和窩裡鬥的，防禦捕食者只是次要目的。在繁殖季節，為了獲得雌性的青睞，雄性之間會頻繁地打架鬥毆。羚羊角當然是利器，大家都有，於是就拿出來拼刺刀。但是遇到獵豹和野狗的時候，不管是公是母，羚羊想到的只是逃命，較少亮劍防身，更是不能利用群體優勢進行反擊。

---

(10) 愛德華·威爾遜，《社會生物學：新的綜合》（北京：北京理工大學出版社，2008），頁304。

其實羚羊的戰鬥力並不差，如果拿出爭風吃醋時候的勁頭，再加上群體配合，完全可以擊敗中小型捕獵者，特別是獵豹這樣的獨行俠。

羚羊的體重10～100公斤，獵豹的體重20～80公斤，沒差太多。奔跑速度、靈活性和反應速度也沒差很多。這就涉及到一個戰鬥能力的演算法，這是一個男人津津樂道的話題，論壇和貼吧裡有大量的帖子在討論，動物之間到底誰更強一些？

很多文章已經比較過：獅子和老虎到底誰厲害、熊和老虎誰厲害、豹子和藏獒誰厲害、獅子和野牛誰厲害等等。大家得出結論，肉食動物之間，基本上看體重就見分曉。比如一隻獅子和一隻老虎，誰更重誰就占上風，這個結論同樣適用於食草動物之間。但是把食肉動物和食草動物相比時就有所不同，同樣體重的情況下，肯定是食肉動物占絕對優勢。但是如果食草動物能夠協同作戰，結果就會不一樣。比如儘管獵豹是職業殺手而羚羊是食草動物，但是如果幾隻成年雄性羚羊打個配合，趕跑一隻獵豹還是綽綽有餘的。

可是獵豹抓的往往是幼小的羚羊，而長著大長角的雄性羚羊只顧自己逃命，很少能幫同類一把。所以說動物的行為確實以自私為主，並沒有顧忌什麼物種的延續。

「動物個體絕不會在乎自己的群體、物種或生態系統發生了什麼。狼捉住年老衰弱的鹿是因為它們是最容易被捉住的。饑餓的旅鼠出發去尋找更好的覓食區域時會碰巧跌落或淹死，並非自殺。」(11) 所以殺嬰現象證明了自然選擇並不嚴厲，而且動物也不關心物種的利益。

人類社會也是如此，對男人來說，也許最不能容忍而多數都以離婚收場的事情就是發現孩子不是自己的。如果按照自然選擇或者對物種有利的觀點來說，這個男人應該高興才對，什麼也沒付出就當爹了。

微博裡有個小段子：

跟一個朋友出去喝酒。

朋友說：「我上週被開除了。」

博主說：「老闆不是你爸嗎？」

朋友：「是啊，我前兩天犯了點小錯誤，他為了表示自己大公無私，當著全公司的面把我開除了。」

本來該安慰幾句，然而博主跟了一句：「可能他發現你不是他親生的了。」

(11) 史蒂芬．平克，《心智探奇》（浙江：浙江人民出版社，2016），頁404。

那天的酒喝得格外沉悶。

一個在親子鑒定中心工作的護士見過太多鑒定出來非親生的情況，父親前一秒還樂呵呵抱著孩子，後一秒放下孩子轉身就走，再也不看一眼。或者楞在當場左右為難，不知所措。幾乎沒看到過大愛無疆，啥事兒沒有的父親。

孩子很可憐，他是無辜的。那為什麼沒有進化出不在乎孩子血緣關係的父親呢？能夠勇於照顧別人的孩子，這樣的種群會增加多大的生存優勢啊。

所以這個比生命還重要的繁殖活動的真實原因是需要探究的，而且傳統生物學並沒有給出過令人滿意的答案。

不但生殖很重要，為生殖所做的準備工作也很重要，而且竟然變得與自然選擇幾乎同樣重要，這就是——性選擇。

自然選擇是達爾文進化論的核心，但偏偏就是達爾文本人又提出了另一個理論——性選擇理論。而且，性選擇理論與自然選擇理論的很多方面是相互矛盾的。自然選擇理論應用的範圍很廣，幾乎適用於生物生存、生長的方方面面，而性選擇理論應用範圍比較小，只是在某些動物的外形和行為方面，而且常常只是某一段時期。比如雄孔雀華麗的大尾巴，大公雞絢麗的羽毛或者雄蟋蟀的歌聲。

動物為了生殖簡直是拼命，雄性動物不但相互搏殺，而且會把自己暴露在天敵面前。其實動物躲避天敵最好的辦法就是低調：安靜地不出聲、儘量不動、減少體味、利用保護色等等。每一種動物都深諳此道，而且做得很好。但是到了求偶季節，這一切都亂套了：呱呱嗷嗷地大叫、上躥下跳地亂蹦、分泌性激素吸引異性、展開羽毛炫耀靚麗的色彩……它們幾乎打破了所有的禁忌，這真是用生命在找對象啊，呱呱大叫引來的也許是狐狸，上躥下跳會被老鷹看到，分泌性激素會被嗅覺靈敏的狼嗅到……

美國生物學家傑裡・科因在自己的著作《為什麼要相信達爾文》裡詳細地描述了性選擇是怎樣推動進化的：雄孔雀的尾羽華麗多彩，但是這種鳥似乎違背了達爾文學說的每一個方面，因為所有這些令它美豔至極的特徵同時又對它的生存極為不利。

首先，長尾巴帶來了飛行時的空氣動力學問題，雄孔雀飛行的樣子簡直就是掙扎，特別是在雨季，濕漉漉的大尾巴就成了一條實實在在的「拖把」。

其次，雄孔雀尾羽的閃亮顏色也會吸引捕食者，相比之下雌孔雀就很低調，尾巴短小，通體偽裝在略微發綠的土褐色中。

最後，雄孔雀令人驚豔的尾羽還消耗了大量的能量，因為這條尾巴每年都要徹底換羽一次。

雄孔雀的大尾巴帶來了如此之多的生存劣勢，但是他偏偏還能夠生存下來，而且似乎尾巴越大、越豔麗的雄孔雀越受異性的青睞，生活越滋潤，這實在是對自然選擇學說的公然蔑視。也許這就是達爾文另外提出性選擇理論的原因。

巨大的尾巴對動物能量的消耗是有資料證明的：瑞典哥德堡大學的沙拉·普賴克和斯蒂芬·安德森在南非捕捉了一些雄性寡婦鳥，進行尾羽截短的實驗，一組鳥截短2.5釐米，另一組截短10釐米。放歸大自然並度過繁殖季節之後，這些雄鳥被重新捕獲。研究人員發現，尾羽長的雄鳥比尾羽短的雄鳥體重降低更明顯。顯而易見，那些延長出來的尾巴是一種不能忽視的生存障礙。

傑裡·科因在他的書裡也舉例驗證了「雄性的亮色更容易吸引捕食者」這一推測。美國奧克拉荷馬州立大學的傑裡·胡薩克及其同事在沙漠中放置了環頸蜥的黏土模型，並分別刷上雄性或雌性的顏色和花紋。當任何捕食者錯把這些模型當成真正的環頸蜥時，就會撲上去咬上一口。僅僅一週之後，40個豔麗的雄性模型中就有35個顯示出啄咬的印記，多數是蛇類和鳥類所為。與之截然相反，40個顏色暗淡的雌性模型中，沒有任何一個遭到過攻擊。可見亮麗的顏色使雄性成了亮閃閃的靶子。

科學家調查長尾鵜哥的種群發現，剛出生的時候雌雄數量基本相等，但是一年之後變成了1雄：1.34雌，再過五個月，又變成了1雄：2.42雌。科學家相信，雄性的高死亡率就是由於漂亮的羽毛過於顯眼，而長長的大尾巴也降低了飛行能力，覓食和逃命必然都受影響。這就像打遊戲的時候，缺少隱身、體型過大又跑得慢的，肯定挨揍最多。

除了鮮亮的毛色之外，動物求偶的叫聲也會給自己帶來大麻煩。小時候，有幾次跟著不良少年到野外打鳥（嗯，好吧，我也曾經是不良少年）。樹葉濃密很難看到小鳥，少年們都是豎著耳朵聽鳥叫聲，追蹤到樹下。小鳥聽到人的腳步聲就停止了叫聲，但是它的位置已經暴露，少年看到樹葉搖動，一彈弓打上去……

「雄性鳴禽把大量的時間和精力用在歌唱上。這肯定會給它們帶來危害，不僅是因為這歌聲會引來捕獵者，還因為這消耗了精力，浪費掉本可用於恢復精力的時間。有一個專攻鷦鷯生態學的學生曾經宣佈，有一隻野生雄鷦鷯確確實實是唱死的。」[12]

魚類的鮮亮顏色也會給它們帶來麻煩，專家證實了這一點：「埃瑟爾韋

(12) 理查·道金斯，《基因之河》（上海：上海科學技術出版社，2012），頁96。

恩・特雷瓦維斯是研究非洲魚的專家。她曾發表了一些關於她在鸕鷀內臟裡找到的慈鯛魚的新發現：它們大部分是色彩鮮亮的雄慈鯛魚。」[(13)]

虹鱂魚也有類似情況。魚身上的彩斑能夠吸引異性。「如果某一區域的虹鱂群遭受眾多食魚者的侵擾，那麼，較之受到少數食魚者侵擾的虹鱂群，受侵擾多的群的彩斑會減少和變小。如果食魚者被捕獲而消失，那麼虹鱂魚的斑點會隨著這種選擇壓力的消失而改變。經過幾代時間，斑點會變得又多又大。」[(14)]

為了博得異性的青睞，不但動物豁出命來炫耀，人類也是嘚瑟得掉毛。要風度不要溫度，說的就是這回事。東北的冬天一片冰天雪地，滴水成冰、徹骨清寒。但是路邊經常能夠看到一個個衣衫單薄的小夥兒，穿得就像舊社會的長工，衣不蔽體。上面一件小單衣，露著手腕，下面一件小單褲，露著腳脖，腳上一雙薄底矮腰單皮鞋，穿著短襪。在雪地上抄著手嗞嗞哈哈地小跑前行，邊跑邊哆嗦。

從動物行為學上來說，他們的舉動當然是因為到了求偶年齡為了吸引雌性的注意而做出的自殘行為。似乎在說：看我多健康，這麼折騰都凍不死，接受我的基因吧！

當然，一旦小夥兒求偶成功，結婚之後馬上就打回原形，變成另一個樣子，羽絨服、羽絨褲、大棉鞋，啥暖和穿啥。

從上面這些例子可以看出，雄性為了吸引異性所作出的這些努力，需要耗費大量的時間、精力以及營養，而且冒著危險，然而對自己的生存卻並沒有什麼意義。雄環頸蜥的斑紋不能嚇跑蛇和鷹，雄孔雀的大尾巴也不能禦寒，更不能噁心到狐狸（但是能夠噁心到達爾文，達爾文在和朋友的通信中說：每當我凝視雄孔雀的尾羽，總感到一陣噁心！），甚至對於繁衍後代本身都沒有什麼用處。

這些雄性動物為了追求異性而在外表和行為上作出的改變，都違背了自然選擇規律，所以達爾文把這些統統劃拉到一起，起名叫「性選擇」，作為自然選擇學說的補充，或者說例外。現代生物學家也基本都接受了自然選擇和性選擇並駕齊驅這一事實。

到這裡，似乎所有關於性選擇的矛盾都得到了完美的解決，自然選擇解釋不了的問題由性選擇來解釋：「動物為了繁衍生息嘛，當然要把自己打扮漂亮

---

(13) 泰斯・戈爾德斯密特，《達爾文的夢幻池塘》（廣東：花城出版社，2007），頁154。
(14) 泰斯・戈爾德斯密特，《達爾文的夢幻池塘》（廣東：花城出版社，2007），頁155。

一點。」但是其實這個解釋經不住推敲：生存不是最重要的嗎？為什麼動物可以付出生存的代價來追求異性和繁殖後代？

除了上面的幾個方面，繁殖給生物帶來的麻煩還有很多。比如人類的女性有月經，每個月都有那麼幾天生活不大方便。有一些雌性哺乳動物也有生理週期，只不過不是以月份為週期。女人每次月經量20～100毫升，不但損失了營養，影響了工作，更重要的是，女猿人會向周圍嗅覺靈敏的貓科動物暴露行跡。

生殖系統佔用了大量資源，如果動物把生殖系統的肌肉和營養用於狩獵和反狩獵，生存能力肯定會高出一大截。

生殖系統帶來了危險，比如睪丸這麼脆弱的器官，卻被雄性靈長類動物和貓狗掛在體外，獅子老虎這樣終年搏殺的猛獸的睪丸也是掛在體外，很容易受到攻擊或意外傷害。士兵在戰爭中睪丸受傷的比例常常多於其他器官，而女人的乳房也是一個容易受傷的部位（乳房不屬於生殖系統，是為生殖服務的器官）。

生殖系統的疾病也給動物的健康帶來了很大麻煩，女性生殖系統出的問題一般多於其他系統。

現在生物學家大都認同，所有生存的終極目的，都是為了傳播基因。特別是在1976年道金斯教授的《自私的基因》出版之後。而且他們認為主要原因還是「……不這樣的生物都已經滅亡了」。這當然並不能夠解釋為什麼傳播基因會比生存重要，本書後面接著會寫到生物很多違背生存法則的事情，卻並沒有導致生物滅亡。

動物為了繁殖後代可以付出生命的代價，這一點貌似天經地義，其實卻絕對不是公理，而且也是自然選擇理論最大的挑戰之一！有因必有果，有果必有因，那麼生殖真正的原因是什麼？

## 第三節　基因決定一切嗎？

基因是DNA大分子中的一個一個片段，是控制生物性狀的遺傳物質單位。

1953年是雙螺旋年，在這一年，沃森和克裡克提出DNA雙螺旋結構。生物學家很振奮，他們樂觀地認為：「1953年將被看作是神秘論生命觀和愚昧主義生命觀的末日。」[15] 可惜六十多年過去了，關於基因還是有那麼多的問題解釋

(15) 理查·道金斯，《基因之河》（上海：上海科學技術出版社，2012），頁17。

不了，神秘論生命觀依舊活蹦亂跳。

發現抗生素之後，很多醫生認為這是細菌的末日，然後呢？神秘論和愚昧主義早晚會被科學戰勝，但是，不是雙螺旋結構，也不是現在。

提到繁殖的重要性，許多生物學家一定會到基因裡面翻找答案。因為現在生物學中，基因的地位至高無上，似乎可以決定一切問題，生殖就是為了基因的延續。但是這次生物學家恐怕要失望了。因為基因是進化的跟隨者而不是領導者。

也有人認為一切都是基因決定。自由意識不過是DNA讓你產生的一種幻覺。這樣的想法讓人很無奈，似乎整個生命都是基因的附庸。

內莎．凱里在書裡寫道「正統的觀點認為我們的DNA藍圖能夠解決一切問題，但是……這是錯誤的，因為即使完全相同的基因劇本也會產生不同的表像。」[16]而且DNA也不能解釋人類與其他生物有什麼本質區別。

邁爾斯認為：「基因圖譜不是程式，是資料。」他覺得單獨的基因不能像電腦代碼那樣運行，即在特定的可預期的環境裡執行特定的可預期的任務。細胞生長在不同的地方，同一段基因就有不同的編譯方式，這決定了某種細胞特質表達還是不表達。

在基因的重要性上，凱里和邁爾斯都是比較清醒的。但是大多數生物學家還是認為基因的地位高高在上。他們不是電腦程式員，所以容易混淆「程式」和「資料」。這兩個概念的區別在哪裡？舉例來說，超級瑪麗就是一個程式——遊戲程式。這個程式的資料登錄設備，就是你的鍵盤或者手柄。你每按一下，遊戲程式就接收到了一個資料（也可以說輸入的指令），經過計算，程式會給出一個反應，你可以在螢幕上看到戴帽子的小人產生了一個動作，向前走一步，或者跳一下。幾個或者很多資料放在一起，就組成了資料庫。如果說資料是指令，那麼這個資料庫就是指令集。資料庫當然重要，它決定了運行程式產生的結果，但並不是有了資料集合就具有了計算能力，這是兩碼事。

最早把生物的程式和資料混為一談的是電腦之父馮．諾依曼（我是不是班門弄斧了？），他在關於自我複製自動機的論文中，提出了「DNA軟體」的思想（軟體是電腦系統中程式和文檔的總稱），也許是因為DNA和電腦程式都是一行行編碼。之父都指錯方向了，作為資訊時代的諸多電腦之子們跟著跑偏，也就怪不得大家了，於是紛紛把DNA和軟體（電腦程式）畫了等號，認為生命的起源可以理解為軟體的起源，也就是DNA的起源。直到邁爾斯和凱里等清醒

(16) 內莎．凱里，《遺傳的革命》（重慶：重慶出版社，2016），頁25。

學者的出現，但是他們的聲音仍然被其他人的錯誤認識所淹沒。說實話，這幾個概念確實有些相似，有的時候我也會混淆，一順嘴就說錯了。

資料、程式和軟體不是很直觀，我舉個例子。在直播平臺上看到個小視頻，有人宣稱自己廢物利用，用一個破音箱、一段USB介面連接線和一個U盤就組合成了一套MP3播放機，並且真的叮叮咚咚的播放出來了音樂。下面觀眾可不傻，大家紛紛指出這個大忽悠實在不靠譜，連個音訊解碼晶片都沒有，咋就把MP3檔給還原了呢？

U盤裡的MP3檔就是一個資料檔案，需要解碼晶片對這首音樂的波形還原，同時確定音訊處理的速度和音效等等，然後才能變成美妙的音樂從音箱裡傳出來。對應於生物，MP3檔就像基因組，基因組就是一篇文章，裡面有詞語，有語法，有句法。所以MP3自己當然不能播放自己，解碼器就像程式（或者說軟體），能把檔案還原成一條條指令，然後執行。

再強調一下，生命是富有創造性的、可塑的軟體，但是生命不只是DNA。

DNA就像堆滿了資料的資料庫。它是指令集，當然重要，但是更重要的是指令集背後那個計算指令的程式，因為它可以有選擇地執行某些指令，也可以不執行某些指令（DNA甲基化），甚至修改指令（組蛋白修飾）。1992年9月的布魯塞爾研討會認為「自然進化是一個適應不斷變化的環境的計算進程」「源於自然的並行解題」。是程式、是進程、是演算法、是軟體，而不只是資料庫（指令集）。

「密歇根大學的霍蘭德教授認為大自然的工作和電腦的任務是相似的。『生物體是高明的問題解決者，』霍蘭德在他的工作總結中寫道，『它們所展示出來的多才多藝使最好的電腦程式都為之汗顏。』這個論斷尤其令電腦科學家們感到難堪。他們可能經年累月地在某個演算法上絞盡腦汁，而生物體卻通過無目標的進化和自然選擇獲得了它們的能力。」[17]

傳統生物學家看到了螢幕上跳動的小人，但是誰在握著遊戲機的手柄？看到了飛馳的汽車，但是司機在哪裡？看到了零件組裝成了機器，但是技術工人在哪裡？看到了建築材料組裝成了大樓，但是建築工人在哪裡？

如果說DNA是密碼冊，那麼讀碼的是什麼？基因只是一串資訊，DNA是資訊的載體。最重要的不是它們，而是後面隱藏著的編碼者和執行代碼的程式。

「我們已經很習慣用線性方式來思考基因組的問題，僅僅把它當做是以一個簡單的方式來讀取堿基的字串而已。然而，現實的情況是，基因組不同區域

(17) 凱文・凱利，《失控》（北京：電子工業出版社，2016），頁451。

的彎曲和折疊能夠互相創造出新的組合和調控亞群。」[18]

人類細胞能夠利用一個基因產生幾個蛋白質種類，超過60%的人類基因能生成多個剪接變異體。比如一串編碼D－E－P－A－R－T－I－N－G，「人類細胞能夠生成DEPARTING、DEPART、DEAR、DART、EAT和PARTING等蛋白。」[19] 這就像一個組字遊戲，重要的不是那幾張卡片，而是拼詞的人。不知道傳統生物學家有沒有意識到這個工作的複雜性和程式性，電腦裡面也有相似的工作，而且這個工作很複雜，是其他工作的基礎。

「蛆能變成蒼蠅而毛毛蟲則可以變成蝴蝶。一條蛆和發育而成的成年蒼蠅肯定具有相同的遺傳密碼。蛆不可能在它的變形過程中得到一個新的基因組。所以，蛆和蒼蠅通過完全不同的方式使用了相同的基因組……同樣，幼蟲和蝴蝶的發育肯定是源於完全相同的DNA腳本。但這些腳本的最終產品卻有很大不同。」[20] 是什麼原因使這些相同的字串、編碼、資訊、密碼和腳本發育成了迥異的個體？

不管這個原因是什麼，反正是在基因編碼之外，而且還沒有被生物學所發現。這是躲在基因編碼背後的一隻看不見的「手」。這只「手」很強大，也很重要。跟它比起來，基因編碼顯得並不那麼重要，充滿了隨機性和可編輯性。

為什麼說基因編碼隨意呢？細菌死亡或者溶解之後，它的DNA會溶解在周圍的液體裡。其它活的細菌遇到這些零散的DNA，就像見到寶貝一樣粘住它。並用酶來切開雙鏈DNA之間的橫檔，就像用斧子劈開梯子的橫檔一樣，把兩條長鏈分開。扔掉一條鏈（不需要兩條），而把另外一條吞進自己體內，然後把它整合進自己的DNA裡。

病毒或者噬菌體感染細胞之後，會把自己的基因插入到宿主的DNA裡，但是並不一定殺死宿主。這樣宿主細胞再次複製的時候，就會把入侵者的這些外源基因一併複製。

其實生物對進入身體的外來物質是相當抗拒的，反應極其強烈。只要見到不明物質（比如進入血液的一些細菌），就會馬上啟動免疫系統對其進行攻擊和圍剿，甚至有時會調用全部的力量決一死戰，寧為玉碎不為瓦全。但是相比之下，生物體對外來基因卻相當寬容，馬虎大意、不負責任。有時連最基本的檢查和校驗系統都沒有啟動（或者容易繞過），就將外來基因插入自己的

(18) 內莎・凱里，《遺傳的革命》（重慶：重慶出版社，2016），頁226。
(19) 內莎・凱里，《垃圾DNA》（重慶：重慶出版社，2017），頁20。
(20) 內莎・凱里，《遺傳的革命》（重慶：重慶出版社，2016），頁222。

DNA，比如科學家轉基因並不困難，而且改變之後的基因也能夠被運行。其實細胞的任何損傷幾乎都可以被它強大的修復機制解決掉，為什麼不解決基因的某些改變呢？如果真的要防止外來基因破壞，可以有很多辦法，但是似乎細胞並沒有認真地對待這個問題。

與生物體相比，DNA就像一個隨插即用的電子設備，並沒有太多的防禦。簡直就是一個共用開放的平臺，誰都可以把自己設計的代碼插進來。這些遺傳入侵者在我們的DNA中分佈非常廣泛，人類基因組裡超過40%由這些外來的寄生元件組成。同時，基因也在進行有規律的突變和發生偶然的錯誤，比如核苷酸對的置換、染色體上基因位置的調動、染色體數目的改變，以及整段染色體的移位。

其實像生物體這樣複雜而強大的系統，在操作基因的過程中即便不能做到零誤差，也不應該出現這樣大範圍的、花樣百出的故障。傳統生物學家不是認為自然選擇很嚴厲嗎？經常出問題的物種不是應該被淘汰掉嗎？為什麼沒有出現基因極少出問題的物種來戰勝其他物種？

反觀人類的數碼檔複製就幾乎零誤差，一個Word文檔或者一個MP3音樂檔即便複製幾萬次，一般也不會出錯，即使出錯，也能被察覺和糾正。如果有哪個數碼設備公司的產品就像DNA一樣，複製中會產生如此多的錯誤，恐怕早就倒閉幾個來回了。

但是生物為什麼允許自己基因突變一直發生？更怪異的是，如果基因那麼重要，為什麼生物會允許兩性生殖，讓別人的基因來打亂自己的基因，而且是替換掉一半？這是不是有點自相矛盾？

所以，問題來了，這樣的一個經常出錯的開放式系統會是生命的核心嗎？

其實即使基因想擔起這個重任，恐怕也有心無力，因為基因的數量遠不足以控制生命的一切活動。人類基因只有2萬多個，而一種水蚤的基因數量就有可能比人類多幾千個，水稻的基因數量是人類的兩倍，蘭伯氏松的基因組更是比人類的大了10倍。那麼人類遠比其他生物複雜得多的天性是怎麼遺傳的？這麼短的代碼卻產生了如此強大的力量，這可真是生命的奇蹟，呵呵。

鑒於人類如此複雜的思維和行動能力，可以猜想，天性的遺傳和基因沒有太大關係，否則難道你會認為自己的思維能力還不如一個水蚤或者一顆水稻？因為它們的基因組比人類的還大。

從上面幾個特點來看，DNA並不是最重要的禁地，更不是生物的主宰。可以把DNA形容成試驗田，或者自由市場，或者圖書館，或者庫房，甚至垃圾堆

（以前科學家認為90%以上的DNA是垃圾DNA）。

舉一個例子說明，DNA就像一個司令部的資料室，裡面堆滿了各種地圖、指令集、密碼簿，以及《孫子兵法》《戰爭論》等軍事名著。指揮官、參謀、通信兵和勤務兵在這個資料室裡出出入入，不斷地放入和取走所需要的東西。這裡的資料良莠不齊，既有絕密的軍事命令、密碼手冊，也有從地方報紙上搜集的相關新聞和天氣預報。還有俘虜的審訊記錄和特務收集的花邊新聞，甚至還有敵人臥底送來的假情報和很多過時或者無用的資訊，亂糟糟塞滿了整個資料室。沒錯，DNA基本就是這個樣子。

所以，我認為，基因不是最重要的，意識（和潛意識）才是生命的本質，我們通過意識才能認識自己。

基本上我們生活中一切活動，「都是一種意識行為。如果感受不到這些，不能有意識地體驗這些，我們幾乎不能說自己還活著——至少不是活得很有意義。」[(21)] 意識比身體重要，一旦人類的大腦死亡了，就會被醫學診斷為死亡，不管身體的部件多麼完好。但如果大腦完好，即便身體損壞再大，也會被醫學認定為還活著。

意識如此重要，而傳統生物學家認為意識是大腦活動的產物。如果這麼說，人在胚胎裡的時候，大腦還沒成型，這時候的意識應該是一片空白。事實並不是這樣，著名的生物學家愛德華．威爾遜寫了一本非常有名的書——《社會生物學》，他認為本能是可以遺傳的，他在書裡說：「有的人不喜歡人性具有任何遺傳基礎的思想，他們宣導的觀點正好相反，即發育中的大腦是一塊白板。他們說……如果心靈來源於可遺傳的人性，那太令人不快了。」[(22)] 威爾遜所說的「有的人」，偏偏就包括他的同事史蒂芬．傑．古爾德，也是一位了不起的生物學家，但在這個問題上，威爾遜用了大量的事實來證明，自己一定是對的。

可是威爾遜也許只對了一半——我們的本能是可以遺傳的，但是我們並沒有找到任何基因能夠遺傳天性和本能的證據，起碼目前還沒有。所以最大的可能是——本能可以遺傳，但主要不是隨著基因，這一點我會在本書中重點論證。

如果意識（潛意識）和本能並沒有和基因在一起，那麼基因怎麼會是最重要的遺傳物質呢？能夠遺傳意識的才應該是最重要的。

---

(21) 丹尼爾．博爾，《貪婪的大腦》（北京：機械工業出版社，2013），前言XIII。
(22) 愛德華．威爾遜，《社會生物學：新的綜合》（北京：北京理工大學出版社，2008），前言。

基因是資料，不是程式，不是智慧，不能遺傳意識和潛意識，也未必能遺傳很多天性，所以它連意識的載體都不是。而生物體內說了算的，恰恰正是意識和潛意識。但是意識和潛意識只能以智慧的形式遺傳下去，而且基因的容量也不夠（這一點後面會提到），那麼，它們在哪裡遺傳呢？除了基因之外，是否另有遺傳信息的載體？

拿電腦來說，不同的存放裝置實現不同的功能：可移動便攜的存放裝置有光碟、U盤、SD卡，大型存放裝置有硬碟，臨時存放裝置有記憶體條，很多板卡上還有自己的唯讀記憶體ROM，就連CPU都有自己的一級、二級緩存。前面這些都是資訊的載體，那麼生物的資訊載體為什麼只能限於RNA和DNA呢？只能說我們現在還沒發現，這不等於沒有。

千萬不要小看生物複雜性和先進性，相信研究細胞結構的學者應該都會同意這一點。

當然，我並不否認基因的重要性，只是認為另有什麼「物質」更加重要。一般來說，生物的很多功能都有備用方案。生物很少依靠單一的解決方法，而是不斷重新發明新方法。所以基因不但不是遺傳信息的唯一載體，而且有可能不是最重要的載體。

因此，最重要的遺傳方式，應該是不受有性生殖所打亂的遺傳方式，也不能夠被外界環境輕易打擾，更不能被別的生物隨便改寫。只能由自己，通過重複的驗證和學習，一點點修改和進化。

最重要的遺傳信息不能被打亂，而有性生殖和基因突變會打亂遺傳信息，所以不能通過生殖來傳遞。更重要的是，這個遺傳信息應該也不被常規生物體的死亡打亂，是可以穩定跨代的，那麼他是什麼呢？

## 第四節　衰老是必然的嗎？

生物學面臨的另外一個重大的挑戰來自於人類最關心的一個問題，這當然就是生老病死。長壽這個話題，古今中外平民百姓、王侯將相無不為之殫精竭慮。那麼生物的衰老和死亡可以避免嗎？

這個問題當然和進化有著直接的關係！！

在一次世界互聯網大會上，搜狐張朝陽預言：「我們這一代人有可能永生，在未來30年所有的疾病都能夠治癒。」很多人都同意這個看法，他們覺得似乎只有疾病能夠導致死亡。但是，暫且不論幾十年內是否所有的疾病都會被治癒（我認為完全不可能，100年之內就別想了），即便沒有疾病的威脅，人類就能夠長生不老嗎？

隨著年齡的增加，人的皮膚鬆弛、骨頭脆弱、頭髮脫落、免疫系統也會變差。

「斯特勒和密德文（Strehler & Mildvan）測量過心臟、肺、腎臟、神經元和其他機體系統在不同年齡的儲備能力，發現這許多不同的系統都以驚人相似的速度逐漸下降。一個人的年齡到100歲時，每個系統都已經幾乎完全失去了應付需求增加的能力，因而即令是對任何系統最微小的挑戰也會產生致命的衰竭。衰老本身不是一種病，而是使每一種體能持續下降。」[23] 也就是說，當人的壽命超過極限，就算不得病，一陣風就可能致命。

生物都有壽命，植物裡樹很長壽，但是也有壽命限制。常見如蘋果樹可活50至100年，槭樹400至500年，樟樹800年，柏樹、紫松3000年等等。當然，這只是理論值，實際上要受溫、光、水、肥、氣和病蟲害等諸多因素影響。但不管怎樣，樹也不能萬壽無疆。

動物同樣會衰老死亡，只是它們能夠活到自己老死的不多，年齡大了就被人或者其他捕獵者吃掉了，或者凍餓而死。而且多數常見的大動物身上有毛，所以不容易看到皮膚鬆弛和老年斑，衰老的特徵就不明顯（沒毛或者短毛狗的老年斑比較醒目），看起來好像大多精神抖擻。貓的壽命10～15，狗的壽命也差不多10～15，它們老年的時候也是老態龍鍾的，一個網友家裡的老狗長壽，活了將近20年。他拍了一段「老人家」溜達的視頻，狗毛稀疏蓬亂，低著頭，走兩步，喘三喘。

衰老的原因是什麼呢？說法很多，國際上認同度比較高的有三種：

一、生物程式導致衰老——這類學說認為生物的壽命是由其體內某種可遺傳的內部程式決定的。按照程式所制定的順序，生物體的組成部分一步步出現衰老。比如現在認可度很高的端粒學說。

人體細胞有46條染色體。每條染色體的末端都受到「化學帽」——端粒的保護。端粒就像一個複雜的分子計時器，扮演著鞋帶末端塑膠頭的角色，阻止染色體磨損。但一個人體細胞每次分裂時，這些端粒就會變短一點。最後約分裂50、60次時，它們就會短到不能保護染色體，於是細胞死亡。研究顯示，端粒最短的人死亡率最高。青蛙、山羊和蜂鳥等幾乎所有動物也都有這個特點。

二、自由基導致衰老——這是由哈曼（Denham Harman）博士在1956年提出的，認為衰老過程中的退行性變化是由於細胞正常代謝過程中產生的自由基

(23) R·M·尼斯，G·C·威廉斯，《我們為什麼生病》（北京：海南出版社，2009），頁106。

的有害作用造成的，是機體的組織細胞不斷產生的自由基累積的結果，自由基可以引起DNA損傷從而導致突變，誘發腫瘤形成。自由基是正常代謝的中間產物，其反應能力很強，可使細胞中的多種物質發生氧化，損害生物膜。還能夠使蛋白質、核酸等大分子交聯，影響其正常功能。而體內自由基防禦能力隨著年齡的增長而減弱。

三、基因調節學說——該學說認為，衰老是由於在生物體分化生長過程中某些基因發生了有順序（按照程式過程）的啟動和阻遏。物種的發育期、生殖期及衰老期的長短取決於被順序地啟動和阻遏的若干套特殊的基因，也可受內在因素及一些外在因素如營養等影響，於是形成了同一物種不同個體間壽命不盡相同的現象。

其他一些關於衰老產生原因的學說，這裡不一一列舉。這些學說都是假說，存在很大差異，但都指明了一點：疾病並不是生物衰老死亡的原發性原因。特別是第一種和第三種學說，說明了真正的原因還是在於生物內部的某種減弱機制，它控制了生物的生存週期。

「所以在某種程度上，死亡像是事前設計好的，具有靈活機動的特性，而且很可能有充分的理由。」[24] 現代生物學的一連串發現，從端粒、自由基、凋亡通路到細胞週期調控，似乎都表明衰老不但是環境因素累積，更是基因早已編好的程式，所以科學家也把生物的死亡稱作「程式性死亡」。這是一個非常重要的概念，也就是說，因為某種原因，早就安排好的。

很多人把動物的衰老比作機器的老化，似乎這是一個不可抗拒、不可逆轉的過程，但是實際不是這樣。機器的腐蝕、老化是因為機器自己沒有再生和修復的能力，腐蝕磨損一點就少一點，除非人為地更換零件。可是生物的身體組成部分有很強的再生能力，人體由細胞組成，除了神經細胞、心肌細胞、骨骼肌細胞、眼睛的內層細胞等少數細胞不能增長之外，其他細胞都是可以不斷分裂、生長的。舉例來說，車軸會越磨越細，就算鋼性再好、防塵和潤滑做得再好，也只能延緩它的磨損，但是人的皮膚卻是越磨越厚，比如腳掌和手掌上的老繭。所以動物的衰老並不是自然規律，而是某種自發的原因。

生物體是一個由更小的小生物（細胞）組成的群體，只要自然條件允許，按理說這些小生物就應該一代一代一直繁衍，舊的小生物死亡了，新的小生物又補上空缺，這個群體可以上億年地存在下去。而且對於這樣的群體來說，自由自在地一直生存下去相對容易，如果給它們設定個期限，一起衰老死亡反倒

(24) 丹尼爾·博爾，《貪婪的大腦》（北京：機械工業出版社，2013），頁46。

應該是件困難的事情。

長生不老的生物也許存在，有一種水母似乎真的長生不老。燈塔水母屬於水螅綱，是水母的一種。其特徵是性成熟的個體可以重新回到幼態——水螅型。水螅很常見，淡水裡也有。我小時候有一次在小河溝裡撈水草放到魚缸裡，就看到了上面有一個比大米粒略小的水螅。一頭固定在水草上，另一頭像個小喇叭一樣伸著觸手，捕捉作為魚食的水蚤。後來水蚤被魚吃光了，水螅也就越來越小，最後就找不到了。

燈塔水母本來主要分佈在加勒比地區的海洋之中，但因為遠洋船舶排放的壓艙水，使它們逐漸散佈至其他鄰近海域。

最讓科學家感興趣的是普通的水母在有性生殖之後就會死亡，但是燈塔水母卻能夠再次回到水螅型。也就是說，能夠從成蟲階段恢復到幼蟲階段！！！就像一個生了孩子的媽媽還可以重新回到嬰兒時代。而且理論上這個過程沒有次數限制，這種水母可以通過反覆的生殖和轉分化獲得無限的壽命。所以也被稱為「長生不老」。不過更準確地說應該是不斷地「返老還童」。

龍蝦也許能夠長生不老，它好像具有抵抗衰老的能力。龍蝦會得病，也會受傷或遭捕殺，但和其他生物不同的是，龍蝦不會因自己的新陳代謝而死。它們的細胞好像沒有一個內在的預期壽命。所以理論上龍蝦很長壽，人類目前發現最老的龍蝦有140歲，它們年復一年地換殼，不停地長大。而且龍蝦不會衰老，到現在人類都沒發現過老死的龍蝦。更可氣的是，它們年齡越大，繁殖能力越強。嫉妒羨慕恨不？

按照前面衰老的原因中第一種——端粒學說所說，人和其他大多數物種的細胞都有內在的固定壽命，人類的細胞死前只能複製50到60次，每分裂一次，端粒就會短一點，端粒到頭，細胞的壽命就到頭了。但令人吃驚的是，龍蝦不一樣，它們能夠製造出足夠數量的端粒酶，以便再生這些具有保護作用的DNA帽——端粒。

有越來越多的證據表明某種內在因素是動物衰老的原因。拿人類來說，三百年前，就已經有115歲的老壽星了，那個時候人均壽命只有四十來歲。現在發達國家的人均壽命已經八十多歲了，但是人類壽命的最大值還是115歲左右。不要考慮那些野史記載的張道士、王仙人、李神仙活到了三、四百歲，都是扯淡。

這說明人類衰老死亡的根本原因不是因為物質條件，而是由身體裡的某種倒計時裝置決定的。

可是對於絕大多數的生物來說，為什麼到了一定的時間，生物體的組成部分似乎在生物鐘的控制下，一起失去了活力，進入了衰老狀態呢？為什麼要給自己設置上這樣的期限呢？

「有些人想，衰老一定是對物種有利。美國科學家尼斯（Randolph M. Nesse）探索了各種能夠查到的有關解釋，得出結論：『（常見理論認為）為了給新的一代留下生存空間，衰老是必要的，以便進化能夠保持物種對生態變化的適應能力』。這種觀點已經落後於19世紀的達爾文主義者魏斯曼（August Weismann）的立場，魏斯曼在1881年寫道：『清除一些個體不僅對物種說來毫無價值，甚至還是有害的，因為它們（新個體）搶佔了更優秀個體的位置。這樣一來，通過自然選擇，我們假定的不朽的個體，將因被物種中沒有用處的許多個體取代而衰退。』」[25] 也就是說，年齡大一些的個體生存經驗更豐富，生存能力更強。而它們讓位給那些二愣子小年輕，對物種來說應該是弊大於利的。

研究老年問題的醫學家分析各種觀察資料之後認為，對許多生物物種而言，衰老所減少的種群成員數量，比其他各種選擇力（包括自然選擇）加起來還要多！拿人類來說，死於衰老（包括老年病）的人數多於死於其他原因的總和。

這句話很重要，可以理解為：自然選擇不是生物進化的唯一動力，甚至不是最重要的動力，真正的動力來自於生物體本身。自然選擇不過是生物本身衰老機制的「幫兇」而已，幫著它消滅老弱的個體。這——又與達爾文的進化論相悖！

假定有一個物種進化出了超級基因（燈塔水母和龍蝦的長壽原理還不能算很明確，暫不考慮），這種基因使該物種不衰老而且一直具有生殖能力，那麼這個物種才是真正的超級物種。它能夠迅速擠掉和它同一生態位的其他物種（比如一種超級老鼠消滅其他齧齒類），這才是真正「適者生存」自然法則下生存下來的「適者」。

從原理上說，這樣的超級基因不難產生。因為本來衰老機制就是基因的一種功能，只要把這種功能去掉，就會成為超級基因，正好也滿足了人類長生不老的美好願望，那麼為什麼這種簡單的「王母娘娘蟠桃基因」一直就沒有產生呢？

---

(25) R・M・尼斯，G・C・威廉斯，《我們為什麼生病》（北京：海南出版社，2009），頁107。

## 第五節　做夢的原因？

我們每天有1/3的時間在床上度過，期間我們幾乎意識不到任何東西，或者感受到一些離奇的、不連貫的事情。

睡眠很重要，「在老鼠身上做實驗發現，一個月不睡覺會帶來致命的後果。幾乎所有動物都需要睡眠，昆蟲也不例外。」(26)

「在所有動物中，人類的睡眠問題最嚴重。同樣人類也是最容易患上精神疾病的動物。睡眠障礙是我們為複雜的大腦和豐富的意識付出的另一種代價。」(27)

大腦掃描告訴我們，很多動物也有類似夢一樣的大腦活動。人類進入做夢狀態的時候，典型表現是眼球快速轉動，而一些哺乳動物睡眠時也有眼球快速轉動，所以它們很可能也在做夢。

睡眠有很多作用，可以消除疲勞、恢復體力、恢復精神、保護大腦、增強免疫力、促進生長發育等等。但是做夢影響睡眠，耗費了大量的能量，而且還打擾了大腦的休息。

拿人類來說，多夢和睡眠品質不好不但影響了第二天的活動，甚至會造成許多疾病。懂得養生的人說：人最重要的活動，一個是吃，一個是睡。這兩者都能做好，這個人的身體不會太差。但是做夢偏偏影響了睡眠，形容睡眠好的時候常會說「睡得太香了，一宿幾乎沒做夢。」一夜多夢會讓人休息不好，第二天很累。深度睡眠對健康有益，但是多夢只會帶來淺睡眠，甚至失眠。噩夢更是會把人驚醒，也影響第二天的心情。

生物體的每一個活動都是有目的、有作用的，比如肌肉的收縮、血管的擴張、血液的流動。做夢也是動物機體的一項活動，耗能巨大、干擾休息，而且會給健康帶來很多不利影響，那麼，做夢的目的和作用是什麼呢？

古代醫學和現代心理學一般認為夢境是身體健康的顯示，或者有預兆吉凶禍福的功能，佛洛德在《夢的解析》中提出，夢是我們潛在欲望的釋放，一些清醒時候被意識壓制的欲望，在睡覺的時候被表達出來。所以它能夠揭示我們思想深層的秘密。但是這都不是夢的作用，這些解釋不一定正確，而且只能算是「做夢可能產生的後果」，而不是「夢的功能」「夢的原因」。

夢主要是潛意識的活動，一個思考中的成年人，意識和潛意識的活動會消

(26) 丹尼爾・博爾，《貪婪的大腦》（北京：機械工業出版社，2013），頁214。
(27) 丹尼爾・博爾，《貪婪的大腦》（北京：機械工業出版社，2013），頁215。

耗大量能量，大腦的能量消耗占整個人體能量消耗的30%左右，如果按現有理論來解釋，睡眠中的潛意識活動就是一個巨大的能量浪費。

按照自然選擇的觀點，做夢這樣普遍存在而又耗費能量並且會對身體產生不利影響的行為，一定會有某個重要的作用，否則早就會被自然選擇剪除掉。那麼，夢的作用是什麼呢？現在科學還無法解釋。

到這裡，第一章就要結束了。在這一章裡，提到了幾個現代生物學所不能解釋的最關鍵的問題。本書將要經過一番推理論證，嘗試著解釋這些問題，但是這個過程會比較拖遝乏味，而且需要對生物學有一定的興趣，才不會看著打瞌睡。我也會儘量避開生物學術語，並多多解釋和舉例說明。

好了，為了推理論證，讓我們先看一下進化生物學告訴我們什麼了。

# 第二章　進化生物學說……

## 第一節　達爾文的進化論

科學領域的諸多學科中，很少有哪個學科像進化生物學這麼不和諧。進化生物學家經常爭吵不休，來自學科外的質疑不斷，學科內又缺少絕對的權威。儘管達爾文理論一家獨大，但是疑問多多。

進化生物學有很多著名的爭論，比如達爾文進化論和拉馬克進化論之爭、生物進化是躍進還是漸進之爭、自然選擇還是性選擇之爭等等，已經持續一百多年，儘管一方佔據優勢，但是另一方也一直沒被駁倒。

其實跳到圈子外面看，這些爭論並沒有本質的區別，它們只不過是一個事情的兩個方面而已。只要在它們中間插入另一個因素，這個事情就可以得到很好的解釋，就像愛因斯坦在廣義相對論方程式中加入「宇宙常數」一樣。

1917年，愛因斯坦利用他的方程來考量宇宙，為了解釋物質密度不為零的靜態宇宙的存在，他在場方程中引進了一個項，用符號Λ表示。這個常數很小，在銀河系尺度範圍都可以忽略不計。只在宇宙尺度下，Λ才可能有意義，所以它被叫作宇宙常數。

1929年，物理學家哈伯發現宇宙在膨脹。哈伯的發現使得宇宙常數似乎成了多餘的，所以愛因斯坦很快就放棄了宇宙常數，他曾說這輩子犯下的最大錯誤就是在廣義相對論方程式中加入「宇宙常數」（實際上，這是他最有眼光的預測之一）。於是在接下來的將近60年裡，這個常數被排除在天文學之外。

但是，現在科學家發現，宇宙常數不但存在，而且佔據了接近宇宙總質量的70%，它就是暗能量。愛因斯坦那為了與引力相抗衡而引進的宇宙常數確確實實存在，而且是宇宙的主角之一。

和物理學一樣，在進化生物學裡也存在很多爭論，似乎加上一個常數之後等式才能平衡。換句話說，把這個常數考慮進某些進化生物學的分歧的時候，這些分歧就會得到解決，但是這個「常數」是什麼呢？

在進化生物學領域，爭議最大、糾纏時間最長的分歧應該是達爾文進化方式和拉馬克進化方式之爭，我們就從這裡開始尋找這個「生物常數」之旅。

查理斯・羅伯特・達爾文是英國生物學家，生於1809年，湊巧的是，正是在這一年，進化論先驅、法國博物學家拉馬克發表了成體系提及進化論理念的《動物哲學》。這本書確立了拉馬克的進化論，正好比確立達爾文進化論的《物種起源》早了50年。而達爾文似乎正是為進化論而生，在這一年開始了他奮鬥的、令人敬仰的一生。

1809年的這兩個大事件，使這一年成為了真正的「進化論元年」！

從1809年到今天的長達兩百多年的時間裡，無數追夢人踏著拉馬克和達爾文的足跡，不斷地探索生命的奧秘，一點點解密了生命進化機制。在這兩百多年裡，進化生物學領域可以說名家輩出、佳作不斷，成為了十分引人注目的學科。

1831年，達爾文以博物學家的身份跟隨英國皇家海軍進行環球航行，做了五年科學考察，在動植物和地質方面進行了大量的觀察和採集工作，從而產生了生物進化的想法，並於1859年出版了轟動世界的《物種起源》，代表了人類宗教統治時代的結束和科學時代的來臨。這本書用大量資料證明了所有生物都不是神創造的，而是在生存鬥爭中和自然選擇中，由簡單到複雜，不斷地發展變化而來，從而摧毀了唯心的「神創論」和「物種不變論」。恩格斯將「進化論」列為19世紀自然科學的三大發現之一（其他兩個是細胞學說、能量轉化與守恆定律）。達爾文所提出的自然選擇與性選擇，是生命科學中一直通用的理論。除了進化生物學之外，他的理論對人類學、心理學以及哲學來說也相當重要。

其實在達爾文之前有很多科學家和思想家已經漸漸地脫離傳統宗教信仰，開始意識到生物物種似乎是一點點改變的，而不是像神創論所說的物種一成不變。但是達爾文把物種可變和進化的理論系統化，同時拿出一些令人信服的證據，一舉使進化論站穩了腳跟。雖然進化論不是達爾文最先提出，也不是只有達爾文這一個版本，但是毫無疑問，在當前的觀察和理解範圍內，達爾文的進化論是最成功的。

幾乎就在達爾文提出進化論的同時，英國博物學家阿爾弗雷德・羅素・華萊士也提出了自己的進化論，而且內容與達爾文版本非常接近，只是相對簡單，所以現代進化論也被稱為達爾文—華萊士進化論。華萊士也是個牛人，他更喜歡的職業是探險，曾去過好多熱帶雨林和原始森林收集標本。

科學總在不斷地自我完善和提高，在人類的不懈探索之下，會不斷逼近事物的本質。「達爾文也並不認為他已經解決了所有問題，他承認對於智力和一些複雜的人體構造的形成機制，還有待於進一步的探索。」[28]

百度進化論吧的前任吧主「弱柳」先生提出：「別把進化論或其他科學理論當作一成不變的真理，不要再說『一定』，我們捍衛的不是某某理論，我們捍衛的應該是真相！進化論只是個理論，不一定是真相，或不一定是全部真相，別再把進化論、科學捧到真理的高度，這與宗教有何區別？」

科學不是真理，但是相比之下，科學最接近真理，所以我們相信科學。可是科學是用來驗證和使用的，不是用來膜拜的。現在也確實有一些進化論者是在把進化論當做信仰和教條一樣膜拜著，並沒有真的以科學的態度去看待它。真正的科學態度是相信科學，但是更尊重證據，同時允許猜想和假說存在。

假說不是胡說，而是在觀察、分析和判斷之後的歸納和總結。即便是猜測，也是有根據的猜測。科學從來不懼怕假說，假說的觀眾都是有判斷能力的成人，只要不是涉及孩子們，不混淆他們的視聽，又有什麼打緊？

科學的真金不怕多次烈火的錘煉。面對層出不窮的世界性難題，誰會拒絕多一些解題思路呢？而優秀的假說也樂於公之於眾，接受公眾的質疑和推敲。雖然大多數假說最後會被否定，但是也有的會在爭論的過程中找到證據，升級為科學理論。

「科學中的創造性思維確實就是這樣，並不是機械地收集事實和歸納出理論，而是一種複雜的過程，包括了直感、先見和其他領域的啟迪。最好的科學，是將人類的判斷和機智都置於科學的過程中。總之，科學是（我們有時竟忘了這點）人類的實踐。」[29]

「牛頓對控制陸地上物體和天體運動的自然規律的發現表明，使用以觀察和客觀比較為基礎的實踐歸納法來發現所有自然界的秘密只是一個時間早晚的問題。」[30]我們不懼怕假說和質疑，它能加快科學前進的步伐。

科學的每個學科都是這樣，19世紀末20世紀初，經典物理已經發展到了相當完善的地步，甚至有人認為物理學的研究將在幾年之內結束，因為已經沒有可以研究的了。雖然在實驗方面又遇到了一些嚴重的困難，然而這些困難只是

---

(28) 史鈞，《進化！進化？達爾文背後的戰爭》（遼寧：遼寧教育出版社，2010），頁57。
(29) 斯蒂芬·傑·古爾德，《自達爾文以來》（上海：上海文藝出版社，2008），頁88。
(30) G·齊科，《第二次達爾文革命》（上海：華東師範大學出版社，2007），頁88。

被看作「晴朗天空的幾朵烏雲」，比如黑體輻射問題、原子光譜的非連續性等，結果正是這幾朵烏雲引發了物理界的翻天覆地變革。

「據說19世紀最偉大的物理學家之一凱爾文勳爵（Lord Kelvin）在1900年曾聲稱：『物理學已沒什麼新發現了，剩下只是越來越多的精確測量。』發表這一論斷的時間極具戲劇性：馬克斯・普朗克（Max Planck）在同一年提出量子力學理論，從而引發了一場物理學革命。」[31]

經過一百六十多年的發展，達爾文進化理論就像當年的經典物理學一樣，在自己的領域確立了核心地位。但是也有這麼幾朵「烏雲」，從達爾文進化理論誕生起便一直縈繞不去，也許，進化論本身確實需要一些重要的補充或者變革。

進化論近代的領軍人物之一恩斯特・邁爾認為：「達爾文主義不需要再發展什麼了，因為它已經很好了……每一年，總有一兩本關於達爾文主義的書面市。其中的大多數都寫得很好，這很不錯；但是還有些人想要改進或者修改達爾文的原創思想，並稱之為所謂的新理論，這永遠是徹底的廢話。」[32]

科學知識是需要隨時更新的。20世紀上半葉，生物學的各個分支——遺傳學、古生物學、比較解剖學、胚胎學等學科都從自己的角度來解釋進化的含義，因而不可避免地出現了見解的分歧。20世紀中葉，這些學科在進化論的整體框架下進行重組，形成了現代綜合進化論。

邁爾這位活到了101歲的老壽星肯定不喜歡革新，老人家都討厭折騰，但是最近幾十年，一些當時並沒有重視的問題顯露出來。主要就是生物內在的發育機制，對產生新性狀起著至關重要的作用。發育機制會向著有利於生存的方向有選擇性地促進或者抑制某些性狀，這樣，生物的進化進程肯定會受到影響。

比如慈鯛魚（麗魚）在非洲的坦噶尼喀湖和馬拉維湖裡各自獨立地進化著，並且進化出了很多相似的品種，長相非常接近。雖然有共同的祖先，但是它們已經和祖先的長相完全不同。在兩個不一樣的環境中怎麼進化出如此相近的外表？趨同進化也不會有這麼強大的作用，因為兩個湖裡獨立進化出了好多外形極度相似的物種。

慈鯛的生活習性和配套身體構造使得它們可以處理截然不同的食物。按照食物的不同可以把它們分為：

---

(31) 丹尼爾・博爾，《貪婪的大腦》（北京：機械工業出版社，2013），頁12。

(32) 約翰・布羅克曼，《生命：進化生物學、遺傳學、人類學和環境科學的黎明》（浙江：浙江人民出版社，2017），頁53。

食泥類慈鯛，它們以湖底有機廢物或碎屑為食。

刮藻類慈鯛，專門刮食岩石上的藻類。

剁食葉子類慈鯛，這些魚的覓食行為從未被人觀察過。

碎食蝸牛類慈鯛，專門砸開蝸牛殼取食。

食浮游動物類慈鯛，以浮游動物為食。

食昆蟲類慈鯛，食昆蟲類慈鯛種類繁多。

食蝦類慈鯛，該魚群以小蝦為食。

食魚類慈鯛，它們是慈鯛裡面種類最多的。

食幼體類慈鯛，以胚胎或剛孵化的魚苗為食。

不同生活習性，造成了慈鯛外形的不同。比如食泥類慈鯛，它和另外一個湖裡的食泥類慈鯛外形極其相近，而和同一個湖裡的其他種類慈鯛外形差別較大，顯然已經超出了自然選擇的能力範圍。

所以一些年青生物學家認為，慈鯛的發育機制有利於變異出這些性狀，這不僅僅是自然選擇的篩選，也是生物內在的發育機制的推動。

達爾文的朋友，「生物學家胡克在給他的一封信中婉轉地說：『你顯然過於偏愛自然選擇，很可能駕馭這匹馬走過了頭，因為你的理論離不開它……這種觀點給人的第一印象就有些過分——即，你高估了它的價值。』……達爾文去世後，許多生物學家也覺得接受進化論容易，接受達爾文對進化論的解釋難。」[33] 也就是說，達爾文對進化的解釋有點牽強，什麼都是自然選擇篩選的，有那麼嚴格、精準嗎？

達爾文之後，一代又一代的生物學家努力工作，找到了越來越多的例子，足以證明自然選擇很強大，能夠左右生物的進化歷程，但是並不能證明有了自然選擇就足夠了。自然選擇只是生物進化的必要條件，並不是充分條件，不是充要條件。

一些進化論的批評者認為，達爾文理論的幾個環節互為因果、緊密聯繫，一個出錯，就會導致滿盤皆輸。其實達爾文的理論帶有一定假說性質，有一定的啟發性，本來就是希望科學家們共同來完善的。達爾文本人也一直謙虛地聽取別人的意見，而且他的進化論的幾個理論既是相互聯繫，也是相對獨立的。其中一個理論出問題，並不影響整體的正確性。

達爾文是一個相當謙虛的學者，在作品裡多次承認「我們對各種特殊變異

(33) 約拿生·威諾，《鳥喙》（北京：人民郵電出版社，2013），頁163。

的原因並不知曉」「我們不知道遺傳的具體方法」等等。為後來的遺傳規則和基因科學留下了空位，使它們可以和進化論無縫連結成一個科學體系。對未知的事物保持虛心是一個科學家應有的優良品質，可惜在進化論成長壯大一柱擎天之後，達爾文的弟子們就沒有祖師爺那麼謙虛了。

接著說趨同進化，這很常見，「在不同的大陸上，乾旱的沙漠通常都會生出耳朵很大、尾巴很長、跳躍前進的齧齒類動物，因為氣候和地勢塑造出了相似的壓力和優勢，正統的答案說，進化是偶然性非常高的過程，隨機事件和純粹的運氣會改變路線……

「但發生了一百次甚至一千次的孤立而明顯的趨同進化，意味著還有其他一些東西在起作用。一些其他的力推著進化的自組織朝向不斷重現的答案發展。除了物競天擇，進化過程背後還有另外一股動力，才能一而再再而三地到達遠得超乎想像的目的地。這股力量並非超自然，而是一股基本的動力，其核心就跟進化本身一樣單純。」(34)

在環境發生改變的時候，生物通常無法阻止這種改變，但是它們不會被動地接受，而是能夠主動回應環境變化，甚至會作出一定的判斷和預測。比如老鼠和蛇可以靈敏地感覺到地殼的變化而在地震發生之前搬家，螞蟻也會在洪水到來之前轉移到高地。

另一方面，生物對環境也有影響，比如河狸，這個長著大板牙的圓滾滾的小胖子常常被人稱為「野生動物世界中的建築師」，它們建壩是為了創造一個優良的生活環境。它們在水中非常機敏，但在陸地上的行動有些遲緩。它們在有水的地方創造一個棲息環境，使自己的窩就像被一片護城河包圍著。這樣它們能游泳和潛水以及躲避狼和熊等天敵。它們咬斷大樹，用於建造堤壩。在堤壩周圍，它們還會建造封閉的池塘，而後在池塘建造越冬別墅。河狸還是出色的木工和泥瓦匠，懂得如何防風防雨。每年，它們都會用泥巴覆蓋小屋，為冬季的到來做好準備。泥巴「外套」能夠起到加固作用，充當一道屏障來抵禦低溫和捕食者。它們在水中搬運建壩的樹木，因為在水上拖動木頭比陸地上容易得多。

這些生活環境不僅對河狸有利，而且對其他生物也有影響。位於加拿大阿爾比省北部伍德布法羅國家公園南端的河狸壩是世界上最長的河狸壩。它總長達850米左右，是胡佛水壩的兩倍。據稱這是幾個河狸家族聯合打造的超級大壩，使用了數千棵樹，從1975年開始建造，工程拖拖拉拉耗費了將近20年。這

(34) 凱文・凱利，《科技想要什麼》（北京：電子工業出版社，2016），頁128。

樣的工程實際上達到了生物改變環境，和環境共同進化的效果。

另外一點，生物的遺傳除了基因之外，還有什麼？現代進化論一直以來都把任何基因以外的遺傳機制歸結為特例。但是很多物種中都能觀察到DNA序列之外的遺傳機制。其中最熱門的當然是表觀遺傳：只是打開或關閉基因，並不改變基因序列，就能改變其表達。「現代綜合進化論的創立者拋棄了生物體本身和表現型，一味執著於對基因型的研究。他們忽視了生物體本身的複雜和偉大性。」[35]

大量的研究說明了生物性狀的變異並非隨機。古爾德教授曾經認為進化在最大尺度上是偶然性主導的，他的著名論斷是，「如果把生命的歷史倒帶回到寒武紀之前，然後重播，我們會看到一個截然不同的世界。」但是慈鯛的例子證明，古爾德教授不一定正確，因為兩個有共同祖先的物種在互不干擾的環境下，它們進化出了相似的結果。所以說明，基因變異沒那麼隨機。

需要提前說明的是，傳統生物學家也認為：基因突變並不都是偶然的，比如放射線會造成基因突變，而DNA內的某些熱點區域的基因突變比其它區域頻繁。但是總的來說，他們認為大多數突變還是偶然和隨機的。本書所討論的偶然和隨機，就是指後面的這個情況，以後不再每次都指出了。

現代綜合進化論的創立者對進化最終的產物——生物體本身視若無物。「現代綜合進化論除了忽略生物整體之外幾乎別無選擇，因為用抽象的方式理解複雜事物總要付出代價：為了理解冰山的一角，你就必須用盲人摸象的方式忽略相對不重要的部分。」[36]

生物也許並不是只有基因能夠遺傳下去，自然選擇也不是唯一導致適應性進化的機制。進化過程中生物自身的發育機制極其重要，它直接決定了生物適應性進化的方向和速度。傳統生物學家一般認為生物內在的發育是自然選擇的障礙，但是現在發現，發育機制具備某些創造能力和學習能力，能夠自己有選擇地繼承某些基因突變或其他原因產生的新性狀。

「自然選擇沒有，也無從創造這些新性狀。在達爾文去世幾十年之後，雨果．德弗裡斯清楚地意識到了這個問題：『自然選擇可以解釋最適者何以生存，卻無法解釋最適者如何降臨』。」[37] 發育機制做到了自然選擇無法完成的事情，使新性狀的產生和維持成為可能。

(35) 安德莉亞斯·瓦格納，《適者降臨——自然如何創新》（杭州：浙江人民出版社，2018），頁17。
(36) 安德莉亞斯·瓦格納，《適者降臨——自然如何創新》（杭州：浙江人民出版社，2018），頁18。
(37) 安德莉亞斯·瓦格納，《適者降臨——自然如何創新》（杭州：浙江人民出版社，2018），頁12。

可以簡單地總結一下：由於環境改變，生物的發育機制改變了生物的性狀，隨後由自然選擇持續的優勝劣汰，逐漸篩選出更容易產生優良性狀的基因，使它可以傳播出去。如果這個總結是正確的，就可以說明自然選擇不是進化的第一原因，而是進化過程的一個外力而已。

然而值得注意的是這個「發育」。每個生物體內都有發育的力量，這個力量不同於自然選擇，屬於生物個體所有。它受自然的力量所影響，但是一直在順應著、利用著和抵抗著自然的力量（順應和抵抗同時存在）。

還有一種改革派的理論認為進化是生物體的一種「自組織」行為：生命的起源並非像「龍捲風吹過一堆零件，就組裝成一架飛機。」（神創論攻擊進化論，形容從有機小分子進化到人的可能性太小太小）那樣的純粹隨機過程，而是一種自組織現象。在合適條件下，通過自組織和自然選擇，生命的產生是必然的。

如果生物進化沒有原因，那麼真的需要一連串的巧合。進化是現實存在的，我們需要討論的是進化的機制，自組織理論就是選項之一。

這麼看，生物學中的這個「自組織」就是本書所說的「生物智慧」。因為不論是「發育」機制還是「自組織」，在一些進化改革派看來，只靠基因的隨機突變和自然選擇是無法在地球現有的45億年裡完成進化的。必然有一種來自於生物內部的原因促成了進化，自然選擇只是外因，但是起決定作用的還是內因。

「一輛汽車和一個爆炸的汽油罐之間的區別就在於，汽車的資訊——也就是它的設計——馴服了汽油那種殘暴粗野的能量……賽車的系統受到臨界量的資訊控制，從而馴服了噴火的巨龍。一點點的自我認知，就可以把火所帶有的全部熱量和野性馴化得服服帖帖。人們馴服狂暴的能量，把它從蠻荒之中引入自家後院、地下室、廚房乃至在客廳，服務於我。」[38] 汽車的設計來自於智慧，但是汽車是被人類的智慧設計出來的，於此不同的是，生物的設計者是它自己的智慧。

生物的「發育」機制或者「自組織」，都是觀察者從不同的角度，針對相同的現象給出的相似的結論。關於生物體是否是一個不可細分的有機整體，上述兩個結論相對中庸，並沒有介入另兩個尖銳對立學派的爭論。

哈佛大學的古爾德教授在他的書裡詳細論述了這兩個對立的派系：

某些學者認為生物是一個不可分的有機整體。但是另一些研究生物系統的

---

(38) 凱文・凱利，《失控》（北京：電子工業出版社，2016），頁181。

科學家，總是把生物一分再分，直到分子水準。兩派相互攻擊，甚至互相起綽號。無限細分的那一派被叫做「機械論者」，認為生命只不過是元件之間相互的物理化學作用。不可分的那一派被叫做「活力論者」，堅持認為生命本身就是一種「特別的東西」，生命是注入活物的一種神秘液體，它凌駕於物理化學之上，甚至跟「基礎」科學不搭界。這樣看來，一個人要麼是一個沒心沒肺的機械論者，要麼是一個虛無縹緲的活力論者。

古爾德教授對人類通常具有的傾向感興趣，對於那些極端複雜的問題，人們通常喜歡對它們進行兩分，讓一類處於一個極端，而讓另一類處於另一個極端，並且毫不顧忌其中的精妙之處和中間狀態，而且總是相互進行人身攻擊。

十八世紀的思想家們面臨的就是這樣尷尬的困境：他們要麼把心靈還原為機器，要麼把心靈推至科學研究無法觸及的超自然主義領域，就是因為科學水準有限（但是一百多年過去了，思想家們還是沒什麼進步）。

「活力論由來已久，可以追溯到亞里斯多德時期……但到了20世紀20～30年代，生物學家幾乎普遍地否定了活力論。這是因為自牛頓、笛卡爾以來的自然科學的發展，物理定律、化學熱力學定律的大批發現，使得樸素唯物主義的機械論、還原論占了上風。近二三十年來，隨著學界對生命獨特的複雜性和整體性的重新認識，以及建立在分子生物學上的實驗生命科學飛速進步，人們不再由於害怕活力論無法實證研究而排斥它，而是視之大有可為。」(39)

當然，很多理智的生物學家，採取的是一種中立態度。中間立場的觀點是：由於生命從結構到功能都很複雜，所以不能被拆解到分子水準用物理化學定理來解釋，微觀的規律不完全適用於整體。

中間立場不是折衷，不是和稀泥，而是兩種極端觀點都反對：既不認為還原論能破解生命的奧秘，也不認為生命本身有什麼玄幻的「閃光之處」。所謂「超自然」，只不過是一些我們現在還不能認知的現實事物，也是自然，並沒有超出自然。舉例來說，如果古人看到飛機和電視，一定會認為是超自然。

生命的規律是有級別的：從原子和原子之間、到個體和個體之間，每個層級都有它自己的交互作用規律，跟其他層級的都是不同的。所以，我們需要一些新的原理，不僅能完全解釋生命的複雜性，而且還能跟物理化學規律（不限於現有的理化規律，還包括我們還沒發現的理化規律）互不衝突、相互補充。

折衷的中間立場代表了一些生物學家以及那些體會過生物複雜性，對生物學苦思冥想的其他學科科學家所持的觀點。量子物理學家薛定諤在著作《生命

(39) 凱文・凱利，《失控》（北京：電子工業出版社，2016），頁170。

是什麼》中，很好地支持了這種中立觀點：「既然生命有機體的活性部分具有如此特異的結構，要把物理學家或化學家曾經發現的定律和規則直接應用到這種系統的行為上去，而這個系統卻又不具有作為這些定律和規則的基礎的結構——要能直接應用，這幾乎是難以想像的。」(40) 也就是說：就我們學過的生物結構知識而言，生命不可能按照普通的物理規律來運作。比如：「一個活細胞的最重要的部分——染色體纖絲——可以頗為恰當地稱為非週期性晶體。迄今為止，在物理學中我們碰到的只是週期性晶體。」

什麼是週期性晶體和非週期性晶體呢？薛定諤這麼說：「（從一個很小的分子）開始，可以有兩種不同的方式建造愈來愈大的集合體。一種是在空間三個方向上一再重複同一種結構的、比較乏味的方式。這是一個正在生長中的晶體所遵循的方式。只要週期特性一旦建立，集合體的大小就沒有一定限度了。另一種方式是不用那種乏味的重複來建造逐漸擴大的集合體。這就是愈來愈複雜的有機分子，分子裡的每一個原子和原子團都起著各自的作用，跟其他的原子或原子團是不完全等同的。可以頗為恰當地稱它為非週期性的晶體或固體。」(41) 是的，這麼豐富多彩的生物世界，怎麼可能只遵循普通的物理規則呢？

唯恐大家沒記住，薛定諤在《生命是什麼》的最後一章中又一次強調：「根據已知的關於生命物質的結構，我們一定會發現，它的工作方式是無法歸結為物理學的普通定律的……因為它的構造同迄今在物理實驗室中研究過的任何東西都不一樣。」(42) 劃重點，薛定諤在這裡明白說了「無法歸結為物理學的普通定律」，他可沒說「永遠無法歸結為物理學的任何定律。」

薛定諤是誰呢？他是一個力圖理解一些真正的生命之謎的物理學家，一個「不務正業」的奧地利物理學家。他是量子力學奠基人之一，因為發展了原子理論，薛定諤和狄拉克一起獲得了1933年諾貝爾物理學獎。他提出著名的「薛定諤的貓」的思想實驗，試圖證明量子力學在宏觀條件下的不完備性。

薛定諤是物理大拿，可是生物學外行，不過他用物理學家的思維來觀察生物，這個角度是相當有價值的，可以看到很多生物學家看不到的東西。比如他認為：「突變實際上是由於基因分子中的量子躍遷所引起的。」(43) 這樣的說法多有意思。

量子物理的開山老祖都認為生命的工作方式超出了普通物理學的範疇，機

(40) 埃爾溫・薛定諤，《生命是什麼》（湖南：湖南科學技術出版社，2016），頁3。
(41) 埃爾溫・薛定諤，《生命是什麼》（湖南：湖南科學技術出版社，2016），頁59。
(42) 埃爾溫・薛定諤，《生命是什麼》（湖南：湖南科學技術出版社，2016），頁75。
(43) 埃爾溫・薛定諤，《生命是什麼》（湖南：湖南科學技術出版社，2016），頁32。

械論者們是不是該歇歇了，不應該只拿電子顯微鏡來研究「生命是什麼」了？雖然薛定諤是物理學家，而且他的《生命是什麼》寫於1943年，但是薛定諤對生物學的理解卻很有前瞻性，也許這與他的植物學家的父親有關。我看的這個版本《生命是什麼》，第二版都已經印刷19次了，可見受歡迎的程度，而且一直未過時。

其實假如生物真的是部機器，別忘了，複雜的機器也是智慧（人或電腦）來操控的。作為程式師，我不認為有哪一種複雜的機器可以離開人或者電腦就自動運行，並且完成所有任務。機械論者就像一群壯漢，揮舞著鐵錘和螺絲刀把一台電腦拆成零件、砸成碎片，然後大叫著：「這不就是一堆破爛嗎？哪裡有程式？哪裡有智能？哪裡有軟體？」

愛德華·威爾遜認為：未來生物學作為一個整體將基於兩大定律……第一個定律是生命的所有進程都最終服從於物理和化學規律。第二個定律是所有生命進程都源自自然選擇條件下的進化。

威爾遜的第一定律似乎與薛定諤的觀點相矛盾，其實可能他們都是對的，全面來說應該是這樣：生命的所有進程最終一定服從物理化學規律，但不只是普通的物理化學規律，還有我們尚未發現的規律。威爾遜的第二定律應該也是對的，但是自然選擇只是一部分，生命的進程另外還有驅動力。

動物的感情看起來不過是一些神經生化反應和激素作用的結果而已。比如人類的依戀感就是催產素作用的效果。神經化學反應驅動著機體做出動作，當然，這並不意味著它的另一頭也是化學反應或者是憑空而來，只不過我們現在還不知道而已。就像是電腦資料線上的電信號給印表機傳輸指令，印表機接收到指令之後開始列印檔案。但是電信號並不是發令者，真正下達命令的是坐在轉椅上的操作員。

「在20世紀的後半葉，生物學幾乎被遺傳學和分子生物學的發現所淹沒。進展如此之快，成就如此重大，就好像生物學裡面再沒有其他領域值得研究一樣。生物確實可以被分解到它的分子，這樣做就是解析其秘密的一種方式。基因、激素、神經遞質、細胞介質、抗體——這些都是驅動生命機器的化學單元。的確……闡明（生命的問題）看起來只是一個時間問題和煩瑣的測序問題了。可是其結果是——生物學忽略了整個的生命體。這個生命體太大、太笨拙、太難以預測了，不能作為重要的研究對象。過了些時日，科學才開始意識到，自己正是只見樹木不見森林。」[44]

(44) Cynthia L. Mills，《進化論傳奇》（北京，海洋出版社，2010），頁169。

這就是機械論者的先天不足，他們只重視觀測而缺少演繹，理性有餘而想像力貧瘠。將來科學發展到不可見物質層面，機械論者必然會吃大虧，因為觀測不到，他們又相當缺乏聯想。但是傳統生物學家大都喜歡機械論，因為它可量化、可計算、能分類，可以寫出標準而規範的論文。

「活力論，正如歷史上（很多）錯誤的觀念，也包含了有用的真理片段。20世紀主要的活力論者漢斯·德里施在1914年將活力論定義為『關於生命進程自治的理論』。在某些方面他是對的。在我們剛剛萌芽的新觀點中，生命可以從活體和機械主體中分離出來，成為一種真實、自治的過程。生命可以作為一種精巧的資訊結構（靈性或基因？）從活體中複製出來，注入新的無生命體，不管它們是有機部件還是機器部件。

「回顧人類的思想史，我們逐步將各種間斷從我們對自己作為人類角色的認知中排除。科學史學家大衛·查奈爾在他的著作《活力機器：科技和有機生命研究》中總結了這一進步。

「首先，哥白尼排除了地球和物理宇宙其他部分之間的間斷。接著，達爾文排除了人類和有機世界其他部分之間的間斷，最後，佛洛德排除了自我的理性世界和無意識的非理性世界之間的間斷。但是正如歷史學家和心理學家布魯斯·馬茲利士所指出的，我們依然面對著第四個間斷，人類和機器之間的間斷。我們正在跨越這第四個間斷。」[45]

現在的生物學仍然是一門間斷的學科，存在著更多的間斷，比如生物體和意識之間的間斷，生命每一生一世之間的間斷等等，都有待於聯繫起來。

現在看來，古爾德教授的論述應該說是研究生命科學正確的態度。但是說起來容易做起來難，很多科學家在不經意間就認為生命完全是物理定律、化學梯度作用的產物，或者認為生命凌駕於科學之上，這都是不可取的。我們現在反倒應該琢磨一下科學範疇以內，但是不同於普通物理化學的注入身體的「特別的東西」是什麼。

不管活力論是否有錯誤，還是應該正確的看待活力論，把這個「活力」物質化，擺脫其虛無縹緲的存在。

## 第二節　進化論的先驅——拉馬克

中學生物課本上提到自然選擇理論，達爾文光輝形象一亮相，後面都會跟

(45) 凱文·凱利，《失控》（北京：電子工業出版社，2016），頁172。

著一個可憐的反面角色，然後被達爾文打翻在地，當做墊腳石引出金光閃閃的「物競天擇、適者生存」。

這個反面角色就是法國博物學家、進化論的奠基人拉馬克，是他第一次系統地提出生物進化學說。甚至連恩斯特・邁爾這位「新達爾文主義」（現代達爾文理論，吸收了二十世紀的分子遺傳學成果）的旗手，也承認拉馬克是先驅者。他在1970年的經典著作《進化和生命多樣性》中寫道：「我覺得，拉馬克更有資格被冠以『進化理論的創建者』這一稱號。因為他確實曾被幾個法國歷史學家這樣稱呼過……寫一整本書來主要闡述器官進化理論，拉馬克是第一人；把整個動物系統作為進化產物展示出來，他也是第一人。」

把拉馬克的《動物哲學》翻譯成日文的小泉丹和山田吉彥認為：「嚴格的說有了拉馬克的學說才有以後達爾文的學說。」[46]

拉馬克1744年出生，他的名字很長很長，在這裡把他的全名寫出來，以表達對這位先驅的敬意：讓・巴蒂斯特・皮埃爾・安東尼・德・莫內特・舍瓦耶・德・拉馬克（Jean-Baptiste-Pierre-Antoine de Monnet, chevalier de Lamarck）。

拉馬克在學術上受到幾個知名科學家的影響，其中一位就是讓・雅克・盧梭（Jean Jacques Dousseau）——法國著名思想家、哲學家、教育家、文學家。盧梭經常帶拉馬克到自己的研究室裡去參觀，並向他介紹科學研究的經驗和方法，使拉馬克由一個興趣廣泛、精力過剩的青年轉而專注於生物學的研究。從此拉馬克花了整整26年時間，系統地研究植物學。在任皇家植物園標本保護人職位期間，拉馬克於1778年寫出了著名的《法國全境植物志》。後來他又研究動物學，1793年被聘為巴黎博物館無脊椎動物學教授。他是無脊椎動物學的創始人，於1801年完成《無脊椎動物的系統》一書，此書中他把無脊椎動物分為10個綱。

1809年拉馬克出版了進化生物學開山巨作《動物哲學》，當時他雖已65歲，但仍潛心研究和寫作，並於1817年又完成了《無脊椎動物自然史》。

拉馬克一生勤奮好學，堅持真理，與當時占統治地位的物種不變論者進行了激烈的鬥爭。因為反對居維葉的理論，受到其打擊和迫害。

順便介紹一下居維葉，這可是當時法國學界的大牛人，號稱「第二個亞里斯多德」。但是他也是當時處於萌芽階段的進化理論的主要障礙。居維葉是個4歲會讀書、14歲上大學的神童。他是古生物學之父，對古生物學的研究相當深入，據說可以根據一顆牙齒化石推測出遠古動物的樣子。

---

（46）讓・巴蒂斯特・拉馬克，《動物哲學》（北京：商務印書館，1936），日譯者解說。

還有一個廣為人知的小故事。一天晚上，居維葉的住所裡跳進了一隻大怪物：巨大的牙齒、銅鈴般的眼睛、橙色皮毛和鐵錘般的巨蹄。可居維葉抬頭看了一眼，就冷冷的說：「我不怕你，你不吃人。你頭上長角，腿上長蹄，肯定是食草動物。」原來怪物是他的學生裝扮來嚇唬老師的（但是看來這些學生學藝不精啊）。

居維葉著作很多，收集材料廣泛，在學術方面是首屈一指的。更重要的是，居維葉也很會做官，先後擔任法蘭西研究所成員、法蘭西學院教授、大學評議員、國務委員、內務部副大臣、法蘭西科學院院士、參議院內政部主席，而且於1811年受封勳爵。那個時代正是法國政局波詭雲譎、政權風雨飄搖的混亂時代，歷經大革命、執政府、帝政和王政時期。而居維葉傳奇般的同時身兼科學家、社會活動家、政治家等多種職業，歷經幾朝不倒，而且官越做越大。不能不說他的智商、情商、逆商都是頂尖的，實在是個人才。但是也看出了他的圓滑和左右逢源。

居維葉怎麼做人跟咱們沒有關係，但是他打擊迫害拉馬克卻是本書一定要提及的，特別是，拉馬克還曾經有恩於他。

即便是在拉馬克的追悼會上，居維葉仍然很不厚道地補刀，他代表法國科學院準備的官方悼詞還批評了拉馬克的推斷和理論，認為其在所有方面都是無法被接受的。而在3年之後，居維葉去世的6天之前，他發表的最後演說裡，還在譴責著毫無價值的科學理論，這裡面就包括拉馬克的進化理論。居維葉的一生，是與拉馬克戰鬥的一生，也是與進化論戰鬥的一生。

拉馬克確實運氣不好，活著的時候遇到了居維葉，死後又遇到了達爾文，這兩個都是生物學泰斗，像大山一樣不可撼動。居維葉不但一次又一次地擊敗拉馬克，而且在拉馬克去世後，居維葉又憑著自己驚人的記憶力和深厚的生物學功底多次擊敗拉馬克的朋友、同為進化論者的若弗魯瓦（聖伊萊爾），使進化理論在法國就像過街老鼠一樣人見人煩。

也許正是居維葉等保守派的打壓，使進化理論的推廣被整整延遲了一代人，而且使法國人丟掉了一個名垂青史的機會，被聰明的英國人撿走了。和孟德爾遺傳定律一樣，拉馬克的理論提出後，好長一段時間都鮮有人問津，這不怪世人，只怪天才過於超前，領先世人太久了。

拉馬克的一生在貧窮與冷漠中度過。晚年雙目失明，病痛折磨著他，但他仍頑強地工作，借助幼女柯尼利婭筆錄，堅持寫作，把畢生精力貢獻給生物科學的研究。拉馬克死後窮到沒錢買墓地，只能暫時掩埋一下。在他的名著《動物哲學》出版100週年的1909年，巴黎植物園為他建立了紀念碑（但是無法找到他的遺骨重新安葬），讓人們永遠緬懷這位偉大的進化論的先驅和宣導者。我收藏了一張1916年的法國明信片，圖片上寫著「PARIS–Jardin des Plantes–La Statue de Lamarck, Fondateur de la doctrine de l'évolution.」（巴黎–植物園–拉馬克雕像，進化論創始人）。圖片上的拉馬克坐在高臺上，一隻手托腮陷入了沉思。

這位生物學巨匠有一句話最了不起，也是他這一生的注解：「科學工作能予我們以真實的益處；同時還能給我們找出許多最溫暖，最純潔的樂趣，足以補償生命中種種不能避免的苦惱。」真正的科學家本色！同時也請大家記住這句話，因為這裡提到了生命的真諦——學習！

「拉馬克所做的一切幾乎最終都通向了進化論，這是他在1800年科學院的一次講座上最早提出的。也就是在那時，『生物學』這一術語開始代替了博物學。拉馬克是最早使用它的人之一。」[47]

## 第三節　拉馬克的進化論

拉馬克強調進化是由外部環境的外因和生物體內的內因共同作用的結果。生物內在的力量可以引發轉化。他認為：「各種動物是自然逐漸生成的；自然從最不完全即最單純的動物開始造起，一直到最完全的動物為止……」

拉馬克進化學說主要是兩個法則，這裡原文引用一下，由於我用的是1937年民國版書籍，所以語言與現代文章有所不同，敬請諒解：

「第一法則——在一切不超越其發達界限的動物中，某種器官之比較頻繁而且持續的使用，會逐漸使該器官強壯起來，發達起來，增大起來，而且對該器官予以與其使用期相正比的能力。反之，某器官之永續的不用，則於不識不知之間，能使該器官衰弱、縮小、累進的減殺其能力，而終於使該器官完全消失。

「第二法則——這些種類，由於長時期受生活地域之環境因素的影響，以致某部份器官特別常用，某部份器官恆常不用；影響所至，自然就使種的個體獲得某部份器官或喪失某部份器官，這一種自然所具有的變化，對於動物不論雌雄，都是一樣的，對於新生的個體亦然；因此新生的個體，累積世代的存續著上代的特質。」[48]

簡單地說，這就是赫赫有名的拉馬克進化論的主要觀點：「用進廢退，獲

(47) 約安·詹姆斯，《生物學巨匠》（上海：上海科技教育出版社，2014），頁44。
(48) 讓·巴蒂斯特·拉馬克，《動物哲學》（北京：商務印書館，1936），頁178。

得性遺傳。」環境的改變會引起動物習性的改變，習性的改變會使某些器官經常使用而得到發展，另一些器官不使用而退化。在環境影響下所發生的適應性變異，即後天獲得的性狀，能夠遺傳。如果環境朝一定的方向改變，由於器官的用進廢退和獲得性遺傳，微小的變異逐漸積累，終於使生物發生了進化。

大家看拉馬克的著作費勁是不？一方面因為民國時代的文風跟現在不一樣，另一方面因為拉馬克的文筆本來就不如達爾文。仔細比較《動物哲學》和《物種起源》，就會發現達爾文進化論的很多線索都來源於拉馬克，但是達爾文加入了很多新證據和一些新理論之後，用維多利亞式英國紳士散文風格的細膩筆法娓娓道來，就成了一本震驚世界的科學巨著。

妙筆生花是作家的本事，但是對科學家同樣重要。據說當年物理學家法拉第就吃了幾次這樣的大虧，他的理論由於文筆晦澀大家都看不懂，然後別人換個說法出版之後就一鳴驚人了。

我為什麼不找一本近期出版的《動物哲學》簡體中文的版本呢？原因很簡單——沒有！！！

1937年之後，這本書就再也沒有出版過中文版。我真的不願相信我們竟然如此忽視一本這麼重要的科學雄文。相比幾百種不同類型的《物種起源》中文版，拉馬克遭受的不公實在令人瞠目。不但如此，沐紹良的中文版本還只是譯自《動物哲學》的日文版，而日文版譯自英文版，英文版才是譯自拉馬克的法文原版。中間轉了這麼多手，肯定會有所偏差，所以真的希望國內能發行一冊法文原版《動物哲學》的中譯本，讓中國的生物學家們不再因為一些斷章取義的文章而曲解拉馬克進化論。

很多外國名著的譯著都不是譯自最初的語言，比如法國昆蟲學家法布林（達爾文在《物種起源》中稱他為「無與倫比的觀察家」）的大作《昆蟲記》，自從1923年被周作人引進中國之後，先後出版了幾十個版本，但都是譯自英文版和日文版（也有零星幾個法文版的選譯版），直到2003年花城出版社出版了鄒冃華譯自法文的《昆蟲記》全譯本，才算有了正宗版本。

很多學者喜歡收藏著名科學家的手稿和原版書籍，《自私的基因》作者道金斯就以收藏了一本達爾文1859年的第一版《物種起源》為榮。我喜歡買舊書，經常逛「孔夫子舊書網」。主要是因為——便宜，而且能買到售罄和絕版的書，甚至能買到珍藏版的書！

有一天正在舊書網上溜達，猛然發現一套1937年商務印書館原版的《動物哲學》！這讓我大喜過望，再一看價格，更是不敢相信——80年前的品相完好珍本名著，竟然只要100元！（我有點像個大忽悠，正在做廣告啊～～～）這絕對是被嚴重低估了的寶貝，於是馬上拍下。書拿到手之後，撫摸著黃舊的封面不僅心潮澎湃，閉著眼睛穿越回了那個中國自然科學的啟蒙時代，仿佛站到了青磚黃瓦松木窗櫺的商務印書館三層小樓裡，看著一群長袍馬褂撒口布鞋圓圓眼鏡的文人正在忙碌……

接著說拉馬克，他接著又指出：「這兩個真理，是那些從未觀察或循跡自然之諸作用的人們……所輕易放過的。」拉馬克理論的影響很大，但是爭議更大。批評拉馬克最厲害的，往往是那些在實驗室裡整天盯著電腦和試管的科學家，他們遠離大自然，很少觀察身邊的動物和植物，對BBC紀錄片一類的科普視頻又不屑一顧。對於他們來說，生物不是活的，只是一小團研碎了的化學物質，是實驗室裡的標本和DNA片段，所以現代生物學裡的機械自然觀很符合他們胃口。他們當然會激烈反對拉馬克的什麼「習性」、什麼「內在力量」、什麼「獲得」……

拉馬克進化論也影響了達爾文，達爾文在《物種起源》一書中多次引用拉馬克的思想。

對於生物個體來說，經常使用的器官會逐漸發達，不使用的器官會逐漸退化，就是「用進廢退」。現在的生物學領域，「用進廢退」這個說法的爭議依舊非常大。關鍵原因是語義含糊：什麼是「進」和「退」？方向是什麼？其實更恰當的說法是「用強廢弱」——經常使用就會得到加強，不常使用就會慢慢減弱。但是本書並不是科技論文，也不想咬文嚼字引起讀者不快，而且這也不是本書討論的重點。所以在這裡就含糊一下，還是使用「用進廢退」。

其實「用進」是所有人都能見到的：經常舉重的運動員就是力氣大，經常跑步的運動員就是跑得快。體力方面是這樣，智力方面也是這樣：經常做數學題的孩子，解題能力更強。有人做過實驗，讀一串數字，沒有受過訓練的大學生能記住7個數字，而練習了兩年之後，他就能一下子記住80個數字。

「廢退」同樣很常見，達爾文在《物種起源》中也舉了例子：「家鴨翅骨在全身骨骼中所占的比重比野鴨翅骨輕……我認為這種變化可以很確實地歸因於家鴨比它們的野生祖先要飛得少得多……在有些地方，家養動物的耳朵都是下垂的，一些作者提出這樣一種觀點，即這些動物的耳朵下垂緣於它們不使用耳朵的肌肉，因為動物在收到危險信號的時候會豎起耳朵，而家養動物很少會遇到這樣的危險，這種觀點似乎是很對的。」[49]

---

(49) 查理斯·達爾文，《物種起源》（江蘇：江蘇人民出版社，2011），頁6。

產生用進廢退的原因也很容易觀察到，舉重運動員手臂的肌細胞因為經常活動，就會得到更多的營養，所以手臂就發育得更加粗壯。在嗅覺高度敏感的動物體內有一些幹細胞，在需要的時候，它們能夠被啟動並且形成對新氣味做出反應的神經元，來加強已經敏銳的嗅覺。

拉馬克還認為用進廢退這種後天獲得的性狀是可以遺傳的，生物把後天鍛練的成果遺傳給下一代，這就是「獲得性遺傳」。比如長頸鹿的祖先原本是短脖子的，但是為了要吃到高樹上的葉子經常伸長脖子和前腿，於是脖子和腿更加強壯而且長一點。世代累積並且通過遺傳而進化為現在的長頸鹿。又例如上一代是舉重選手，則他們的孩子可以遺傳父母的強健肌肉。

在拉馬克的理論中，用進廢退和獲得性遺傳是相輔相承的，沒有用進廢退，也就沒有所謂獲得，當然也就沒有可以遺傳的了。反之，如果沒有獲得性遺傳，用進廢退的成果就不能影響下一代，也就不會有進化。

在拉馬克看來，生物的進化就像爬樓梯一樣是從低等到高等，從簡單到複雜的一個漸進過程。這個過程是由基本的物理化學原理決定的。

既然生物都在變得越來越複雜，那為什麼現存的生物裡還有簡單的單細胞生物呢？拉馬克和他的很多同時代人一樣，相信「自然生成」，認為這是因為那些最簡單的生物會通過自然發生持續出現，隨時從無生命物質裡自發誕生。就在你看這句話的同時，沼澤泥漿之類的地方都在從無到有地誕生生命，類似中國古書中所說的「腐草為螢」。這是當時知識水準的局限性所造成的。

拉馬克仔細觀察過很多化石，這讓他相信不同物種之間存在親緣關係。他對同時代的一些科學家輕視化石感到很不滿意：「把堆積於周圍的或埋葬於地下的遺物之所示於我們的各種特徵，置棄不顧。」(50) 拉馬克還發現，有很多骨骼結構是化石獨有的，根本不存在於任何一種現存動物當中，因此從物種在考古時間上的分佈推導出了自己的進化論，而達爾文則從現存物種的空間分佈角度推導出了自己的結論，兩個人從兩個角度得到了相似的結論。

拉馬克發現很多骨骼結構是化石獨有：「我們所看到的埋於多處相異地方之土地中的化石遺骸，當然是過去曾經存在過的種種動物群的殘骸；可是在這些動物中，與我們今日所知現存動物完全相同的或類似的動物，為數極少。」(51) 拉馬克說得很正確，曾經在地球上生存過的生物物種，99%以上都已經滅絕了。所以這也成為拉馬克產生物種可變的想法的一個原因。

(50) 讓·巴蒂斯特·拉馬克，《動物哲學》（北京：商務印書館，1936），頁77。
(51) 讓·巴蒂斯特·拉馬克，《動物哲學》（北京：商務印書館，1936），頁79。

達爾文撰寫《物種起源》的時候，也認可用進廢退這個進化機制。但是他表示不能接受拉馬克所提出的「生物『想要』朝哪個方向進化，就能夠朝哪個方向進化」的觀點。「變異並非如拉馬克所言，是目標明確的。」[52]

在這一點上，拉馬克是被誤解了。其實他並不認為生物的意志力能夠決定進化的方向。他只不過提出生物的求生本能可以使它獲得新習性。比如一隻好吃懶做的肥貓被主人遺棄了，它只好東奔西跑到處覓食，一段時間下來變得靈活而且肌肉強健。它並不是自己想健壯，而是習性改變了，生活所迫不斷鍛煉，否則會被餓死。

而且拉馬克也不認為地球物種的進化存在某種特殊的設計或者計畫。他本人相當唯物，只是單純地指出觀察到的，「從低到高」的進化歷程。

如果拉馬克認為進化的方向明確，也是認為這個方向是為了生存下去，或者是適應環境。在這個大方向之下，變異或者進化到哪裡，生物自己也把握不了，需要經過「一段極長的時間」。

拉馬克很客觀，一直在強調是環境引起的習性變化：「然則從環境因素而起的諸變更，當如著者於下文所述，對於生物尤其對於動物，會使它的習性及生存方式發生變化；而此等變化，若能影響至生物之諸器官與諸部分的形態而使之發生變更或發達，則於不知不覺之間，生物在其整個的組織上，尤其是它的形態或外部的諸特性也應發生變更。不過這種變更，須經一段極長的時間之後始得逐漸顯現，這一點必須明白。」[53]

對於習性決定了進化，拉馬克這樣說：「著者在下章中，擬將各個的種由於長期圍繞其周圍之環境因素的影響，得到如今日所見於該種的習性（habitudes），而這些習性今後又影響其種之各個體諸部分、使發生局部的變化，俾與獲得之習性互相連絡的事，加以述說。現在，先就最初命名為種的觀念來研究一下。」[54]「換句話說，即由於新的環境因素和新的習性使惠及生命的器官得到更正的能力，致在不知不覺之間形成如我們今日所見的形態。」[55]

獲得性遺傳是「後天獲得性狀遺傳」的簡稱，指生物在個體生活過程中，受外界環境條件的影響，產生帶有適應意義和一定方向的性狀變化，並能夠遺傳給後代的現象。

---

(52) 克裡斯・布斯克斯，《進化思維》（四川：四川人民出版社，2014），頁29。
(53) 讓・巴蒂斯特・拉馬克，《動物哲學》（北京：商務印書館，1936），頁81。
(54) 讓・巴蒂斯特・拉馬克，《動物哲學》（北京：商務印書館，1936），頁65。
(55) 讓・巴蒂斯特・拉馬克，《動物哲學》（北京：商務印書館，1936），頁73。

環境改變了生物習性，習性決定了行為，而行為影響了生物構造。這個概念應該算是拉馬克最先提出來的，但是威爾遜認為提出者是1872年達爾文的《物種起源》第6版，和1875年安東．多爾的《功能開關》，顯然這是抹殺了拉馬克的功勞。而威爾遜的說法：「社會行為也常用作進化先鋒，整個儀式化過程典型地包括行為變化，隨之伴有形態變化，而後者的變化又使行為的特徵更為明顯可見。」把環境——習性——行為——構造的順序表達得更清楚。

回到主題，在環境發生變化時，生物為了適應環境而習得的新習性。這個是沒有方向和目的的，完全是一場說走就走的旅行。而這個生物自身在發育過程中通過主動適應、鍛煉所獲得的優良性狀，在長期穩定存在的條件下，能夠引起種群遺傳結構的改變。

當然，拉馬克有一些理念，從常規物質的角度，在現有科學的框架下來看有另外一些問題。

比如拉馬克相信，既然所有物種的進化「都是一個連續變化的過程，那麼，也就無所謂生物滅絕現象，他認為所有的物種都沒有滅絕，而只不過是從一個物種轉變成了另一個物種而已。這種說法挺有意思，現在公認鳥類正是恐龍的一支轉變而來的。當然，這兩個概念之間有著巨大的差異，並不能證明拉馬克的物種轉變理論是正確的，地質史上存在物種大滅絕現象已是不爭的事實。」[56]不過這些瑕疵對拉馬克的進化理論並沒有產生很大影響。

這麼多年來，達爾文粉絲和拉馬克擁躉之間一直處於對立狀態，其實這也許只是一個誤會。要說跟達爾文進化論很難相容的，應該是神創論，但這又關拉馬克什麼事兒呢？

再來看看達爾文進化論的要點：過度繁殖、生存競爭、遺傳和變異、適者生存。關鍵點是高高在上的「自然選擇」。而拉馬克的理論是：用進廢退、獲得性遺傳。對比發現，拉馬克的理論可以理解為是達爾文的「遺傳和變異」的一部分。

首先，拉馬克「用進廢退」解釋的是「變異」的方式，拉馬克認為生物內在的意志雖然不能決定進化的方向，但是可以不斷進行自我完善。在這方面和達爾文是有分歧的：因為達爾文認為「變異」變化傾向的出現只是自然選擇不斷保留有利變異（無意識、無方向、完全隨機的變異）的結果，不承認有其它主要因素的存在（暫不考慮遺傳漂變和性選擇）。但是現在生物研究提供的證據，越來越接近發現自然選擇之外的進化推動力，發育也好、習性也好、意志

---

(56) 史鈞，《進化！進化？達爾文背後的戰爭》（遼寧：遼寧教育出版社，2010），頁17。

也罷，反正不是只有自然選擇。

所以「用進廢退」與達爾文的「變異」理論並不矛盾，它是「變異」的另一種方法，所以現在有個名詞叫做「適應性突變」，就是介於有意識突變和隨機突變之間的一個有點說不清的變異方法。

其次，拉馬克「獲得性遺傳」說的是「遺傳」。大家不得不承認，達爾文本人遺傳知識相當缺乏（現在的高中生都可以給他老人家講講課），當年孟德爾把自己的論文給達爾文郵過去了，他老人家竟然沒看（多可惜啊，長使英雄淚滿襟）。所以他不知道「中心法則」理論，更不知道「基因」是什麼東東。因此達爾文對遺傳知識，包括對拉馬克理論的認識也是一陣明白一陣糊塗，態度搖擺，對很多現象的解釋其實也是上了拉馬克的「賊船」，不斷地運用「獲得性遺傳」來解釋一些難題。

再加上現在的表觀遺傳學（後面章節中詳細說明）又證明了獲得性遺傳確實以某種形式存在。比如第二次世界大戰荷蘭饑餓的冬天中，一些懷孕三個月以內的婦女生出的女兒很多營養不良，即便後來條件好了，這些孩子仍然沒那麼健壯。不但如此，這些孩子的孩子也存在母親的問題，這就是獲得的性狀的跨代遺傳。

如上所述，物競天擇的規律引導了物種進化的方向。達爾文進化論的精華在於——物種進化出什麼特性是有規律可循的，那就是為了適應環境。而拉馬克理論是對達爾文進化論「遺傳變異」這個主題的補充和完善。至於「遺傳變異」這個主題因為技術進步而增加更多細節認識，但都對達爾文進化論精髓沒什麼影響。

拉馬克認同大自然在生物進化中的作用，我統計了一下，在《動物哲學》一書中，拉馬克400餘次提到「自然」，並且170餘次提到「環境」，強調環境因素對生物習性的影響。所以達爾文理論和拉馬克理論，只不過是在一些技術細節上的分歧而已，大體上並不矛盾。

達爾文對拉馬克的理論也不是很排斥，他本人謙虛厚道，在《物種起源》中多次表達用進廢退和獲得性遺傳的意思：「在我們的家養動物中，有些動物的器官因為使用而得到加強並增大了，有些動物的器官則因為沒有使用而縮小了。對於這類事實，我認為是無可辯駁的。而且我認為這種變化具有強烈的遺傳傾向。」[57]

達爾文的這一段話竟然與拉馬克的理論如此相似，唯恐中文版的翻譯有

(57) 查理斯·達爾文，《物種起源》（江蘇：江蘇人民出版社，2011），頁128。

偏差，我又找到《物種起源》的英文版本，發現達爾文確實認可用進廢退和獲得性遺傳：「I think there can be little doubt that use in our domestic animals strengthens and enlarges certain parts, and disuse diminishes them; and that such modifications are inherited.」[58] 看來，多事兒的是那些信奉達爾文理論的傳統生物學家，他們一般會堅決抵制拉馬克理論。

達爾文還解釋了為什麼「廢退」是必然的：「如果養料過多地流向一個或少數幾個器官，那麼，至少可以說，流向其他器官的養料就不會充足了……屬於同一變種的甘藍，不會在產生茂盛且富含汁液的葉子的同時，又結出大量的含油種子……自然選擇不斷地試圖來節約身體構造的每一部分。在生活條件發生了改變的情況下，如果一種以前是有用的構造，現在卻沒多大用處了，那麼，這種構造的縮小是有利的，因為這可以使個體不把養料白白浪費在建造一種無用的構造上去。」[59]

但是從這一段也可以看出達爾文和拉馬克的分歧之處。對於構造的變化，達爾文認為是自然選擇精準而生硬的直接唰唰唰修剪的，而拉馬克認可環境——習性——行為——構造的過程。我在後面會詳細論述自然選擇既不精準，也不嚴厲，所以在這個問題上，拉馬克更勝一籌。

拉馬克的理論確有很多長處，史蒂芬・古爾德教授在書裡說：「今天，幾乎所有演化論者都不否認，拉馬克的功能主義解釋自有其簡潔精彩之處（達爾文也支持功能主義，但通常所有的風頭都被達爾文占了）。雖然我很尊敬達爾文，我還是要為拉馬克辯解一下，『功能決定形態』這條基本原則首先是拉馬克提出來的……拉馬克很清楚：行為的變異先於形態的變異。一個生物體的形態原先是適應它的舊環境的，當進入一個新的環境後，舊形態與實際功能之間產生了矛盾，刺激它發生改變（在拉馬克看來是努力改變、用進廢退、性狀遺傳，而達爾文解釋為自然選擇）。」[60]

古爾德在《自達爾文以來——自然史沉思錄》的後記中明確寫道：「亞裡斯多德認為，多數重大的爭論都可以通過中庸之道來解決。自然界中的複雜和變幻令人不可思議，幾乎任何事情都可能發生……大的問題則只能聽從自然的豐富多彩擺佈——變化可能是定向的或無目的的，逐漸的或劇變的，選擇的或中性的。我為自然的多種多樣感到欣喜，把確切性的幻想留給政治家和說教者

(58) Charles Darwin，《ON THE ORIGIN OF THE SPECIES》（北京：世界圖書出版公司，2010），頁82。

(59) 查理斯・達爾文，《物種起源》（江蘇：江蘇人民出版社，2011），頁138。

(60) 斯蒂芬・傑・古爾德，《火烈鳥的微笑》（江蘇：江蘇科學技術出版社，2009），頁12。

吧。」也許這才是真正科學地看待問題的方法，不要輕言誰對誰錯，特別是在雙方都有明白的證據的時候。

基因變化會產生形態變化，只有基因改變了之後，形態才能穩定地發生變化。在功能決定形態這個問題上，達爾文和拉馬克的觀點一致，只不過解釋方法不同。後來的孟德爾遺傳定律和現代的基因研究都證明了達爾文的觀點是正確的，但其實也沒有證明拉馬克的用進廢退錯誤。可是另外一個錯誤的實驗卻把拉馬克的學說給錯誤地打倒了，拉馬克多次被冤枉，多這一次不多，少這一次不少，但是這次影響最大，這就是赫赫有名的魏斯曼斷尾巴老鼠實驗。

「為了反駁拉馬克的理論，作為達爾文理論的堅定支持者，德國著名動物學家魏斯曼（August Weismann）開展了一個不人道的實驗。他養了一批老鼠，然後堅持不懈地把每一代的老鼠的尾巴都切下來，一直連續切了二十多代。結果發現，老鼠後代尾巴的長度並沒有受到影響，重新生下來的小傢伙們仍然一個個拖著長長的尾巴，據此，魏斯曼否定了拉馬克的『獲得性遺傳』理論。」[61]

其實這個實驗設計得簡直就是臭豆腐炒榴槤，奇臭無比。出發點就是錯的，我懷疑魏斯曼有沒有看過拉馬克的《動物哲學》，否則怎麼會琢磨出這樣糟糕的實驗呢？

「老鼠的尾巴是被『切掉』的，這根本不是環境造成的，也就是說，老鼠並沒有不『需要』這個尾巴，而這個被切掉尾巴的悲劇也不能稱為『獲得性』，那只能是『強加性』。」[62]

拉馬克所說的「用進廢退」應該解釋為：經常使用就會獲得進步，不常使用就會退步，並且強調了「習性」的重要。而老鼠沒有尾巴的原因不是它「不用」，更不是個「習性」，而是被魏斯曼砍掉了，所以怎麼會「廢退」呢？可見強加的改變並不會影響性狀。

還有人以女性的處女膜每代都被弄破，但仍然存在，來攻擊「用進廢退」。其實這和老鼠尾巴一個道理，處女膜也是有用處的，用來保護青春期之前粘膜較薄弱、酸度也較低的陰道。而且也不是女人由於「習性」自己弄破的，為什麼要「廢退」呢？

拉馬克從來沒說過生物所發生的每一個改變都會穩固生根。他只是說，生物會把對生存有用處的性狀固定下來。

---

(61) 史鈞，《進化！進化？達爾文背後的戰爭》（遼寧：遼寧教育出版社，2010），頁18。
(62) 史鈞，《進化！進化？達爾文背後的戰爭》（遼寧：遼寧教育出版社，2010），頁18。

魏斯曼的實驗設計得如此糟糕，就是個森林病蟲鼠害防治專業本科生畢業論文的水準，而且從根上就設計錯了，估計無法通過畢業論文答辯，會被答辯老師罵得抬不起頭。但是不管這個實驗多麼拙劣，卻對拉馬克的理論產生了很壞的影響。一次又一次地被達爾文的粉絲團引用（故意裝糊塗？）。

史蒂芬・平克曾說：「如果獲得性特徵確實可以遺傳的話，那麼幾百代的割禮應該已經使今天的猶太男孩生下來就沒有包皮了。」和前面的兩個例子一樣，這也是一個理解上的錯誤，強加的改變當然不會影響性狀。包皮大有用處，保護男子的龜頭和尿道口，特別是在原始部落，把那麼脆弱的部位支在外面承受蚊叮蟲咬和各種傷害明顯是不明智的（龜頭受過傷的小朋友舉一下手）。而男人穿上內褲就是這麼一、二千年的事兒（以前也就是圍一塊布），還來不及過河拆橋呢。

作為心理學家，平克在這樣易混淆的問題上出錯是可以理解的。但是現在很多生物學家還經常以此來說事，這就讓人覺得有些可疑了。

拉馬克主義者為了反擊，「針對達爾文的理論提出的針鋒相對的主要觀點是：自然選擇不是真理，最多只能算是生物進化的輔助因素。在他們看來，生物具有強大的可塑性，只要環境發生改變，生物也就隨之發生改變，以適應新的環境；並且，這種變異絕不是如達爾文所說的那樣是隨機發生的，而是經過環境的誘導而出現的，或者是生物對環境長期習慣的結果。這就是所謂的定向變異。定向變異產生的性狀就是『獲得性』性狀。自然選擇雖可以淘汰不適應的個體，但獲得性遺傳才是真正『適應』的原因。」[63]

達爾文《物種起源》的原名叫《通過自然選擇的物種起源，或在生存競爭中優勢種類的保存》，裡面提到了「競爭」，生存競爭當然應該有主動性在裡面，大家一起抓鬮、擲骰子，那不是競爭，是賭博。

現在科學發現正在證實，在很多方面，基因並不是決定者，而只是性狀的追隨者，性狀改變之後，確實發生了一些基因改變。而且在這個過程中，生物的發育起了很大的作用。這個領域正是現在生物學實驗和研究的大熱門，也許很快會有重磅發現。

關於獲得性遺傳，生物學家史鈞教授在他的著作《進化！進化？達爾文背後的戰爭》中描述了一個事例：「比如在暗無天日的洞穴中生活的動物，由於長期見不到光線，它們的眼睛沒有什麼用處，於是乎日益萎縮，最終消失了。這似乎正是典型的用進廢退和獲得性遺傳。

(63) 史鈞，《進化！進化？達爾文背後的戰爭》（遼寧：遼寧教育出版社，2010），頁170。

「不要說普通讀者，就連達爾文都對這一現象不知所措。他在《物種起源》曾專門介紹了鼴鼠等穴居動物眼睛退化的事實，然後達爾文說：『這種眼睛的狀態很可能是由於不使用而漸漸縮小的緣故。』但他還不甘心徹底放棄自然選擇的作用，所以接著又說了一句：『不過恐怕也有自然選擇的幫助。』

真實的情況是，仍然是自然選擇在起作用。在黑暗環境下，當眼睛不能給動物提供生存優勢時，反而會變成劣勢。因為眼睛經常發炎，加上地下的某些營養跟不上，所以，眼睛退化的變異體反而更容易成功生存。」(64)

孟德爾的遺傳規律被證實之後，達爾文理論的證據越來越多，所以拉馬克理論的擁護者越來越少。其實這是不應該的，比如上面的例子中，即便基因學證實了鼴鼠眼睛的退化是因為盲眼鼴鼠有更大的生存優勢，自然選擇是主因，但是這樣並不能證明鼴鼠體內的發育和習性沒起作用。也許這些內因起的作用也很大，只是要等待科技發展到足夠的高度才能證明。

兩派進化論最著名的分歧事例，就是長頸鹿的進化史，這是中學教科書上都有的內容。簡單地說，達爾文認為長頸鹿這麼長的脖子是因為短脖子鹿吃不到樹葉，都被餓死了、淘汰了，自然選擇剩下的都是長脖子的，所以脖子越來越長。而拉馬克認為短脖子的鹿努力去吃樹上的樹葉，使勁踮著腳尖伸脖子，所以脖子越用越長，而且遺傳了下來。現代的遺傳科學可以證明達爾文是有道理的，但是也還是無法證實拉馬克是錯誤的。現在讓我們仔細分析一下。

長頸鹿的長脖子，在饑饉的年份裡會有生存優勢，可以吃到別的食草動物吃不到的樹葉。但在普通的年份裡，由於青草充足，長脖子也許就是個十足的劣勢。

在動物園裡見過長頸鹿吃草的朋友一定會同意這個觀點，長頸鹿很不喜歡低頭吃東西，比站著累多了。它分開兩條兩米多長的前腿，把頭低到地面上，吃幾口之後還要抬頭警惕地看一下四周，然後再低下頭來。每次做抬起和低下的動作，它的頭部至少要挪動三米，可見能量耗費之大、動作效率之低。

長頸鹿大部分時間都是站著睡，一般站著並呈假寐的狀態。由於脖子太長，為了讓脖子也得到休息，長頸鹿睡覺時還要把腦袋靠在樹枝上。長頸鹿有時也要趴下真正睡上20分鐘，但是太費勁了，它會把腿圈起來壓在肚子底下，長脖子回轉180度，腦袋枕在屁股上。這種睡姿能夠縮小目標，可是站起來要費時費力，在遭遇突然襲擊的時候會是大麻煩。

長頸鹿很少發聲，甚至被認為是啞巴。主要因為發聲需要靠肺部、胸腔和

---

(64) 史鈞，《進化！進化？達爾文背後的戰爭》（遼寧：遼寧教育出版社，2010），頁170。

膈肌的協同工作，但由於長頸鹿的脖子太長，發音器官之間的距離太遠，叫起來很費力氣。所以，它們平時一般很少叫。這些都是長脖子帶來的麻煩。

決定生物能否生存下去，看的是綜合分數。而長頸鹿的長脖子會帶來很多不便之處，所以綜合分數不見得提高。脖子不那麼長的鹿，即便樹葉吃不到，但它們會有自己的生存之道。高中老師曾經說過：「體胖還須勤鍛煉，人醜就要多讀書。」短脖鹿身高是劣勢，但跳躍和攀爬能力就要強很多，動作也能更敏捷。

長頸鹿長得高大威猛，並不只因為脖子長，這是一個系統工程：比如它的供血系統。人們一般都有這種經歷，在地上蹲時間長了，猛地站起來會感到眩暈，這是由於大腦供血不足。然而長頸鹿常常在兩、三秒的時間內把頭從地面抬升到4米多的高度，卻不會感到頭暈，美國科學家對長頸鹿抬頭不感到眩暈的現象給出了科學解釋。

長頸鹿有一顆能夠承擔重負、強健有力的心臟，而且長頸鹿血壓很高，收縮壓要達到人類的三倍之多，正是這些因素使得長頸鹿免於頭暈之苦。長頸鹿的心臟碩大無比，重量達到12公斤，收縮十分有力，因此一次收縮能夠泵出大量的血液。當長頸鹿抬頭時，頭部的血管會把所有的血液都彙集到大腦，暫時停止對頭部其他器官的供血，比如臉頰、舌頭或頭皮，這樣就會最大限度給大腦提供血液。同時，長頸鹿的皮膚較厚，而且頸靜脈上有肌肉，給靜脈增加了壓力，類似於人類在手術後使用的、或者在長途飛行中防止深靜脈血栓的彈力襪，使靜脈能夠更有效地把頭部的血液輸送回心臟，而其他動物的靜脈一般沒有肌肉組織。長頸鹿防止昏暈的身體機理比我們人類複雜得多。

長頸鹿不只是脖子長，腿也很長，這樣使它具有更大的身高優勢。可是只有高度優勢還不能更好地享用樹葉，它還需要靈巧的舌頭。長頸鹿的舌頭長達40釐米，能輕巧地避開植物週邊密密的長刺，舌頭上黏稠的口水可以粘住隱藏在裡層的樹葉，舌頭和嘴唇上還有一層堅韌的角質能防止被刺傷。某些動物唇舌的堅韌和靈活程度令人咂舌，如果你看過駱駝和陸龜用舌頭把長著大長刺的仙人掌放到嘴裡叭嘰叭嘰咀嚼，你就會同意我的觀點。

長頸鹿脖子變長，如果要成為優勢性狀，需要上面的這些條件協調進化才可能實現，比如能夠給長脖子供血的碩大的心臟、緊繃的皮膚、靈活的舌頭、能夠穩穩的保持平衡的大長腿，所以要這幾個性狀一起出現突變才能夠讓長脖子成為優勢。但是這樣當然大大地減少了突變成功的幾率。生物的生存是個系統工程，考察的是綜合能力，缺少其它能力配合的單一優勢性狀必然會被稀釋。

主流進化生物學認為：「每一個微小的變化，不管它被內在細胞的生物化學機制埋藏得多麼深，只要它能對生存和繁殖有用，自然選擇就會把它挑選出來。」[65]「達爾文進化論的主流觀點是，優勢性狀賦予生物的優勢，無論多麼微不足道，都將在生物漫長的繁衍生息中被無限放大。」[66]但是如果沒有心臟、皮膚、舌頭和大長腿的配合，長脖子的優勢性狀又有多大用處呢？

一般來說，性狀上突然出現的巨大改變基本都不是好事。比如一個普通人突然發育得很高，有可能是患了腦垂體瘤，也就是巨人症。所以在一個種群中突然出現的巨大突變的個體，並不一定受到異性的青睞。男人身材高大一般來說是個優勢，但對於內蒙古男子鮑喜順來說就很麻煩。他身高2.36米，身體健康，儘管很能幹，但是直到56歲才找到媳婦。這就說明異性對突變個體的不信任。

所以隨機的突變很難完全有益，即便有益，傳播下去也很難。而基因突變只能是個體突變，不會整個種群一起突變（否則是不是就該叫做嘩變了）。那麼這個突變了的個體在種群中就是個奇葩，即便這個突變也許會帶來一些生存優勢，但是得不到異性的認可，找不到女朋友，這個優勢基因自然也無法遺傳下去。

這就是社會認同原理，是一個進化心理學的概念，遠古時期的人類是群居的，如果一個人和大家不一樣，就會被當做疾病的根源。為了不威脅整個部落，大家就會排斥他，甚至可能殺掉他。所以短脖子鹿群裡出了一個長脖子鹿，剛開始的時候未必會得到異性的青睞，就算有些吃樹葉的優勢，但是性選擇方面也未必有什麼優勢。注意，我說的是「剛開始的時候」，時間長了之後就不一定了，但是同樣的基因突變個體會一個接一個地出現嗎？

「在雄麻雀中，選擇作用把異化鳥——朝著特大與特小方向進化的鳥——全都消滅掉。這種選擇叫穩定化選擇。」[67]達爾文在書中也說：「籠養鴿子是所有變異鴿子的祖先，它們似乎很討厭幾種奇形怪狀的變異鴿。」

再有，即便是優勢變異，也會如達爾文所說：「發生變異的個體也將會由於偶然的毀滅以及後來的相互雜交而使得其後代再次失去這些變異的性狀。

(65) 約翰·布羅克曼，《生命：進化生物學、遺傳學、人類學和環境科學的黎明》（浙江：浙江人民出版社，2017），頁15。

(66) 安德莉亞斯·瓦格納，《適者降臨——自然如何創新》（杭州：浙江人民出版社，2018），前言。

(67) 約拿生·威諾，《鳥喙》（北京：人民郵電出版社，2013），頁136。

在家養狀態下，除非這類突然變異受到了人的照顧、被隔離開使之無法發生雜交，否則也無法被保存下來。」[68]

還有一種情況，就是捕食者喜歡挑選獵物群體裡比較奇特的個體發動攻擊，比如年幼、年老、體弱、有病、動作怪異或者被攆到群外的個體。而發生較大基因突變，外形明顯與眾不同的個體當然也在此列。因為它們太突出，很容易被鎖定，比如一群奔跑的黃色羚羊中出現一隻白色羚羊，一定會被獵豹或者狼群盯上。

「肉食性的魚（捕食者）會因表面上的任何變化受到刺激並優先攻擊那些變化的個體。穆厄勒（Mueller）用雀隼和大翅隼做試驗，簡便地證明了捕食者是優先攻擊那些奇特獵物的。」[69]比如獵物群裡只有一隻白色的，雀隼會先攻擊它，只有一隻灰色的，雀隼也會先攻擊它。當然這也會大大降低基因突變個體的存活率，即便發生的是有益突變。

反過來，如果這個突變是來源於習性，也就是來源於內因，那麼認可度就會高很多，因為大家能夠想到一起。就像一個以採集樹葉和野果為生的群體，他們的習性就是踮腳伸手，那麼這時有了高個子的突變，自然就會受到異性的青睞，也就有了生殖優勢。而且大家一起身高增長，就不會有出眾或者怪異的個體來吸引捕食者了，有益的基因就能傳下去。

換個角度看，如果說吃不到樹葉的短脖子鹿都餓死了，這有多牽強。俗話說：「樹挪死，人挪活」，和人類一樣，動物也善於挪動和遷徙。很多大型動物都有遷徙的能力，特別是像長頸鹿這樣身高腿長的動物，即便是脖子短點的鹿也比羚羊高大。短脖子鹿吃不到樹葉，難道一定要像中學生物書上畫的那樣餓死在那棵夠不著樹葉的樹下嗎？它們就不能遷徙嗎？災難過去再回來唄，這也不是什麼難事。地球的環境變化，多數是區域性變化，即便是幾次冰河世紀，冰蓋也只不過覆蓋地球面積的10%～30%。近些年來對氣候影響大而又多發的厄爾尼諾現象，一般只是區域性影響，造成一些地區乾旱而另一些地區又降雨過多，遷徙能力強的動物還是能夠找到避難所的。

一些生物學家把環境變化看得過於簡單，我的一個朋友也犯了類似錯誤，他是在經濟方面。有一年他炒股賺了十萬，很開心，信心滿滿地說「十年之後，我就是百萬富翁！我今年賺十萬，明年賺十萬，十年不就一百萬嗎？吧啦吧啦吧啦……」現在十年已經過去，結果大家一定已經猜到了，賺的錢都賠進

---

(68) 查理斯·達爾文，《物種起源》（江蘇：江蘇人民出版社，2011），頁230。
(69) 愛德華·威爾遜，《社會生物學：新的綜合》（北京：北京理工大學出版社，2008），頁46。

去了，老本還賠了一百多萬——「百萬負翁」。其實自然環境的變化和中國股市一樣，大起大落，陰晴不定。

長脖子真的是為了在旱季的時候能吃到短脖鹿吃不到的樹葉嗎？動物學家羅伯特·西蒙斯和盧·希培斯提出了質疑。他們發表在《美國博物學家》的論文中寫道：「大體上，在乾旱的季節裡（此時，覓食的競爭應該是最為激烈的），長頸鹿都是從較低的灌木叢中，而非高大的樹上進食。」更重要的是，長頸鹿最常以彎曲脖子的姿態進食。此外，為什麼長頸鹿在超過一百萬年的時間裡始終比其他與之爭奪食物的食草動物高出2米呢？不管以什麼樣的標準衡量，這都是種矯枉過正。

生物發生這樣大跨度進化的例子很多，比如從恐龍到鳥類的進化，外形和身體結構改變得面目全非，如果只是由外界環境的改變促成，需要多長時間持續的全球性氣候變化才能產生這樣的進化呢？

對某個突變產生的生存優勢不能簡單地看，也不能過分高估。優勢突變很可能帶來其他的一些副作用，所以生物界才會這麼多種多樣，並沒有被贏家通吃。而那些曾經叱吒風雲，霸佔整個生態位的強勢物種的下場大家也都知道，最有名的當然是三葉蟲和恐龍。

大自然的生存法則很複雜，並沒有百分百確定的優勢性狀，即便是在食物鏈相似位置的生物之間。比如狼和狐狸都捕食兔子和老鼠，狼更強壯而且聚群，能夠圍獵大型動物，這一定是優勢嗎？強壯的動物必然能量消耗大，所以狼需要吃的更多更好。捕獵大型動物的難度當然更大，大家在動物世界裡看到猛獸捕獵的成功率很高，多數都能得手，就算失敗也轟轟烈烈。實際上這只是電視臺挑血腥刺激的片段播放而已，更多的捕獵行動都是失敗的，往往獅子剛走幾步，斑馬群就呼呼啦啦跑個精光，然後幾隻灰溜溜的獅子蔫頭耷拉腦的溜達回來。

生物學家做過一次跟蹤統計：狼群圍獵大型動物130多次，只成功6次，平均3天才吃一頓飽飯。

狼的能量消耗大，需要吃更多的高熱量食物。所以灰太狼整年都抓不到一隻羊，全家天天吃青蛙是很難生存的（除非青蛙取之不盡）。而紅太狼營養那麼差，基本揮不動平底鍋，也無法養育小灰灰。而狐狸就不用擔心，它長得瘦瘦小小，青蛙、昆蟲、老鼠和小鳥就可以讓狐狸活得不錯，偶爾捉個野兔就算加餐，捉不到也問題不大。

古爾德教授對這個問題這麼論述：「物競天擇現象只能產生對附近環境的

適應而已。這種區域性的適應，不可能產生全面的進步……如果適應地域性環境的連串變化，能夠導致進步，那麼物競天擇的過程必能出現進步的情況。但事實上不可能。這些變化隨著地質年代的變異而各有不同：滄海桑田，時而海洋，時而陸地；氣候也會變冷變熱。如果生物因為天擇的緣故，而隨著地域環境變化，那麼應該是隨意而漫無目標的（很難出現長頸鹿這樣脖子一直長下去的情況）。這種論調使得達爾文否認，進步是天擇這個『機制的精髓』所產生的結果。因為整個過程只產生地區性的適應，雖然精緻，但不普遍……天擇只造成地域性的適應，有的固然錯綜複雜，但永遠是地域性的，不會是全面進步或複雜化的過程。」[70]

另外一點，如果想讓自然選擇全面控制長頸鹿的脖子變長，那麼對環境變化的速度有嚴格要求：太快了不行，基因突變還沒發生作用，短脖鹿就全部被餓死了；太慢了也不行，就會有其他的環境因素摻雜進來，短脖鹿的脖子就未必會一直變長。

自然環境的變化常常是往復的，這導致生物的形態也是在往復地波動，而較少沿著一個方向狂奔而去。在達爾文的聖地——厄瓜多爾的加拉帕戈斯群島，1977年的一場乾旱讓達芬梅傑島（Daphne Major）上的小種子植物幾乎絕跡，以小種子為食的小嘴地雀也大量死亡，而嘴較大的大地雀由於適合吃大個種子而得以生存下來。幾代之後，地雀的嘴平均增大了4%。而在降水量較大的1983年之後，種子較小的植物重新繁盛起來，地雀的嘴又重新變小，進化逆轉了。所以如果只是自然選擇來決定生物形態的話，很難產生大跨度的進化。

哺乳動物從老鼠那麼大，進化到大象這樣的身材，並不是簡單的等比例放大，而是經過系統的調整。

「動物成長時會進行一些調整，來解決體重增長遠遠超過肌肉、肌腱和骨骼力量增長這一實際問題。就憑這一點，我們就有理由對涉及到動物變大這一方面的電影上演的情形產生懷疑。在這些科幻電影中，哥斯拉看起來像長滿鱗的暴龍，金剛像大猩猩，但動物要達到如此龐大的程度必定還需要有些身體的變化。哥斯拉靠著細長的兩腿支撐體重，一定不會像電影中那樣跑得那麼快；金剛憑藉其動力不足的肌肉想要拖著身體攀爬必定困難重重，更不必說爬上紐約的高樓了。如果這些稀奇古怪的龐然大物要做合乎自然法則的運動，它們必須加粗其肌肉和骨骼，也就不會是像影片中顯現的那樣，是毛髮光滑、令人恐

(70) 斯蒂芬・傑・古爾德，《生命的壯闊》（江蘇：江蘇科學技術出版社，2013），頁113。

慌的動物了。」[71]

像長頸鹿外形這樣的適應性改變，廣泛存在於自然界的物種之中。或者說，只要仔細觀察，每種現存的生物都有很多本物種特有的、異於其他物種的特點。比如啄木鳥就和其它鳥類區別很大：為了防止腦損傷，啄木鳥的頭骨形狀獨特，由超高密度海綿骨塊和陣列反拉的肌肉聯結而成，並有額外的骨骼對其加固，功能有如避震器。鳥喙位於軟骨襯墊之上，而喙周圍的肌肉會在每次衝擊之前的一瞬間收緊，令擊打的力量避開頭部，分散到頭骨的支持骨骼中。每次擊打時，啄木鳥的眼瞼都要合上，以保證眼睛不會彈出來，也不會被飛濺的木屑碰到。此外還有一扇鋼刷狀羽毛覆蓋在鼻孔上，令啄木鳥在鑿擊中不會吸入細碎的木屑。它用一束硬質的尾羽把自己支撐在樹上，用X形的四趾爪牢牢地抓住樹幹，還有一根圓筒狀的黏糊糊的長達20釐米的舌頭，可以伸出很遠捉住昆蟲。別小看這20釐米，有的啄木鳥身高還不到20釐米，想像一下跟身高差不多的舌頭……

這麼複雜的結構體系是為了支撐其巨大的工作量，找到並捉住樹幹裡的蟲子是很費勁的事，因為有的蟲子藏得很深、很隱蔽，並不像兒童讀物裡說的那樣：敲敲、聽聽、啄啄，就吃到了美味的肉蟲子。

有個逗趣視頻，一隻啄木鳥不斷的地啄擊樹幹，半天也沒找到蟲子，樹幹被掏了老大一個窟窿，木屑紛紛揚揚撒了一地，啄木鳥還在「篤篤篤」地奮戰。視頻配的字幕就是，大樹說：「鳥哥，算了，算了，不就是一隻小蟲子嗎？咱不找了，不找了……」

吉林農業大學的郝瑞教授在他的書中，詳細描述了鳥類外形對環境的適應性改變：「這些改變也是從頭到腳的整體性的。首先是羽毛的設計，只有輕和結實才符合飛行的要求。一根羽毛品質非常輕，然而其堅韌性和抗拉強度是驚人的。現在很難找到比這更好的適於動物飛行的材料。」

介紹一下郝瑞教授和他的《生物自主進化論》。本書寫到一半的時候，我看到了這本《生物自主進化論》，相當精彩。我和作者的很多理念相似，也都在挑戰傳統生物學，並且認為進化的主導者是生物自己。一查作者資訊，竟然是我們吉林農業大學的一位退休老教授，而且我們都是園藝學院，他是果樹專業，是我一個同班師妹的導師的導師。我連忙聯繫師妹，希望拜訪郝瑞教授，可惜郝教授已經去世，未能當面請教他的自主進化理論，實在是遺憾。

郝教授在果樹專業聲望很高，國內對藍莓的研究始於20世紀80年代初，就

---

(71) 克裡斯·萊弗斯，《大象之耳》（江蘇：江蘇科學技術出版社，2008），頁10。

是郝教授和吉林農大小漿果研究所的同事們，最先對長白山地區的野生藍莓資源進行的系統調查，由此率先進入藍莓研究領域，並第一個建立了藍莓產業化生產基地。而現在吉林農業大學在藍莓領域已經全國領先，每年培育很多藍莓樹苗。上學的時候，偶爾能吃到師妹拿回來的這種藍精靈最愛吃的小藍漿果，甜甜酸酸的挺好吃，而且對身體好。

接著說鳥的羽毛，鳥有了帶羽毛的翼是飛行的主要條件，但是翼需要有推動的動力，正如飛機必須有發動機提供強大的動力一樣。鳥飛行的動力主要是靠幾塊飛行肌供給，這些肌肉附著在龍骨上，把主要肌肉團安排在身體下方，改善了空氣動力的穩定性。鳥類這幾塊飛行肌的重量可能占身體總重量的15%～20%。而普通人類的胸肌則不及身體重量的2%（不包括史泰龍和施瓦辛格）。

鳥類對其骨骼的改造，同樣貫徹適應飛行的原則，一是輕，二是堅固，而且不同的骨骼因其作用不同又有各自奇妙的設計。所有飛鳥的胸骨雖然輕薄，但都有一個高高的龍骨突，這龍骨突不但使胸骨固直，更重要的是提供了一塊寬大的表面，使強壯的飛行肌肉附著在上面。大多數鳥骨變成中空的（儘管它們的祖先——恐龍的骨骼相當厚實），甚至內部發展有骨絲支柱，使其更堅固。一隻展翼長達2.1米的軍艦鳥，全幅骨骼的重量輕得只有113克，比它的羽毛還輕。

別看鳥骨很輕，但是非常堅固。在網上看到過一段視頻，好像是從《動物世界》裡截取的，一隻老鷹從山上俯衝飛撲一隻山羊，在抓住獵物之後一起滾倒，然後雙雙跌跌撞撞的一路滾下山坡，期間幾次撞在石頭上。滾了幾百米之後，山羊還是跑了，觀眾都以為老鷹肯定死翹翹了，誰知它竟然一瘸一瘸的走了幾步，然後撲打著翅膀飛走了。

鳥類還有一套神奇的氣囊系統。氣囊系統錯綜複雜地延伸到身體各個重要部分，甚至通到中空的骨內空間。這些由小氣泡構成的氣囊，使鳥類能有效地使用吸入的空氣。

鳥類的飛行結構是綜合能力，單一能力的突出，比如飛行速度，能夠提高整體得分，但其它構件的能力也不能太差，比如骨骼不能太重，平衡不能太飄，反應不能太慢。

無人機是人造鳥，世界最牛的民用無人機製造公司是中國的大疆，占了世界民用無人機市場份額的70%，其他100多個品牌瓜分剩下的30%份額。特別是大疆的「禦」系列可折疊機型推出後，世界民用無人機領域就沒有了「對手」，只剩了「同行」。

現在大疆最大的敵人來自晶片領域，高通、英特爾、三星等晶片廠商正在推出自己的無人機晶片解決方案，把很多無人機所需的功能集成到晶片上，這將大大降低無人機的成本和售價。

大疆公司有些驚慌，但是沒有失措，因為晶片只是無人機的一個部件，作用不像手機晶片那樣至關重要，手機沒有機械結構，而無人機還有全套的飛行控制系統、安全防護系統、全向避障系統、圖傳通訊系統等很多其它部件。大疆的這些部件性能遠超同行，這些巨大的差距不是一個晶片所能填平的。

雖然大疆無人機如此豪橫，但是跟鳥類相比，還是存在極大的差距。比如無人機的定位系統有效範圍小，很輕易的會被干擾和劫持而導致失聯，鳥類的定位系統卻全球有效，超強防干擾極少迷路。還有前面抱著山羊滾下山坡的老鷹，如果是大疆，骨碌幾百米，估計連個電路板都剩不下。有個「炸機」網站，都是網友無人機墜毀前的畫面，花樣墜機。看著真是很無奈，感覺無人機真是太脆弱了，飛著飛著一陣風就撞樓上了。

從恐龍進化到鳥類，「鳥類從地面飛向天空，要涉及如此眾多難題。如果按自然選擇學說，由隨機變異自然巧湊，每一種變異又湊的如此實用，這簡直是不可能的。鳥類從想要飛離地面，到羽毛的創造、翅膀的設計、骨骼的改造、以及適應飛行的一系列其他構造及習性的出現，都是鳥類自主完成的，外力難起作用。如此廣泛複雜的問題，解決的如此合乎邏輯，如果沒有思維能力及高超的智慧，是不可能有如此完美的結果的。這種思維超出了人們通常理解的腦思維範疇。」[72] 然後郝瑞教授把這種思維能力稱為生物的潛思維。

在自然選擇之力之外，生物進化的真正原因也許恰恰正是我們一直忽視的，生物自己的力量——生物之力。

如上，長頸鹿和鳥類這樣系統、全面、連續、周密的進化，當然不可能是隨機和偶然的突變所能做到的。神創論者攻擊進化論，認為隨機突變產生豐富多彩的大千世界的可能性非常之低，經常做的兩個比喻，除了龍捲風組裝飛機之外，還有一個是猴子輸入一本書。就是說有一隻猴子，拿著電腦鍵盤亂敲，結果竟然輸入了一本《莎士比亞全集》。如果按照傳統進化論來說，每個基因都有突變的可能，每一代都可能突變，而且變成什麼也無法預料，那麼進化出這麼複雜的生物幾乎不可能。不只是猴子胡亂輸入了一本書，簡直是猴子在地上亂劃亂改最後寫出了一本書，都一樣的不可能。

如果給猴子很長時間，它們能打出《莎士比亞全集》嗎？恐怕很難。2003

---

(72) 郝瑞，陳慧都，《生物的思維》（北京：中國農業科技出版社，2010），頁60。

年，一個英國實驗室真的進行了一次猴子打字測試。他們找了6隻猴子，在它們的籠子裡放了一台有鍵盤的電腦。之後的一個月裡，猴子們胡亂敲打鍵盤，還真的敲打出了長達5頁紙的文字。但是最後它們在鍵盤上撒尿，還把鍵盤打爛了。猴子打出來的文字完全是混亂的，看不出一點某本名著的雛形。我猜是這個樣子，更像龔琳娜的歌詞：

啊呀呦

啊呀呦

啊嘶得咯呔得咯呔得咯呔

得咯呔得滴都得咯呔得咯都

呔咯得呔咯得呔咯得

呔咯得呔咯滴得呔咯得咯都……

（咦？我好像找到了一個作詞的新方法！）

如果再考慮到其他因素影響，比如動物園倒閉了、籠子壞掉猴子逃跑了等等，即便有6億隻猴子，給它們再長的時間，恐怕也無法打出來《莎士比亞全集》。「我們會對一隻猴子用打字機打出一個正確的詞沒齒不忘，對它的其餘的胡亂敲的東西卻視而不見……我們總在佈滿雜亂無章、毫無意義的字母串的長長的打印紙上試圖讀出那些有效資訊。」(73)

除非給予了其他條件，比如2011年，一個美國程式師在電腦裡虛擬了數百萬隻猴子，它們隨機產生字元。但是關鍵是，程式設定為，一旦發現符合莎翁作品的字母組合，就把它挑出來放到資料庫裡，每發現一個新詞，就把它插入到相應位置。在這樣開掛耍賴的情況下，一個半月之後得到了《莎士比亞全集》。而且，這裡面注意一點，全程有智慧（程式）的精準參與，這是自然選擇所做不到的，因為自然選擇不是智慧，並不精確，也不夠穩定。

即便隨機突變真的湊出來了生物基因，如果沒有智慧的校對和維護，也會是錯誤連篇。「在工程學上有條不言而喻的定律：越是精密的系統就越複雜，越容易出錯，容錯性也就越差。」(74)

而且研究證實基因突變並不完全隨機（後面章節將詳細論述），多半發生在某些不關鍵的基因區域，突變的頻率也基本穩定。這樣的突變與其說完全隨機的，不如說是在生物內部某種機制的控制下，利用了突變的隨機性而對生物

(73) 瑪麗安·斯坦普·道金斯，《眼見為實—尋找動物的意識》（上海：上海科學技術出版社，2001），頁82。

(74) 葉盛，《「神通廣大」的生命物質基礎：蛋白質》（北京：科學出版社，2018），頁33。

基因做出的調整。這樣，猴子就不是亂寫亂畫，而是在鍵盤上一個字母接著一個字母的摁，儘管出錯的概率非常大，但假如群體足夠龐大，而且有某個智慧的篩選，時間也足夠充裕，輸入一本書也是有可能的。

就拿啄木鳥來做例子，顱骨、喙、眼瞼、鼻孔、尾巴和腳爪不是胡亂的突變，而是在發育的協調下，利用基因突變，外形得到一項一項、一點一點的改進。喙長一點，顱骨硬一點，眼瞼和動作配合一點，鼻孔上多了一根羽毛，尾羽硬了一點，腳爪有力了一點，然後喙又再長了一點……這樣經過一代代的進化，也許就會出現啄木鳥現在的樣子。

這裡面的關鍵是獲得了每項有利突變之後，不能那麼容易失去（就像猴子輸入正確的字母不被改變）。自然選擇確實會起到很大的作用，因為不利的突變會被篩選掉，不常用的基因區域也會越來越薄弱而被篩選掉。但是如果只有自然選擇，對於這麼複雜的進化來說是遠遠不夠的。

生物的進化就是有益的變異緩慢積累而來，但這不能說明有自然選擇就足夠了，智慧的作用和緩慢的積累並不矛盾，就像普通人銀行裡的存款也是一塊錢一塊錢積累起來的一樣，這些錢都是一點點賺來的，不是大風刮來的。

「當今的我們和地球上最早的生命體之間每一絲細小的差異，都意味著曾經發生過的一次進化，是生命面對生存的挑戰時做出的適應性改變。這些挑戰涉及方方面面，可能是把光能轉化成化學能，或者把食物轉化為能量，又或者是在棲息地之間長途遷徙。」[75] 傳統進化生物學家喜歡用「抽中了大獎」來形容重要器官的產生，於是自然界中大獎滿天飛。鳥類的眼睛是大獎，輕盈的羽毛是大獎，中空的骨骼是大獎……生物真的好運氣！而每個物種的所有器官都有其精巧的適應性，所以每個物種都是一連串大獎的產物。而且他們還會說「沒中獎的被自然選擇淘汰了呀」，於是「適者生存」似乎應該改成「中獎者生存」、「好運者生存」。

至於自然選擇的作用，傳統生物學家認為被自然選擇淘汰的生物是運氣不好的，沒能按時、按需求突變出所需要的技能。而我認為被淘汰的是不夠勤奮的懶學生、笨學生，在環境改變時不能上交一個滿意的答卷。

適者生存有個競爭的含義，生存競爭。微博上有個叫《小雞燉蘑菇》的街頭採訪視頻，有一期大學生吐槽學校，他們說食堂「靜如廟堂，動如戰場」「拖堂五分鐘，排隊兩小時」「給我一根食堂的油條，我能翹起整個地球；給

---

(75) 安德莉亞斯·瓦格納，《適者降臨——自然如何創新》（杭州：浙江人民出版社，2018），頁12。

我一個食堂的大餅，我能敲碎那根油條」「就四個字，適者生存」。還真別說，大學食堂裡的生存競爭與達爾文的適者生存還真有三分神似。適者生存裡面有競爭的含義，並不是拿著飯盆站在食堂門口等著飯菜自己到碗裡來（除非你長得足夠漂亮），而是擠在打飯視窗高喊著自己要什麼，把飯盆伸進去，並且告訴打飯大媽手不要抖。

既然是競爭，又怎麼可能大家都在抽彩票，等著中大獎呢？所以在生物大跨度、全面的進化背後，除了環境影響的外因之外，還應該有看不見的內因在引導、協調著整個進化過程。這個內因能夠在環境變來變去的過程中發現有利於生物個體的特點，並往上靠攏，經過一代又一代的努力，最終產生了適應性的外形變化，產生了長頸鹿的長脖子、長腿和鳥類的翅膀。但是可惜的是，現代的科技水準還只能發現自然選擇左右進化的證據，而無法發現生物內因存在的證據。

科學家反對拉馬克理論還有另外一個原因，他們認為純正的進化理論，必須把「意志」排除在外，否則會產生很多雜音，科學研究需要清淨的環境。

「一不留意，就會滑向『神的意志』，有變為自然神學的危險。」(76)

毫無疑問，這個顧慮並不是多餘的，在科學史上這樣的事情確實在一遍遍的重演。就算在貼吧和論壇裡，也常常有人高舉著含糊不清的所謂證據，念叨著被駁倒了無數次的車軲轆話來挑戰進化論，也難怪傳統生物學家不耐煩，擱誰誰都抓狂。一個唐僧念經你不怕，一群唐僧念經你試試，每天都來一群唐僧念經你再試試。

但是我們不能因為存在跑偏的危險，就否定一個大家都能夠觀察到的事實，這麼做是不是有點不講道理？同時，圍堵不如疏導，如果能夠認清「發育」或者「意志」到底是什麼，就不用再擔心滑到「神的意志」了。

科學家對拉馬克的誤解非常多，比如史蒂芬．平克認為：「功能主義的問題在於拉馬克第一條原則的含義，『覺得需要』——當饑餓的長頸鹿們注視著抻脖可及的樹葉時，它們的脖子就抻長了……按照這種說法推導，如果乞丐的願望是有匹馬，他就有馬騎了。」(77)

拉馬克一直強調的是「習慣（habitudes）」，意思是環境能影響動物的習性，習性的變化又能使形態發生改變。不是「覺得」，也不是因為長頸鹿們盯著樹葉看，脖子就變長了，而是因為它們一直努力地抻著脖子，養成了抻脖子

---

(76) 史鈞，《進化！進化？達爾文背後的戰爭》（遼寧：遼寧教育出版社，2010），頁18。
(77) 史蒂芬．平克，《心智探奇》（浙江：浙江人民出版社，2016），頁207。

的習慣，調動了身體更多的資源給脖子，所以脖子就發育得更好，這才是「用進廢退」。

另外，乞丐希望有匹馬，他就有馬騎了，這很奇怪嗎？大家只看到了起因和結果就說長道短，但是沒有看到過程——乞丐的願望是有匹馬，他到財主家做了三年長工，省吃儉用終於有了自己的馬，這是神話嗎？乞丐的馬可不是從天上掉下來的，或者隨機變出來的，而是在乞丐思考了攢錢的辦法，並且打拼了三年賺來的。

長頸鹿就是這麼一個有理想的乞丐，在自身生長發育能力所及的範圍內努力著，一點點緩慢地改變著自己的性狀和基因。這個過程是關鍵，但是當然，更關鍵的是導致這個過程的生物智慧。

達爾文也強調了習性的重要性：「習性可以使經常使用的器官強化，也可以使那些不怎麼使用的器官削弱和縮小。在許多情況下，習性都表現出強有力的效果……而物種的構造與習性有著密不可分的聯繫。」[78] 看到沒，「強有力」的效果！

達爾文還舉了一個例子：「這裡，我要再舉一例來證明構造的起源完全是由於使用或習性的作用。某些美洲猴的尾部可以用來抓緊東西，而且這一器官已經變成一種極為完善的器官，甚至被當成第五只手來使用……我認為，也許僅僅只是習性就足以使尾部從事這種工作了，因為習性幾乎意味著能夠由此得到一些或大或小的利益。」[79] 可見達爾文對習性的看重，但是現在生物學中很少提到習性了，這絕對是一個嚴重的漏洞。

在1900年之後，達爾文的證據越來越多，拉馬克理論漸漸沒落。拉馬克理論名聲不好，還有一個重要原因，就是它往往是民科和偽科學的最愛。屋漏偏逢連夜雨，前蘇聯的一個投機分子李森科的登場，使拉馬克理論臭名遠揚。李森科是個二流育種學家，學術能力不咋樣，但是政治手腕卻相當高明。他對拉馬克的獲得性遺傳似懂非懂，假借拉馬克之名，否定孟德爾遺傳學。可是偏偏這個小丑得到了史達林的支持，使用政治手段迫害和打擊學術上的反對者，趕走了美國遺傳學家、誘發突變的發現者穆勒，迫害死了蘇聯農業科學研究院前任院長、赫赫有名的遺傳學家瓦維洛夫，使李森科的謬論成了蘇聯生物遺傳學的主流。結果導致蘇聯的遺傳科學界一片荒蕪，整整停滯了30年。

應該說的是，李森科的理論是對拉馬克「獲得性遺傳」的誤讀，這並不是

---

(78) 查理斯・達爾文，《物種起源》（江蘇：江蘇人民出版社，2011），頁155。
(79) 查理斯・達爾文，《物種起源》（江蘇：江蘇人民出版社，2011），頁216。

拉馬克的錯誤。達爾文的理論也曾經被某些人利用，比如德國動物學家海克爾提出了胚胎重演律，而他本人就是一個種族主義者，他認為德意志是最高級最優等的民族，其他民族都低等。他的觀點對希特勒也產生了很大影響。所以說好的理論也無法避免被野心家利用，這並不是理論本身的問題，而是需要社會對這個理論有深入的理解。

《動物哲學》的英文版譯者埃利俄特（Iclliot）說：「在近代生物學上的貢獻者中，如拉馬克一名之被人頻繁引用者，實不多見；然而在此等引用者間，究有幾人確曾讀過拉馬克的著作？」(80)「很多人曲解了拉馬克所表達的意思，他的聲譽受到了損害，因為很少有批評者會親自翻閱他的原著去核實問題，大多都是道聽塗說地相信其他人未經證實的二手觀點。」(81)

「獲得性遺傳」還有一個麻煩：「昆蟲社會的工職（工蜂、工蟻）不育而不能留下後代，它們是如何進化的呢？這一悖論，對於拉馬克的通過獲得性遺傳的進化理論，也證明是生命攸關的，因為達爾文很快指出：拉馬克假說需要通過有機體器官的用進廢退發育出來的性狀，然後直接地傳給下代；當個體為不育時，這種傳遞是不可能的。」(82)

也就是說，螞蟻和蜜蜂的群體裡只有蟻后和蜂后才能生育後代，那麼不生育後代的工蟻和工蜂，它們這一輩子的「獲得」怎麼「遺傳」下去呢？

如果從基因上來看，這個問題確實無解，大量不育的生物難道就不「用進廢退」了嗎。但是換個角度，不育的個體的基因確實沒有遺傳下去，但是這不能說明沒有別的辦法遺傳。如前面所說，假如除了基因之外，還有別的遺傳物質，而且不管是否生育都能遺傳，那麼這個問題不就解決了嗎？在後面的第九章裡，我們還會接著討論這個問題。

還是來說拉馬克理論的「用進廢退」，它的處境也真的有點麻煩，因為它本身確實有不足之處。這個詞彙裡的「進」一般指進化，而「退」指退化，所以整個詞可以簡單的解釋為：經常使用的器官就會「進化」，而很少使用的器官會「退化」。

但是，現在主流的生物學界對「進化」這個詞並不認同，一方面因為生物發展歷程似乎並無方向可言，所以他們認為「進化」寫成「演化」會更恰當一點。另一方面，儘管生物的發展史似乎有從簡單到複雜的傾向，但也有很多生

(80) 讓・巴蒂斯特・拉馬克，《動物哲學》（北京：商務印書館，1936），頁4。
(81) 約安・詹姆斯，《生物學巨匠》（上海：上海科技教育出版社，2014），頁45。
(82) 愛德華・威爾遜，《社會生物學：新的綜合》（北京：北京理工大學出版社，2008），頁109。

物從複雜到簡單的發展，比如寄生生物。

我查了一下商務印書館的《現代漢語詞典》第6版，「進」字開頭的52個詞，比如「進兵」「進步」「進入」等，除了「進化」和「進化論」之外，其他都是由智慧產生，主觀傾向明顯的詞。所以可以理解為什麼傳統生物學家抵制「進化」這個詞，希望用「演化」取而代之。而他們一直沒有得手，這兩個詞彙至今仍然存在爭議，因為在生物進化的過程中，「進」的趨勢確實很明顯。

換個角度來看，之所以趨向複雜和高級，也許正是因為有智慧的參與。所以大家爭論的焦點正是這個「智慧」是否存在，而如果找到「智慧」了，當然也就不用爭了。

本書經常會嘗試變換角度來看一個事物，因為一件事情從不同角度來觀察會有不同的結論。一家三口在吵架，因為孩子考試沒考好，而隔壁老王的兒子成績很好。爸爸認為老王的媳婦重視孩子的教育，天天帶孩子上課外課。媽媽認為老王兒子學習努力，愛看書喜歡做題。兒子認為人家基因好，爸爸媽媽都是大學畢業而且重視教育。也許三個角度的觀察結果加到一起就是最優答案。

在常規生物中，「用進廢退」並不嚴謹。但是觀察發現，「廢退」的情況確實存在。比如生物的「化石基因」。簡單的說是這樣子：生物常用器官的基因一般不會出錯，因為一旦出錯就會是致命的，馬上會被自然選擇淘汰。而不常用的器官的基因會有錯誤，而且不會對生存產生很大影響。所以經過多代遺傳下來，錯誤的累積會影響這些不常用器官的表達，從外面看來就是這個器官在退化。

比如鼴鼠的眼睛和人類的闌尾。在樹袋熊、兔子和袋鼠這類食草動物身上，盲腸及其上所附的闌尾比我們的要大很多。加大的盲腸成為了一個發酵罐，其中含有的細菌能夠幫助動物把纖維素分解成為可以吸收利用的糖，在猩猩和獮猴等靈長類身上，由於樹葉在食物中的比重變小，盲腸和闌尾也發生了退化。我們人類已經不吃樹葉，也不能消化纖維素，闌尾也就幾乎消失。顯而易見，動物的食草性越弱，盲腸和闌尾就越小。換而言之，我們的闌尾只是一種殘跡，它曾是對我們的食草祖先至關重要的一種器官，但對今天的我們已經沒什麼價值了。

從這個角度講，既然「進」是不恰當的，如果用「保留」是否會合適呢？也許在常規生物中，「用留廢退」更加恰當一些，常用的器官和功能一般會保留下來，不常用的會退化。

理論的兩大支柱都遇到了一些問題，拉馬克派鬱悶了將近100年，但是後文會提到，在表觀遺傳學興起後，「獲得性遺傳」又看到了希望。但是傳統生物學家對獲得性遺傳非常不滿，以至於把表觀遺傳學家們也一勺燴，有機會就冷嘲熱諷，就像大多數人都不喜歡辯護律師一樣——你們總替壞人說話！可惜他們冤枉了好人，在進化生物學這門充滿分歧、鬧鬧嚷嚷的學科裡，也許好人不那麼好，壞人也沒那麼壞。

凱文・凱利認為：其實獲得性遺傳會給進化帶來巨大的優勢，一旦被證實，就會使達爾文進化黯然失色，這可以通過電腦的類比進化得到驗證。貝爾通信研究所認知科學研究組的大衛・艾克利和邁克爾・利特曼在電腦上構建了一個獲得性遺傳的進化系統，一個電腦模型。

相比達爾文模式，「在拉馬克模式中，當那個改良了軀體代碼的幸運兒被選中進行交配時，它能使用後天獲得的改良代碼，作為其交配的基礎。這就好比鐵匠能將自己粗壯的胳膊傳給後代一樣。經過對兩個系統的比較，艾克利和利特曼發現，就他們所考量的複雜問題而言，拉馬克系統的解決方案要比達爾文系統強上兩倍。最聰明的拉馬克個體比最聰明的達爾文個體聰明得多。艾克利說，拉馬克進化的特點在於它把種群中的『白癡非常迅速地排擠出去』。艾克利曾經朝一屋子的科學家大喊道：『拉馬克比達爾文強太多了！』」(83)

「從數學意義上來說，拉馬克進化注入了一點學習的要素。（注意，凱文・凱利提到了學習。實際上，拉馬克進化裡的學習要素也許不止一點，而是中心思想）學習被定義為個體在活著時的適應性。在經典的達爾文進化中，個體的學習並不重要。而拉馬克進化則允許個體在世時所獲得的資訊（包括如何增強肌肉，或如何解方程）可以與進化這個長期的、愚鈍的學習結合在一起。拉馬克進化能夠產生更聰明的答案，因為它是更聰明的搜索方法。

「拉馬克進化的優越性使艾克利大感驚訝，因為他認為大自然已經做得很好了：『從電腦科學的角度看，自然是達爾文主義者而不是拉馬克主義者，這實在是很蠢。可是自然受困於化學物質，而我們沒有。』這使他想到，如果進化的對象不局限於分子的話，也許會有更有效的進化方式和搜索方法。」(84)

「自然受困於化學物質」，在常規物質中也許是這樣，但是在非常規物質中，自然當然不會遵守教科書上的理化規則，而且進化的對象也不會局限於常規物質的分子。所以凱文・凱利的文章確實有前瞻性。

---

(83) 凱文・凱利，《失控》（北京：電子工業出版社，2016），頁471。
(84) 凱文・凱利，《失控》（北京：電子工業出版社，2016），頁471。

從另一個角度看，電腦驗證了拉馬克進化在電腦類比系統中的正確性。那麼如果生物也有計算屬性（智慧），在整個生命的進化歷程中，拉馬克進化的重要性就會大大超過達爾文進化。

凱文．凱利認為：「拉馬克式生物學十有八九需要一種高度複雜形式——一種智慧，而多數生物的複雜性都達不到這個水準。在複雜性富足到可以產生智慧的地方，譬如人類和人類組織，以及他們的機器人後裔，拉馬克進化不僅可能，而且先進。」[85]

凱利說得非常好，但是只說對了一半——拉馬克式生物學肯定需要一種智慧，但是，所有生物都能達到這個水準，也就是說，生物都有智慧。只是簡單生物的智慧還沒有被發現。劇透一下，本書的目的之一正是論證任何生物都存在智慧，這樣，拉馬克進化就會成為進化的主要方式。

順便說一下，傳統生物學家一般都討厭「智慧」和「意識」，一方面因為這兩個概念很難說清，什麼是智慧，什麼是意識？無論怎麼下定義都會有紕漏；另一方面因為這兩個概念容易被神創論者利用。所以傳統生物學家希望幾十年之內都不要碰這兩個概念，除了人工智慧。或者永遠都不要討論才好。其實還有一個原因，現代生物學理論不能相容「意識」，不具有可通約性，或者說，生物學就沒有給「意識」這個主角留位置。

「意識對於生物學家來說仍是一個難處理的、令人尷尬的問題。令生物學家們尷尬的原因是因為意識不能被納入到他們設定的普遍的進化框架之中。」[86] 所以假如發現「意識」在所有生物中都存在，那麼，到底誰錯了？這就像當年一位相信神創論的貴婦剛看到《物種起源》時，大驚失色「這不可能是真的！！————就算是真的，也不要讓別人知道……」

傳統生物學家一般會嘲笑生物體裡存在智慧這樣的觀點，似乎利用和對抗自然規律就一定要懂得物理定律和化學反應方程式。確實，生物本身並不是科學家，不懂得理化定律。但是生物經過幾十億年的學習和摸索，它們擅長因勢利導和利用自然規律，這是生存下去的前提條件，誰都不能逆天。中國人的祖先不懂得力學原理，但是一樣能設計榫卯結構建造一個釘子都沒有的結實的房屋，不懂得工程學概念，但是也設計施工了幾個巨大的水利工程。

拉馬克理論的一個大問題就是：似乎要求生物具有很高的智慧。實際上，

(85) 凱文．凱利，《失控》（北京：電子工業出版社，2016），頁471。

(86) 瑪麗安．斯坦普．道金斯，《眼見為實-尋找動物的意識》（上海：上海科學技術出版社，2001），頁8。

這是人類按照自己的思維方式看問題而得出的結論。拉馬克進化需要智慧，但並不一定需要很高的智慧。人類能夠解開高等數學習題，可是並不能夠編碼自己的DNA，而生物編碼自己的DNA也不一定需要很高的智商、情商和逆商，這本就是兩個不同的能力。鱷魚鄧迪在紐約就連個浴盆都不會用，但是他對鱷魚習性的瞭解勝過動物學家。

生物也是這個樣子，它們沒有物理化學教科書可以學習，但是它們有自己的智慧，和自己的研究計算方法，也有自己的傳承方法，一樣可以研製出人類科學家至今無法解釋的精妙器官。就像古代那些未受過系統教育的工匠通過不斷試錯也能掌握技術。有的動物身體裡有磁性物質（比如鴿子），它們並不知道磁性怎樣產生，也不知道那些磁場定律，但是卻熟知怎樣利用地球磁場來給自己導航，它們的全球定位能力不遜於GPS。要知道，定位系統一定需要數學運算的，比如導航儀的計算晶片。

「有用的想法是在思考者生成大量不同的盲目的猜測後才能得以發現。因此，科學家堅信『玻璃、肥皂、火藥等發明都是由於偶然的機會發生的』。」[87] 而愛迪生曾經嘗試了數千種植物和礦物質之後才找到了適合的燈絲。

本章所討論的就是達爾文和拉馬克的兩個理論，恩恩怨怨糾纏了一百多年，現在達爾文理論似乎完全處在上風。可是也許就像玩扣著的軍旗遊戲一樣，紅黑雙方本來勢均力敵，都有司令、軍長等「大官兒」。但是達爾文的「大官兒」翻出來的早，所以就把拉馬克殺得潰不成軍。不過拉馬克的司令、軍長遲早也能翻出來。與軍旗遊戲不同的是，現實中的科學證據不分先後，達爾文的理論無法擺好陣勢幹掉拉馬克的理論，那就會是一個戲劇性的共存局面。但是現在和短時間內，拉馬克會一直鬱悶下去，直到關鍵證據的出現（生物內部的智慧）。

他們的理論本來就互有短長，或許就像光的波動性和粒子性的三百年爭論一樣。人類對光的研究起源很早，但對光本質的認識卻經歷了一個漫長的過程。光的屬性在17世紀就曾引起物理學家的爭論。牛頓認為光是一種粒子，惠更斯認為光是一種波，光究竟是波還是粒子？從物質形態上看，光和粒子具有截然不同的特徵，甚至可以說是水火不容。因為粒子說不能解釋光的衍射，所以波動說被普遍接受。1864年，麥克斯韋提出麥克斯韋方程組，證明光是一種電磁波。1905年，愛因斯坦在解釋光電效應時，重新把光描述為粒子。也就是

(87) G・齊科，《第二次達爾文革命》（上海：華東師範大學出版社，2007），頁66。

說，光在不同的場合，表現出了不同的特性，有時像波，有時像粒子。這就是所謂的波粒二象性。

這場曠日持久的爭論前後歷經三百多年的時間。正是這種爭論，推動了科學的發展，並影響到了20世紀物理學的重大成就之一——量子力學的誕生。

相似的是，當年免疫學的體液派和細胞派的百年大戰，最後也是發現自己的理論都不完整，需要對方的補充，於是握手言和。

19世紀末，對機體保護性免疫機制的研究發展很快，在此期間形成兩大學派。一個是細胞免疫學派，認為抗感染免疫是由體內的吞噬細胞所決定；另一個是體液免疫學派，認為血清中的抗體才是決定者。其實每一學派都只反映了複雜免疫機制的不同側面，都是正確的，也都是片面的。兩派爭論不休，直到1903年，科學家在研究吞噬現象時，發現血清和其他體液中存在一種物質，能大大增強吞噬作用，這才將兩大學派統一起來。人們開始認識到機體的免疫機制包括兩個方面：體液免疫和細胞免疫。

其實科學本來就是一個在黑暗中摸索的過程，都是摸象的盲人，產生這樣的片面性又有什麼呢？兩個進化論之爭會不會也是這個結局？也許把他們加到一起，就是進化的真諦。

我們設想一下這個結論，**達爾文—拉馬克進化論：**地球上所有的生物都有共同的祖先，都是從最簡單的生物進化而來。環境的改變會引起生物習性的改變，進而使經常使用的器官得到發展，不經常使用的器官退化，這種變化能夠遺傳。在自然選擇的篩選下，有利的變化被保存，不利的變化被淘汰。微小的變異逐漸積累，終於使生物發生了進化。

總之，拉馬克認為生物可以經過自身的努力來改善自己，並且以某種形式（基因或者基因的修飾）的改變將它們的成果傳給下一代，這正是絕大多數生物學家所反對的。之所以反對它，最主要原因是現在還沒有找到生物體內到底是什麼東西在改變著整個生物體。缺少主角，這部戲當然唱不下去。但是，如果找到這個主角了呢？讓我們接著看。

# 第三章　進化現場的灰衣人

## 第一節　進化有方向嗎？

上一章我們討論了自然選擇之外的進化原因，涉及發育、習性、意識和生物的智慧等方面。到底哪一個是主要原因？還是它們本來就是一回事兒？我們不知道，因為線索還不充足。但是可以肯定的是，我們已經在傳統的進化理論之外，看到了還有別的進化原因。雖然模模糊糊，但是一定存在。

從達爾文開始，對於生物的組成和進化，很多優秀生物學家的著作都很有見地，論述清楚，證據也充足。但是在看完他們的書之後，我們就是會感覺缺點什麼。這是因為生物進化的某個原因是被大家所忽視的，或者說一直沒有發現足夠的線索來引出其他理論，因此一次次錯失擊中問題要害的機會。生物學家們一般都能夠抓住細節問題，這些細節看起來也合理。但是如果進行全面分析，會發現這些細節不足以解決整個問題，背後還有一個大Boss若隱若現。

從這個道理上說，達爾文的進化論和現在熱門的分子生物學也許只能算週邊科技，甚至只是工程技術，我們還不瞭解生物學的核心科技。

「生物不是檯球，不是在可以測量的簡單外力作用下，就可以到達生命檯球桌上預定的新位置。極為複雜的系統都有非常豐富的內涵。」[88] 這就是為什麼我們要尋找自然選擇之外的進化之力。

有人說達爾文的進化論像一棟搖搖欲墜、漏風漏雨的破房子。這個說法不對。承載著進化論大廈的兩根柱子——共同祖先和自然選擇學說並沒有錯，雖然並不完善。這棟大廈確實漏風漏雨，但是仔細觀察一下，大多數的漏洞和裂縫都在一個相同的區域裡，這就是生物的智慧。只需要搭建起來新的理論，就可以把這一大塊漏洞堵上。進化生物學大廈也就穩當多了。

達爾文進化論中的瑕疵並不都是進化論本身的錯誤，因為沒有一種理論是

(88) 斯蒂芬・傑・古爾德，《熊貓的拇指》（海南：海南出版社，2008），序言。

適用於任何情況的，都會有一定的限定條件。比如數學算式1+1=2，如果放在動物學上，一隻公老鼠加一隻母老鼠等於多少小老鼠呢？

但也正是這些瑕疵，給我們解開自然之謎留下了線索。也可以說，常規世界的各種常見問題已經被各學科的科學理論解釋得差不多了，那麼科學所解釋不了的秘密，就是一個未開發的金礦。可以把達爾文進化論比作一隻篩子，把自然界的問題篩一遍，漏下來的就是它所遇到的問題，那麼把這些問題聚到一起，找到共性，也許這就是答案。

本書第一章裡列舉了進化論的幾個比較重要而且廣為人知的缺欠，這幾個缺欠如果分開來看，產生於生物出生、生長、繁殖、衰老、死亡各個方面。但是如果作為一個整體來分析，就會發現有一條線索：生物體內有某個以前從未發現的東西，決定了生物的生長發育到死亡的方方面面，可以進化，能夠遺傳，也可能未必是遺傳，乾脆就是一直生存，這是什麼呢？

舉例來說，就像一個犯罪現場，刑偵人員通過勘查現場、走訪目擊群眾和調取相關錄影，發現似乎有一個灰衣人在現場出現過，而且還發現了一些可疑的指紋，但是又不能確定。可是一段時間之後，另外一處犯罪現場中，也發現了似乎有一個模模糊糊的灰衣人，而且依然拿不准。為了破案，偵探需要更多的案件和線索，然後尋找線索中的共性……

生物學現在應該做的事情，就是重返生物進化現場，檢查更多的案件和線索，然後找到那個一直被忽視的灰衣人，他才是主犯。

如果生物裡面的智慧存在，那麼這會對整個生物學產生顛覆性的影響。就像一個已經被認定是純屬意外的案件現場，忽然又發現了一個灰衣人，他在案件的幾個環節中都出現，而且明顯的參與其中，有高度嫌疑。如果這個灰衣人被找到，毫無疑問會改變整個案件的定性，意外事故變成了刑事案件，一大堆隨機和偶然都變成了有意和必然。

把生物體內的智慧形容成一個神秘的灰衣人是恰當的。人們一直沾沾自喜的以為「我的身體我做主」，其實除了動作之外，你什麼也無法做主，人類的意識並不知道自己身體太多的秘密。你不知道自己為什麼困倦、為什麼煩躁，也不知道為什麼對一個美麗的女人一見鍾情。

其實困倦是因為潛意識覺得你應該休息了；煩躁是因為潛意識判斷有危險正在逼近，而鍾情於某個女人是潛意識認為她會是你合適的伴侶，能給你生下健康的孩子。

你也無法控制自己身體的大多數零部件。你能把腸道吸收的營養物質多運送一些到胸大肌和肱二頭肌，讓它們更大塊更發達嗎？吃了一頓油膩的大餐之後，你能讓消化道的吸收工作停工兩個小時而把這些過剩的營養物質直接排出體外嗎？你能在饑餓的時候優先消化掉肚皮上的肥油嗎？這些都無法直接辦到，只能通過一些輔助手段來調節。如果我們的意識能夠直接控制自己所有的部件，在需要的時候適當干預一下該多好。

其實你不但控制不了其它器官，就算是自己的潛意識，你也很難控制。你能控制自己對烤肉串兒的渴望，轉而喜歡健康的水煮蔬菜和玉米麵窩頭嗎？你能控制自己對啤酒和飲料的渴望，別人喝紮啤你喝白開水嗎？你能控制自己對美女的渴望，真心真意的喜歡一個醜陋的才女嗎？就算你能暫時做到，也是極不情願，會在別人拉著美女喝啤酒吃肉串兒的時候，你在旁邊「咕嚕咕嚕」咽口水。

實際上這個控制著我們身體的神秘灰衣人一直就在我們的視野中，只是被選擇性忽視了。看一下傳統生物學認為的那些「隨機」事件，只要把這些事件像胸透的X光片一樣重疊在一起仔細觀察，就會發現，怎麼每個「隨機」事件裡都有這個灰衣人呢？所以大多數的隨機事件並不是隨機的，這時那個灰衣人就浮現出來。

傳統生物學家往往討厭提起生物體內的智能，就像一群偵探不願意提起罪案現場的灰衣人。因為偵探們為案件的每一個環節都編好了偶然性的原因，都是意外，都是湊巧，都是風吹草動，不是人為。而且已經結案，慶功酒都喝完了，大家獎金都分了，有幾個還升了官，這時候突然出現了新的嫌疑人，這當然會推翻他們之前的結論。無論是心理上，還是物質上，還是面子上，還是江湖地位上，他們都無法接受。所以當然會想辦法讓證人噤聲。

在研究生物的過程中，大家能夠清楚地感受到一種智慧的力量，對生物的生存和發展至關重要。這種力量是什麼？其實智慧有很多種，意識是智慧，潛意識也是智慧。有很多現實存在的智慧，大家可以開誠佈公地討論一下。如果懂科學、信科學的人掩飾這個問題，回避這個問題，正好給科學圈以外的人提供了隨意發揮的機會和空間。

在前面的章節中，提到過一個問題：進化是否有方向？為了突出當時的話題，對進化的方向沒有詳細討論，在本章作一個補充，討論一下這個方向是否存在。

現在多數的生物學家都認為，以前把「evolution」翻譯成「進化」是個錯誤，因為這暗含了「進步」的意思，讓人錯誤地以為生物進化過程有著特定方向。現在越來越多的專業書籍將其翻譯成「演化」。新基因「精衛」的發現人，華裔生物學家龍漫遠教授強調：「對於中心概念evolution——這一被長期誤譯為『進化』的最重要的單詞，應該使用中國近代最偉大的學者和翻譯家之一嚴複準確翻譯出的『演化』（天演）一詞。這是中文世界對演化生物學中心概念理解的一個重要進步。」這樣觀點的背後，是挑戰傳統的「進化」觀——不應該有方向性，更沒有預定目標，進化這個概念也並不包含「從低級到高級」的進步意味。所以，人類與其他物種，是否真的就沒有高低區分，只是演進方式不同而已呢？

應該承認，「進化」一詞曾經不恰當地包含了目的論和階梯式進步的意味。那麼在排除了這些錯誤之後，進化過程是否仍可識別出某種方向性，讓它仍然配得上「進」這個字呢？

從拉馬克、斯賓塞到達爾文，提出種種進化理論的動機，就是為了解釋現今地球上複雜的生命形態是如何從最簡單最原始的形態演變而來。早期的進化理論家總是把這樣的演化和「從簡單到複雜、從低級到高級」這樣的意思聯繫在一起。

生物學和地質學上的年代表提供了直接的證據，距離現代越近的標誌性生物，越是比早先年代標誌性生物更複雜。換句話說，儘管簡單形態的生物也在不斷演變並不斷產生新的種類，可一旦出現了比它們更複雜的類型，簡單生物就不會再被當作某個地質年代的標誌性生物了。

然而，反對者拒絕承認生物歷史具有方向性，他們認為複雜性提升並不是一個確定的方向——因為沒有理由認為自然選擇在任何條件下都偏愛更複雜的形態。而事實已表明，在某些條件下（比如某些寄生蟲，身體結構會趨向簡單實用），自然選擇恰恰偏愛簡單形態，同時，我們不能假定未來環境條件將怎樣變化，所以從我們所接受的進化理論中，無法看出任何方向性。

科學松鼠會的Ent博士也認為生物進化無方向：「『進化』一詞字面上容易暗示生物都是從『低』到『高』這麼『進』著變化的，似乎有一個非常明確、非常強力的方向感。演化字面上就沒有這個暗示。」

在19世紀末的時候，普通大眾甚至很多研究者確實都認為進化是有明確方向的「單行道」。原因比較複雜：一方面和維多利亞時代進步觀有聯繫，一方面有拉馬克的影響（拉馬克進化論是典型的爬梯論），還有一方面是那時候物理學計算出來的地球年齡太短，大家覺得無定向純試錯的「演化」太慢，來不及造出現在的生物圈。

當然現在我們知道了，現實中演化的方向是更加適應環境，而這個過程和任何意義上的「高等低等」都掛不上邊。適應環境的結果可以是變簡單也可以是變複雜，可以是「進」也可以是「退」。所以很多生物學家認為：「演化」還是比「進化」好。

上面這些說法很有道理，但是我不完全同意。我們應該看到，儘管生物發展沒有目的性，但由簡單至複雜的客觀趨勢大體是存在的（看大趨勢，忽略特例）。生物進化樹本身也彰顯了這種趨勢，誰也不會把一個具有完整循環系統的動物劃到比腔腸動物更低的位置去。除了極少數的生物之外，大多數的生物構造還是越來越複雜。在這樣的大趨勢下，拘泥於某些細節而否定整個走勢是不恰當的。

很多大趨勢都是不可逆轉的。「一般來說，多細胞家族不會重新進化成單細胞生物；有性生殖的生物鮮少進化成孤雌生殖；社會性昆蟲不太可能去除社會化；而就我們所知，有DNA的複製分子從未拋棄基因。自然有時候會簡化，但很少退化到下一個層級。」[89]

除了生物的構造有趨於複雜的勢頭，動物智商也在提高。儘管我沒能找到相關的準確的資料，但是根據動物行為學觀察，越是複雜的動物，行為的主觀意識越明顯。到了一定階段，動物已經有了使用工具的能力。

有一次和進化論貼吧大咖爭論進化是否由簡單到複雜，大家各持己見爭論不休，最後我開玩笑：「進化的方向性一定存在，比如你肯定比大狒狒聰明。」

「生物進化的過程並非如當代教科書中的正統說法那樣，只是宇宙間隨機的漂移。事實上，生命的進化——包括科技體，是有一個內在的發展方向的，而這個方向則由物質和能量的性質所塑造出來，它為生命的形成帶來了一些必然。」[90] 進化的過程是一個全面、連續、豐富、多變、智慧而且充滿勃勃生機的非常複雜的過程，生物受環境制約，也有對環境的抗爭和相互影響的默契共舞。

凱文．凱利說得很好：「科技體是有一個內在的發展方向的」，如果生物體內有智慧，是不是也像一個科技體一樣呢？智慧有明確的發展方向，生物體內的智慧當然也會有明確的發展方向。

舉個例子，對於動物來說，眼睛是一個非常有用的工具，不過眼睛的結構

(89) 凱文．凱利，《科技想要什麼》（北京：電子工業出版社，2016），頁309。
(90) 凱文．凱利，《科技想要什麼》（北京：電子工業出版社，2016），頁121。

異常複雜，所以進化出這麼高端的光學儀器絕對不是一件容易的事情，但是，眼睛被獨立進化出了很多次。

「照相機般的眼睛不只進化了一次——儘管看起來像是個奇跡，而是在地球上的生物歷程中進化了6次（以上）。這種『生物照相機』顯著的光學架構也在某些章魚、蝸牛、海洋環節動物、水母和蜘蛛身上出現。（各種動物眼睛的區別很大，比如烏賊和脊椎動物的眼睛幾乎不存在任何真正的相同之處）這6種生物家族彼此並無關聯，只在遠古時代共有一位看不見的祖先，所以每個家族都是自行進化出了這個奇跡……生物學家理查・道金斯推測：『在動物界，眼睛獨立進化的次數介於40～60次之間。』」[91]

道金斯說：「在許多無脊椎動物中，適用的、能夠形成圖像的眼睛，已經各自獨立地、從頭開始進化了40～60次。在這40次以上的獨立進化中，至少發現了9種有明顯區別的機理，包括針孔式眼睛、兩種照相機鏡頭式的眼睛、反射曲面式眼睛，以及好幾種複合眼。」

相似的例子還有「鳥類、蝙蝠和翼手龍撲翼的三次進化。這三種動物最後的共同祖先並沒有翅膀，意味著各個家系獨立進化出了翅膀。雖然三者在分類上的距離非常遙遠，但它們的翅膀形式卻非常類似：皮膚包覆著骨骼明顯的前肢。」[92]

防禦用的毒刺至少進化了12次：蜘蛛、黃貂魚、蕁麻、蜈蚣、石頭魚、蜜蜂、海葵、雄性鴨嘴獸、水母、蠍子、有殼軟體動物和蛇。

回聲定位（聲吶）系統也被獨立進化出了很多次，除了廣為人知的蝙蝠聲吶之外，鯨和海豚也有高超的回聲定位本領，南美洲的嚎泣鳥和東南亞的金絲燕的回聲定位系統保證了它們在夜晚和黑暗的洞穴裡來去自如。也許另外還有幾種哺乳動物也進化出了相似的技術，只是比較簡單，初具規模。

這當然就是進化的方向性。不同種類生物在遇到相似的問題時，使用了相似的解題方法。哺乳動物也是很好的例子。

「雖然各大洲都有獨特的土產哺乳類，演化的一般模式卻是一樣的。各地的哺乳類，不管當初是什麼德行，恐龍滅絕後立刻就四散擺開，進佔各種生態區位，在很短時間內生態系中每一種生業都有哺乳類專家出現了，最驚人的是：各陸塊的特別化哺乳類有許多極為相似。每一種生業都是兩大陸塊甚至三大陸塊獨立趨同演化的好題材，例如地下打洞維生的哺乳類、以獵食維生的大

---

(91) 凱文・凱利，《科技想要什麼》（北京：電子工業出版社，2016），頁122。
(92) 凱文・凱利，《科技想要什麼》（北京：電子工業出版社，2016），頁124。

型獸、平原上草食為生的種群等等。除了那三大陸塊上的獨立演化，像馬達加斯加之類的海島也發生了有趣的平行演化。」(93)

達爾文在《物種起源》裡也舉了一些趨同進化的例子：「當我們更深入地觀察這一問題時，就會發現在擁有發電器官的一些魚類裡，發電器官在身體上的位置也是不同的……因此，並不是所有具有發電器官的魚類其發電器官都是同源器官，這些器官只不過在功能上是相同的。最終的結果就是，我們沒有任何理由去假設它們是從共同祖先遺傳下來的……實際上卻是從幾個親緣相距很遠的物種發展起來的器官。」(94)

即便是赫赫有名的長脖子，也不是長頸鹿的專利。14米高的腕龍生活在侏羅紀，大家都很熟悉這個5層樓高的長脖子恐龍（為什麼電影裡看到的腕龍好像有10層樓高呢？）。腕龍還有個大肚子、小腦袋和一條大尾巴，在身邊的樹葉吃完後，它們利用長長的脖子，不用移動身體就能吃到遠處的植物。由於脖子很長，轉動時很遲緩，如果再長個大腦袋就更加笨重了，所以它們的頭都非常小，與整個身體不成比例。相似的長脖子恐龍還有梁龍，外形和腕龍挺相似的。

問題是，6500萬年以前，這些龐然大物就已經滅絕得一個不剩。而長頸鹿是一種中新世早期長有短角、短脖子的草食動物進化來的，頂多也就一千多萬年歷史。更不用說恐龍是爬行類動物，長頸鹿是哺乳類動物。所以長頸鹿的長脖子完全是獨立進化來的。

趨同進化的過程就像一群學生在做數學題，一批相似的問題，很多學生的解題思路和步驟都不相同，但是都得到了相似的答案。另有一些同學沒解出來，改學其他專業了，畢業後也能找到不錯的工作。當然還有一部分同學實在做不出來，成績不合格被學校勸退了。

而人類的文明也很明顯地有著類似的趨同進化。

「科學社會學家羅伯特・默頓（Robert K. Merton）的主要工作是要研究科學中的重複發現。他表明，幾乎所有的重要觀點都不止產生過一次，而且是獨立的，並通常幾乎在同一時間作出。偉大的科學家根植於他們時代的文化中，不會與時代的文化脫節。絕大多數偉大的思想『是可以察覺的』，而且被若干學者同時捕捉到了。」(95)

(93) 理查・道金斯，《盲眼鐘錶匠》（北京：中信出版社，2014），頁108。
(94) 查理斯・達爾文，《物種起源》（江蘇：江蘇人民出版社，2011），頁177。
(95) 斯蒂芬・傑・古爾德，《熊貓的拇指》（海南：海南出版社，2008），頁22。

看似古怪的巧合在技術發明和科學發現中都會重複很多次。1876年貝爾和格雷同時申請電話的專利。看似不可能的事同時發生……而當貝爾取得主要專利時，除了格雷外，至少還有其他三個技術不怎麼樣的人幾年前就製造出可以撥通的電話。

「深究歷史上任何領域、任何類型的發明，就會發現想要拔得頭籌的人絕對不只一個。事實上，很有可能每樣新奇的東西都有好幾個專利人。最早同時在1611年發現太陽黑子的人不只兩個，而是4個，包括伽利略在內。我們知道溫度計有6名不同的發明家，皮下注射針頭則有3個……必然！在同一時刻各自發現同樣的發明的例子比比皆是，意味著科技以與生物進化相同的方式趨同進化……在科技的各個領域中，我們通常都會發現同時出現且彼此獨立存在的相同發明。」(96) 如果算上科學家們雖然有了發明，但是因為自己不滿意或者被別人搶先發表等等原因沒有出版的情況，那麼相同發明會比我們所知道的多很多。比如白熾燈前前後後被發明了幾十次，有23位發明家在愛迪生之前發明白熾燈泡。而且他們用的燈絲形狀、電線材料、電力強度、燈泡形狀全都不一樣，但所有的設計似乎都各自以同樣的原型設計為目標。這和鳥類、蝙蝠和翼手龍分別進化出自己的翅膀是不是有相似之處？

進化是一場激烈的戰爭，發生在個體與個體之間、物種與物種之間、物種與自然之間，比人類戰爭更加慘烈，長期存活的物種很少。進化戰爭也更加曠日持久，有的持續幾億年。也更加智慧，雙方的軍備競賽和戰略戰術遠超人類的理解範疇。這樣的戰爭怎麼可能是隨機的？

趨同進化、共同進化、擬態和變態反應這些現象只有在生物界才能找到相似的例子，而在無機物的世界則不能。人類有那麼多趨同的發明，我們當然是有智慧的，那麼其他生物呢？在智能的幫助下，善守者藏於九地之下，善攻者動於九天之上，無論人類還是其他生物都是如此。

「另一批有頭腦的學者們，比如斯賓塞和馬爾薩斯等人……費盡心力地去證明，人類的進步其實仍是一種自然屬性，要想活得更好，就必須進步，要想進步，就必需發展倫理和道德。這種稱為文化進化論的東西提出了一個明確的方向，單線的從低級向高級進步的方向。

「可是，達爾文的生物進化論強調進化是沒有方向的，而文化進化論則強調了進步的方向，而且態度還很樂觀，這兩者之間存在著一定的矛盾。而這個

(96) 凱文·凱利，《科技想要什麼》（北京：電子工業出版社，2016），頁153。

矛盾，到目前為止，似乎是越來越嚴重。」[97]

生物的學習並不是為了進化成高級生物，而是為了適應環境，並在環境出現變化的時候能夠生存下去。但是學習會產生副作用，就是生物體變得更複雜、更高級。

子曰：「知之者不如好之者，好之者不如樂之者。」——懂得學習的人比不上喜愛學習的人；喜愛學習的人比不上以此為樂的人。而如果學習不好就活不下去，這樣的人會比「樂之者」學習更好。

生物進化的過程就像不斷地修補有漏洞的鐵鍋。但是補鍋匠不是大自然，而是生物自己。當然，這並不是說生物可以為所欲為。就像神創論者經常質問進化論者「斑馬為什麼沒有進化出輪子？獅子為什麼沒有進化出機槍？」我認為生物自身的學習能力主導了自己的進化過程，並不是說生物可以隨心所欲，為所欲為。好學不一定就能無所不知，你們班裡的好學生都考上北大清華了嗎？

如果把生物看作一個整體，確實不敢確定進化的方向。但如果把生物體和生物的智慧分開來看，就可以知道，生物體的進化方向似有似無，但是生物智慧的進化方向明確，向著更複雜、更先進、更智慧的方向直奔而去。這和人類的科技有相似之處：電腦發展到智慧手機，幾乎所有的功能都集成到一個小小的主機板上，聲音、網路、顯示等，而且滑鼠和鍵盤也小了很多，結構越來越簡單，但功能越來越強大。軟體從打飛機的小遊戲，到超級瑪麗，到憤怒的小鳥，到王者榮耀，介面華麗了，功能強大了，種類也豐富了很多。

很多反對進化有方向性的科學家，比如古爾德教授，之所以反對「進步」「複雜」「向上」這些進化趨勢，關鍵原因是怕類似於「地球中心說」這樣人類的自大思想沉渣泛起。但是應該看到，「進化」這個觀點很重要，它是一個發展觀。如果不認同「進」，帶來的一個副作用就是虛無主義，認為生活沒有意義，生下來就是為了死亡，人生就是在混日子。而如果相信「進」，並且生物智慧的壽命也許很長很長，不只是生命週期的這短短一段，後面還有很明顯的承接關係，那麼整個人生就會被賦予新的意義。

傳統進化論者雖然不算虛無主義，但是很有點消極的味道。當然我們不能為了「有用」而編造證據來證明它存在，不過在它沒有被證明之前，也要保留一個開放的心態，認為「進」也許存在，而不去相信虛無主義。

不要認為生物學是正統科學就全部正確，其實在高中的4門理科課程裡，生

---

(97) 史鈞，《進化！進化？達爾文背後的戰爭》（遼寧：遼寧教育出版社，2010），頁88。

物學的可信度是最差的。科普作家萬維剛把知識的可信度分了級。

他認為在所有學科裡，只有數學知識是準確性最高的。因為數學是由純粹的邏輯構成，只要定義清楚，推導過程符合規則，就很難被推翻。第二級是物理，第三級是化學和工程，第四級才是生物學和醫學，因為研究對象最複雜，而理論的基礎全靠實驗，缺少相應的邏輯和計算（有的理論乾脆就不符合邏輯、經不起推敲，後面我會提及一些），可信度可想而知。萬維剛的理論很有說服力，分級的具體原因我沒有引用，感興趣的讀者可以找萬老師的書看看。

確實，很少有哪個理科學科像生物學一樣，很多理論不符合邏輯，有違常識，而且還有很多不讓提及的灰色區域。

生物學的可信度堪憂，而在生物學科的諸多分類裡，進化生物學又是爭議最大的分支，您不相信？好吧，百度一下「進化論」瞧瞧，是不是一地雞毛？

當然，搜索出來的列表不要完全相信。因為據說百度排序很有趣兒，花錢的廣告商的連結當然放前面，緊跟在後面的往往就是負面新聞。看熱鬧的不嫌事兒大，煽風點火，把大家吸引來之後，度娘就偷偷地躲在後面看好戲。當然，這也不都是壞事，負面新聞往往反映的是真實情況，就像我淘寶的時候，喜歡看差評和追評。

## 第二節　有方向的進化，誰在把握方向？

進化有著從簡單到複雜、從低級到高級的方向，在這個浩浩湯湯的前進大潮中，生物本身起的作用是什麼？

美國複雜系統研究所所長彼得・康寧提出「生物體能夠引導自身的進化」，他認為生物確實不能隨心所欲編寫自己的基因，但是為了更好地適應環境，它們會對自身機體的性狀作出相應的調整。打開或關閉某些基因，學會新的行為等等，而所有這些變化並沒有直接改變生物體的基因編碼。

荷蘭解剖學家E・J・斯裡珀研究過一隻生來就前肢癱瘓的殘疾山羊，這只山羊學會了用兩條後腿走路。山羊死後，斯裡珀對它進行了細緻的解剖研究。他發現這只山羊的腿骨、胸骨以及脊柱的形狀，都與其他山羊不同。它的骨骼和肌肉的連接方式，與人類等兩足行走的動物更為接近。

這樣的例子很常見，但是當性狀沿著某個方向持續發展下去，有時基因也會跟著改變。比如棘背魚根據不同食性發育出了兩種體型：吃浮游生物的棘背魚眼睛大，身體修長，嘴巴地包天；吃底層有機物的棘背魚眼睛小，身體短胖，下巴平。決定身體形態的當然是基因，而不是食物，但是棘背魚的食性確實改變了身體形狀，也就是改變了基因。

認為基因主導進化，最著名的就是理查．道金斯，他不認為行為或發育能夠引導進化：「有哪個因素具有以下特性，即其中所發生的變異是可複製的，而且是精確複製，使其能夠在進化過程中被無限多代地傳承下去？基因當然符合標準。如果還有別的，不妨說來聽聽。」

但是對應電腦，我的U盤裡的檔的變化也是可以複製的，而且是精確複製，比基因複製還精確，還能夠被傳承下去，複製無數份。那麼，是U盤主導了我的工作，還是我主導了我的工作？所以最關鍵的問題還是找出基因背後的那只看不見的手，一旦發現，所有問題將迎刃而解。

發育和行為的靈活性能幫助生物適應環境變化。當一個物種進入新的生活環境時，其多樣化程度常常會猛增。例如，對魚類和兩栖類的研究發現，食物選擇更具靈活性的物種，在進化上往往具有豐富的多樣性。本書前文所說的非洲坦噶尼喀湖和馬拉維湖中的麗魚也是如此，祖先只有一種，但是在進入新的湖泊的短短一萬多年時間裡，就進化成數百種食性各異、外表差別巨大的麗魚。

愛德華．威爾遜的《繽紛的生命》第一部分題目就是「狂暴的自然，堅強的生命」，這個題目很好：自然是狂暴、不確定、威力巨大而且很難抗拒的。自然選擇是冷酷的，但是生命並不是引頸就戮，也不只是在撞大運，而是在頑強地抗爭，是在積極應對的同時期盼著命運的青睞。其實自然選擇的隨機性和生物抗爭的主動性並不矛盾，也不是排他的。

威爾遜的這本《繽紛的生命》不但寫得好，金恆鑣翻譯得也很好。國內生物學起步較晚，中間諸多波折，還不受重視。自然科學類的科普讀物銷售一般般，跟雞湯類著作動輒百萬的銷量沒法比。大家寫作和翻譯的熱情也不高，又想馬兒跑，還想馬兒不吃草，這可能嗎？再者，文采好的人一般不懂生物學，而生物學家大多文筆有些晦澀，像史鈞教授那樣妙筆生花的生物學者又常常跑偏，寫些與生物無關的書來消遣。這導致了國外生物學家的很多經典著作翻譯成中文之後只能湊合著看看，根本就到不了「信達雅」「得意忘言」——譯者的最高境地。

讓讀者很奇怪的是，很多國外學術名著偏偏找不到優秀的翻譯，比如可憐的理查．道金斯，中文版權簽約給了某信出版社嗎？《自私的基因》、《盲眼鐘錶匠》、《魔鬼的牧師》那真是一部比一部翻譯的爛，不但詞不達意，而且有的地方懷疑是機器翻譯。就像考研英語的閱讀理解，幾句挺簡單的話非要去掉標點符號，連在一起說，然後加上借代和指代一類的修辭手法一層套一層，最後再擰幾個勁兒呈現給你。這些單詞你都認識，但就是看不明白這句話啥意思。讀著感覺就像啃一張陳年大餅，咬不動，嚼不爛，咽不下，忍不住要大喊一聲「你到底想說啥？」

某信集團是開銀行的，應該不差錢兒啊，就不能找幾個大咖來翻譯名著？你們的翻譯英語水準暫且不論，但我相信他們一定不懂生物學。你們拿到了最好的資源，咋就不能珍惜點兒呢？其實生物學領域還是有不少優秀的翻譯的，比如翻譯《為什麼要相信達爾文》的葉盛，翻譯《適者降臨》的祝錦傑等等。

我本以為威爾遜也會是個被糟蹋的原著者，帶著「讀懂就好」的心情翻開了《繽紛的生命》，正文的第一段就把我震撼了：這哪是科普讀物，這不是散文詩嘛！

「亞馬遜河流域最強烈的狂暴，有時只是天際一剎那的閃電挑起的。有一位旁觀者靜靜瞧著，在夜晚蒼穹的完美籠罩下，那個從未有人類燈光照耀的彼處，雷雨正昭告著它的預兆信號，這位旁觀者知道，雷雨就要開啟一趟緩慢的旅程……」

當然，畢竟這是一本生物學書籍，浪漫散文詩也就那麼幾段。但其它章節也是文辭優美，行雲流水，翻譯準確到位，中英文無縫連接，如同中文原創一般。

我在讀這本書的時候，同時也讀了一本國內民科寫的駁斥達爾文進化論的書（現在這個題材的書很多，有的有一丁點兒內容，有的就是滿篇廢話，就差粗口了）。這本書真的是神書啊，內容爛也罷了，語句通順點唄，可它語法都不對；語法爛也罷了，文字正確點唄，可它錯字連篇；文字爛也就罷了，排版規整點唄，可它段落錯位、七扭八歪。看得我牙齦腫痛、口舌生瘡，讀幾頁，就得再讀幾頁《繽紛的生命》敗敗火。

民科的書一共看了五十多頁，實在讀不下去了。拜讀威爾遜大作帶來的好心情都被它給攪合了，於是束之高閣。其實我對民科沒有負面看法，他們的堅韌執著讓我很是佩服。但是不能用這樣的辦法搏出位啊，除了幾個跟他同一戰壕的戰友之外，應該不會有其他讀者了。自費出書價格不菲，他的幾萬塊大洋打水漂了。偏偏民科的生活一般都在貧困線附近——精力都用來專研「尖端科技」了。

我對金恆鑣很佩服，百度的結果印證了我的看法。金老先生現已退休，是臺灣森林學家、作家、翻譯家；大學畢業後在加拿大拿的森林生態學專業碩士和博士學位；原臺灣林業試驗所研究員、所長，曾擔任生態學學會會長。難怪英文和生物學都這麼厲害。

回到正題，大多數生物學家都反對進化過程中生物「主動」的意味，儘管我尊重科學家們的主張，也理解他們的想法，但是我在本書中還是要儘量證明「主動」的存在，因為——它確實存在！

基因在進化中往往是跟隨者，而不是領導者。基因只是一張工程藍圖，它的繪製者是誰？閱讀者是誰？發育和行為的靈活性也能幫助生物適應新環境，發育和行為才是進化的領導者。而什麼決定了生物的發育和行為？

以慈鯛魚（麗魚）為例，還原一下一萬多年前它們剛到坦噶尼喀湖時候的進化過程：

最初的幾條慈鯛魚根據本性，選擇喜歡吃的食物。比如開始喜歡吃水草。但是它們繁殖很快，水草不夠吃了。於是有一些慈鯛魚開始學習捕食小蝦，在肉類食物的促進下，這些慈鯛魚的消化系統慢慢地適應消化蛋白質。習性改變了行為，行為帶動了發育，而發育改變了表觀遺傳，經過很多代的發育，表觀遺傳的改變促使了基因的改變。基因的改變又使形態發生了變化，吃水草和吃小蝦的慈鯛魚在外形上徹底分開，看起來就是兩種魚。

這些可能僅僅是冰山露出水面的一小角。以色列特拉維夫大學的伊娃·賈布隆卡說道：「我認為學習在進化中非常重要，學習能力甫一出現，就成了動物進化的驅動力。」她認為，正是與學習結合的進化，引發了寒武紀的物種大爆發。寒武紀大爆發是指距今大約5.5億年前，生物在相對較短的時間內，突然從原來一些很簡單的原生動物，形成了現今幾乎所有的動物門類。如果她是對的，那麼從動物的多樣性到人類文明，我們幾乎可以把所有的一切，都歸因於生物本身引導進化向有益方向前進的能力。

請注意，在這裡又提到了「學習」的能力。那麼，生物的「學習」是什麼？

「生物體在其一生中有很大的空間重塑自己。加拿大維多利亞大學的羅伯特·裡德指出，生物能通過以下可塑性來回應環境的變化：

形態可塑性（一個生物體可能有不止一種肉體形態）

生理適應性（一個生物體的組織能改變其自身以適應壓力）

行為靈活性（一個生物體能做一些新的事情或移動到新的地方）

智慧選擇（一個生物體能在過去經歷的基礎上做出選擇）

傳統引導（一個生物體能參考或吸取他人的經驗）

因而我們稱這五種選項為可遺傳學習的5個變種。」[98]

環境變化時，生物不是在等著基因突變或者等死，而是在積極應對，學習的能力扮演著重要角色，授人以魚不如授人以漁。

有一次我眼睛迷了，進了小沙粒兒。以前迷眼睛都是有人幫忙——幫我翻開眼皮找到沙粒，用濕潤的棉簽把沙粒粘出來。但是這次自己一個人在家，又不會翻眼皮，於是就到了樓下的社區小診所。小診所讓我自己處理：買個氯黴素眼藥水，把眼皮拉起來一點，滴幾滴眼藥水沖一沖。我按她的方法嘗試了一下，真的好用，簡單而又衛生。以後我迷眼睛也就不用翻眼皮了。這是一個偶然事件，借助於一定的學習能力，獲得了一項生存技能。

當有需求時，生物體是否具有啟動基因變異的能力？這個觀點還未得到證實，但也並不是無稽之談。

每個生物個體的基因組都具有被稱之為表觀遺傳標誌的分子標記，它們能打開或關閉基因。改變其中某個標記似乎就會提高該處的基因變異速率，當生物體為適應新環境而經常開關基因的時候，就有可能使該基因或是其調控的基因序列突變增多。變異本身也許仍然是隨機的，所以並不一定會產生好處，但是至少變異集中在了需要改變的基因上。

## 第三節　看不見的進化之手

億萬生物辛苦地生活著，從表面看它們的目的就是適應環境，生存下來，活的更好，繁殖更多的後代，並儘量保證後代能夠生存。可是它們一代一代存活的目的呢？現在還不知道，但是——不知道不等於沒有！

生物都有智慧，這是生長發育、趨利避害的根本條件。

「智慧是遇到障礙仍能繼續追尋目標。如果沒有目標，智慧的概念就毫無意義。我忘了帶鑰匙，要想進入鎖著的公寓，我可以撬開一扇窗戶、叫來房東或是通過門上投信的縫隙夠到插銷。要想達到上述每個目標，都需要一系列的子目標。我的手指夠不到插銷，所以子目標就是找到鉗子。但我的鉗子鎖在屋裡，所以我就確定了一個找商店買新鉗子的子目標。」[99]

動物的生活當然也有目標，但是沒有人類的目標長遠，一般都是盯著眼

(98) 凱文·凱利，《失控》（北京：電子工業出版社，2016），頁554。
(99) 史蒂芬·平克，《心智探奇》（浙江：浙江人民出版社，2016），頁378。

前。科學家做過實驗，在動物和食物之間豎起一張鐵絲網，它們可以看到網後面的食物。猴子反應最快，很快繞過鐵絲網拿到了食物，狗有點笨，對著鐵絲網叫了一會兒，也繞過了過去，而輪到雞做實驗，它們只會一次次地撞向鐵絲網。

中國歷史上最有智謀的將軍也許就是韓信，韓信用兵如神，山丘、河流在他的手裡都是可用之材。他的囊沙斷流、濰水半渡，成為戰爭史上的經典戰役。

韓信攻擊齊國，齊王田廣向項羽求救，項羽大驚，他實在想不到也想不通這個當初自己帳下的執戟侍衛竟能有如此作為。當即任命大將龍且率領二十萬楚軍前來救齊。當時的楚軍是中原地區戰鬥力最強的軍隊，彭城之戰曾在項羽的帶領下半日之內以三萬楚軍擊潰聯軍五十六萬之眾，殲滅劉邦主力。

楚軍前來救齊也在韓信的算計之中，雖然他只有五萬新徵調來的雜牌軍，但是仍然毫無懼色，從容地調集各部兵力，準備迎戰齊、楚聯軍。

當時，龍且的軍隊和韓信的軍隊之間隔了一條濰水，兩邊的軍隊在濰水兩岸排兵佈陣，大戰一觸即發。

韓信仔細考察了當地的地形，然後令人做好了一萬多個大口袋，秘密地讓士兵把口袋帶到淮水上游某處，把口袋裡全裝滿沙石，然後用這些裝滿沙石的口袋圍成一個大壩，堵住濰水河上游的水。等到下游河水水位變淺，韓信親自率領一半兵力渡過河去向龍且挑戰。龍且是項羽手下第一悍將，當然勇敢應戰。等到激起了龍且的鬥志，韓信就裝做打不過龍且的樣子，急急忙忙地率領著漢軍「逃」回濰水的這一邊。

龍且見韓信撤退，也顧不得有沒有埋伏，立即率軍渡河追擊。韓信渡河時因為河流上游被堵住，河水不深，所以漢軍來去自如。可當追擊韓信的楚軍渡河時，韓信馬上叫上游堵水的兵士立即把沙囊去掉，打開缺口讓河水流下來。河水奔流而下，龍且的楚軍只有小部分渡過濰水，忽然河水猛漲，楚軍驚慌失措。韓信立刻抓住機會發起猛攻，龍且當場被殺，過河來的楚軍被全殲，還有一些被大水沖走，留在河對岸的楚軍正在慌亂中，韓信又乘勢渡河追擊，一直追至城陽，將龍且帶來救齊的楚軍全部殲滅。

這就是歷史上著名的濰水之戰，又一次證明了韓信超凡的軍事才能。兩軍隔水交戰，河流本無所偏倚，對於兩邊的軍隊它都是中立的。可是，韓信偏偏就巧妙地利用了大自然作為他的武器來幫他破敵。

韓信最為有名的故事當然就是四面楚歌，也有史學家認為這是張良的壞主意，韓信只是執行人。這個故事說的是劉邦和韓信、彭越、劉賈會合兵力追擊正在向東開往彭城的項羽部隊，終於層層包圍，把項羽緊緊困在垓下。這時項羽手下的士兵已經不多，糧食也很少了。夜裡聽見四面都有人大聲唱起了楚地民歌，項羽大吃一驚：劉邦已經攻佔楚地了嗎？為什麼他的部隊裡面楚人這麼多呢？項羽心裡沮喪。他的士兵也都思鄉心切、無心戀戰。在這樣情況下，劉邦聯軍終於幹掉了戰無不勝的西楚霸王項羽。

我在聽百家講壇王立群教授講這兩個典故的時候，就在琢磨，假設一個保守的生物學家坐著時光機穿越到濰水之戰，有幸（倒楣，別人都穿越回皇宮，就他掉到了戰場上）觀摩了楚漢兩軍交鋒，如果他沒有被當做奸細抓起來，沒有被飛蝗般的亂箭射中而僥倖活了下來，但是也沒有看到韓信的士兵構築大壩。他一定會說：「濰水之戰純粹是龍且運氣太差，剛渡過河，上游就發大水了。發大水完全是個簡單的自然現象，是個物理過程：上游山洪爆發，在地球引力作用下的運動，就是突發的、偶然的情況。什麼，你說是韓信的人放的水？怎麼可能，我沒看到就是沒有。你有證據嗎？我家鄉也經常發大水，那也是韓信放的水？你把西元前204年11月濰水上游1000公里之內的天氣資料給我看，如果一直是晴朗的，我就相信你的話。」

如果他穿越到垓下之戰的戰場呢，也一定會說：「我看到了，漢軍士兵看著要取勝了非常高興，大家一起在山下開Party，唱卡拉OK呢，玩的蠻開心的。不知怎麼唱著唱著，那邊項羽就跑了，然後就被追上，被堵在烏江邊幹掉了。我敢肯定唱歌不是有意的，就是偶爾的、偶然的、隨機的大家樂呵樂呵，你見過有用歌聲做武器的嗎？滑稽。你把韓信的令箭和文書給我看。我跟你說，科學研究只相信證據，不要相信那些文人、史官，他們不理性。」

很多貌似隨機的事件只是因為我們不瞭解背後的原因而已。桌子上轉動的硬幣，倒下的時候是真的隨機嗎？那為什麼出老千的人一直在贏錢？你無法知道是否有一陣風或者有人敲了桌子，甚至這枚硬幣兩面都是一樣的圖案。

借用史蒂芬・平克的一句話，傳統的生物學家「在嘗試解釋一個費解的事實時，卻將其他一些同樣費解的事實看作理所當然。」

韓信用兵如神，山川湖泊都是武器，唱歌都能變成工具。生物也一樣，能夠在自然選擇篩選下生存下來的生物都是真正的「高手」，在冷酷多變的自然面前，它們合理運用一切機會來達到生存的目的。就像生物利用用進廢退的機理來淘汰化石基因一樣，生物的發育是因勢利導的高手，它們一般不逆潮流而動，而是順應潮流、順應環境，合理利用規律，包括合理利用隨機發生和突然發生的變化，利用這些不確定因素。

生存競爭是永無休止的博弈，束手就縛放棄抵抗的生物不可能有生存的機會，想活下來就得發展和壯大自己，「水澤之地，山海之洲，自有其備，豈肯跪途而奉之乎？順之未必其生，逆之未必其死。相逢賀蘭山前，聊以博戲，臣何懼哉！」

「當你尋求秩序，你得到的不過是表面的秩序；而當你擁抱隨機性，你卻能把握秩序、掌控局面。」(100) 生物體內的發育機制儘管不懂得物理定律和化學公式，但是經過幾十億年的學習，它們巧妙利用這些自然規則的能力比生物學家不知強了多少倍。為什麼會這樣呢？首先因為生物有智慧，可以計算，其次因為不善於利用自然規律的生物都已經被自然選擇淘汰了。

大自然有很多隨機發生的事情，整個世界就像一場賭博，所有的生物都已經坐在了賭桌前，無法退出。設賭局的莊家知道，只要你一手一手的賭下去，你就早晚會輸。

讀大學的時候，我曾經在777遊戲廳兼職。當客戶贏了的時候，老闆就會想辦法讓客戶賭下去，因為這樣隨機的事情，只要你一直賭，你的贏面就會無限趨近於零。

由於有這樣的職業經歷，所以我根本不相信在長期的隨機事件中能夠發家致富。久賭無贏家，不要相信小概率事件，只要你一直賭，就一定會輸光老本，然後欠一屁股債。這也是我對生物學中的「隨機」和「偶然」嗤之以鼻的原因。傳統生物學家應該去賭場打工，然後看看興沖沖進來，灰溜溜出去的賭徒，就知道自己所相信的是個什麼樣的童話。

隨機不等於完全沒有規律，所以只有會利用隨機規則的賭徒，才能少輸一點，比如機器每隔幾百局就會放一個大獎（主機殼裡面有組合按鈕，老闆可以調整勝率）。在生物界，生存下來的生物就是聰明的賭徒，知道怎樣利用規則。

就像非洲草原有的地區經常發生的大火一樣，雷電引發，完全偶然，但是幾乎每年都發生，所以又是必然。能夠在草原上生存下來的動物和植物，當然一定有辦法躲過這種災難，甚至利用這種災難。

看不見的進化之手主導了進化的歷程，再舉一個例子：最近二十年，「麻辣燙」成了東北餐飲的一匹黑馬，幾乎每個小吃城都有。麻辣燙起源於四川，

---

(100) 納西姆・尼古拉斯・塔勒布，《反脆弱-從不確定性中獲益》（北京：中信出版社，2014），頁XIX。

是上個世紀90年代的名稱，後來被串串香、點點香、冒菜取代了，現在川渝早就沒人說麻辣燙了。

雖說源於四川，但是在東北做四川麻辣燙最有名的兩個人——楊國福和張亮，卻都是黑龍江人，那麼為什麼不是風靡四川的六婆串串香來東北開店呢？原因很簡單——口味不同。

二十多年前我去四川旅遊，當然到處品嘗川味美食，可是沒幾天就吃不消了。我不怕辣，但是怕麻。吃川菜基本就能吃幾口，然後舌頭和嘴都麻了，再往下基本就吃不出來味道了。於是一週之後，我可恥地逃避了，吃起了速食麵……四川美食天下聞名，但是沒有多少北方人能吃得消。

2000年前後，一個東北人去四川旅行，對各種小吃讚歎不已，並將麻辣燙帶回東北嘗試著銷售。很多北方廚師對麻辣燙進行了當地化：紅油鍋改成清水煮、去掉了麻椒、基本去掉了花椒、去掉了郫縣豆瓣、香辛料減半再減半、加入白糖、加入腐乳醬、加入芝麻醬、加入花生醬、加入雞精……各種改進之後，2003年，黑龍江人楊國福開了連鎖麻辣燙店。很快，麻辣燙在東北境內遍地開花，而且每一家店裡都貼著麻辣燙怎樣起源於重慶碼頭工人的故事，甚至許多麻辣燙店直接叫「正宗四川麻辣燙」。

四川人很生氣，這還能叫川味！！！分明就是水煮菜麼！各種菜都放在一起清水煮一煮，再加一勺芝麻醬！麻辣燙的麻是麻油的麻、麻椒的麻，不是芝麻醬的麻！而且他們看到北方麻辣燙的大碗也很震撼「這是洗臉盆吧？」於是精緻的四川小碗紅油冒菜就變成了東北大碗水煮麻辣燙。順便說一下，四川的碗真小，餛飩一碗才一兩。我第一次在成都吃抄手，點了10碗就吃個半飽。

擦擦口水再把話題拉回來，經過十多年的時間，四川麻辣燙就進化成東北麻辣燙啦！在這個過程中，有兩個主要的力量決定了麻辣燙口味的走向，一個是本地客戶的選擇，另一個是廚師的改進。改進後的口味四川人肯定不喜歡，但是東北人喜歡，在東北的市場，這就是適者生存。

毫無疑問，客戶的選擇是決定性的，它就像自然選擇，四川冒菜再怎麼好吃，東北人味覺不接受，你的產品賣不出去，在東北開店肯定要倒閉。但是廚師的研究和判斷同樣重要，沒有他們的一點點增減和優化配方，也許冒菜永遠也進入不了東北市場。傳統生物學家可能會說：你說的不對，不需要廚師的智慧，每個配料都隨機變化，隨機改變，優勝劣汰，一步步的沉澱下來，冒菜早晚能進入東北！其實不是這樣，稍微改變的冒菜如果不被客戶所接受，根本就不會給你接著變化和改良的機會，很快就關門了，餐飲市場競爭相當激烈。

在這裡我只是想闡明自己的觀點：我從不懷疑自然選擇（此例中是客戶選擇）的重要性，但是如果沒有看不見的進化之手——生物智慧（楊國福、張亮等廚師和經理人）在裡面改進和推動，進化基本實現不了。在自然選擇的篩選下，生物智慧推動著生物進化，新的物種遍地開花，同樣的祖先，到了每個區域之後會進化成不同的物種。麻辣燙走向全國之後，西北的麻辣燙一般會多加辣子、北京麻辣燙多加麻將，而上海是加糖和高湯。

再問一下，麻辣燙在西北、北京和上海的變化，大家認為是隨機和偶然的，還是廚師根據本地客戶的口味有意改良的？

## 第四節　進化的速度

美國密歇根州大學進化生物學家紮卡裡・布朗特（Zachary Blount）和理查・倫斯基（Richard Lenski）在實驗室中「重演」了進化史。從1988年開始，布朗特和倫斯基的細菌培養試驗一直持續到現在。

他們取得了多個實驗成果，跟本書有關的是大腸桿菌獲得代謝檸檬酸鹽的能力，過程是這樣的：他們把一模一樣的大腸桿菌分別裝在了十幾個培養瓶裡面，每個瓶子裡的培養基完全相同，除了很少的葡萄糖之外，還添加了很多檸檬酸鹽。在正常情況下，大腸桿菌只能吃葡萄糖而不能吃檸檬酸鹽。而就是這些多餘的檸檬酸鹽，使這個枯燥的實驗變得異常精彩。

倫斯基日常所做的工作就是每隔一段時間就把一批大腸桿菌冰凍起來，他控制好溫度，使大腸桿菌不會被凍死，但是會停止一切活動。實驗太乏味，倫斯基曾經不想進行下去了，打算終止這個持續多年的實驗。但是他的妻子鼓勵他堅持下去。2003年1月，辛勤的勞動終於有了回報。

這天清晨，倫斯基注意到有一個培養瓶裡的培養基變渾濁了，這說明裡面的細菌繁殖得非常多。他們懷疑可能是出現了污染，因為這麼少的葡萄糖無法養活這麼多大腸桿菌。於是他們調出了最近的一批凍存細菌，標號Ara-3，重新進行了試驗。3個星期之後，培養基又變渾濁了。這一次他們徹底進行了檢測，排除了污染的可能。然後他們又用各種不同的培養基來培養Ara-3細菌，結果發現這批細菌已經進化出了一種全新的營養模式。它們不再需要葡萄糖來維持生命，它們可以吃培養基裡的檸檬酸鹽，所以這種細菌能夠繁殖更多，生長更好，因此會使培養基變得渾濁。

倫斯基認為：「這是整個大腸桿菌培養實驗中最重要的一件事。沒有任何明顯的影響因素，就可以使大腸桿菌進化出一種非常複雜的新功能。」大腸桿菌繁殖很快，在培養了3萬多代之後，一批大腸桿菌居然進化出了有氧代謝檸檬酸鹽的能力！

「對大腸桿菌而言，獲得利用檸檬酸的能力就如同多細胞生物進化出眼睛或翅膀一樣，是一個進化上的大事件……事實上，在有氧條件下不能在檸檬酸中生長，是區分大腸桿菌和其他細菌的一項重要特徵。」(101)

那麼，大腸桿菌進化出食用檸檬酸鹽的能力只是一個單純的巧合嗎？經過反覆實驗和概率統計分析，倫斯基計算出，這不是一個單純的基因突變，不是一個愚者千慮必有一得的偶然，而是這些大腸桿菌在進化過程中變得更有可能發生這樣的突變。

也就是說，在進化出代謝檸檬酸鹽的超級能力之前，這些超級細菌的祖先的基因組裡某些變化，已經導致它們比普通細菌的祖先更接近這個超能力。或者說，儘管Ara-3這一代還不具備超能力，但在Ara-3的第120多代之後的玄孫，必然會進化出這個能力。

神創論者經常攻擊進化論者的一句話就是「世界所有生物都是一起創造出來的，沒有新物種產生，否則你證明給我看。」與以往的動物基因突變實驗很難重複不同，倫斯基實驗室敢於面對一切質疑者。只要你具有足夠的科學資質，並說出你的理由，他們隨時可以從冰箱裡拿出Ara-3培養瓶來重複這個經典實驗，創造出以前地球上沒有的大腸桿菌新品種。

在倫斯基的試驗中，這瓶進化出超能力的樣本，越是遙遠的老祖先，進化出超能力的可能性越低，而越是後面年輕的祖先，進化出超能力的成功率越高。到了某一代之後，幾乎肯定會出現超能力的後代，這樣的結果當然不會只是自然選擇的結果。傳統的生物學家會說，自然選擇也會導致進化的方向性，因為葡萄糖就那麼一點點，沒有超能力的大腸桿菌無法大量繁殖。這個說法有一定的道理，但是從進化速度來看，有科學家計算出來，細菌實際的進化速度比基因突變所應有的速度快了1000多倍！

還有比這個更快的突變率。當外來物質進入人體時，會遭遇一組名叫「B細胞」的免疫細胞。B細胞可能遭遇的抗原如此之多，我們的DNA不可能攜帶建造每一種抗體的指令。我們的免疫系統必須運用更有效率的方式來製造抗體——進化！

「B細胞的進化從它在骨髓中成形時便已開始。當B細胞開始分裂時，建造其抗原受體的基因便開始迅速突變，不規律地形成億萬種不同形狀的受體，踏

(101) 美國《科學新聞》雜誌社，《基因與細胞》（北京：電子工業出版社，2017），頁20。

出進化過程的第一步：產生變異。

新生的B細胞悄悄從骨髓移往抗原來往最頻繁的淋巴結，大部分的B細胞無法鎖定任何抗原，但偶爾某個B細胞的受體湊巧對了，可以抓住一個抗原，只要B細胞能抓住任何東西，便會受到刺激，開始瘋狂複製。這時你可以感覺得到，因為隨著它數目激增，淋巴結會變得腫大。

有些成功的B細胞複製出的後代會立刻釋放出抗體，其結構與抓住抗原的受體相同。還有一些卻繼續分裂，並不製造抗體。這類B細胞開始複製，其突變率比人體正常細胞快上百萬倍。突變只會改變它們用來建造抗原受體及抗體的基因……不出幾天，這個進化過程便能將B細胞伏擊抗原的能力提升10到50倍。」[102]

當然傳統的生物學家並不完全認同這樣的計算結果，按照他們的數學推算結果，實際的進化速度比理論上基因突變速度快不了很多。因為這樣複雜的概率計算需要考慮的參數太多，而且不可知因素太多，隨便一個變數誤差就可能導致結果差出十幾倍。所以雙方的計算方法肯定都有缺欠，特別是存在「先開槍，再畫靶」這樣的問題，他們都有自己的心裡預期，然後調整參數設置，把計算結果往自己的結論上靠。

但是不管怎樣，這樣的快速進化已被廣泛觀察到，比如細菌的耐藥性和細菌應對環境變化所表現出的靈活性等方面。面對這樣的情況，承認生物本身發育起主導作用是很明智的。特別是如果把發育理解為本書所說的生物智慧，在看不見的世界裡默默耕耘，和生物體密切配合，那麼一切都順理成章了。

倫斯基實驗中的細菌也許並不是基因突變之後被篩選出來的，而恰恰是細菌們遇到同樣的處境後，「想」到了一起，通過一代又一代的努力，找到了合適的解決方法。當然除了想到了一起，也並不排除其它的原因，比如風把它們吹到了一起，磁場把它們吸到了一起，或者像一些生物學家提出的「馬桶旋渦理論」所說的那樣，落到馬桶裡的東西最後都要進入旋渦，但是這樣的解釋是不是有點牽強？

## 第五節　適應性突變

前文提過「適應性突變」，顧名思義，這就是生物為了適應環境的變化而自主發生的基因突變，主要是區別於隨機突變。生物學家對適應性突變的態度

(102) 卡爾．齊默，《演化 跨越40億年的生命記錄》（上海：海世紀出版集團，2011），頁96。

相當曖昧，即知道它的存在，但是又沒有大量準確的證據。而且適應性突變容易與生物的「想法」搭上關係，生物學家不願意相信生物可以為了適應環境而主動改變自身結構，所以他們一般不提適應性突變，或者用表型可塑性什麼的蒙混過去。

但是適應性突變確實存在，而且大量被觀察到。它的發生有一定前提，那就是環境發生改變並且不會立刻致死，就是說不像火山噴發一下子所有生物灰飛煙滅，這樣生物才能一點點適應、一點點改變。多數改變物種的宏觀進化就是由許多這樣微小的微觀進化累積起來的。

「儘管化石記錄無可爭辯地展示了達爾文更重要的論斷——久而久之，性狀變化會累積到後代的身上，它卻未能證明這些變化可純粹歸功於自然選擇，甚至沒有證明變化應主要歸功於自然選擇。」(103)

史鈞教授在他的書裡詳細的描述了一個適應性突變的例子，這就是赫赫有名的凱恩斯乳糖實驗，和上一章倫斯基的實驗有點相似，也是開始於1988年。分子生物學家約翰·凱恩斯（John Cairns）為了驗證適應性突變存在的可能性而精心設計了一個實驗。實驗的主角是一種不能食用乳糖的細菌，凱恩斯把這些細菌放在只有乳糖的培養基上培養，細菌肯定非常饑餓，不過不會很快被餓死。中間的過程不用細說，結果果然觀察到，加入了乳糖培養基的細菌，被培養時間越長，出現適應性突變菌落的數目也越多。也就是說，接觸乳糖時間越長的細菌菌落，越容易出現能利用乳糖的突變。

細菌本來不能食用乳糖，但是受環境中乳糖的影響，被誘導產生了能夠食用乳糖的基因突變。再想想上一節提到的倫斯基實驗——大腸桿菌獲得代謝檸檬酸鹽的能力。細菌似乎可以自己選擇突變的方向，這就是適應性突變，也就是定向突變，當然就否定了隨機突變。

不但是定向突變，凱恩斯在論文結尾直接提出，不管是什麼導致了定向突變，「實際上，都提供了一種獲得性遺傳機制。」——這簡直就是完完全全的拉馬克觀點。

「另外一位分子生物學家拜瑞·豪爾發表的研究結果，不僅證實了凱恩斯的斷言，而且還補充了大自然中令人驚異的定向突變的證據。豪爾發現，他所培養的大腸桿菌不僅能產生所需的突變，而且其變異的速率，與按照隨機理論統計得出的預期值相比，要高一億倍（其實這個數字已經可以直接否定突變是隨機的了）。不止如此，當他對這些突變細菌的基因測序並將其分離出來之

(103) 凱文·凱利，《失控》（北京：電子工業出版社，2016），頁572。

後，發現只有那些有選擇壓力的領域發生了突變。這意味著，這些成功的小不點們並不是絕望而拼命地打出所有的突變牌來找到起作用的那張；相反，他們精確地敲定了那種剛好符合需要的變化。豪爾發現，有一些定向變異很複雜，以至於需要同時在兩個基因上發生突變。他把這稱為『極小可能發生事件中的極不可能』。這些奇跡般的變化，不應該是自然選擇下的一系列隨機累積的結果。它們（定向突變）身上，帶著某種設計的味道。」[104] 自然選擇當然強大，「不過僅有自然選擇不足以解釋自然界驚人的有序性，我們仍然缺少一種能夠加快進化速度的方法。」[105]

所以，這麼說來，生物真的可以針對環境來主動改變自身的結構。從這個實驗來看，啄木鳥頭部的防震系統的進化、長頸鹿脖子的增長，確實可以是這樣針對環境而主動改變的。拉馬克的理論似乎又一次被證實。這一小小的實驗等於動搖了自然選擇理論的根基！

凱恩斯的這篇論文被發表在了1988年9月8號的《自然》雜誌上。果然，馬上引起了強烈反響。很多其他科學家也做了相關實驗，《科學》、《遺傳》等頂級雜誌也跟進，發表了一些研究論文，不僅肯定了凱恩斯的實驗結果，還報導了其它細菌也有類似情況，甚至連真核的酵母菌都可以出現定向突變，這樣的情況是普遍存在的，很多細菌都有定向突變的能力。

現代分子生物學的發展，已經使人類具備了在基因水準對細胞進行操作的能力，從而獲得新的性狀。這就是基因工程。人為的基因工程可以讓細胞定向獲得某種性能，比如提高一些有用蛋白的產量等等。

「可是，近來發現，某些細菌竟然也有自己的基因工程，它們會對自己的基因作出一些操作，從而達到適應環境的目的。

1994年，分子生物學家們培養出了一種新型細菌。這種細菌完全丟失了利用乳糖的基因，靠自身的力量是沒法再利用乳糖了……但是，當把這種細菌接種在只含乳糖的培養基上培養時，情況發生了令人意想不到的變化……（細菌完成了一個不可能完成的任務）它們利用自己天然的基因工程技術，啟動複雜的基因重組程式，其中涉及一系列的重組蛋白，最終成功……得到了能利用乳糖的正常基因。整個細菌因此在那種貧困的培養基上生活了下來。

這說明了什麼呢？這說明，細菌並不是只會隨機突變，在某種程度上它主

(104) 凱文・凱利，《失控》（北京：電子工業出版社，2016），頁582。
(105) 安德莉亞斯・瓦格納，《適者降臨——自然如何創新》（杭州：浙江人民出版社，2018），頁31。

動控制了基因的突變，使細菌朝著對環境更適應的方向前進。

而且，這些基因突變就這樣成了細菌的『獲得性』，如此一來，獲得性也真的是可以遺傳的。」(106)

「自然學家已經證實，動物不斷走出自己已經適應的環境，浪跡四方，在『不屬於』它們的地方安家。郊狼悄悄地向遙遠的南方進發，潮鳥則向遙遠的北方遷徙；然後，它們都留在了那裡。在這一過程中，適應最初源於一種模糊的意願，而基因則認同了這種適應，並為之背書。」(107) 這樣做的目的當然是為了拓展生存空間，但是如果沒有適應性進化能力的支持，動物可能也未必敢於這麼做，或者註定了會失敗。

生物學家一般認為北極熊的白毛是白化的基因突變，然後白色的熊更加接近北極冰天雪地的顏色，所以能夠捕獲更多的獵物，而沒有被自然選擇所淘汰。但是我們來看看北極兔，冬天的北極兔的毛色是純白，這個大家都熟悉，可是到了夏天，北極兔會換上一身棕毛，跟周圍斑駁的環境顏色接近。它的天敵北極狐的皮毛也是這麼變色。那這又怎麼理解呢？

夏天，北美洲白鼬的皮毛是接近地皮顏色的棕色，而到了冬天下雪之前，白鼬就換上一件白色的外套，只剩一個黑色尾巴尖。北美洲的白尾雷鳥也可以根據環境的不同更換羽毛，夏天一身雜草色，冬天一身雪白。類似的動物還有很多，比如北極松雞。

小小的昆蟲也有可以變化的保護色，「大螳螂的體色隨季節和環境的變化而改變，自綠色、綠色中帶有褐色條紋，到全身幾呈褐色等。」(108) 中華劍角蝗（東北這邊把它和短額負蝗一起稱為「扁擔鉤」）「最有趣的地方是體色的變化，甚至可以說是一種季節性的保護色：一般夏季型的體色是綠色的，而秋季型的體色是土黃色的。」(109) 這難道也是白化的基因突變？還是這些動物自己「想」要這樣的保護色？

從上面的這些事例看，適應性進化確確實實存在，而且由生物自身掌握，並對其生存和物種延續起到了關鍵作用。那麼又是什麼操作了這個主動適應呢？

當然還是生物自己的智慧，它像個程式師一樣，設計和操作著龐大的生物

---

(106) 史鈞，《進化！進化？達爾文背後的戰爭》（遼寧：遼寧教育出版社，2010），頁181。
(107) 凱文·凱利，《失控》（北京：電子工業出版社，2016），頁553。
(108) 朱耀沂，《昆蟲Q&A》（北京：商務印書館出版，2015），頁76。
(109) 冉浩，《我與大自然的奇妙相遇》（北京：天天出版社，2018），頁132。

體機器的生長和發育。但是有傳統生物學家認為它是盲眼的……

其實傳統生物學家何嘗不知道進化理論的不足，然而，是繼續故意忽視它的悖論和空白，寧可違背科學探索精神，也要把古典進化論進行到底？還是從全新的角度全面審視這些悖論和空白，尋找新的生物科學理論來破解他們？遺憾的是，傳統生物學家往往選擇了前者。

「我們的大腦是自然選擇的產物。生物學家理查．道金斯將自然選擇稱為『盲眼鐘錶匠』；在心智方面，我們可以稱之為『盲眼程式師』。我們的心智程式運行得非常不錯，因為它們是由自然選擇所塑造的，從而使我們的祖先得以主宰石塊、工具、植物、動物以及他人，而最終的目的是為了生存與繁衍。」[110]

平克的這段話已經比其他科學家要進步許多，因為至少他同意心智是個程式師。我沒有做過鐘錶匠，不知道盲人能不能從事這個職業，但是我做過程式師，這可不是一個隨機敲打鍵盤和依靠不斷死機來篩選錯誤的行當。所以心智這個程式師可是耳聰目明的。

程式師不但不能撞大運，而且在程式設計的時候要認認真真的考慮程式的流程和演算法，不是編出來就拉倒，而是儘量節省磁碟空間、節省執行時間並且必須提前考慮到一些隱患。

我當年的科長就是一個很好的程式師，他在編程式的時候就不斷地考慮演算法的優化，所以他的程式總是比我的清爽、高效。這也是為什麼鐵路的12306購票程式一到春運就崩潰而淘寶就算在雙十一也很少出問題——程式師的水準不一樣啊。阿裡巴巴財大氣粗，能夠雇得起最好的程式師，設計出最好的雲計算，買得起最貴的伺服器，用得起最大的頻寬，這可不是二十年車票沒漲價的鐵道部所能比的。

一個優秀的程式師需要考慮的內容很多，除了演算法之外，還要考慮客戶體驗。比如，美團外賣的程式編得就很離奇：

我進入網站之後，分類——選店——選餐——輸入聯繫方式——輸入位址——提交，彈出個視窗告訴你「請先登錄，然後訂餐。」你明知道我沒登錄，那還讓我選餐和輸入資訊幹嘛！

登錄之後，剛才填寫的那麼多內容都被清空了，於是重新填寫那一大堆，然後再提交，又彈出個視窗告訴你「您的地址不在送餐範圍內。」WTF？顧客和你有仇嗎？我都登錄了，你也知道我地址，那你還不明顯標明那些不在範圍

(110) 史蒂芬．平克，《心智探奇》（浙江：浙江人民出版社，2016），頁37。

內的餐館！而且非要我把所有菜品都選完之後才告訴我。美團的程式是萬能的外賣小哥編的嗎？程式師都去送外賣了？

生物的智慧就像阿里巴巴的程式師，優秀而且盡職。當然，如果你使用電腦淘寶而不是手機淘寶，那也會遇到諸多麻煩，嗡嗡嗡的繞著你，讓你不勝其煩。但是這並不是技術問題，而是經營策略，行業壟斷的公司吃相就是這麼難看。

## 第六節　進化是漸進還是躍進？

這裡就又出現了一個問題，生物進化是保持一個穩定的速度，還是時快時慢，遇到環境變化多擲兩把骰子，產生新的突變來適應？或者說，進化是漸進的還是躍進的？

達爾文曾提出：「如果同屬或同科的無數物種真的會一起產生出來，那麼這種事實對於以自然選擇為依據的進化學說，的確是致命的。」因為如果按照他的理論，進化應該是個穩穩當當、循序漸進的過程，而且後來科學發現基因突變確實是按照一個穩定頻率發生，這也說明進化似乎是個漸進的過程。

但是躍進式的進化就是發生了，不但在寒武紀來了個大爆發，在這之後的5億多年裡，也不斷小規模地重現，這讓古生物學家們很是撓頭。

「古生物學家們也一直有一個不願意說出口的看法，那就是物種之間確實缺少中間環節。教科書上繪製的進化樹，其實應該用一個一個點來表示，而不是用線把它們連起來，因為當中的這些線，至少在化石上看起來，似乎是不存在的。」[111]各種生物出現時都已經「全部完成」了，中間狀態很少。

傳統生物學家一般會否認化石記錄的不連續，他們認為化石資料不夠全面，那是因為還有很多化石證據正埋在土壤中等待發掘，而且有些軟體動物似乎無法變成化石保存下來。

所以達爾文認為：「到目前為止，人們只對地球表面上的很少一部分作過地質學上的發掘。考察每年歐洲的所有重要發現，可以說，沒有一處地方曾被十分仔細地發掘過，那些柔軟的生物沒有一種能夠被保存下來。」[112]

他說的有一定道理，確實新的化石證據偶有發現，能夠填空似的填補一點進化鏈的空白，但是，最主要的幾個斷檔仍然還是空白。

---

(111) 史鈞，《進化！進化？達爾文背後的戰爭》（遼寧：遼寧教育出版社，2010），頁130。
(112) 查理斯·達爾文，《物種起源》（江蘇：江蘇人民出版社，2011），頁304。

而且也不能都拿「還有很多化石等待發掘」來說事，達爾文時代的發掘能力確實不高，但是現在先進高效的挖掘機械加上中國技校培養的鉤機超人，還有那麼多路橋、機場的基礎設施建設挖了那麼多土方，卻依舊沒能順便發現大量的過渡階段生物化石。還有，現在柔軟生物的化石也經常被發現，只是數量不大，很多也只是一點頭殼或者其他硬質。再加上現在分析水準很強大，30億年之前化石裡面細菌的痕跡都能辨認出來，更不要說軟體動物。

再說，化石不是什麼稀罕之物，如果你有一雙善於尋覓的眼睛就會發現化石隨處可見。武漢大學生王奉宇從小喜歡撿石頭，他的寢室裡堆了近千斤石頭，裡面就有幾百塊古生物化石。

在寒武紀化石的兩個主要發現地之一的中國雲南澄江，還有撿化石活動，不斷有人撿到各類化石，有的人甚至撿到了完整清晰的三葉蟲化石。在快手和火山上有專門尋找化石的主播，經常發一些找到化石的小視頻。他們眼光很好，有時拿起一塊平平常常的青色大石頭，就斷定裡面有「貨」，用鑿子撬開之後，就看到一個保存完整的三葉蟲化石。還有一次他搬起一塊大青石，叮叮噹當拿鑿子一片一片砸開，幾乎每片裡面都有幾個三葉蟲和海螺化石，就像鬧著玩兒似的。

在北京馬連道茶葉市場的茶具店裡，經常可以看到帶著古代蕨類化石的石頭茶盤，上面蕨類植物的葉脈清晰可見。而在淘寶上更是容易買到三葉蟲和狼鰭魚化石，幾十元一塊，古生物栩栩如生，清晰度可以媲美自然博物館的展品，當然，大多數是假的。

還有一些比較近代的化石就更常見，俄羅斯有一批專業的「猛獁獵人」，他們以尋找凍土層裡的猛獁象牙為生，而猛獁象牙雕刻的工藝品幾千元就可以拿到，雖然我對野生動物製品很是反感，但是出售化石製品似乎並不違法。

達爾文的好朋友赫胥黎「清楚地看到了生物各大類之間缺少應有的中間型，他對這個問題也很頭疼，但一時又找不到合適的理論來加以解釋。可如果像達爾文那樣，把所有責任都推給化石資料不全，不免又太過牽強。為此，赫胥黎不斷勸告達爾文，為了更好地解釋化石資料，應承認大踏步的躍進式的進化……因為所有新發現的化石似乎都表明新物種是突然出現的，一下冒出來的，沒有中間型。」[113]

古爾德和奈爾斯在1972年提出來了一種非傳統的理論——間斷平衡說：正常時期的演化模式並不是一脈相承的逐步提高，相反，從地質學角度（以千年

(113) 史鈞，《進化！進化？達爾文背後的戰爭》（遼寧：遼寧教育出版社，2010），頁129。

為單位）看來，新物種形成很快，只需要數百年或數千年（地質時間上屬於微秒），其後幾百萬年間都保持穩定。因為新物種幾乎瞬間出現，而在同一地區更古老的岩石中，找不到與祖先類型相似的過渡類型。生物的進化並不像達爾文所認為的那樣是一個緩慢地漸變積累的過程，而是長期的穩定或者乾脆沒有改變，與短暫的劇變交替的過程。正常時期，間斷平衡占上風，大滅絕時期，其他因素占主導。

「正常時期，物種無論積累了多少優勢，在大滅絕時期都會被打破、廢除、重置、消散。」[114]

從化石層面看，生物進化是可以走走停停的，從而在位址記錄中留下許多空缺，這就是間斷平衡理論的要點。

「化石中極為缺乏過渡類型，這一直是古生物學中的專業秘密。我們教科書上繪製的進化樹，只是枝的末梢的樹杈上有東西，其餘部分則是推斷出來的，無論多麼合理，也沒有化石證據。」[115]

「物種歷史中有兩個特徵與漸變論極不相符。

1. 穩定性。多數物種在地球上生存期間，並沒有發生方向性改變。它們在地質記錄中出現和消失時的外形幾乎一樣，形態的變化通常有限，而且沒有方向性。

2. 突然出現。任何局部地區的新物種，都不是由其祖先類型，經過穩定的轉變產生出來的，物種是一下子出現的，並且已經『完全成型』。」[116]

比如肺魚，「有4億多年的歷史，是魚類的老祖宗……肺魚在晚泥盆紀和石炭紀呈現高度的多樣化，在頭部長度、脊椎構造、齒板等方面具有高度的分異，但在隨後的1.5億年中未見明顯變化。」[117]

古爾德和奈爾斯認為，物種形成的速度比我們相象得要快，起碼比達爾文想像得要快，那並不是一個漸變積累的過程，而是一個集中爆發的過程。新的物種一旦形成，就會長期處於穩定狀態，安心地過日子，不再向前進化，這個相對安靜的過程會持續幾百萬年甚至上千萬年，這就是「平衡」，然後瞅機會（或者被環境變化所迫）再來一次突變，或許會出現另一個新的物種，之後還會恢復長期的平衡。物種進化的過程就是「平衡」不停地被「間斷」的過程。

(114) 斯蒂芬・傑・古爾德，《火烈鳥的微笑》（江蘇：江蘇科學技術出版社，2009），頁150。
(115) 斯蒂芬・傑・古爾德，《熊貓的拇指》（海南：海南出版社，2008），頁123。
(116) 斯蒂芬・傑・古爾德，《熊貓的拇指》（海南：海南出版社，2008），頁124。
(117) 王紅，《古生物王國》（北京：企業管理出版社，2013），頁65。

所以古爾德總結：從變化的程度看，物種實質上是穩定的。

古爾德和奈爾斯的名氣當然遠遠沒有達爾文那麼大，但是他們倆卻有足夠的資格從化石記錄方面來質疑達爾文，因為他們都是著名的古生物學家，整天拎著羊角錘奮鬥在野外。我對這些經常出外業的科學家和地質工作者很敬佩（包括野外作業的工程技術人員，特別是上廁所都成問題的女隊員）。他們生活艱苦，住在荒山野嶺的帳篷裡，連口乾淨水都喝不上。我同事的父親是地質學教授，每次出外業回來都是髒兮兮的。鬍子一大把，頭髮像雞窩，「遠看像燒炭的，近看像要飯的，仔細一看是搞勘探的。」正因為古生物學家能夠拿到第一手資料，所以他們對化石記錄的判斷就更可靠。

「看來生物進化也懂得『養兵千日，用兵一時』的道理……」(118) 只要生活過得去，誰願意一個勁兒的折騰。只有當環境發生較大變化，現有的生活方式不得不「下崗」，只能「從頭再來」的時候……

能利用乳糖的大腸桿菌並不是針對環境而出現了適應，這種適應能力本就存在，只是適時被調用了出來而已。

「『新拉馬克主義』力圖尋找到生物與環境之間直接對答的關係。但他們每次找到的都是假像，生物似乎並不具備這種直接對答的關係，它們只是儲備了很多工具，什麼時候需要，就拿出正確的工具來應對環境的變化，而絕沒有能力針對新的環境迅速拿出一種前所未有的工具來。」(119)

「還有一種說法，認為在一個群體中，其實早就存在大量基因後備軍，所有的性狀都是早被決定了的，隨時等候自然選擇的調用。大量的突變都被保存了下來，然後被群體儲藏起來，當時這些突變不一定是適應的，但時過境遷，這些受到歧視的基因極有可能等到時來運轉的時候，那時它們就會在特定的環境下幫助群體渡過難關。因為環境是千變萬化的，所以保存大量的突變有利於應對不測事件。」(120)

「該如何在資訊處理過程中出現的穩定與混亂兩種情況中做選擇？理想的對策是：在一切順利的情況下，力求穩定；但生命受到威脅時，則傾向混亂、革新。」(121)

多數科學家都知道細菌能夠控制自己的基因突變頻率：「對所有有機體來

(118) 史鈞，《進化！進化？達爾文背後的戰爭》（遼寧：遼寧教育出版社，2010），頁135。
(119) 史鈞，《進化！進化？達爾文背後的戰爭》（遼寧：遼寧教育出版社，2010），頁176。
(120) 史鈞，《進化！進化？達爾文背後的戰爭》（遼寧：遼寧教育出版社，2010），頁207。
(121) 丹尼爾．博爾，《貪婪的大腦》（北京：機械工業出版社，2013），頁134。

說，為了獲取更多的新『想法』來應付動盪的環境，其中一個辦法就是控制基因突變的數量。一些物種確實利用了這一辦法，比如細菌在形勢嚴峻、生存壓力加大的時候，會增加基因突變數量。酵母菌面對生存壓力的反應不是基因突變，而是改變整個染色體的結構，這種做法能產生同樣效果。」(122)

突變是隨機和偶然的，但是生物能夠控制突變的頻率，在環境發生變化，生存遇到麻煩的時候多突變幾次碰碰運氣。在自然選擇力量的幫助下，生物還能發現那些對生存也許有利的突變，並把它們留在基因裡。

提起生物「主動」篩選有利於自己的基因，傳統生物學家一定會冷嘲熱諷：生物都是優秀的化學家、物理學家……

其實生物完全不需要瞭解生長發育過程中所發生的理化反應，一樣可以控制自己的基因編碼，這就是一個不斷「試錯」的過程，自然選擇刪除了錯誤的答案，剩下的就是正確答案。

「如果能夠理性地進行試錯，將錯誤當作一種資訊源，那麼，試錯過程中出現的隨機要素其實並沒有那麼隨機。如果每次試錯都能讓你瞭解到什麼是行不通的，漸漸地，你就接近有效的解決方案了——這樣，每一次努力都變得更有價值，更像是一筆支出而非一個錯誤。當然，在此過程中你將不斷地有所發現。」(123)

這些發現就是正確答案，生物的智慧只需要記住它們，並按照自己的要求排序就好。這個過程必須經過漫長的學習，碰壁和出錯是必由之路。

古時候的農民不知道氮磷鉀等營養物質、不知道有機質的分解和轉化、不知道溶液濃度、不知道鹽脅迫，但是仍然年年收穫，並且養活了地球上多數人口，創造了燦爛的農業文明。而生物也是這樣慢吞吞地進化來的，儘管不懂科學原理，但是仍然創造了豹的速度和熊的力量。

當然這不是說現代科技沒有用處，正是因為近現代科技的發展，才使農業飛速進步。化肥、農藥和現代育種技術使農作物產量增加10倍。並且發明了汽車超過了豹的速度，發明了起重機超過了熊的力量。

換句話說，懂得科學原理，生產力會大幅提高，社會進步飛快。不懂得科學原理，靠著不斷嘗試、總結教訓和累積經驗，也能取得進步，只是速度很慢而已。而生物已經產生了40億年左右，這麼長的時間足夠大家慢吞吞進化的。

---

(122) 丹尼爾·博爾，《貪婪的大腦》（北京：機械工業出版社，2013），頁44。
(123) 納西姆·尼古拉斯·塔勒布，《反脆弱-從不確定性中獲益》（北京：中信出版社，2014），頁41。

這就是生物的「學習」能力，它能夠學習和儲備很多技能和工具，以備不時之需。「新拉馬克主義」所說的針對新環境迅速拿出一件新工具，指的就是生物的「創造」能力。應該說，生物的創造能力是很差的，它更多的是從突發和偶然的事件——比如基因突變中學習和積累有用的知識。一個生物的積累有限，但是一個種群的積累就很龐大。當面對環境變化時，也許哪一項技能就能夠用得上，使得整個種群能夠生存繁衍下去。劍橋大學的遺傳學教授費舍爾爵士相信，一個物種的群體越大，就越有利於進化，因為大的群體可以保存更多的變異。

當環境變化時，生物被逼無奈地被動應對，啟動應急機制，這時就出現了性狀的較大變化，發生了「躍進」。所以自然選擇只是進化的動力之一，並不是全部，生物的學習能力才是進化的主要動力。理查·道金斯教授也認識到學習能力對生物的重要性，他在《自私的基因》中提到：「在一些難以預見的環境中，基因如何預測未來是個難題，解決這個難題的一個辦法是預先賦予生存機器以一種學習能力。」[(124)]

應該說間斷平衡理論並沒有對達爾文的進化理論造成很大衝擊，而是完善了它。古爾德本人將這一理論中的生物稱為「勇往直前的朋克」，而批評家卻將此理論喻為「抽瘋式的進化」。間斷平衡理論對於進化中物種的「大滅絕」和「大爆發」提出了如下的解釋：進化和新物種的產生不可能發生在一個物種主要群體所在的核心地區，只能發生在邊緣群體所在的交匯地區。那裡生存壓力大，環境複雜，物種的變異容易遇到合適的環境，並且邊緣的隔離作用使得變異可以累積和發展，進而成為新物種。「間斷平衡」理論認為，生物的進化不像達爾文所言是一個緩慢的連續漸變積累過程，而是長期的穩定與短暫的劇變交替的過程，從而在地質記錄中留下許多空缺。澄江化石群（位於我國雲南澄江帽天山附近，是保存完整的5.3億年前寒武紀早期古生物化石群，不止發現了眼睛這樣的複雜結構，還發現了魚類化石，這是最早的脊椎動物）的發現說明了生物的進化並非總是漸進的，而是漸進與躍進並存的過程。

義大利科學家在克羅地亞的小島上做了一個壁虎實驗，30年後，科學家驚訝地發現，這些只有13釐米長的爬行動物完成了其他生物需要上百萬年才能實現的基因變異。

1971年，科學家將5對成年義大利壁虎帶到了這個名為馬庫魯的亞得里亞海小島，現在其種群規模已達5000只以上，而且基因檢驗證明，它們就是那五對

---

(124) 理查·道金斯，《自私的基因》（北京：中信出版社，2012），頁63。

壁虎的後代。

壁虎被引入小島十多年後，克羅地亞陷入連年戰火，實驗被迫中斷。2004年，小島重新對實驗人員開放。實驗設計者們一開始都不知道自己還能不能找到那些小壁虎，也不知道引種是否成功。

最後他們找到了那些令人刮目相看的小壁虎們。引進的壁虎消滅了島上原有的蜥蜴物種，在原有的肉食性消化系統的基礎之上，它們演化出全新的草食性消化系統，如幫助纖維消化的盲腸瓣，以此適應島上茂盛的植物環境。同時，這些壁虎的腦袋變得更大，撕咬也更加兇悍。總而言之，這些壁虎在30年之內，完成了其他生物上百萬年才能完成的進化過程。

這個實驗引發了激烈的爭論，每個人都有不同的看法。蒙特利爾大學的亨德利教授說：「這也許是進化的一種，也許不是。我們唯一可以肯定的是，這些壁虎發生了前所未有的巨變。下一步要討論的，是這樣的巨變究竟有怎樣的基因基礎。」

另一個躍進的例子發生在虹鱂魚身上，它就是在中國非常受歡迎的觀賞魚——孔雀魚。我從小就喜歡養孔雀魚，它們體型小巧、色彩絢麗，有非常多的品種：蘭丹鳳、金孔雀、蛇皮孔雀、鴻運當頭等等。但是它受歡迎的最主要原因是——太好養了！不需要經常換水，水不臭就能活；不需要經常餵食，一週喂一次也餓不死；不需要加熱水溫，冷水溫水都活躍；甚至不需要專門的魚食，喂點饅頭渣也能活好長時間，實在是懶人的福音。

往往越是這樣適應能力奇強的物種，在環境發生改變的時候，適應性進化的能力也越強，比如前文提到的慈鯛魚（麗魚），也分化出了一些觀賞魚品種。

另外值得一提的是，慈鯛魚很聰明，不知道它們超強的適應性進化能力和這有沒有關係。我養過同為麗魚科的地圖魚，它們長得傻乎乎的，好吃懶做，所以有的地方稱它們為花豬魚。可是我養的地圖魚一點也不笨，它們認識自己的主人，還能夠判斷主人是否來餵食。如果陌生人經過魚缸，它們就像沒見到一樣，該幹嘛幹嘛。如果是主人空手經過魚缸，它們就湊到缸邊看熱鬧。如果主人手裡拿著裝魚食的罐子，還沒走到缸邊，它們就會上躥下跳、搖頭擺尾，弄的水花四濺。有的地圖魚眼睛的瞳孔邊上有條紋，所以在它看你的時候，你可以清楚的看到它的眼睛在轉動，似乎正在觀察和琢磨你。

接著說紅鱂魚。科研人員最新研究發現，生活在特立尼達淡水河流中的虹鱂魚為適應環境改變，不到十年就發生了物種進化。

美國加利福尼亞大學河邊分校的斯韋恩・戈登和她的同事把虹鱂魚引入到附近的丹米爾河，並把它們放養在一條瀑布的上游。由於瀑布構成了天然屏障，虹鱂小魚生活的水域沒有天敵。而在瀑布的河流下游，也生活著天然的虹鱂小魚，這段河流中有其自然天敵。不到8年之後，科研人員發現在瀑布上游的無天敵環境生長的虹鱂小魚適應了新的生活環境並且發生了進化，而這期間虹鱂小魚繁衍了大概不到30代。這些沒有天敵危險的虹鱂小魚繁衍出數量更少、個頭更大的後代。

戈登解釋說，「天敵較少的安全環境中，雌性虹鱂魚繁育個頭較大的虹鱂幼魚，個頭較大的虹鱂魚競爭性更強，因為在天敵較少的安全環境通常食物資源較少。

還有一個快速進化的例子是無患子蟲，這種常見的苗木害蟲以其超強的性能力而聞名。交配時，它們會尾部相連，好似一對連體兒，以這種姿勢交配最長可持續11天。

「無患子蟲本來生活在位於美國不同地區的兩種本地植物上；美國中南部的無患子灌木以及南佛羅里達的多年生氣球藤。借助其長長的針狀嘴，這種蟲子可以刺入宿主植物的果實，大吃其中的種子——把種子內部液化之後吸淨。但在最近50年中，這種蟲子移居到了在其生活範圍之內的三種外來植物上。這些植物的果實尺寸與其本地宿主的非常不同：兩種大得多，一種小得多。

「斯科特・卡羅爾（Scott Carroll）及其同事預計，這種宿主的轉換將造成針對蟲嘴形狀變化的自然選擇。移居到果實更大的植物上的蟲子應該演化出更大的嘴，以刺穿果實，夠到種子；而移居到果實更小的植物上的蟲子應該會向著相反的方向演化。而這恰恰是真實發生的情況：在幾十年內，蟲嘴長度的改變達到了25%。這似乎不算多，但以演化的標準來看則是相當巨大的，特別是在一百代這麼短的跨度內。」[125]

相對於上面幾種快速進化的物種，另一種快速進化來的生物似乎就很容易解釋了，那就是尼龍菌。

尼龍的化學名稱是聚醯胺纖維，也稱合成纖維，英文名稱polyamide（簡稱PA），是美國科學家卡羅瑟斯（Carothers）及其領導的一個科研小組研製出來的。尼龍的出現極大的擴大了紡織品的品類，同時也是高分子化學的一個重要里程碑。這是在1935年研製出來的人造材料，原來自然界並沒有尼龍。

但是，1975年日本科學家在一個廢水池中發現了一種以尼龍為食的細菌，

---

(125) Coyne, J.A，《為什麼要相信達爾文》（北京：科學出版社，2009），頁168。

稱作尼龍菌。它所分泌的酶只可以消化尼龍，雖然其使用的酶效率比較低（只有一般酶的2%），但是它可以靠這種方式吃尼龍過活，更奇怪的是，它們無法消化普通細菌食用的糖類和其它碳水化合物。而且，這種細菌的出現並非只有一次，在其他地區也有發現。

可以想像麼，出現這種奇怪的生物，就像突然出現了一個怪人，吃塑膠就能活下來，但是不能吃肉也不能吃蔬菜和糧食。而且他還活得挺好，娶妻生子，後代都跟他一樣只吃塑膠。

尼龍菌就是這麼一個怪物，相對於壁虎和虹鱂魚，它的快速進化的原理就簡單得多：基因恰巧產生了「移碼突變」，也就是DNA序列中的一個單位（AGCT）出現丟失或插入，導致了整個序列整體移位，產生了完全不同的氨基酸。這些不應該產生的氨基酸則組成了和原先完全不同的蛋白質。這個意外的蛋白質所構成的新酶，恰巧具有分解尼龍的能力。（真的有這麼多「恰巧」？）

現在的生物化學分析尼龍菌的產生就是這麼個簡單過程，應該說，如果真是這樣的話，出現尼龍菌只是個意外，並不需要更複雜的解釋。但是壁虎和虹鱂魚的進化躍進，就不是「恰巧」能夠說明得了的。

「基因調節有一個相當嚴重的缺陷：它通常需要相當長的時間，因此不可能在生物個體的短短的一生中產生任何適應性的變化。」[126]

根據經典的達爾文進化論，「為了使達爾文進化能夠進行，生物首先必須在未得益於基因改變的條件下，在這個環境裡生活許多代。因此，是身體的適應能力使種群能夠延續到突變體出現的那一天，並借此修正自己的基因。」[127]但是這樣的可能性又有多大呢？舉個例子，如果發洪水了，而且洪水不退，大家都泡在水裡等著發生基因突變，等著手和腳都長出蹼來能夠游泳嗎？等著像海豚那樣由哺乳動物進化成海洋動物嗎？問題是，洪水會等你嗎？

這就需要一副更具伸屈性、更可塑的軀體，從本質上說更具適應的進化能力。

就像「那些能最大限度伸展脖子的長頸鹿們能夠借助它們的軀體來守護這種適應，直到自己的基因迎頭趕上。」[128]而不是傻傻的等著基因突變給自己帶來的機會。

---

(126) G·齊科，《第二次達爾文革命》（上海：華東師範大學出版社，2007），頁70。
(127) 凱文·凱利，《失控》（北京：電子工業出版社，2016），頁552。
(128) 凱文·凱利，《失控》（北京：電子工業出版社，2016），頁552。

環境保持不變的時候，物種就會長期處於穩定狀態，這個相對平衡的過程會持續幾百萬年甚至幾千萬年。在環境發生重大變化的時候生物常常產生突變，或許會出現另一個新的物種，特別是出現結構複雜的連鎖變化。這個躍進的過程一定有生物自身的發育原因，才能做到協調的快速適應性進化。可以這樣假想：發育機制會把微小的基因突變的結果保存，但不一定馬上表達。一旦環境出現狀況再掏出來改變自己的性狀。這樣又能在艱難的環境中生存下來，也能夠繁殖，同時在環境穩定的時候也不會變來變去出問題。

「40億年來，進化已經在基因庫中累積了豐富的知識，這麼長的時間，可以讓我們學到很多東西。如今，地球上3000萬物種之中的每一種都擁有完整的資訊鏈，而這些資訊鏈可以追溯到最初的細胞。這條資訊鏈（DNA）在每一代都會學到新的東西，把辛苦得來的知識加入編碼。」[129]

但是，生物拿出儲備的知識和各樣絕活的前提是：生物需要「知道」有緊急的事情發生，甚至「知道」所發生的事情。因為只有「知道」，才能應對。但是什麼讓生物「知道」了呢？因為生物的理化結構本身是不可能「知道」的。

「並不只是人類才具有對其生存的環境不斷瞭解的能力。魚的流線形體型表明魚對其生活的環境——水——的物理特性知之甚多。鷹的翅膀的形狀也表明鷹對空氣動力學有很深的瞭解（與人類的理解方式肯定不同）。眼鏡蛇擁有致命的毒液也表明它對其獵物的生理特性瞭若指掌。蝙蝠驚人的回聲定位系統也依賴於它對聲波的傳播、反射及速度的瞭解。」[130]

也許躍進式進化本身並不足以令人大驚小怪，但是，如果這種躍進正巧發生在環境劇變，生物面臨生死存亡的關鍵時刻，這就說明問題了。也許就要討論一下讓傳統生物學家最不愉快的「動機」和「背後的原因」了。

說到這裡，順便猜測一下寒武紀物種大爆發產生的原因。很短一個時期內產生這麼多新物種，之前的幾十億年幹嘛去了？不是應該漸進的嗎？如果認為生物沒有智慧，那麼這個問題無解。但如果相信生物智慧的存在，那就簡單多了，這和人類的三次工業革命多麼相似。

人類的第一次工業革命是機械化，發生在1760年到1850年左右。瓦特改良了蒸汽機，從而開創了以機器代替人工的大工業時代。

第二次工業革命是電氣化，大概發生在1870年到1900年。得益於內燃機的

(129) 凱文・凱利，《科技想要什麼》（北京：電子工業出版社，2016），頁80。
(130) G・齊科，《第二次達爾文革命》（上海：華東師範大學出版社，2007），前言。

發明和電的應用，電器得到了廣泛的使用，汽車、輪船、飛機等交通工具得到了發展，機器的功能也變得更加多樣化。

第三次工業革命是自動化，1950年開始，直到今天還在巨變中。這次不局限於簡單機械，原子能、航太技術、電子電腦、人工材料、遺傳工程等具有高科技含量的產品和技術得到了發展。

雖然人類的智商並沒有飛快的提升，但是這三次工業革命都是以人類的聰明才智為前提條件的，這三次工業革命的共性就是某個關鍵的技術突破帶來後面一串兒的巨大革新。所以假如生物也存在智慧，那麼厚積薄發產生技術飛躍也就順理成章。比如眼睛和神經系統的出現使複雜生物的產生成為必然，所以會呼呼啦啦一下子出現這麼多新物種。

但是我解釋不了的是，人類三次工業革命仍然沒有減緩的勢頭，反而越來越快，科技發展日新月異。但是寒武紀之後，生物的智慧似乎消停下來了，進化也減慢了，並沒有乘勝追擊。這是為什麼呢？也許是因為生物智慧秉承夠用就行的原則，活著就好，沒有過高要求。也可能生物的智慧水準太低，而且進步空間有限，撞到玻璃天花板了。直到出現了人類的智慧，才迎來下一個飛躍。

需要澄清一下，雖然是躍進，但是對於大型動植物，如果要產生巨大的改變，至少也要發生在以百年、千年計的時間裡，不會是一個突變就使老鼠變成了大象，也不是一個突變就形成一個重要器官，往往需要一連串相互關聯的變化。比如達爾文描述的眼睛產生過程：幾個微小的變異使得一點皮膚變得對光敏感，另外一些變異使其下層的組織不透明……每一步都能讓視力進步一點點，直到眼睛的產生。

## 第七節　進化是隨機突變加自然選擇嗎？

最早爭論生物是否能夠進化而來的時候，一個爭論的焦點就是像人類這樣複雜的動物，假如忽略漂變等其他情況，主要靠隨機和偶然的突變，然後經過自然選擇的篩選，地球產生以來的幾十億年是否足夠生物進化成現在這個樣子。當時生物學家找來一群數學家一起推算，答案是：夠了。但是這個時候對生物生理結構的瞭解還非常淺顯，主要參考資料還是來自於解剖學。

1953年DNA的雙螺旋結構被發現之後，進化生物學整體上了一個臺階，發現原來生物比孟德爾時代所瞭解的內容複雜得多。但是假如生物結構的層次複雜了一點，那麼進化所需的時間就要成倍增加。這時候，「45億年是否足夠進化」這個問題又被提了出來。

舉例來說，設計機器人的骨骼結構容易，但是設計驅動裝置和控制裝置等機械結構和電子電路，工作量就要十幾倍的增加。而人體的機械結構如此複雜，裝配著支杆、連杆、連系梁、彈簧、滑輪、杠杆、關節、鉸鏈、套節、箱槽、管道、三通、閥門、護套、泵、交換器、篩檢程式和計時器，設計難度可想而知。假設還要涉及電腦控制軟體的編寫，工作量又要十倍以上。當然，如果要設計出能夠具有思考和判斷能力的機器人，就更不知道要困難多少了，反正人類到現在還沒有設計出來稍微滿意的產品。機器人的準確判斷能力不容易設計，將來百度和谷歌的自動駕駛技術一定會研發成功，只是目前還困難重重，距離完全自動化、能夠合法上路還要一段時間。

從電腦程式設計的角度來講，電腦軟體的簡單判斷能力其實是最容易實現的，就是一些「如果……那麼……」語句而已，戰勝國際象棋冠軍卡斯帕羅夫的電腦「深藍」，它的程式以龐大周密而聞名於業界，但也就是以判斷層面為主。雖然「深藍」的資料量和運算量很大，但是基本是一個層面的程式，並沒有太複雜的結構。

相比判斷能力，要實現電腦的學習能力就困難很多了，這需要程式師縝密的邏輯思維能力。但是這還不是最困難的，如果要設計具有自我意識、能夠主動思考學習的程式，那就不是一個級數的問題了。

所以在生物學進入基因時代之後，生物複雜的構造讓進化生物學家們很頭痛，於是又請出數學家們來推算這樣的構造需要多長時間可以進化出來。由於生物演變過程多變，彈性非常大，正面反面怎麼說都有理，於是推算結果可想而知——「45億年還是夠用」，傳統生物學家們哈哈大笑彈冠相慶，看來經典進化論沒有問題，不需要改變，哈哈哈。

隨著人類基因組計畫的推進，生物學進入了後基因組時代。這時候生物學的主要研究對象是功能基因組學，包括結構基因組研究和蛋白質組研究等。因此研究生命現象，闡釋生命活動的規律，只瞭解基因組的結構是不夠的，還需對生命活動的直接執行者——蛋白質進行更深入的研究。一個以「蛋白質組（proteome）」為研究對象的生物學時代已經到來。

加上科學儀器精度的提升，對生物更微小的構造可以進行細緻的觀察，以前認為結構簡單的細胞，現在已經發現它們就像一個城市一樣功能齊全，各層信號通路錯綜複雜。

於是，在眾多非科學界人士的質疑下，生物學家們又重新開始研究這個經典問題「如果只靠隨機和偶然的突變，地球45億年是否足夠進化？」當然，傳統生物學家還是不希望改變現狀，於是使勁往標準答案上湊數，（這是我等莘莘學子寫文章慣用的伎倆，先寫上最終結果，然後倒著推導，資料依次遞增或遞減，直到和原始資料相吻合，為了增加可信度，我們還會增加一點小小的偏差，於是一篇完全正確的論文新鮮出爐）所以推算的結果還是皆大歡喜，傳統生物學家們再一次發出杠鈴般的笑聲，45億年仍然足夠！哈咣啷啷！

好吧好吧，假如、也許、就算他們計算的對，按照現在對生物的瞭解程度，45億年夠用。那麼等到生物學又前進了一小步，發現生物構造又複雜了許多，那時候你們的45億年還能接著夠用嗎？

我書讀的少，數學不好，你們可不要騙我……

西瓜視頻上有個主播「老王」，從事實體店的連鎖加盟招商，他在視頻裡給大家講解了連鎖加盟的內幕。招商經理在忽悠商戶加盟的時候，會按照線性思維計算收益。成本是多少，平均到每天是多少，每個客戶能貢獻多少利潤，平均每個小時只需要做幾個客戶就夠了等等。如果商戶上當了，加盟這個連鎖企業，等到開業之後就會發現，整個操作是個離散狀態，和想像的完全不一樣。生意分淡旺季，而每天也不均勻，比如餐飲，忙時忙的發昏，客戶照顧不過來，閒時閑得難受，一個客戶沒有。而招商經理控制著加盟費、產品售價和進貨成本，他給商戶計算投資回報，三個月回本，半年回本，一年回本，商戶想要什麼回報，招商經理就能給客戶算出來什麼回報，坑你坑到姥姥家。

還有養殖項目，你在百度搜索一下「養殖」，就會看到排在最前面的是一些養雞養鴨養土鼈養王八的。如果你給他們打電話，就會給你畫一張大餅，然後用他們的數學模型告訴你，養他們的東西有多賺錢。什麼吃的少，長得快，投入低，成活率高，高價回購等等等等。閑著沒事兒的讀者可以打個電話問問哦，一定會聽到一個讓你眼放金光，心動不已的好項目，賺錢賺到手軟，想虧錢都很難，讓你恨不得在自己家的陽臺上養豬。不相信？自己試試看！

如果你要看他們的帳本——有多少養殖戶，每戶飼料用了多少，飼料價格多少，成活率多少，成品回購了多少，回購價格多少。他們一定會趕你出去，因為他們的數學模型是捏出來的，資料是編出來的，哪有什麼投資回報統計。

這還只是簡單的商業模型，那麼複雜的生物進化，給你少算幾個零，還不是小菜一碟。

有一些事情儘管在概率上存在一定的可能性，但是如果概率太小，跟不可能也沒有什麼區別。生物學家面對一些小概率事件的時候，喜歡抬出天文數字來嚇人：地球年齡45億年，一年8760小時，細菌每二十分鐘就能繁殖一代，大一些的細菌群落會達到萬億的規模，在這樣大的樣本空間下，萬事皆有可能……

「只要有非常多的個體，那麼多麼小概率的事件都會發生。」對於大自然，這種說法是錯誤的，因為變化太快。也不能因為長時間和很多代就會產生什麼。逗趣兒的分析一下，假如當年不是大力神誇娥氏的兩個兒子把太行山和王屋山給扛走了，愚公一直挖下去的話，真的能夠把兩座山移走嗎？

就算他的後代每代都有男勞力，而且家裡又一直很有錢，讓他們可以不間斷的從事這件沒有經濟收入的行為藝術（手機直播時代也許會有收入了哈：快手直播，徒步扁擔搬大山第321天……）。即便是這樣，我們計算一下以每年幾擔土的速度，多少年可以把這兩座山搬走呢？往少說，需要幾十億年。

滄海桑田世事變遷，他們真的能夠持續嗎？會都像祖先愚公一樣缺心眼嗎？富不過三代，愚也未必過三代，更不要說幾億代。而事實的情況是，還會有很多其它因素阻止他們：他們亂倒垃圾被城管罰了呀，被別人批評擾民啊，劇烈運動導致腰間盤突出走不動了啊，遇到美女喜結良緣倒插門入贅了別人家啊，等等。

也有可能兩座山位於兩個大陸板塊交界處，每年緩慢上升幾毫米，他們怎麼也搬不完。

也會有人說，如果由於地殼變化，兩座大山每年緩慢下降幾毫米，愚公不是很快就可以搬完了嗎？但是愚公的家就在山下啊，如果大山一直下降，他的小房子估計也要沉到海底，也就不用移山了。

退一步講，就算他們真的碰到了不可思議的小概率，真的要搬完了！結果被環保局發現了，破壞生態環境，責令恢復原貌，把搬出去的再搬回來放在原處～～～

咱們再抬抬槓，愚公這個不可思議的事業一直持續到現在，愚公的曾曾曾孫開了一個工程公司，鏟車、鉤機、自卸卡車上千台（這麼有錢的孫子還會住在山溝嗎？早在大城市裡買別墅了吧？）。愚公在天上樂呵呵的看著這個有出息的曾曾曾孫，認為自己的小小心願這一代就要實現，結果發現這小子直接在山下挖了一個隧道，鋪了一條公路直通家門口，前面老祖宗的活兒都白乾了，「額的個娘咧，弄啥嘞，你個蟹癟龜孫兒……」（愚公家在濟源，河南山西交界處，估計是這個口音）

自然環境複雜多變，誰也不知道明天會發生什麼，所以生物對環境的適應絕對不是「子又生孫，孫又生子；子又有子，子又有孫；子子孫孫無窮匱也。」就可以解釋一切的。

天文數字確實很大，但是也不過多了幾個零罷了，再大也大不出數學數字，如果發生一件事情的概率只有 $1/10000^{10000}$ 的話，宇宙的年齡再翻上幾倍也不夠用。更不用說一些複雜的結構，比如眼睛，還獨立進化出了很多次。

除非，有智能在起作用，有兩句英語諺語：

Nothing is impossible to a willing heart.
有志者事竟成，只要有顆堅毅的心，沒有什麼不可能。
Where there is a will, there is a way.
有了做好一件事的意願，就會找到通向成功的道路。

這兩句話強調的是「心」和「意願」，當然是以有智慧為前提的，只有在智慧的作用下，生物學的小概率事件才能變為現實。鐵礦石幾百億年也不會自己變成飛機，但是氨基酸幾十億年時間就把自己變成了飛鳥。

科學的兩大基礎，一為邏輯，二為實證，兩者是可以同步的，實證本身就與邏輯推理緊密的聯繫在一起。

經典物理學，比如力學和電磁學，觀察、邏輯和實證相互依存、互為證明，三者得出的結論基本一致。化學也是這樣，觀察、邏輯和實證的結果也是一致的。但是進化生物學則不同，觀察和實證的結果存在較大的偏差，因此才會有拉馬克主義和達爾文主義持續一百多年的糾纏不清。

進化的數學推導過程應該用到3個主要的推理工具：邏輯、演算法和概率。但是傳統生物學家的推導過程並不符合邏輯，概率參考條件不夠全面，算術方法也沒有得到廣泛的認同。在這樣的情況下，得出結果的正確性可想而知。對於一個進化現象，可以有很多種分析結果，只需要往自己的理論上靠攏就可以了。要編造進化的故事很容易，但探究自然現象的真正原因卻很難。

愛因斯坦有句名言：「邏輯，將帶你從A點到達B點。想像力，將帶你去往任何地方。」愛因斯坦看重想像力，他說過：「想像力比知識更重要，因為知識是有限的，而想像力概括著世界上的一切，推動著進步，並且是知識進步的源泉。」但是在基因突變這個問題上，傳統生物學家的邏輯推導能力和想像力都出了點問題……

好的科學應該能夠和生活接軌，可以解決生活中遇到的問題。物理學可以解釋熱脹冷縮、重力、拉力等問題，化學可以解釋酸堿中和、澱粉水解等問題，數學就更精確，能把數字計算得分毫不差。相比之下，生物學就有點脫軌，不要說解釋不了（或者否定不了）神仙鬼怪這些「超級生物」（到底有沒有），解釋不了靈魂轉世（到底有沒有），即便是「意識是什麼，動物是否有意識」這樣的問題都說不清楚。

作為中學理科課程的4門學科，數學不隨機、物理不隨機、化學不隨機，那為什麼和數理化聯繫密切的生物學就處處都是隨機和偶然呢，甚至連概率都算不清楚？生命不是機械的，與無機世界截然不同。而生物學中所謂的隨機和偶然都有某種原因。

其實人類對生物結構的理解仍然膚淺，很多時候甚至一葉障目不見泰山，特別是對動物意識和智慧的理解，也許只是九牛一毛。自從人工智慧領域在1956年的一次國際會議上創始，就有科學家預言人工智慧將在15年至25年之內實現，現在六十多年過去了，人工智慧還沒入門呢。現在回頭看一下，那時足有一個足球場大小的超級電腦的計算能力還不如現在的一台筆記型電腦，就會感覺到人類的無知和自大。

之後，1985年在日本築波舉行的世界博覽會標誌著人工智慧領域的第二次發燒。這次世博會本來主題是「人類、居住、環境與科學技術」，主要目的是加強國際間科技交流與合作，反映21世紀科學技術的發展方向。但是由於會上展示了由日本、美國、瑞典等國機器人公司研製的十幾種機器人，結果以「機器人的盛會」而著稱。

其實這些機器人大部分是簡單的藍領機器人，比如能夠爬樓梯的機器人、清掃機器人、機械零部件分類機器人、甲板除鏽機器人，還有排險機器人等等。但是這樣的盛會讓很多人誤以為人工智慧的時代馬上就會到來，從那時眾多的日本機器人動畫片就可以看得出來。

日本感覺好像機器人馬上就會具有思維能力，花了很多錢投在人工智慧的開發上面，結果滾滾長江東逝水，打了水漂。於是日本人痛定思痛，改變戰略進行務實的開發，把機器人的研究定位在替代人工做簡單的機械勞動，不再注重智慧的研究，這樣卻取得了很大成功，現在日本和德國的工業機器人行銷全球。

當然，有些事情機器比我們做得更好，但那並不意味著機器比我們更聰明。谷歌開發的圍棋程式「阿爾法圍棋」（AlphaGo），能夠戰勝諸多圍棋冠軍，只能說明他們程式設計得合理加上電腦運算速度飛快而已。電腦的記憶能力早就已經超過人類，一張薄薄的光碟可以裝下整個圖書館的圖書，但是這又能說明什麼呢？英國布魯內爾大學教授阿倫．塔克說「這些不可思議的機器能夠很好的自我調整環境，但是仍然由人類來控制它們。我認為，這些機器人離真正的人工智慧還很遙遠。我們進化了好幾千年才發展到現在這樣，進化的動力是生存。這種動力深深的紮根在我們身上，對人工智慧來說也是至關重要，但是很難實施。」

這段話裡有一個問題，按照本書的理論，人類的智慧進化了不止幾千年，而是誕生生物到現在，已經幾十億年，這樣就更不容易模仿和超越。而且在自然選擇的作用下優勝劣汰，如果把人類的智慧比作程式，那麼在自然選擇的篩選下，人類智慧的bug（錯誤）肯定較少，而人工設計出來的人工智慧一定會有很多大bug，導致關鍵環節出問題。與人類這樣已經運行了幾十億年的程式相比，新設計出來的人工智慧實在需要更多的試運行和試錯。

所以我不擔心出現電影《終結者》裡面機器人叛亂並統治地球這樣的事情，因為就算它們聰明絕頂，也一定會在某些小問題上留下漏洞，在小河溝裡翻船，讓人類能夠絕地反擊取勝。而這樣的漏洞會很多，它們疲於奔命不斷打補丁也無濟於事，原因很簡單，它們的智慧沒有經過自然選擇幾十億年的錘煉！就像微軟的作業系統裡面無窮無盡的後門和漏洞一樣。所以人類反抗軍根本不需要真刀真槍的跟機器人在戰場上對著幹，只需要躲在防空洞裡拿著筆記本挖掘機器人的程式漏洞，然後在通訊工程師的帶領下偷偷摸摸想辦法混進機器人的內網就可以。

高級人工智慧的研究非常困難，研究者在之前很長的一段時間裡都低估了製造智慧型機器的難度。然後每一個小小的進步，又經常掀起研究人工智慧的一個新浪潮，之後又都會經歷這麼一段從盲目樂觀不理智到最後沮喪的階段。

其實電腦的軟體本身就是一種智慧——人工智慧。智慧並不一定具有思想，它可能只是一個自動執行的程式而已。這個程式（軟體）「知道」要做什麼，遇到突發事件怎麼處理。所以智慧並不像生物學家所說的那麼玄妙，它就在我們身邊，可以觀察，可以測量，也可以研究。

人工智慧領域將來真正突破的不是教機器如何變得更聰明，而是教它們如何學習。這也正是動物（包括人）和電腦的區別之一。電腦也許反應非常快、計算非常快、存儲量非常大，但是動物具有學習能力。所以假如動物和人工智慧處於一樣的自然選擇條件下，毫無疑問，動物更加具有生存優勢，而且這種優勢還會保持很長時間，直到人工智慧也發展出學習能力。

很多人喜歡到處宣揚人工智慧威脅論，這裡面多數人並沒有經過深思熟慮，聽風就是雨。但是也有一些人另有自己的目的。世界上最牛的CEO之一埃隆・馬斯克（Elon Musk），是世界最大的網上支付公司Paypal、太空探索技術公司Spacex、節能汽車公司特斯拉Tesla三家公司的CEO。這三家公司都是業界的執牛耳者、行業的先驅，也是行業標準的制定者。

霸道總裁馬斯克是企業家裡面神一樣的存在，智商、情商、膽商不用說，就憑著帶著特斯拉三落之後還能三起，他的逆商也是爆表了。馬斯克還是天才工程師，被譽為愛迪生之後最偉大的發明家。

馬斯克在不同場合一直宣揚人工智慧威脅論，他在書裡寫到：「我們需要非常關注人工智慧，它的危險性也許超過核武器。」「如果讓我猜測人類最大的生存威脅，我認為可能是人工智慧。所以我們要保持萬分警惕，研究人工智慧如同在喚醒惡魔。」有趣的是，宣揚人工智慧威脅論的大腕中幾乎沒有一位是電腦和人工智慧領域的科學家，反倒有很多馬斯克一樣的企業家和商人，究其原因，主要還是為了商業利益，他們是在搶佔商業制高點。

在商品生產的整個產業鏈當中，原材料、生產、倉儲、物流等都是附加價值最低的下游環節，這往往也是中國企業最擅長的部分，大家都擠在一個狹小的空間裡奮力拼殺。相比之下，品牌和服務是產業鏈中利潤很高的上游環節，這部分一般掌握在歐美發達國家的手裡。但是這還不是最賺錢的部分，真正最牛的公司，掌握的是行業標準制定權，這是閉著眼睛賺錢的環節，可以決定整個領域向哪個方向發展。他們是高高在上的裁判員，其他的公司再厲害也只能是運動員，如果裁判員不爽，分分鐘讓你出局，即便你是全球500強，一樣幹掉沒商量。

就像谷歌公司掌握了安卓系統，它就擁有了整個智慧手機行業的控制權。即使安卓的原始程式碼是開放的，隨便你取用，但是只要谷歌不高興，馬上就可以給整個行業洗牌。同時這個似乎完全免費的系統也給穀歌帶來了每年上百億美元的收益。所以谷歌有的是錢，就玩高大上、燒錢並且見效慢的敗家項目，什麼太空電梯、無人駕駛汽車……儘管這些專案難度很大，盈利遙遙無期，但是只要其中有一個成功了，穀歌就又能成為另一個行業的標準制定者，把其它所有的損失都彌補回來。咱們的夢想是「數錢數到手抽筋」，真正大玩家還用自己數錢？他們只是偶爾聽會計師報一下帳戶的零零零。

行業標準非常重要，缺少標準的行業就是一團亂麻，重複投資嚴重。抗日戰爭時期國民黨軍隊就吃了這樣的大虧。其實當時國民黨軍隊的裝備並不差，甚至有很多武器優於日本軍隊。但是各式裝備五花八門，國民黨中央軍有部分德式裝備，東北軍是日式裝備，西北軍還有大刀片，其他地方武裝更是自己從國外直接進口。幾乎地球上出名的武器在中國都能夠找到，美式、德式、英式、法式、蘇式、日式、比利時的、捷克的和自己生產的漢陽造、中正式，雜亂不堪。如果細分，僅步槍一項國軍就有上百個品種之多！儘管國民黨也做了軍備整頓，提倡用統一制式武器取代各種雜亂武器，但是收效不大。這就成了後勤保障部門的噩夢，軍隊協同戰鬥能力低下。往往一個部隊的子彈打光，旁邊兄弟部隊彈藥充足卻因為制式不同而無法幫忙。這成為中國軍隊連吃敗仗的一個重要原因。

在整個科技和工業領域，制定標準或者統一標準都是非常重要的。中國汽車行業以前就缺少成體系的工業標準，以至於國內汽車生產企業沒有統一標準可以遵循，汽車零部件的生產和修配都很混亂。有鑑於此，上個世紀九十年代初由長春汽車研究所和另外幾個科研單位牽頭，成立了中國汽車標準化制定委員會，我父親也有幸加入了這個委員會，一起制定了統一的國內汽車標準件行業規範。所以我很清楚統一標準對行業的重要性。

所以話說回來，埃隆·馬斯克之所以那麼熱衷宣揚人工智慧威脅論，就是要在這個產業還沒有規範的時候，佔據戰略制高點，樹立自己在行業中的地位，增加本公司的發言權。其實他也很清楚全面人工智慧（機器人具有意識）的時代遠未到來，那麼威脅就更無從談起，但是先嚇唬嚇唬你們，讓你們老老實實跟我走，先下手為強總是對的。

當然，從人工智慧的進展程度來講，機器人代替士兵作為戰爭機器的時代確實馬上就要到來，但這是被人操控的機器人，或者是被人設定目標的機器人，並不是有思維的，更不是叛亂者。卡梅隆的《終結者》裡面炫酷的場景就要實現了，天上飛著無人機，地上跑著無人戰車，後面跟著戰鬥機器人。現在這都能做到，雖然和電影裡的樣子不大一樣，但是已經具有相當強的戰鬥力，而且造價也不貴。只是這些機器人的「智商」還很低，多數需要人工遙控，不過這只是時間的問題，很快會實現全自動，只要給它們輸入任務就可以。將來的戰爭就會是滿天密密麻麻的無人機的精準定位打擊和飽和攻擊，接著是一群一群跑得飛快的無人步兵戰車、機器人、機器狗、機器老鼠、機器蜘蛛。有履帶的，有輪的，有腿的，有爪的；能飛，能跑，能跳，還能爬；武器多種多樣，有機槍，有榴彈炮，有火箭筒，有火焰噴射火器。它們來打掃戰場，消滅敵方的機器戰車和一切可以移動的熱源。

但是作為生物學研究者，我們都很清楚人類遠比人工智慧可怕得多，不要說核武器和生化武器，即便只是一個瘋狂生物駭客培養皿裡的轉基因病菌，也許故意傳播，也許不小心，但是都有可能消滅所有人類。

正如Alphabet的執行總裁埃裡克・施密特在人工智慧和韓國九段李世石的圍棋大戰之前所說：「無論誰在比賽中獲勝，人類都將是最大的贏家。」因為人工智慧也是人類設計的，而人工智慧也沒那麼可怕。

中國企業應當學習西方國家搶佔理論和標準制高點的習慣和態度，因為中國人確實缺少挑戰精神，經常跟在別人後面。特別是科學領域，中國學者往往能夠把國外科學家的成果和文章研究得很透徹，然後揀點漏下的零零碎碎、渣渣沫沫，出幾篇文章就歡呼雀躍。因此中國全球領先的行業不多，只在某幾個行業裡面的某些方面有一些自己的優勢。可見敢想、敢幹、敢於假設，對我們是多麼重要。

扯得太遠了，人類工業行業標準和生物有什麼關係呢？人類某一個產品，一般來說全球會有好幾個工業標準，有的時候一個國家都有好幾套標準，相容性差，相互借鑒學習有困難，需要不斷的重新開模。但是生物的行業標準可是相當規範而統一，在分子水準上它們保持一致，都有相同的遺傳物質，使用同一套遺傳密碼轉譯蛋白質。

這個事實雖然不能證明那個讓我夢縈魂牽的生物智慧的存在，但是，卻為生物智慧之間相互學習、快速進化和躍進式進化提供了更多的可能——如果生物智慧確實存在。

再回到進化時間的問題上。當然，讓旁觀者來判斷，如果孟德爾時代的生物學家認為高等動物如人類的進化需要45億年，那麼按照現在科技對生物複雜程度的瞭解，進化就應該需要450億年、4500億年，甚至更多。所以話說回來，不要相信「完全偶然」和「隨機」，那只不過是表面現象，我們還是應該探尋生物進化的內因。

從有機化學的角度來看，生物的生活過程也不像是偶然和隨機的事件。生物體的主要組成成分是有機物，這些有機物多數由生物自己製造合成。和無機物相比，有機物的熱穩定性比較差，熔點也比較低，一般不超過400℃。有機物的極性弱，因此大多不溶於水。有機物之間的反應，大多是分子間的反應，往往需要一定的活化能，因此反應緩慢，一般需要加入催化劑。有機物的反應比較繁瑣，在相似條件下，一個有機化合物往往可以進行幾個不同的反應，生成不同的產物。

有機物的反應類別很多，有取代反應、加成反應、聚合反應、消去反應、氧化反應與還原反應、酯化反應、水解反應等。給予其不同的條件，會進行不同的反應，這類似於電腦程式設計中設置程式的環境變數，環境變數不同，輸出的結果也不同。

雖然有機物反應比較複雜，但反應過程遵循化學反應定律，也就是在一定溫度、壓力、其它介質存在的情況下，得到的生成物是一定的。化學反應遵循一定的定律，不存在隨機一說，那麼生物變化呢？生物體通過與環境中的介質作用，從而產生生物結構的變化，這些介質包括光、聲音、壓力、化學物質的存在、生存競爭等等。

就從較簡單的菌類培養說起，根據細菌種類和培養目的來選擇培養方法、培養基，制定培養條件（溫度、pH值、時間，對氧的需求等）。不同的細菌選擇不同的培養基，然後控制溫度、時間條件，最終得到我們需要的細菌種類。如果控制條件有偏差，最後就不能得到我們想要的結果。

生物的變化雖然更加複雜，但也要遵循一定的規律，並不是隨意的。這麼紛繁複雜的化學變化，如果隨機，那麼需要多少年才能得到我們所需要的結果呢？（有化學專業的讀者嗎？點個贊唄）因此，所謂隨機，只是我們對更深層次的變化因素還不瞭解罷了。生物變化比有機物變化更加複雜，這是一種在更弱極性下的變化，決定變化的因素更細微和複雜。

「生物界的突變和變異起源的準確的事實真相仍不確定。我們確知的是：顯然，變異不是由於隨機突變而產生——至少不總是如此；在變異中其實存在著某種程度的秩序。這是一個古老的觀念。早在1926年，斯馬茨就為這種遺傳學上的半秩序起了個名字：內在選擇。

「關於這種『內在選擇』，一個比較可信的描述是：允許宇宙射線（或者其它原因）在DNA編碼中產生隨機的錯誤，然後，某種已知的自我修復裝置以一種區別對待（但是未知）的方式在細胞中糾正這些錯誤——糾正某些錯誤，同時放過另外一些錯誤。」[131]凱文．凱利認為是「某種已知的自我修復裝置」，但是我認為另外還有未知的。

「個體的突變也許並不那麼隨機——只屬於近似隨機或看似隨機。不過，他們（主流學者）仍然相信，從統計意義上來說，如果時間拉得足夠長的話，那麼大量的突變會表現出一種隨機的樣子。林恩．馬古利斯諷刺道：『哦，所謂隨機，只不過是為無知找的一個藉口而已。』」[132]誠哉斯言！馬女俠敢作

(131) 凱文．凱利，《失控》（北京：電子工業出版社，2016），頁579。
(132) 凱文．凱利，《失控》（北京：電子工業出版社，2016），頁581。

敢為，敢想敢說，說出了我想說又不敢說的話。因為這些學者一方面也承認突變「不那麼隨機」，但另一方面又認為這個「不那麼隨機」是隨機的，除了基因突變和自然選擇，不存在第三個方面因素（強有力的因素）推動進化。這個腦回路是不是有點擰巴？

「自然選擇的神奇之處是毋庸置疑的，但它也有自身的局限性。自然選擇能保留由變異產生的新性狀，卻不能創造它們。認為變異總是隨機的觀點，暴露了我們對變異的無知。」[133] 如果我是傳統生物學家，我還嘴硬想堅持「隨機」，我就會換個詞「混沌」，因為「混沌」有隨機的意味，而混沌裡存在著秩序。這樣將來就算發現了別的突變原因，我也不會那麼丟人。

凱文·凱利在書裡說：「現如今，這種弱化的非隨機突變看法已經引不起什麼爭論了，而另一種加強版才是富有刺激性的異端觀點。這種觀點認為，變異可以通過某種有意的、精心準備的方式來選擇……基因按一些計畫表自己產生出變異。基因組為特定目的會創造出突變。**定向突變**可以刺激自然選擇的盲目進程……在某種意義上，有機體會自編自匯出突變以回應環境因素。」這種定向突變的看法在實驗室裡獲得了越來越多的證據。

凱文·凱利的用詞實在到位，我還在偷偷摸摸的使用「適應性突變」的時候，人家已經直接用上了「定向突變」，而且是在二十多年前。到現在，凱文·凱利的書不但不過時，而且很多觀點正在被逐步證實，可見作者的高瞻遠矚。

但也要看到，凱文的文章寫於很多年前，但是到了最近一些年才越來越熱，翻譯成中文版就是最近幾年的事情，他的思想超前，把普通人遠遠甩在後面。但願他不要成為孟德爾那樣的悲情英雄（孟德爾的遺傳定律發表之後35年才見天日）。

為什麼傳統生物學家喜歡說生物的進化是沒有方向、隨機的？因為他們主要是從外面觀察生物和它的組成部分，生硬、機械、冷漠地看著生命的發展，就像從外面看一棟寫字樓，只看到灰突突的鋼筋水泥龐然大物，完全沒有看到裡面忙碌的工作人員。不是說用精度越來越高的電子顯微鏡就能看到核心了，現在的生物學還是沒有看到真正的本質。

「定向進化的觀點雖然具備多彩多姿的歷史，卻因為牽扯到超自然生命本質的信仰而聲名狼藉。如今定向進化雖然已經與超自然脫離了關係，卻和『必

(133) 安德莉亞斯·瓦格納，《適者降臨——自然如何創新》（杭州：浙江人民出版社，2018），前言。

然性』聯繫在了一起，而後者是很多現代科學家說什麼都不能忍受的，不論是什麼形式……非隨機變異的觀點曾有一度被視為異端邪說，但隨著越來越多的生物學家使用電腦模型，變異並非隨機的觀點漸漸變成某些理論家的科學共識。」[134]

所以我們不能否認進化過程中「智慧」的存在，它就是凱文．凱利所說的「基因管理局」。應該研究這個「智慧」到底來自哪裡。其實它完全有可能是生物本身的努力。本書後面會詳細敘述BBC的紀錄片《人體奧妙之細胞的暗戰》，在裡面我們能夠很清楚地看到細胞和病毒努力的生存，努力的戰鬥，努力的學習對方，努力的完善自己。而協同進化也是這個原因，生物本身具有某種智慧，而又相互學習，才使協同、共同、一起進化變成可能。這個「學習」，才是進化的力量。

生物體內的學習能力是顯而易見的。比如人體的免疫系統，它可以分做先天性免疫系統和獲得性免疫系統，前者是人體生來就能夠自動抵禦一些常見的病原體，比如流行性腮腺炎病毒、鏈球菌和沙門菌什麼的。而獲得性免疫系統就是人體可以通過學習來識別一些不太常見的病原體。比如天花，只要患者患病一次，就會對此終身免疫，就是因為自身的免疫系統已經認識這種病原體了。

「動物免疫系統的主要目的在於分辨敵我，記下曾在過去碰到的外來抗原。在達爾文定義的過程中，免疫系統會學習，就某種意義而言，也會預料未來的抗原變種。」[135]

可見，生物的整個系統忙——而不亂，它和電腦一樣，一定要有一個軟體——就是程式，來確保生長發育的有序進行。

順便說一下，在細胞和病毒的角力過程中，經常因為抗體和白細胞的數量不夠而功虧一簣，為什麼細胞不多生產一些抗體和白細胞呢？這個正好體現了生物體的生長發育是由自己的智慧程式嚴格控制的結果。在資源有限的情況下，每一項生活需求都要精打細算，絕對不能浪費。這個項目超支了，就會有別的項目缺少資源，就會發生問題。

只有一項生命活動特殊，無論需要多少資源都分配，甚至從必不可缺的生長所需資源中摳出來，也許會導致生物的死亡。這項生命活動就是——生殖，前面提過它的重要性，後面還會重點論述。

---

(134) 凱文．凱利，《科技想要什麼》（北京：電子工業出版社，2016），頁138。
(135) 凱文．凱利，《科技想要什麼》（北京：電子工業出版社，2016），頁358。

現在讓我們看一下自然選擇是否真的那麼嚴格而準確。

## 第八節　中性學說

達爾文的自然選擇理論認為生物在生存鬥爭中適者生存、不適者被淘汰。在分子生物學層面上，生物的基因偶爾產生突變，基因突變可能會改變生物的性狀。自然選擇就像一把嚴厲的大剪刀，把所有基因變化之後對環境稍有不適應的物種剪掉，也把生命之樹分毫不差的修剪成如今這個模樣。

但是現在研究發現，自然選擇對基因的修剪也許沒有那麼嚴格，而生物的基因突變也不是每每挑戰自然選擇，在分子水準上的多數突變是中性或近中性的。

1968年，日本遺傳學家木村資生根據分子生物學的研究資料，首先提出了分子進化的中性學說，簡稱「中性學說」或「中性突變的隨機漂變理論」。順便說一下，木村博士人品不錯。一方面因為他嚴謹的治學風格和敢於挑戰權威提出自己不同的意見，另一方面也是因為侵華戰爭時，正當少年的木村選擇進了京都大學的細胞學實驗室學習遺傳學，沒有受軍國主義的鼓惑去侵略中國和其他國家，也沒有進入731部隊的實驗室。

中性學說認為分子水準上的大多數突變是中性或近中性的，自然選擇對它們不起作用。這些突變全靠一代又一代的隨機漂變而被保存或趨於消失，從而形成分子水準上的進化性變化或種內變異。

這些突變對基因的改變在目前的環境裡面不會表現出優勢，但是由於突變的隨機性和多樣性，當生物所在環境發生變化時，原本有些中性的突變開始變得有優勢。可以說這些突變是提前預備好了的。但是大家不要在這裡產生誤解，生物並不知道它們的環境會發生哪些改變，所以它們也不是有針對性地去準備這些突變，突變是無差別的。只不過，由於突變量太過龐大，總有一些會在新的環境中表現出優勢。環境改變後，生物再通過自然選擇去繼續優化它們的基因。（雖然說生物似乎是無意之中儲備了這些突變了的基因，但是如果生物體裡存在智慧，那麼這個智慧是否會利用這些基因突變確實也未可知。）

在分子水準上，大自然並沒有產生應有的嚴厲的選擇力量，大部分堿基替換產生的突變並沒有被自然選擇淘汰。這種突變對集體可能很有好處，也可能沒有更多的好處，但也沒有那麼多的害處，它們是中性的。這就是中性突變理論。

對於基因突變，很多生物學家喜歡這麼計算：如果一個變異只比競爭對手多產生了1%的後代，就算這個變異開始只占種群數量的1%，那麼在4000代之後，它占種群數量的比例就會增加到99.9%。

其實很少有幾個新的有優勢的突變能夠笑傲江湖4000代，而環境一直保持不變。並且必須連續，一旦停頓，很快就會變成化石基因被淘汰。中性學說也指出，純粹的優勢突變極少。也許這也是一部分生物學家不喜歡中性學說的一個原因。

傳統生物學家認為，在進化領域，1%的優勢基因突變就足以改變一切，因為1%的微弱優勢經過幾十代的積累就會變成壓倒性的優勢。實際上他們經常考慮不夠全面、不夠連續，1%的優勢基因突變一般只能是單一優勢，不是綜合優勢，而只有綜合優勢才有可能累積，單一優勢的作用未必明顯。比如視力好的動物，也許聽力就會差一點；脖子長擅長吃樹葉的長頸鹿，低頭吃草的能力就差一點。同時，單一優勢性狀也不容易穩定遺傳給後代，誰能保證每次50%的基因交換在幾十代之後還能保持優勢？

一種蛾的群體就是這樣，「在瑞士應加丁河谷的落葉松蛾群體中，一種『強』型蛾，依賴其較高的繁殖力，在高密度具有優勢並有較大的擴散傾向；然後，達到峰值密度時，一種『弱』型蛾成為有利於生存（由於對粒狀病毒具有較強的抗性）。當『弱』型蛾開始替代『強』型蛾時，『弱』型蛾又專一地受到膜翅目寄生蟲的侵染，於是群體開始了其下一個週期。」(136)

假如一座小島上火山爆發，而且持續影響了幾年。在這期間，不耐高溫的動植物大量死亡，只有少數物種由於突變的基因而對高溫更耐受一些，因此它們生存了下來。然而等到火山穩定下來之後，溫度降了下來。耐高溫的基因已經沒有用處，會慢慢變成化石基因而消失，所以隨機的基因突變未必能帶來穩定的性狀和生存優勢。

通過研究發現，不同物種中執行相同功能的蛋白質不一定相同，「甚至同一生物體內也會含有功能相同但結構不同的蛋白質。這些蛋白質雖然結構不同，但在完成相同工作的時候，工作的效率並沒有因為氨基酸序列的不同而受到過太大的影響。一種蛋白質能幹好的事情，換了一種稍有不同的蛋白質，照樣完成得漂亮……說明蛋白質變來變去不是什麼大不了的事情！也就是說，這些變異了的蛋白質都能完成正常的生理功能。同時也就表明，一些基因就算發生了一些突變，也沒什麼大不了的。

(136) 愛德華·威爾遜，《社會生物學：新的綜合》（北京：北京理工大學出版社，2008），頁81。

「意思是，自然面對如此多的突變，卻並沒有做出選擇！或者，自然即便做出了選擇，也只是淘汰那些極度不符合條件的突變體，而對大多數的中性突變體，大自然是無動於衷的。」[137]因此，史鈞教授認為可以把中性選擇學說換一個詞，那就是「自然不選擇」。

自然選擇是冷酷的，但並不是非此即彼的嚴厲。它在給生物關上一扇門的時候，卻往往打開了一扇窗戶。對於自然選擇理論來說，這是個嚴重的問題。如果變成「自然不選擇」了，那麼靠什麼來推動生物的進化呢？這還是等到後文一起討論。

接著說中性學說。「事實上，有關自然選擇與中性突變的爭論由來已久，在20世紀的最後30多年裡，中性突變一直是達爾文主義者的眼中釘、肉中刺。」[138]

傳統生物學家在分析每一個有點優勢的基因突變為什麼會遺傳下來時，往往就會犯這個錯誤——過分地誇大這個突變的重要性。一般會把它描述得驚天地、泣鬼神、草木為之驚心、風雲為之色變、無比重要、無可替代。好像此種生物原來生活在水深火熱之中瀕臨滅絕，此優勢突變一發生，就像個超級英雄一樣，馬上拯救了這個個體，甚至整個物種，而沒有這種突變的個體滅絕得一個不剩。實際上呢？每個物種的強勢謀生技能只有一、二個，比如豪豬的刺，毒蛇的毒液，電鰻的電流等等，其它多數性狀都不很重要，發生的突變好點兒壞點兒無所謂，強點兒弱點兒並不威脅到生存。而沒有這個強勢技能的其他生物往往也一樣生存得很好，因為它們會擁有別的技能。

一個同時擁有鷹的眼睛、狼的耳朵、豹的速度、熊的力量的動物只能存在於動畫片中，現實的大自然中絕對不會有這樣全能型的動物存在。決定一個物種是否可以生存下去的，往往不是十八般兵器樣樣精通，而只是一二個比較突出的本領就可以確保自己不會輕易被淘汰出局。「不怕千招會，就怕一招精」，豪豬就是這樣一個只有一招精的動物。

豪豬體重只有10～15公斤，嗅覺還湊合，聽覺和視覺都不怎麼樣，隱身的能力更糟糕，走路的時候，屁股後面有一些「小鈴鐺」還發出響亮而清脆的啐嗒、啐嗒聲，在數十米以外就能聽見。再加上它的肉質細膩，味道鮮美，簡直就是一個搖著鈴送上門的美味小肥豬。

---

(137) 史鈞，《進化！進化？達爾文背後的戰爭》（遼寧：遼寧教育出版社，2010），頁239。
(138) 安德莉亞斯．瓦格納，《適者降臨——自然如何創新》（杭州：浙江人民出版社，2018），頁209。

但是事實上，很少有哪個正常的食肉動物敢惹豪豬，包括獅子和豹子這樣的猛獸，因為豪豬有一個眾所周知的利器——豪豬刺。豪豬背部、臀部都生有粗而直的黑棕色和白色相間的紡錘形棘刺。現在有很多養殖豪豬的農戶，我在淘寶上買過一把豪豬刺，真的是利器。離近了觀察，這些刺比油筆長一些、細一點，質地像鳥的羽毛，但是像牛角一樣堅硬。兩根豪豬刺相互敲擊，會發出啈嗒啈嗒的脆響。豪豬刺一頭扁圓，長在豪豬皮裡，另一頭尖銳，像一根利箭，堅硬而銳利。我試驗了一下，可以輕易的刺穿豬皮。豪豬刺中間是空的，由體毛特化而成，容易脫落，常常留在捕獵豪豬的猛獸的爪子上。原始人如果得到豪豬刺，完全可以當做縫衣針，用來縫製他們的獸皮大氅。

豪豬刺無毒，但被豪豬刺紮到的後果有些嚴重，有的豪豬刺頂尖有倒刺，不容易拔出去，野生動物被刺傷，有可能死於傷口感染。並且沒有拔出的豪豬刺，據說有的會一點點深入，造成更大的傷害（我沒有找到相關資料，不敢確定）。

除了刺以外，豪豬其他的本事都弱一些，沒有速度、沒有力量、沒有尖牙利爪，一旦豪豬刺的防禦被攻破，基本只剩束手就擒。

漁貂的體重只有豪豬的一半，但它是豪豬的天敵之一。漁貂發現豪豬後，就會翹起尾巴圍著豪豬打轉（黃鼠狼也是這麼攻擊比它大的動物，比如猴子和兔子）。豪豬支起硬刺來抵禦它的進攻，但漁貂非常敏捷，左竄右跳的讓豪豬眼花繚亂。忽然，漁貂趁其不備，跳起來咬住豪豬沒有硬刺的頭部，將它肚皮朝上翻過來，豪豬柔軟多肉的腹部一下就會被攻陷。

對於豪豬來說，身體的其他機能都不是最重要的。如果基因發生突變，長得胖一點、走得慢一點、聽力差一點、眼睛近視點、豬皮薄一點（當然也不能太差），都不是大問題。只要它的豪豬刺仍然堅挺、尖利，沒有突變成綿羊絨、獺兔毛，它就可以接著混跡江湖而不被淘汰。自然選擇對它來說，真的沒有那麼可怕。

還有個有趣的事情，非洲豪豬與美洲豪豬竟然只是遠親。它們的遠祖是沒有刺的，兩種豪豬到達兩個大洲之後，才分別進化出自己帶刺的毛皮，而且刺的形狀很相似，作用也基本相同，這也是趨同進化。

像豪豬這樣本事單一，但是有效的例子挺多。比如以前澳大利亞的桉屬植物並不多，但是多次大火之後桉屬植物就繁榮昌盛起來，因為它們別的能耐沒有，就有一點——耐火。而正因為桉樹林茂盛且常見，才能養活食性單一，只吃桉樹葉的澳大利亞特有的可愛小國寶——考拉。

前一段時間澳大利亞森林大火，最讓中國人焦慮的就是這些笨笨的考拉，反應慢，不會躲，跑也跑不快，據說它們被這場大火燒死了上萬隻。雖然讓人痛心，但是大家不用擔心這些萌寵的命運，人家進化出來的時候，人類祖先還在樹上呢。考拉經歷的森林大火多的數不過來，大火對它們來說並不都是壞事兒，因為它們賴以生存的桉樹耐火。燒掉了桉樹的競爭對手，大火過後桉樹會枝繁葉茂，考拉的食物也就越來越多，種群數量也能慢慢恢復。需要注意的反倒是人類自己，別破壞環境，別砍伐棲息考拉的樹林，公路上開車也多注意。

有很多技能在特殊的環境下，能夠獲得豐厚的回報，但是在多數環境下都沒有什麼優勢。天生一副金嗓子的帕瓦羅蒂出生在歌劇之鄉的義大利，能夠成為世界著名的男高音。如果他出生在中國，恐怕只是個鄉里出名的大嗓門廚師或者鐵匠，除非他生在新時代，又遇見畢姥爺，參加了「星光大道」……

微信群裡有個小段子：「我檢討了一下自己：工作不行、長相不行、身材不行、性格不行、嘮嗑不行、喝酒不行、經濟實力也不行，那麼我就在思考一個問題：到底是什麼支撐我活了這麼多年？喔，我的飯量還行。」

也許這不只是個笑話，胃口好本來就是個生存優勢。按照達爾文的理論，嚴酷的自然選擇之下似乎只有高富帥才能生存下來，可實際不是這樣。縱觀自然界，碌碌無為的庸才比比皆是。有的生物讓人感覺真的是窮矮矬，也許唯一的一點技能只是耐旱或者耐寒，但是人家就能活得不錯。就像考拉這樣性情溫順反應遲鈍，只能吃桉樹葉的萌寵，還有樹懶這樣身上長青苔、爬得比烏龜還慢的動物也可以生存下來，自然選擇怎麼會是嚴厲的呢？

如果一個學校很嚴厲，那麼差生就不能畢業；如果自然選擇很嚴厲，那麼劣勢物種就不能生存，這個道理簡單吧。

樹懶是一種古老的動物，《瘋狂動物城》讓它名聲大噪。它每邁一步約需12秒鐘。有人說，樹懶能夠生存下來是因為爪子足夠鋒利。但是就看樹懶攻擊角雕的時候，慢慢悠悠左一下右一下的，好像在和老朋友打招呼，就算長了金剛狼的爪子又能有多大殺傷力？也有人說，樹懶動作慢，所以隱蔽性好，可是肉食動物捕獵更加依賴嗅覺，樹懶這樣身上長綠苔、長蘑菇、長蟲子的懶傢伙，怪味道肯定小不了。

反之，那些「偶像派」的動物，缺點也大得不得了。比如獵豹，神一樣的速度，可以在4秒內從靜止加速到100公里時速。但是它們的耐力很差，比自己的獵物差了不少，所以獵豹在捕獵時，一擊不中，一定要儘快放棄，否則會被累死。而且獵豹的防禦力和攻擊力簡直弱爆，給豹子家族丟人，一隻鬣狗甚至土狗都敢搶獵豹的獵物。

防禦力超強的動物速度又太慢，比如烏龜和刺蝟。喔，其實刺蝟狂奔的時候速度也還可以，只是比起它的天敵狐狸和黃鼠狼差得太遠了。

為什麼沒有兼具力量和耐力的物種呢？

「『ACE』表示血管緊張素轉化酶，是循環系統中控制血壓的一個重要因素……ACE水準的確對心臟生長起控制作用。具有高水準ACE基因的士兵形成更發達的肌肉，包括心臟肌肉。但是令人吃驚的是，具有低水準ACE的士兵則更富有耐力……低ACE活性使肌肉更能抵抗疲勞。」[139]

進化生物學家過度強調自然選擇的力量，似乎在嚴厲的自然選擇面前，每個生物都戰戰兢兢、如履薄冰，一點點劣勢就會導致個體——甚至物種的滅絕。他們說得有一定道理，幾十億年來，地球上存在過的99.9%的物種都已經滅絕了。可是他們忽略了一點，這些存在過的物種，平均生存了幾百萬年。也就是說，它們都是繁衍了上百萬代、上千萬代才滅絕的。

比如已滅絕的動物中赫赫有名的三葉蟲，它們自5.6億年前的寒武紀出現，一直到2.4億年前的二疊紀滅絕，整整繁榮昌盛了3.2億年。而恐龍最早出現在2.3億年前的三疊紀，滅絕於6500萬年前的白堊紀，橫行地球16500萬年。

在物種生存到滅絕的過程中，這些物種都會有很多次有利和有害的變異，但是都沒有很大地影響物種的生存。而最後導致它們滅絕的，往往也是大災害（除了少數物種，大家誰都躲不過去），而不是它們基因的一點有害的變化。同樣，一些微微有點好處的基因也不會帶來決定性的生存優勢。在談到長頸鹿長脖子的問題時，進化生物學家一定會渲染生存競爭的嚴酷，似乎不長個長脖子都沒臉見人，註定會被餓死。但實際情況是，廣袤的非洲稀樹大草原，大長脖子動物就那麼一種，而短脖子的食草動物倒是遍地都是，大家日子過得都不錯。那為什麼單單只把長頸鹿的短脖子祖先給餓死了，而別人都活的好好的呢？

一些進化生物學家喜歡用木桶理論來形容自然選擇的嚴厲，一個木桶能裝多少水取決於它最短的那塊木板，一個生物能否生存取決於它最大的缺陷。其實木桶理論在大多數問題上都不適合。比如烏龜的速度是它的短板，很短很短吧，但是影響它的生存了嗎？人家壽命比誰都長。

一個老師提醒學生不要偏科，說是假設有一只要裝水的木桶，決定裝水多少的關鍵就在於那片最短的木板。但是學生卻不以為然，他說：假若我的語

(139) 張戟，《基因的決定》（山東：山東科學技術出版社，2015），頁116。

文、數學、物理、英語都考90分，只有化學考了60分，難道說我的成績都只能按60分計算嗎？高考不是算總分嗎？

如果自然選擇是嚴厲的，那麼在嚴格的篩選中倖存下來的生物就應該是完美的，但是實際上差得很遠。每一種生物都有大大小小很多缺陷，就說人類的闌尾，經常引發闌尾炎，而在沒有外科手術的年代，闌尾炎可能會致命。

生物的生存本來就是一個系統工程，是一系列原因綜合作用的結果。除了幾個關鍵因素之外，別的因素就算有缺欠，往往也會由其他的能力補償。比如視覺有缺陷，往往聽覺更靈敏，大腦的某個區域受損傷，其他區域也能替代一部分功能。

所以在這個問題上，達爾文的看法是有漏洞的，他認為：「我們可以確定，任何有害的變異，即使程度極輕微，也會給該物種帶來嚴重的災難，甚至使該物種遭到毀滅。我把這種對有利的個體差異和變異的保存，以及對有害變異的毀滅，叫做『自然選擇』或『最適者生存』。」[140]

過了幾頁，達爾文又重申：「我們可以用比喻的手法來說，在這個世界上，自然選擇無時無刻都在仔細審查著最細微的變異，它將壞的清除掉，把好的保存下來並加以積累。」[141]自然選擇簡直是親媽，太體貼了……

但是實際上，自然選擇沒有這個義務緊盯著每個物種的每個細微變異，它只是篩掉出格的個體和物種而已。這也正是中性學說的意義所在。

從人類的外表上就能看出這一點。比如男人長得帥在找工作和擇偶方面毫無疑問是優勢，但是世界上還是有很多長得醜的人，人家生存得也不錯。李彥宏這樣的帥哥能夠發大財，馬雲這樣的外星人一樣可以成為中國首富。這證明大自然並沒有產生過於嚴厲而準確的選擇力量，由於去氧核苷酸排列方式不同而產生的外表難看一點並沒有被自然選擇所淘汰，一樣的娶妻生子，而且還過得不錯。

同時這也說明了基因是一個整體，一個基因的不足未必會造成太大的影響，會由其他的基因來補足。馬老闆外星人似的大腦袋給他帶來了外表上遺憾的同時，也賦予了他智商、情商上的優勢，同時還可以使他更加專心的學習和工作，不受鶯鶯燕燕的影響，大自然是公平的。

---

(140) 查理斯・達爾文，《物種起源》（江蘇：江蘇人民出版社，2011），頁76。
(141) 查理斯・達爾文，《物種起源》（江蘇：江蘇人民出版社，2011），頁79。

## 第九節　有害基因的用處

現代綜合進化論奠基人之一的杜布贊斯基在《遺傳學與物種起源》一書中，描述物種起源的真實情況。突變隨時自然發生，有些突變在特定狀況下有害，但大部分突變其實不會造成任何影響，這些中性的改變在不同族群內出現、延續，創造出前人無法想像的高變異性。從進化的角度來看，這些變異也許是好事，因為萬一環境改變，曾經是中性的突變可能會變得有用，因此受到自然選擇的青睞。

有的基因突變對生物的個體來說，在當前的情況下是個十足的壞事，但是對整個種群來說，卻是個有用的備份基因。在環境發生某些特殊的變化時，也許就會對種群的生存有所幫助。美國科學家莫勒姆・普林斯寫的一本書裡就提到了惱人的糖尿病基因：排除水分，提高糖含量是抵抗寒冷的有效辦法。葡萄如此，林蛙也是這樣，那麼人類呢？

是否存在這樣一種巧合，13000年前冰河期的不期而至也能使受害居民的後裔具備獨特的基因特點，從而能排除水分，提高血糖含量呢？

這種理論的提出在學術界引起了軒然大波，但是糖尿病的確極有可能幫助歐洲人的祖先在晚冰期突如其來的寒冷中生存下來。晚冰期來臨時，任何抵禦寒冷的適應能力——無論這種能力在正常情況下多麼不利，都可能決定一個人的壽命是活到成年還是早年夭折。

你可以想像一下小部分特定人群對寒冷的異常反應。面對經年累月的寒冷，他們的胰島素供應相對減緩，血糖因而上升，同林蛙一樣，這樣能夠降低血液的凝固點。他們排尿更為頻繁，以使體內含水量減低（美國陸軍最近的研究表明寒冷天氣條件下脫水的危害很小）。不難想像，在嚴寒下他們比普通人更具有優勢，更有甚者，如果他們能像林蛙一樣，只是出現暫時性的高血糖，那麼就更有可能活到生育年齡。

目前已有證據支持這一理論。當老鼠暴露於較低溫度點時，它們的身體能對自身胰島素產生抵抗。本質上講，這種對寒冷的反應就是糖尿病症狀。

在天氣寒冷的地區，在較冷的月份裡糖尿病的患病人數明顯增多。這就意味著在北半球，每年十一月到來年二月，糖尿病患者比六月到九月間多很多。

纖維蛋白原是能夠幫助林蛙修復冰晶造成損傷的凝血因數，而在冬季人體內這種因數的水準也神奇般地達到峰值。

在對28萬名患有糖尿病的美國退伍軍人進行的一項研究中，研究人員記錄了軍人們血糖水準的季節性差異。研究人員注意到他們的血糖水準確實隨著溫度的降低而攀升，同時在冬季達到峰值。更有說服力的是那些生活在氣溫較低、季節性溫差較大環境下的研究對象，其冬季和夏季血糖水準的差異更為明顯。看上去糖尿病似乎與寒冷有著某種深層次的聯繫。

到目前為止，對於人體對寒冷的反應與I型或II型糖尿病易感性間的關係，我們還不甚明瞭。但我們確實瞭解到，一些今天看似有害的基因卻有助於我們祖先的生存和繁衍。因此，那些我們今天討厭的基因，或許曾經、或者將來能給我們帶來好處。

糖尿病受基因的影響很大，人的消化能力受基因的影響也很大。消化能力可以理解為把食物轉化成營養和能量的能力，這個能力因人而異。工廠裡同一個工位上的工人，做一樣的工作，即便體重相似，一日三餐的飯量也差別很大。

有害基因，某些情況下會對生物有利；有益基因，某些情況下也會有害。

我們店裡有一個女營業員，長得人高馬大，非常能幹，力氣也大，四十斤一箱的綠茶瓜子抱起來就走。為了減肥，她每天吃得很少，早餐一碗粥，午餐一點菜，晚餐一包辣條，但就是瘦不下來。她很鬱悶，羡慕她的朋友們怎麼吃都不胖。我安慰她：把眼光放長遠，在從單細胞生物進化到人的這幾十億年裡，甚至在人類直立行走之後的幾百萬年中，只有最近的這幾十年，消化能力強才變成了缺點，在其他任何時候，這都是一項極其重要的生存優勢。想想看，一隻猴子每天兩個桃子就活得很好，另一隻猴子每天四個桃子才勉強生存，那麼前者肯定比後者更容易活下來。而她的基因傳給後代，她的後代種群數量也很可能超過別的種群。這當然是優勢基因，只不過現在人類的性選擇觀念發生了改變，苗條身材更受青睞。不過別灰心，也許將來人類的審美觀點還會改變，你的豐滿身材又受歡迎了。或者假如地球發生災難，糧食不夠吃了，那麼你和你那幾個怎麼吃都不胖的朋友哪個活得更長呢？

從古代一直到改革開放之前，中國人一般以豐滿結實為美。比如民國和新中國時代的女影星，多數都是豐滿的體態和美美的鵝蛋臉，影星蝴蝶圓潤的鵝蛋臉上還有兩個小酒窩。改革開放之後，國人能吃飽吃好了，瓜子臉開始吃香。現在更是日趨極端，很多少女整容整出來了錐子臉和蛇精臉。

女人的細腰和瘦腿也越來越過分，民國美女體態豐腴，緊緊地裹著的旗袍下面能夠清楚的看到小肚腩。那時候經常用「鳥仔腳」來取笑又長又細的腿，認為這不好看。比如魯迅先生就把豆腐西施形容成了「細腳伶仃的圓規」。但是現在這當然也變了，大長腿、小細腿成了追求目標。女人照相的時候把腿側過來拼命向前伸，踮起腳，攝影師蹲在地上，從腳尖往上照，然後再修圖把腿拉長，就好像踩著高蹺，恨不得滿張圖都是腿。為什麼呢？因為異性喜歡啊，「美不美，看大腿」。如果魯迅先生生活在當代，也許就會這樣形容豆腐西施：「一個凸顴骨，薄嘴唇，五十歲上下的女人站在我面前，兩手搭在髀間，沒有繫裙，伸出兩條修長的美腿！」

即便時代相同，自然選擇在不同地點的篩選標準也不相同，城市男人喜歡的膚如凝脂、細皮嫩肉、冰肌玉骨、纖纖玉指、櫻桃小口、細長美腿、嬌小玲瓏、小鳥依人、楚楚動人、婀娜多姿、娉娉婷婷的窈窕淑女在農村可能就是個累贅，誰家娶了這麼個兒媳婦，婆婆就會整天長籲短歎。我們店裡的這個身材壯碩的小姑娘在家鄉人的眼裡就是個大美女。小姑娘說：「其實我在老家挺受歡迎的，因為我長得壯。昨天村長還來電話呢，說妮兒啊你別在北京打工了，叔給你介紹個對象，快點回家相親……」

一直以來，胃口好，都是一大生存優勢。二十多年前電視廣告裡有個光頭胖子在胡同裡嚷嚷：「牙好，胃口就好，身體倍兒棒，吃嘛嘛香，您瞅准嘍……。」但是現在風向變了，很多高血壓、高血糖、高血脂的患者患病正是因為胃口太好，而眾多窈窕淑女日漸豐滿的體型也是因為脫韁野馬般暴躁的食欲。現在的廣告可不敢再說讓「胃口更好」了，除非你的產品不想賣了。

由於滑膜炎，我吃一款進口藥，療效不錯，但是傷了胃，一年之內體重驟降25斤。聽到這個消息，很多朋友都向我打聽這款藥物的名稱，好像一夜之間多出很多滑膜炎患者。一個女孩子更是誠懇：「告訴我吧，雖然我現在沒有滑膜炎，但是我可以先吃點藥預防著……。」當然，最讓她們感興趣的還是減掉25斤體重，為了這個目的她們不惜損傷自己的脾胃來破壞不受控制的好胃口。而眾多減肥藥的藥理也正是如此，通過摧殘健康來達到減肥效果，只不過它們損傷的並不只是自愈性較強的胃，而是其它脆弱的器官，會導致不可逆的嚴重後果。媳婦有一次在街邊小攤買了一包減肥藥，被我扔進了垃圾桶。夫人大怒，拿著藥方跟我說：「你看看，玫瑰花、薏仁、菊花……哪個有害處啊？」我跟她說，前面這一大堆都是幌子，真正起作用的藥只有藏在最後的那一味——番瀉葉，有人吃了之後引起消化道大出血！這樣的藥，只能在正規藥廠裡按照嚴格的配比入藥，怎麼能相信隨手抓取，也許都沒過秤的小販呢？天知道他抓了幾克。當然了，能夠把番瀉葉寫在處方裡的小販也是個有良心的大忽悠，很多減肥藥根本就不會把有毒副作用的成分寫在成分表裡，或者換個名稱來掩飾。

即便是同一時間、同一地點，面對不同的捕食者，同一種群受到自然選擇的篩選方式也不一樣。試想，原始部落狩獵隊裡的小明身高2米2，小江1米5，他們害怕什麼野獸呢？

如果遇到了花豹，小明肯定是不怕的，他的體重是花豹的2倍，身高是花豹的3倍，手裡握著個大木棒，如果花豹敢撲上來，誰吃誰還不一定呢。小江當然打不過花豹，更跑不過，假如碰到，估計一個回合就會被撂倒。

但是遇到幾隻獅子呢？小江會馬上蹲到草叢裡，獅子如果不仔細搜一下還真找不到。就算找到了，也不會有很大興趣，小江比羚羊大不了多少，還不夠獅子塞牙縫的。小明這回就麻煩了，他蹲著都比小江站著高，就算蹲到樹叢裡都會被發現，跑也跑不過獅子，還長那麼大塊頭，獅子一定非常開心。

從原始社會回到現代，小明和小江各有優勢和劣勢，只要把自己的優勢發揮出來，就都能生活得很好。小明在籃球界指點江山，小江在演藝界順風順水，各有各的生存之道，這不是很好麼，自然選擇本來就不是一根獨木橋。

不同時期的自然選擇的篩選方式也不同，自然選擇這個篩子的篩孔並不規則，我現在還記得很多幼稚園的事情，幾十年過去了，有的依然清晰如昨日。那時候，班裡最拉風的是那些調皮搗蛋的孩子。拳頭大、有力氣就是王道。有一個又黑又壯長得像頭小黑熊的男孩經常欺負人，我還記得他名字，這裡馬賽克一下，就叫他小熊吧。小熊經常挑事兒，從小就是個問題兒童。一天午飯後，他又調皮搗蛋，班長是個很負責的小姑娘，當著大家的面兒批評了小熊。這小流氓竟然把人家小姑娘的裙子給拽了下來。我還記得那個場景，一個小姑娘只穿著白襯衫和一個花褲頭兒，站在洗手池旁邊大哭。旁邊圍了一群不知所措的小朋友，肇事者不知道跑到哪裡去了。這是我有生以來第一次感到憤怒，但是也不知道怎麼辦才好。現在想來，當時最應該做的就是找件衣服幫小姑娘圍一下，英雄救美，這是必須的。

英雄救美並沒有發生，美救英雄倒是有一次。一年之後，我上小學了，和這個小熊在一個學校。小熊仍然飛揚跋扈，有一次欺負到我頭上，我懦弱的站在那裡，只記得身後跳出來一個胖乎乎的小女孩，厲聲呵斥小熊。這個小女孩是學校老師的女兒，小熊不敢拿她怎麼樣。我這個軟蛋躲在小女俠的身後，覺得很安全。

上學之後，慢慢的學習任務重了，調皮的孩子遭到老師的打壓，優秀的孩子受到了老師和同學的追捧。我的同桌小英就是這麼一個品學兼優的好學生，學習好、性格好、心地善良，長得又好看，於是每個期末都能選上三好學生。

她的成績很好，總是班裡前三名。可是只有一次，我這個差生的數學得了99.5，班裡最高分，於是就有了一些雜音，說我的成績是抄同桌的。我也無力辯駁，學生時代就是這麼一個智商為王的時代，差生是沒有發言權的，甚至沒有尊嚴。

小英也確實很優秀，中學進了附中，大學更是考進了北大。畢業之後去了美國，進入世界知名公司，十幾年之後竟然成了公司的合作夥伴。現在我偶爾也會想起，那個聰明絕頂、溫柔善良的白衣飄飄的大眼睛少女，你在他鄉還好嗎？

大學畢業後，正好是全民下海的時代。上個世紀九十年代，改革開放沒多久，智商、情商和體力都不重要，膽子大的人通吃八方，湧現出了一大批暴發戶。不需要多聰明，不用有多少知識，有的人甚至不認字，但是生意一樣做得風生水起。和我一起畢業的同學，學習好的當工程師了，學習一般的進廠當工人了，還有一些學習更糟糕的乾脆沒找到工作，壯著膽子經商去了，但是幾年之後，經商的多數都有些錢了。學校裡還出了幾個大款，都是當初學習成績倒數，經常被老師批評的同學。但是他們有膽量有魄力，找到了屬於自己的道路。

隨著中國經濟慢慢走入正軌，轉型期結束了。法律法規完善的市場經濟不再是冒險家的樂園，缺少知識武裝自己的商人的經營規模越來越小，將來的生存空間還會更小。畢業十年之後，進入大公司工作的同學的工作狀態基本都穩定了。多數人都待在一個平穩的、沒什麼晉升空間的崗位。但是有幾個善於與人交往和處理人際關係的同學慢慢顯露出來，他們在工作單位裡左右逢源，這就是所說的高情商。據分析，上學的時候，智商的重要性是情商的十倍，而工作後，情商的重要性是智商的十倍。

大多數學校裡都有校霸，身邊傍著小太妹，身後跟著小跟班，在校園裡橫著膀子晃，簡直是人生贏家。那麼這些人進入社會後怎麼樣了呢？「知乎」上面有一個關於校霸畢業後的就業情況討論帖，裡面一個簡短回覆獲得了高票點贊，「校園裡橫著走，社會上跪著爬」。那些沒什麼家庭背景的大小混混兒，畢業後多數很慘，讓人頗為唏噓。

人生的幾十年裡，自然選擇規則就來來回回兜兜轉轉繞了好多圈，雖然這是人類社會的生存原則，但是和大自然的生存原則也有相似之處。比如對於一窩燕子來說，營養最好的雛鳥往往是叫聲最大、嘴張得最大的那一個，它能從母燕子那裡得到最多的食物。獨立生活之後，日子過得最好的一定是飛得最快、最善於捕食的那一個。但是等性成熟之後，卻是顏值最高、最會討好異性的那一個最先抱得美鳥歸。在動物的情感世界裡，背叛、偷情和朝三暮四的例子比比皆是，所以維護自己的家庭同樣是一個重任。而動物養育後代的能力差別也很大，和人類一樣，這些爹媽也有兢兢業業和吊兒郎當的區別。

對於基因來說，沒有嚴格意義上的優勢基因。而在一個物種的基因庫裡，保留一些看似糟糕的基因，也許不是一件壞事。

生命的DNA記錄表明，「生物『活在當下』的進化方式有其風險，因為如果適應的能力趕不上環境的劇變，適者無法及時產生，種群和物種將有滅頂之災。歷史告訴我們，當環境發生全球性或地域性的劇變時，已存活了許多世代的適者就會被取代。三葉蟲、菊石、恐龍等許多生物都曾是進化產生的優勢種群，現在卻只存在於化石記錄中。」[142]

「國雖大，好戰必亡；天下雖安，忘戰必危。」所以生物為了生存下去，必須保留一定中性的，甚至是「壞」的基因，以便在環境變化的時候，可以出奇制勝。

再次借用一下史鈞教授的話：看來生物進化也懂得「養兵千日，用兵一時」的道理。

## 第十節　生物的自主

達爾文進化論的一個基本點是共同祖先，即現存所有生命都是一個最原始的祖先的後代，所以達爾文的進化樹是一顆貨真價實的樹。

拉馬克沒有進化樹，卻有進化草坪。每一根草之間都是獨立的，有些草年紀大，草尖上就是高等生命，而那些低等的生命是剛長出來不久的草。

到底是什麼在控制著生命的產生和進化的全過程？本書前面章節已經對傳統的自然選擇理論提出了反對意見，並且也否定了基因控制論。在我看來，當然是內因控制了生物的生命和進化。這個內因就是生物的智慧，全面管理整個生長發育全過程。在生物智慧控制下的生長發育推動著大千世界千千萬萬種生物進行著無止境的進化之旅。

發育是一個比較通俗的概念，不同的人對這個詞彙有不同的理解。傳統生物學家往往認為「發育就是基因表達的結果」，他們認為基因是發育的基礎，而發育以基因為範本，執行著基因編制好的程式，如同機器人一般亦步亦趨地

(142) 肖恩・卡羅爾，《造就適者》（上海：上海科技教育出版社，2012），頁25。

跟在基因的後面執行著命令。這樣的理解過於保守和呆板。

道金斯教授在他的書裡說：「動物的行為，不管是利他的還是自私的，都在基因控制之下。這種控制儘管只是間接的，但仍然是十分強有力的。基因通過支配生存機器和它們神經系統的建造方式對行為施加其根本影響。但此後怎麼辦，則由神經系統隨時作出決定。基因是主要的策略制定者，大腦則是執行者。但隨著大腦的日趨高度發達，它實際上接管了越來越多的決策機能，而在這樣做的過程中運用諸如學習和模擬的技巧。」(143)

「基因是優秀的程式編寫者，它們為本身的存在而編寫程式。生活為它們的生存機器帶來種種艱難險阻，在對付這一切艱難險阻時這個程式能夠取得多大成功就是判定這些基因優劣的根據。」(144)

道金斯教授這樣描述也是正確的，生物的發育確實是在執行基因內的程式編碼。但問題是，基因並不是自己編寫了自己，就像圖紙不能繪製自己一樣。編寫基因當然是以上一輩的基因圖譜為範本，然後會有一些微小的改動，每一代的改變都不大，但是一代代的累積起來就非常大了。當然，這個改變不是隨機的，而是生物體對自然的一個適應過程。

百度百科上對發育的定義是「一個有機體從其生命開始到成熟的變化，是生物有機體的自我構建和自我組織的過程。」這個定義就要靈活很多，認為發育是一個生動的、自主的過程。只不過這個定義回避了發育和基因的關係。

發育的力量非常強大，從生物身上的每一個細節都可以看得出來，隨便一個器官或者結構就能看出發育的重要性。吉林農業大學郝瑞教授在《生物自主進化論》這本書裡用大量篇幅詳詳細細地講述了許多範例，比如卵生動物的蛋和破殼齒。

「雞蛋殼是近圓形的硬殼結構，這種結構有較強的力學效應。人們做過試驗，一個成人也不能輕易握碎一個雞蛋。而蛇卵則沒有這種堅硬卵殼，外面只是一層有彈性的革質膜，而且形狀近於長柱形，經不住較強擠壓。兩種構造及其形狀之所以不同，是因為雞蛋孵化時需要母雞臥孵，必須能承受一定的踩壓力，而蛇卵孵化時則沒有這種壓力。

「雞蛋、蛇卵等蛋殼的結構與形狀，使發育中的胚胎得到極好的保護。但是顯而易見，這種全封閉的結構在孵化期結束時將成為幼仔出世的危險障礙。顯然，必須找出某種能夠（從裡面）打破這種堅固蛋殼的辦法。蛋殼裡的小

(143) 理查·道金斯，《自私的基因》（北京：中信出版社，2012），頁66。
(144) 理查·道金斯，《自私的基因》（北京：中信出版社，2012），頁69。

雞，在出殼以前已長成一個破殼齒，到該出世的時候，用破殼齒啄破蛋殼，出世以後，破殼齒失去作用，隨即自行消失。可以看出，這一器官是為了孵化出殼特意設計製造的。將要孵化出殼的蛇也會生成破殼齒，把皮革質的卵殼劃開一道縫，幼蛇自己鑽出殼外。它們有破殼的需要，就有自我設計、自我創建破殼齒的能力。蜥蜴也有破殼齒，而龜和鱷則是由長在吻端的一個角質突來完成同樣的破殼任務的，它們各有自己的獨創。」(145)

郝瑞教授認為生物都具有邏輯思維能力，都有自我創建、自我設計的能力，當然他並沒有指出這種思維能力是什麼。也許正是生物智慧所具有的能力。這在傳統生物學家看來是不可思議的：簡單生物沒有大腦，怎麼會有思維能力？其實思維能力有很多種：直觀動作思維、具體形象思維和抽象邏輯思維等等，越是高級生物，思維能力越強。但是不一定只有大腦才有思維能力。

遠在最早的動物出現之前，當時在大海中沉浮的單細胞生物還沒有大腦，但是它們已經有了能夠感知和適應外界環境變化的能力。近年來的一些研究發現，領鞭毛蟲等一些單細胞生物會釋放、接受化學信號或者傳遞電信號。這種大約在8.5億年前出現的領鞭毛蟲被認為是動物的祖先。隨著多細胞動物慢慢進化成功，細胞之間開始有了相互的感知和應答，使得它們可以協同工作。慢慢的一些細胞逐漸演變成具有特殊傳遞資訊功能的神經細胞，而且進一步演化出軸突，用來遠端傳遞各種電信號。它們也通過在細胞突觸的位置釋放化學物質向其他細胞快速傳遞信號，於是誕生了神經系統。

最早的神經元可能在無脊椎動物體內形成一個彌散的神經網路，現在的水母和海葵依然如此。直到6億年前類似於大腦的神經核團才出現在蠕蟲類動物中。神經核團是原始的中央神經系統，能夠處理各種資訊而不僅僅是傳遞資訊，這使得動物能夠對更複雜的外界環境做出反應。也就是說，從40億年前地球上出現生命，到6億年前的這三十多億年裡，生物一直沒有大腦，但是也生活的挺好。

那麼，沒有大腦的動物，有沒有思維？這個問題的答案，應該也是肯定的。

「蚯蚓是具有中樞神經系統的最簡單的生物。有明顯的大腦，而且與神經元連接……然而儘管蚯蚓有一個明顯的大腦，它的大腦並不是其體內唯一控制神經系統和軀幹的中樞。事實上，即便將蚯蚓的大腦去除，它仍能移動、交

(145) 郝瑞，陳慧都，《生物自主進化論》（遼寧：大連出版社，2012），頁6。

配、挖地洞、進食，甚至能走出迷宮。」(146)所以對於簡單動物來說，大腦並沒有那麼神聖。

我們可以看到，動物大腦的產生，是一個平滑的、循序漸進的過程，所以思維應該也是這樣一個從單細胞生物簡單的思維進化到人類複雜的思維的過程。如果否定這個過程，就等於承認思維是動物進化到某一階段時，憑空忽然產生的了。

認知世界的過程，本來就是這麼一個自我感知的過程，一個從混沌到清晰的過程，一個厚積薄發、從量變到質變的過程，但不是憑空產生。變化積累到一定程度就會產生一個飛躍、一個革命，農業革命、工業革命、資訊革命……但是不能因為發生了質變就不再認同之前的階段，舉例來說，原始農業就是拿著小木棍在地下戳出小洞來播種，也會把山藥和紅薯從地下挖出來，砍掉大部分再埋回去。現在大量應用播種機、聯合收割機、除草劑、農藥和化肥的現代化農業，比之原始農業已經發生了質變，實在不像同一個產業，但是實際上，原始農業是現代農業的老祖宗，當然也是農業。

其實不少科學家都相信生物體內有一個「智慧」在左右生物的生長發育和進化，比如郝瑞教授寫的《生物自主進化論》，英國劍橋大學遺傳學家多弗（這名字起的多好！）提倡的分子驅動理論。他們都發現了存在這個「智慧」，但是不知道它的運行方式和所在的位置。作為程式師，對比電腦系統我能夠發現這個「智慧」的運作方式，但是也不知道它所在的位置，所以就假設它存在於我們看不到的空間。

因此真正的發育是一個真正的自我構建和自我組織的過程，它執行著祖先編制的基因編碼命令，認真地進行著日常活動。但是它也通過基因突變、學習別的基因或者打開關閉基因表面開關等方法調整和修改著自己的基因編碼。而發育的執行者，正是生物自己的智慧。

## 第十一節　複雜的凝血過程

生物體非常精妙，很多表面看似簡單的構造，微觀上來看都有著複雜的構成。

拿精液來說，似乎只有精子和水。「其實精液的成分相當複雜，會游動的精子只占其中很少的一部分，此外還有大量的酶和微量元素，並有果糖為精子

(146) G·齊科，《第二次達爾文革命》（上海：華東師範大學出版社，2007），頁4。

起跑提供能量，還可以維持基本的滲透壓及酸鹼平衡。失去精液保護的精子在數分鐘之內就會迅速凋零。換句話說，精液提供了強大的後勤保障，為的是讓精子在射進陰道後存活的時間更長。」(147)

生物進化過程中的自我構建可以從生物體結構和功能的方方面面看出來，動物的出凝血原理就常常被反對達爾文理論的人作為證據提出來，因為這個原理實在複雜，實在像經過設計的。

凝血是個極其精確而繁瑣的鏈式反應過程，人類受到外傷出血時，將近二十種凝血物質一個挨一個魚貫而出，順序絕對不能錯，才能生效。一旦順序出錯，或者某一種凝血物質有問題，甚至劑量不對，都會導致整個過程的失敗，後果就是血流不止，嚴重的還會在正常的血管內形成血栓，堵塞血管。

學過高中化學的人都知道赫赫有名的銀鏡反應實驗，就是銀的化合物溶液被還原為金屬銀的化學反應。因為有生成的金屬銀附著在容器內壁上光亮如鏡，故稱為銀鏡反應。

反應的原理很簡單，過程不複雜，涉及的試劑和器械也不多，但是請問一下，當年你做的實驗成功了嗎？據說只有少數心靈手巧的同學能搞定，反正我當時毛都沒做出來。我們班也沒有做得很漂亮的，倒是因為溫度高了點，一些同學做出來了光亮的黑鏡。

因為在這個反應過程中，儘管原理簡單，試劑純度等客觀條件也比較容易控制，但是對操作員的手法還是有一定要求的。比如對試管潔淨度要求非常高，需要完全清理乾淨，保持無水狀態，留下一點點水實驗就不會成功，溫度也要控制好，在開始時搖晃一下之後就不要再搖晃了等等。這些都做好之後，就是慢慢等待，拼人品的時候到了，誰都不知道實驗能否成功。

現在回到上面的動物出凝血過程，想請教一個問題：如果讓你設計一個化學實驗，在保證凝血需要的物質一個都不少的情況下，能否做到——只要第一個反應完成，後面就可以根據特異性識別，逐個按順序反應，完成凝血過程呢？（要求全自動完成，沒有電腦參與）

人家細胞就有這個能力。生物的每一個細胞都是一個巨大的化學工廠，裡面同時進行著幾百種、數以萬計的化學反應。就像化工廠的不同生產車間，每個車間裡又有很多燒瓶、試管在同時工作。

「每一個細胞都有高度複雜的內部結構，即折疊膜結構。這些折疊起來的膜，以及膜之間的液體，是發生多種不同類型的、錯綜複雜的化學反應的場

(147) 史鈞，《瘋狂人類進化史》（重慶：重慶出版社，2016），頁207。

所。」[148]這數百種化學反應性質不同，每一種反應都是由它自己特殊的酶來催化，發生在細胞內這樣小的空間裡，有條不紊、緊張有序地同時進行。即使是最簡單的酶，也比大多數人類製造的機器要複雜得多。這些化學反應的繁瑣和嚴格程度，並不遜於凝血反應。

脊椎動物的凝血是一個相當複雜、環環緊扣的過程。但是其核心原理很簡單，一種占血漿中蛋白質總量約3%的纖維狀可溶性蛋白，平時它們表面由帶負電的氨基酸鏈所覆蓋，由於「同性相斥」的原則而保證彼此不會粘在一起。當凝血發生時，由凝血蛋白酶切斷氨基酸鏈，導致纖維蛋白彼此粘連，產生血塊。

這種凝血蛋白酶平時處於未啟動狀態。而啟動它需要一系列的鏈式反應：死亡的細胞會釋放出激肽原和激肽釋放酶這兩個蛋白。經過一系列凝血因數反應後，由7號和9號凝血因數這兩種蛋白啟動10號因數，然後10號因數再啟動凝血蛋白酶。

說著容易做著難，以人類的凝血途徑為例，其中牽涉到了一系列事件，引發的是一個複雜的級聯反應，長達16步。每一步都涉及不同的蛋白質之間的相互作用，最後以形成凝血塊告終，總共有超過20種蛋白質參與其中。

這樣複雜的凝血過程對人體來說是必須的，如果缺少任何一個蛋白酶都會產生影響。但這種複雜的系統也是逐漸演化而來的。

對於原始脊椎動物而言，其血液循環系統的血壓與血流量都很低，和無脊椎動物類似。比如現代龍蝦的凝血系統就非常簡單：也是一種纖維狀可溶性蛋白，被凝血蛋白酶切斷氨基酸鏈而導致彼此粘連，但是這個過程需要的環節比人類少很多。

在後續的研究中，凝血的進化過程也逐漸明晰。從果蠅到鱟到人類，凝血因數彼此相似而又逐漸複雜，鏈式反應的因數是在演化過程中逐漸增加而複雜起來的。高等生物的鏈式反應更加複雜，這樣可以更有效率地完成凝血。

可見凝血反應過程之繁瑣，同時不允許出錯。本書前面提到過，有機物的熱穩定性比較差，反應一般還需要加入催化劑。有機物的反應比較複雜，給予其不同條件，會進行不同的反應。在這樣的情況下，如果讓你來人為地設計並且實施這個凝血化學反應，你能做到嗎？反正我不能，連個高中的銀鏡反應我都做不出來，更不要說這麼費勁的實驗了。而且我相信除了專門的化學實驗室、研究所和工廠，別人都做不出來。

---

(148) 理查·道金斯，《基因之河》（上海：上海科學技術出版社，2012），頁19。

而生物體中這麼複雜的連鎖反應還有很多，比如細胞分裂就比這還複雜，需要上百種蛋白按照高度嚴格的順序進行作業。

但是如果讓我設計個電腦程式，就可以做出來。因為對於電腦來說，凝血的過程不過是一個接一個的指令而已，很容易控制各種條件，可以絲毫不差地在相應時間內，安排每一個角色出場，輕輕鬆松完成整個過程。而生物智慧的深層（其實是它的第三層：內程式層的工作，下面會說明）恰恰和電腦程式一樣，可以勝任這個工作。

人類身體裡的生物智慧非常盡職盡責，它們把人體內化學反應安排得很好：讓它們在常溫（36.5攝氏度）、常壓（正常血壓）下進行，不需要高溫高壓的反應條件；安排各種酶作為高效的生物催化劑，讓很多化學反應都在酶的催化作用下快速完成；利用很多微生物協助人體進行化學反應；讓人體的化學反應產物非常環保，除了排放二氧化碳（也許還會有點氨氣），其它基本不會產生環境污染；讓人體化學反應更安全，不會因控制不當產生爆炸等極端事故。

自然界中的生物極其複雜和精妙，有趣的是，對此，每個人都有自己的理解。史蒂芬．平克有一次參觀了博物館的蜘蛛展覽，當他看到蜘蛛如瑞士手錶般精確的關節，蜘蛛從吐絲器中抽絲時縫紉機般的動作和蜘蛛網的美妙時，平克心裡想：「怎麼能有任何人看到這些還不相信自然選擇呢！」就在這時，他的身旁有一個人大聲說：「怎麼能有人看到這些還不相信上帝呢？」，如果我在旁邊也許會說：「看，生物自己的智慧設計的產品多奇妙啊！」

如果仔細研究，就會發現生物都非常了不起。蜘蛛就是這麼強大，它的蛛絲在自己的身體裡是液態的，不是一卷纏在卷軸上的絲線哦。但是一旦吐出去，0.1秒之內就會變成固態纖維，韌性極強，非常結實。這樣高強度高彈性的蛛絲假如能夠加粗到2.5釐米，那麼就可以代替航空母艦上的鋼絲阻攔索來攔截飛機。可以相像，如果蜘蛛有水牛那麼大個頭兒，那麼它的獵物將不是飛蟲，而是飛機！

神創論者認為神是萬能的，傳統生物學家認為自然選擇是萬能的，而我認為生物智慧才是很了不起的（但是遠遠不是萬能的）。因為整個世界都處於自然選擇籠罩之下，但是為什麼只有生物才能進化成現在的複雜精妙狀態呢？這說明生物一定有與眾不同之處。

設計過汽車的人更清楚動物身體的機械系統是多麼成功，編寫過人工智慧的人更能理解動物的智慧有多麼複雜，「普通人對不普通的事情感到驚歎，智者對平凡之處感到偉大。」

這麼高難度的角色，也許只有生物智慧才能勝任。這並不是一個簡單的化學過程，而是有明顯的程式安排才可以實現。地球生物日常的生長發育看起來很簡單，但是如果量化一下，會發現計算量比人類登陸月球的計算量還要龐大，可見生物的程式何等精妙。

再回顧一下這節內容，如此複雜精密的出凝血反應過程，怎麼可能只由既不嚴厲，也不精準的自然選擇篩選出來？而此過程中明顯的一步一步程式性和選擇判斷，正是智慧（程式）所擅長的。

不要把智慧看得很高端、很離奇，其實一個淺顯的判斷就是一個初級智慧，而簡單的說，高級智慧只不過是一連串判斷語句的累積，或者說是初級智能的累積。

## 第十二節　天性怎麼遺傳的？

本節將要討論動物的天性。天性和本能的含義相似，但是又有細微的區別。天性是天生的品質、性格和性情，比如老鼠天性膽小，見到什麼都怕。本能是天生的本領和能力，比如鴨子本能會游泳。但是本書討論的是天性和本能的全部，所以不去區分什麼是天性，什麼是本能，這兩個詞會混用，讀者請勿見怪。

天性是什麼？嬰兒在出生的時候已經不是一塊白板。他們已經通過遺傳獲得了大量的生存裝備和很多解決問題的方法。

生物學家一直在研究「天性」是怎麼遺傳的。不只人類有天性，動物也有天性。但是並沒有證據顯示天性跟著DNA一起遺傳下去，一點證據都沒有。換句話說，也許天性和DNA是分開遺傳的，這就是另外一種遺傳方式。

傳統生物學認為原核生物是最簡單的生命形式，也是無奈之舉，因為對於生物來說，生殖和遺傳能力實在是必不可少，沒有生殖能力的常規生物，就算產生了，也遲早會解體而不能傳播下去。所以原核生物似乎已經是最基本的了，比原核生物小的有機物，都不能生殖。最起碼也是朊病毒（一種蛋白質）這樣複雜的有機高分子化合物，但是自然形成的氨基酸都很容易分解，而且生物學中已知的遺傳信息載體只有DNA和RNA，那麼比原核生物還簡單的生物的遺傳信息記錄在哪裡呢？

關於天性，德國科學家福爾克．阿爾茨特和伊曼努爾．比爾梅林在他們的書裡講了一個趣事：一隻灰雁正在孵蛋，如果有一枚蛋從巢中滾了出去，她會怎麼做呢？

灰雁在平地上用草和樹枝堆成一個小丘，作為自己的巢穴。孵蛋期間，每隔一段時間要挨個兒翻動翻動蛋。而在翻蛋的時候，偶爾會有一枚蛋滾到巢外。

雁、鵝之類並不像人們說的那麼愚蠢……灰雁不但有細膩的感覺，而且還有學習的能力。另外，它們的視力還不錯。能夠發現滾出去的蛋。灰雁把脖子伸得長長的，仔細打量著那個目標，然後走出巢穴，小心翼翼地把蛋往窩裡推。推著圓滾滾的東西翻越高坡不容易，但是灰雁用她的喙能夠解決這個問題。

但是，不要認為這是灰雁意識到因為不小心而掉落在外面的是一個蛋，科學家康得拉·勞倫茨（Konrad Lorenz）帶領的實驗小組做了一個小嘗試：讓灰雁搬回窩裡的不是雁蛋，而是另外一個東西。

「試驗的結果讓人目瞪口呆：任何一個『圓滾滾』的東西，灰雁都用前面所說的方式往她的巢裡搬，甚至不管那個東西的大小，主要的是有一個凸面的形狀就行。尤其是啤酒瓶，顯然是她最喜歡的東西（科學家很多時候也是壞壞滴）。

試驗表明，灰雁這種看似有意識的、經過思考的搬蛋行動，其實是一種先天的、始終按著同一種模式發生的本能行為……但是，這種受本能控制的自動機制僅限於從生蛋之前兩週到幼雛出殼之後兩週這一時期內。這一界限非常清楚。超出這一週期，無論是蛋還是啤酒瓶，灰雁都不會理會。」[149]

另外一個最著名的天性的範例來自於杜鵑的寄生。其實多數杜鵑能夠自己築巢並且哺育自己的幼鳥，只有三分之一左右的杜鵑以寄生的方式養育幼鳥，但是這小部分壞蛋卻敗壞了整個物種的名聲。

這部分壞蛋杜鵑到了繁殖季節，會日夜偷窺著葦鶯、柳鶯、雲雀的鳥巢。當葦鶯等鳥類產下幾枚卵之後，杜鵑就伺機溜進它們巢中，先叼走一枚，然後迅速產下一枚自己的卵。葦鶯一般不會發覺，而把幾枚卵一起孵化。杜鵑卵的孵化期要比葦鶯卵短，所以往往在宿主雛鳥還沒有孵出來的時候，杜鵑雛鳥就已經孵出了。剛出生的小杜鵑眼睛還沒睜開就忙著清除異己。它會用後背架起葦鶯卵，用兩隻沒毛的翅膀把它頂到巢外面。有時小葦鶯已經孵化出來了，小杜鵑一樣會把它也扔到鳥巢外面。忙著作惡的小杜鵑會一直把所有的競爭對手都打掃乾淨，然後等著傻乎乎的養父母來餵養自己。

(149) 福爾克·阿爾茨特，伊曼努爾·比爾梅林，《動物有意識嗎？》（北京：北京理工大學出版社，2004），頁11。

寄生杜鵑排除異己的行為一定是天性，因為它那缺德的親媽下蛋之後就再沒有來過，而這個損招兒它生下來就會，周圍沒有別的鳥能教它，不可能是後天習得。

幼蜂是在密封的蜂房裡孵化、蛻皮、化蛹的，完全依靠自己成長起來，一直沒有成年蜂撫育。當它長出翅膀發育成熟後，走出蜂房的幾個小時之內就得開始執行一連串複雜的任務，包括築巢、覓食等等。科學家把一種蜜蜂的蛹放到其他品種蜜蜂的蜂房裡之後，成長起來的蜜蜂會按照自己品種的特點來築巢，而完全不像蜂巢裡的其他蜜蜂。所以蜜蜂築巢的本事也是天性。

達爾文把很多動物的行為和習性都歸結為本能。「什麼是本能？達爾文解釋說：大凡一種動作，在我們必須有經驗才能做，若是一種動物，尤其是很幼小的動物，不需經驗也能做，或者許多個體都能同樣去做，雖然對於這樣做的目的何在並不明瞭，這些動作便通稱為本能。

「達爾文認為本能的動作是不需經驗的，不知道目的何在的。這也就是一般人常說的本能反應。」[(150)]

百度百科上這麼解釋本能：「發育完全的正常動物，不需經過學習、練習、適應、模擬或經驗，即能表現出某種協調一致的複雜固定性行為。如蜘蛛織網、蜜蜂跳舞和鳥類遷徙等，都是本能行為。本能不單是對簡單刺激的局部性反應，而且是按預定程式進行的一系列行為活動。如鳥類築巢，它能熟練地選擇和安放築巢材料，並拔下自身羽毛排在巢內。」

這一段會引出兩個問題：首先，本能也會遺傳，不經學習就擁有的能力叫做本能，不遺傳從哪裡來？那麼它是隨著基因一起遺傳給後代的嗎？其次，本能是按照「預定的程式」進行的一系列活動，這個「預定的程式」又是什麼？

現代生物學當然認為天性和本能是隨著基因遺傳的，因為似乎除了基因之外沒有別的遺傳物質。但是很少有人對行為進行遺傳學方面的研究，雖然天性遺傳問題是生物學皇冠上的明珠。主要的原因是「行為」這個東西看不見、摸不著，研究這個問題很困難。

天性真的是隨著基因遺傳的嗎？讓我們來看一下同卵雙胞胎。同卵雙胞胎是由同一個受精卵一分為二形成的，所以他們的基因完全相同。不但基因相同，而且在開始的時候也會擁有相同的表觀遺傳標記。

但是他們從同一個受精卵分裂開之後，開始分別成長。一直到母親分娩的這幾個月裡，也會產生一點點不同，比如在胚胎發育過程中出現了體細胞變

(150) 郝瑞，陳慧都，《生物的思維》（北京：中國農業科技出版社，2010），頁36。

異，或者是表觀遺傳有一點區別。可是應該說，他們在基因層面非常相似，體現在外表上，就是長得很像。多數時候，除了他們的父母，別人分辨不出來。

然而在性格方面，同卵雙胞胎就差得多了（雖然比平常的兄弟姐妹相似一些）。

史蒂芬·平克在書裡說：一項結果已為人所共知。個性中的許多差異——大約50%是有遺傳原因的。剛一出生就分開養育的同卵雙胞胎性格仍很相近，就是因為他們約有50%的性格跟隨著基因遺傳，而他們基因完全相同。除了這50%之外，還有5%的性格受養育的家庭環境所影響。

那麼剩下的45%呢？史蒂芬·平克認為：「沒人知道其餘的45%來自哪裡。或許性格是由鐫刻在成長的大腦中的獨特事件所塑造的：胎兒在子宮中的位置、母體中血液轉向的數量、出生時的擠壓方式、是否有某些病毒殘存在大腦中或在新出生的幾年中被感染，等等。或許性格是由獨特的經歷所塑造的，比如被狗追逐，或者感受到一個老師善意的行為……」[151]

估計寫到這裡，平克自己都不知道上面這些可能性是否真的對性格會有影響。即便有，也不會很大，因為同卵雙胞胎甚至連體嬰兒所有這些條件基本都是相同的，包括被狗追逐和老師的行為，比如二百年前大有名氣的暹羅連體雙胞胎兄弟。

暹羅連體兄弟的父親是中國人，母親是泰華混血兒。兩兄弟的身體連在了一起，十九世紀的醫學技術無法使兩人分離開來（今日的技術已有很大可能性），於是兩人連在一起頑強地生活了一輩子。他們於1829年被英國商人羅伯特發現，進入馬戲團，在世界各地表演。

與馬戲團契約結束後，1839年他們訪問了美國北卡羅萊那州威爾克斯博納馬戲團，後來成為「玲玲馬戲團」的台柱，最後成為美國公民。兩兄弟在美國買房，安置了下來。1843年他們跟英國一對姐妹結婚，一人生了10個小孩，另一人生了12個，姐妹吵架時，兄弟就要輪流到每個老婆家住三天。

1874年兩兄弟之一因肺病去世，另一位不久也去世，兩人均於63歲離開人間。

現在說重點，這對連體兄弟的基因當然是完全相同的，他們成長的環境肯定也是幾乎完全相同的，但是性格卻截然相反，一個文靜、靦腆，另一個暴躁、外向。

也許這個例子能說明問題，因為前文平克所說的胎兒在子宮中的位置等等

---

(151) 史蒂芬·平克，《心智探奇》（浙江：浙江人民出版社，2016），頁458。

因素，連體兄弟幾乎沒有差別，就算有一點點，應該也不會造成性格很大的不同。因為性格相對來說比身體外形要穩定很多，正所謂江山易改本性難移，一般不會隨著年齡的增長而發生很大變化。

比如在畢業二十週年的酒會上，你見到了許多闊別多年的老同學。剛開始的時候，你會感覺他們變化挺大：開朗了、有內涵了、幽默了。但是聊一會兒之後，如果用心去體會，你會發現其實大多數人都沒怎麼變：小氣的仍然小氣，大方的仍然大方，溫柔的仍然溫柔，潑辣的仍然潑辣，含蓄的仍然含蓄，狡猾的仍然狡猾……只不過有一些人學會了掩飾，暫時的蒙過了你。

但是個人的外貌受環境和年齡影響很大，會隨著年齡的增加而變胖，變黑，肌肉、骨骼、皮膚、內臟都在不斷變化：曾經臉部線條硬朗的「道明寺」現在臉大如盆；曾經縱橫籃球場的陽光少年「櫻木花道」現在禿頂肥壯，曾經不食人間煙火的校花「小龍女」現在是中年大媽，反倒當年木訥呆板的沉默男孩現在變成一個斯文瀟灑的偶像大叔，讓你由衷感歎：歲月啊，真是一把殺豬刀……

性格之所以比外貌穩定，因為改變性格需要重複的學習或者劇烈的刺激，而改變外貌就容易很多，你連續擼幾頓肉串兒加啤酒，照照鏡子就知道了。

我們周圍也有一些性格差異很大的同卵雙胞胎，相信很多人都見過。那麼基因完全相同，生長環境幾乎一樣，如果天性隨著基因遺傳，又怎麼會有很大的差別呢？

再者，從容量的角度看，生物需要遺傳的內容太多，而DNA的容量有限，加起來就那麼一張CD光碟的空間，早就不堪重負了，還有地方容納天性嗎？

人體30億個堿基對的基因，所能承載的信息量如果換算成電腦存儲容量大概是750M，基本等於一張CD光碟。只能裝半部電影，還不是高清晰的。問題是，需要遺傳的內容太多，這點容量夠用嗎？

**所以我相信天性主要不是隨著基因遺傳的。**

換句話說，我認為天性會有一部分與基因伴隨在一起，但還有另一部分，是從我們還不知道的途徑進入受精卵的。

本章提出了很多關於生命的問題，其實還有更多的問題現在無法解答：生命的意義和價值是什麼？給社會創造價值，你也得不到多少，這跟你有什麼關係？樂於助人，他難受不難受跟你有關係嗎？再說他也未必能幫助你。讓世界充滿愛，世界就算毀滅了又怎樣？反正生物已經大滅絕5次了，再來一次又如何？

也有人說生命是為了學習，「不因虛度年華而悔恨，也不因碌碌無為而羞恥。」但是，除了人類之外，那麼多生物不都是吃了睡、睡了吃的虛度年華和碌碌無為嗎？也沒見它們悔恨和羞恥。「活到老、學到老」，都退休了，啥也不做安度晚年不好嗎？更離譜的是「朝聞道，夕死可矣。」一天都沒用上，這不白學了嗎？

其實我們都知道上面這些事情本來都是應該做的，但是如果把生命孤立的看，那麼這些公認應該的答案就都失去了根據。

到這裡，想一下本章開頭提到的犯罪現場的灰衣人，我們在這一章裡又不斷的看到這個灰衣人的出現。如果一次兩次是偶然，但是他幾乎出現在了每個犯罪現場。更重要的是，他很聰明，完全有作案能力。這個時候我們能不能圈定他呢？

即便不能，對這樣高度嫌疑的嫌疑犯，我們也可以先假設他存在，然後再假設他是以我們看不到的實體形式存在。那麼就可以把這個實體設為未知數X，帶入到自然界這個很大的生物方程，如果能夠求出X的「解」，這個解正好證明 X 的存在。如果無法計算出 X 的解，就是證偽了這個假設，我們也不損失啥。

# 第四章　基因的重要性，但不是決定性

## 第一節　基因

前文已經多次提到基因，基因——是生物把自己的性狀和特點遺傳給自己子子孫孫的過程中最重要的環節。本章將詳細論述基因到底是怎麼回事兒。

19世紀60年代，孟德爾就提出了生物的性狀是由遺傳因數控制的觀點，但這僅僅是一種有實驗基礎的邏輯推理。20世紀初期，遺傳學家摩爾根通過果蠅遺傳實驗，認識到基因存在於染色體上，並且在染色體上呈線性排列，從而得出了染色體是基因載體的結論。1909年丹麥遺傳學家詹森在《精密遺傳學原理》一書中正式提出「基因」概念。

20世紀50年代以後，隨著分子遺傳學的發展，尤其是沃森和克裡克提出DNA雙螺旋結構以後，人們進一步認識了基因的本質，即基因是具有遺傳效應的DNA片段。自從發現RNA病毒之後，人們發現基因不僅僅存在於DNA上，還存在於RNA上。由於去氧核糖核苷酸的排列順序不同，基因就含有不同的遺傳信息。基因有兩個特點，一是能忠實地複製自己，以保持生物的基本特徵；二是基因能夠「隨機」突變，而且很多變異在DNA中都是有跡可循的。

最早的基因也許來源於RNA。這是一種全能的分子，不僅能存儲資訊，還能催化反應。這意味著，一些RNA可以自我複製。但是RNA不太穩定，因此很早的時候生命體就開始在另一種穩定一些的分子——DNA上儲存資訊，蛋白質也取代RNA成為催化劑。DNA存儲製造蛋白質的資訊藍圖，並向蛋白質工廠發出相應的RNA副本。

我們現在知道，進化的每一步都被記錄在DNA中，生物的「每一個變化或新的特性都可以追溯到DNA中，一步一步（有時候是很多很多步）進化而來。有些變化非常微小，如一個基因編碼序列上的一個字母產生變動；有些變化則大得多，一口氣就產生（或捨棄）整個基因或基因中的多個區塊。

「我們能追溯這些變化，是因為我們在基因和基因組方面有突破性的認識。從數年前只破譯出細菌和酵母小小的基因組開始，一些複雜生物，如大猩猩、狗、鯨，還有好幾種植物，它們龐大的基因組隨之迅速地被一一破譯……

DNA記錄也是通向近代和遠古的一扇窗。當某個種群的基因組被破譯，要分析與其親緣關係相近的種群的基因就容易許多……黑猩猩是地球上和人類親緣關係最近的物種，我們可以追溯到幾百萬年前，找到當時兩者的共同祖先所發生的改變，這種變異導致了人類和黑猩猩這兩個物種的產生。

我們可以回顧大約1億年的時光，看到有袋哺乳類和有胎盤哺乳類之間是如何分化的；我們甚至可以一窺動物誕生前單細胞生物身上的幾百種基因，經過20多億年的進化，它們至今仍存在於我們體內，執行著相同的任務。

我們瞭解進化機制的能力，影響我們看待進化過程的態度。從多年前，我們只能觀察化石記錄的外表變化，以及解剖學上呈現的物種差異，看到進化的表面。在分子時代來臨之前，我們無從比較不同物種的基因：我們可以觀察生物的繁衍和存活，推測其背後的推手，但對變異的機制，或是物種之間實體差異的本質，仍舊沒有具體的概念，我們雖然確知結果是適者生存，但並不知道適者如何產生。」(152)

適者的產生，是以基因為基礎的，通過基因的改變來體現。基因就是用於細胞、組織和器官構造的分子藍圖。和細菌相比，人類的基因複雜一些。人類基因組計畫，開始於20世紀80年代末，這個全球性科學項目要繪製出人體所有基因的目錄。

一開始，科學家們雄心勃勃，他們認為組成人體的十萬多種不同蛋白質中的每一種都需要自己的基因。此外，還會有兩萬多個調節基因，這樣算來，人類基因組可能包含最少十二萬個基因。

但是，當科學家們發現整個人類基因組只包含大約兩萬多個基因的時候，他們被嚇了一跳，百分之八十以上的假設基因，居然根本就是子虛烏有！

果蠅有一萬五千個基因，秀麗隱杆線蟲有兩萬兩千個基因，而擁有上百萬億個細胞和數百個複雜器官的人體，所包含的基因數量竟然僅僅比這種無脊椎的、幾乎沒有器官、只有一千來個細胞的微型線蟲的基因多一千多個！而人類和齧齒類動物的基因數量竟然相差無幾！不但數量相近，功能也相仿，這些基因似乎都編碼了類似的蛋白質。一個人類細胞中的基因序列，常常也能在小小的線蟲那裡找到一個大體類似的基因序列。

---

(152) 肖恩·卡羅爾，《造就適者》（上海：上海科技教育出版社，2012），頁21。

世界頂尖遺傳學家、諾貝爾獎得主大衛・巴爾的摩就人的複雜性的問題發表了演說：

「但是，除非人類基因組包含許多電腦無法探測到的基因，不然，事實很清楚：我們人類之所以比蠕蟲和植物毫無疑問更複雜，並非是因為我們使用了更多的基因。去瞭解到底是什麼使我們更複雜——我們巨大的行為能力、產生有意識行動的能力、非凡的身體協調能力、因環境中外部變化而做出精確合拍的改變、學習、記憶，我還要說下去嗎？——這是留給未來的一個挑戰。」[153]

科學界權威雜誌《Science》上的一篇文章說：雖然人類和酵母已經在不同的道路上各自進化了十幾億年，但是兩者之間的相似之處仍然非常多。科學家將四百多個人類基因分別插入到酵母細胞中，結果發現大約50%被測試的基因能夠行使相似的功能而讓酵母菌存活下來。

這意味著，即使經過十幾億年的分別進化，但是同樣的基因仍舊在不同的物種中行使同樣的功能。三分之一的酵母基因可以在人類基因中找到對應的版本。這項研究證明了一個曾經受到質疑的觀點：不同生物的對應基因具有類似的功能。

也就是說，生物進化過程中新出現的分子結構一定是從原來舊有的結構上修修補補改造成的。因為如前所述，生物學家在同一個物種中、不同物種之間、甚至酵母菌和人類這樣親緣關係非常遙遠的物種中，都發現了序列高度相似的DNA。不僅如此，在不同的生物體內執行相似功能的蛋白質也都有著很相似的氨基酸序列，甚至在功能迥異的蛋白之間也往往有大段的相似序列。

從低等的單細胞生物，到高級的人類，生物的外形一直在變化，而基因也在或快或慢的一直變化。這個變化，產生於基因突變，但這只是表面原因，最根本的還是生物內在、本身的發育和學習的能力。

「多細胞生物體能夠用比科學家曾經設想的少得多的基因來存活，正是因為同一個基因產物（蛋白質）被用於多種功能。這和用字母表上的二十六個字母來組成我們語言中的每個單詞是相同的。」[154] 拼詞遊戲本來就用來檢驗智力水準，常被用在兒童教育上，不是靠著隨機亂組合的。所以這種用字母組成單詞的過程，就是生物的發育，或者說生物智慧的職責所在。

那麼，在進化的過程中，新基因是如何產生的呢？

核酸序列的變化會產生新的基因，因此基因突變就是新基因的最主要來

(153) 布魯斯・H・利普頓，《信念的力量》（北京：中國城市出版社，2012），頁51。
(154) 布魯斯・H・利普頓，《信念的力量》（北京：中國城市出版社，2012），頁95。

源，比如本來不表達的核酸片段上游突變出了合適的啟動子序列。而基因重複和基因組重複則能夠更迅速高效地產生新基因，還有水準基因轉移和重組也可以導致新基因的出現。

但是，基因也可以起源於沒有功能的非編碼區「垃圾DNA」。這是一種比較普遍的基因產生機制。「垃圾DNA片段」是人們對那些沒發現生物活性的片段的稱呼，活性片段就是基因。

生物學家發現幾乎所有生物的DNA都包含著不斷重複的序列，而它們並不編碼任何蛋白質，所以曾經被認為對細胞功能沒有貢獻，它們的存在似乎是在鬧著玩兒。但這不代表「垃圾DNA」真的就沒有作用或沒有生物學意義。近幾年的研究已經越來越多的發現「垃圾DNA」其實有自己的功能。內含子和假基因就是這樣一種序列，曾一度被生物界稱為垃圾基因。現在已認為這些基因也都有各自的功能，只不過不表現在合成蛋白質方面。有研究人員做實驗證明了「垃圾」片段可以轉變成具有活力的片段。

可以這樣猜測，生物體內的智慧，也就是上一章所說的進化現場的灰衣人，在DNA中間的試驗場（也可能是零件庫、廢料堆）——「垃圾DNA」中選擇有用的零部件，根據生物體的需求，在這裡反覆嘗試，組裝成新的零件範本。愛迪生說過：「想要創造，你需要具有想像力和一堆無用的垃圾。」生物智慧就是那個「想像力」。這裡就是生物智慧的實驗室，而某些看似無用的基因提供了豐富多樣的樣本，由於這裡的基因不合成蛋白質，所以即便設計圖紙有一些錯誤，也不會加工出對生存有害的零部件。

做實驗對於物理和化學研究非常重要。優秀的實驗物理學家和化學家都是實驗高手，比如牛頓、法拉第、諾貝爾、拉瓦錫，都是常年泡在實驗室裡。所以他們能夠發現理化的自然規律。生物體沒有參考書，也沒有別的實驗室，怎樣來探索蛋白質和其他物質的理化和組成規律呢？只能拿自己做實驗，自己的DNA就是實驗室。於是就有了像時鐘（生物鐘）一樣精確的定時定量的基因突變，基因突變是生物智慧學習基因規則的一種手段。

當然，也有一部分當代物理學家是不做實驗的，他們被稱為理論物理學家。因為物理學發展到今天，大家發現理論分析和理論建立實在太難了，於是單獨劃分出一部分人專門做理論。這部分人基本不做實驗，憑著想像力和邏輯分析，幾張紙和一隻筆就可以發表論文，比如愛因斯坦和霍金。但是我並不認為生物的智慧能夠具有上述兩位大神的智商，坐在那裡一動不動就可以琢磨出正常人看都看不懂的理論。既然沒有成為理論物理學家的天賦，生物智慧只好老老實實地拿自己做實驗，不斷地試錯。當然這樣的嘗試偶爾也會出大問題，就像諾貝爾的實驗炸死了5位助手一樣，基因突變也經常害死生物自己。

生物有很強的學習和借鑒能力，通過捕食和其他一些方法，它們能夠從別的生物那裡學到有價值的東西，不過畢竟沒有一本唾手可得的知識手冊。人類的程式師就幸福很多，有各式各樣的工具書供他們參考，什麼《Java程式設計思想》《Visual Basic從入門到精通》《C++對象導向程式設計》，這些工具書把這些程式設計語言全面講解，詳細到每一條命令的每一個參數，只要能認識常用漢字和26個英文字母，即便是小學沒畢業，也能編幾個小程式玩玩兒。

對於程式師來說，這樣的程式設計手冊就像盲人的手杖一樣重要。還記得剛上班的時候，我們部門主管程式設計很厲害，整天夾著一本厚厚的《**程式設計指南》。他畢業於吉林大學電腦系，但是在學校並沒學過這門程式設計語言，完全是工作之後自學的，一本八百多頁的書被他翻得破破爛爛。我也一直渴望能有這本書，好像有了書就能變成像他一樣的高手。但是那個時代沒有淘寶、當當和孔夫子舊書網，所以一直沒能如願。

編寫生物程式的程式師就是生物自己的智慧，這個工作並不好做。一般說來，如果想幹掉一個程式師，只要三次修改需求就可以了。在他的程式快要編寫完的時候告訴他，某個基本功能需要重新更改，於是他的一些程式就要推倒重來。如果修改三次，這個程式師不是氣死，就是累死。

編寫生物的程式就是這麼難，因為生存環境不斷變化，總是有新的情況發生。今年乾旱明年洪澇，中間再來幾次海嘯、颱風、龍捲風。

生命的程式是生物自己編寫的，每個生物都是程式師。程式師曾經是一個高端大氣上檔次的職業，但是隨著電腦的普及，現在已經褪去了華麗的光環，變成了一個吃青春飯的行當——只有年青人才受得了這樣枯燥、乏味、工資不高而又經常加班的職業。更悲催的是，知識更新太快，需要不斷的學習，一不小心就被淘汰。

程式師經常揶揄自己：程式猿——整天猴在電腦前，程式狗——找不到對象的單身狗，碼農——堆砌代碼的農民工。也許最適合這個刻板又辛苦工作的是機器人，或者是生物身體裡那個缺少想像力、缺少浪漫的生物智慧。

這也是為什麼生物進化一直是這麼一個慢悠悠的過程，如果生物智慧可以獲得一本《基因程式設計指南》，森林裡的小毛猴可能早就進化成孫悟空了。

舉例來說，毒蛇製造毒液，使用的就是比較普通的蛋白質，並把它們轉化成了致命的殺手。毒蛇在8千萬年前開始進化出來毒液，而從那以後，它們獲得了超過24種有毒蛋白質。

毒蛇本身也怕自己的毒液，所以蛇毒都存放在毒腺和袋囊裡，不敢和血液混合，否則也是致命的。可以設想一下，在基因突變的作用下最早產生蛇毒的某條蛇，假如突變發生在合成無毒蛋白質的基因，結果合成了有毒的蛋白質，在這種毒素從來沒被發現過的情況下，很難適時產生足夠劑量的抗體，所以可以想像這條無辜的蛇的命運，肯定被搞得七葷八素，要死要活的。

但是假如這個基因突變發生在「垃圾DNA」上，那對蛇的本身就沒有威脅，反正不合成蛋白質，正好有足夠的時間可以觀察變異後的基因會帶來什麼樣的影響。這正像人類的實驗室一樣，普通的技術和工具可以在日常生活中獲得，但是越複雜的科技越需要實驗室。實驗室的作用是什麼呢？就是研究不成熟、有危險、複雜的科技。這樣可以大大地降低成本和提高效率，減少研發時間，集中科研力量，並且降低危險。即便突變產生一些錯誤，在生物智慧的管理和修復之下，也能把傷害降低，並提高收益，這就是一個試錯過程。

「對具有反脆弱性的事物來說（比如生物智慧），錯誤帶來的損傷應該小於收益……工程師兼工程歷史學家亨利·佩特羅斯基提出了一個無懈可擊的觀點。如果『泰坦尼克』號沒有遭遇那次眾所周知的致命事故，我們將會不斷地建造越來越大的遠洋客輪，而下一次的災難將是更大的悲劇……每一次飛機失事都讓我們離安全更進一步，因為我們會改進系統，使下一次的飛行更安全——失事人員為其他人的總體安全做出了貢獻……但這些系統之所以善於吸取教訓，是因為它們具有反脆弱性，它們本身就能夠利用微小的錯誤改進自身……再次強調很重要的一點是，我們所談論的是局部而非整體的錯誤，是微小的而非嚴重的和毀滅性的錯誤。」[155]所以生物智慧儘量讓錯誤發生在「實驗室」裡，而不能發生在基因的關鍵部位，以免帶來全域性和毀滅性的災難。

生物本身的智慧善於利用基因突變，給自己帶來有用的新靈感，也許一個看似無關的亂七八糟的組合就會帶來新想法。

「大部分新想法和新發明都是由雜亂的想法融合而成的。時鐘的設計創新激發出了更好的風車；為釀造啤酒而設計的火爐被證明對煉鐵工業很有用；為風琴發明的機械裝置被應用於紡織機上，而紡織機的機械原理則進化出電腦軟體。不相干的部分到最後通常會變成緊密整合的系統，這個系統會擁有更加先

(155) 納西姆·尼古拉斯·塔勒布，《反脆弱-從不確定性中獲益》（北京：中信出版社，2014），頁41。

進的設計。」[156]

同理，「有利於解決某個問題的特質也被證明有利於解決其他突然出現的問題。例如，小型的冷血恐龍進化出可以保暖的羽毛，之後，這些原本長在四肢上用來保暖的羽毛，被證明在短暫飛行時也很好用。在保暖這個創新出現後，意外出現了翅膀和鳥類。這些預料之外的創新在生物學中被稱為『功能變異』。」[157]

對於未知世界，人類的想像力相當匱乏，因為沒有看到，就言之鑿鑿的說不存在。即便是有一些推理，一般也會拿存在的相似物質來做簡單推斷，常常會產生很大的誤差。比如光板沒毛的恐龍，其實就是一個錯誤，是科學家根據蜥蜴的皮膚推測出來的（也是因為大多數爬行類動物都沒有毛髮，比如龜、蛇、蜥蜴、鱷魚等）。自從1841年歐文辨認出恐龍化石之後到今天的這將近二百年時間裡，我們想像中的恐龍就是這麼一副賴賴唧唧的醜樣子在裸奔。

直到科學家發現虛骨龍類有長毛的痕跡之後，才發現以前對恐龍皮毛的認識也許是一個錯誤。後來又觀察到一些更原始的斑龍超科和異特龍超科這樣的大傢伙也有羽毛的痕跡。甚至與現代鳥類沒有什麼親緣關係的鳥臀目（劍龍、甲龍什麼的）的很多種類似乎也有羽毛。除了羽毛之外，大多是軟軟的絨毛，有很好的保溫作用。

「其他獸腳亞目中，如尾羽龍、鳥面龍、北票龍及帝龍，亦有發現羽毛的輪廓，在親緣分支分類法上令人更相信所有馳龍科都是有羽毛的。」[158]「而且現在的證據表明，人們熟悉的許多其他恐龍也有羽毛。也許恐龍全都有羽毛，只是保存得不夠完好，所以看不出來。」[159]

這個認識改變的過程在郵票上就能看到，1997年美國發行的恐龍郵票小版張裡，只有一種會飛的恐龍有羽毛，而且連個名字都沒標，可見它在整張圖裡就是個跑龍套的，看外形應該就是鳥類的祖先小盜龍。而在2017年中國郵政發行的中國恐龍郵票小版張裡，就有三種帶毛的恐龍了，而且都是有名有姓的主角：巨盜龍、小盜龍、中華龍鳥。這並不是因為中國的生物學家更高明，而是因為這二十年，生物學界在這個領域裡確實取得了一些進步。可想而知，如果再過幾十年發行恐龍郵票，應該會有更多毛茸茸、萌萌噠的恐龍，因為包括一些霸王龍有可能都是長毛的。

---

(156) 凱文·凱利，《科技想要什麼》（北京：電子工業出版社，2016），頁55。
(157) 凱文·凱利，《科技想要什麼》（北京：電子工業出版社，2016），頁60。
(158) 王紅，《古生物王國》（北京：企業管理出版社，2013），頁132。
(159) 比爾·奈爾，《無可否認 進化是什麼》（北京：人民郵電出版社，2016），頁163。

產生這種認識上的偏差，一方面因為我們的想像力不太夠用，另一方面也是因為一些思維定式和邏輯陷阱，比如赫赫有名的「倖存者偏差」。

美軍在二戰時要給戰鬥機裝配裝甲，但是太重會影響飛行速度，所以就想把裝甲裝在飛機最需要防護、受攻擊概率最高的部位，這是哪兒呢？他們統計了從戰場回來的飛機，發現機身上的彈孔比引擎上彈孔多很多，所以就決定在機身上裝配裝甲。但一位數學家說：錯了！應該給彈孔最少的引擎披裝甲，因為回來的飛機引擎中彈少，說明凡是引擎中彈的飛機全墜毀了。這個錯誤就叫「倖存者偏差」。

微博上有一個人說，他想在淘寶買一個空軍降落傘。打開評價一看，竟然通通都是好評，他很激動，剛要下單，忽然想明白為什麼沒有差評了……

我對此很感興趣，但是在淘寶上並沒有找到這個賣家。淘寶上賣降落傘的店鋪很少，也許因為中國有錢能夠玩跳傘的人太少了，有錢還敢跳傘的人就更少了。

另外一個很有名的例子就是人類的「石器時代」。其實現在考古學家發現，石器的硬度高，加工難度也大，原始人類使用最多的工具應該是各種木器。而木頭容易腐爛，不會保存上萬年，所以現在見到的「倖存者」都是石器，偏差由此產生。因此把「石器時代」改成「木器時代」更為恰當。

普通石頭就算做成石器，效果也不會很好。加工石器最好的原材料是黑曜石，也稱火山玻璃。就是《權利的遊戲》裡面那個能夠殺死異鬼的神器——龍晶。因為它的強度很高，製成的刀斧鋒利無比，所以黑曜石是石器時代原始人最上乘的武器和工具。當然它的缺點就是很脆，像玻璃一樣，碰到堅硬的物體就會碎裂。

因為經歷了火山的淬煉，一些宗教認為黑曜石具有避邪的作用，任何邪祟在黑曜石面前都無所遁藏，在居家風水上黑曜石球有化煞的作用，所以喬治·馬丁把它設計成異鬼的剋星。淘寶網買家對黑曜石的評價是這樣的：「石頭有幾面沒有切割，非常難磨。」「還行，料子很鋒利，已被割傷縫三針正在養傷。」……

我在淘寶上買了一塊，斷面鋒利，尖頭銳利。如果加工得當，做成矛頭或者石刀還是很適合的。但是這麼好的石料，估計原始人很難搞到，他們還是用木器方便點兒。

而正因為倖存者偏差，所以我們才從蜥蜴鱷魚這些沒毛的爬行類動物錯誤的推導出恐龍也沒毛。

扯得有點遠了，回到基因上。凱文・凱利認為：「誰具有靈活的外在表現形式，誰就能獲得回報——這正是進化的精髓所在。一副能適應環境的軀體，顯然要比一副刻板僵硬的軀體更具優勢；在需要適應的時候，後者只能像等著天上掉餡餅一樣期待突變的光臨。不過，肉體的靈活性是『代價不菲』的。生物體不可能在所有方面都一樣靈活。適應一種壓力，就會削弱適應另一種壓力的能力。將適應刻寫到基因中是更有效的辦法，但那需要時間；為了達到基因上的改變，必須在相當長的時期內保持恆定的壓力。在一個迅速變化的環境裡，保持身體靈活可塑是首選的折衷方案。靈活的身體能夠預見，或者更確切地說，是嘗試出各種可能的基因改進，然後就像獵狗追蹤松雞一樣，緊緊地盯住這些改進。」[160]

我贊同凱利的大多數主張，我和他之所以有這麼多共同見解，也許是因為同樣在IT領域工作多年，同樣研究過人工智慧，而又同樣涉足生物專業，所以都看到了生物體內那些若隱若現的「智能」。其實這個智慧隱藏得並不深——人類具有複雜的高級智慧，那麼這個高級智慧的進化初級階段，也就是它的小時候，不就是所有生物體內都具有的智慧了麼。

如果只有人類有智慧而別的生物沒有，那麼人類的智慧從哪裡來的？靈長類、鯨、海豚和烏鴉都是比較聰明的動物，但是它們的共同始祖離現在最近的也是出現在2.5億年前，2.5億年前是一家，之後就分道揚鑣。所以我們可以猜想，這4類動物的智慧都是獨立進化來的。智慧和意識並不玄虛，它和生物體一樣，都是從簡單原始的狀態進化而來。

換個角度，從自然選擇方向來看生物體內的智慧。在最原始的狀態，假如有的生物具有了智慧，而有的生物沒有，那麼具有智慧的生物一定會具有更多的生存優勢。從而會在自然選擇的篩選下淘汰沒有智慧的生物。這樣，活下來的生物就會都具有智慧。

「無論到哪裡，智慧都是競爭優勢。我們看到智慧在各處重複出現、重新發明，因為在有生命的宇宙中，學習會帶來不同。在六大動物界的每一個地方，智慧都進化了很多次。事實上，多到似乎智力必然會出現。」[161]

「人們在最近幾年才開始研究學習、行為、適應與進化之間那令人興奮的聯繫。絕大部分工作都是通過電腦模擬進行的……研究人員已經通過模擬實驗明確無疑地揭示了會學習的生物族群是如何比那些不會學習的生物族群更快

---

(160) 凱文・凱利，《失控》（北京：電子工業出版社，2016），頁553。

(161) 凱文・凱利，《科技想要什麼》（北京：電子工業出版社，2016），頁359。

地進化的……研究人員艾克利和利特曼說：『我們發現，能夠將學習和進化融為一體的生物要比那些只學習或只進化的生物更成功，它們繁育出更有適應力的族群，並能一直存活到模擬實驗結束的時刻。』……而在1991年12月舉辦的第一屆歐洲人工生命會議上，另兩位研究人員帕裡西和諾爾夫提交的實驗結果顯示，由生物群自行選擇任務的自導向學習具有最佳的學習效率，生物的適應性也由此得到了加強。他們大膽斷言，行為和學習都是遺傳進化的動因之一。這一斷言將愈來愈被生物學所接受……它允許生物利用其體內的適應過程大大改善其進化空間。生物體開創了屬於其自己的可能性……達爾文進化的問題在於，你要有足夠的進化時間，可是，誰能等上一百萬年呢？」(162)

生物智慧就像一個智商不高，但是很勤奮的學生。他基本沒有創造力，不過他巧妙地借用各種基因突變等突發事件，觀察產生的結果。他一直很用心的在學習，因為不學習的結果就是被自然選擇所淘汰。

這個勤奮的學生不但在自己的實驗室裡學習，而且也到別人那裡獲取知識。

「1928年英國細菌學家弗雷德里克·格里菲斯（Frederick Griffith）發現（當時尚無人知曉DNA），無毒的鏈球菌可以從一個完全不同的菌株上獲得毒性，即使後者已經死掉了。如今，我們會說，無毒菌株把死掉的有毒菌株的一些DNA納入了它的基因組中（DNA無關『死活』，它只是編碼的資訊而已）。也可以說，無毒菌株『借用』了有毒菌株的遺傳『創意』。」(163)

醫學家也觀察到同樣的現象，「細菌不僅從親代，還能從周遭的細菌中獲得抗性基因。獨立的環狀DNA可以從一個微生物體內傳到另一個體內：細菌還可以撿拾死亡細菌的基因，與自己的DNA整合。因此對抗生素具抗性的細菌不但可以把抗性基因傳給後代，還可以傳給完全不同種的細菌。」(164)

許多種細菌擁有與染色體分開的環狀DNA，它們也能攜帶基因，被稱為質粒。細菌可將質粒傳給另一個同種或不同種的細菌。病毒也可以當細菌的信差，帶走寄主的DNA，然後注入另一個細菌體內。有時候細菌染色體上的某些基因甚至可能自行切離，鑽入另一個微生物體內。細菌死亡時，DNA自爆裂的細胞壁內湧出，有時會被別的細菌撿起來，納入自己的基因組內。

「早在20世紀50年代，微生物學家便觀察到細菌會互相交換基因……許多

(162) 凱文·凱利，《失控》（北京：電子工業出版社，2016），頁556。
(163) 理查·道金斯，《地球上最偉大的表演》（北京：中信出版社，2013），頁251。
(164) 卡爾·齊默，《演化 跨越40億年的生命記錄》（上海：海世紀出版集團，2011），頁194。

細菌有很大一部分基因原本竟屬於遠親物種。例如過去一億年來，大腸桿菌曾230次從其他微生物身上撿來新的DNA。

「第一位辨識出生命樹三大支的微生物學家烏斯，根據這些研究結果，針對地球生物的共同祖先提出一個觀點：當生命剛從RNA世界轉變成DNA世界時，生命自我複製的方式還十分草率，既沒有負責仔細校對的酶，也缺乏其他能夠確保細胞忠實複製DNA的機制：安全設備闕如，突變猖獗。唯一能夠保存數代而不被突變摧毀的蛋白質，構造都極簡單；任何需要許多遺傳指令的複雜蛋白質，都岌岌可危。

在如此脆弱的複製系統下，原始基因很容易從某個微生物轉移到另一個微生物體內，而非代代相傳。因為早期的微生物構造非常簡單，流浪的基因很容易便可安家落戶，協助新主人做家事，如分解食物、清除廢物等。同時寄生性的基因也可能入侵微生物，利用別的基因協助它自我複製，其分身再逃出去，繼續感染其他微生物。」[165]

與細菌可以隨意借用、偷取、搶奪別的細菌的基因不同，在動物界，基因交換一般被限制在物種內。但是也有一些例外，比較常見的有線蟲、果蠅和到處借用基因的蛭形輪蟲。

「蛭形輪蟲這種微生物的秘訣在於它會『偷取』其他生物有用的基因，合併到自己的遺傳信息中為自己與後代所用。」[166]

輪蟲體內約有10%的活性基因是來自細菌、真菌以及藻類等。許多無性繁殖的物種由於缺乏遺傳的多樣性，以及來自一個親本基因中有害突變的積累而最終滅亡。但是這種輪蟲卻找到了解決問題的方案，並分化成了至少400個亞種。

來自劍橋大學的教授艾倫·圖恩克里夫（Alan Tunnacliffe）說：「我們還不清楚這些外源基因是如何進入輪蟲體內的，但可以肯定來源於輪蟲所吃剩下的食物殘片中。這種輪蟲能夠吞噬一切比它個頭小的生物。」

輪蟲外源基因的發現，改變了動物需要通過交配來創造生物多樣性的理論。因為生物學一直認為，只有通過有性生殖，才能最快速高效地對基因庫中的基因進行重組，然後經過自然選擇篩選出優勢基因。但是也許，有性生殖也可以被視為借用或共用「基因創意」的一種方式。

輪蟲這小東西長得很有趣，火山視頻的「細菌哥」專門在顯微鏡下拍攝

(165) 卡爾·齊默，《演化 跨越40億年的生命記錄》（上海：海世紀出版集團，2011），頁106。

(166) 理查·道金斯，《地球上最偉大的表演》（北京：中信出版社，2013），頁251。

微生物，在他的視頻裡能看到，輪蟲的頭部有兩個由纖毛組成的輪盤，稱作頭冠。兩個頭冠在水中像哪吒的兩個風火輪一樣滴溜溜一直轉動，攪動水流形成兩個小旋渦，把水中的細菌、藻類和一些碎屑送到嘴裡。

與輪蟲相似，還有一種緩步動物門的小動物——水熊蟲，善於從別的生物那裡通過基因水準轉移來偷取寶貝，而且它的很多目標並不是動物，而是植物、細菌、真菌和古菌，水熊蟲體內高達17.5%的遺傳物質都來自於這些不相干的植物和微生物。

簡單介紹一下水熊蟲，這是一種大神級的動物。它是最古老的動物之一，可以追溯到5億多年前的寒武紀，為什麼這個物種能夠活這麼久，因為想要消滅它，太難了。它很小，一般小於1毫米，但是它是生命力最強的動物之一，比小強還小強。它遍佈全世界，因為它幾乎可以在任何環境下活下來：外太空、喜馬拉雅山脈、溫泉、沸水、南極和4000米以下的深海……

水熊蟲偷取的這些外源基因對於它那些出類拔萃的生存技能來說，可能起著非常重要的作用。因為水熊蟲們從能忍耐嚴苛環境的生物那裡獲得了DNA，這裡面就包括很好忍耐力的基因。

除了輪蟲和水熊蟲，科學家發現了越來越多的動物基因水準轉移的例子。蜱蟲擁有來自細菌的製造抗生素的基因，蚜蟲擁有來自真菌的顯色基因，一種咖啡植株的甲蟲，靠的也是從細菌那兒借來的基因。

在生物學中，通過繁殖進行的親代和子代的基因傳遞，被稱為縱向傳遞，那麼輪蟲這樣的基因橫向傳遞就被稱為水準基因轉移（horizontal gene transfer, HGT），或者側向基因轉移（lateral gene transfer, LGT），是在不同生物個體之間所進行的遺傳物質的交流。不同生物個體可以是同種生物個體，也可以是遠緣的，甚至沒有親緣關係的不同物種的生物個體。水準基因轉移是相對於縱向（垂直）基因轉移（親代傳遞給子代）而提出的，它打破了親緣關係的界限，使基因流動變得更為複雜。

水準基因轉移（HGT）這一想法在50年前首次被提出時受到科學家的嘲笑，但是細菌抗藥性的出現以及其他的很多發現，包括細菌用來交換基因的特定蛋白的發現，使這一理論後來逐漸被接受，而且成了生物學研究熱點。

現在這種例子越來越多了，基因能吃進去也能插進去，甚至進入生殖細胞傳給下一代，雖然概率極其低。但是，這在整個進化歷程中數量並不十分稀少。現在LGT/HGT在動物中的例子越來越多，而且已經有很多適應性基因轉移的例子。

達爾文提出了「生命之樹」的概念，然而水準基因轉移說明，生物進化的歷程遠比這棵樹更加錯綜複雜。基於此，一些研究者認為，水準基因轉移也是生物進化的重要動力，進化歷程更像一張「生命之網」。而且隨著「生命之樹」概念的動搖，生物進化的一些基本觀點和概念也都需要進行修正。但是在目前的研究水準下，還只能粗略地看到一點水準基因轉移對於生物進化影響的跡象，並總結出一些有意義的規律。

上面所說的幾個生物借用其他基因的例子，如果用傳統進化論來解釋，應該不會是「有意」的，而是偶然和隨機的，但是如果這樣來解釋輪蟲把食物的基因納入自己的基因組，顯然很難說服別人。難道現存的生物真的都是一長串樂透彩票中獎者的後裔？就像你在肯德基裡吃漢堡包，當然是你知道肯德基裡有食物，而且被漢堡包的色香味所吸引，你也知道它能夠填飽肚子，然後才把漢堡包對準了嘴咬下去。

傳統生物學家一般自詡為「以證據服人」，和電影《新少林五祖》裡面馬大善人的「以德服人」有點像，他要求洪熙官「要是有人欺負我，你幫我打他，我要是欺負人，你也幫我打他；我向人要債，你幫我打他，有人向我要債，你也幫我打他。」

如果從生物智慧這個方向解釋DNA的成長，那麼可以把它看做一個實驗室。在生物智慧的控制下，通過隨機突變、適應性突變、定向突變、食物等外來基因攝入和生殖交配等手段，一直在操作和學習使用基因。而一個個核苷酸就像小孩子的積木一樣，亂七八糟的堆在那裡，生物智慧不斷地嘗試用它組成新的構件。比如DNA裡存在大量的重複編碼，也許這麼多拷貝只是試驗的一部分，類似於小白鼠試驗，需要很多對照組。一旦試驗完成，就慢慢地把用過的重複編碼清除出去。

「大部分的動物，包括人類，都使用一套標準的，建造身體的基因工具箱。其中有些工具可以制訂動物身體的對稱及協調性——前後、左右、頭尾等；另外還有一套控制所有器官（如眼或肢足等）發育的基因。每個物種的這套工具箱都出奇一致，控制老鼠眼睛發育的基因，若移植到蒼蠅體內，照樣可以製造出蒼蠅眼來。

「根據化石記錄，這套工具箱必定是在寒武紀物種大爆炸前的幾百萬年內逐漸進化成形的。動物因它而具備超強的適應力，能進化出各種新形態。只需改動幾個小地方——譬如改變基因活動的時機，或改變它啟動的部位——便可製造出截然不同的新身體構造。但從另一個角度來看，動物雖然千變萬化，卻全都遵循某些固定的法則，因此你看不見六隻眼睛的魚或七條腿的馬。這套工具組似乎同時封閉了某些進化的路徑。」[167]

儘管地球上的生物不斷變換出新的樣式、新的物種，但是在分子水準上它們卻保持一致：都有相同的遺傳物質——核酸，都使用同一套遺傳密碼轉譯蛋白質，有非常相似的翻譯機制，參與反應的都是相似的酶，也都使用一樣的20種氨基酸組成蛋白質，從細菌到人，很多代謝步驟也都是一樣的。所以這更像是一個用積木組裝城堡的遊戲。

在漫長的進化過程中，多種多樣的生物智慧，自始至終使用同一套工具箱、同一套原材料和同一套基本資料，搭建出了小到毛毛蟲，大到大象的豐富多彩的自然界。而它們之間最大的不同僅僅是基因表達的方式和合成蛋白質的數量。

在基因組裝的過程中，也會使用各種工具，比如玉米的轉座子。

「其實這是一段可移動的基因，它可以在染色體上來回亂跑，也可以從一條染色體跳到另一條染色體上，從而改變了玉米的某些性狀。轉座子每到一個新的位置，都會對當地的基因功能造成一定的影響；當它離開的時候，又會把附近的一些基因一同帶走。這是典型的唯我獨尊的自私行為。還有一種轉座子的行為更為惡劣，它本身並不移動，但是卻利用逆轉錄的手法複製大量相同序列插入到其他部位去，從而在染色體上增加自身的拷貝數量。」[168]

在生物進化的歷程中，生物智慧一直在利用從基因突變和水準基因轉移等處學來的知識，變換和組裝著基因，而且有條不紊。在不同物種體內執行相同功能的同一種蛋白在漫長的進化過程中有一個固定的突變速率，這種速率是如此穩定，幾乎可以拿來當做衡量生物進化速率的「分子鐘」，重要的是，這種蛋白的突變頻率在任何物種中幾乎都是相同的。

生物基因整體的突變速率也比較穩定，比如人類基因組有兩萬多個基因，但是每一代都會有一些DNA是嶄新的，是變化來的。你的基因組大約有100個基因突變是你父母沒有的，小到僅僅一至兩個核苷酸的改變，大到大段DNA的得與失。這個數字基本不變，起碼在環境沒有發生大規模變化的時候是這樣。

「生物學家推斷出蛋白質長期的進比變化速率非常規則，幾乎像鐘錶一樣。假如進化受自然選擇這種決定性的過程指導，它們又怎麼會像鐘錶一樣

(167) 卡爾．齊默，《演化 跨越40億年的生命記錄》（上海：海世紀出版集團，2011），頁115。
(168) 史鈞，《進化！進化？達爾文背後的戰爭》（遼寧：遼寧教育出版社，2010），頁228。

呢？要知道選擇的強度體現在環境變化的速率上，而氣候並不像節拍器那樣有節奏地變更。」[169] 氣候的變化倒是說得上「突變」，風雲突變麼，但是基因的突變卻有規律。突變的意思是「突然發生的變化」，基因這樣穩定的突變明顯夠不上「突然」，打著動感的節拍，咚次大次～～～咚次大次～～～，還突什麼突，那麼是不是應該改名叫「恆變」？

當年我的工作單位每年都要評選和表彰優秀個人，我們部門主管很優秀，於是第一年被選為「崗位新星」，第二年評選，還是「崗位新星」，第三年又是「崗位新星」。於是他搖搖頭自嘲：「我應該是『崗位恆星』了吧？」

持續穩定的突變速率會讓人質疑突變是隨機的，更像是生物的智慧在拿基因做實驗，在學習基因這樣變化、那樣變化會產生什麼樣的性狀。前文說過，生物智慧的創造能力不咋樣，但是學習能力還不錯。對於它們來說，學習如何基於物理化學規則運用現有的材料來打造自己，從而掌握基因對生物性狀的控制是很必要的，因為雖然生物形貌千變萬化，但建造身體的基本程式卻一成不變。當然，也會不斷地有新增加的分支內容，所以需要不斷地學習。

之所以說一部分DNA是生物智慧的實驗室，還可以從另外一個方向證明。那就是在眾多基因中，有些基因不那麼重要，改變一點也問題不大。但是有些基因對生物的生存至關重要，是關鍵基因，稍微改變就會對生物產生重大影響，甚至致命。舉例來說，HOX基因又叫同源異型基因，專門調控生物外觀形體，這些基因發生突變，就會使身體的一部分變形。它的掌控能力非常強大，一旦HOX基因發生突變，哪怕只是一點點，往往也會產生災難性的後果。例如，果蠅的同源異型基因Antp（觸角基因）的突變，會導致果蠅的一對觸角被兩條腿所取代。頭頂長了兩條腿的果蠅，在自然界中當然很難存活。如果不是HOX基因發生突變，而只是一些無關緊要的分子有了輕微變化，它們外在的形體是不會有什麼驚人的飛躍的。

也許正因如此，HOX基因的突變率非常低，它們是基因中的禁地，既不允許外來的干擾，也不允許自己隨便地變來變去。現在有越來越多的觀察證據表明，基因突變發生在關鍵部位的比率明顯小於發生在非關鍵部位的比率。分子進化具有這樣的特徵：對每種生物大分子而言，機能較次要的分子或分子片段的進化速率，高於機能較重要的分子或分子片段的進化速率。在分子進化進程中，使分子現存結構和功能破壞較小的突變比破壞較大的突變有更高的出現概率。

---

(169) 斯蒂芬·傑·古爾德，《自達爾文以來》（上海：上海文藝出版社，2008），頁205。

也就是說，生物知道輕重，知道關鍵基因最好別碰，基因突變也沒有那麼隨機。非關鍵基因可以變一變來練練手，觀察一下變化之後會發生神馬情況。如果恰巧對生存有幫助，就學習過來。

這麼看，生物的智慧似乎是個賭徒，一直有規律地打點小麻將，賭點小錢，到了生存危機的時候也會押上全部家當豪賭一把，但是孤注一擲的結果多半是輸個掉底。其實這不完全是賭博，生物智慧平常的小賭只是學習的一種手段，並沒有多大輸贏，又能學習技能。生死存亡關頭拼了老命更是一種手段，破釜沉舟背水一戰，實屬無奈之舉，當然，生物智慧知道這樣做的後果。

其實基因突變絕大多數都有害，這是事實，遺傳學實驗室裡跟蹤研究過的所有突變，基本沒有發現過對個體有益的。同樣，我在編電腦程式的時候，對一個可執行程式的原始程式碼隨意修改幾個字元，然後運行一下看。除非正巧改在了無關緊要的注釋欄位，否則程式基本都會報錯或者死機，反正我從來沒有遇到過誤打誤撞正巧改出了一個新功能的情況。

但是前文提到過的木村資生的中性學說，就認為基因突變多數是中性的，有害的不多，有益的當然更少。而且現在的研究看來，木村的理論是正確的，因為生物智慧會把突變的危害控制到最低。

中性學說咱們前邊提過：生物在分子水準上的進化是基於基因不斷產生「中性突變」的結果，不像傳統進化理論所主張的突變有好有壞，這種「中性突變」既無好處也無壞處。它並不受自然選擇的作用，而是通過群體內個體的隨機交配以及突變基因隨同一些基因型固定下來或被淘汰掉。

也就是說，新物種的形成主要不是由微小的長期有利變異積累而成，而是由那些無適應性的、無好壞利害之分的中性突變飄來飄去隨機積累而成。由於中性學說認為大多數基因突變不受自然選擇的作用，實際上就否定了自然選擇，甚至還認為生物進化與環境無關，故此這個理論是「非達爾文主義」的。

當然，中性學說並沒有否定自然選擇在進化中的裁判員地位，這比較客觀，之前的進化理論簡直認為自然選擇是萬能的，既是裁判員，又是運動員，一邊推動著進化，一邊又決定哪些突變、性狀乃至物種可以保留下來。但是從中性學說以及其他跡象來看，參加和推動這場進化比賽的運動員另有其人，那就是生物自己。生物智慧就像一個優秀的帆船運動員，他會觀察和利用風向，不斷改變方向航行在大自然這個茫茫大海上。自然選擇就是裁判員，不斷地淘汰掉不合格和違規的運動員，同時也讓其他優秀的運動員有更廣闊的發展空間。這就是真正的物競天擇、適者生存。並不是來源於某個超自然的設計，當然也不是完全隨機和偶然的，而是有這麼多為生存而戰的勤奮選手。

還有一種與中性學說有相似之處的學說，也認為某些基因突變不受自然選擇的作用，這種進化的過程被稱為隱微變異，就是說當某個生物體第一次發生一種變化的時候，對生物的影響非常小，不會受到自然選擇的壓力。但是隨著變異的增多，隱微變異不斷疊加，逐漸結合形成大而複雜的變異，導致生物產生新的特性。

這個理論在1975年左右已經成型，當時的理論從邏輯上論述了複雜的特性可以通過大量的隱微變異促成，而零星幾次的變異卻無法促成複雜特性的形成。

但是在當時的實驗條件下很難證明這個理論，因為驗證這些變異的細節太過困難。沒有素材和模型用來在實驗室裡重複這麼複雜的過程。而且進化本身是一個漫長的過程，這中間有著無數的有意義和無意義變異，而自然選擇使適應環境的變異保留了下來。

最近幾年，隨著生物技術的進步和研究工具、模型的大大增多，生物學家可以在實驗室裡研究隱微變異了。電腦模型和高頻率的掃描技術讓他們可以觀察細菌和酵母中發生的隱微變異，以及這些變異對這些小生物造成的影響。生物學家海頓和瓦格納在實驗室的試管裡用核酶作為實驗材料，清晰地證實了隱微變異可以提高進化效率。

隱微變異這些微小的、看似不相關的、不受自然選擇的作用，但是累積下來卻會產生重大變化的變異，這似乎就是生物內部智慧對進化造成的影響。

表觀遺傳學既然證明了生物可以打開或關閉自己的基因，那麼當然，操作開關更熟練更準確的生物能夠在自然選擇中生存下來，可以說，現在的生物都是操作自己基因的高手。

無論偶然還是刻意的變異，產生的錯誤都會成為任何創造過程中必不可少的一部分。進化可以被看作是一種系統化的錯誤管理機制，犯錯只是試探，可以被稱作試錯，一邊出錯一邊糾錯。當然，能夠糾錯的前提是要有學習能力的存在，這樣才能保證犯錯誤所交的學費不被浪費。吃過黃蜂苦頭的小鳥在幾個月之內都不會再碰這種危險的小昆蟲，但是如果小鳥沒有記性，那麼早晚會被黃蜂螫死。

前面所描述的，生物在操作自己基因的過程中，也許不是經意，也許沒有很強的目的性，但是都會利用基因突變。這就像好奇的發明家。

「事實上，許多發明或大多數發明都是一些被好奇心驅使的人或喜歡動手修修補補的人搞出來的，當初並不存在對他們所想到的產品的任何需要。一旦發明了一種裝置，發明者就得為它找到應用的地方……還有一些裝置本來是只為一個目的而發明出來的，最後卻為其他一些意料之外的目的找到了它們的大多數用途……從飛機和汽車到內燃機和電燈泡再到留聲機和電晶體，應有盡有。」(170)比如愛迪生在發明了留聲機20年之後才勉勉強強承認他的機器主要用途是錄放音樂，而開始他希望留聲機被用在辦公室裡。

「美國每年要頒發大約7萬份專利證書，但只有少數專利最後達到商業性生產階段。而有些發明……後來可能在滿足意外需要方面證明是更有價值的。雖然詹姆士．瓦特設計他的蒸汽機是為了從煤礦裡抽水，但它很快就為棉紡廠提供動力，接著又（以大得多的利潤）推動著機車和輪船前進。」(171)這就得出一個結論：很多技術是在發明出來之後才得到應用，而不是發明出來去滿足某種預見到的需要。

所以生物智慧在擺弄自己基因的時候，它不需要很聰明，不需要高瞻遠矚地設計自己的未來，只需要任由基因編碼自己做一些有規律的小改變，然後看看變出來的東西能不能夠派上用場。

到這裡，都是關於基因的組成和突變的一些基本論述。這一節很長，從幾方面來看，某些基因突變並不像是偶然、隨機發生的，而像是生物自身有意為之。當然，基因突變的原因有很多，比如人工誘導突變不應該算是生物自身的意願，紫外線、輻射、化學物質和病毒影響下的基因突變也都屬於外界原因造成的，但是，生物學討論的基因突變一般是指除上述原因之外的個別堿基發生的缺失、增添和替換而改變遺傳信息的突變，這樣的突變就很難說是隨機發生的了。

## 第二節　基因的修復機制

人類經常通過各種途徑傳遞資訊，比如電話、電報、廣播電視、有線寬頻等。一般來說類比信號的傳輸效果比較差，會丟失一些資訊，比如老式電話和錄音磁帶。但是現在越來越多的資訊傳輸方式都在改用數位信號傳遞，這樣就可以設置一些糾錯的方法來防止信號出錯。比較簡單而且常用的是加入校驗碼，包括同位碼、海明校驗碼和循環冗餘校驗碼等。比如18位身份證號的最後一位就是校驗碼。而在數位通訊中使用的糾錯方法就更加複雜和精確，由於我

(170) 賈雷德．戴蒙德，《槍炮、病菌與鋼鐵》（上海：上海譯文出版社，2016），頁244。
(171) 賈雷德．戴蒙德，《槍炮、病菌與鋼鐵》（上海：上海譯文出版社，2016），頁245。

上學時候通訊課程的成績不怎麼樣，勉強及格，所以在這裡也沒辦法列舉更多。

但是要說明的是，對於需要精準的資料，現在的通信和複製資訊技術基本可以做到零誤差。拿音樂來說，用答錄機翻錄過磁帶的人都知道，每翻錄一次，磁帶的音效就會差一些，就會多一些嚕嚕啦啦的雜音。我家以前有一台老式雙卡答錄機，一盤母帶，一盤空帶，同時放到兩個卡座裡轉動，一個播放，一個錄音。翻錄十幾次之後，答錄機放出來的基本都是噪音了。然而升級成數位音樂之後，比如MP3音樂檔，只要存儲載體沒有問題，複製成千上萬次之後也能完好如初。這就是因為MP3音樂是數位格式，有錯誤糾正碼或錯誤檢測碼來校驗複製的資料。同理，電腦裡保存的檔也是數位格式，都能保證上萬次的複製也不會出錯。

「牛頓告訴我們，大自然這本書所用的書寫語言是數學。」[172] 那麼生物這本書的書寫語言就是程式編碼，也是數學的一種模式。數學是走向精確科學的必由之路。生物細胞的資訊技術都是高級的數位格式，與電腦使用的0和1的二進位不同，生物使用的是A、T、C、G四種核苷酸的四進制。

基因的編碼形式說明了生命系統的運行方式在40億年前就跨過了類比信號而使用數位格式，這就使程式控制成為可能。程式控制的優勢是巨大的，一旦開啟了程式控制模式，技術成熟之後，會導致全方位的產業升級。數控機床、程式控制電話、數位相機、會計電算化、數位圖書館、多媒體……都是革命性的。

最早的汽車當然是機械結構的，在之後的一百多年裡，也基本都是機械結構和電氣化部件。我父親是汽車研發工程師，參與設計了中國一汽很多車型。在我的印象裡，父親經常趴在一張比桌面還大的制圖板前面寫寫畫畫。他的圖紙裡都是曲軸、連杆和齒輪。他的手很巧，畫出來的圖紙乾淨、整潔、條理清楚，內行人一眼望去就可以瞭解整張圖紙的架構。

直到退休，父親繪製圖紙都是為了用機械結構來實現汽車的全部功能。但是在他退休之前，研究所裡新來的大學生已經開始設計程式控制項來代替機械結構了。當然，國外的汽車公司動手更早。

為什麼用程式控制取代機械控制呢？因為節省空間和能源，以前一個齒輪箱的功能現在一個晶片就搞定了；當然還能省錢，有的可以節約成本90%以上；減少了機械磨損之後，可靠性會更好，維修也容易，壞了的時候更換一個晶片

(172) 尤瓦爾・赫拉利，《人類簡史》（北京：中信出版社，2014），頁248。

或者電路板就可以了。

當然，最重要的還是高效而且功能更強大，複雜的功能基本不能夠用機械方式來實現。比如要把Win10作業系統還原成機械裝置，用機械方式實現各類邏輯判斷，這個大機器恐怕要裝滿一個城市！

還有數控機床，2000年的時候，我國機械加工設備數控化率在6%左右，十五年之後已經達到了30%，數控機床的好處就不細說了，精度、效率和穩定性都不是手工機床所能比的。

汽車程式控制的研發進展更快，短短的二、三十年裡，一下子湧現出了很多軟體系統，太多太多就不一一列舉了，簡單地說一下字母A開頭的系統：AAFS：自我調整照明系統、ASC：主動式穩定控制系統、ABS：防抱死制動系統、ADS：自我調整減振系統、ACC：自我調整巡航系統、AFM：動態燃油系統、AACN：全自動撞車通報系統、ARTS：智慧安全氣囊系統、AWS：後撞頭頸保護系統、ATA：防盜警報系統、ALS：自動車身平衡系統、ARS：防滑系統、ASS：自我調整座椅系統、AQS：空氣品質系統、A-TRC：主動牽引力控制系統、ASM：動態穩定系統、AWC：全輪控制系統、ASTC：主動式穩定性和牽引力控制系統等等。

數控機床能做的工作，你還會用手工機床嗎？有了數位智慧手機，你還會用類比信號的電話機嗎？有了數位相機、單反相機，你還會用膠捲相機嗎？有了Excel表格，你還手畫表格統計資料嗎？有了AutoCAD，你還用繪圖板嗎？

話說回來，動物身體裡現在就有數位作業系統、控制系統、判斷語句。

「神經元可以將一個信號發送給很多別的神經元。發送的信號是標準電壓下的簡單電信號，基本上採用二進位編碼，以0和1表示。幾乎所有神經元都採用二進位編碼。」(173)

每個人的DNA都會有100個左右資訊和他的父母不同，而這些不同多數來源於複製過程中的差錯，這對於只有兩萬多個基因的人類來說，錯誤率實在高了點。而生物的DNA都是由ACGT這4個堿基組成，很標準的數位編碼格式，按理說經過糾錯之後，應該不會產生這麼多錯誤。

千萬不要認為人類的科技高度發達，而生物的結構很簡單，其實相對於生物組成的精密度和複雜度來說，人類的高科技實在像陶土燒制的瓦罐一樣粗糙。人類對生物構造原理的瞭解只不過是九頭牛一根毛。這麼說也許生物學家會不高興，但這是事實。既然人類的數碼技術都知道糾錯，生物的數位複製技

---

(173) 丹尼爾．博爾，《貪婪的大腦》（北京：機械工業出版社，2013），頁104。

術肯定更加高超。是的，三位科學家就因為對DNA修復方面的研究，獲得了2015年諾貝爾化學獎。他們發現了DNA的堿基切除修復機制以及核苷酸切除修復機制等，這些機制能夠在生物受到紫外線或者輻射導致DNA被大量損壞的情況下，修復受損的部分。

DNA具有相當健全的校驗、糾錯和修復能力，當發生錯誤的時候，就有一套能夠識別這類錯誤的蛋白質迅速將其改正回來，把錯誤的堿基移除而把正確的堿基放進去。只要不被外部毀滅性的力量損壞，DNA基本能夠依靠自身的力量得到修復。

既然如此，那麼糾正一些自己在複製的過程中出現的小錯誤應該不是難事，但是怎麼還是有那麼多基因複製錯誤出現，這是為什麼呢？更重要的是，這些錯誤常常按照一定頻率穩定地產生。

最好的解釋也許是生物有意這樣做，或者默許一定數量錯誤的發生，為生物智慧學習操作基因提供試驗品。但是從外面看，這個就像偶然、突然、隨機發生的誤差一樣。

可以想像一下，在生物智慧的操作下，生物的基因一直按照一個穩定的頻率，一點一點有條不紊地突變著。合成蛋白質的主要功能區突變較少，這樣對生物的生存影響較小，而其他非關鍵區域突變較多，即便合成的蛋白質結構有一點變化，也不影響生物的生存。

西瓜視頻裡有一個小主播「徐十胖」自嘲：「只要有人來點贊，瘋狂事兒也願意幹，幹得好了有錢賺，幹不好了也不完蛋。」非關鍵區域的突變就算瘋狂一點也不會有太大影響，但是如果蒙對了，那對生存的好處可是大大滴，否則你認為生物的這些精妙器官都是怎麼來的？

這樣，在一個穩定的變異頻率下，生物智慧穩穩當當的一點點在分析和學習著變異產生的結果，也一點點的適應著變異帶來的影響。並在某些垃圾基因區或者假基因區積累著變異的樣品。正常情況下，基因並不表達那些已經學習到，但是沒有把握的重要突變，可是一旦環境改變，生物智慧就被迫開始演練這些重要突變來改變自身或者下一代的性狀，來適應環境，並接受自然選擇的裁判。

宋鴻兵在《鴻觀》裡面說：德國以自動機械聞名於世，他們依靠不斷智慧化、自動化的工業體系的組合，來逼近消費者變化無窮的消費品味。不管你怎麼變，我的工業體系都能夠以最快的速度和最低的成本來滿足你的需求，這就是德國工業的精髓。

其實這也是「適者生存」的精髓，適應可以是主動的，在千變萬化的大自然面前，生存下來的生物一定是能夠以最快的速度和最低的成本來適應自然界的。就像在市場經濟中生存下來的一定是最快、最好滿足客戶需求的企業。學習能力差的、反應慢的、態度不端正的、準備不充分的都會遭到淘汰，幾十億年的自然選擇篩選下來，活下來的生物都是3成幸運加上7成努力。

寫到這裡，我要澄清一個問題：因為我認為拉馬克的「用進廢退和獲得性遺傳」的理論在生物智慧的層面上是正確的，所以在生物論壇裡我就經常被誤認為是拉馬克的鐵粉，甚至覺得我會認同「人有多大膽，地有多大產」這樣的謬論。這個錯誤的理論在1958年提出來，認為似乎人類的智慧非凡、生物的潛力無窮，只要敢想敢幹，就可以開發出超級生物。這個理論當然很荒謬。

其實本書的理論正是對這樣理論的否定。因為生物智慧的「用進廢退」是在一代一代的學習過程中，一點一點分析變異和積累變異，找到適合本物種生存的方法並儲存起來。正常的時候未必應用，只有在環境發生改變的時候才拿出來作為適應環境的手段。這是一個緩慢的過程，當然人工選擇會極大地加速這個過程，但絕對夠不上「人有多大膽，地有多大產」。

因此只能「摸著石頭過河」，這是顛撲不破的真理，世界上沒有完美的設計，只有不斷的學習。生物就是在這樣世代的學習和實踐過程中，慢慢地進化出了今天這樣一個生物界。

## 第三節　道金斯教授

基因不過是生物遺傳的一個圖譜，由生物自己繪製，然後按它複製後代。千萬不要把這張圖看得太神聖，好像能夠決定一切似的。

這張圖經常被擦擦改改，不斷調整。這張圖很重要，就像蓋樓之前需要有圖紙一樣。但是是否所有的施工都需要圖紙呢？不一定，茅草屋就不需要，簡單的房子或者經驗豐富的老師傅也不需要。DNA並非不可被替代，就像建房未必都需要圖紙、旅行未必都需要地圖一樣。當然，也可能存在著別的形式的圖紙和地圖。

但是現在的主流進化生物學仍然認為，自然選擇是進化的動力，而基因決定著進化走向不同的方向。基因至上理論的代表人物之一，就是本書前面多次提到的赫赫有名的生物學家理查・道金斯。

道金斯是最直言不諱、敢說敢做的無神論者和進化論擁護者之一，甚至還有一個獎項：理查・道金斯獎，這是國際無神論者的最高獎項之一。他經常激烈地反對宗教，所以是宗教右翼勢力的頭號公敵。

道金斯在英國牛津讀的大學，牛津的教學採用導師制，學生直接研讀原始文獻，而非經過課本學習二手知識，這對理解能力很強的道金斯來說如魚得水，而且獲得了更多的知識儲備。他回憶說：「我可能沒有劍橋出來的人那麼廣博，但如果要挑選一個領域、就此寫一本專著，我有更好的知識儲備。」

正因如此，1976年出版《自私的基因》的時候，道金斯只有35歲。這本書相當有說服力，對進化生物學具有一定的劃時代意義，使基因主導的觀點坐上了進化生物學武林盟主的位置。一直到現在，道金斯的理論歷經數十年的江湖風雨依然堅挺。

在《自私的基因》書中，道金斯認為進化的推動者不是人、神或者某個物種，而是基因。他把基因擬人化，認為基因出於自身的目的，自私並且只對自己的生存和繁殖感興趣。他宣稱生物的行為和生理機能可以由基因的永久性來解釋。生物的身體只是自己基因的傳播媒介，是載體和一套生存機器，而這套機器的價值體現於是否能夠提高基因存活與繁衍的成功率。

生物的個體也可以說「是基因的嘯聚之所，是基因臨時的、安全的和可移動的藏身之地。一旦基因複製任務完成，這個身體就會被當成一付臭皮囊而無情地扔進歷史的垃圾簍中。基因自己則義無反顧地在下一代身體中繼續傳遞，從不回頭。」[174]

道金斯還解釋說即使那些看起來利他的行為其實也來源於自私的目的。比如說，既然子女會有一半的基因和母親的相同，如果一位母親會犧牲自己的生命來保護她的孩子，那麼她的基因就會繼續存活下去。因此，這個無私的行為實際只是基因利用生存機器確保自己的複製體更可能存活下去的一個策略。

這一點應該是正確的，因為動物的行為基本可以印證這一點。非洲草原上食草動物巨大的群體裡，在遇到獅子、獵豹和鬣狗襲擊的時候，只有母親會照應著自己的幼崽，而無法指望其他夥伴會伸出援手。即便發起攻擊的捕食者並不強大，巨大的獸群也不會組織起來進行有效的反擊。很多動物聚群是為了分散捕食者的注意力，或者源於其他安全因素，並不是為了幫助同伴。

只有一些有血緣關係，以家庭為單位的小群體，在遇到攻擊的時候會互相幫助並組織抵抗。而且它們有的會像受過軍事訓練一樣排兵佈陣，幼崽在圈裡，成年在圈外，尖角朝外拼命反擊。

「視角的改變可以達到比一個理論更崇高的地位。它可以引領整個思想潮

(174) 史鈞，《進化！進化？達爾文背後的戰爭》（遼寧：遼寧教育出版社，2010），頁228。

流，促使許多激動人心與可驗證的理論產生，隨之使之前無法想像的事實顯山露水。」[175] 道金斯所追求的正是這樣一個視角的改變，為什麼說他的基因推動進化的理論是劃時代的呢？因為在此之前，傳統的進化生物學家們一直只相信自然選擇主導一切，生物在其面前完全處於被支配的地位，聽之任之。而道金斯在一定程度上改進了一些，認為有這麼一些小東西在試圖改變自然選擇安排的程式。這是他的理論的進步之處。

當然，道金斯並不認為基因具有智慧，他在書中說：「《自私的基因》一直因為將基因擬人化而被批評……基因的擬人真應該不是個問題，因為任何有頭腦的人都不會認為DNA分子會有一個有意識的人格。」[176]

正是因為《自私的基因》如此出類拔萃，所以要在本書中仔細研讀。我同意道金斯教授的某些基因推動進化的觀點，但是他並沒看到基因背後的生物智慧才是這個真正的推動力。基因只是轟隆隆工作中的挖掘機，而生物智慧才是隱藏在挖掘機裡，外界看不到的那個駕駛員。

## 第四節　自然選擇的基本單位

道金斯教授對基因的重視貫穿了《自私的基因》全書始終，這是他的理論核心。在書中基因的定義是：「染色體物質的任何一部分，它能夠作為一個自然選擇的單位對連續若干代起作用。」[177]

道金斯教授在前言中就指出，達爾文主義中一直有一個中心辯論議題：自然選擇的單位究竟是什麼？自然選擇的結果究竟是哪一種實體的生存或者滅亡？他說：「我寧可把基因看做是自然選擇的基本單位，因而也是自我利益的基本單位。」[178]

但是最大問題也來源於此，被另一個生物學家發現。哈佛的史蒂芬．古爾德和牛津的理查．道金斯都是令人尊敬的進化生物學領軍人物，但是兩個人偏偏是一對學術上的夙敵，儘管相互敬佩，但是爭吵不停。

「古爾德認為，他找到了自私的基因理論最致命的缺陷：因為自然選擇無法對基因直接施加影響，用一句比喻來說，就是自然無法『看見』基因，所有的基因都戴著厚厚的面紗深藏在身體之中，而自然接觸的只是身體。所以，選

---

(175) 理查．道金斯，《自私的基因》（北京：中信出版社，2012），前言。
(176) 理查．道金斯，《自私的基因》（北京：中信出版社，2012），前言。
(177) 理查．道金斯，《自私的基因》（北京：中信出版社，2012），版本簡介。
(178) 理查．道金斯，《自私的基因》（北京：中信出版社，2012），頁37。

擇的也只能是身體。如果自然要決定某一基因的去留，也只能以身體作為仲介來進行。」[179]

進化論大師恩斯特・邁爾也說，「有少數人的觀念是，基因是選擇的目標，但這個想法完全不切實際。自然選擇對某一個特定基因是視而不見的，在基因型裡，它總是與其他基因處在一個情境裡……我們現在知道，自然選擇的目標是個體的整個基因型，而非基因……像英國的道金斯這樣的人仍然認為基因是自然選擇的目標，從證據上來看，這就是錯誤的觀念。」[180]

也就是說，基因都是聚在一起的，比如人的DNA上有很多基因。自然選擇無法只淘汰某一基因而留下其他基因，只能淘汰一個基因群體，所以，如果自私的基因是正確的，那麼自然選擇就無效。

「古爾德進一步指出：無論基因的功能多麼強大，那仍只是存在於細胞中的一小段DNA而已。自然選擇的對象只能是整個身體。因為身體更強壯或外貌對異性更有吸引力，以及諸如此類的因素綜合起來，才使得身體被自然選擇所保存下來。然而，身體的這些特徵，比如英俊的外貌，並不是某個基因單獨的產物。這就表明，基因對身體的控制力在某些方面是相當有限的。

「另外，自然選擇的應該是一個身體的整體，而不是身體的各個部分。一個人如果有兩條擅長奔跑的腿，但腦部的運動神經卻發育不良，那麼，控制優秀的腿的基因就不會受到自然選擇的青睞，它會隨著這個身體的其他基因一道而被淘汰掉。所以單個的基因是無法談及適應與否的，只能把所有的基因放到一起，讓它們相互作用，然後產生一個總體的效果——身體以後，對自然的適應才有意義。所以，古爾德得出結論，單獨地看每個基因的自私性是沒有道理的，基因必須與其他基因合作，並協調一致，這才有可能達到自己的目的。因此，自然選擇只能發生在個體水準上，而不是基因水準上。」[181]

道金斯支持的基因選擇論的論據更多，寫了滿滿的幾本書。其中有一個非常重要的論據是自然選擇單位的壽命問題。他寫道：「在有性生殖的物種中，作為遺傳單位的個體因為體積太大而且壽命也太短，而不能成為有意義的自然選擇單位。」[182]

「任何一個個體基因組合（combination）的生存時間可能是短暫的，但基

(179) 史鈞，《進化！進化？達爾文背後的戰爭》（遼寧：遼寧教育出版社，2010），頁231。
(180) 約翰・布羅克曼，《生命：進化生物學、遺傳學、人類學和環境科學的黎明》（浙江：浙江人民出版社，2017），頁53。
(181) 史鈞，《進化！進化？達爾文背後的戰爭》（遼寧：遼寧教育出版社，2010），頁231。
(182) 理查・道金斯，《自私的基因》（北京：中信出版社，2012），頁39。

因本身卻能夠生存很久。它們的道路相互交叉再交叉，在延續不斷的世代中一個基因可以被視為一個單位，它通過一系列個體的延續生存下去。這就是本章將要展開的中心論題。我所非常尊重的同事中有些人固執地拒絕接受這一論點。」[183]

道金斯所說的「固執的同事」，當然就包括古爾德。在自然選擇單位的壽命的問題上，道金斯絕對是有眼光的，他看到了生物個體的生存時間短暫，使進化呈碎片化。可是，能夠長時間生存，並且不被死亡打斷的，並不一定只有基因，還有本書的主角生物智慧（暗生物），這一點他當然不會看到。

「古爾德認為不應該在個體水準或基因水準上爭吵不已，應該接受『分級選擇』的概念，也就是說，自然選擇既不是僅僅發生在個體水準，也不是僅僅發生在基因水準，自然選擇應該發生在多個層次上，從個體、基因，到物種，甚至在更高的層次進行選擇。」[184]

兩位科學家爭論的這個問題就是自然選擇的基本單位。古爾德支持的是個體選擇論，而道金斯當然就是基因選擇論的代表。另外還有群體選擇論和整體選擇論，由於過於枯燥和絮絮叨叨，我在這裡不再詳述。這麼多年來，科學家一直在爭爭吵吵，每個理論都有自己站得住腳的論據支撐，同時也都有難以自圓其說的小辮子在對手的手裡握著，所以誰也駁不倒誰，而同時誰也無法勝出。

史鈞教授在他的書裡寫到這個爭論的時候，滿懷憧憬地寫道：「存在著一種希望，希望將來會有一種理論，把個體選擇論和基因選擇論統一起來，那將是一個完美的結局。」[185]

應該說，這在現有生物學的基礎上是很難的。因為基因和個體之間並不同步，按照道金斯的說法，個體只是基因的載體，自私的基因有時會為了自己的利益而犧牲個體的利益，而且基因的壽命比個體長久得多，所以自然選擇無法同時針對基因和個體，導致兩個理論無法統一。

這是在常規物質層面，如果在非常規物質的層面，會發現生物智慧也許才是真正自然選擇的基本單位，幾乎滿足了自然選擇對象的所有條件，物種、群體、個體、基因、還是生物智慧？對於生物智慧來說，前面幾項都是載體。而且可以把個體選擇論和基因選擇論統一起來。這個問題在第九章中會詳述。

---

(183) 理查·道金斯，《自私的基因》（北京：中信出版社，2012），頁28。
(184) 史鈞，《進化！進化？達爾文背後的戰爭》（遼寧：遼寧教育出版社，2010），頁234。
(185) 史鈞，《進化！進化？達爾文背後的戰爭》（遼寧：遼寧教育出版社，2010），頁234。

像古爾德和道金斯一樣，生物學家和同行爭吵是常事。在哈佛生物系大樓內，同事之間學術觀點不同而導致大家一直在明爭暗鬥，這個不是貶義詞，至少威爾遜本人不這麼看。他引用密爾的話「當曠野中沒有敵人時，老師和弟子都會昏睡在崗哨上。」並把他最大的學術對手詹姆斯·沃森尊稱為「負面英雄」，對他有抨擊，更有學術上的讚揚。

## 第五節　基因需要合作嗎？

《自私的基因》一書中提到了一些利他行為，但是主要還是強調基因的自我努力複製和繁殖，不過實際上決定基因是否能夠生存下去的，往往並不只基因自己，這裡先介紹一個適合度的概念。

適合度（fitness）是指個體在一定環境條件下，能生存並傳遞其基因給後代的能力。適合度是衡量一個個體存活和繁殖成功機會的尺度。適合度越大，個體成活的機會和繁殖成功的機會也越大。

孫儒泳的《普通生態學》指出，某一基因型個體的適合度實際上就是它下一代的平均後裔數。適合度高的，在基因庫中的基因頻率將隨世代延續而增大，反之，適合度低的，將隨世代延續而減少。

適合度是個重要的概念，在微生物和昆蟲這些進行了大量基因工程實驗和群體生物學研究的動物身上有大量體現。一個新的功能（比如細菌的抗藥能力）一方面會帶來優勢，另一方面會消耗自身資源，而這兩者綜合起來會形成選擇這個突變的力量。

即便是一個有優勢的基因，往往也會帶來劣勢，比如動物的奔跑速度，常常會影響耐力、防禦能力、攻擊能力等。

人類的大型田徑比賽（學校運動會不算），經常可以看到某個善於長跑的運動員同時參加1000米、5000米、10000米的比賽，但是不可能看到他同時報名鉛球、舉重等力量型項目，甚至不可能參加100米、200米等短跑項目。目前男子100米和200米短跑的世界紀錄都是博爾特創造的，男子5000米和10000米長跑的紀錄都是貝克勒創造的，但是不可能100米和5000米的世界紀錄都是一個人的。因為短跑需要的是爆發力，長跑需要的是耐力。某個基因的能力超群，而生存資源就只有一點點，那麼一般說來其它方面就不會很突出。

所以如果基因自私而且獨立，那麼這個基因應該不斷地使自己強大，這樣必然會影響整體，也許反倒會帶來整體適合度的下降。

在這方面，達爾文的自然選擇對生物生存影響的解釋有點過於簡單，比如在解釋羚羊的進化時，達爾文主義的解釋方法是：能夠生存下來的都是跑得快的，所以羚羊越跑越快。其實決定羚羊是否能夠生存下來，還有很多因素：比如反應速度，獵豹一動羚羊就跑；比如警惕性，有的羚羊在獵豹一點點摸過來之前就已經覺察到了；比如轉彎技巧，有的羚羊跑得不是最快，但是獵豹就是抓不到。還有的羚羊長得強壯而且有一對尖利的角，在羚羊群奔跑的時候，這只強壯的尖角羚羊就算跑在最後面，獵豹也不敢去碰它，寧願選擇其他獵物。因為這只羚羊危險性很高，它隨時可能掉過頭來給獵豹狠狠一擊。

人也是這樣，能夠讓人生存下來的能力和技巧很多：有的人聰明、有的人強壯、有的人手巧、有的人會來事兒等等。並不是大家都拼某一個特長，失敗者就會被淘汰。

決定一個基因是否能夠生存下去的，往往是它和多個基因的共同努力，有些基因沒有被自然選擇所淘汰，完全因為沾了別的基因的光。

生活在中部非洲森林裡的俾格米人被稱為非洲的「袖珍民族」，成年人平均身高1.30米～1.40米。俾格米人的矮小並無生存優勢，但是他們往往提前分娩，這大大有利於在高死亡率環境下的生存，俾格米人8歲就發育成熟，可以結婚生子。這樣，本來屬於不利基因的提前分娩和矮小的基因，加上使他們性成熟得早的基因，反倒使這個袖珍民族穩定地生存下來。

## 第六節　基因的產生

道金斯教授描述基因的行為，結果把基因描繪成了聰明的小精靈，這讓他特別煩惱，「這一點也需要解釋一下。我採用了兩個層次的擬人：基因與生物體。基因的擬人真應該不是個問題，因為任何有頭腦的人都不會認為DNA分子會有一個有意識的人格，任何理智的讀者也不會將這種妄想歸罪於作者的寫作方式……將生物體擬人化則更加麻煩。這是因為生物體不同於基因，它們擁有大腦，因此也可能真正擁有自私與利他之類主觀意識的想法，讓我們可以辨認。如果本書叫做『自私的獅子』可能會真的迷惑讀者，而『自私的基因』則不應有這種問題。」[186]

他接著說：「我在這本書中自始至終強調不能把基因看做是自覺的、有目的的行為者。可是，盲目的自然選擇使它們的行為好像帶有目的性……正如我們為了方便起見把基因看成是積極的、為其自身生存進行有目的的工作的行為

(186) 理查・道金斯，《自私的基因》（北京：中信出版社，2012），前言。

者。」[187]

也就是說，儘管道金斯描寫的基因有行為能力，但是他同時又解釋這只不過是擬人的比喻。其實這是怎麼澄都不會清的：如果基因沒有思維能力，那麼它們精準的行為是怎麼出現的？基因甚至有不錯的預測能力，可以考慮到下一代或下幾代的問題。千萬不要說這完全是偶然，是物理化學現象而已。如果基因沒有思維能力，那有思維能力的是什麼？

員警抓到了一個小偷，在他的住處發現了30多個錢包。

小偷說：「這些錢包都是我撿的，每天撿一個，撿了一個月。」

員警問：「為什麼沒有別的以撿錢包為職業的人呢？」

小偷說：「因為他們沒我運氣好，不能每天都撿到，所以餓死了呀！」

如果你是員警，你信嗎？

中國早就有相信小概率事件的故事，守株待兔的成語不就是麼，真的每週都會有兔子撞過來嗎？這個蠢人的下場不大好吧。

其實基因每次在環境改變的生死攸關時刻都能做出隨機的、有利的突變的概率，比守株待兔或者每天在商場裡撿到錢包的概率還低。一個人某一天撿到一個錢包很平常，但如果他一個月每天都能撿到錢包，我想正常人不會認為這真的是偶然，儘管從概率的角度講，這件事情有極其微小的可能性會發生。

傳統生物學家無法解釋這樣小概率事件為什麼不斷發生，於是他們就開始耍賴了：

「我的腳踏車上有對號碼鎖，它的數位輪有4096個不同的組合。每一個組合都一樣的『不可能』——意思是說：要是你隨意轉動數位輪，每一種組合出現的概率都一樣很低。我可以隨意轉動數位輪，然後瞪著出現的數位組合以後見之明驚呼：『這太神奇了。這個數字出現的概率只有4096分之一。它居然出現了，真是個小奇蹟。』」[188]小偷倒是可以用這個辦法來給自己脫罪：就是錢包自己掉進我的口袋的！存在即合理，我是流氓我怕誰？

其實感覺這就是傳統生物學家因為自己的理論解釋不了自然現象，在無可奈何花落去之下的自我安慰，一種百無聊賴的落寞。似乎聽到他們清唱一曲《水中花》「我看見水中的花朵，強要留住一抹紅，奈何輾轉在風塵，不再有往日顏色，我看見淚光中的我，無力留住些什麼，只在恍惚醉意中，還有些舊夢，啦啦啦啦啦……。」

---

(187) 理查・道金斯，《自私的基因》（北京：中信出版社，2012），頁222。

(188) 理查・道金斯，《盲眼鐘錶匠》（北京：中信出版社，2014），頁10。

儘管如此，傳統生物學家仍然堅持自己的判斷，並且認為質疑自然選擇的都是宗教信徒或者神學家：「今天的神學家不再像培裡那麼直截了當了。他們不會指著複雜的生物機制，說它們是一位創造者設計的，一眼就可以看出來，像鐘錶一樣。有個趨勢倒是很清楚，他們會指著那些複雜的生物機制，說：『難以相信』這等複雜與完美會以自然選擇機制演化出來。每次我讀到這樣的評論，我都覺得作者只是自我狡辯——只有他自己不信吧！」[189]

道金斯教授錯了，不只是神創論者不信，還有大量中立的、旁觀的吃瓜群眾也不信。起碼我們不相信真正的進化方式只有傳統生物學描述的自然選擇機制。

薛定諤在書裡寫道：「『如果自然不製造出它們的話，沒有人會想到』的特殊技巧和特異性，難以相信這些特異性都源於達爾文的『偶然積累』……人們已經習慣於從達爾文的獨創性觀點的角度進行思考，但是如果某一特殊裝置、機制、器官及有用的行為的發展，是由一長串彼此獨立的偶然事件引起，那將很難理解。實際上，我相信，只有那些『在某一方向』上的初始的微小的起步，才有這種結構。通過在開始獲得優勢的方向上越來越系統地進行選擇，這種起步為自己創造出『錘擊可塑材料』的環境。用比喻的說法來形容：這些物種已經發現它們的生命機遇在何方，並循著這條路前進。」[190]

「偶然、運氣、巧合、奇蹟……」這是道金斯教授《盲眼鐘錶匠》第六章的開場白，偶然的基因突變加上好運氣，正巧發現了新功能，獲得了神奇的力量……一眾傳統生物學家微眯著眼睛，深以為然的緩緩點頭，陶陶然沉浸在春天的童話中，於是找到了進化的真諦。

呵呵，不管他們信不信，作為一個程式師，我可不相信。編了這麼多年的程式，調試程式的時候報錯、糾錯、報錯、糾錯數十萬次，還從來沒有遇到過輸錯幾個字元，就能讓程式誤打誤撞地「嘩啦」獲得了什麼新功能，只有「呯」地得到報錯視窗，或者獲得一個大藍屏。

武俠小說中的主人公掉到山澗裡，不是找到藏寶圖就是找到武功秘笈。而現實中的某個人掉到山澗裡，摔不死就算命大，你還真的指望能看到個山洞，裡面有個仙人？

所以如果一味強調基因的行為是「偶然」現象，那麼多數人會寧願相信這是某個勤勞的、事必躬親的神仙安排的。為什麼進化論一直很強勢，卻無法戰

(189) 理查．道金斯，《盲眼鐘錶匠》（北京：中信出版社，2014），頁39。
(190) 埃爾溫．薛定諤，《生命是什麼》（湖南：湖南科學技術出版社，2016），頁109。

勝宗教，就是因為生物學有太多不符合邏輯之處，有時甚至強詞奪理。

真的能每天撿到錢包嗎？員警叔叔嘿嘿一笑。《白夜追凶》裡面刑偵隊長關宏峰說過「我從不相信巧合」，這是刑偵人員必須具有的素質。好奇和懷疑本來也是科學家應該具備的科學精神，努力探索偶然背後的必然，而不是說句「偶然」之後大家放假回家睡覺。套用一句名句：「我不相信巧合，只相信精心安排的偶遇。」

這句話稍稍有點過分，因為我也承認某些巧合的存在，但是不會那麼多，那麼巧，那麼連續，那麼可疑。

一個好的理論應該經得起推敲，能夠自「圓」其說。但是「偶然」的基因突變，明顯不夠「圓」，怎麼看怎麼有點「三圓四五扁」。

科學家有時敢於挑戰常識，並且打過幾場漂亮仗。最著名的當然就是擊敗「地心說」。所有人都理所當然地認為太陽圍著地球轉，而科學家證明了地球圍繞著太陽轉圈。但是科學家並不是每次都贏，而且實際上科學家慘敗的時候也很多，多得已經數不清楚，失敗者都灰溜溜地湮沒在歷史的長河中，不再為大家所關注。

但是科學家仍然繼續挑戰常識，不管是否符合邏輯，因為——萬一蒙對了呢？不就一戰成名了麼。

「現代生物學中，我們有時過於依賴技術而忽視了我們能夠僅通過觀察進行學習的能力。」[191] 也忽視了邏輯推理。其實人類之所以在很多方面超越了其他物種，並不是因為我們天賦異稟，而是因為我們有更強的學習能力。正如生物學家邁爾所說「我們在沒有專長的基礎上培養了自己的專長。」

道金斯認為生物體只是基因的載體，這個觀點得到很多科學家的認同，但是這不能解釋是什麼在驅使基因尋找載體。

神經學家博爾寫道：「這種認為個體基因通過遺傳給後代的方式而繼續存活下來的觀點，從進化的角度看遺漏了什麼。關於進化的一種更簡便的描述是，各種有關生存的『想法』之間存在激烈的競爭，那些能更準確反映事物的『概念』可能會繼續存在。這種觀點與『自私的基因』理論有一點相同，即都認為有機體可能僅僅是某種更重要的東西藉以存在的跳板。」[192]

博爾在這一段裡清楚地表達了生物體內有「想法」，或者「概念」一類的「更重要的東西」存在。確實，基因沒有思維能力。我也贊同無論從哪方面看

(191) 內莎・凱里，《遺傳的革命》（重慶：重慶出版社，2016），頁221。
(192) 丹尼爾・博爾，《貪婪的大腦》（北京：機械工業出版社，2013），頁51。

基因都沒有一個有意識的人格。因為它實在不是一個有完整功能的整體。有意識的是生物智慧，也就是剛才博爾所說「某種更重要的東西」，自私的基因只是它在爭取以後的共生宿主的位點而已（這個以後會說明）。

在後面的章節中，我們會簡單地描述生命是如何從有機化合物開始的過程。《自私的基因》中，道金斯教授也詳細介紹了這個過程，不同的是，他加入了基因和複製的概念：

「一些化學家曾經試圖模仿地球在遠古時代所具有的化學條件。他們把這些簡單的物質放入一個燒瓶中，並提供如紫外線或電火花之類的能源……幾個星期之後，在瓶內通常可以找到一些有趣的東西——一種稀薄的褐色溶液，裡面含有大量的分子，其結構比原來放入瓶內的分子來得複雜。特別是在裡面找到了氨基酸——用以製造蛋白質的構件……近年來，在實驗室裡模擬生命存在之前地球的化學條件，結果獲得了被稱為嘌呤和嘧啶的有機物質。它們是組成遺傳分子去氧核糖核酸的構件，即DNA。

「『原始湯』的形成想來必然是過程與此類似的結果。生物學家和化學家認為『原始湯』就是大約30億到40億年前的海洋。有機物質在某些地方積聚起來，也許在岸邊逐漸乾燥起來的浮垢上，或者在懸浮的微小水珠中。在受到如太陽紫外線之類的能量的進一步影響後，它們就結合成大一些的分子……到了某一時刻，一個非凡的分子偶然形成。我們稱之為複製基因。它並不見得是那些分子當中最大或最複雜的，但它具有一種特殊的性質——能夠複製自己。」[(193)]

當然，道金斯教授也認為發生這種偶然情況的可能性是微乎其微的，因為這個分子能夠複製自己需要滿足一些條件，比如需要有聚集、合併資源的能力，否則越複製越小。其他還需要有很多條件，一時無法分辨清楚，但是可以知道的是，最有能力、也有意願複製自己的是生命，因為有規律地、穩定地複製自己，正是生命的基本特性之一。

所以我認為道金斯所說的到了某一時刻，一個偶然形成的能夠複製自己的非凡分子，是因為有了最原始的生物智慧生成，產生了常規物質中最原始的生命體，才開始了豐富多彩的生命進化歷程。

反觀今天的機械結構和電腦程式都已經複雜到了這個程度，還是無法產生有意識的智慧，無法自我繁殖進化，而當初原始湯裡的原核細胞那麼簡單的結構就可以複製和生長，也許正是因為生物智慧的生命屬性，這在常規物質中是

---

(193) 理查·道金斯，《自私的基因》（北京：中信出版社，2012），頁17。

看不到的。

道金斯對複製因數是否有生命這個問題解釋得有點含糊:「複製基因分子的情況很可能就像我所講的那樣,不論我們是否要稱之為『有生命的』。我們當中有太多的人不理解詞彙僅僅是供我們使用的工具,字典裡面的『有生命的』這個詞並不一定指世上某一樣具體的東西。不管我們把原始的複製基因稱為有生命的還是無生命的,它們的確是生命的祖先;它們是我們的締造者。」[194]

「但在今日,別以為它們還會浮游於海洋之中。很久以前,它們已經放棄了這種自由自在的生活方式了。在今天,它們群集相處,安穩地寄居在龐大的步履蹣跚的『機器人』體內,與外界隔開來,通過迂回曲折的間接途徑與外部世界聯繫,並通過遙控操縱外部世界。它們存在於你和我的軀體內,它們創造了我們,創造了我們的肉體和心靈,而保存它們正是我們存在的終極理由。這些複製基因源遠流長。今天,我們稱它們為基因,而我們就是它們的生存機器。」[195]

上面這段是道金斯描述基因和生物共同成長的情景,但是我怎麼覺得是在說生物智慧和生物本身的關係呢,呵呵。常規物質的原始湯中,漂浮著有機物大分子,一旦它們湊巧具備了某種形式,便具有了生物智慧。這就回答了生命從什麼時候開始準確複製的問題。

## 第七節　植物的產生

進化之旅開始很長時間之後,分化出動物和植物這兩大分支。

「在古代,原始湯裡大量存在的有機分子是它們賴以為生的『食料』。這些有機食物千百年來在陽光的有力的影響下孳生繁殖,但隨著這些食物的告罄,生存機器一度逍遙自在的生活也至此告終。這時,它們的一大分支,即現在人們所說的植物,開始利用陽光直接把簡單分子組建成複雜分子,並以快得多的速度重新進行發生在原始湯裡的合成過程。另外一個分支,即現在人們所說的動物,『發現了』如何利用植物通過化學作用取得的勞動果實。動物要麼將植物吃掉,要麼將其他的動物吃掉。隨著時間的推移,生存機器的這兩大分支逐步獲得了日益巧妙的技能。」[196]

(194) 理查・道金斯,《自私的基因》(北京:中信出版社,2012),頁21。
(195) 理查・道金斯,《自私的基因》(北京:中信出版社,2012),頁22。
(196) 理查・道金斯,《自私的基因》(北京:中信出版社,2012),頁52。

從40億年前開始到4.1億年前志留紀末期的三十多億年時間裡，地球上有大量原始的菌類和藻類。它們生活在海水和淡水中。其中40億～15億年前為細菌—藍藻時代。從15億年前才出現了紅藻、綠藻，生物開始進入真核時代。

4.1億年前由一些綠藻進化出原始陸生維管植物，即裸蕨。這是劃時代的進化歷程，從此，荒蕪的大地開始有了生命。也正是植物登陸，才給3.65億年前總鰭魚類登陸創造了可能。不管這些魚類為了什麼登陸，也許是水塘的乾涸、也許是暖暖的太陽、也許是躲避仇家的追殺，反正如果陸地上沒有植物和植物營造出來的環境，這些動物的先祖們是根本無法活下來的，它們總不能吃石頭吧。

裸蕨體內已經有了維管組織，可以生活在陸地上。從二疊紀至白堊紀早期，歷時約1.3億年的時間裡，陸生植被的主角是裸子植物，是由裸蕨類演化出來的。被子植物從白堊紀迅速發展起來，並取代了裸子植物的優勢地位。直到現在，被子植物仍然是地球上種類最多、分佈最廣泛的植物類群。

從植物界的發生發展歷程，和動物界一樣，可以看出整個植物界主脈絡沿著從低級到高級、從簡單到複雜、從水生到陸生的規律進化著。

動物和植物都是生物，在生物學領域中，亞里斯多德的話經常被舉做反例。亞里斯多德認為有些生物有生命，有些生物無生命；植物只具有營養能力，而動物既擁有營養能力，也擁有知覺能力。

現在看來，這兩句話都是錯誤的。生物當然都是有生命的，不管是動物還是植物。植物可以從外界吸收營養，動物也可以，不只動物擁有知覺能力，植物也有，只是沒有動物知覺那麼豐富、多樣、反應快速。比如被害蟲入侵的樹林，可以散發出某種化學物質來警示周圍的樹木。

「植物沒有神經系統，但是它有電信號和激素系統能夠使它的各個部分都知道某個局部發生的事故。有些白楊樹有著更加驚人的資訊交流系統，甚至可以通知附近的樹。一片葉子受傷之後，一種揮發性化合物『甲基茉莉酸』從傷處揮發便能使附近的葉片進入蛋白酶抑制劑反應，旁邊別的樹上的葉片也發生這種反應。這類防禦通常都能使昆蟲吃後不舒服。」[197]

「又如，番茄植株在遭受攻擊時，會向空中和地下發出化學信號，附近的同類收到信號後會加強防禦。」[198] 只是對這方面的研究偏少，缺少關鍵性證據。

---

(197) R・M・尼斯，G・C・威廉斯，《我們為什麼生病》（北京：海南出版社，2009），頁75。
(198) 丹尼爾・博爾，《貪婪的大腦》（北京：機械工業出版社，2013），頁53。

不管是動物細胞，還是植物細胞，都具有統一性：結構統一，都有細胞膜、細胞質、核糖體；能量統一，一般都以ATP作為主要能源；組成細胞的元素和化合物種類基本相同；一般都以細胞分裂為增殖方式；都以DNA為遺傳物質，並用同一套遺傳密碼。

在細胞的層面上。植物和動物有很大的相似之處，它們遵守同樣的生活、生殖法則，而且它們都從單細胞生物發展而來，有共同的祖先，所以動物和植物並沒有絕對的區別。

「很多例子都證明了動物不是唯一聰明的生物。植物長有刺，含有毒素，還擁有大量新穎、獨特的武器，用來擊退動物的侵犯。即使是細菌，也擁有令人難以置信的、精密的武器庫，它們運用這些武器潛入寄主體內，或是擊敗潛在的攻擊者。」(199)

植物能展現出智慧的很多特質，但是植物沒有集中的大腦，而且一切都是慢動作。如果錄一段植物生長的視頻然後快放，就會看到它們和動物的相似性。植物的葉子沐浴著陽光，根系追逐著水分和養料。特別是一些蔓藤類植物，快放的時候就會看到它們像蛇爬樹一樣，蜿蜒向上，能夠做出很多判斷動作。

植物有手嗎？絲瓜就有：

「絲瓜的卷鬚可以說神通廣大，法力無邊。它不但可以輕易地纏住任何細細長長硬硬的東西，而且可以纏住葉片，將寬闊的葉子卷成圓筒狀，再依附其上使勁地往上爬。最令人覺得不可思議的是，有些卷鬚的末端帶有粘性，能粘附在木板、木柱上，好讓藤蔓有著力點，繼續伸展攀爬。絲瓜卷鬚敏感度很高，只要遇到可以纏繞的東西，就會毫不猶豫地捲繞上去。」(200)

在區分動物和植物的時候，複雜的動植物區別較大，而簡單的動植物區別小一些，甚至有些難以區分。

「比如像小眼蟲一類的生物究竟屬於哪一類呢？顯微鏡下，可以看到眼蟲有綠色的部分，很像植物的葉子，因為它可以進行光合作用，這樣看來眼蟲是植物。但眼蟲也可以遊動，每一個眼蟲都有一個單一的運動附器，很像人類精子的尾部。而遊動這種運動方式傳統上又是動物的特性。於是植物學家宣稱眼蟲是植物，動物學家則將它歸為動物。」(201)

---

(199) 丹尼爾·博爾，《貪婪的大腦》（北京：機械工業出版社，2013），前言XIV。

(200) 鄭元春，《植物Q&A》（北京：商務印書館，2016），頁131。

(201) 林恩·馬古利斯，多里昂·薩根，《傾斜的真理》（江西：江西教育出版社，1999），頁104。

還有海綿，海綿屬多孔動物門，是最原始的多細胞動物，大多數生活在海洋中。它的構造簡單，沒有嘴、沒有消化腔也沒有行動器官。它是單細胞動物向多細胞動物過渡的類群，顯示了動物從低級向高級發展的一個重要過程。海綿有很多不同的結構和樣式，有扁管狀群體的白枝海綿，有圓筒形單體的樽海綿，有形象逼真的枇杷海綿等。

有人把海綿誤認為是植物，因為海綿不會走動，隨波逐流，或固定在水中的岩石上。海綿多數是灰黃色、褐色或黑色的塊狀物，而且常呈分枝形，所以，海綿被稱為「海中的花和果實」，看上去像植物一樣，經常被誤認為是藻類植物，但是實際上海綿是一種動物。而且它沒有神經細胞，對外界的反應極為遲鈍。

一般來說，植物是沒有神經系統的，而低等的腔腸動物，就具有了神經細胞。動物對外界刺激所發生的反應，是由十分完善的結構來完成的，能感知冷熱痛和品嘗各種味道，還能做奔跑、游動、逃避、跳躍、飛翔等動作。植物體對外界刺激所作出的反應遲緩，像含羞草這樣能夠感受振動的植物很少，並且發生反應的機理也較複雜。

有些科學家認為，植物沒有神經。正是有了神經系統，高等生物才有了思維和活動。這種說法有一定道理，但是並不正確，只是我們還沒找到植物的智慧而已。

達爾文在1862年發表了《蘭花的授粉》，在書中他就表明了植物的適應性並不比動物的差。而他在1875年發表的《食蟲植物》中也展示了植物特殊的生存方式，其中像茅膏菜等植物可以通過捕獲飛蟲，消化和吸收飛蟲身體中的物質來生存。

生物知道自己應該攝入什麼、應該排出什麼、應該利用什麼、應該逃避什麼，植物也包括在內，攝入水和無機鹽，排出二氧化碳，利用光能，防禦病蟲害，這——當然就是邏輯判斷能力。也許在生物學家眼裡，這些只不過是最簡單的生存能力，只是應激性、條件反射等等，不足為奇。但是在程式師的眼裡，這些都是「If.......else」語句，而且還有解決方案，是利用理化規則的邏輯判斷，是構成思維的基本單位，這就是智慧。

生物活動有一個完整體系，從吃喝攝入，到拉撒排泄，再到異性交配，每一種、每一個都具備這個體系。

這個體系目的性很強，絕不含糊。就吃有營養的，就喝有水分的，就找能給自己生下後代的。

這個體系還有強大的執行力，你的生命系統在你的身體裡不斷提醒你，比如你不吃飯，它會用饞了、餓了、很餓、非常餓！快餓死了！！來提醒你儘快找食物。這樣準確的生命系統會沒有智慧嗎？

## 第八節　奇怪的有性生殖

孔子在《禮記》裡講：「飲食男女，人之大欲存焉。」意思是，凡是人的生命，不離兩件大事：飲食和男女關係。孔子把男女關係看做和生存一樣重要。

對於基因來說，最重要的任務就是複製和傳播下去。但是基因要完成這個任務所遇到的最大障礙，正是有性生殖，而這個障礙也許正是基因自己設置的。我們先說一下為什麼會有「性」，無性生殖不是很好嗎？

對於人類來說，答案似乎很簡單，夫妻倆相互幫助的日子一般會好過兩個單身狗，但是對於大多數動物來說並非如此，因為它們的雌性和雄性並不在一起生活。

最早的原核生物多數都採用簡單分裂方式繁殖，也有一些採用出芽生殖等方式。真核生物出現之後，開始出現有性生殖。單細胞的草履蟲就已經可以進行無性生殖和有性生殖了，它的無性生殖為橫二裂，有性生殖為接合生殖。有性生殖是由親代產生的生殖細胞結合，形成受精卵，然後受精卵發育成為新的個體。之後進化出來的高級一些的動物和植物，基本都進行有性生殖。不但如此，這些動植物也基本沒有再回到無性生殖的老路上去。就是說，有性生殖是自然選擇的結果，肯定比無性生殖好處更多。但是按照常規的生物學來分析，有性生殖的壞處遠遠多於好處，讓我們先來瞧瞧好處。

科學家陸續提出很多有性生殖的優勢，但都不大重要或者不能得到更多證據的支援。不要說有性生殖讓你很爽哦，那只是你自身的發育系統分泌的激素來勾引你尋找異性交配，以便養育更多後代的手段而已，並不是根本原因。

目前所知最大的優勢只有一個：有性生殖的群體，它們的後代獲得了父母的優勢或者父母的劣勢。經過自然選擇，得到父母劣勢的被淘汰了，剩下有優勢的後代進入下一輪競賽。

舉個例子，動植物的有性生殖可以有效地阻止寄生蟲在群體中的肆虐，在性別方面的進化是應對寄生蟲的一種防禦手段。

瑞士聯邦水產科技研究所教授朱卡·約凱拉對一種小型水生蝸牛——新西蘭泥蝸的幾個種群進行了10年的觀測研究。這種泥蝸現有無性生殖和有性生殖兩類，生物學家們分別監控了這兩類的種群數量變化以及它們受寄生蟲感染的情況。發現在初始階段，無性生殖的新西蘭泥蝸非常繁盛，但隨著時間的推移，這部分泥蝸越來越容易受到寄生蟲的感染，它們的數量也減少很多。而有性生殖的新西蘭泥蝸種群數量則比較穩定。

生物學家認為，當無性生殖的泥蝸繁殖時，會將自己的基因完全複製。由於每個個體擁有完全相同的基因，因此也具有完全相同的弱點。所以當某類能夠利用這些弱點的寄生蟲興起之後，整個泥蝸群體就可能被摧毀。

而有性生殖的泥蝸後代的基因都是多種多樣的，因此某些寄生蟲能夠破壞該物種的一部分，卻無法摧毀整個物種。

換句話說，有性生殖物種的基因庫裡保留了更多的備份——也許它只是以隱性基因的形式存在。基因的好壞都是相對於目前的環境而言，如果環境改變了，本來的劣勢基因可能反而有了優勢而成功逆襲。病菌對抗生素的抗藥性和害蟲對殺蟲劑的抗藥性，都是基於這樣的原因產生的。

有性生殖能夠帶來多樣性，在自然選擇面前就會有一些優勢，但是這並不足以彌補有性生殖帶來的眾多劣勢。最大的劣勢就是繁殖效率比無性生殖直接低了一半，因為對於種群數量的貢獻，很多雄性存在的價值就是提供幾個精子。「彼此爭鬥的雄性對於群體來說是一種浪費——確實，當雄性構成了種群的一半時，它們通常都是浪費，因為僅有少量的種馬就可以繁殖下一代而無須吃掉一半的食物。」[202]

除此之外，有的雄性的價值甚至是負數。比如雄性棕熊，播種之後再不負擔任何責任，整天遊蕩、不務正業，有了機會就會攻擊小熊。它們的存在，對種群甚至是個威脅。

在爭奪雌性的鬥爭中失敗的雄性下場往往很悲慘，因為一般會連同領地一起失去，從此開始了有上頓沒下頓，朝不保夕的艱難歲月。而佔有了雌性和領地的雄性也不會開心到永遠，因為他們會面臨其他光棍永無休止的折騰和挑戰，直到被趕下臺。比如一頭已經佔有了20多頭雌鹿的雄鹿，「它能否真正留下後代完全取決於它看管雌鹿是否盡心盡力，是否能有效地擊退不斷的挑戰。這是一份長期的令其心力交瘁的工作，在五六個星期的時間內，它必須時刻保持警惕，隨時準備迎戰。它幾乎沒有時間吃東西，健康受到極大的損害。」[203]

(202) 史蒂芬・平克，《心智探奇》（浙江：浙江人民出版社，2016），頁404。

(203) 瑪麗安・斯坦普・道金斯，《眼見為實-尋找動物的意識》（上海：上海科學技術出版社，2001），頁29。

一個交配季下來，雄性動物們常常渾身是傷。

假如再考慮到找不著對象或者交配不成功的情況，那麼有性生殖的效率就會更低。而且每一代的效率都很低，幾代之後，理論上的後代數量應該只有無性生殖的一個零頭，足見影響之大。

其他大多數方面，有性生殖也都是一種消耗性的生物學活動：求偶期越來越長，能量付出越來越大，生殖器官的結構越來越複雜……

對於人類來說，女人比男人愛美，打扮得也更漂亮。動物往往正相反，雄性的顏色更靚麗，這在魚類和鳥類裡更加多見。而雌性不需要費心思追求異性，所以顏色都灰突突的，越隱蔽越好。除了討好異性之外，雄性光鮮的外表對生存只有壞處沒有好處，神氣活現的大公雞在狐狸的眼裡不過是一個大盤雞。這個大盤雞的顏色扎眼，一公里之外就能看見，偏偏還有一個大嗓門，狐狸想安靜一會兒都不行。好在動物求偶都是有季節性的，它們一年中也就使勁嘚瑟這麼幾天，其他時間裡一般儘量低調。如果一直這樣張揚，真的要被天敵消滅絕種了。野雞求偶的季節，估計也是狐狸一年中最幸福的時光，到處都是唾手可得的大餐。野雞也要慶倖狐狸沒有冰箱冰櫃什麼的儲存工具，否則一隻勤奮的狐狸幾天時間裡也許可以捕獲一年的口糧。

野雞也是很無奈的，求偶和生殖如此之重要，顏色不能不鮮豔、聲音不能不悅耳，再加上性激素的味道頂風傳出幾裡地，實在無法低調。它們也知道狐狸不是傻瓜，好在一年就這麼一次，乾脆就把狐狸喂飽了吧，活下來的公雞就算在面前跳來跳去，撐得半死的狐狸也不會抬抬眼皮了。而這些狩獵者也不是傻瓜，它們也知道「八月十五蟹兒肥」什麼的，每年像趕場似的，「小海龜要出蛋殼啦」「沙丁魚群要路過啦」……哪裡有美味它們到哪裡，對這些資訊，它們比人類要清楚得多。

「性不僅沒有必要，而且照理說，還會造成進化上的大災難。首先，這種繁殖方法效率很差。在一群無性的鞭尾蜥蜴裡，每一隻新生蜥蜴都可以自行產下小蜥蜴；但在有性鞭尾蜥蜴族群中，卻只有半數能夠生產。倘若有性和無性的蜥蜴住在一起，無性那種的數量應該很快就壓倒有性的種類。而且性還牽涉別的代價：當雄性為雌性競爭，抵角搏鬥或比賽唱歌，不但得消耗大量精力，有時還得冒遭受掠食者攻擊的危險……性的代價極端高昂。」[204]

除了代價高之外，性還意味著將擾亂原來的基因圖譜。因為基因重組會打

(204) 卡爾·齊默，《演化 跨越40億年的生命記錄》（上海：海世紀出版集團，2011），頁207。

亂默契的配合。假設有一對優質基因，兩個基因配合可以帶來1＋1＞2的生存優勢。無性繁殖一定會把這個基因組合遺傳給下一代，而有性生殖就有可能拆散它們，導致後代失去這樣的優勢。

南極阿德利企鵝喜歡偷取同伴的建築材料——石頭，如果一隻喜歡偷竊又善於偽裝的雄性企鵝（假如這是兩個基因所決定），因為自己的技巧而日子過得不錯。但是它媳婦生了一隻跟它一樣喜歡偷竊，卻沒有老爸偽裝能力的熊孩子，經常因為偷竊被打得鼻青臉腫。這就可以理解為什麼優勢的基因組合只有合在一起才是優勢。

如果從某個基因的角度來看，有性生殖更加讓人難以理解，為什麼自私的基因會允許它最大的敵人——「等位基因」的存在？

## 第九節　不那麼自私的基因

等位基因是位於一對同源染色體的相同位置上，控制相對性狀的一對基因。比如人的眼皮性狀可以簡單地分為單眼皮和雙眼皮，其中雙眼皮為顯性，單眼皮為隱性。我們把它們稱為相對性狀，也就是同一性狀的不同表現類型。性狀是由基因控制的，控制顯性性狀的為顯性基因（通常表示為A），控制隱性性狀的為隱性基因（通常表示為a），基因在體細胞中成對存在，所以一個個體眼皮的基因型就有：AA，Aa，aA和aa，而A和a就是一對等位基因。一個人是雙眼皮還是單眼皮就取決於這對等位基因的組合形式，在這裡不細說，感興趣的讀者可以參考一下高中生物書裡孟德爾的豌豆實驗。

道金斯認為：「等位基因同競爭對手是同義詞。」[205]「就一個基因而言，它的許多等位基因是它不共戴天的競爭者，但其餘的基因只是它的環境的一個組成部分，就如溫度、食物、捕食者或夥伴是它的環境一樣。」[206]「凡是存在有性生殖的地方，每一個基因都同它的等位基因進行競爭，這些等位基因就是與它們爭奪染色體上同一位置的對手。」[207]

所以對於基因個體來說，最大的敵人就是它的「等位基因」。因為如果是無性生殖，每個基因都會穩穩當當地有自己的位置，並且遺傳給後代，隨著後代數量的增加而增多。但是有性生殖就不同了，每一個基因都會面對來自異性的等位基因的競爭，而基因自己只有50%的勝算。所以如果真如道金斯所說基因

(205) 理查·道金斯，《自私的基因》（北京：中信出版社，2012），頁29。
(206) 理查·道金斯，《自私的基因》（北京：中信出版社，2012），頁41。
(207) 理查·道金斯，《自私的基因》（北京：中信出版社，2012），頁222。

是自私的，那麼基因應該更歡迎無性生殖，但是為什麼99%的脊椎動物還在進行有性生殖？

有性生殖的好處還是有一些的，比如引入優秀基因、增強抗病能力、減少寄生蟲的損害，對種群的繁殖有好處。但僅僅這些仍然不足以讓「自私」的基因冒那麼大的風險引進一個天敵來和自己作對，因為畢竟還有別的辦法得到別人的基因。什麼也沒有把自己妥妥地遺傳下去更重要，而且無性生殖的生物也活得挺好的呀，所以自私的基因的理論解釋不了等位基因帶來的問題。

道金斯在他的書裡很坦率地對這個問題選擇了回避：「有性生殖和染色體交換，個體的消亡。這是兩個不容否認的事實。但這不能阻止我們去追問一下：為什麼它們是事實。我們以及大多數其他生存機器為什麼要進行有性生殖？為什麼我們的染色體要進行交換？而我們又為什麼不能永生？我們為什麼會老死是一個複雜的問題，其具體細節不在本書的探討範圍之內。」[208]

他接著說：「性到底有什麼益處？這是進化論者極難回答的一個問題。為了認真地回答這一問題，大多數嘗試都要涉及複雜的數學推理。除一點外，我將很坦率地避開這個問題。我要說的這一點是，理論家們在解釋性的進化方面所遇到的困難，至少在某些方面是由於他們習慣於認為個體總是想最大限度地增加其生存下來的基因的數目。根據這樣的說法，性活動似乎是一種自相矛盾的現象，因為個體要繁殖自己的基因，性是一種『效率低』的方式：每個胎兒只有這個個體基因的50%，另外50%由配偶提供。」[209]

道金斯在這裡開了一個玩笑：「有性生殖對無性生殖就被認為是在單基因控制下的一種特性，就同藍眼睛對棕色眼睛一樣。一個「負責」有性生殖的基因為了它自私的目的而操縱其他全部基因。負責交換的基因也是如此。」[210]所以這兩個既有權力又極端自私的基因，就不顧整體的利益，開啟了有性生殖和交換基因的閥門。

好在道金斯自己也承認：「這種情況非常接近於一種以假定為論據的狡辯。」因為這個解釋方法簡直是萬精油，幾乎可以用在任何進化難題上，都可以說成是由某個基因控制，比如性選擇控制基因、衰老控制基因、寒武紀大爆炸控制基因……

但是自然選擇的過程有利於那些能同其他基因合作的基因，如果一個基因

---

(208) 理查．道金斯，《自私的基因》（北京：中信出版社，2012），頁44。
(209) 理查．道金斯，《自私的基因》（北京：中信出版社，2012），頁47。
(210) 理查．道金斯，《自私的基因》（北京：中信出版社，2012），頁48。

群體合作很差，將會導致整個群體都被淘汰掉，所以即便存在這樣極端自私的基因，也會被自然選擇剪除。

道金斯教授是個直性子，就像達爾文在很多無法解釋的問題上也很坦誠一樣，道金斯教授坦率地指出自己理論某些尚未完善之處。

應該說，複雜生物基本都採用有性生殖這一事實，是自私的基因理論所解釋不了的，因為對基因的個體來說，有性生殖實實在在地減掉了單個基因50%的傳播可能性。

現在換我來解釋，從生物的整體來看，特別是從生物智慧這個角度來看，有性生殖對它將來尋找載體的影響並不大（生物智慧和暗生物如何選擇合適的載體，將在後面詳述）。因為有性生殖選擇的對象都是本物種，基因的相似程度超過了99%，以人類為例，多項研究發現，人們傾向於與那些在年齡、種族、宗教信仰、經濟收入、教育背景、社會階層、成長經歷等方面與自己相似的人結為夫妻。《美國國家科學院院刊》刊登科羅拉多大學一項涉及825名美國人的新研究發現，在擇偶方面，人們更傾向於選擇與自己有相似基因的對象。科學家解釋說，DNA相似性對比研究結果顯示，與隨機配對的單身參試者相比，已婚參試者與配偶的DNA相似性更高。

而在後代剩下的一點點，不到1%的與父母不同的基因裡，父母的基因還各占一半。所以從整體來說，後代跟親代的基因是非常相似的，不會影響生物智慧和身體的匹配（也是關於選擇載體的問題，後面詳述）。

那麼有性生殖的優勢呢，這不會再是進化論者極難回答的一個問題，也不需要複雜的數學推理。因為不只是更高的多樣性所帶來的優勢，更重要的是，有性生殖為生物智慧提供了最理想的學習素材。前面說過，學習——對生物智慧的生存非常重要，它們費盡心機到處收集學習素材，比如細菌到處撿DNA碎片，然後加入自己的DNA。那麼現在有現成的、也許帶著說明書的、而且是成功的範例送上門來，它們當然願意接受，沒有什麼比生殖帶來的新基因更加清楚和具體。其實雌性動物本來可以佔有全部的基因相似度，但是她們卻寧願拿出一半來換取另一個優秀個體的基因，就是為了向優秀者學習。

生物智慧就像學習如何搭積木一樣學習搭建基因，它們抓住一切機會來學習，在自己的「垃圾DNA」或者其他不關鍵基因中做實驗。「積木」這個概念對於生物學家來說並不陌生，最早是由麻省理工的湯姆·奈特（Tom Knight）教授提出來生物積木（Biobrick）遺傳元件這一概念的。

為什麼要不斷地學習呢？因為生物智慧的任務太艱巨。找到合適的蛋白質結構來構建自己的身體，這是生物智慧的主要任務。但是蛋白質實在太複雜了。現在可以設想建造一個不太複雜的蛋白鏈。

「主鏈的每三個原子有一個傍組，傍組的構成可有20種選擇。比如說有100個傍組（很小一塊蛋白質），那麼可能的序列有$20^{100}$種，這大大超過了可以觀測到的宇宙中微粒的數目。由此可略見這些分子工程在原則上有多麼大的可能性，要達到某一目的去尋找和調整某一序列的餘地該有多麼大。」[211] 這還不算蛋白質的空間結構。一般來說，一個細胞大概有幾千種蛋白質，這個分子工程的工作量可太大了。

生物智慧需要不斷的學習，但是學習的範例和素材很難找，基因突變帶來的範例大多數都是有害的，並不是好範本；食物攝取的基因片段太難理解，不容易學會；細菌也許還可以「撿」到其他細菌的基因，但是複雜生物似乎已經基本喪失了這個能力，草原上的斑馬經常路過角馬的屍體，但是從來沒有哪匹斑馬進化出兩隻尖角來對抗獅子。順便說一下，角馬是牛科動物，但是它既不是馬，也不是牛。角馬是一種羚羊，別名牛羚，在生物分類學上，它屬於牛科的狷羚亞科角馬屬。

可以理解生物智慧的苦惱，這麼好學的同學卻找不到好教材。但是有性生殖就是一個好機會，凡是和自己的基因不同的等位基因都是最好的範本，第一因為它至少經過一代以上的自然選擇；第二因為它的種類、尺寸、規格和自己的相同；第三因為它有可能是帶著說明書來的，有性生殖的精卵結合過程中，也許會有某種溝通。當然是為了學習別人的好基因，也是為了把自己的好基因介紹給同伴，使好基因快速擴散。由此可見等位基因的可貴和有性生殖的必要。

所以，讓生物學家大為撓頭的有性生殖問題，如果從生物智慧的角度來考慮就很容易理解。但是這個過程可以被觀察到，卻不容易被證明是生物智慧學習的結果，因為它正好和自然選擇的結果相似，所以會被理解為：好基因生存下來，壞基因被淘汰了。功勞又被全部記到了自然選擇的頭上。

自然選擇也是一個萬精油藉口，經常被生物學家用來解釋各種他們所不理解的現象，「為什麼會這樣？」「因為不這樣的物種已經被自然選擇淘汰了。」這麼解釋對嗎？

還有更極端的，微博上看到有人在調侃熱鬧的中醫之爭和轉基因之爭：「中醫和轉基因都沒有什麼好爭辯的，如果中醫無效，信中醫的人慢慢就滅絕

(211) 凱恩斯・史密斯，《心智的進化》（北京：北醫印刷廠，2000），頁74。

了，剩下的都是不信的了。如果轉基因不好，吃轉基因的慢慢都被毒死了，剩下的都是不吃的了。」

貓科動物論壇裡有人問：「為什麼蛇打不過貓？」下面有人回答：「打不過蛇的貓都被蛇咬死了，經過千萬年的長期進化，剩下的都是能打過蛇的貓。」看看，大家都學會了傳統生物學家常用的藉口。

這樣的解釋是不是很荒謬？嗯，傳統生物學家的自然選擇觀跟這個差不太多。這個荒謬的解釋也許是生物學最大的「學科公敵」，它就像一張巨大的黑色天幕，覆蓋在生物學曠野上，遮住了所有本應探尋的疑點。當我們鼓起勇氣揭開它，才發現下面漏洞百出，滿目瘡痍。

如果深入學習進化生物學就會發現，到處都是含糊和曖昧。「正如理查·萊旺頓這位著名的新達爾文主義者所言：『正是因為自然選擇什麼都能解釋，所以它其實什麼也沒有解釋』。」[212]

## 第十節　是誰在控制基因？

生命的生長和發育都受到嚴格而有序的控制，基因的表達也是受控的，並不是所有的基因都表達。幾十年前生物學家就已經知道基因的活動水準有強有弱，就像被旋鈕控制著一樣。生物體內大部分細胞都包含著整個生物體的完整基因，然而在任意時刻，每個細胞都只有一小部分基因處於活躍狀態。這種強度不同的基因活性決定了生物體如何實現其功能。

有時候這些旋鈕的轉動對應著基本的生物事件，比如年青人何時長出鬍鬚、何時進入青春期或者何時停止生長。另外一些時候，基因活性會根據你所處環境的變化增強或者減弱。由此，特定基因會啟動來對抗感染或者治癒你的傷口。基因表達的變化能讓你變瘦也能讓你變胖，或者讓你迥異於你的孿生姐妹/兄弟。所以實際上決定你是誰的並不完全是基因序列，而是基因表達。

在下一節表觀遺傳學的章節中，我們將提到，基因上面是有開關的，可以打開或者關閉某個基因。在關閉的情況下，這個基因不表達。而且這個開關的狀態對下一代也會產生影響。

那麼，這個有著旋鈕，可以被控制活性強弱，又有著開關，可以使其不表達的基因，真的處於生命活動的支配地位？還是只是一張藍圖，由工程師繪製的施工圖紙，經常被改來改去？或者是一個劇本，導演隨時準備根據片場的情

(212) 凱文·凱利，《失控》（北京：電子工業出版社，2016），頁569。

境做出修改？

從邏輯上說，對一個生物，最最最核心的內容不可能允許輕易被改變。不論外來的篡改還是自己的突變，更不要說兩性生殖的重組。除非是經過反覆試驗認定的內容，才允許寫入裡面。

是什麼控制了生命，是基因，每一個生命都是由基因組來編碼。

但是「在基因組編碼規則之上，還有一雙看不見的調控之手，它可以使具有完全相同基因編碼序列的細胞或個體表現出截然不同的性質——表觀遺傳。」[213]

## 第十一節　拉馬克理論的曙光：表觀遺傳學

表觀遺傳學又稱「外遺傳學」、「擬遺傳學」、「表遺傳學」、「後遺傳學」等等，英文是epigenetics，其研究的是在不改變DNA序列的前提下，通過某些機制引起可遺傳的基因表達或細胞表現型的變化。表觀遺傳學的首碼epi-意味著「在……之上」或「除……之外」，因此表觀遺傳學的特徵是傳統分子水準遺傳之上或之外的遺傳。

表觀遺傳學是20世紀80年代逐漸興起的一門學科，是在研究與經典的孟德爾遺傳學遺傳法則不相符的許多生命現象過程中逐步發展起來的。表觀遺傳現象包括DNA甲基化、組蛋白修飾等。

與經典遺傳學以研究基因序列影響生物學功能為核心相比，表觀遺傳學主要研究前面這些「表觀遺傳現象」建立和維持的機制。其研究內容主要包括兩類，一類是基因選擇性轉錄表達的調控，有DNA甲基化、基因印記、組蛋白修飾和染色質重塑；另一類是基因轉錄後的調控，包括基因組中非編碼RNA、微小RNA、反義RNA、內含子及核糖開關等。

2008年的冷泉港會議達成了關於表觀遺傳學的共識，即「由染色體改變所引起的穩定的可遺傳的表現型，而非DNA序列的改變。」也就是說，基因編碼完全相同的個體之間會出現截然不同的表現，而且能夠遺傳下去。

說一下人類遺傳物質的結構，「我們細胞中的DNA並不是那麼純潔又純正的分子。DNA的特定區域可以結合一些小化學基團。我們的DNA同時也被特定的蛋白包裹著。這些蛋白自身也被一些小化學基團所覆蓋。但這些分子的存在並沒有改變基因的編碼序列。這些DNA上或者蛋白質上的小分子的添加或移除

(213) 內莎·凱里，《遺傳的革命》（重慶：重慶出版社，2016），首頁。

改變的是鄰近基因的表達情況。這些基因表達的變化會改變細胞的功能及其自身的性質。有時候，這些化學分子的添加或移除發生在發育的關鍵時期，那麼這些變化會陪著我們度過餘生，哪怕活到100多歲。」[214]

比如DNA甲基化，就是給一個DNA分子加上一個分子量很小的甲基。內莎・凱里把它形容為「在一個網球上粘一顆葡萄」，直觀又可愛。

凱里的書生動有趣，她善用這樣的小比喻。比如她在描述細胞分裂的時候這樣說：「現在想像一下，細胞裡面的一段有一個非常小的蜘蛛俠。他向自己想要的染色體上噴射出一個網，網粘住了染色體，於是他把染色體拖向了自己所在的位置。而在細胞的另一端，也有個小蜘蛛俠做著同樣的事情。」[215] 在不影響準確性的情況下，用活潑的方式表達出來，這樣的文章不但適用於科普，其實也可以用於其它科學著作。

「我認為最好的科普不一定是最接近科學本真的作品，而是最能夠有效地將科學內容傳達給受眾的作品。」[216] 歷史只有一個真相，科學也只有一個答案。但是描述科學和歷史的方法卻能有很多，可以像「當年明月」和易中天那樣詼諧輕鬆地把歷史講出來，也可以像延斯・哈德的《萬物：創世》三部曲那樣把科學畫出來。你可以揶揄他們的淺顯，也可以嘲笑他們的漏洞，他們不是「最接近科學本真」，他們甚至會有一些小錯誤，但是無可置疑的是，他們的著作才是最好的科普——讓更多普通人學到了知識。這才是開啟民智。科學不是小部分人晉升、進級的臺階，而是服務於人類、生物界和自然界的工具。

「對待科學的最佳方式就是，把它從高高在上的地方拉下來。把那些大問題擺在學生面前，並且告訴他們，科學如何能或不能解答這些問題。」[217]

我對知識的來源從不挑剔，三人行必有吾師，「三本書必有吾知」，除了雜誌、書籍、紀錄片之外，還有公眾號、火山快手抖音西瓜的小視頻。這些小視頻當然是下里巴人，夠不著陽春白雪，所以被諸多高學歷線民所嫌棄。其實只要有自己的辨別能力，還有批判性思維，看看這些接地氣的小視頻，娛樂的同時還能夠擴大自己的知識面。

當然，從嚴謹性和邏輯性來看，科普雜誌、紀錄片、公眾號、小視頻與科

---

(214) 內莎・凱里，《遺傳的革命》（重慶：重慶出版社，2016），頁6。

(215) 內莎・凱里，《垃圾DNA》（重慶：重慶出版社，2017），頁47。

(216) 葉盛，《「神通廣大」的生命物質基礎：蛋白質》（北京：科學出版社，2018），饒子和院士序。

(217) 約翰・布羅克曼，《生命：進化生物學、遺傳學、人類學和環境科學的黎明》（浙江：浙江人民出版社，2017），頁73。

技期刊確實不在一個層次上。不過科技期刊很難勝任科學普及和推廣的任務，即便在科學的研究上，期刊也有著枯燥乏味、受眾太少、過於深奧、過於專業、過於集中於熱點領域的問題。所以雜誌、紀錄片等科普平臺當然是一個很好的補充。科學不是少數學者身上的一個耀眼的光環，而是一片大家澆水、大家受益的桃樹林。能讓每個人都吃著桃子、接受桃樹的蔭庇，用最簡單最直接的方法擁抱科學，領悟到生命的真諦。

國人從來不重視科普，魯迅先生在談到知識份子的啟蒙時，主張要有好讀物，適於年青人的讀物，他說：「我覺得至少還該有一種通俗的科學雜誌，要淺顯而且有趣的。可惜中國現在的科學家不大做文章，有做的，也過於高深，於是就很枯燥」，看到沒，高深而且枯燥。

以前，中國的科學家不重視——或者說乾脆不喜歡科普。他們喜歡平常人對他們的那種「須仰視才見」的崇拜和「噫吁嚱，危乎高哉！」的驚歎。科學家麼，當然不能食人間煙火，你們小時候的理想不都是成為科學家嗎？哥就是你們到不了的彼岸！一邊嘲笑著「舉世皆濁我獨清，眾人皆Low我獨行」，一邊歎息著「高處不勝寒」，一邊接受著吃瓜群眾的膜拜。睥睨眾生，牛並快樂著。

市場經濟的衝擊讓一些「豪門深似海」的高等學府開始不情願地、慢騰騰地改變了觀點。西方國家的教授比中國教授強一點，像卡爾·薩根這樣優秀的天文學家，也會是一個出色的節目主持人。這就成就了西方國家全民科技的科普氛圍。而中國的科學家還處在能夠在電視上羞答答地露個面就不錯了的境地，中國科普之路何其難也。

中國人注重實用技術，西方人注重自然科學。發達國家一個城市裡會有幾個博物館和科技館，展品也經常更新，學生一般每年都會去幾次。中國的博物館就少得多，而且經營的也不咋地。像陝西歷史博物館這樣需要排長隊，需要預約的省博物館僅此一家，有的省博物館都快黃攤了，進去一看不是民俗就是戰爭史，這些東西十年八年讓孩子看一次就夠了。自然科學的展品少得可憐，而且常年不更新。空空曠曠的展廳裡稀稀落落的幾個參觀者，一兩個無精打采的工作人員坐在角落裡。我估算了一下，每天的門票收入還不夠這裡的水電採暖費，更不要說人員工資和固定資產折舊以及更新展品的費用。

美國國家航空航天局NASA每年都有開放日，允許民眾免費參觀。「小龍哈勃」的微博裡發了一張擁擠人群的照片，並且配上了說明「控制中心有長達一個小時的排隊。另外我注意到小孩和年輕人比例非常高。」這句話戳中了我的痛點，年輕的科技人是國家的未來。如果一個國家的教育缺少對自然科學的引導，學生缺少對自然科學的興趣，那麼我們這個技術大國什麼時候才能夠成為科技大國呢？恐怕未來只能教育出給外國研究所打工的實驗員和工程師了。

一個瘋狂英語李陽對蘭州大學知名度的貢獻，可能超過100個教授，一個百家講壇王立群教授也讓河南大學這個百年學府的名字響徹全國，大家都知道河南大學有個明星博導，而不知道這個學校曾經是中國1300年科舉制度的休止符——1903年和1904年最後兩次會試在河南貢院舉行。高知名度意味著更好的生源、更高的分數線……其他大學看著眼紅，也嘗試著鼓勵老師們多露露臉，但是諸多專家教授早已習慣滿口術語，已經不會正常說話。覺得科普掉價兒、丟份兒——我說的話要是普通人都能聽懂，說明我太不專業了。

所以說，學術親民的氛圍又豈是一朝一夕能夠培養出來的？

和百度進化論貼吧吧友討論問題，他說：「提點有專業性的問題……你應該這樣問：『研究了XX教授的XX論文，其中某個資料有誤，根據xx實驗室實驗結論不是這樣，而應該是XX，所以導致該論文的結論不是XX而是XX』，你提的問題……別人會覺得你根本理解不了這些專業知識。」本書讀者中如果有專家和教授，你們一定會很認同這段話吧？因為往好聽了說，這就是專業人士的職業習慣吧。

我回答：「百度貼吧本來就不是專業論壇，是生物學愛好者聊天的地方，就不是非常嚴謹的地方，當然就沒必要一定引用專業論文。只要別跨出科學圈，不是神創論，那麼無論是科普讀物，還是科學紀錄片，大家都可以拿出來說說，也都可以作為證據。」

吧友說：「（生物學）這樣的討論不納入學術討論範圍會有討論結果？」

我回答：「除了少數胡攪蠻纏的，其他吧友都有資格來討論自己喜歡的話題，所以千萬不要設置門檻『學術討論範圍』，這正是中國科學家的一個缺點——不親民，以科普為恥。把生物學的大話題納入學術討論範圍，在貼吧裡能討論出個結果來？貼吧真的能解決世界難題麼，你也太看得起貼吧了吧，這裡只是生物學愛好者交流的地方而已。」

我在貼吧寫文章的時候儘量少用術語，表達準確就行，是為了更好的溝通交流。而很多人滿嘴都是專業詞彙，而且儘量找一些奇怪生僻的術語來嚇唬人，別人都看不懂才好，以此彰顯自己的專家范兒。

當然也有少數高手的文章寫得通俗易懂。在微博上看到過一個科普大咖寫的小短文，把40億年前地球被小行星撞擊，彈出的碎片形成月球的過程寫成了一篇纏綿悱惻的愛情散文，地球和月球就像一對有緣無分的小情侶，近在咫尺一直相伴卻無法牽手。文章唯美而且知識性很強，可惜兩次私信大咖請求轉載卻都被拒絕了，否者就可以在這裡登出來以饗讀者。

科學家的文風一般不會這樣瀟脫，很多人生活中明明詼諧風趣，可是一進入工作狀態，就板著一張大臉，似乎需要以此來強調自己的嚴謹和權威。

我們的科學創新正在呈現危機，「這首先是緣於科技工作者與公眾的交流越來越少。他們幹什麼都可以，就是不要幹科普。一旦出現在科普講壇上，不管是在報刊上還是螢幕上，就被自己的同行批評為『不務正業』、『不踏實工作』。熱心於科普的科研工作者日漸減少。」[218]

為了增加科技創新，也為了阻止人類對野生動植物的破壞，延緩生態環境的衰退，最好的辦法是教育下一代。讓他們知道生態環境的脆弱和環境保護的重要，而且我們離不開大自然，這才是最長效的解決辦法。糟糕的是，這需要我們長期的投入，而大自然並沒有給我們足夠的時間，很多物種正在加速滅絕……

除了自然科學引導不足之外，中國的應試教育導致大量實用知識得不到普及。比如中國學生的性教育嚴重缺失。上大學期間，我輔修了西班牙語作為第二外語。在西語班裡結識了Justo，這是老師給他起的名字，西語意思是「公平、正義。」Justo是一個優秀的員警，一口流利的英語。

有幾天Justo沒來上課，回來的時候顯得心情很差。後來私下告訴我們，他執行了一次涉外押送任務。

事情是這樣的，一個女大學生學習英語的時候認識了一個非洲小夥子外教，他熱情奔放、能說會道，姑娘動心了，結果發生了性關係。當防疫部門帶著員警找到姑娘的時候，她正在上課。醫生神色凝重的告訴說，她感染了愛滋病。悲劇的是，她竟然無動於衷，認為這個病打幾針就能好。Justo站在旁邊恨不得抽她一頓，哀其不幸怒其不爭，又想拉著她哭一場，又是一個性教育缺失的受害者。剛剛考入大學的天之驕女，花季的生命卻即將凋謝。

當知道了嚴重性之後，姑娘痛哭流涕，問非洲小夥，他早就知道自己有愛滋病，為什麼還要害她。人渣臉一黑「我還不知道誰傳染我的呢」。

但是對這樣的罪犯卻並不能嚴厲的懲罰，只是拘留、遣返和禁止入境。

Justo說：「在開往北京的火車上，別人都躲著那個人渣，只有我緊跟著。

(218) 馬庫斯·烏爾森，《想當廚子的生物學家是個好駭客》（北京：清華大學出版社，2013），序8頁。

如果他逃跑而且拒捕，我會開槍的，免得他再禍害別人。」

但是人渣很消停，一點出格的舉動都沒有。在國際機場登機口，人渣回頭跟員警說：你們遣返我也沒用，中國是個好地方，過兩年我用我哥哥護照再來。然後轉頭就上飛機了，留下後面幾個臉色鐵青的員警。說到這裡，Justo捏緊了拳頭，低下了頭，聲音有些沙啞「我叫公正，卻連個女孩子的公正都無法替她討回來！」

經過三十多年的高速發展，中國的經濟實力和人民物質生活有了翻天覆地的變化。隨著物質生活水準的提高，精神生活也發生了巨大改變。原來禁錮思想的傳統禮教迅速被打破，精神生活已經跟發達國家接軌，但是我們的保護制度和安全意識卻仍是白紙一張，性觀念開放了，性知識的普及卻很落後。我們這個曾經保守而相對安全的國家，現在已經成為世界愛滋病感染率增長最快的國家之一，而年青的大學生又是增長最快的被感染群體。性教育的缺失，使很多大學生並不知道愛滋病的危險性，或者認為自己離愛滋病很遠，不會被感染。這導致他們不瞭解性病，不知道性病的危害，不知道誰是高危群體，也不知道怎樣防禦性病。拿男同性戀性接觸來說，調查發現高度危險的大學生「男男」之間竟然大多不會採取防護措施，連安全套也不用，似乎安全套只是為了避孕，這導致「男男」成為愛滋病易感群體。

責任最大的就是讓她無知的傳統性教育。小海鳥在第一次試飛的時候，常會有母親的陪伴護航，人類的老師和長輩應該讓孩子知道關於生存的重要知識，而不是只關注高考分數。如果不懂得保護自己，沒有身體和精神健康，要高考分數，要名牌大學有什麼用！！！梅毒、淋病、愛滋病、墮胎，嚴重威脅年青人生命和健康，正在呈飛快發展的態勢，但是我們的教育卻仍然淡定、冷漠、無動於衷地面對著這些不懂事的孩子。

心態平復一下，接著說甲基化。當DNA被甲基化之後，它會與一個叫做MeCP2的蛋白質結合，這之後還會結合更多其他蛋白質來幫助關閉基因。這個DNA會非常緊密地纏繞而讓轉錄機制無法靠近城基。這就使轉錄複合體不能結合到啟動子上，從而阻止信使RNA的生成。我們高中生物學過蛋白質合成過程，DNA資訊轉錄成信使RNA是必須的一個環節，這個環節失敗，就像缺了快遞小哥的網購，自然不可能進行。

DNA的表達就是這麼複雜，「一個垃圾DNA區域（ICE）控制了一條編碼長鏈非編碼RNA的垃圾DNA的表達。這條長鏈非編碼RNA又嚴格地調節了一段編碼一批非編碼RNA的序列。而且這些非編碼RNA的作用是去調節另一些不編碼蛋白的RNA。」[219] 有點像繞口令是不是？簡單的說，就是A控制了B，然後B調節了C，接著C又調節了D。就是這麼個一環扣一環的複雜過程。

「DNA經常被描述成好像個光杆司令一樣，即除了去氧核糖核酸以外沒有任何其他分子。當我們想想DNA雙螺旋的時候，基本上看起來就像一條非常長的雙軌火車道（這也正是教科書把DNA描述成的樣子）。但事實上它一點都不像。」[220]

DNA與蛋白質密切相關，特別是被稱為組蛋白的蛋白質。組蛋白聚集在一起，而DNA則像一條帶子一樣緊緊繞在組蛋白上。我們染色體的某些特定區域幾乎始終保持著這種結構。這些區域看起來是不編碼任何基因的。相反，它們是一些結構性的區域。

「如果DNA甲基化像是《羅密歐與茱麗葉》上面的半永久的標注的話，組蛋白上的修飾則像是臨時的批註。它們就像是鉛筆做的標記，能挺過幾次影印，但以後就會不見蹤影。」[221]

「大部分組蛋白的修飾具有更好的可塑性。一種修飾可以被置於某個基因的組蛋白上，還可以被移除，然後再放回去。細胞核受到任何外界刺激，作為反應都會發生這些修飾。這些刺激包括的範圍很廣。在一些細胞類型中，對激素的反應可能會導致組蛋白的編碼……這些組蛋白編碼的變化是通過後天（環境）與先天（基因）的交互以創建地球上高級生命複雜性的重要途徑之一。

組蛋白的修飾也允許細胞去『嘗試』不同的基因表達模式，尤其在發育期。當抑制性的組蛋白修飾出現在某個基因附近時，這個基因會被暫時性的失活。如果這些基因的失活對細胞有益，這些組蛋白的修飾會持續很長時間直至導致DNA的甲基化。」[222] 也就是關閉這個基因。

「而且還有許多其他組蛋白的修飾，事實上，以大衛．阿利斯的工作為起點，超過50種針對組蛋白的修飾被他和其他諸多實驗室鑒定出來。這些修飾都能改變基因的表達，但作用並不一致。有些組蛋白的修飾升高基因的表達，有些則降低。這些修飾的特徵被認為是一種組蛋白編碼。而表觀遺傳學面臨的問題就是這個編碼真是太難讀了。

這就是目前那些想瞭解所有不同的組蛋白修飾組合如何影響基因表達的科學家們所面對的。在許多情況下，我們可以清楚地知道單個修飾會有什麼作

(219) 內莎．凱里，《垃圾DNA》（重慶：重慶出版社，2017），頁101。
(220) 內莎．凱里，《遺傳的革命》（重慶：重慶出版社，2016），頁43。
(221) 內莎．凱里，《遺傳的革命》（重慶：重慶出版社，2016），頁45。
(222) 內莎．凱里，《遺傳的革命》（重慶：重慶出版社，2016），頁49。

用，但面對複雜的組合，我們還是無法做到準確預測。」[223]

通俗的說，有的表觀遺傳修飾可以看做DNA的基因上面有開關，可以打開或者關閉這個基因。在關閉的情況下，這個基因不表達，或者說不起作用了。有的開關還是可以遺傳的，親代的開關是關閉的，那麼子代也是關閉的，與之相對應的基因就一直不表達。

問題來了，基因的表達可不都是那麼簡單的「開」和「關」。基因很少處於全開或者全關的狀態：它們更像是老式收音機上面的音量調節旋鈕，可以開大一些，或者關小一些。

「為什麼生物要進化出組蛋白修飾這麼複雜的方式來調節基因的表達呢？這跟DNA甲基化修飾導致的全或無的調控方式相比複雜太多了。原因之一就是也許因為這種複雜性才能允許對基因表達進行微調。正因如此，細胞和生物可以為了適應外界環境而更好地對基因表達進行調節，就像要適應後天環境或者病毒的感染等。」[224]

表觀遺傳系統是一種對我們基因的修飾，但是並不更改基因序列。它是一隻看不見的手，控制著基因的使用方式，形成數百種不同的細胞分化方向，並且在細胞中一代代遺傳下去。

拉馬克對獲得性遺傳是這麼描述的：「某器官因對完成變化而充分使用之習性而獲得的一切變化，若在受精之際協力於其種之繁殖的個體雙方都相同，則這些變化就得以累積世代的維持下去。」[225]是不是和表觀遺傳的基因修飾很像？親代由於環境改變而引起適應性性狀改變，這個改變還可以遺傳，這就是獲得性遺傳。而且這個改變能給生物的適應能力帶來好處，一代代累積起來，量變到質變，這基本上就是用進廢退。

比如，「在齧齒類動物中，父親的飲食情況能夠直接影響子代的表觀遺傳學修飾、基因表達和健康情況。這是一種直接的影響……飲食導致了表觀遺傳學影響，並可以從父親傳遞給孩子……也許我們以前認為的『我們吃什麼會影響我們自己』遠遠不夠。也許我們父母，甚至更上幾代的祖先吃什麼都會影響我們……我們的健康和壽命是由我們的基因組、表觀遺傳基因組和環境因素共同影響的……如果我們打算要孩子，我們怎會不希望竭盡所能，讓他們具有更接近健康的身體呢？」[226]

---

(223) 內莎・凱里，《遺傳的革命》（重慶：重慶出版社，2016），頁46。
(224) 內莎・凱里，《遺傳的革命》（重慶：重慶出版社，2016），頁50。
(225) 讓・巴蒂斯特・拉馬克，《動物哲學》（北京：商務印書館，1936），頁193。
(226) 內莎・凱里，《遺傳的革命》（重慶：重慶出版社，2016），頁78。

所以我們良好的生活習慣，不但有利於我們自己的健康，也會直接影響到孩子。比如酗酒，就會對孩子的健康不利。

「烯菌酮是一種抗真菌劑，被廣泛使用於紅酒工業中。如果被哺乳動物攝入……當烯菌酮與雄激素受體結合後，睾丸酮就無法將正常的信號傳遞給細胞，因此其正常的激素功能也被遮罩了。如果在胚胎睾丸發育期給予懷孕大鼠烯菌酮的話，雄性後代就會出現睾丸缺陷和生殖能力降低。而且此作用一直持續到之後的三代。大概90%的雄性後代會受累，這比傳統的1%的DNA突變率可大多了……在這些大鼠實驗中，僅僅有一代暴露在烯菌酮中，但是其影響持續了至少四代，所以這也是拉馬克遺傳學的另一個例證。」[227]

表觀遺傳對生物學的衝擊並不止於此。現在讓我們再看一下DNA這台收音機上的音量調節旋鈕，它能夠對基因的表達進行微調，而且有數百種表觀遺傳蛋白和超過50種針對組蛋白的修飾。這些修飾對基因表達的改變效果還不一樣。同時，這些修飾往往來源於外界刺激。表觀遺傳還相當活躍，相比每代基因編碼小於1%的改變來說，表觀遺傳中僅是DNA甲基化水準往往每代就會有超過20%的改變。

大家想一下，表觀遺傳像不像錄音棚、電臺廣播、舞臺擴音和音響節目製作的調音台，它將輸入的聲音信號進行放大、混合、分配、音質修飾和音響效果加工。表觀遺傳的工作就是給基因裝上旋鈕和推子，然後根據外面環境的變化，增加或減少基因的表達。毫無疑問，這是相當聰明的舉動。因為環境變化往往是暫時的，比如高溫和低溫，乾旱和洪澇。這也是個嘗試和學習的過程。當環境變化持續下去，而使某個基因一直沒有用處的時候，組蛋白的修飾持續下去直到DNA的甲基化來關閉這個基因。

如果好不容易被甲基化關閉的基因被發現還有用處，細胞會馬上把甲基化去掉嗎？不一定，因為甲基化比較麻煩，如果再需要關閉還得浪費時間，所以細胞還有一個聰明到匪夷所思的辦法，它會在甲基化的基因外面再修飾一下。前面說過，DNA甲基化就像在一個網球上粘一粒葡萄，那麼現在要做的就是在這顆葡萄上再粘一個豆子——一種酶可以向甲基胞嘧啶上添加羥基以形成5-羥甲基胞嘧啶分子，而細胞會將這樣的分子作為未甲基化的DNA進行閱讀。

這樣智慧的行為難道只是隨機的理化反應嗎？沒有智慧存在嗎？

基因的表達是一個複雜、精細的過程，在這個過程中，調節信號起了關鍵作用，調節信號能夠在特定的時間打開或關閉特定組織中的基因，尋找調節信

(227) 內莎・凱里，《遺傳的革命》（重慶：重慶出版社，2016），頁79。

號是一個挑戰。其實比這更富挑戰的是找到調節信號的源頭——是「誰」發出的信號。

監聽到秘密電臺的信號是一項重要工作，但是更重要的是找到發出信號的地下黨，所有的日偽特務都知道這個道理。但是地下黨行蹤飄忽不定，你無法發現他；就算發現他，你也無法接近他；就算接近他，你也無法抓到他；就算抓到他，你也打不倒他；就算打倒他，你也打不死他；就算他快死了，你會發現，有人把他救走了……至少諜戰神劇裡都是這樣描寫的。同樣，比找到發出神秘電波的地下黨更困難的是找到發出基因調節信號的真正源頭，因為它們乾脆是隱身的。

科學家一直認為，基因是生命活動的方向盤，但是現在我們明明看見了這個方向盤上面還有一隻手——灰衣人的手，不但掌控著方向，而且操縱著各種按鈕來回應外面的天氣和環境變化：光線變暗他就打開大燈，光線亮了他就關上；下雨他就打開雨刮器，雨小了他就旋動旋鈕減慢雨刮器速度；路況複雜他就按按喇叭，起霧了他就打開雙閃……

微博上經常有一些小的突發事件，比如地鐵上大媽看不慣Cosplay女孩啦，菜市場大媽拿大蔥怒打插隊女啦，明眼人一看就是擺拍作秀，其實是個廣告。但是只要當事人不承認，你就沒證據。不過呢，假如你能在視頻裡看到攝影燈、反光板和錄音杆，那他們就無法抵賴了。其實表觀遺傳學就是基因被操控的證據，我們不但能看到各種操作工具，甚至能隱約看到操作的手。

如果讓別的學科的人來學生物學，都能發現那只看不見的手，只有傳統生物學家看不見，視而不見，熟視無睹。比如讓學經濟的人回到大學校園，重新開始學習《進化生物學》，他們也會發現貌似隨機的進化背後有一隻操控的手。在他們的眼裡，就像市場經濟的表面自由下面，是各個利益相關者的博弈。平時一片祥和，有錢大家賺。但到了金融波動或者對沖基金來搗亂，各國的央行就會跳出來干預。特別是美聯儲這個巨頭，隨隨便便發佈點兒什麼消息，都會在金融市場上掀起驚濤駭浪。這只手似有似無，殺人於無形。

每個細胞都有自己的灰衣人（生物智慧），整個生物體還有更大的灰衣人，同一個身體的灰衣人之間也在進行著溝通和學習。動物和植物的細胞都能產生數千種不同的小RNA分子，這些小分子不編碼蛋白質，而是用來關閉基因。這些小RNA分子能夠從一個細胞移動到另一個細胞，並關閉其它細胞的基因，這樣就把生物體一個初始部位產生的表觀遺傳相應傳遞到了其它部位。

灰衣人通過控制基因的表達來掌控生物生長發育的方向和方式。我們在前面的進化現場已經看到了這個灰衣人的影子，而在這裡，又看到了他的手，就差握住他了！

**當然，現在還沒發現表觀遺傳可以改變基因編碼，但是我認爲這是遲早的事情**。因為改變基因（而不只是控制基因）才是這只手的目的，因為這樣可以一勞永逸地遺傳下去。其實這麼說有點離譜，因為表觀遺傳學的定義之一就是「研究基因序列不發生改變的可遺傳改變。」但是，在改變之前，他一定要反覆的練習、實踐和觀察，因為與調控不同的是，基因編碼一旦改變就會造成影響深遠的後果，而且也許很難再改回來。

生物學家認為，基因編碼比較穩定，而表觀遺傳更加有彈性及可塑性，我還要再加一條，表觀遺傳更具有「可操作性」，方便生物智慧擺弄基因。如果將來真的發現表觀遺傳可以改變基因編碼，就將顛覆以基因突變為主的這一部分進化理論。

轉基因技術給大眾帶來一個假像，似乎科學家對基因已經瞭解得很透徹，能夠把基因編碼玩弄於股掌之間，其實與灰衣人（生物智慧）熟練操作和控制自己的基因相比，現代的基因技術水準還不如小學生。

「到目前為止，生物技術產業消滅的最成功的東西，就是投資者口袋裡的鈔票。基因泰克公司成立四十多年後，2009年，生物技術產業分析師的報告稱，上年度這個產業整體才終於實現了盈利。之前的四十年，投資者往不計其數的公司中投了數百億美元，指望在生物技術產業領域贏得下一個大獎。隨後的確出現了重大的醫學研究進展，但是那些熟悉的疾病卻仍然缺少真正有效的治療辦法，這無疑表明，從各方面來說，生物技術都沒有達到之前的美好願望。」[228]

灰衣人通過表觀遺傳對基因的操控，可以從觀察同卵雙胞胎染色體的變化看出來。剛出生的同卵雙胞胎之間並沒有表觀遺傳學差異，而隨著年齡的增長就會出現不同。特別是長時間分開生活的同卵雙胞胎，他們具有非常明顯的表觀遺傳學差異，這就證明了表觀遺傳學是生物體對環境差異的反應。

這個操作過程也已經被一些實驗所證實，比如某些表觀遺傳蛋白有類似於減噪器的作用，它們通過用修飾來覆蓋組蛋白而降低基因的表達，就像一隻手在旋轉基因上的旋鈕和上下滑動調音臺上的推子。

「這是細胞中的一種複雜的平衡行為，在其中表觀遺傳蛋白減少轉錄雜訊

(228) 馬庫斯·烏爾森，《想當廚子的生物學家是個好駭客》（北京：清華大學出版社，2013），頁104。

且並不是徹底關閉之。它通過壓制的辦法允許細胞有足夠的基因表達靈活性來對新的信號進行反應——包括激素、養分、污染以及日光燈——而不會使基因隨時都準備著被表達得熱火朝天。」[229] 這樣既能夠快速的對環境變化做出反應，又不會反應過於敏感。

這些表觀遺傳的操作有的會一直保持，從而影響基因表達的水準。這些最初的小幅波動，最終可能被「設置」並傳遞到子代細胞中。開始的時候，這些被固定下來的操作不會帶來明顯的後果，但是幾十年之後，影響會逐漸顯現出來，有的會使肌體產生功能障礙。

舉例來說，大饑荒時候出生的孩子，因為缺乏食物，所以他們的細胞會被表觀遺傳程式設計為盡最大努力去節約食物的模式。這個設定一直保持著，即使多年以後食物已經充足了。

傳統生物學家還是認為這個過程是隨機的，那是因為還沒有發現生物的智慧，如果我們已經瞭解了生物智慧對生物體的操控方法之後，就會發現這個過程是有意為之，而且一定是必要的。這就像草地上的一群螞蟻，在普通人看來，螞蟻就是在到處亂轉。而在昆蟲學家看來，它們有的在偵查，有的在覓食，有的在站崗，有的在巡邏，有的在探路，有的在挖洞……

有的科學家認為表觀遺傳不重要，因為它不穩定，環境一變化，它就受影響。不像基因可以穩定的跨代遺傳。同時，雖然表觀遺傳修飾能夠連同遺傳密碼一起被遺傳，但是還存在著恢復和擦除表觀修飾的機制，可以防止把親代的表觀修飾遺傳給後代的防範體系，這樣母體表觀修飾就不是都能夠遺傳下去。其實這正是小心謹慎的表觀遺傳的高明之處，和我們後邊將看到的意識的遺傳很相似，也正是本書的主題之一——反覆學習，然後才改變。

這裡順便說一下「環境影響」，這又是生物學家的一個萬精油似的藉口（現在已經遇到好多萬精油了哈），遇到解釋不了的問題就抬出來。環境是背景，是描述，不是主要原因，聽起來蠻有道理，但是並沒有真正告訴我們什麼。

環境影響有沒有？當然有，而且很重要，但是更主要的原因在於生物自身。地震的時候老鼠搬家，難道它們是被地震波彈出來的？不是吧，它們是感覺到了即將到來的危險，主動尋找更安全的地方。北雁南飛，是西北風把它們吹過去的？不是吧，是因為它們感覺到了即將到來的冬天，知道這裡快要找不到食物了，而主動飛去食物充足的南方。實驗證明，如果給禽鳥足夠的食物，

(229) 內莎・凱里，《遺傳的革命》（重慶：重慶出版社，2016），頁62。

冬天它們也可以呆在北方。只要生活過得去，誰願意長途跋涉背井離鄉？你以為像你坐著飛機去馬爾代夫度假呢，它們可是拖家帶口徒步過去的。

所以表觀遺傳受到環境的影響，很難說是一個被動還是主動的過程，或者兩者都存在。但是我們更應該考慮的是生物的主動適應。

羅大佑的歌曲《光陰的故事》大家都聽過吧，特別能夠引起心弦的共鳴：

……

風花雪月的詩句裡

我在年年的成長

流水它帶走光陰的故事

改變了一個人

就在那多愁善感而初次

等待的青春……

長春有個音樂酒吧，名字就叫「光陰的故事」，偶爾去聽聽懷舊歌曲挺好的。裡面的歌手很敬業，我也常常跟著唱，有時候唱著唱著眼睛就濕潤了。

「流水它帶走光陰的故事，改變了一個人」，這個人真的是被流水改變的嗎？時光飛逝，光陰如流水，滄海桑田，世事變遷，說的就是環境變化對人的影響。但是面對變化的時候，每個人的反應都不相同，同樣的變化卻會造就不同的人性。面對同樣的困難，有的人慫了，從此消沉；有的人堅強，從此更加強大。所以環境只是客觀因素，真正起作用的還是內因。

細胞可以感知周邊的環境，並作出合理的反應，讓需要表達的基因在合適的時間合適的地點表達。表觀遺傳學就應該是研究生物內因的科學，它對獲得性遺傳很重要，而獲得性遺傳對本書的中心思想——「學習」很重要，學習到的內容如果不能改變遺傳物質，從而影響下一代，那學習還有什麼作用呢？

很多科學家正因為獲得性遺傳還沒有足夠的證據，而對生物的「學習」持否定態度：「我們身體器官的複雜設計是由人的基因組包含複雜的資訊所決定的，所以我相信，我們的心智器官也是如此……我們不是通過學習而獲得胰臟，所以我們也不是通過學習而獲得視覺系統、語言習得能力、常識，抑或愛、友誼以及公平等情感。」[230] 史蒂芬・平克這個想法可以代表大多數科學家，因為他是科學家之中相當開明的。

其實學習重要性的例證隨處可見，在平克的書裡也可以找到：「要預測

(230) 史蒂芬・平克，《心智探奇》（浙江：浙江人民出版社，2016），頁32。

絕大多數人類行為，如打開冰箱、等上公共汽車或將手伸進某人的錢包，你並不需要勞神構建一個數學模型、運行神經網路中的電腦類比程式，或是雇用一個職業心理學家，你只要去問問你奶奶就行了。」[231] 奶奶的知識是什麼？是經驗。經驗哪裡來？當然是奶奶在生活中學習積累而來。也許並不是故意，只是覺得有用或者有趣，就記下來了。無意識的學習。只有智慧才能具有學習能力，但是，不只是人類的意識才是智慧，潛意識就不是智慧了嗎？

雖然有一些小瑕疵，但是現在表觀遺傳學基本上可以證明拉馬克的獲得性遺傳是正確的，那麼毫無疑問，現在應該重新評估「學習」對生物遺傳以及生長發育的重要性。也許我們會發現，胰臟是一代一代學習積累而來，心智也是，視覺系統、語言習得能力……通通都是學習而來。當然不是意識的學習，而是生物智慧的其他組成部分。

雖然表觀遺傳學現在是進化生物學最熱門的領域，也取得了很多重大突破，但是在一些關鍵點上還是存在諸多問題。內莎．凱里歎到「表觀遺傳隨機多樣性的模型，個體的基因型和早期環境事件，以及基因和細胞對環境的反應組成了一個巨大的複雜方程——而且尚未解開。」

恕我直言，如果生物學接著無視生物體內的智慧，那麼這些問題將永遠無法找到答案。試問，缺少已知條件的數學方程能解開嗎？缺少參數的物理題能算對嗎？缺少反應物的化學方程式能得出生成物嗎？找不到嫌疑人的案件能偵破嗎？

---

(231) 史蒂芬．平克，《心智探奇》（浙江：浙江人民出版社，2016），頁66。

# 第五章　任何生物都有智慧嗎？

## 第一節　什麼是意識？

在本章的開始，我要先道歉，那就是在本章中，我不會區分意識和智慧。其實意識和智慧當然區別很大，但是我並沒有能力和精力把它們分開來詳細討論，只能籠而統之，把它們一股腦兒地歸結為一種知道、分析、計算和判斷的能力。

自然界所有的奧秘中，最大的兩個就是心靈和宇宙。宇宙太大，現在還看不到盡頭。心靈很近，但是不可見。

「意識」可以讓最嚴謹的思想家胡言亂語、張口結舌。——科林・麥吉恩（Colin McGinn）

「時至今日也沒能找到一個簡單的有關意識的定義。哲學家大衛・查默斯（David Chalmers）所編目的關於這個主題的論文已有2萬多篇；科學上沒有任何一個領域有這麼多的人做了這麼多的工作，卻得到這麼少的共識。」[232]

「幾個世紀以來，不同的研究領域都持同樣的觀點，即科學難以解釋意識。許多現代哲學家仍贊同這種觀點，並提供大量的論據試圖證明用科學方法研究意識是毫無意義的。從心理學歷史上看，在很長時間裡，即使是科學家們也都追隨失敗主義的浪潮，避開與意識研究領域相關的論題，認為意識不能通過實驗方法得到證實。比如，20世紀最著名的實驗心理學家喬治・米勒（George Miller）在1962年建議：『我們應當在一二十年內禁止使用意識這個詞』。」[233] 當然，這與科學的宗旨相違背，科學本就應該承認問題，正視問題，嘗試解決問題，並且包容假說，但是在「意識」這個論題上，似乎全都反過來了。

---

(232) 加來道雄，《心靈的未來》（重慶：重慶出版社，2016），頁29。

(233) 丹尼爾・博爾，《貪婪的大腦》（北京：機械工業出版社，2013），頁29。

「在科學研究中，理論受到稱讚，思索卻被人嘲笑。一位生物學家若在刊物上被指責為『思索』，終身職業都會背上這個惡名。」[234] 自由思索、廣泛求證、善於溝通，這本來是科學精神，現在卻會被科學的教條主義嘲諷和打擊。

「科學是注重實效的：科學研究僅限於物理上可以證實的範圍之內。科學家習慣於把大的、無法證實的問題留給哲學家和神學家。職業科學家把自己孤立在細小的『學科』內。」[235]

我相信科學，雖然我不是信徒，但並不反對宗教，只是反對教條。可惜在這個問題上，科學家的表現並不出色。科學不是少數圈內人的奢侈品，本應該是大眾參與的，本質上具有靈活性的認識事物的方法。人類對自然的認知還很少，實證範圍之外的空間還很大。在未知的領域內，腳踏實地的科學家的想像力實在有限。

真正的科學不應該懼怕異端。西方國家重視培養學生的批判性思維能力，美國教育委員會認為，「大學本科教育的最重要目的，是培養學生的批判性思維能力：熟練和公正地評價證據的品質，檢測錯誤、虛假、篡改、偽裝和偏見的能力。」注意，這裡強調的是「熟練和公正」，只熟練不公正，見到啥質疑啥，那是杠精。

一般來說，批判性思維分為四個步驟：開明接受，理性質疑，收集資料，邏輯推理。當然也不是對什麼理論一上來都開明接受，主要是對社會認可度比較高的理論。質疑是應該的，即便這個理論是正確的。因為質疑不等於否定，這本身就是個求證過程，有利於更好地接受和理解科學理論。

舉例來說就是這麼一個過程：看到別人的理論，先找到其中的亮點「喔，你說的有道理」，然後提出自己的問題「我有幾點不明白」，不要忙於承認或者否認，多找點資料比對一下。最後就是邏輯分析，看看這個理論的優點和缺點，形成自己的觀點。

這同時也是一個思維訓練的過程，經常進行批判性思維的人思路開闊、謙虛而又有主見，教育培養的不是機器人，而是一個有思想的人。

相比之下，中國人缺少一些批判性思維。2003年，中國科學院的一位教授進行了一項關於「進化論」的調查。結果顯示：71.8%的中國受調查者認可「人類是從早期動物進化而來」。這著實令人驚訝。因為在達爾文的故鄉，仍有

(234) 林恩·馬古利斯，多里昂·薩根，《傾斜的真理》（江西：江西教育出版社，1999），頁150。

(235) 林恩·馬古利斯，多里昂·薩根，《傾斜的真理》（江西：江西教育出版社，1999），頁2。

「半數英國人不相信進化論」的報導。而在我國，絕大部分受過教育的人已經把這個結論當作了常識。

其實這並不是因為我國教育水準有多高，反倒是說明了我國教育上的一個缺陷：對於進化的誤解。大部分學生在接受教育的時候都沒有認真考慮過「人真的是由人猿變來的嗎？」機械的灌輸式教育必然導致批判性思維能力的缺失。

批判性思維還有一個重要的作用，就是防止被洗腦。與平常人的認知所不同的是，洗腦波及面最大的領域也許並不是宗教和傳銷，而是——科學。

科學也會給人洗腦嗎？讓我們先來看看洗腦最重要的三個特徵。

首先是重複性。洗腦都是靠著一遍遍的重複，變換角度的重複來加深你的印象。就像洗衣機不停的轉來轉去，嘩啦啦反覆沖洗。你上學時候學的科學知識，不但不斷的重複，而且換著花樣講給你聽。最後還要一次次的考試，看你有沒有記住。如果沒記住，必然會遭受全方位的懲罰和打擊。

其次是自認為的絕對正確性，你們都錯就我對，如果你有不同看法，就要好好檢討自己，怎麼會產生這樣奇怪的想法呢？你還想質疑科學嗎？學生考試如果想得高分，很重要一點就是揣摩出題老師的想法，按照他們的思路走，然後要在心裡產生五體投地的由衷佩服——我咋就這麼笨呢？出題老師咋就這麼聰明呢？這樣你才不會因為自己的奇思妙想被莫名其妙的扣分。

洗腦的第三個特徵是排他性：「我就是真理，別的都是異端，上天入地唯我獨尊。」怎麼樣，科學符合這一點吧？科學能容得下其他理論嗎？

問題是，科學都是正確的嗎？

換個角度看，當人被洗腦之後會發生什麼呢？首先認為這是真理，並且不允許別人質疑。其次是自己主動規範自己的思想和行為，沿著規定的方式去想去做，而且不允許自己跑偏，一旦有了疑問，馬上念叨「錯覺，一定是錯覺。」之後還會懲罰自己。大家看看，傳統生物學家是不是這樣？我可以肯定的說，缺少批判性思維的科學也是洗腦。

不過要澄清，雖然我對曾經被科學洗腦感到不爽，但是應該承認，諸多洗腦方式中，科學是最接近真理的，或者說，被科學洗腦並不冤枉，對普通人來說有好處而沒有多少壞處。但是對科學家就不同了，科學原教旨主義會讓他們缺乏想像力，而且否定一切科學無法證實的東西，比如後面將要提到的中醫。

話題拉回來，雖然並不知道意識是什麼，但是這絲毫不影響人類的傲慢。傳統生物學家認為，只有人類有意識，其他生物統統都沒有意識。

「如果我們僅僅把40億年的進化歷史看作是為了高等生物，如人的出現做準備的，那麼我們就不能以一種公允的方式來看待這一歷史。」[236] 達爾文在早期的日記中潦草地寫道：「傲慢的人類以為自己是一件了不起的傑作，應與天神並列。」二百年過去了，現在仍然如此（怎麼不上天呢，跟天神肩並肩呢）。

「我們的天賦意識是一個秘密，生物學上最大的秘密之一，但是它並不比喙、羽毛、翅膀更神奇，也是用同樣的材料（也許不是），按照同樣的進程塑造出來的。我們憑什麼認為意識是人類獨有的？達爾文在筆記本上寫道：『因為人類太傲慢，我們太敬慕自己。』」[237]

我們的思想以某種方式獨立於身體而存在嗎？

神經學家丹尼爾・博爾認為：「大多數宗教觀點將上述想法概括為：人在肉體消亡後，仍以某種形式繼續活著（在來世繼續做人，或者轉世投胎變成另一種動物）。根據這些宗教觀念，意識與我們的大腦和身體無關。如果真是這樣，為什麼阿司匹林有止痛作用？為什麼早上一杯濃咖啡能夠趕走倦意？在藥物引起人腦化學結構變化的同時，人的某些特定的感受也發生了改變，這難道僅僅是巧合嗎？」[238]

博爾接著說：「所有的大腦掃描實驗都顯示：即使是最細微的意識變化，都是由大腦活動的變化引起的。所以比起那種認為意識獨立於物質世界的觀點，另一種觀點——認為意識是大腦活動的結果，是一種物質的處理過程，顯然更有道理。」[239]

同時，博爾舉了美國佛蒙特州菲尼亞斯・蓋奇的案例，蓋奇在一次建築工地爆炸事故中被一根鋼筋貫穿大腦，但是奇跡般地活了下來，不過性格巨變。所以博爾認為：雖然對這個案例的細節仍存在相當大的爭議，但接下來的幾十年中相繼出現了幾十個相似案例，都是腦損傷導致性格或智力上的變化。所以思想只是大腦活動的結果。

史蒂芬・平克也是這樣認為：有海量的證據說明，心智是大腦的活動。現在我們知道，這個曾被認為是非物質的靈魂，可以用小刀把它一分為二，用化學物質改變它的性狀，用電來使它開始或停止工作，狠命一吹或缺乏氧氣會使

(236) 林恩・馬古利斯，多里昂・薩根，《傾斜的真理》（江西：江西教育出版社，1999），頁112。

(237) 約拿生・威諾，《鳥喙》（北京：人民郵電出版社，2013），頁349。

(238) 丹尼爾・博爾，《貪婪的大腦》（北京：機械工業出版社，2013），頁1。

(239) 丹尼爾・博爾，《貪婪的大腦》（北京：機械工業出版社，2013），頁6。

它煙消雲散。

其實博爾和平克的這些話有個共同的問題：意識獨立於身體存在，並不等於意識與大腦和身體無關。意識與大腦相互獨立但是密切相關。雖然是相對獨立的實體，但是緊密結合。

我敢肯定博爾和平克對電腦的瞭解很有限，因為一個電腦工程師就不會有這樣的疑問。作為一個程式師，我毫不懷疑硬體的改變會對軟體產生影響。就像阿司匹林有止痛作用、濃咖啡能夠趕走倦意，同理，用電能使電腦開始或停止工作，截斷通路或缺乏電力會使處理中的資料煙消雲散，這就是硬體對軟體的影響，這能否定硬體和軟體相互獨立嗎？

這裡要說一件我做過的缺德事：大學畢業實習的時候，我在北京中關村找了一份銷售電腦的工作。當時中關村有個不雅綽號大家可能都聽說過：「**一條街」，作為店裡的一個小夥計，我也做過一些騙人的事情，其中一件就是給電腦超頻，也叫跳頻。

電腦CPU在出廠的時候都會標上主頻，比如奔騰75（Pentium75）、奔騰166（Pentium166），主頻越高代表著運算速度越快。但是廠商為了CPU運行更穩定，一般都會標得低一點，比如100MHz的CPU標成75MHz，留一點作為冗餘。但是這一點冗餘就被某些不良商家盯上了。

1995年，個人電腦在中國剛剛進入家庭，大家也根本不懂裡面有什麼貓膩。我那時候銷售康柏電腦，康柏電腦有一個經典系列Compaq972、Compaq982、Compaq992，分別使用奔騰75、奔騰100和奔騰133CPU。在利益的驅使下，老闆就讓我們把主機板跳線更改一下，這樣在開機的時候，Compaq972電腦自檢顯示的數位就變成了Compaq982，本應該是75 MHz的主頻也顯示為100MHz。再找個制作假標牌的黑心小店做一批Compaq982和Compaq992的標牌，於是一批跳頻電腦就出爐了。不要小看這簡單一跳，一台電腦的差價是我一個月工資。

那個時候中國大陸基本沒有互聯網，北京還處於實驗階段。長春次年開通互聯網，我是第103個用戶，買了一個14.4K的Modem，是現在百兆寬頻速度的七千分之一，但是當時覺得快的像飛一樣。由於沒有互聯網，所以電腦使用者和商家的資訊不對稱，如果不是高手是無法發現電腦被改過的。唯一的方法就是拆下CPU，拆下散熱片，刮掉矽膠查看下面的標號，但是那個時候沒有客戶知道這些彎彎繞。

兩年之後，才有一批電腦高手發現CPU主頻的貓膩了，於是黑心商家索性把CPU背板上的標號磨掉，重新標上假標號，這個手段叫「打磨」（Remark），很快市面上就充斥了打磨CPU。

跳頻（打磨）的CPU雖然在超負荷運轉，但是對電腦的日常工作一般沒有影響。看個電影、玩個小遊戲、打打字，都能正常使用。可是運行計算量很大的程式就不行了，比如玩大型遊戲的時候，經常會報錯或者死機。然而出錯的現象不一樣，比如Windows卡頓、藍屏或重啟，根本無法判斷是軟體問題還是硬體問題，所以也不會想到CPU被跳頻了。

那個時候我並沒有體會到客戶的痛苦，因為我也不知道跳頻具體會造成什麼後果，刀子沒割到自己身上是不會感覺到疼痛的。

在中關村打工半年之後，我回到長春工作，並且很快買了一台電腦，使用奔騰75CPU。我當然是電腦發燒友，工資也還不錯，就不斷的給電腦升級，升了記憶體升硬碟，升了光碟機升CPU，然後在長春一家店裡買了一塊奔騰100的CPU給我的電腦換上了。

剛開始並沒有感覺有什麼不一樣，但是一段時間之後就發現Windows經常藍屏。開始以為是軟體的問題，我是程式師啊，處理起來很簡單，重新安裝系統就可以。每次重裝作業系統都能解決問題，可是過了幾天，老毛病就又出現了。這時候我感到有什麼地方不對，於是打開主機殼拆下CPU，拆下散熱片和矽膠之後仔細辨認標號。果然，細細的磨痕在放大鏡下暴露無疑——打磨的CPU！！！

陰溝裡翻船了不是？常坑人這回被人坑，感覺格外酸爽！

寫了上面這麼一大段並不是為了描述我是如何改邪歸正以及心靈的救贖，當然會有一番身臨其境的多麼痛的領悟，但這和本書無關。在這裡我想說的是：當軟體和硬體緊密結合的時候，硬體的問題會反映在軟體上，而軟體的問題也可能會導致硬體的損壞（感染CIH病毒），Windows藍屏報錯時很難區分是硬體問題還是軟體問題，外行人根本分辨不出到底是誰被損壞！

資料分析和運算是眾多大腦神經元的首要目的，資料分析和運算也是電腦CPU的首要目的。所以拿CPU來比照大腦是恰當的。如果讓傳統生物學家來分析電腦的結構，看到CPU過勞帶來軟體故障，他們會不會認為軟體是CPU運行的結果？

再舉個例子，電腦顯示卡的散熱風扇壞了，會導致顯示晶片的溫度過高，現象就是經常花屏或者退出正在運行的程式，看起來就像軟體出了問題。所以硬體故障帶來看似軟體的故障，這能說明軟體是硬體產生的嗎？

現在歐盟和美國正在研製類比大腦處理資訊的神經網路電腦，希望通過類比生物神經元複製人工智慧系統。這種新型電腦的「大腦晶片」迥異於傳統電腦的「大腦晶片」，它運用類似人腦的神經計算法，在認知學習、自動組織、對模糊資訊的處理等方面將前進一大步。那麼問題是，有誰認為這台電腦不需要軟體？或者就像科學家認為的，大腦運行會產生意識——把硬體拼湊好之後，一按按鈕，軟體就產生了？

另外一個事例來源於一批品質很糟糕的電腦。上個世紀90年代，我們把一些雜牌國產電腦統稱兼容機。那時候的兼容機品質很差，但是國外原裝機太貴，因此我所在的單位聯網使用的就是這麼一批便宜的兼容機，而維護它們就成了我們這些電腦工程師的噩夢。

每台機器的故障都不一樣：有的在查詢時候持續等待，有的在錄入時候退出程式，有的掃條碼報錯。而我們的資訊系統剛剛上線，軟體也有很多缺陷，於是乎，軟體問題和硬體故障混雜在一起，真的很難分清，把我們忙得焦頭爛額。過了幾天，我們發現硬體問題主要集中在記憶體條上，但是又沒有經費購買新的記憶體條，於是就把換下來的記憶體條重新組合一下再裝上，老故障解決了，新故障又產生（1M的破記憶體條，我記住你了！）……

那段時間每天忙於修改程式和換記憶體條，幾乎每台電腦外殼都不擰螺絲，有的乾脆不扣外殼，就是為了更換方便……所以我對硬體問題導致的軟體報錯刻骨銘心，如果讓前文所提到的心理學家和我們一起維修電腦幾個月，相信他們也會改變看法。

但是為什麼蓋奇這麼嚴重的腦損傷仍然能夠活下來，而且大腦的多數功能仍然好用？如果電腦的硬體遭受如此大的破壞，早就徹底完蛋了，不可能繼續使用。主要原因是生物體有很強的代償能力，代償就是一個器官的一部分功能受損傷時，這個器官剩餘部分的功能常常會增強，使這個器官還能維持工作為身體服務。大腦也有一定的代償能力，比如腦血管意外之後，患者未受損的腦區的功能可以代替一部分受損腦區的功能。康復訓練等也能夠促進一些功能的恢復。這是幾十億年進化的成果，不是電腦的幾十年改進所能比的。

同理，生物學家不知道電腦的硬體損傷也會表現為軟體故障，所以才會錯誤地從腦損傷患者的性格改變推測出意識是大腦活動的產物，主要原因就是，這種由硬體損傷帶來軟體故障的例子並不常見，或者不容易發現。一般情況下，硬體出問題，整台電腦就趴窩了，乾脆啟動不了或者進不去系統。而如上面所說，生物體有強大的代償能力，也有很好的容錯能力，只要不是致命的問題，都還能湊合著活下去。所以生物學家產生理解偏差也就情有可原了。

生物學家的邏輯是這樣的，大腦的A區域負責意識的A功能，B區域負責B功能，C區域負責C功能。當大腦的A區域損壞時，A功能喪失，所以證明意識的A功能是大腦A區域產生的。這肯定不對，因為如果電腦的A區域負責A功能，當A區域損壞時，A功能往往也會喪失。然而電腦的軟體和硬體是分開的，而且軟體不是硬體產生的。

關於這個問題，神經醫學博士大衛・伊格曼在他的《隱藏的自我》的最後兩頁舉了一個非常精彩的例子，雖然這本書寫得相當不錯，但是我認為最出彩的部分就是最後這兩頁。

伊格曼講了一個所謂的腦「收音機理論」：「假想你是卡拉哈里沙漠的布須曼人，你在沙丘上被一台晶體管收音機絆倒。你撿起來，擺弄按鈕，突然你吃了一驚，這台奇怪的小盒子裡發出了聲音……你可能會想知道怎麼回事。你可能會撬開後蓋，發現裡面有一小團導線。現在假設你開始仔細科學地研究是什麼引發了聲音。你發現，每當你拔出綠線，聲音就會停止。當你把綠線接回去，聲音又會重新出現。紅線也是一樣。拔出黑線，聲音會走樣，拔出黃線，聲音會降到很低。你仔細測試了各種組合，最後得出一個明確的結論：聲音完全依賴於電路的完整性。改變電路就會損害聲音。」

「你對自己的新發現很驕傲……用特定的導線接法產生出魔術般的聲音。然後有一天，一個年輕人問你，為什麼一些簡單的電路就能產生音樂和說話呢？你坦承你不知道，但你認為你的科學馬上就能破解這個難題。

你的結論很受局限，因為你完全不知道無線電和更廣義的電磁輻射的知識，你壓根不會想到，在遙遠的城市裡有被稱為發射塔的建築，是它們在發射出以光速前進的看不見的電磁波信號。你既嘗不到又看不到也聞不到無線電波……」[240]

伊格曼說的這台收音機當然就指代大腦，布須曼人拔插導線就是科學家通過腦損傷來確認意識的工作方式，而得出的結論就是科學家所說的「意識是大腦活動的產物。」科學家恰巧和布須曼人一樣自信的認為他們的意識理論會被科學所驗證。發射塔發射的信號並不是說意識也是從發射塔發射來的，而是伊格曼認為意識不一定由大腦產生，來源不明……

伊格曼總結說：「我並不斷定說腦就像無線電——我們是從外界獲取信號的接收器，我們的神經回路必須設置正確才能做到這一點——我是指出有這種

(240) 大衛・伊格曼，《隱藏的自我》（湖南：湖南科學技術出版社，2013），頁178。

可能。目前的科學並不能排除這一點。現在的我們還知之甚少。」[241]

怎麼樣？英雄所見略同，是不是？

伊格曼也很開明，他認為「我們應當將這些我們既不能證實也不能證否的觀念容留在思想的檔庫中。因此雖然很少有科學家會針對古怪的假說設計實驗，可能的思想卻總是需要被提出和培育，直到證據的天平倒向某一邊。」

我也沒指望科學家會很快接受我的理論，但確實不希望它被毫無根據粗暴的否定，我可以等，直到有了一個強有力的證據證實了我的理論，或者否定了它。

另外一個成功的實驗也讓科學家誤認為意識是大腦產生的，那就是用意念打字。科學家將皮層腦電圖的感測器接到患者頭上，第一步，讓他一個接一個地看字母，每看一個，就集中精力想這個字母，然後把大腦發出的信號記下來。這樣使每一個字母對應了一個大腦信號，於是就組成了一個字母對應大腦信號的清單（資料庫）。

第二步，接著讓患者看字母，另一頭的印表機就可以根據接收到的大腦信號，對應資料庫裡的信號清單來判斷患者看到的字母然後列印出來。以後就不需要再重複第一步，什麼時候需要交流了，只需要做第二步就可以。

也就是說，患者不用說話也不用鍵入，只要看著字母或者想像著字母，就可以用印表機把心裡想的內容列印出來。這對於語言功能障礙而且沒有寫字能力的患者非常有用。現在這個實驗的準確率已經接近百分之百。

這個實驗確實給人感覺大腦的活動產生了一個個字母，所以大腦產生了意識。其實這並不是源自於意識的本質，而是意識的作用效果。通過對意識運行時產生的體液改變和電磁波來判斷意識流程一定會有收穫，但是無法觸及意識的根本。就像通過測量和分析電腦板卡和連線的電流和電磁波，可以判定某些簡單的任務，但是無法判定軟體。

舉例來說，這就像諜戰劇裡，日偽特務偵查到了一個地下黨的電臺，發現了幾張小紙條，小紙條上的命令就是地下党成員的一個個行動指令。傻乎乎的特務很開心，以為找到了地下黨的老巢，知道了行動命令的來源。其實這些命令來源於千里之外的根據地，這個電臺只是個中繼站，把天上飛來的電波轉換成小紙條而已。

所以這個實驗並不能證明意識是大腦活動的產物，反倒更像證明了大腦的行為是意識活動的產物，意識讓它幹什麼，它就幹什麼。

---

(241) 大衛·伊格曼，《隱藏的自我》（湖南：湖南科學技術出版社，2013），頁179。

意識相當於電腦的軟體，而身體就是硬體，當意識出現問題的時候，按照現階段的生物學水準，完全無法分辨那個錯誤源自軟體還是硬體部分。其實唯一的辦法就是排除法，修一修軟體再修一修硬體，修一件排除一種可能，但是由於現代科學並不認為意識是獨立的實體，而且也不知道怎麼修理軟體，所以造成這個方法無法實施。

如果我們要破解意識之謎，就應該把它當做一個實體來對待。認為它只是大腦活動的產物，或者神秘虛幻，都是不恰當的。

## 第二節　動物是否有意識？

凱西勒說過：「人總是傾向於把自己生活於其中的這個狹小的範圍，視為世界的中心，並傾向於把自己特殊的私人生活，當作宇宙的尺度。人類必須放棄這種自負的、以相當偏狹的方式進行思考和判斷的要求。」(242)

本書前四章用了很大的篇幅來論證生物體內真正的舵手並不是基因，而是一直深藏不露的生物智慧。但是這需要有個前提條件，那就是所有生物都得有這個生物智慧，本章就將論證這個問題。

首先要討論一個跟智慧有關的內容，這就是意識，我們先從動物的意識談起。動物是否有意識？這個問題在前面提到過。直到今天為止，用心理學的概念和詞彙描述動物的行為仍然被視為一種禁忌，仍然會遭到唾棄和嘲笑。

「『動物心理學』這個舊名稱——1950年由國際通用名『動物習性學』取代。」(243)也就是說，主流科學家認為動物沒有意識，所以怎麼能稱為「心理學」呢？但是又不敢徹底否定，因為動物存在意識的間接證據實在太多。

人類很自大，百度百科裡清楚地把意識定義為「人腦對大腦內外表像的覺察。」這當然直接就排除了所有其他生物具有意識的可能性。更有一些激進的科學家認為，人類也不是都有意識。朱利安·詹寧斯宣稱，意識是一項比較新的發明，早期文明中的人們都是無意識的。

按照多數科學家的意思，動物沒有意識。其實這自相矛盾：一方面，生物學家說人類是從動物進化而來，大家都有共同祖先，人類和動物並沒有高低貴賤之分；另一方面，又說人類具有意識而動物沒有，似乎人類高高在上。

但是，如果你說動物沒有意識，然後進化到一定階段，進化到人類的時

(242) 福爾邁，《進化認識論》（湖北：武漢大學出版社，1994），頁233。
(243) 福爾邁，《進化認識論》（湖北：武漢大學出版社，1994），頁28。

候，突然產生了意識，科學家們一定也要嚴厲地駁斥你，因為你的理論和「神將生氣吹入人類祖先鼻孔，使之有了靈魂和生命」太過接近。

從行為上看，動物在許多方面的行為，如果不從情感和思維能力的角度考慮是無法做出合理解釋的。「至少在一些情形下，動物與我們之間是如此的相似，否認情感在行為和生理方面有所體現時並不伴隨任何意識的做法是非常粗野的。它們難道真的連正在發生著什麼——哪怕是刺痛或歡快，都一點也感覺不到嗎？」[244]

在人們探索動物內心世界的過程中，當人們把動物當做不僅能夠作出「條件反射」，而且還能有所感受、有所體驗，具有想像和意圖的類「人」來研究時，才能夠得出正確的答案。

人類之所以認為動物沒有意識，主要出自三個原因：

一是動物缺少聲音語言。其實一些動物有聲音語言，但是人類聽不懂。

二是動物缺少肢體語言。其實也有，只是人類看不懂。

三是動物缺少表情。其實還有，只是動物不像人類面部表情肌這樣發達。

火山視頻裡有一個牧童拍攝的小段子：在草地上吃草的小牛犢，看到小主人走過來，於是轉著圈蹦來蹦去。很明顯，牛犢非常興奮，這個動作和看到主人回家的小狗很相似。但是牛犢的臉上卻沒有表情，它們幾乎沒有表情肌，小狗還能多少有一點表情，比如柴犬，經常滿臉的媚笑。視頻下面有一個回覆說，他家裡的大水牛看到他回家，也是這麼歡迎他。想想一頭半噸多的大水牛像小狗一樣跳來跳去地動山搖，牛棚都要塌了吧。但是不知道真假，因為和人一樣，成年動物的感情內斂很多。

斯皮爾伯格導演的《侏羅紀公園》安排了這樣一個情節，追殺小男孩的迅猛龍找不到目標時，用一隻腳趾敲打地面，活脫脫就是人類思考問題時，用食指敲打桌面的習慣動作，這個情節讓我們馬上明白了迅猛龍在思考——「那個小屁孩兒去哪裡了呢？」當然這個情節是虛構的，而當動物無法做出這樣我們熟悉的動作時，我們就不知道它們是否有意識，是否在思考了。

人類跟動物並沒有本質區別，從多數行為來看，人類的行為只不過是動物行為的升級版。

男人追求女人的時候，會獻殷勤，送女人禮物，請她吃飯。雄性動物也深諳此道，鸊鷉是一種鴨子一樣的小水鳥，追求異性時，雄鳥會蹲下身，張開雙

(244) 瑪麗安·斯坦普·道金斯，《眼見為實-尋找動物的意識》（上海：上海科學技術出版社，2001），頁163。

翅，左右搖擺頭部，努力炫耀，而且還會給雌鳥抓一條魚，說明自己的捕食能力。有些種類的雄性蜘蛛也會抓一隻蒼蠅，打好包獻給雌蜘蛛。

如果兩個男人追求同一個女人，一定會有一番明爭暗鬥，甚至會大打出手。雄性動物沒有男人那麼多花花心眼兒，但是小花招也是有一些的，當然最常見的還是訴諸武力。

有很多心術不正想不勞而獲的人類，絞盡腦汁偷取別人勞動成果，或者乾脆動手去搶。動物裡面這樣的事情也很常見，欺騙和盜竊在動物物種中普遍存在，比如在懸崖上築巢的鳥類，經常會到別的鳥家裡「揀」幾個樹枝。阿德利企鵝還會趁人家不注意，到別人家裡偷幾塊石頭。就連松鼠這樣貌似忠厚的小動物也有行為不檢點的時候，在冬天即將來臨之際，松鼠忙於儲存堅果。偷奸耍滑的小毛賊就會盯著別的松鼠，看它們把堅果藏在哪裡，然後趁「人」不備，偷一些回家。

「對於任何一種生物，這個世界都是難題多多：逃避天敵、獲取食物、撫養後代等等。而生存則意味著必須要解決這些數不清的難題。要想解決這些難題，除了按照『認識問題，解決問題』的格言去運用智力和進行有意識的思考之外，好像再也沒有任何合適的辦法。」[245]

「動物有多種感知能力，在尋找食物時，通過視覺很快發現哪個地點有什麼食物，是否有其他動物已經在享用；通過嗅覺感知到食物所含的能量是否豐富；通過聽覺判斷是否有其他食肉動物埋伏在附近。」[246]

丹尼爾．博爾指出了關鍵點：「所有感知到的都是資訊……重要的是，我們對世界的感知不僅僅是感官接收到的物理資訊的拷貝……一台無意識的統計機器在運作著，將我們接收到的基本資訊轉換成詳細的即時資訊，包括不久的將來可能會變成怎樣，以及什麼對我們很重要。但是僅僅讓感覺器官裝滿資訊是沒有意義的……真正需要做的是將資訊與行為聯繫起來……以蟲子為例，蟲子感覺到有食物，就會馬上接近食物；感覺到有威脅，會馬上離開。」

「運動的首要機制是本能行為，這是所有動物都具備的。本能是一種先天遺傳的大腦『程式』，能將感覺輸入與特定的反應聯繫起來……（博爾寫到這裡，重點就要來了！）本能很重要，但如果沒有一些最基本的學習能力，本能發揮的作用並不大。即使是最簡單的學習形式，也能發揮很大的作用！」[247]

(245) 福爾克．阿爾茨特，伊曼努爾．比爾梅林，《動物有意識嗎？》（北京：北京理工大學出版社，2004），頁53。

(246) 丹尼爾．博爾，《貪婪的大腦》（北京：機械工業出版社，2013），頁59。

(247) 丹尼爾．博爾，《貪婪的大腦》（北京：機械工業出版社，2013），頁61。

其實到這裡，答案已經擺在桌面上了：什麼具有學習能力？當然是意識。沒有智慧、沒有意識，怎麼可能具有學習能力！一塊石頭，幾粒沙子能夠學習嗎？

動物很早就開始組成群體了，在群體裡生存，就不能只靠體力和武力，智商和情商同樣重要，沒有智商怎麼組團，沒有情商怎麼配合。如果沒有意識，那麼這兩個「商」從何而來？

眾所周知，我們的身體是和其他哺乳動物一樣進化來的，為什麼我們的思想和意識不是呢？勞動使人的手更加靈活，而不是憑空產生一雙手。意識也一樣，人的意識不過是比動物意識更加清晰，更加聰明而已。

達爾文在《物種起源》中清楚的說明：「生活在這個世界上的所有物種、屬以及科，在它們各自所屬的綱或群的範圍內，都有一個共同祖先。在關於所有生物的出現問題上，這些事例也向我們充分證明了：生物並非是突然出現的，而是經過漫長的變異進程才出現的。」[248]

這就是達爾文「共同祖先」理論的宣言。同理，沒有任何證據顯示智慧是突然出現的，或者低等生物沒有智慧。所以我在這裡也要說：任何生物都有智慧，所有生物的智慧都有一個共同祖先，智慧並非突然出現，與生物體相似的是：智慧也是經過漫長的學習和使用的過程才發展壯大的（從某個方面來說，生物的智慧與意識相近）。下面我會從複雜生物向簡單生物逐級推導。

雖然黑猩猩和人類的進化史大約有99.5%是共同的（600萬年前，一隻母猿產下兩個女兒，一個成了所有黑猩猩的祖先，另一個則成了所有人類的祖奶奶）。「但人類的大多數思想家還是把黑猩猩視為畸形異狀、與人類毫不相干的怪物，而把人類自己看成通向全能上帝的階梯。對一個進化論者來說，情況絕非如此。認為某一物種比另一物種高尚是毫無客觀依據的。無論是黑猩猩和人類，還是蜥蜴和真菌，它們都經過長達約30億年之久的所謂自然選擇這一過程進化而來。」[249]

「赫胥黎永遠熄滅了那些尋找人與猿之間解剖上不連續的熱情。然而，在某些方面，這種尋找還在繼續。成體黑猩猩與人類之間的差別是顯而易見的，但並不是種類上的差別……D・斯塔克教授及其同事本著德國解剖學研究重視細節的特點，最近研究得出結論，人與黑猩猩的顱骨之間僅有量上的差別。」[250]

(248) 查理斯・達爾文，《物種起源》（江蘇：江蘇人民出版社，2011），頁419。
(249) 理查・道金斯，《自私的基因》（北京：中信出版社，2012），特裡弗斯寫的序言。
(250) 斯蒂芬・傑・古爾德，《自達爾文以來》（上海：上海文藝出版社，2008），頁28。

「比如有只黑猩猩，他已經學會從一堆不同形狀的木塊中準確地找出所需要的那一塊，人們只需要事先指給他一個正方體、三角錐體、球體或者其他形狀的物體，他就可以從一堆木塊中把相應形狀的那塊挑出來。那麼迅速，那麼準確，然而為此並不需要有對於形狀的想像。現在我們把木塊裝到一個口袋這裡，這樣就看不見它們了，只能依靠觸摸，但這只黑猩猩依然準確地完成了任務……難道這種行為不是一個有力的證據、說明他的頭腦中已經想像出了那個形狀，所以才能夠不用眼睛看而『盲』著把它們觸摸出來嗎？」[251]

黑猩猩的個體行為與人類相仿，他們的群體社會行為也與人類相似，比如人類的很多卑劣行為都在黑猩猩身上有所體現：撒謊、隱瞞、搶奪、以大欺小、爭風吃醋、暗殺和種族滅絕，就連解決爭端的方式也相似，黑猩猩群體之間也有戰爭！

現在的大學生都從英語書上知道了動物學家珍．古道爾，她曾獲得聯合國頒發的馬丁路德金反暴力獎，曼德拉和安南也曾獲此獎項。古道爾研究黑猩猩五十多年，她的一個重要成果是觀察到了坦桑尼亞貢貝國家公園裡黑猩猩族群的仇殺和侵略戰爭。

古道爾一直研究的一個黑猩猩族群，在原來的首領去世後一分為二，一部分有野心的黑猩猩獨立成了新群落。開始的時候，兩個族群有一些領土和食物的爭端，但還算平靜。在1974年，6只舊族群的雄性黑猩猩設伏，襲擊並殺害了新族群的一隻雄性黑猩猩，於是新舊族群開始了勢同水火的戰爭。

之後的4年時間裡，由於舊族群的成年黑猩猩更多，所以在戰爭中逐漸取得優勢，殺死了新族群的全部7只雄猩猩和1只雌猩猩，新族群的另2只雌猩猩下落不明。在全殲了敵人之後，舊族群接管了全部領土。由於野心膨脹，它們還試圖擴大版圖，結果被勢力更大的黑猩猩族群猛打，首領都被殺死。舊族群挨打之後收縮了勢力範圍，也就熄滅了戰火。整個戰爭期間的仇視、野心和利弊權衡，簡直就是人類戰爭的縮小版。

人類獨特性的捍衛者則堅持認為人與黑猩猩之間在智慧心力方面存在不可逾越的隔閡。但是越來越多的證據顯示並不存在這種隔閡，不但人與黑猩猩之間，人與其他物種之間的心智差距也越來越小。

既然生物的進化可以被繪製成一棵進化樹，那麼當然每個物種都是和其他物種聯繫、連貫的，而且每個生物的器官和組織也是和進化樹上的鄰居聯繫、

(251) 福爾克．阿爾茨特，伊曼努爾．比爾梅林，《動物有意識嗎？》（北京：北京理工大學出版社，2004），頁93。

連貫著的，並不是憑空產生。雖然化石資料還不是很完整，但是我們知道，鳥的翅膀是由祖先的翅膀進化而來，馬的蹄子也是由祖先的蹄子進化而來，雖然形態發生了很大的變化。

生物學家認為意識是大腦的產物，那麼人類進化樹上的鄰居當然也會有意識，只有量的區別，而不是有和沒有的區別。人的行為一般都是有意識的行為，比如求愛、覓食、逃生，但是動物這些也都會，而且野外生存能力遠遠強過人類，那麼怎麼會沒有意識呢？

黑猩猩很聰明，其他哺乳動物雖然智商不如黑猩猩，但是也不笨。我家在吉林，長白山脈和大大小小的山嶺貫穿其中，老家敦化就在山區。從小就聽過很多親戚朋友講述的野生動物和人類鬥智鬥勇的故事。這些故事有一些是被誇大的和口口相傳走樣了的，但是多數都曾真實發生，因為不同的人會講述類似的故事。

我聽過很多狼的故事，在我小時候，吉林山區的狼很多。山民晚上吃飯的時候，就能聽到狼在窗外嗷嗷叫，而且叫聲此起彼伏，一群一群的。狼很聰明，它們很少攻擊人類，看到人類都會躲著走，但是人類的牲畜卻令它們垂涎三尺，特別是綿羊，讓它們夢縈魂牽。可是羊很大，羊圈又高，它們無法叼走。現場宰殺動靜太大，即便不被人發覺它們也吃不了多少。於是聰明的狼就會偷偷咬開羊圈，找一隻肥羊叼住耳朵，然後用尾巴啪啪的抽著羊屁股，就像牧人趕羊一樣把這只肥羊趕到山上狼窩裡。有的時候遇到半大不小的豬，狼也會這麼操作一下，像個豬官一樣把豬趕回去。只不過豬不像羊那麼聽話就是了。

所以人類用牧羊犬來放羊是很正確的，火山小視頻裡有個叫「平淡見真心」的牧羊人，有兩隻德國牧羊犬幫他放羊。這兩隻德牧就像能聽懂人話一樣，在牧羊人的號令下指揮羊群轉戰田地和草原。比如在麥田旁邊的荒地放牧，一邊是枯黃的荒草，一邊是青青的麥苗。羊也不傻，知道哪個好吃，它們會抽冷子咬一口麥苗，牧羊犬就會竄過去警告一下。如果羊多吃兩口麥苗，牧羊犬就撲上去教訓它。天色將晚，牧羊人招呼一聲「回家嘍～～」，身邊的牧羊犬就跑出去把遠處正吃得起勁的羊群都給攆回來。

人類經常活動區域的野生動物都曉得怎樣和人打交道。它們很可憐，既要在槍口下生存，又要能從村莊附近找到食物。後來隨著山區人口的增加，狼就越來越少，多數地方甚至絕跡了。但是最近幾年封山育林，再加上山區的青壯年進城打工，在城裡工作一段時間之後買房置業，把老人孩子也帶到城裡，這導致山區的人口迅速減少，於是狼們看到了勝利的曙光，一隻接一隻的又出現在了它們祖先曾經戰鬥過的地方。

動物的學習能力很強，山裡的老獵人都知道，曾在槍口下逃生的動物會變得更狡猾。好多年前看過一篇寫「兔子蹬鷹」的文章，是一個河北平原孩子寫的兔子和鷹搏鬥的故事。

兔子在吃草，如果感覺到鷹已經飛過來了，兔子便會拼命地往灌木叢裡跑。在鷹的第一隻爪子抓住兔子屁股的一剎那，有的靈活的兔子會就地一滾，滾向灌木叢。如果反應快，一般能逃得一命，但是屁股上會連皮帶肉被撕去一塊，這樣的兔子就像成精了一樣，一般不會再被鷹抓到。

河北孩子的一個朋友養鷹，就是為了抓野兔。有一次看見兔子，朋友把鷹放出去了，忽然遠遠的看到兔子的兩邊屁股都少了一片毛，竟然有可能是在鷹爪下逃過了兩次（當然也有可能一次就被抓了兩邊）。朋友知道不好，但是鷹已經叫不回來了。兔子看見鷹來，竟然沒有跑，而是半蹲在地上。就在鷹凌空撲下的瞬間，兔子猛地倒著一蹦，用堅硬的脖子和後背的結合部撞在了鷹的前胸上。鷹下撲的時速達到200多公里，再加上兔子的力量，一下就把鷹撞得骨斷筋折而亡。當然，兔子蹬鷹的方式很多，也有用後腿和屁股去攻擊老鷹的。

動物也會撒謊，鳥類會欺騙敵人，比如它會裝作翅膀受了傷，然後在你面前急急忙忙撲撲楞楞的跑來跑去，實際是為了吸引你離開它的巢穴。

人類會欺騙和偷盜，動物也會。南極的阿德利企鵝就是此中高手。阿德利企鵝（Adelie penguins）春天從海裡回到南極大陸，找塊沒有冰雪的荒原，雄性企鵝用石頭築巢來吸引雌性。大家用的石頭都相似，所以就有小偷經常偷別的企鵝的建築材料。

BBC《冰凍星球》第二集開篇就有這樣一段：「小偷背對著目標，偷眼觀看，只要房主一走，小偷馬上作案——偷塊石頭放回自己窩裡。然後又裝作沒事的樣子偷偷看著，只要房主再離開，小偷馬上還會作案。如是幾回，就能把自己的窩搭建漂亮。而且，作案經驗豐富的小偷還會提防別的企鵝，如果發現可疑的鄰居，它會裝作離開窩，然後半路回頭，發現別的小偷，立刻大叫著飛奔回來，把別的小偷趕跑，「小樣兒，跟我來這一套，你還嫩點兒⋯⋯」看過《冰凍星球》的觀眾應該都會同意企鵝這麼做一定是有意識的。

在研究動物行為的時候，紀錄片並不一定真實，視頻也不可靠，只能作為參考，不能當成證據。BBC拍攝的殿堂級的紀錄片，也有很多擺拍、剪接、修飾，甚至造假。比如《冰凍星球》中，北極熊產仔，其實是在荷蘭一家動物園裡拍攝的。而《人類星球》中一隻野狼實際上是一隻飼養的狼，並有馴獸師協助拍攝。當然，正規期刊上的論文也不都是那麼純潔，所以BBC這些有圖有真相的視頻作為參考資料還是不錯的。

英國BBC公司的新聞偏見頗多，好像帶著有色眼鏡拍的。但是他們拍攝的動物節目絕對是世界最精彩的動物節目之一，他們很多團隊常年駐紮在世界最荒涼和危險的地區，給大家帶來野生動植物知識的同時，也在表達著對大自然的崇拜、關心和憂慮，是一檔良心節目。

與阿德利企鵝相似，很多動物同類之間都在進行著偷竊與反偷竊，比如花栗鼠也會竊取別人的冬儲堅果。這絕不是偶然行為，一直在研究鴉科動物的尼基・克萊頓（Nicky Clayton）甚至證明，鴉科動物能夠清楚知道其他鳥的想法。

「灌叢鴉如果有機會，會觀察別的鳥儲存食物的地點，然後趁它們不注意，偷走食物。但是，如果灌叢鴉發現自己被另一隻鳥盯上了，它會很生氣，換個地方藏食物，以戲弄偷看的那只鳥。你可能會認為灌叢鴉的行為只是一種本能，其實不然……因為如果是配偶在偷看，它就不會再重新找地方藏食物了。

灌叢鴉隱瞞藏食物地點的行為反映了它具有一系列清醒的意識。首先，它懂得利用別的鳥的辛勤勞動，偷走它們的食物，使自己多了一個食物來源；然後，它認識到如果自己可以偷走別的鳥的食物，那麼其他的鳥也能偷自己的食物；最後，當它發現另一隻鳥在偷看，它會認為那只鳥想偷它的食物，於是想辦法換個地方藏食物，以迷惑那只鳥。」[252] 最重要的是它還知道親疏有別，對自己的配偶並不隱瞞。這比很多藏私房錢的男人強多了哈（當然了，多數時候也是不得已……）。

前面提到過，杜鵑把蛋下到別的鳥巢裡，讓別人幫她養育孩子。其實這個過程遠比表面上看起來的複雜。歐洲大杜鵑在尋找目標鳥巢的時候，有時會把別人的鳥巢拆掉，強迫人家再建一個。印度噪鵑為了溜進別人家裡，會先大叫並佯裝被趕跑。倒楣的宿主注意力被引開的時候，她再偷偷摸進去。

更奇怪的是，因為不同宿主的蛋顏色不一樣，有不帶斑點的、紅色斑點的、灰色斑點的等等，歐洲大杜鵑還會在顏色上擬態，仿造得非常逼真，看起來跟宿主蛋的顏色一樣。

提到擬態，生物學家認為這當然是自然選擇的結果：長得很像其它東西，使得天敵發現不了，所以就活下來了。

---

(252) 丹尼爾・博爾，《貪婪的大腦》（北京：機械工業出版社，2013），頁175。

道金斯教授在書裡說：「可是我們並不認為這些動物有意識地模仿其他東西的模樣，而是自然選擇青睞那些被誤認為其他東西的個體。」

但是他又說：「事實上我覺得昆蟲偽裝（擬態）的演化，從『不怎麼像』開始一直發展到完美的地步，速度非常快，而且在不同的昆蟲族群中分別演化過好幾次。」[253] 如果只是自然選擇的作用，還能飛快地獨立進化很多次，這就無法讓人相信了。

因為單單依靠自然選擇很難塑造那麼惟妙惟肖的生物形態，很多生物都不止一樣絕招。比如一種竹節蟲，除了長得跟竹子一模一樣，天敵很難看到它，同時還能夠噴射毒液，就像消防車的高壓水龍一樣，能噴半米高。而擬態只是它的絕招之一。

「這種模仿常常是非常逼真，而且並不限於顏色和形狀，甚至連被模仿物的姿態都被完全地模仿了。在灌木上取食的尺蠖，常常把身子翹起，一動也不動地像一條枯枝。」[254] 竹節蟲也不只是模樣與竹子很相似，就連動作都跟風吹過竹林的竹子枝條似的。如果說，模樣相似是自然選擇篩選的結果，那麼動作相似就沒有主動模仿的原因？

現在有一種被當做觀賞寵物飼養的昆蟲——幽靈螳螂，顏色和形狀都很接近荒草地，如果不是鏡頭拉近了看，你根本看不出來石頭上落著一隻小蟲子。它們平時會一直保持一個姿勢，或者微微晃動，和荒野上的風吹草動一模一樣。只有在捕獵的時候才閃電一擊，然後又恢復了靜止或者微微晃動的姿態。

這些靜止的動物並不是真的一動不動，這只是他們避免被天敵和獵物發現的手段，如果你仔細觀察，會發現它們的眼睛在動。比如變色龍，每走一步都要停一下，動作很慢，但是鼓鼓的眼睛在轉動，特別是發現有其它活動的東西的時候。

南美洲的赫摩裡奧普雷斯毛毛蟲更有趣，它長得普普通通，但是一旦受到威脅，它的身體能夠迅速膨脹，尾巴一下子變成一個嚇人的蛇頭。不但顏色很像，而且還有蛇的鱗片和光澤，特別是一雙烏黑錚亮的蛇眼咄咄逼人。更重要的是，它還會對捕食者做出攻擊撕咬的動作，就像一條卷在樹枝上的毒蛇突然咬向一隻青蛙，令人毛骨悚然。只是肚子下面幾條萌萌噠的小短腿暴露了它原來只是一條戲精毛毛蟲。

就算擬態本身是沒有意識的，但是，姿勢和動作不會有意識嗎？毛毛蟲尾

---

(253) 理查·道金斯，《盲眼鐘錶匠》（北京：中信出版社，2014），頁86。
(254) 查理斯·達爾文，《物種起源》（江蘇：江蘇人民出版社，2011），頁209。

巴猛地沖向捕食者時，它難道不知道自己扮演的是一條蛇，而是給捕食者送飯去了？除了赫摩裡奧普雷斯毛毛蟲，還有哪條毛毛蟲用肉滾滾的屁股去攻擊捕食者？不算有毒毛或毒刺的。

一些土獵蝽屬的獵蝽，在殺死獵物並且吃掉之後，會把吃成空殼的獵物粘到後背上。這樣它們的外形和味道就很有迷惑性，其它獵物以為是同類，就對獵蝽不加防範，然後又著了道。獵蝽發現這個辦法好用，就會粘更多的蟲子屍體。結果經常是重重疊疊二十多個。

土獵蝽在中國頗負盛名，因為唐宋八大家的柳宗元寫過一篇〈蝜蝂傳〉，裡面的主角就是土獵蝽這個小蟲子。用它來映射那些被財富所累的貪得無厭的人：「蝜蝂者，善負小蟲也。行遇物，輒持取，卬其首負之。背愈重，雖困劇不止也……。」

很多種類的獵蝽都是很好的潛伏者，比如有一種隱藏在人類住宅裡的獵蝽，幼蟲身體上密佈黏毛，黏住毛絨、灰屑，看起來就像一團灰塵。

獵蝽的行為可以理解為是一種「擬態」，生理上不改變，但外形和生活方式上改變。獵蝽當然不是真的傻，它也知道輕重，可是這些東西對生存有幫助，它就一直帶著了。所以獵蝽的行為是有「意識」的。那麼，什麼時候我們發現生物內部有某種智慧，可以從生理上改變自己的外形，這時就可以說擬態是「有意」的了。

最簡單的意識也許就是知道了自己的存在。這和自我意識還不一樣，自我意識不但知道自己的存在，而且知道哪個是自己。

自我意識是對自己身心活動的覺察，即自己對自己的認識。具體包括認識自己的生理狀況（如身高、體重、體態）、心理特徵（如興趣、能力、氣質、性格）以及自己與他人的關係。簡單的說，就是認識到自己是一個個體，自己與周圍其他有生命及無生命的物體是不同的。自我意識是比較複雜的意識活動。

「自我意識是與意識密切相關的一個論題。一些理論家聲稱，只有在我們意識到自我的時候，才能說是真正具有意識；我們對自我的感覺是意識最重要的成分。」[255]

自我意識只是智慧發展到一定階段的一個能力而已，並不能因此界定有意識和無意識，更不能界定有智慧或者無智慧。心裡學家對一群一、二歲的孩子做實驗，發現其中記性比較好、智力發展成熟一些的孩子，就能夠通過看到鏡

(255) 丹尼爾·博爾，《貪婪的大腦》（北京：機械工業出版社，2013），頁112。

子裡抹在自己臉上的顏料來看出哪個是自己。而動物不但可以具有意識，有的動物還能夠具有自我意識。

檢驗動物是否具有自我意識的方法也很簡單：在動物面前放一面鏡子，觀察它是否知道鏡子中的動物是自己。如果知道，那麼就是具有自我意識。常見方法是給動物的頭上點個大紅點，看它在照鏡子時是否知道擦去，如果擦去，那就知道鏡子裡的是自己。

很少有動物能夠在鏡像試驗中取得令人滿意的結果。一般的動物站在鏡子前面的時候（包括一歲半以前的小孩子），一般會忽視或者攻擊鏡子，它們不知道那就是自己。科學家曾經以為只有大型類人猿，即猩猩、大猩猩、黑猩猩和倭猩猩，在經過一段適應期之後，一般能夠認出鏡子中或螢幕中的自己。但是後來發現，大象、一些海豚、虎鯨和歐洲喜鵲也可以。

「對動物來說，認出鏡子中的自己是一種很強的本領，需要很高的智慧。動物平時遇到的都是其他動物，因此它很自然地會認為鏡子中出現的也是其他動物。」[256]「因此，要證明認出鏡子中的自己，需要符合很多複雜的條件。只有具備相當高的智力水準、高層次的意識、正確引導的動機，才能通過測試。」[257]可是，具有自我意識的猩猩，仍然被大多數的科學家認為沒有「意識」……

電腦沒有意識，儘管它很聰明，但是它只有運算而沒有生活。原始生物的智商一定很低很低，只有一些最簡單的判斷能力，但是它一直有生活、有動作，可以理論聯繫實際，所以應該很早就會有意識。

人類相當自大，心裡有無比的優越感，認為自己是萬物之靈。特別對於自己智慧的自信更是無以復加，這麼高大上的先進武器，其他生物當然不配擁有，所以在「意識」的認知上就犯了大錯誤。

科學家把自我意識的門檻定得太高，基本上就是給人類量身定做的，所以這麼一比較，其他生物當然沒有自我意識。

其實只要能把自己的身體和別人的身體區分開，就應該知道自我了，並不需要能和鏡子裡的自己對應上。動物都知道自己的身體，並且知道保護它，這是生存下來的根本條件。不知道保護自己身體的個體早就被自然選擇給淘汰了。也許生物學家要說，動物之所以不攻擊自己，比如狼不會吃自己的腿來填飽肚子，那是因為咬自己會疼。其實痛覺本來就是提醒自己受到了傷害，不但

(256) 丹尼爾．博爾，《貪婪的大腦》（北京：機械工業出版社，2013），頁113。
(257) 丹尼爾．博爾，《貪婪的大腦》（北京：機械工業出版社，2013），頁114。

包括外界傷害，也包括自己的傷害。由於胼胝體發育不良而導致沒有痛覺的兒童往往會被自己傷害致死。所以即便動物的意識對自我的認識不夠強烈，但是動物的潛意識一定對自我有著清楚的瞭解，知道自己的每一個細胞。

有的動物不但有自我意識，而且還有集體意識，它們也懂得勞動分工。一群非洲野狗在外出狩獵之前會留幾隻成年狗看護幼崽，其它野狗蜂擁而出一起行動。螞蟻的分工更是明確，探路螞蟻獨自走出很遠尋找食物。如果食物過大無法搬動，它們就在回巢路上留下一條資訊素痕跡，來引導其它工蟻找到食物的地點。兵蟻就是專職的保鏢，保護工蟻和巢穴免受侵擾。而蟻后的責任就是產卵，別看她養尊處優肥肥胖胖，別的螞蟻都圍著她轉，其實她就是個專職產蛋機器。分工的好處就是每個成員都可以出色的完成自己的任務，既不用分心他顧，也不用學習別的技能。比如工蟻打架遠不如兵蟻，而兵蟻就是個殺戮機器，基本不會尋找食物。

動物有很多智慧行為，但是傳統生物學家一口咬定動物沒有意識。之所以能這樣，因為他們有一個殺手鐧：「所有動物的行為都是模仿的！」這是一劑萬靈丹，無論動物多麼聰明的行為，只要咬定它是模仿的，並不具有主觀意識，就可以立於不敗之地，別人無法駁倒你。

其實很多模仿就是來源於學習，而且是有意識的。

「一隻鳥看到其同伴被蛇攻擊，以後碰到類似的情況（蛇）而能加以避免，就可以說這是觀察學習的結果……生物學家特納描述了如果一些蒼頭燕雀看見另外一些蒼頭燕雀在吃什麼，它們也會尋找到類似的食物。還有，當它們進入到一個新的微生境時，如果看見其他燕雀在吃什麼新的食物，它們也會嘗試這種新食物；對於幼鳥更是這樣，因為它們的戒備心不強。」[258]

有這樣一個發生在英國的大山雀偷牛奶的故事。以前英國人習慣把牛奶瓶放在門前（中國30年前也是這樣，我還記得呢，門口掛個小木箱，玻璃瓶、紙殼蓋子的牛奶真好喝！），開始的時候，牛奶瓶瓶口蓋得比較結實。在上個世紀30年代，牛奶商改用金屬箔封口。金屬箔很軟，以至於山雀的尖尖嘴都可以啄透它。某一天，有一隻山雀飛到了瓶子上，它對著箔層猛啄一通，然後大功告成，喝到了美味的鮮牛奶。

這種啄瓶子的技巧傳播開來，而且傳播速度非常之快，以至於人們還沒有來得及用新方法來補救，它就已經傳遍了英國各地。山雀只是通過模仿，一隻

(258) 愛德華·威爾遜，《社會生物學：新的綜合》（北京：北京理工大學出版社，2008），頁48。

山雀模仿另一隻山雀，這樣，潮流就漸漸流行起來了。很快就有上千隻山雀用這種方法獲得早餐。

許多生物學家認為，山雀的這種行為只是一種機械的模仿，是由於視覺神經中樞和大腦中相應的運動神經中樞之間存在固有的聯繫；而真正的模仿，或者準確地說那種通過觀察學習的能力恐怕僅限於類人猿、海豚和其他一些高度進化的哺乳動物。

但是動物的模仿在一定程度上是以看懂為前提的，或者，在機械模仿之後發現對自己有好處。也就是說，在模仿之前或者之後，能夠發現益處。而沒有目的、對自己生存沒有好處的傻乎乎的模仿一定會被自然選擇淘汰掉。試想，一隻把時間都用來模仿別人轉圈或者跳躍的兔子，肯定比其它兔子吃到更少的草。

人類的嬰兒也是這樣，嬰兒常常模仿大人，但是當大人演示的時候表現出好像弄錯了，或者「哎呦」一聲，嬰兒就不會模仿這件事情，他們知道這是錯誤的。

讓我們仔細思考一下山雀喝牛奶的過程：山雀應該知道瓶子裡裝的是什麼，因為它的嗅覺靈敏，農民可以用山雀討厭的藥水味道來驅逐它們。但是以前沒有山雀能夠打開牛奶瓶子，看著瓶子口水嘩嘩地。直到瓶子換成金屬箔的蓋子。我們無法知道第一隻山雀是怎樣得手，也許是觀察到有露出的牛奶，也許是偶然碰到。但是可以肯定，它一定知道自己做的是什麼，而且得到了什麼。之後食髓知味，學會了這個方法，屢試不爽。

其它的山雀模仿了第一隻的動作，但是在嘗試之前它們應該也知道瓶子裡裝的是什麼，或者看到了同伴大快朵頤，奶花四濺。所以並不是傻乎乎的照葫蘆畫瓢，而是學著做。就像小孩子學大人用筷子一樣，他是明白這麼做的目的的，或者模仿之後就明白了。所以說，模仿是學習的一種方式，山雀也想看看，重複做這個動作之後會發生什麼。

「生物學家沃納和謝裡認為雀鳥像人類一樣從長輩們那裡學會了這種專門技能。雀鳥觀察員們常常看到小鳥蹦蹦跳跳地跟在成年鳥身後，一面觀察一面模仿。小鳥不斷觀察，蹦到成年鳥剛剛離開的地方，重複它們的動作。沃納和謝裡還看到小鳥跟在鳴禽和磯鷸後面，觀察並模仿它們的動作。小鳥們還聚集在一起……像10來歲的孩子在繁華的商業街上一樣，一面觀察一面相互模仿。」[259]

---

(259) 約拿生．威諾，《鳥喙》（北京：人民郵電出版社，2013），頁354。

進化的每一步，也許都開始於意外和偶然，但是被生物正確的判斷，接下來是不斷的重複，然後刻進潛意識而遺傳下去。

時間長了，不但能夠判斷自己的行為，也能判斷別人的行為，這就是觀察。不但能夠重複自己的行為，也能重複別人的行為，這就是模仿。所以模仿也是需要智慧的。

不要懷疑麻雀的智商，它們是很聰明的鳥類。大家都知道，病害、蟲害對農業的威脅很大，但是鳥害並不為常人所瞭解。農民稱呼麻雀為會飛的老鼠，它喜歡吃幾乎所有的糧食作物，它們會一群群的飛到打穀場上，在農民憤怒的呼喝中猛吃地上的穀物。人到哪裡，它到哪裡，人吃什麼，它吃什麼。

農民和麻雀的鬥爭持續很多年了，一直未能取勝，最主要的原因是麻雀太聰明了（當然也因為國家保護鳥類）。它們的遊擊戰打得很好，敵進我退、敵駐我擾、敵疲我打、敵退我追，總能找到你防線的漏洞，然後成群結隊過來撈一把。農民兄弟嘗試了很多現代化的辦法卻不奏效，無奈之下，只得請出麻雀的宿敵——鷹隼來幫忙……這個不在本書的討論範圍，按下不表。

這麼聰明的動物，做出這麼複雜的行為，難道就沒有一點「思維」在裡面？即便是模仿，是否也應該弄懂了之後再模仿，或者模仿之後弄懂了。反正能看到麻雀的智慧在裡邊。「判斷這些非人形生物存在意識的首要依據，是它們行為的複雜性。這不是說所有複雜行為都暗示著意識的存在，但更確切地說，行為的複雜程度以及適應環境變化的能力確實是意識的部分特徵。」[260]

對於幼小的動物來說，學習就是玩耍，玩耍就是學習，這本身就是他們認識世界的過程。

所有的動物學家都同意，玩耍在哺乳動物的社會化中起著重要的作用。而且，物種越聰明和越社會化，其玩耍就越精細……一些功能主義的生物學家把玩耍定義為自己和別的個體的偵探、操作、試驗、學習和控制的任何行為，他們也基本上把玩耍看做是使功能發育和完善化，以便將來能對自然和社會環境作出適應性反應。

「知乎」上有一個父親教孩子學習圖形化程式設計軟體Scratch，孩子模仿書上的例子，每天在爸爸下班的時候都炫耀一個自己編的小遊戲。開始的時候父親不以為然，認為不過是模仿抄襲。後來發現孩子開始有了自己的思想，對書上的例子加以改造，把本來只會躲閃怪物攻擊的小人兒加上了發射子彈的功

(260) 瑪麗安·斯坦普·道金斯，《眼見為實-尋找動物的意識》（上海：上海科學技術出版社，2001），頁21。

能，可以主動攻擊怪物，怪物還有血量條，死了會爆炸等等。孩子經過模仿找到了規律，然後進行創新和整合，最後有了自己的發明創造。

兒童教育的本質也就在於此，鼓勵孩子模仿，並不是要孩子永遠模仿，而是要從裡面得到啟發，最後變成自己的東西，開始自己的應用和創新。

「從玩耍到探索，動物或小孩的重點轉化是從『這個對象能做什麼？』到『用這個對象我能做什麼？』」[261]

比如阿爾茨特和比爾梅林的書裡還講了他們在巴塞爾動物園做的一個有趣的拍攝黑猩猩的實驗：

「他們向動物園園長魯爾迪說明了來意，要求對黑猩猩進行鏡像測試並錄影，這位園長的回答出乎兩位科學家的意料：『這會讓動物們高興的，它們喜歡看遊客那邊發生的有趣的事情。對它們來說，我們才是猴子。』

魯爾迪的話看來沒錯——在黑猩猩的眼裡我們才是被參觀的動物。猩猩媽媽們都抱著自己最小的孩子挪到離玻璃牆很近的地方，以便更清楚地觀看我們怎樣拉扯電線、挪動箱子和燈具，直到最後把伊曼努爾臥室的鏡子抬了進去。他們知道一場好戲正在上演，他們不想錯過任何一個細節。」[262]「任何人去動物園接近大猩猩時，看看它們的眼睛，都不可能感覺不到，它們心裡明白著呢。」[263]

在一些條件不錯的動物園，動物和人之間只隔一層玻璃，經常能夠看到動物樂於和人類互動，一起做動作，一起大笑，甚至一起看電影。

事實正是這樣，人類憑藉著自己的高智商嘲笑其他動物笨，沒有意識能力。但也許某些動物正在一旁靜靜地看著人類的表演，而且它們能夠瞭解其中的很多含義——就像電影《人猿星球》中的黑猩猩首領凱撒一樣。當然，也不用害怕，肯定不會有凱撒那麼聰明的動物。

恩格斯說，勞動創造了人本身。強調人類自身的活動創造了人自身。從猿到人的轉變是一個過程，經過直立行走、語言和文字的形成等不同階段，不管哪一階段，勞動都起到了動力和基礎作用。直立行走解放了人類的雙手，可以更多的從事勞動，但是，並不是只有人類才能直立行走。

「研究人員提出了新的假說，他們相信猿類早就能夠直立行走了，樹猿至

---

(261) 愛德華．威爾遜，《社會生物學：新的綜合》（北京：北京理工大學出版社，2008），頁156。

(262) 福爾克．阿爾茨特，伊曼努爾．比爾梅林，《動物有意識嗎？》（北京：北京理工大學出版社，2004），頁194。

(263) 比爾．奈爾，《無可否認 進化是什麼》（北京：人民郵電出版社，2016），頁268。

少在樹上直立行走了2000萬年左右，下到地面以後，仍然保持直立的姿勢——人類只是繼承了這一古老的模式而已……這就意味著，人與動物之間的界線突然變得模糊起來。要是仍然堅持直立行走的金標準，人類的起源年代可能要深深紮進動物界中去，很難說清楚我們到底何時為人。而如果有很多動物都能滿足『人』的金標準，這個金標準也就失去了價值。」[264]

和直立行走一樣，勞動也不是人類的專利，讓我們來看一下一個猴群聚居地的紅面獼猴（就是在網上赫赫有名的那些喜歡泡溫泉的紅臉日本獼猴，猴子們一臉愜意，有的還拿著手機）。日本的動物學家們也經常當觀眾，不過他們偶爾打破觀眾的角色去用土豆設置一些人工的飼料點。「這是在1952年。猴子們很喜歡這種新的口味，即使土豆很髒或者粘了沙子好像對它們也沒什麼影響。一年以後，一隻名叫伊莫的年輕母猴突發奇想，把她的土豆拿到海邊去洗，去掉了附在外面的那些硌牙的東西……10年以後，這種新的習俗傳遍了整個猴群聚居地——先洗再吃。只有年齡很大的獼猴不願意這麼做，還有就是特別年幼的獼猴還不會做（和人類的勞動多麼相似）。」

「伊莫還發現，麥粒也可以在海裡『加工』一下。麥粒在地上時她必須把它們從沙子裡一個一個地挑出來，而在水裡麥粒和沙子就會自動分離。只需要把一把麥粒和沙子的混合物扔到水裡，可以吃的部分就會浮在水面上，而且變得非常乾淨……」[265]

說到這群猴子，就說一下動物的等級制度。和人類一樣，動物也有嚴格的等級制度。並不是所有的紅面獼猴都能泡溫泉，低等級的猴子再冷也不能泡溫泉。他們凍得受不了，可一旦下水就會被高等級猴子驅逐追打。而且這種制度還是「世襲」，低等級猴子的後代也同樣沒有資格泡溫泉。

野馬也有等級。一個野馬群有一匹公馬，5匹母馬和一些小馬駒。母馬A支配著母馬B、C、D和E；母馬B服從母馬A，但支配母馬C、D、E；母馬C服從母馬A和B，但支配母馬D和E；以此類推……馬群行進時，就保持這種固定不變的順序。這樣，許多成年馬就可以在這個馬群中共處，用不著經常打架，每匹馬都知道自己在馬群中的地位。

「雞群裡也有等級和地位。一隻新雞被引進有組織的雞群，除非它非常厲害，否則就會遭到連續幾天的攻擊折磨，直到它被迫屈尊最低下的地位。」[266]

---

(264) 史鈞，《瘋狂人類進化史》（重慶：重慶出版社，2016），頁15。

(265) 福爾克·阿爾茨特，伊曼努爾·比爾梅林，《動物有意識嗎？》（北京：北京理工大學出版社，2004），頁225。

(266) 愛德華·威爾遜，《社會生物學：新的綜合》（北京：北京理工大學出版社，2008），頁272。

說到這裡跑一下題，日本生物學家為前面說的紅面獼猴裡的一小群猴子提供了新的生存環境，把它們放在了沙灘上。猴子們很快適應了新環境，併發展出了新習性，年輕猴子開始到水中洗澡、潑水，能夠更熟練的游泳，有的還潛入水下撈出海草。一隻猴子甚至遊到了附近的一個小島，找到了新的食物來源。

這就是學習行為，潛在作用就是提高了進化速度。接近於前面提到的拉馬克進化論。過程是這樣的：環境發生了變化，動物學習並適應新環境，引起了生活習性的改變，使得一部分能力（游泳、潛水）得到提高，使得相應器官（手臂、肺）得到了加強。這就開始了「用進廢退」。假如新環境持續下去，猴群不斷擴大，很多代之後，也許就會看到「獲得性遺傳」。

跑題結束，回到正題。勞動不是人類所特有，使用和製造工具也不是。科學家曾經以為只有人類為了勞動和防禦野獸，可以製造工具。但是發現黑猩猩可以磨尖樹枝來掏螞蟻窩，而且會揮舞樹枝擊退來犯之敵之後，人類這一點心理優勢也沒了。

中央電視臺的《動物世界》播出過一期「聰明的猴子」。馬達加斯加島上有一群會吃棕櫚果仁的卷尾猴。棕櫚果很大，皮厚而且堅韌。猴子會在棕櫚樹上選擇成熟的棕櫚果，然後剝皮，扔在地面曬三四天。接下來相互碰撞、搖晃聽聲，挑出曬乾的棕櫚果核，拿到專門的果核加工場。把幹透的棕櫚果核放在大石頭上的凹坑處，再舉起從河邊找來的形狀合適的大鵝卵石，有的大鵝卵石和猴子體重差不多。瞄準砸在棕櫚果核上，通常要砸好幾次才能把堅硬的棕櫚果核砸開，這就能吃到棕櫚核仁了。不止如此，這些猴子還會製作簡單的石頭和樹枝工具，也會在山頭上準備石塊用以擊退花豹。

如果沒有合適的工具，動物們還會借助別人的力量。城市裡的烏鴉找到堅果之後，會把它扔在馬路上，等過往的車輛把堅果壓碎，它們就飛過去叼走果仁。

「鴉科動物學家克萊頓發現，新赫里多尼亞的烏鴉還會以極其複雜的方式使用工具。例如，這些烏鴉能夠使用一系列工具獲取食物。其中一個例子是這樣的。烏鴉用一件短的工具從一個細管中勾出一件長的工具，再用這件長的工具勾出第三件更長的工具，最後用這件最長的工具直接獲取食物。實驗中的烏鴉是自願進入實驗區域的。這些烏鴉之前偶爾單獨使用過某件工具，但是它們從沒有見過將這些工具連起來使用，沒有任何人向它們做過示範。

三隻參與實驗的烏鴉中，有一隻叫貝蒂的烏鴉在第一次嘗試時就成功地綜合運用三件工具獲取了食物。另外一隻叫皮埃爾的烏鴉也通過了測試，但它用的方法是實驗人員始料未及的：在嘗試了一番後，皮埃爾暫時飛離實驗場所，很快又回來了，帶來一根長樹枝，用這根長樹枝正好可以將最後一件最長的工具勾出。這樣，皮埃爾只用了兩件工具（而不是三件）就獲取了食物。烏鴉能夠靈活地使用工具，這說明它們具有清晰的概念，還會進行策劃。」[267]

《伊索寓言》裡也有一個烏鴉的故事。一隻口渴的烏鴉發現一個大水罐，但是罐口很小，嘴伸不進去。烏鴉就找了很多小石子放進去，水就升了上來。

這個寓言並非虛構。實驗人員以禿鼻烏鴉為對象做了一個實驗。大部分烏鴉在第一次實驗中就知道要往杯子裡投入石子使水位上升，這樣就能吃到漂在水面上的食物。

「為了排除隨機行為的可能性，實驗人員觀察到，這些禿鼻烏鴉一旦獲得食物，就不再往杯子裡投石子了；而且，它們喜歡挑選效果更好的大石子，而不是小石子；另外，如果杯子裡裝的是沙子，不是水，它們就不再浪費時間，往裡面投石子了。」[268] 感興趣的讀者可以到「The Naked Scientists」網站查找「Clever Corvids」文章，雖然我沒有看到博爾所說的視頻，也許是網路不給力，但是這篇文章確實很有趣。

鳥類使用工具很常見，屬於三個屬的達爾文雀科鳴禽，至少有4個物種可以利用樹枝、仙人掌刺和葉柄去挖樹皮縫隙中的昆蟲。在使用樹枝之前，有的雀鳥還能用喙把樹枝修理一下，加工成它們想要的樣子。BBC紀錄片《加拉帕戈斯群島》第二集裡面就有這樣的鏡頭，小鳥用的樹枝和它的身體差不多長，動作嫻熟地把樹洞裡的肉蟲子懟出來，美美的吃上一口。

看似很笨的昆蟲也會使用工具，熱帶叢林中有一種很醜的蜘蛛，名叫撒網蛛，又稱「鬼面蛛」，它有8條腿，用4條腿支撐身體，把自己懸掛在蛛網或者蛛絲上。另外4條腿用於撐開一張蜘蛛絲小網，就像一個漁夫一樣，悄悄靠近小昆蟲，猛地用小網把它罩住。

動物會使用工具，還會使用交通工具。馬戲團的猴子會騎自行車，這大家都見過。快手視頻上有一隻名叫醜醜的法鬥犬會踩滑板車，在車子慢下來的時候，醜醜會用一條腿掌握方向，另外三條腿蹬地加速。在車子貼近障礙物的時候，醜醜的前腿會加力，使滑板車改變方向繞開障礙物。

醜醜的主人就是賣小狗專用滑板車的，看來狗踩滑板車是很平常的事情。

(267) 丹尼爾・博爾，《貪婪的大腦》（北京：機械工業出版社，2013），頁175。
(268) 丹尼爾・博爾，《貪婪的大腦》（北京：機械工業出版社，2013），頁176。

但是大家看到過鳥打滑梯嗎？快手視頻裡有一隻大黑鳥（看不大清楚，好像是烏鴉）站在落滿積雪的屋子尖頂上，嘴上叼著一個大圓盤。它放下圓盤，踩在上面，然後順著屋頂的斜坡「出溜」一下滑下去。到底之後，它又叼著圓盤飛回屋頂最高處，踩著圓盤再滑一次，就像一個東北冬天打「出溜滑」的孩童。

在使用工具方面，人類與其他物種只有程度上的差別。只不過大約三四萬年前，差距開始拉大。

烏鴉如此之聰明，以至於「博物學家奎曼認為，烏鴉和渡鴉的行為很聰明很特別，評估它們的工作應該『由心理學家來進行，而不是鳥類學家』。」[269]

鳥類不但能夠使用工具，還會設置陷阱。一隻水鳥在岸上撿到了小塊麵包，它並沒有把麵包吃掉，而是扔到水裡，然後站在旁邊耐心等待，等到有小魚遊上來吃麵包，它就猛地一口。如果是一條很大的魚（水鳥吃不了）遊過來，或者這裡沒有魚，水鳥還會把麵包叼走，換個地方放下去……

但是水鳥有的時候也成為獵物，同樣的套路被用在了它們身上。視頻裡有一隻海洋館的小虎鯨，往岸邊吐了一條小魚，等水鳥飛過來吃魚，小虎鯨就從水裡躥出來，水鳥和小魚一起吞掉，連餌料都不浪費。看來釣魚不是人類的專利。

博爾的書裡還提到了黑猩猩的智慧，也許比烏鴉更狡猾一點。類似於烏鴉吃瓶子裡花生的實驗，黑猩猩可以用嘴接住飲水機裡的水（想想它們巨大的下嘴唇，哈哈），然後灌到裝了花生的瓶子裡，讓花生飄上來。還有一隻心急的黑猩猩，直接往瓶子裡撒尿，更快的得到了花生（但是味道真的好嗎？）。

「更讓人驚奇的是，我們4歲大的孩子在這項實驗中輸給了黑猩猩，只有到了6歲才能勝過黑猩猩。」[270]

兒歌說：人有兩件寶，雙手和大腦。雙手能勞動，大腦能思考。現在看來靈巧的雙手不是人類所特有，那麼聰明的大腦只能人類擁有嗎？

實驗證明，隨著時間的推移，一些長得很大的哺乳動物的腦容量穩定增加。也許對於動物來說，腦容量只是像粗壯的大腿一樣的生存工具。但是誰又能保證，在腦容量增加、使用和製造工具、必要的生存勞動之後，動物會不會具有了自由的高級意識。

其實科學家很難區分人類的智慧和動物的智慧，比如他們會說黑猩猩的智力水準相當於2歲小孩。而一個人從出生到成年，智力水準是一個穩步上升的過

(269) 凱文·凱利，《科技想要什麼》（北京：電子工業出版社，2016），頁359。
(270) 丹尼爾·博爾，《貪婪的大腦》（北京：機械工業出版社，2013），頁176。

程，並沒有一個忽然聰明起來的階段。

科學家認為，意識有個強項就是能夠想像在現實領域中不存在的物體和事件，而這種能力讓我們能夠思考未來。但是動物也能思考未來，比如松鼠不但會儲備過冬的糧食，而且常常把冬儲糧分開幾個地方隱藏。一個糧倉丟失並不會影響它的生存。但是如果多個糧倉失竊，它們估計餘糧維持不到來年春天，松鼠甚至會自殺。

一個山區小夥子，寫了一篇他父親講的松鼠的故事。松鼠到秋天時，天天忙著採松子和榛子，松鼠個頭不大，但是它儲存的堅果能有一小面袋，個個收拾得溜光乾淨。他父親年青的時候不懂事，帶著幾個朋友進山裡到處找松鼠的冬儲糧，摳出來兩大袋子，回宿舍吃得高興又回去找。林場的老人數落他們：「怎麼這麼饞，想吃自己上樹打，別作這孽！」老人說，松鼠若是糧食沒有了，它們就會上吊自殺。

幾個小年青不相信，像進村兒的鬼子一樣，進山很快就又搜出來兩大袋子。旁邊四五隻松鼠一直看著他們掏它們的糧食。松鼠一般會攢兩、三個樹洞的堅果，但是有的松鼠幾個樹洞都被掏空了。知道自己早晚會被餓死，它就找個樹杈，往上一跳，掛住就死了。幾個年青人這回傻眼了，再也沒心情掏堅果，回到宿舍難受了一天。

幾十年之後回憶起這個事情，老人還是不能釋懷，歎息著說：「松鼠這東西不害人，不禍害東西，一年到頭忙忙活活，就是攢那點口糧，結果被逼死了。」以後，他再也沒去掏過松鼠洞。看到別的不懂事的年青人去掏，他也會勸人別去作孽。

這裡插一句，會自殺的動物怎麼可能沒有自我意識？

動物還會有情緒，會賭氣。研究人員讓一些動物完成一些簡單的任務，然後給予它們一些隨機的食物作為獎賞。他們觀察到，動物對公平有著敏銳的感覺。當某些動物發現它們完成了同樣的動作，卻比其他動物獲得的獎賞更少時，它們會強烈抗議，常常表現為生悶氣並且拒絕繼續參加活動。

而有一些高智商的動物，比如烏鴉，還有相當強的自製力，能夠抵禦住眼前美食的誘惑，如果它們清楚地知道接下來會有更好的獎勵的話。

不論是土著還是白人，或者其他有色人種，他們的歡喜、悲傷、恐懼、憂愁、憤怒、驚訝等情感都是相似相通的。只不過在不同的文化背景下，人們表達情感的方式不同而已。達爾文曾經諮詢過很多與世界各地土著人打過交道的人，他發現，不同種族的人群在同樣心理活動的時候面部表情很相似。比如情緒低落的時候都耷拉嘴角。

同樣，絕大多數人類的情感或行為，在動物界都可以找到相似的例子，儘管簡單一些。喜怒哀樂這樣的初級情感，很多高等動物都具有，當然，它們的情感沒有人類的濃烈或者細膩。更重要的是，它們沒有人類清晰的面部表情符號，所以動物的情感不容易被觀察到。而一些看似門檻很高很複雜的人類行為，在動物界也會找到類似行為，比如復仇、偷懶、享樂主義等等。

動物也會有心理疾病。許多目睹自己父母被殺害的小象，表現出了和人類在受到創傷後相似的應激行為：異常的驚嚇反應，無法預測的反社會行為，還有高度的攻擊性。在南非，幾乎所有暴力殺害過犀牛的大象，都是曾經目睹過自己家人被射殺的年輕公象。

和人類一樣，動物會記仇也會報恩。比如馬戲團的動物對馴獸師的不滿累積到一定程度就會攻擊他。

我師弟家養了一隻小狗，有一次幾個同事來看望他，進門的時候，其中一人對小狗開玩笑的笑罵「小破狗，叫喚啥，沒見過我呀。」結果走的時候，這位同事的皮鞋裡面出現了一潑狗尿，鞋墊都濕透了。

有一個溫馨的報恩故事：美國小女孩Gabi經常給來院子裡覓食的烏鴉喂點吃的，有時是花生和腰果，有時是狗糧，有時是自己的午餐。時間長了，烏鴉都很感激Gabi，會在她放學回來的時候，在公車站列隊歡迎。而且，時常在小姑娘餵食的託盤裡放上亮晶晶的小東西作為回贈，有小石子、彈珠、紐扣和迴紋針。烏鴉喜歡發光的小物件，它們看到這些東西就像女人看到了珠寶（有的也會有危險，一些烏鴉喜歡點著的煙頭！有時會把自己的窩點著）。Gabi把這些禮物收集起來，攢了滿滿一大盤。

這是個有趣兒的故事，但是結局並不是那麼有趣兒。鄰居把Gabi一家告上了法庭，因為大批盤旋的烏鴉呱呱呱的打擾了他們休息，還有掉落的羽毛和——鳥糞。鄰居的心情是可以理解的，想像一下，呼啦啦的一大群大黑鳥呱呱大叫著繞著屋頂飛，確實有點像電影裡女巫的小屋子。

動物報恩的例子很多，許多養貓養狗的人都收到過貓狗叼回來的老鼠和小鳥，它們還使勁兒的把這些「美食」往主人腳邊推，希望主人嘗嘗鮮。

烏鴉叫聲有什麼含義現在還不清楚，但是它們的叫聲肯定是它們的溝通方式，也許就是語言，因為很多動物都有著某種語言。只不過詞彙比較少。語言是人類個體間的交流工具，也是人類思維的媒介。語言在人類認知和思維發展中起著重要的作用，那麼動物的語言呢？如果動物願意犧牲吃飯和呼吸的安全性，而使用人類的咽喉和氣管模式，可能它們也能進化出更複雜的語言。

「每種動物都有著某種語言。就算是蜜蜂或螞蟻這些昆蟲，也有極精密複雜的溝通方式，能夠告知彼此食物所在。甚至，智人的語言也不能說是第一種有聲的語言。因為許多動物（包括所有的猿類和猴類）都會使用有聲語言……動物學家已經確定，青猴的某種叫聲代表著『小心！有老鷹！』，而只要稍微調整，就會變成『小心！有獅子！』。研究人員把第一種叫聲（警告有老鷹）放給一群青猴聽的時候，青猴會立刻停下當時的動作，恐懼地望向天空。而同一群青猴聽到第二種叫聲（警告有獅子）的時候，它們則是立刻衝到樹上。」[271]

動物可以有自己的語言，而同種動物的不同族群往往有自己的方言。

「一般來說，在一個雄鳥附近播放鄰居的錄音，它沒有反常的反應，但播放一個陌生鳥兒的歌聲就會引起極度不安的攻擊性反應。但是，如果陌生者從遠方而來，使得其歌聲屬於不同的方言，反應就較為緩和。」[272]

虎鯨一般以家庭為單位，有2、3只的小群，也有40、50只的大群。每個族群或者家庭都有自己的語言系統，就像方言一樣，雖然聽起來相似，但是有差別。每只虎鯨大約可以發出62種不同的聲音，而且這些聲音有著不同的含義。以前科學界不願意承認虎鯨的聲音是語言，這當然是錯誤的。虎鯨不但有自己語言，而且相對發達。虎鯨憑藉其高度發達的大腦和強健的身體成為大海中的強者。

動物語言的詞彙很少，也許主要原因是它們缺少人類這樣靈活的聲帶和喉部結構，所以不能發出複雜多變的聲音。但是它們對語言的理解並不差。養過狗的人都知道，狗能聽明白人類不少詞彙。微博上有個小視頻集錦，每個主人對自己的小狗說「我們出去溜溜」，小狗們都會迅速做出反應：有的樂得直蹦，有的轉圈，有的跑到門口等著，還有的叼來了自己的狗繩，總之它們都明白這句話的含義。

狗能明白主人這句話的意思，是因為每次到外面撒歡之前，主人都說「溜溜」這個詞彙，所以狗會把出去玩和「溜溜」建立聯繫。這就是人類和動物的溝通方式，而人們之所以認為動物沒有智慧，主要是因為我們不懂和動物的溝通方式。

---

(271) 尤瓦爾·赫拉利，《人類簡史》（北京：中信出版社，2014），頁23。

(272) 愛德華·威爾遜，《社會生物學：新的綜合》（北京：北京理工大學出版社，2008），頁259。

火山視頻裡有個「明宇訓犬」，他善於用狗能夠理解的方式來和它們溝通。比如明宇調教一隻護食的小狗，這只狗在吃飯的時候，誰靠近它就連叫帶咬。於是明宇就把這只狗拴好，讓它咬不到主人。然後一邊拿食盆給它餵食，一邊摸它的腦袋。如果狗呲牙或者低吼，就把食盆拿走，稍過一會兒再拿過去，如果還是不友好，就再拿走。這樣反覆很多次，狗就會明白，不友好的表現會失去食物，它就不會輕易呲牙了。

和動物溝通最重要的是讓它明白你的語言和行為的含義，起碼讓它知道你表示同意或者不同意，要做到這點，一般是通過給它獎勵食物來做到的。所以你看馴獸員腰裡都會掛著一個小筐，裡面有糧食、糖豆或者小魚兒，當動物做出正確的行為時，就給它一個食物獎勵，這樣久而久之，它們就會明白這是正確的了。

關於怎樣讓狗明白你的命令的含義，「明宇訓犬」的主頁上有很多，喜歡的讀者可以自己去看。然後你就會明白，不是動物沒有智慧，只是它的思維方式和人類不一樣，而經過訓練，完全可以建立溝通機制。不用說聽話的軍犬或者警犬，就是很多懂得訓犬的人的狗，能夠開燈、開風扇、拿東西、拉窗簾等等，都能證明這一點。

再接著說語言。語言學家平克認為，語言是人類經過自然選擇形成的一種適應功能，通過不斷再生和優化，語言同手、眼等器官一樣也在進化。問題在於自然選擇和進化不只是人類的經歷，其他動物也一樣，所以語言當然不會只是人類所擁有。

「語言學家喬姆斯基認為：人的語言能力，乃是人類一般認識能力的一個有機的組成部分。如果語言學家在普遍語法的層面發現了天賦的結構，那麼，這些結構便同時具有人類智力的普遍特性。因此，喬姆斯基喜歡把語言稱為『心靈之境』……語言是對內心精神的表徵。」[273]語言當然是智力的體現，那麼具有聲音語言、肢體語言和化學物質語言的其他生物是不是也應該有「心靈之境」，具有智力和意識呢？

接著說一下虎鯨的行為。虎鯨捕獵和強盜打劫很相似，跟蹤和追擊的時候靜悄悄的。一旦攻擊開始，就大呼小叫。當有某隻虎鯨在圍獵時犯錯誤，其他虎鯨會咒罵這個笨蛋，甚至會過來咬它，不是露肉見骨的使勁咬，而是拿牙齒在外皮上啃。類似於人類的打幾巴掌。在這樣的督促下，虎鯨的團隊配合默契的像一條鯨一樣。而年青的虎鯨外皮上常常會留下很多齒痕。

(273) 福爾邁，《進化認識論》（湖北：武漢大學出版社，1994），頁209。

虎鯨是聰明的動物，善於團隊配合，也很有紀律性和家庭觀念。在2013年的紀錄片《黑鯨》中，記錄了為海洋館捕撈虎鯨幼崽的過程：一群捕鯨人駕著快艇用炸彈驅趕一群虎鯨。目標是一個小海灣。虎鯨以前被抓捕過，它們知道這些壞人的目的是要捉住小虎鯨，所以在一個分叉口，幾頭雄性成年虎鯨在水面上勇敢地游向了死胡同，它們把獵人的快艇吸引了過去。而由母鯨帶著小虎鯨偷偷潛在水下悄悄的游出去。

可惜虎鯨用肺呼吸，需要經常到水面來換氣。而且捕鯨隊還有飛機，很快從空中發現了虎鯨的小計謀，於是快艇和圍網船調轉過來，把虎鯨母子們全部堵在了另一個海灣。然後他們把幼鯨挑出來，捉上漁船，之後撤掉了圍網。但是其他的成年虎鯨都不肯走，就在旁邊游來游去，大聲叫著，可見它們感情之深厚。

儘管跟動物智慧的話題無關，但還是要說一下，為了商業表演而抓捕動物是不道德的。上面的事例中，捕撈過程中有三條幼鯨死亡。而訓練海豚的時候死亡率更高。我有一個朋友家住在海邊，曾經以捕撈和訓練海豚為業。據他說，捉住海豚不難，但是馴化它們就不容易了。他們家為此專門挖了很大的水池，而且在池壁墊上了厚厚的海綿墊，因為貌似溫柔的海豚其實氣性很大。剛被抓住的時候，海豚會拼命用它們的硬嘴去撞池壁，至死方休，只有少數海豚在撞傷撞累的時候安靜下來才能馴化成功。一般來說，十條海豚裡面也就能活下來一、二條。

上世紀八十年代，臺灣一檔頗受歡迎的電視節目找來一隻幼年紅毛猩猩當嘉賓，引發寶島猩猩熱。據估計，數百隻紅毛猩猩被走私到臺灣賣作寵物，估計還有超過一千隻猩猩在捕捉和走私的過程中死亡，而世界上紅毛猩猩一共才一萬多隻，這次事件對這個物種的傷害可想而知。後來，被當作寵物的紅毛猩猩有一部分被拋棄，因為紅毛猩猩的幼年和成年外表差異極大。幼年的時候乖巧而可愛，成年的時候巨大而醜陋，電影《猩球崛起》裡面那只大餅子臉醜猩猩莫里斯就是成年紅毛猩猩。

華人富豪是非洲盜獵者的重要客戶，他們對犀牛角和象牙的癖好使得這兩種動物遭到大量捕殺。而現在大陸土豪正在步臺灣土豪的後塵，很多跡象表明，繼愛好收集動物屍骨之後，有些鑲著大金牙帶著大金鏈子的富人又開始飼養瀕危野生動物來彰顯自己的「愛心」和與眾不同的品味。在這方面，全世界這些受教育程度不高的土豪有著同樣的興趣，非洲土豪養豹、養獅子和醜八怪鬣狗，中東土豪養獵鷹還給它們買飛機票。但是與動物保護主義者飼養被遺棄的動物不同的是，土豪們的寵物都是從野外抓來的！

與國外土豪的高調炫富相比，由於政府嚴格控制，中國土豪的裝X事業還處於初級階段，養養猴子、孔雀、金剛鸚鵡什麼的。我有一次誤入百度「水龍獸吧」，以為主角是在恐龍之前稱雄地球的上古神獸「水龍獸」，誰知道裡面討論的是一種綠色的呆萌蜥蜴「水龍獸」。當然，現在的這些活動都是不合法的，好在裡面買賣交換的動物多數可以人工繁殖，所以對瀕危動物傷害不大。但是如果發展下去，估計除了大熊貓之外，什麼都敢買賣。

對動物來說，最合適的環境就是它們自己的家園，人工環境並不適合它們，不要說沒有養過動物的普通人，就是有一些飼養經驗的工作人員，也未必能伺候好這些改變了生境的動物。

英國坎布里亞郡有一個動物園，三年時間養死了將近500只動物，平均兩天死一隻。因為管理不善、營養不良、環境骯髒以及缺少合格的獸醫，這家動物園簡直成了屠宰場。關鍵是，像這樣的動物園並不少見！

上海動物園也爆出了近10年養死5只大熊貓這樣的醜聞，動物園承認，原因之一是獸醫水準有限。因為獸醫不像人類醫生分不同科目，獸醫都是「全科醫生」，而不同種類動物的身體結構、生活習慣和飲食搭配都相差很大。但是主要原因也許還是人為搭建的人工環境畢竟不如家鄉野外的自然環境那麼愜意。可以想像，大熊貓這樣投入了如此之多財力和精力的動物我們都無法照顧很好，那麼其他動物呢？多數動物就是在動物園裡湊合活著。

飼養者試圖將人工飼養的動物的後代放歸大自然，但是結果令人失望，大多數不能回歸大自然。1870年，巴黎動物園將一部分動物放生，但是大多數被釋放的動物都被其他猛獸吃掉了。國外視頻網站上也見到過，主人在野外把飼養的寵物放生，可是可憐的小動物還沒跑出幾十米，就被掠食者給抓住了。

接著說虎鯨，動物也有江湖恩怨，虎鯨和它的遠房親戚——座頭鯨之間的關係就很微妙。虎鯨經常獵殺座頭鯨的幼崽，雖然它比座頭鯨小很多，但是團隊配合默契，性格又兇猛，屢屢把幼崽從母親的身邊擄走，所以座頭鯨對虎鯨也是恨之入骨。

有趣的是，如果一頭成年座頭鯨遇到虎鯨正在獵殺別的動物，不管是什麼，就算只是海豹、海獅或者海豚。只要自己有時間、有興趣，座頭鯨就會過去攪合攪合。

美國漁業專家羅伯特·皮特曼和他的團隊共同對座頭鯨和虎鯨的衝突問題進行了深入探究，他們對有記載的115起虎鯨和座頭鯨衝突事件進行了詳細的統計，令他們驚訝的是，竟然有57%的衝突是由座頭鯨主動發起的。它們甚至會從幾公里之外趕過來干擾虎鯨的捕食，而且無論獵物是什麼——全部案例中，只有11%是虎鯨在追捕其他座頭鯨，而89%是虎鯨正在追殺別的動物。

其中一件是這樣：一群虎鯨正在追殺一對灰鯨母子，然後一隻座頭鯨突然出現，發出吼聲召喚同伴，隨即又出現了四隻以上的座頭鯨，它們協力趕走了虎鯨，而灰鯨母子得以倖存。

座頭鯨很可能是聽到了虎鯨在圍獵時候的高聲呼喝而趕過來攪局的，但是根本原因還是它們對虎鯨的仇恨，也許就像人類社會中，父母絕對不會容忍住宅區附近有人販子出沒一樣，對於保持著較為固定的繁殖區域的座頭鯨而言，也不願意看見社區附近有想吃自家孩子的虎鯨在那兒晃悠，於是見一次打一次。

上面說了虎鯨群可以合作捕獵，動物不但經常種內協作，而且還可以種間合作。即便不考慮共棲、共生等種間關係，只是為了一次逃命或者狩獵，它們也會走到一起。

BBC紀錄片《The hunt》第四集海洋動物中，就記錄了這樣一段有趣的種間合作狩獵：幾頭海獅發現了一個沙丁魚群並且展開了圍獵，但是沙丁魚堅固的防禦和靈活的閃避使海獅素手無策，它們明顯勢單力孤，只能四面圍住魚群。直到出現了一群金槍魚（金槍魚比沙丁魚大），局面開始改變。金槍魚從下面對沙丁魚群發動攻擊，堵住它們逃向深海的道路。

讓沙丁魚群絕望的是一群匆忙趕過來撿便宜的海鳥，從空中紮到水裡捕食沙丁魚。這些獵手從四面八方鎖住獵物，開始大快朵頤。這時幾個大塊頭登場了，大鯊魚也遊過來湊熱鬧，哪裡有血腥味，哪裡就有它們。最後趕到的是海豚，它們的高智商會讓自己抓住一切好機會。

海獅、金槍魚、海鳥、鯊魚、海豚這五群獵手密切配合，在這群可憐的獵物裡穿梭往來，很快把龐大的沙丁魚群吃個乾淨，化作一片晶瑩的魚鱗灑向深海。

但是神奇的是，在這次合作的過程中，這些獵手並不互相攻擊，它們只是相互配合，一起享用這頓沙丁魚大餐。這太不容易，因為它們彼此幾乎都在對方的食譜裡，有的根本就是天敵。比如大鯊魚經常捕捉海獅，而海獅只要有機會，也會圍攻小鯊魚。海獅喜歡吃金槍魚，厄瓜多爾的聖塔克魯斯島上有幾隻海獅經常爬到魚販的攤床旁邊排隊等著施捨一點金槍魚。鯊魚和海獅這些大傢伙饑餓了就會捕捉海鳥，而它們死之後，海鳥也不會放過它們的屍體。

動物有合作，還有友誼。海豚的友誼也許會維持一生。人類的好朋友見面會擁抱握手，海豚好朋友可以觸碰胸鰭示好。

我借用上述這些例子的主要原因是想說，人和動物之間，並沒有真正的本質上的不同，特別是幾百萬年前人類的老祖先，更是與其他靈長類動物打成一片，很難區分。人類不過是高智商的動物，所以「意識」並不應該是人類所特有。

當然，人類和動物的意識水準會有差距，人類的意識更複雜、更智慧，更加自主和具有思考能力。但是人類的意識能力越強大、越獨立，從生物智慧的構成來講，上層的意識反倒距離底層的潛意識越遠。

比如瞭解自己的身體與外界環境的界限這一能力，人類就弱於很多動物。人類對自己身體的瞭解，遠不如別的動物。

「某些動物對自己身體的具體大小瞭若指掌，甚至包括那些它們目光無法觸及的部分。比如馬會用蹄子輕撓腹部，牛會用犄角驅趕可惡的蒼蠅，而鹿則會用角尖輕撓背部。在『身體感覺』這方面，鹿的表現格外出色。」(274) 蘇黎世動物園裡曾做過一個試驗，發現長了一對大犄角的公鹿，可以快速的通過柵欄門，而這個門只比它的鹿角寬了1釐米。然而更大的困難在於，鹿犄角的大小一直在變，犄角每年都會脫落，然後長出新的，並一直在長大，而且就連形狀都會改變。

在貼吧裡和大家討論這個問題，大家眾說紛紜，但是誰也解釋不了。有的人說是因為鹿喝水的時候看到自己了，但是多數動物園裡的動物是在很小的水槽裡喝水，只能看到自己一張大臉，或者乾脆喝自來水。

意識不能勝任的工作，一般由本能或者潛意識來完成。反過來，本能或者潛意識不能完成的任務，也是由意識來完成。換句話說，如果一切都在潛意識的範圍內，你就不會意識到面前的事情，一旦潛意識解決不了，那麼你就會對這個問題有了意識。

「意識以合理的方式分析和控制工作記憶的內容；如果有必要，可以從一些專門系統獲取更多資訊；利用多功能的重要的大腦皮層完成複雜的或新的任務，產生新的習慣，下次再出現同樣的任務時就不需要由意識來完成了。」(275)

從這個角度看，動物當然也有意識，因為它們肯定也會遇到新的突發情況

---

(274) 福爾克・阿爾茨特，伊曼努爾・比爾梅林，《動物有意識嗎？》（北京：北京理工大學出版社，2004），頁201。

(275) 丹尼爾・博爾，《貪婪的大腦》（北京：機械工業出版社，2013），頁155。

和環境變化。這就需要它們想到新的辦法和產生新的習慣，如果沒有意識，拿什麼來完成這個任務呢？

換個角度看，動物有沒有意識這個問題其實並不難，傳統生物學家認為「意識是大腦活動的產物」，動物也有大腦，當然也就有「活動的產物」了。史蒂芬·平克認為「心智不是大腦，而是大腦所做的事情」，馬文·明斯基說過「心智只不過是大腦所做的一切」，我並不贊同這個說法，但是這不也說明了有大腦的動物都會有「大腦所做的事情」和「大腦所做的一切」麼，否則動物的大腦都是擺設嗎？

「動物不能告訴我們它們的意識水準，非人類生物怎麼能告訴我們它們具有意識呢？事實上，一些有創意的研究者設計的實驗能夠證明其他動物具有意識，甚至表明這些動物的意識水準超出了純意識，它們能夠意識到自己是有意識的。換句話說，它們具有元意識（meta-awareness）。這些動物不但具有意識，而且它們的意識相當複雜。」[276]

動物存在意識，如果我願意，類似於上面這樣的事例可以單獨寫成厚厚的一本書，證據和推理數不勝數。然而又有什麼卵用呢？由於缺少關鍵性證據，關於動物的意識仍然是科學禁區。博爾、阿爾茨特和比爾梅林這樣敢說敢寫的科學家一定會遭到同行的冷嘲熱諷。為了自我保護，博爾在書裡寫到；「它們（鴉科動物和類人猿）的創新才能表明它們應該是有意識的。但這還不夠，我們無法知道它們的內心世界，因此不能確定它們具有意識。」[277]

從這兒可以看出科學頑固不化的一面，雖然它一直以真理、先進和前衛的形象出現在大眾面前。

我們也可以用代入法來讀懂動物的意識。仔細看幾集《動物世界》或者《人與自然》這樣的節目，需要用心看，需要強烈的代入感，把自己想像成節目裡的動物——把自己想像成一隻草原上的斑馬：你正在吃草，但是周圍一些異樣的聲音讓你產生警覺，抬頭一看，發現右後側有一隻母獅正在向你悄悄逼近。於是你一跳而起，向前方快速奔跑。糟糕的是，餘光發現獅子也在向你撲過來，這時候你完全確定——獅子攻擊的目標是你，而不是你的同伴！於是你拼命奔逃。

獅子似乎遠了一點，你有時間簡單的判斷一下方向，前面的一小塊沙地也許會減慢你的速度，你稍微繞了一下。糟糕，獅子一下子近了許多，離你只有

---

(276) 丹尼爾·博爾，《貪婪的大腦》（北京：機械工業出版社，2013），頁178。
(277) 丹尼爾·博爾，《貪婪的大腦》（北京：機械工業出版社，2013），頁177。

兩個身位。於是你耍了一個小花招，頭往左稍一偏，獅子以為你要往左，實際你身子向右一竄，果然獅子被閃了一下，於是距離又稍微拉開了一點。你有意的顛簸和左右閃避，不只是為了閃開獅子，也是為了把你皮毛的特長發揮到極致。斑馬身上的條紋並不是草原顏色的保護色，而是為了在奔跑的時候產生一個眼花繚亂的感覺，估計緊跟在後面的獅子已經快被晃吐了。特別是一大群斑馬奔跑蹦跳的時候，獅子很難將注意力保持在一匹斑馬身上。

正在你小小的鬆一口氣的時候，忽然發現左前方的遠處有一隻獅子包抄了過來——混蛋！這群狗日的有埋伏！你猛然一驚，向右一閃試圖改變方向，暫態間後腿被抓了一下，一個趔趄你失去了平衡，翻了兩圈滾倒在地上爬不起來，心臟劇烈跳動、肺部上不來氣，感覺胸膛像要炸開一樣。

「完嘍、完嘍」，你心如死灰。母獅的前爪搭在了你的脖子上，爪尖似乎隨時會割開你的皮膚。但是你的餘光發現獅子也滾翻在地，大口的喘氣，另一隻前爪被壓在她身子底下，一下抽不出來——這是個好機會！瞬間來了精神，你猛地一抖，抖落了獅爪，後腿一蹬躥了起來，竟然跳出了獅口，擺脫了兩隻母獅，奔向了草原。

好了，可以回到現實了。坐在電視機前的你鬆了一口氣，身臨其境的體會了一次生死搏擊。那麼現在，你還認為如果你是斑馬，你能夠做得更出色嗎？別忘了，你可是擁有超強大腦的人類。其實研究動物行為學會發現，動物大多數日常行為是非常恰當的，即便是高智商的人類來做，也不能夠更好的完成。那麼還有什麼理由認為動物沒有智慧、沒有意識呢？

身臨其境的考慮一下，把自己的智慧代入到動物的日常生活中，模擬一下動物的行為，你會發現它們的舉動和做法比你想的要聰明。

有沒有遇到過這樣的朋友？你玩遊戲的時候他坐旁邊看你玩兒，他根本沒玩過這個遊戲，或者就是個菜鳥，但是一臉不屑，相當不耐煩的不停叨逼叨：「打他打他打他！慫啥呀？上啊……他殘血了，追他呀！你傻呀……我擦，來人了！快跑……咋跑這麼慢吶？開大！開大！你傻呀……。」你受不了了，滑鼠一摔給他玩，他一口氣連送10條命，最後被一個小兵打死了。

人類就是這個喜歡對別人指手畫腳的菜鳥，整天嘲笑其他生物沒智商，看誰誰傻，都不如我。如果真能有機會讓人去實操一下動物，保准是個渣渣選手。

在分析生物智慧的時候，需要一個重要的能力——「共情」，或者說同理心和代入感。「知乎」上有一個小女孩，她的共情能力很強：「看到飛鳥，我就會感受到鳥飛翔的感覺，我沒有翅膀，但我知道飛起來是什麼感覺，我知道應該怎麼借力，怎麼順應風勢，怎麼揮動翅膀，怎麼轉彎，怎麼收攏翅膀停在樹上。」她自稱為「感其所感」。她的代入感強大而且全方位（當然，這也不都是好事，因為過於敏感），而我只能被大自然和生物引發共鳴，其它方面弱得很，比如人際關係，像個傻子一樣，不會設身處地替別人著想，經常不知為什麼就把別人得罪了。

「人們很容易認為非人類動物行為簡單，忽視它們對環境的複雜反應。值得慶倖的是，這方面的工作報導越來越多，結果都證明動物遠比大多數人想像的聰明。此外，動物不僅僅立即作出複雜反應，並且在決定下一步怎麼做之前，它們會進一步從環境中發現和提煉額外的資訊。雄馬鹿決鬥角鬥之前的相互探察，雄黑松雞交配之前詳細的審視，這些都表明動物投入大量的時間和精力獲取深層資訊。它們的行為決不盲目和愚蠢。恰恰相反，它們的確很聰明。」[278]

如果嫌代入感太麻煩，那麼對比一下無人駕駛，就可以知道動物必然存在足夠的智慧。無人駕駛最基本也是最關鍵的兩個部分就是環境感知和決策，傳統生物學家如果認為環境感知不需要意識，那麼決策呢，這個也不需要意識？

「人的心智是進化的產物，所以我們的心智器官要麼也存在於猿的心智中（或許也包括其他哺乳動物和脊椎動物的心智中）。要麼是對猿的心智的改進版。這種猿具體來說，是生活在非洲大約600萬年前的人類和黑猩猩的共同祖先。」[279]

人和動物的心智有所不同，這並不能說明動物沒有心智。人類和黑猩猩DNA的高度相似無需贅言，人類心智來源於靈長類心智也是顯而易見。但是什麼造成了人類心智的飛速進化呢？

如果從心智的代碼結構來看，也許是使用工具，因為這相當於電腦程式的嵌套，也就是一個演算法裡面調用另一個演算法，這會增加演算法的難度，但是也會提高演算法的效率。

動物習慣用自己外部器官，比如用四肢來抓取食物。但是對隔了一層（嵌套調用）的工具卻常常力有未逮。比如黑猩猩模仿人類用耙子夠食物的時候，它們不會注意到耙子齒在上面和在下面的區別，即使實驗人員演示了如何翻

---

(278) 瑪麗安・斯坦普・道金斯，《眼見為實-尋找動物的意識》（上海：上海科學技術出版社，2001），頁35。
(279) 史蒂芬・平克，《心智探奇》（浙江：浙江人民出版社，2016），頁40。

轉，它們也還是學不會（這就不如八戒了）。

使用工具就像習慣了算術方法解應用題，忽然學會了列方程，於是效率高了很多，進步飛快。更關鍵的是，這樣會使大腦進行更多的工作，進而增加大腦的計算工作量，根據用進廢退原則，就能夠加快大腦的發育。雖然別的動物也使用工具，但是遠不如人類工具的數量和複雜程度。

其實人類認為其他生物沒有意識，主要還是由於無知，把別的生物的生存過程想得過於簡單，似乎總會遇到取之不盡的食物，輕輕鬆鬆就可以活下來。如果給人類同樣的條件，放到同樣的位置，才發現自己根本無法生存，找不到食物，壘不起窩巢、躲不開天敵，找不到配偶……

比如土著，有些人認為他們是反應慢而且傻乎乎的一群人，而實際上土著都是生活的強者，他們是叢林之王。原始的採集工作絕對是個技術活兒，幾內亞的土著平均可以分辨一千多種植物，不只是認識，而是瞭解。知道植物的什麼部位能吃，有的吃葉，有的吃莖，有的吃果，有的吃根，有的吃花；知道植物什麼時候能吃，它們的生長規律和開花結果的時間；知道用什麼方法吃，比如有的植物生吃有毒，一定要烤熟；知道搭配著吃，比如辛辣植物不能做主食；知道採摘的風險，比如有的蘑菇旁邊會有毒蛇。

「在野生的動植物物種中，只有很少一部分可供人類食用，或值得捕獵或採集。多數動植物是不能用作我們的食物的，這有以下的一些原因：它們有的不能消化（如樹皮），有的有毒（毒蘑菇），有的營養價值低（水母），有的吃起來麻煩（很小的乾果），有的採集起來困難（大多數昆蟲的幼蟲），有的捕獵起來危險（犀牛）。陸地上大多數生物量（活的生物物質）都是以木頭和葉子的形態而存在的，而這些東西大多數我們都不能消化。」[280]高智商的現代城市人，你的野外生存能力能夠超過土著嗎？

「華萊士認為，地球上大部分動植物仍處在未知狀態，這毫不誇張。目前（2010年），地球上新發現的和已判定特徵的物種，再加上被科學家命名的物種，已知生物的數量大約有190萬，而存在於地球上的生物物種的數量，據推測在500萬到5000萬之間；如果算上微生物，物種數量會大幅增加，增加到何種程度則完全無法確定。」[281]到現在，仍然每年都能發現大量的新物種，而已經發現的物種中，百分之九十九都僅僅有個學名，連個認真點兒的描述都沒有。這還只是在可見的世界中，那麼在不可見的世界中還有什麼？有生物嗎？

---

(280) 賈雷德·戴蒙德，《槍炮、病菌與鋼鐵》（上海：上海譯文出版社，2016），頁58。
(281) 愛德華·威爾遜，《繽紛的生命》（北京：中信出版社，2016），頁2。

動物其實相當的「博學多才」。「進化論者傑爾特・戴阿蒙德在茂密的熱帶雨林發現鳥類具有適應性優勢，它們學習長輩。他說：『以昆蟲為食的鳥面臨無數種昆蟲，僅在一種樹上就有上千種甲蟲。』即使是受過專門訓練的人——熱帶雨林裡的巫醫或專門研究熱帶雨林生態環境的昆蟲學博士——也得花費數十年，甚至整個一生，才能學會識別其中的一小部分。」[282]

也許你覺得一種樹上有上千種甲蟲有點誇張，實際上，一棵樹上可能就有上千種甲蟲。昆蟲學家調查昆蟲種類時經常做的一件事情簡單粗暴：把一棵大樹整個罩上，樹下墊上襯布，然後在裡面薰蒸毒氣，於是樹上的甲蟲統統被殺死，掉下樹被收集起來分類做統計。科學家的手段有點不人道，但是他們的資料一般很準確。

動物的生存相當不容易，比如捕獵。其實它們在捕食之前早就做好了風險評估，比人類考慮的要周全得多。人類一杆獵槍就可以橫掃大大小小一切野生動物，管你什麼肉食的草食的，長爪的長蹄的，貓科的牛科的，天上飛的地上跑的，統統幹掉。只有追不上的，只有打不著的，沒有打不過的。而動物的獵物往往是拿命來換的，比如被野牛牛角紮死是非洲獅子最常見的死亡方式，所以它們會計算風險和收益的比值，還要考慮自己的身體和饑餓狀態，如果錯過了這個獵物，是否會在下個機會到來之前餓死，它們絕不會貿然出手。所以貓科動物一般不會主動攻擊人類，除非老幼病殘無法捉到別的獵物，或者認為人類對自己的幼崽有威脅。

所以在野外忽然遇到一隻大型野生動物的時候，正確的做法是面對著它，緩緩後退。因為這時候野生動物也在評估你，然後計算自己有幾分勝算，這就是博弈。而你如果「媽呀」大叫一聲，轉身就跑，它馬上就會明白——「對面那個瘦高個是個慫包，他打不過我」，接著就猛撲過來。

同時，如果一隻野生動物傷過人，就一定要消滅它。因為它已經有了經驗，摸清了人類的套路，知道人類的徒手戰鬥力很弱，基本傷不到它，就會頻繁出手傷人。

吉林延邊的防川位於中國、俄羅斯和朝鮮的交界處，號稱「一眼看三國」。由於地處長白山脈，經常有野獸出沒，我在這裡就看到過幾隻野豬穿過公路。而且聽說，兩年前附近山裡出現了一隻傷人的老虎，已經殺死了幾個進山采野菜的山民。一時間整個地區風聲鶴唳，人人自危，晚上都不敢出門。但是東北虎是珍稀保護動物，不能捕殺，於是地方政府出面，找到軍區，讓戰士

(282) 約拿生・威諾，《鳥喙》（北京：人民郵電出版社，2013），頁354。

們抓住了這只老虎，關在籠子裡，運送到了其它地區人跡罕至的大山裡。

動物捕獵的難度係數很高，不像大多數人想像的那樣，看到大個子就跑，看到小個子就咬。捕食者要深思熟慮，攻擊之前，它們匍匐在草叢中，這是在等待機會，也是在觀察，是在判斷，是在分析。以便找准合適的獵物，在最佳時機和最佳角度猛然出手。即便在動手之後，它們也並不會死磕到底，而是在動態評估，往往一擊不中，立刻收手。因為野外生存太難，除非饑渴難耐，它們一般不會不顧一切的纏鬥（除了非洲平頭哥——蜜獾），否則即便捕獵成功，但是被獵物刺傷也不划算。

動物的行為絕不只是簡單的條件反射，它們都有著自己的判斷。

玩電子遊戲的時候我是個不錯的獵手。在一個士兵和幽靈對抗的場景中，每次我的得分都很高，因為我會根據同夥的前進路線來判斷敵人的實力和進攻或者逃跑的路線，然後提前跑到有利的位置等著，在敵人傷痕累累或者得意忘形的時候跑過來幹掉他們。其實我這點兒能耐在動物界只是初級水準，捕食者的判斷、隱蔽、偽裝和伏擊水準要比我高多了。

所以，在自然選擇中生存下來的野生動物一定有著很強的判斷力、估算力、觀察分析能力以及不錯的記憶力。如果以野生動物為主角，拍一個獵殺和反獵殺的電視連續劇，那麼見肉就咬的缺心眼兒角色一定活不過前兩集。

沼澤山雀記性相當好，「一天之中儲藏的食物可達上百份，並且，每份食物儲藏的地方都不相同。幾天以後它們還會重新找回食物。一年中，它們儲藏，然後再重新找到的食物超過千份，每份都被小心地藏在一小片樹皮後面或是樹洞裡。」[(283)]

動物有簡單的邏輯分析能力。微博視頻裡有一隻邊牧犬，主人不允許它進入廚房。於是視頻裡看到它嘴裡叼著逗狗的小塑膠棒站在廚房門口，嘗試著把塑膠棒扔到廚房裡。第三次成功了，於是小狗施施然走進廚房，叼起塑膠棒轉了個圈，又走出廚房。

它的邏輯是這樣的：你不讓我進廚房，但這是玩具自己掉到了廚房裡，你得允許我撿玩具吧，所以我只能進廚房。

不要小看這個小心機，這是人類兒童經常玩的小把戲。在視頻裡你可以清楚的看到，小狗嘴裡叼著玩具，一邊幹壞事，一邊兩隻眼睛賊溜溜的看著主人。就像一個頑童，調皮搗蛋的時候偷眼看著母親的表情。

---

(283) 瑪麗安・斯坦普・道金斯，《眼見為實-尋找動物的意識》（上海：上海科學技術出版社，2001），頁40。

有一個視頻，3只邊牧犬包圍一小群鴨子，前後夾擊不斷驅趕最後準確地把鴨子趕進一個直徑一米左右的紅圈裡。下面一些養過邊牧的網友評論說：「邊牧心思太重，你瞭解不了它的內心」，「它甚至能看懂人的眼神」，「養了邊牧之後你會覺得自己智商跟不上了」。

邊牧犬是智商頂尖的犬種，養狗的人在訓練寵物狗的時候，有時會嫌狗笨，教不會。但是邊牧犬相反，訓犬的人說，邊牧一般會明白你的意思，知道你想讓它幹什麼，可是它會調皮或者偷懶，經常耍心眼兒有意違抗你的命令——「我憑什麼聽你的，就為了幾粒狗糧？」

有一個普遍錯誤的概念（甚至動物學家也是這樣看），認為大多數的動物通訊是由刺激和反應兩個相互溝通的簡單信號組成的。這一簡單情況，在微生物和許多低等後生無脊椎動物中確有發生。但是腦容量，比如說具有1萬個神經元或更多神經元這一數量級的動物，其社會行為就會複雜精細得多。

生物體內的通訊方式相當複雜，科學家已經發現了多層次的化學信號交換方式。但是這並不能否定還有其它信號傳輸方式的存在，而且也許更高效、快捷。郵政是人類傳統的傳遞資訊方式，已經存在了數千年，傳遞的訊息包括軍情、文書、信件和包裹等。電信的歷史就短得多，只有近代這幾百年。但是電信的發展非常快，而且效率也要高得多。在資訊傳遞的方式上，不可否認，電信代表了未來的方向，並將在很多層次上取代郵政。

跑題一下，有趣的是，長江後浪推前浪，作為快要被後浪拍死在沙灘上的前浪，中國郵政在1997年還發行了一套《中國電信》郵票來歌頌電信行業取得的成績。這套郵票有4枚，分別是：數位傳輸、程式控制交換、資料通信和移動通信。其實正是電信業的這些工作擠佔了郵政的生存空間，中國郵政發行這套郵票很是需要一些勇氣和胸懷的。

當然電信無法完全取代郵政，現在畢竟不能用傳遞資訊的方式來傳遞物質。所以郵政和電信將會在相當長的時間內共存（我把快遞業也劃在了郵政行業裡）。所以誰又能想像，生物體內是否會有已知通訊方式之外的新的傳遞方式呢？而且也許這種新的方式早就存在，只是人類還不知道罷了。

跑題結束，接著說條件反射。很多時候，條件反射也是一種判斷。我以前養的一隻小狗，聽到撕開塑膠袋的聲音就會跑過來，它對這個聲音已經形成了條件反射。但是也許塑膠袋裡裝的只是一本書，或者它看到主人往嘴裡放點東西就會撲過來，其實主人是在使用牙籤。但是它明白，大多數情況下，撕開塑膠袋的聲音和主人往嘴裡放東西，意味著主人那裡有好吃的，它可以分享一點。

所有的動物都有自己的判斷能力，不論大小。很多新建立的螞蟻群很小，只有幾十或幾百隻，如果它們的巢穴被破壞，它們就會四散逃跑。但是如果一個大規模的蟻群碰到入侵者，它們往往會集中全力發起反擊。這就是說，它們能夠判斷敵我雙方的實力對比。

某些條件反射當然也是一種智慧，把「條件反射」這個詞拆開來分析，就是遇到一個「條件」，身體產生的「反射」。從電腦技術角度，這就是給定一個輸入，產生一個輸出（也可以說，做出一個判斷），這就是一個簡單函數。而且多數情況下，這個輸出是正確的，對生物的生存有利。

如果這個輸出是錯誤的呢？當然不會等到自然選擇把生物淘汰，生物自己就會調整。比如巴甫洛夫的實驗，給狗建立聽到鈴聲就分泌唾液的反射，我們在中學生物書上就學過這個實驗。其實這只是前半個實驗，有人嘗試過後半個實驗：仍然向這只狗搖鈴，但是不給它餵食，經過幾次之後，它的唾液越來越少，直到最後聽到鈴聲不再分泌唾液。這就是生物智慧對條件反射做出的適應性調整。

從電腦程式員的角度來看，人類之外的生物也會擁有某種智慧，這簡直是明擺著的。因為程式就是智慧！一個完整的程式裡面，不止有流程，也一定有判斷。

生物學家在否認生物有意識的時候，往往順便也否認生物有智慧，似乎覺得智慧只有人類才有。大家都知道生物有生命，其實生命本身就是一種智慧，細菌都知道向著食物的方向遊動，病毒攻擊細胞，它怎麼不攻擊石頭呢？如果沒有智慧，就靠著「偶然」和「隨機」，生命能活下來嗎？生物無論多少年也無法進化成現在這個樣子。

傳統生物學家也喜歡拿天性和本能說事兒，好像有了天性和本能之後，就不需要智慧，不需要意識了似的。「用『天性』或『機械』來形容動物的大多數行為是不正確的。它們的聰明、狡猾和面對人類消滅它們的努力所表現出的技高一籌，曾引起人們的惱怒，但這種惱怒最終卻演變為不情願的敬佩。」[284] 人們曾經想消滅蟑螂，消滅老鼠，甚至想過消滅蚊子，現在都放棄了吧，就算人類毀滅乾乾淨淨，人家蟑螂、老鼠和蚊子還能活得好好的。

傳統生物學家喜歡拿地球幾十億年的壽命說事兒，似乎在這麼長的時間

(284) 瑪麗安·斯坦普·道金斯，《眼見為實-尋找動物的意識》（上海：上海科學技術出版社，2001），頁45。

裡，萬事皆有可能。但如果時間真的可以造就一切，那麼地球上已經形成了幾十億年的石頭怎麼就沒有進化成兩栖石頭、哺乳石頭、腔腸石頭、節肢石頭？所以進化需要有生命——或者說智慧的存在才可能發生，智慧才是生命的根本，而不是新陳代謝或者繁殖，那只是生命的表現。

傳統生物學家也常常把複雜的動物行為歸結為「本能」，似乎這樣就可以擺脫令他們反感的「智慧」，但是本能就不是智慧嗎？本能是潛意識裡的能力，當然也是一種智慧。

如何判斷生命和智慧的存在，有一個不太嚴謹但是簡單有效的方法，就是有與力的作用相反的行為發生。比如袋鼠向上跳躍，與重力方向相反；鷹隼一飛沖天，與重力方向相反；狼群逆風而行，與風力方向相反；鮭魚逆流而上，與水流方向相反。而且這些行為都有目的，非隨機的，可以為了捕食、逃命和生殖等等原因。並且很原始的生物就已經具有這樣的能力，比如單細胞生物的細菌，它們可以擺動鞭毛去它們想去的地方，已經能夠克服其它的外力作用。

「如果定期給骨骼施以一定的壓力則有益於骨密度的上升，這一機制被命名為沃爾夫定律，源自1892年德國一位外科醫生寫的相關文章。但是諸如盤子、汽車或其他非生物體則不具備這種特徵，也就是說，它們可能很強韌，但並不具備內在的反脆弱性。非生物體，也就是沒有生命力的物體，在壓力下往往會衰竭，或者折損，鮮有例外。」[285] 物理學家保羅．大衛斯（Paul Davies）總結得好：「生命的秘密並不在於其化學基礎……生命的繁榮恰恰是因為它避開了化學規則。」[286]

「我們現有的證據，特別是來自動物行為研究的證據，使得認為其他物種的確擁有意識經歷的觀點，比相反的觀點更為樸素，更有可能性。」[287] 但是說明一下，我認為動物有意識（或者說有智慧、智能、內在的精神世界），並不是說它們特別聰明，比人類還聰明。而只是說，動物有智慧，這個智慧足夠它們生活的了。和人類比起來，動物的智商當然低很多。比如鳥類認知系統有明顯缺陷，屋子裡有一隻鳥，如果進來兩個人，鳥就會很警覺，知道有人來了。但是如果它看到一個人出去了，就會認為兩個人都走了而放鬆警惕。科學家經常用這個辦法觀察鳥類生活。

(285) 納西姆．尼古拉斯．塔勒布，《反脆弱-從不確定性中獲益》（北京：中信出版社，2014），頁24。

(286) 凱文．凱利，《科技想要什麼》（北京：電子工業出版社，2016），頁81。

(287) 瑪麗安．斯坦普．道金斯，《眼見為實-尋找動物的意識》（上海：上海科學技術出版社，2001），頁3。

鳥類尚且如此，昆蟲的智商當然更成問題，「在蜜蜂的觸角上有一些感覺細胞只對油酸敏感。腐爛的蜜蜂屍體會產生油酸，刺激蜜蜂作出『殯葬員動作』，把死屍從蜂巢中清除出去。實驗者往一隻活蜜蜂身上塗了一滴油酸，雖然這只蜜蜂明顯地還活著，還是蹬著腿掙扎著被拖出去，和死蜜蜂扔在一起。」[288]

## 第三節　簡單動物的智慧

上一節我們討論的多數是哺乳動物的意識，黑猩猩、狗、大象、虎鯨、猴子和松鼠。一般來說，哺乳動物是動物中最聰明的種類。但是智慧是廣泛存在於各種類動物之中的，比如前面提到的企鵝、麻雀和烏鴉。這些動物已經包括了天上飛的、水裡游的和地上跑的。

但是並不局限於此，例如智慧並不需要大腦皮層。大腦皮層對人類的思維非常重要，而烏鴉就沒有大腦皮層，可是烏鴉能夠記住2年前的事情。它們會遠離戲弄過它們的壞人，親近餵過食的好人。

智慧也不需要發達的大腦，簡單的大腦一樣可以有數學計算能力。普林斯頓大學的生物學家詹姆斯・L・古爾德（James L. Gould）做了一個實驗。他為蜜蜂設置了一個活動餵食站，每天將餵食站移動一段相等的距離。

「正如預料的那樣，蜜蜂們每次都能找到新挪的位置，但隨後所發生的事情卻超出了人們在正常思維下所預想的一切可能：幾天之後，蜜蜂已經『知道』今天餵食站將挪到什麼地方；當古爾德帶著飼料到達那兒時，蜜蜂們已經『急不可耐』地在那裡打轉轉了。不知通過什麼方式蜜蜂們識破了他移動餵食站的規律，於是提前飛到正確的位置那裡等待著。

「但這還不算完，當隨即加大了試驗的難度之後，古爾德卻更加茫然不知所措了。他不再按相等的距離移動餵食站，而是以幾何級數增加，每次用1.25的係數相乘，這樣一來可就不那麼容易識破移動的規律了。誰知道，儘管難度如此之大，但蜜蜂依然能夠對付。當它們隨著試驗的進展掌握了這一規律之後，便會提前飛到正確的地點，在那兒盤旋著等待食物的到來……直到今天，對於這種大腦只有幾毫克的昆蟲如何能夠做到這種『不可思議』的事情，沒有一個人能給出具有說服力的解釋。大多數生物學家不予表態。」[289] 應該說，動物具

(288) 理查・道金斯，《基因之河》（上海：上海科學技術出版社，2012），頁53。

(289) 福爾克・阿爾茨特，伊曼努爾・比爾梅林，《動物有意識嗎？》（北京：北京理工大學出版社，2004），頁108。

有智慧，而且具有一定的意識——是最好的解釋。

動物的行為很聰明，它們的建築更是不可思議。蜂巢高度精準的六面體結構是大家都知道的，而白蟻的蟻巢更是了不起。螞蟻學家威爾遜研究過很多螞蟻，他認為白蟻築巢的程式性和準確性不遜於電腦：「這種螞蟻工程的每一個工藝都令人吃驚，這是電腦程式員要通過編制程式才能完成的工作。」更令人吃驚的是，蟻巢裡面真菌園（白蟻的糧倉）的溫度能保持在30℃±1℃的範圍內。而蜜蜂的蜂巢也能做到精確的溫度控制，在工蜂采蜜和蜂群成長的春季、夏季和秋季，蜂巢裡的溫度基本一直控制在35℃±1℃。在沒發明空調之前，沒有人類的建築能夠做到這一點。

順便說一下，人們常把白蟻當作螞蟻，而把它們稱為「白螞蟻」。其實白蟻不是螞蟻，從分類學來說，白蟻屬於昆蟲綱飛蠊目，而螞蟻屬於昆蟲綱膜翅目。從進化歷史來說，白蟻是一種比較古老的昆蟲，它和蟑螂的關係比較接近。而螞蟻則與蜜蜂的關係比較接近。白蟻和螞蟻從形態、進化、食性等方面都差得很遠。

說到白蟻真菌園，就說一下動物的農業。白蟻會種植真菌作為食物，螞蟻會把蚜蟲當做奶牛來飼養。

「在美洲，整個冬天黑毛蟻都會守護美洲玉米根蚜的卵，來年的春天，它們會將新孵出的蚜蟲放置到附近植物的根部，如果植物根系枯萎則會將其搬遷到新的植物根部。黑毛蟻以一種極為熱情的姿態接受蚜蟲，它們將蚜蟲的卵和自己的卵放在一起。當它們遷移巢址時，會小心地搬遷蚜蟲的卵、若蟲和成蟲，呵護備至，完全如同自己的成員一般……這種情況有時候給我們超過了一般合作的感覺，我們似乎看到了牧民與牛羊的關係，這種感覺更像是螞蟻在放牧『奶牛』——我們也稱蚜蟲為『蟻牛』。可以作為蟻牛的並非只有蚜蟲，一些蚧殼蟲、蟬和蝴蝶的幼蟲也是『放牧』的對象。」[290] 螞蟻的牲畜還挺多。會養奶牛的不只是螞蟻，無蜇針蜜蜂也會從巴西蟬科昆蟲那裡收集甜水。

還有很多不起眼的小動物會根據需要培養一些農作物。一種小甲蟲的成蟲，會把幼仔放在木頭裡挖出來的小洞裡，然後用木屑培育真菌來餵養它們。每次真菌快吃完了，母甲蟲都會不斷添加新食料，直到小甲蟲成年。

還有一些會耕作的魚類，它們會栽種一片片的小植物和海藻，並且經常在那裡照料。

在昆蟲遭到攻擊的時候，它們逃生的辦法簡直神乎其神，它們怎麼做到

(290) 冉浩，《螞蟻之美》（北京：清華大學出版社，2014），頁85。

的？有一種小菜蛾，落在噴有威力殺的植物葉片上，它會知道自己中毒了，然後會捨棄中毒的腿逃之夭夭；有些昆蟲像個化學家，自身能生成解毒劑，把農藥化解掉；當沒有別的辦法時，如果毒素在昆蟲體內只有一個攻擊目標，昆蟲能縮小、轉移甚至去掉體內的目標。

人們喜歡看大型動物的視頻和書籍，怎樣生存、怎樣打架、怎樣求偶……所以對它們瞭解多一些。相比之下，人們對昆蟲的瞭解就很有限，認為它們很醜，也很傻。但是BBC拍了一個片子《微型猛獸》，建議大家看一下，看完之後你會對這些怪怪的小東西刮目相看。

雖然昆蟲看起來很不起眼，但是它們確實與人類有很多相似之處，可還是一直被驕傲的人類所忽視。生物學家阿萊克・黑貝萊因花了很多時間研究果蠅，試圖找到酒精中毒的基因基礎。她發現，果蠅也有酒量大小之分。在她給果蠅喝酒之後，有的果蠅酒量差，很容易喝醉，而另外一些則相反，其中一隻酒量很好，喝了很多酒之後才會醉。

其實這不難解釋，和人類一樣，不同果蠅的身體裡的各種轉化酶含量不同，造成了對乙醇分解能力的不同。有趣的是，喝醉酒的果蠅也和醉漢一樣，行為會發生改變，比如醉酒的果蠅奔跑得更快。

研究果蠅很長時間之後，黑貝萊因說的話很驚悚：「人類只不過是沒有翅膀的大果蠅」！

其實她說得對。一般來說，有的人認為人類是獨一無二的，與動物有本質區別，動物太笨，沒有思維能力。這樣的人都是缺少與動物深入接觸的人。而飼養過某種動物，或者認真觀察過動物的人，通常不會這麼認為，他們會發現動物和人的許多相似之處。

就像一句玩笑話「養狗的哲學家都認為狗有靈魂，而沒養過狗的哲學家都不同意。」那麼，對狗的判斷，我們是應該相信養狗的哲學家的呢？還是沒養狗的？

英國作家柯南・道爾說過：「看，卻不觀察，這之間差別巨大。」沒養狗的人只能看狗，而養狗的人卻是在觀察。

「黑貝萊因說：『這非常引人注目，當你看著果蠅這種微小的生物，然後再看看我們自己時，你會發現我們與它們在外觀上並不很相像。可是我們與果蠅之間的分子水準卻是如此相似……果蠅與人類不僅基因相似，而且基因的作用方式也相似……（喝酒之後）這些果蠅像狂躁症患者一樣東奔西跑，怎麼也安靜不下來，就跟喝醉酒的人一樣。』當給果蠅越來越多的酒精時，它們就變得相當不協調，它們臉朝下倒下，它們的背立起來，最終它們倒下一動不動了。」[291] 想想這些比芝麻粒兒大不了多少的小醉漢東倒西歪的樣子……

喝酒不是人類的專利，吸煙也不是。國外一個男子養了一隻小黑猩猩，這個男子是個煙民，黑猩猩經常看到他吸煙，於是也學會了，如果不給就大發雷霆。黑猩猩的煙癮越來越大，男子無奈之下只好把它送到了動物園，希望能幫它戒煙。但是動物園也束手無策，因為如果不給它吸煙，黑猩猩就發脾氣，甚至絕食抗議。於是動物園裡就有了一隻叼著煙捲兒在籠子裡四處溜達的煙民猩猩。

威爾遜開創了社會生物學，他對螞蟻有相當深入的研究。在他的書裡你可以看到，螞蟻的群體簡直就是人類社會的縮影。這些不起眼的小東西的國度裡，可以看到原始人類（或者黑猩猩）大多數的劣性——戰爭、欺騙、搶劫、奴役、背叛、誘惑……

先說一個驚悚的宮廷劇。一隻剛受精的蟻后獨自從原來的蟻群中分離出來，只靠自己是很難建立新的群體的，於是她找到別的螞蟻物種的集群，通過武力征服或者別的方式混進別人家裡。她會用手段悄悄地找到幾個支持者，然後發動宮廷政變暗殺掉原來的蟻后。既然有了自己的群體，新的蟻后就可以堂而皇之地生下自己品種的孩子，這些新的工蟻和原來的工蟻混在一起生活。而原來的蟻后已經被謀殺，所以就不會再有原來品種的工蟻出生。這樣幾個月後，原品種工蟻逐漸死去，這個集群就都被入侵者蟻后和工蟻所佔領。

這個陰險的入侵者混到別人家裡的方法多種多樣。她會先找到目標蟻群，找個位置躺下裝死，把四肢縮進體內像個蛹。然後會被傻了吧唧的工蟻撿起來帶回巢內，這樣就躲過了她無法戰勝的守門兵蟻和數量眾多的工蟻。等她看到了目標蟻后，便從屁股後面爬到對方的身上，用馬刀形的顎扣死其脖頸將其殺害。

有的時候，別人家裡有幾個蟻后，入侵者會挨個刺殺每個蟻后。騎到受害者後背上，把她翻過來，用馬刀大顎夾住受害者脖頸，銳利的顎尖刺穿對方脖頸皮節之間的軟膜。奇怪的是，一次謀殺有時持續幾小時，甚至幾天不停的撕扯。幹掉一個再謀殺下一個。入侵者會提前安撫周圍的工蟻，也許還有別的原因，總之竟然會不受干擾地進行她的陰謀。整個情節波詭雲譎，是不是不比宮廷劇遜色？

不只是螞蟻，其他社會性昆蟲也被見過類似的奴役或者寄生行為。亞洲大

---

（291）張戟，《基因的決定》（山東：山東科學技術出版社，2015），頁26。

黃蜂也會混進黃邊胡蜂或者黃翅胡蜂窩裡，篡奪對方蜂后的位置。

奴役或者被奴役，在螞蟻世界裡也是很常見的，細胸奴蟻、血紅林蟻、圓顎蟻、亞全林蟻等等品種都有這樣的行為。強盜們的工蟻列隊出發，攻進別人的巢穴，擄走人家的蛹，在自己的巢穴裡發育成工蟻。這些奴隸會在奴隸主的巢穴裡從事採食、築巢等粗活累活。

常年累積下來，有的螞蟻品種已經變成了專性寄生物種，離開奴隸就很難生存。細胸奴蟻就是這麼一群靠擄掠奴隸生活的強盜。威爾遜嘗試著把它們的奴隸給剝奪了，這些奴隸主只好重新從事那些奴隸的工作，而它們這些能力已經退化，在尋找食物等方面表現得致命的無能。

在強盜們襲擊別的蟻群的時候，他們不僅暴力攻擊，還會攻心戰術。亞全林蟻的工蟻整夜都在洗劫其他螞蟻巢穴，它們長著過度肥大的迪富爾腺體，裡面裝著化學製劑。亞全林蟻會向著對方保衛巢穴的螞蟻噴射這種化學製劑，能夠起到「宣傳物質」的作用，就像高音大喇叭，可以警告和驅散對方的工蟻，使對方向強盜投降。

在強盜入侵的時候，被侵略的螞蟻也不傻。留得青山在，不怕沒柴燒，眼看著打不過，它們會帶著家裡最值錢的東西（卵、蛹和幼蟲）拼命逃跑，跑到遠處草葉上、地面上，跳腳看著。強盜也不趕盡殺絕，只要對方不抵抗，一般會任由它們離開。只是把受害者來不及拿走的好東西劫掠一空。

強盜這麼做也不是發善心，因為它們知道，把對方逼急了也不是好事，兔子急了還咬人呢（其實兔子咬人並不罕見，急不急眼都咬人）。在BBC拍的視頻裡，強盜螞蟻遭到了受害者激烈的抵抗，進行了面對面的廝殺。雙方陣亡者像雨點般從草葉上掉落，最後雖然強盜洗劫了對方巢穴，但是一場戰役也損失將近3萬小兵。

另外，強盜們也不會願意對方被毀滅，它們習慣了打家劫舍，軟弱可欺的老百姓都被殺光了，它們吃誰喝誰去呢？可見戰鬥雙方心裡都是有數的。

這和人類的行為很相似。一百多年前，東北土匪橫行，比較有名的是杜立三、謝文東、張樂山（座山雕，他的父親和爺爺也是土匪）、女匪駝龍等等。那個時候的老百姓整天提心吊膽，既怕官兵，也怕土匪，一聽說「鬍子來啦」（土匪來啦），帶著老婆孩子就跑。土匪搶錢、搶糧、搶牲口，也搶人，但是一般不燒殺，除非遇到了抵抗或者結仇。

比螞蟻簡單得多的生物也有自己的超能力。引起非洲昏睡病的錐形蟲能夠迅速地改變自己的外衣來躲過人類免疫系統的監視。「我們的免疫系統大約需要十天左右才能製造足夠的抗體去控制錐形蟲。但是，大約在第九天的時候，錐形蟲就改變了它的外衣，露出一種全新的表層蛋白，從而逃脫了抗體的攻擊。錐形蟲有上千種不同抗原性外衣的基因，所以總是能夠跑在免疫系統前面，可以在人體內生存多年。」[292]

接著說意識，智慧不需要人類的大腦，大腦結構與人類完全不同的動物也可能會有意識。章魚就是一種非常聰明的動物，而且有不錯的認知能力。

「章魚雖然屬於無脊椎動物，沒有丘腦和大腦皮層，但是它的行為卻表明，它完全不是我們想的那麼原始、低級。章魚有近5億個神經元，與貓科動物的神經元數量差不多。但章魚的大腦非常奇特，具有平行結構。對大腦而言，平行結構從來都具有優勢。章魚的大部分神經元不是存在於大腦中，而是在腕足上。考慮到章魚腕足上具有神經元這個事實，我們可以說章魚其實有9個半獨立的大腦。

章魚還是海洋生物中的天才，有高度發達的記憶力和注意系統。這使章魚能夠變換各種外形，模仿其他動物、岩石甚至是植物的形狀。經實驗觀察，章魚可以辨認形狀、顏色，能夠在迷宮中穿行，懂得打開擰緊的蓋子，甚至會學習其他章魚的行為——之前我們認為只有高度群居動物才具備這項能力。」[293]

智慧甚至不需要大腦，只需幾個簡單的神經元，就可以具備感知能力、本能和學習能力。

「秀麗隱杆線蟲是一種只有1毫米長度的小蟲（它和果蠅還有小老鼠是生物學家的最愛），只有302個神經元。然而附近食物源發出任何氣味，即使很淡，線蟲都能聞到，並且馬上向氣味的方向爬去……聞到有毒食物源會後退，而當它感覺到震動時會以同樣的方式後退……果蠅比線蟲複雜，非常聰明，但卻僅僅由20萬個神經元構成。像線蟲一樣，果蠅也是通過簡單聯繫的方式學習。果蠅會睡眠，有短期記憶和長期記憶，甚至擁有類似於注意力的能力。」[294]所有這些都由針尖大小的大腦控制。「昆蟲有腦，但是很小，而且構造簡單。人類的大腦約是體重的五十分之一，昆蟲的腦重量雖依種類而有很大的差異，但大致只有體重的四百分之一至二百分之一。」[295]

我們常常覺得一些簡單動作不需要思考，但是不要小看簡單的動作。

---

(292) R‧M‧尼斯，G‧C‧威廉斯，《我們為什麼生病》（北京：海南出版社，2009），頁39。
(293) 丹尼爾‧博爾，《貪婪的大腦》（北京：機械工業出版社，2013），頁186。
(294) 丹尼爾‧博爾，《貪婪的大腦》（北京：機械工業出版社，2013），頁62。
(295) 朱耀沂，《昆蟲Q&A》（北京：商務印書館出版，2015），頁50。

「幾乎所有我們（人類）在不自覺中順利完成的事情，都是無比複雜的，需要進行大量細緻的生物運算，雖然我們平時可能沒有意識到這點。」[296]不管是口沫橫飛比比劃劃地與朋友聊天，還是只是拿一個蘋果，就算你簡單的移動一下手臂，都需要有成千上萬神經纖維來記錄收縮和舒張的狀態，需要的運算都是龐大的。

簡單動物的一個簡單動作需要的運算量有多大呢？美籍日裔物理學家加來道雄見過一個機器人，日本本田集團製造的最先進的機器人之一ASIMO。這個非凡的機器人，大小相當於一個少年，能夠行走、跑步、爬樓梯、說不同的語言，還會跳舞。

加來道雄私下裡問ASIMO的製造人一個關鍵問題：「如果把ASIMO與動物相比，它的智力有多高呢？他們坦承，它的智慧相當於一隻蟲子……它擁有的真正的自治功能是非常少的，幾乎所有話語和動作都有提前精心準備的腳本。」[297]

還有那個模樣呆萌的火星探測器「好奇」，它是人類最智慧、功能最強大的機器人之一，身上裝備著火星透鏡成像儀、火星降落成像儀、火星樣本分析儀、阿爾法粒子 $X$ 射線分光儀、輻射評估探測器等等一大堆精密儀器，像一個移動實驗室一樣複雜，可惜，它的智力和生存能力也就相當於一隻蟲子。還有人敢忽視蟲子的智力嗎？其實這個例子還可以反過來看——蟲子的智慧相當於一台先進的電腦。

蟲子的生存能力當然很強，所以昆蟲家族枝繁葉茂，約占動物界種類數的80%，這麼強大的生存能力也許來源於意識。加拿大心理學家蜜雪兒．卡巴納克認為：「毫無疑問，意識活動有助於生存。他的實驗表明，人類身體機能的生理和行為部分和其他物種是如此的相似，以至於我們有理由假設在意識領域也應該非常相似。」[298]

從基因的角度看，其他生物和人類沒有本質區別。

「用一個比喻的說法，整個生物界使用的不僅是同一種語言，而且還是一種口音的方言！很多例子都可以證明不同生命體基因令人驚異的同一性。比如，科學家已經無數次成功地將一個物種的基因導入另一個完全不同的物種體內，從而改變該物種基因的性狀。這樣的實驗包括將人的基因注入老鼠體內，

(296) 丹尼爾．博爾，《貪婪的大腦》（北京：機械工業出版社，2013），頁67。
(297) 加來道雄，《心靈的未來》（重慶：重慶出版社，2016），頁193。
(298) 瑪麗安．斯坦普．道金斯，《眼見為實-尋找動物的意識》（上海：上海科學技術出版社，2001），頁160。

或將老鼠的基因注入蒼蠅體內……而且有資料表明，人類與病毒或細菌之間可以進行有利的基因替換。」[299]

自然界這麼多從簡單到複雜的生物，是否有意識的這個問題實在讓人費神。「但有一個理論卻聲稱可以徹底解決這個問題，那就是朱利歐·托諾尼的資訊整合理論。這是一個廣受好評的現代意識理論，通過研究大腦神經元的數量，神經元之間如何聯結以及如何作用，得到一個意識水準的準確數值。根據這個理論，清醒的人有100個單位意識，昏迷患者有2個單位意識，黑猩猩有50個單位意識，老鼠有10個單位意識，等等。

「該理論一個明確的結論是：每一種動物的意識水準都有一個數值……即使是秀麗隱杆線蟲（只有302個神經元），也會有一個意識水準數值，雖然這個數值十分微小。根據這個理論，甚至一群螞蟻也有一定程度的意識。這個觀點可能會讓人很不舒服：連這麼低級的生物都有最低限度的意識，更別提動物了。雖然這個理論還需要進一步論證，但是結果很可能證明，對這個理論的懷疑是錯的。事實可能是：任何大腦都會產生不同水準的意識，不管某物種的大腦是多麼小、多麼簡單……

「然而，這個理論以及目前所有將意識與網路資訊相聯繫的理論，都把細菌和植物排除在外。其實，細菌和植物具有基本的計算處理能力，只是它們不具備資訊網路，也不能將低級的資訊組合起來，形成有意義的組塊。」[300]

上面博爾的這幾段論述相當大膽，應該會得罪一些保守的生物學家。但是我認為非常正確，除了最後一句話：細菌和植物當然不應該被排除在具有意識的生物之外，而且它們肯定有資訊網路，也能組合資訊，只不過不通過神經系統，而且我們還沒有看到。因為從電腦程式員的角度來看，細菌和植物的計算和判斷能力，與有大腦的動物沒有本質區別，只是程度和表現方式不同。

「動物和植物在很多方面都有驚人的相似，尤其是我們跟最高等的綠色親戚，顯花植物之間。動物和顯花植物都由很多細胞構成：它們都是多細胞有機體。許多細胞都具有特定的功能。在顯花植物中，這些細胞有專門為植物全身運輸水或者糖分的，有在葉子中專門進行光合作用的，有在根莖中專門存儲食物的。跟動物一樣，植物有專門進行有性生殖的細胞。

「植物和動物之間的相似點遠比看起來的更基礎。植物中有很多基因在動物中也存在……植物也有高度發達的表觀遺傳系統。它們能夠像動物細胞那樣

---

(299) 丹尼爾·博爾，《貪婪的大腦》（北京：機械工業出版社，2013），頁41。
(300) 丹尼爾·博爾，《貪婪的大腦》（北京：機械工業出版社，2013），頁187。

修飾組蛋白和DNA，而且在很多情況下使用與動物（包括人類）非常類似的表觀遺傳酶進行工作。」(301)

## 第四節　細菌的智慧

我說動物有意識，傳統生物學家一定大為不滿。那麼現在如果我說細菌也有意識，這些科學家會不會抓狂？

想驗證一下學者們的傲慢？你只需要到任何一個專業生物論壇發個帖「細菌也許有意識」，馬上就會跳出幾個人來罵你嘲笑你，而且一會兒你的帖子就會被刪掉，都不過夜。除非版主有意把它掛起來示眾，殺雞給猴看，你的帖子才能沾著滿身的口水看到第二天早晨的太陽。旁邊圍著幾個板著臉的學者、幾個起哄的吃瓜群眾和幾個哆哆嗦嗦的民科。

我在進化論貼吧裡發表過一個跟帖：「進化論者常犯的一個錯誤就是認為，除了相信進化論的人，就是反對進化論的人，不是朋友，就是敵人。他們忽視了懷疑進化論的人，或者也視為敵人，這也是進化論者的名聲並不夠好的重要原因。」

很快我就開始跟下面一串兒撲面而來的認為科學很「清白」，科學「從不欺負人」的人唇槍舌劍。之後看到了臺灣網友「奔風祥雲」中肯而又暖心的回覆：「你光看這層樓帶有火藥味的回應，就知道層主（就是我呀）說的打壓異己是真實的。並不是科學打壓異己，而是迷信科學的人打壓異己，卻不知科學就是一個不斷推翻自己尋求真理的過程。」

與普通人相比，科學家在科研領域當然有更大的優勢，因為他們的思想和研究更專業更有深度。但是這也帶來了一個問題：有時候深度和廣度是矛盾的。科學家往往自豪於自己的高精尖，結果也許會發展成鑽「牛角尖」。

科學是大家的，並不是一部分人的專享。但是一些學者卻把科學看做自留地兒，外行和民科都不能碰，愛好者也不許碰：你們都不專業，都不夠格兒。滿臉的不耐煩，有時已經超過了傲慢，而應該說是——蠻橫。

每個領域都有大量保守而且傲慢的人，無論科學家還是教師。上中學的時候，生物學家約翰·戈登（John Gurdon）不願意死記硬背書本上的知識，所以可以想像，保守的老師不喜歡他。他珍藏著生物老師寫的評價：「我相信戈登很想成為科學家。但就目前看來，這是很可笑的事。」幾十年之後，戈登成了

(301) 內莎·凱里，《遺傳的革命》（重慶：重慶出版社，2016），頁212。

英國劍橋大學生物學教授並兼任麥格達倫學院院長，他主要以在細胞核移植與克隆方面的研究而聞名於世。2012年，戈登與日本的山中伸彌教授一起獲得了諾貝爾生理學或醫學獎。

接著說咱們的簡單生物。微生物包括細菌、真菌、病毒、藻類和原生動物等，在本節裡討論微生物的時候也會討論細胞，雖然「細胞」指的是結構，但在本書中會把生物的細胞按照相對獨立的生命體來看待。

很多跡象表明，即便最原始的單細胞生物，確實也都有自己的意識。在顯微鏡下看到的白細胞吞噬細菌就像員警抓小偷一樣精彩，很多時候能夠清楚的看到，細菌在前面跑，白細胞像安裝了紅外追蹤裝置的導彈一樣在後面追，繞了幾圈最後把細菌一口吞掉。

白細胞的移動也很智慧，它們平常「緊密地貼合在血管壁上，像變形蟲一樣伸出偽足爬行……一旦發現了（外敵入侵或者病變）的信號，它們就會停下腳步，『鑽』過血管壁，進入到血管背後的身體組織裡去……當白細胞找到需要自己去發揮免疫作用的部位時，它就會把自己攤扁，就像一個鋼珠變成了一攤水銀一樣，於是就可以從血管上皮細胞緊密的連接之間擠過去。」[(302)] 就像卡梅隆的電影《終結者2》裡面那個液體金屬機器人，變成液體形態之後可以擠過鐵柵欄和細小的孔洞，是不是相當炫酷？

網上還有白細胞攻擊寄生蟲的視頻，但是寄生蟲也相當聰明，前面提到過，非洲錐形蟲進入宿主體內之後，能夠更換表被糖蛋白，產生新的表面抗原，從而騙過免疫系統。曼氏血吸蟲會在表面結合宿主抗原，以此逃避免疫攻擊。

美國密歇根大學醫學院的R．M．尼斯博士和海洋生態學進化理論研究的G．C．威廉斯博士認為，微生物的模擬能力不比竹節蟲模擬竹子、尺蠖模擬枯枝的擬態能力差多少，「病原微生物的分子模擬，至少不比這些蝴蝶和動物的視覺類比在精巧、複雜、高明的程度上差。欺騙性地偽裝成與人類的蛋白相似可見於各種寄生蟲、原蟲和細菌的體表。如果在偽裝的程度上還存在什麼不足，它有能力迅速改進。病原微生物表面有複雜的凹凸面，而抗體最容易識別的抗原分子都隱藏在凹進的裂縫之中。許多病原微生物改變他們的暴露的分子結構十分迅速，以致宿主難以產生足夠的新抗體。」[(303)]

大腸桿菌看起來很傻，完全沒有判斷力。但是當它們發現食物的時候，

---

(302) 葉盛，《「神通廣大」的生命物質基礎：蛋白質》（北京：科學出版社，2018），頁85。
(303) R．M．尼斯，G．C．威廉斯，《我們為什麼生病》（北京：海南出版社，2009），頁58。

卻能夠從四面八方聚集過來。它們的動作方式很有趣，它們只會直直的朝前遊走，或者胡亂翻滾。

當它感覺到食物的時候，如果食物源越來越近，「它就會繼續前進；但如果它發現離目標越來越遠，它就會停下來，翻來翻去，然後朝新的隨機選取的方向行進……如果該方向還是有錯，它就會又開始翻滾起來。儘管這種行動方式似乎非常原始，它卻非常有用，總是能幫助大腸桿菌在其生活的環境中自由行動。」[304] 別小看這種在腸道裡和我們和平共處的微生物，一旦它們侵入血液系統並且打敗了免疫系統，就有可能變成致命的敗血症，它們的生存能力和侵略能力都相當強。

「生物化學家兼第一流的科學通訊《科學雜誌》的前主編丹尼爾・考士蘭（Daniel Koshland）闡述了大腸桿菌的精神傾向：『選擇』、『區別』、『記憶』、『學習』、『本能』、『判斷』以及『適應』是我們一般用來確認高級神經活動的詞語。但是，在一定意義上說，細菌可以說具備上述每種特徵……。」[305] 也許有的傳統生物學家會不同意這個的觀點，但是他們無法否認細菌有「感覺」，知道哪裡有食物，也知道遠離危險。可是，「感覺」就是為了判斷，是判斷的前提，而判斷需要思考能力。這些詞語確實是相互聯繫的。

「甚至在最原始的層次上，生命看起來好像蘊含著感覺、選擇和思維。」[306]

細菌是了不起的生物，它們的耐受力非常強。當環境變得很糟糕時，很多動物都會休眠。當缺少水分時，細菌也會休眠，等到水分充足時可以接著生長。但是與動物不同的是，細菌還能形成內生孢子，就是在細胞內形成一個圓形或柱形的休眠體，或者選擇一種替代代謝途徑來度過逆境。它比任何其它細胞都更能耐受低溫、高溫、輻射和化學有害物。

「在2000年，生物學家羅塞爾・弗裡蘭（Russell Vreeland）發現2.5億年前的鹽類礦床中埋藏有芽孢桿菌的內生孢子，而且這些孢子還活著，可以在他的實驗室裡萌發生長。然後，弗裡蘭和他的小組……鑒定出它們是現代芽孢桿菌的祖先！」[307]

---

(304) G・齊科，《第二次達爾文革命》（上海：華東師範大學出版社，2007），頁51。
(305) 林恩・馬古利斯，多里昂・薩根，《傾斜的真理》（江西：江西教育出版社，1999），頁228。
(306) 林恩・馬古利斯，多里昂・薩根，《傾斜的真理》（江西：江西教育出版社，1999），頁229。
(307) 安妮・馬克蘇拉克，《微觀世界的博弈》（北京：電子工業出版社，2015），頁46。

細菌有可能是地球上最成功的生物類型：它們神通廣大，距地表4萬米的大氣以內，到距地表5千米的地層內，在別的生物完全無法生存的地方，卻能夠找到細菌的身影；地球上存在超過$10^{30}$個細菌，超過其他已知物種的總合，人體有上百萬億個細胞，但是人體外表面以及身體內棲息的細菌的數量是人體細胞數量的數倍；無論任何氣候條件，世界上任何地方都有不同種類的細菌，包括-12℃到-40℃的南極冰山，還有80℃高溫的熱泉，以及各種酸性、鹼性、核廢料；細菌壽命可以很長，它們的休眠期可以長達幾萬年甚至幾百萬年。還有一種奇異球菌，它的修復系統可以高效修復足以致人死命的輻射所損傷的DNA，而且修復速度極快（像不像金剛狼），不影響細胞分裂。

不但早在動植物出現的幾十億年之前，地球上就已經生活著大量的細菌。而且很可能在未來人類消亡之後，細菌還能存活下去。其實我認為，只要地球不爆炸，細菌就能夠繼續生存。它們可以不需要陽光、不需要氧氣。即便是行星撞地球，整個地球變成了火海，細菌還是能夠在火海中漂浮的大塊岩石的某個位置生存下去。假如地球被撞碎了呢？細菌就會形成內生孢子，搭乘著地球碎片漂浮在宇宙中，伺機感染別的星球。

細菌的能力遠比我們瞭解的強。它們有鞭毛，可以遊動。這是它們祖先發明的「腿」，像根螺旋槳似的每秒100轉快速轉動，動力來源於其不斷捲入的氫離子，推著它們前進。有的群集的細菌還有纖毛。這個更有趣，它們把纖毛往前一拋，然後收縮，拉著細菌向前走，就像蜘蛛俠。別小看鞭毛，這可不是什麼汗毛、茸毛，它的結構不比輪船的螺旋槳簡單。比如大腸桿菌的鞭毛包括絲狀體、鉤狀體、L環、P環、S環、M環等等。

顯微鏡下的細菌貌似一直在隨意四處遊動，但是如果放入一點食物就會發現，細菌會向食物分子含量高的地方移動。但是當放入有毒物質的時候，細菌會儘快游離危險區域。

細菌還有成套的武器，比如金黃色葡萄球菌：

「1. 凝固酶，讓傷口周圍的血液凝結，保護細菌不受身體免疫系統的抵抗；
2. 核酸酶，分解傷口裡的滲出物，有助於細菌遷移；
3. 溶血素，溶解紅細胞，造成貧血，並削弱機體的防禦；
4. 透明質酸酶，降解人體細胞之間的粘合物，從而有助於病原菌在人體內穿行；
5. 蛋白A與體內的抗體結合，使抗體失活；

6. 鏈激酶啟動血栓溶解的一系列步驟，從而讓細菌逃出凝血區域。」[308]

那麼，這些精明強幹、氣勢洶洶的小生物，進退有據的不斷騷擾你的行動都是無意識的嗎？

動物之間可以交流，細胞之間一樣可以，而且它們的資訊交流方式還有多種，比如：

物質傳遞，細胞分泌的化學物質，隨血液到達全身各處，與目標細胞的細胞膜表面受體結合之後，目標細胞就接收到了資訊。

膜接觸傳遞，相鄰細胞的細胞膜接觸，資訊可以從一個細胞傳遞給另一個細胞，精子和卵細胞之間的識別和結合就是這樣開始的。

還有通道傳遞，相鄰的兩個細胞之間形成通道，攜帶資訊的物質通過通道進入另一個細胞，有些植物細胞之間的胞間連絲就有資訊交流的作用。

細菌能夠聯合，它們可以在細胞間傳遞化學信號而與旁邊的鄰居通信，並且通過膜間的蛋白質加糖分子而連接起來。以前一直以為，人類大腦是進化的最高傑作，而細菌則是一些低等個體，人和細菌之間似乎有天壤之別。然而加州大學聖達戈分校的科學家們卻發現，細菌相互通信的機制與人類大腦非常相似，他們的研究發表在了Nature雜誌上。

細菌會辨認同類，並會殺死混在群裡的不同細菌。細菌之間也經常爭鬥，有的細菌為了確保自己生存，可以分泌更多的多糖，讓附近其它微生物窒息而亡。然而最有名的當然還是抗生素，是細菌和黴菌等分泌的（不是人工合成的），用來殺死與自己沒有親緣關係的細菌。是多種黴菌與細菌之間相互競爭，攻擊對方的化學武器。比如青黴菌分泌的青黴素就是它的化學武器，能夠幹掉逼近自己領地的入侵細菌。亞歷山大・弗萊明正是觀察到了培養皿裡青黴菌黴點周圍的葡萄球菌菌落被溶解或者逃跑，於是發現了青黴素。

面對來勢洶洶的抗生素，聰明的細菌當然不會束手就擒。它們的「耐藥基因能讓細菌以5種方式來耐受抗生素：

1. 把抗生素切成片段；

2. 改變藥物正常的進入位點，阻止抗生素侵入細胞；

3. 抗生素一進入細胞，就把抗生素泵到外面；

4. 修復藥物在細胞內部造成的任何損傷；

5. 改變新陳代謝，以降低抗生素的損傷效應。

---

（308）安妮・馬克蘇拉克，《微觀世界的博弈》（北京：電子工業出版社，2015），頁73。

換句話說，細菌耐受抗生素的策略，一點都不比抗生素的作用機制少。」[309]「如今，細菌的多藥抗性比單抗生素抗性更為普遍。有的細菌攜帶防禦措施是如此之多，好像它們就是為了專門對抗竭盡全力的製藥公司而量身打造。」[310]細菌不但能夠耐受抗生素，而且還可以對化學製劑產生抗藥性，「有些微生物學家深信，無限制使用清潔劑、消毒劑等產品，已經讓細菌產生對化學品的抵抗力。」[311]

與動物一樣，細菌也有天敵，也有各種捕食與逃避行為。細菌的天敵除了小個子噬菌體之外，還有各類大塊頭原生動物，一個原生動物一小時可以吃掉幾千個細菌。

細菌也可以捕食細菌，這個過程就像獅子捕捉斑馬一樣驚心動魄。蛭弧菌在捕捉其它細菌的時候，會貼在獵物身上分泌出酶來，在對方的細胞壁上鑽出小孔，然後蛭弧菌從孔洞裡擠進去殺死獵物，利用它的細胞壁來防禦別的獵手捕食自己。吸噬球菌也會貼在獵物的身上，分泌酶來降解它，而獵物最後會被吸幹營養物質只剩一個空殼。

還有一些微生物能夠捕食比它們大得多的動物。僵屍螞蟻真菌（偏側蛇蟲草菌）是一種真核生物，比細菌複雜一點，有成型的細胞核。

它們主要侵染螞蟻，當這種真菌的孢子感染螞蟻之後，會在螞蟻體內消化它的身體來獲取營養。經過幾天時間，真菌的菌絲切斷螞蟻大腦控制肌肉的周圍神經，然後接管這些肌肉的控制權。螞蟻就像被控制的僵屍一樣，走到真菌想去的地方。等到爬到適合草菌生長又適合感染其它螞蟻的環境——一個距離地面一定高度處的濕度剛好的地方，真菌會驅使螞蟻用它的下顎咬住樹葉後死去。一段時間之後，真菌的菌柄從螞蟻體內穿出去，並把孢子再次散播到雨林的地面上等待感染更多的螞蟻。

不只螞蟻是受害者，還有其它兇狠的真菌能夠寄生其它昆蟲，一般來說，一種真菌寄生一種昆蟲。結構相對簡單的微生物卻有這麼複雜的行動，它們不但能捕獲螞蟻和其它昆蟲，更能控制它的肌肉，說明對獵物的結構瞭若指掌。這絕對是高智商犯罪。

與其他動物一樣，單細胞生物也有自我意識和集體意識，這表現在細胞會自殺。比如，細胞都知道照顧自己的染色體，如果染色體損壞，細胞會盡可能

(309) 安妮・馬克蘇拉克，《微觀世界的博弈》（北京：電子工業出版社，2015），頁90。
(310) 安妮・馬克蘇拉克，《微觀世界的博弈》（北京：電子工業出版社，2015），頁92。
(311) 安妮・馬克蘇拉克，《掉在地上的餅乾能吃嗎》（上海：上海科技教育出版社，2011），頁131。

修復它。但是有時候染色體損壞嚴重無法修復，細胞就會啟動自我破壞機制，來殺掉可能會危害集體的自己。

細菌的學習能力超強，前面章節提到過基因的水準轉移，細菌善於學習同伴的DNA。它們可以通過細胞間的連接來分享DNA，還可以撿到死亡細菌的DNA碎片並且收為己用。注意，這很重要：各種細菌都具有吸引周圍游離DNA的能力，不是把它們拆散為原材料，而是把它們整段的插入自己的染色體，成為自己遺傳信息的一部分。這裡面的重點並不是「撿得到」，而是「用得上」。它們可以從完全不同的物種中取得基因編碼，加入自己的細胞中，從而取得新能力，比如獲得別的細菌的抗藥性或者毒性。

所以細菌的抗藥性才會發展得那麼快。這和生物學家設想的不一樣，他們原以為，在抗生素的狂轟亂炸之下，絕大部分細菌被殺死，只有一兩個由於基因突變而獲得了抗藥性。這一兩個細菌再繁殖，產生和它們一樣具有抗藥性的細菌，於是整個菌群就都有了抗藥性。

當然，絕大多數加入細菌DNA的新基因對細胞本身並無益處，也許只是學習，但是只要抓到一點對生存有益的新基因，也有可能會在危難之時幫助它們種族度過難關。其實不管細菌是怎樣交換或者獲取基因，很顯然的是，它們並沒有等著天上掉餡餅似的傻呵呵的等著隨機基因突變，而是以一個更加積極的方式主動應對。主動與被動的區別就是：主動一定是在智慧驅使下的。

一般說來，善於學習比天縱奇才更加重要，或者說，有一定的天賦，而又善於學習的人往往會成功。

項羽絕對是軍事天才，無論單挑還是群毆都是天下第一，曾經兩個人PK幾百人。即便是霸王末路被圍在烏江邊上，也拼殺得沒有人敢靠近（也有歷史學家考證，項羽最後不是死在烏江邊，而是在距離烏江300里的小縣城被圍殺）。項羽領兵打仗更是神話，大小70余戰，基本沒輸過。但是學習能力太差，不善於聽取別人意見，「言不聽，計不用」逼走了韓信。

劉邦的軍事才能比項羽遜色太多太多，但是劉邦會問「為之奈何？」，往往可以學到好辦法。而且善於用人、善於學習，麾下聚集了很多好參謀和好老師，所以最後拿下項羽也是理所當然的事情。假如當年在烏江邊上，項羽成功逃脫，但是以他的剛愎自用PK劉邦的不恥下問，遲早還是會被劉邦幹掉。

還應該說明，雖然細菌的抗藥性被經常提起，但是抗藥性廣泛存在於各種生物，不只是細菌這樣的微生物。

「人類在20世紀發明的殺蟲劑促使全世界的昆蟲一浪接一浪地進化。僅僅經過6代，會飛的介殼蟲就對哇啉類藥物產生抗體，羊腸裡的線蟲經過3代就對一氮二烯五環類藥物產生抗體，羊蜱經過兩代就能頑強地抵禦HCH殺蟲劑的毒性。」[312]剛發明了一種荷爾蒙類殺蟲劑，僅僅過了5年，蒼蠅的抗藥能力就增加了100倍。

關於細菌的抗藥性，人們喜歡拿細菌龐大的種群數量說事兒。動輒幾千億、幾萬億的細菌數量，有幾個出現隨機的有益突變好像也不奇怪。但是蒼蠅的數量可比細菌少得多了，那麼這麼強的抗藥能力是怎麼來的？

人類對細菌的認識有一個漫長的過程。開始無法看到這些小東西，後來借助顯微鏡看到了，後來知道這是什麼了，後來知道細菌有什麼危害了，後來知道細菌的威力了，後來知道細菌怎麼傳染了，後來知道細菌的習性了，後來知道怎麼防治了……下一個「後來」是什麼，發現細菌的意識？

在對抗細菌的歷程中，人類前進的每一步都有一個（或多個）勇敢而堅毅的智者，每一步也都有著斑斑血淚。比如流行病學之父約翰．斯諾（John Snow），名字有點像《權利的遊戲》裡那個帥氣的Jon．Snow——囧．啥也不懂．雪諾，但這個斯諾抗擊的不是異鬼，而是霍亂。

19世紀倫敦爆發了嚴重的霍亂，斯諾醫生通過對疫情爆發中心挨家挨戶的調查發現，大多數霍亂患者的家庭都集中在兩個街區裡，而這兩個街區共用一個抽水機，腹瀉的發病率和抽水機的使用頻率密切相關。於是斯諾拆掉了抽水機手柄使其無法再使用，結果真的結束了1854年的霍亂。

另一個例子就是赫赫有名的「傷寒瑪麗」。她叫瑪麗．馬倫（Mary Mallon），1883年來美國工作的健壯廚娘，她的身體一直健康。

然而很奇怪，調查傷寒病的衛生官員喬治．索珀（George Soper）發現，瑪麗給哪家人做飯，哪家人就會出現傷寒病人。她工作過的8戶人家中有7家爆發了傷寒，感染了28個人，造成3人死亡。

那個時候的醫生並不注意收集傳染病人的家庭關係和交往人群，但是索珀卻研究了這些細節並發現了其中的聯繫。於是他追蹤到瑪麗新的雇主家，並指責瑪麗傳播死亡和疾病。瑪麗當然不相信這些「無稽之談」，因為當時的主流觀念也很無知，並不認為健康無症狀的人會是傳染源。直到索珀帶著員警拘捕了瑪麗，並在醫院化驗了她的糞便，發現裡面傷寒沙門氏菌的濃度非常高。

索珀用證據取得了暫時的勝利，「他還帶頭對紐約下水道、供水系統，還有垃圾收集進行檢查，並成為將良好個人衛生和社區衛生建設作為中斷病原菌

(312) 約拿生．威諾，《鳥喙》（北京：人民郵電出版社，2013），頁315。

傳播最好方法的宣導者。」[313]

1909年，紐約當局把瑪麗隔離在北兄弟島的醫院裡，並且要求她在離開後不得任職與食物有關的職業。但是她在獲得自由之後改了名字，仍然偷偷從事廚師行業。只要她工作過的地方，傷寒病都會悄悄蔓延。等到她再次被衛生監督員發現並逮捕，已經又使25人感染傷寒，其中2位不治身亡。於是她被判處終身隔離。1938年瑪麗死於肺炎，驗屍官發現她的膽囊中有許多活體傷寒桿菌，但是她本人並無症狀。

傷寒瑪麗的名氣如此之大，以至於後來漫威漫畫裡面也出現了一個超級罪犯「傷寒瑪麗」，當然這個瑪麗靠的不是桿菌，而是暴力。

在與微生物的戰爭中，除了天花和牛瘟，人類很少完勝。如果不算借助其它微生物的力量，人類幾乎沒有取得過像點樣兒的勝利。現代醫學在對抗葡萄球菌、淋球菌、鏈球菌的戰鬥中被打得丟盔棄甲、節節敗退。細菌不但戰勝了人類，也戰勝了地球上絕大多數比它大的生物，不管是植物還是動物。在發現抗生素之前，大約有一半陣亡的士兵都是死於小傷口感染，被這種看不著的微生物殺死。

馬克蘇拉克在她的書裡戲說了醫學的發展歷史，當人類遇到病菌：

> 西元前2000年——這時，吃個樹根。
>
> 西元1000年——吃樹根是野蠻行為。這時，念段禱告。
>
> 西元1850年——禱告是迷信。這時，喝點飲料。
>
> 西元1920年——飲料是騙人的萬靈藥。這時，咽下某個藥片。
>
> 西元1945年——藥片無效。這時，來隻青黴素。
>
> 西元1955年——哇哦……細菌突變了。這時，來個四環素。
>
> 西元1960～1999年——再來39聲『哇哦』。這時，用更強效的抗生素吧。
>
> 西元2000年——細菌贏了！這時，吃個樹根吧。[314]

這個小段子是開玩笑，「目前，儘管人類在同流感病毒的對決中還不占上風，但起碼得病的時候，我們不用只能祈求星星的照看了。」[315]

但同時也要看到，雖然我們不用占卜和祈求星星，但是基本處於被動，跟在病毒屁股後面跑，被它們牽著鼻子走。由於現代科學的局限性和濫用抗生

(313) 安妮．馬克蘇拉克，《微觀世界的博弈》（北京：電子工業出版社，2015），頁69。
(314) 安妮．馬克蘇拉克，《微觀世界的博弈》（北京：電子工業出版社，2015），頁100。
(315) 卡爾．齊默，《病毒星球》（桂林：廣西師範大學出版社，2019），頁33。

素，確實出現了很多現代醫學無能為力的超級細菌：大腸埃希菌、鮑曼不動桿菌、耐甲氧西林金黃色葡萄球菌、耐萬古黴素腸球菌、銅綠假單胞菌、腸炎克雷伯菌等。在面對這些多重耐藥菌的時候，現代醫學的療效不比吃個樹根好多少（草根也行吧？考慮一下萬能的板藍根？）。

在人類與致病細菌（和病毒）的戰鬥中，其實細菌並沒有使出全部的力氣。細菌少有跨種族的聯合，而人類科學家團結一致、同仇敵愾；細菌沒有高科技裝備，而人類科學家武裝到牙齒；細菌並沒有存心滅掉人類，而人類科學家一門心思殺光致病細菌；細菌「沒有」智慧，而科學家是最聰明的人類。即便這樣，人類仍然盡落下風，可見細菌道行之深、能力之強。

人類與細菌（和病毒）之間的戰爭輸得很丟人，之前因為沒有發現細菌，現在因為沒有發現細菌很聰明。人類正在為自己的無知和自大付出慘痛的代價。在這場慘烈的戰爭中，人類已經寫了兩部編年史，上篇是《傲慢與偏見》，中篇是《失敗與蒙圈》，如果我們還不能正確認識這個危險的對手，遲早會寫出下篇《死亡與滅絕》。我們已經被細菌折騰得精疲力竭，但是仍然保持著高傲的身姿以及戰略和戰術上通通藐視敵人的大無畏樂觀主義精神，這份膽量和霸氣也是著實令人佩服，佩服得稀哩嘩啦的。

別再爭論病毒是不是生物了！不是生物的東西會這麼聰明？但是它與現代生物學對生物的定義不相符怎麼辦？當然是升級對生物的定義！現在定義的是狹義生物，我們需要有廣義的生物定義，或者第二類型生物。「有幾位研究者提出了一種截然不同的觀點。他們認為，異種生物——異種微生物——可能就存在於地球上，現在就存在著……在我們能看到的地方之外，可能隱藏著另外一整棵生命之樹。」[316]

有趣的是，取代達爾文登上新版10英鎊塑膠鈔票背面的正是《傲慢與偏見》的作者簡·奧斯丁，實在是一個恰當的巧合。

科學家對細菌的態度傲慢加蔑視，是否似曾相識？晚清政府在被西方列強打得滿地找牙的時候，仍然稱對方為蠻夷番邦，認為西方的現代科技為雕蟲小技、奇技淫巧。何其相似乃爾。

高速進步的科技不斷刷新我們的認知，但是反過來，我們是否也要經常用它來檢驗一下科學本身的正確性呢？看一看是否有需要完善和更新之處，特別像進化生物學這樣充滿爭議的學科。

科學已經取得了階段性的勝利，人類對抗大自然的能力已經超過了其他生

(316) 比爾·奈爾，《無可否認 進化是什麼》（北京：人民郵電出版社，2016），頁300。

物。勝利者最容易驕傲和保守，第一次世界大戰勝利後的法國就是這麼一個保守的國家，軍隊高層都是參加過一戰的老兵，驕傲而又保守。他們知道戰敗了的德國遲早會捲土重來，不過他們相信陣地防禦戰是保護法國最好的辦法，於是在法德邊境修建了馬奇諾防線。

這些法國老兵沒想到的是，科技的發展使坦克裝甲師的閃擊戰淘汰了大炮和要塞，防禦戰已經落伍。其實當時法國軍方也有清醒的人，比如後來成為總統的戴高樂，他寫了《機械化戰爭》，強調快速突擊能力的重要，可是卻沒有受到軍方的重視，保守的法國老將軍們都不願多看一眼，紛紛批評戴高樂的「離經叛道」。

但是這本書卻引起了德國將軍們的極大興趣，尤其是一直研究坦克戰的古德里安將軍，他看到這本書後如獲至寶，把戴高樂的思想與自己的主張糅合在一起，形成了新的裝甲師編制和坦克戰術，使德國機械化軍團在二戰中橫掃整個歐洲。因為《機械化戰爭》售價15個法郎（也有說是半個法郎），這就是德國人所說的用15個法郎擊敗了法國。

在人類故步自封的時候，細菌會不會突然發動裝甲師團的閃擊戰？對那些認為細菌沒有意識，是最原始生物的傳統生物學家，我只想說，可否等我們徹底戰勝了細菌，把它們打垮、征服之後再這麼說呢？

應該說，傳統生物學家的這種看法類似於「人類中心主義」。「人類中心主義」的危害極大，《人類簡史》的作者赫拉利無疑非常痛恨「人類中心主義」。在他看來，正是這種罪惡的人類中心主義，把具有神一般的能力、本來應該成為宇宙間「正能量」的智人，變成了一種不負責任、貪得無厭又極具破壞力的怪獸，結果給地球生態帶來了一場「毀天滅地的人類洪水」。

順便介紹一下尤瓦爾·赫拉利，他很年青，也很有才，歷史學博士，專攻中世紀史和軍事史。但是熱衷於從物理、化學、生物、生態、政治、文化、心理和人類學角度來思考，所以才會有《人類簡史》這本跨學科的暢銷書。寫人類簡史，其實並不是歷史專業的事情，更加接近生命科學、考古、古生物和遺傳學等專業。但正是因為赫拉利跨專業的專研和全才，越過了不同學科的學術鴻溝，使他可以從不同於專業角度來看問題，帶給大家一個全新的分析，也許不夠深入，但是絕對新奇的新視角心靈盛宴。

和生物進化需要外來基因一樣，科學也需要跨學科的視角。幾百年前科學家跨學科相對容易，有的化學家對生物學感興趣，有的物理學家能夠創造出微積分。笛卡爾更是厲害，不但「我思故我在」，而且在物理學上也有貢獻，更是因為將幾何座標體系公式化而被認為是解析幾何之父。

但是現在科學家跨行就困難多了，因為專業分得越來越細，信息量越來越大，也越來越有深度。在一個領域做出成績往往需要畢生之力。在這種情況下，赫拉利這樣跨學科的另類基因就顯得更加可貴。

本書的一個觀點：人類心智和電腦軟體有很大的相似性。在剛寫本書的時候，我還在小心翼翼地提出這個想法，隨著資料的查詢才發現，這根本就不是一個新奇小眾的觀點，很多學者早就提出過類似的說法。比如凱文·凱利的《失控》，史蒂芬·平克的《心智探奇》以及馬庫斯·烏爾森的《想當廚子的生物學家是個好駭客》等等。奇怪的是，有類似想法的學者都不是生物專業，他們都是跨專業的。當然，肯定也有生物學家提出過心智和電腦軟體的聯繫，但是一定只占少數。因為現在多數生物專業人士重點關注（或者只關注）微觀層面，比如分子生物學和基因學等。而撥開心智的千年迷霧一定需要從宏觀入手，走在生物科學這樣迷霧重重的路上，低頭看路，抬頭看天都是必要的。

現在不同學科之間相互交叉、融合越來越受到重視，科學也明顯出現了向綜合性發展的趨勢。比如物理學和化學的交叉形成了物理化學或者化學物理學，物理學與生物學交叉形成了生物物理學等等。更不用說電腦科學這樣強有力的工具學科，電腦科學就是個麻將裡的「會兒」，跨專業與別的學科交叉融合之後，已經不只是a+a>2a，而是接近相乘的關係。

國內高校也開始重視交叉學科，比如北大成立了交叉學科研究院，比其他學院更加重視跨專業招生。所以我希望電腦專業背景的同行，不要再糾結於「程式師35歲退休」這個玻璃天花板，發現前途受限的時候，應該儘早選擇一個喜歡而又有前景的新專業。

很多行業內的重大創新是外行人做出來的，專業人士往往注意細節卻忽視了全域，「不識廬山真面目，只緣身在此山中。」比如，打車軟體不是計程車公司開發的，支付寶也不是銀行推出的。因為思維慣性，專家常常會被困在常規做法中，難以發散思維而產生飛躍式的想法。業內人士每天看的書、開的研討會、寫的文章，內容都會大概相似。再加上朋友圈裡都是同行，所以大家思想也會越來越接近，這也是一種同化過程。某些成功了的，已經存在的方法、經驗和知識反而會導致想像力匱乏，創意缺失。

《得到》音訊說：某些時候，一個外行的想法，如果用一個專業的方法去實現，也許就能夠產生一個創新。開發了Foxmail和微信的張小龍曾說：「產品經理要有傻瓜心態。」這個傻瓜並不是真傻，而是一種外行心態。張小龍要經過十分鐘的醞釀，才能達到傻瓜狀態，馬化騰需要一分鐘，而賈伯斯據說能在專家和傻瓜之間隨意切換，來去自如。賈伯斯說過「stay foolish」，說的就是這個意思。

回到主題，「如果你問一個白人至上主義者為什麼贊成種族階級制度，他幾乎一定能跟你滔滔不絕地來場偽科學講座，告訴你不同種族之間本來就有生物學上的差異，比如說，白人的血液或基因就有什麼特殊之處，讓他們天生更聰明、更有道德感也更勤奮。」[317]

人類中心主義者差不多也是這樣，他們會認為人類比其他生物優越很多很多，好像全球所有其他生命，都只為了人類這一物種的需要而存在。話說～～難道他們真的是太陽的後裔？

但是在哥白尼、拉馬克、達爾文、威爾遜等科學家的努力之下，人類中心主義的陣線已經瓦解，壁壘已經被摧毀。而「只有人類才有意識」正是最後的地堡之一。

人類的傲慢也是有原因的，因為在與微生物的戰鬥中，我們似乎真的取得了一些勝利。比如抗生素和疫苗的發現。但是仔細分析一下，抗生素的本質是細菌和黴菌等分泌的物質，是能夠干擾其它細菌發育功能的化學物質。也就是說，科學家巧妙的利用了微生物種群之間的內部矛盾，借力打力的一種戰術。軍功章裡，有科學家的一半，也有微生物的一半。

很多時候，細菌分泌毒素是「有意」的行為，用來趕跑或者消滅敵人。

「在線蟲體內，有一種生活在黑暗中的細菌，它們可以通過打開某個基因開關，從無害的共生者變成致命殺手。共生形態的發光桿菌在線蟲體內形成良性菌落。然而，當它們的宿主準備食用某種昆蟲的時候，這種微生物就切換到能產生致命毒素的致病形態。線蟲將細菌吐出來，並注入昆蟲體內，細菌的毒素會殺死昆蟲，並且幫助線蟲消化這頓大餐。這種在溫和模式與殺手模式之間的轉變，與叫作開關啟動子的DNA片段方向相關。」[318]

抗生素是科學家利用了微生物來對付微生物，同樣，疫苗的原理是給人體注射減毒或去毒的病毒，讓人體自身的免疫系統識別這些被廢去武功的敵人。相當於丟給自己的免疫系統幾個樣本，「嘿，敵人就長這樣！」等到同樣的敵人入侵時，已經被預警的人體免疫系統就不會措手不及，而可以快速反應，組織有效的抵抗。但是人體的免疫系統包括什麼呢？淋巴細胞、吞噬細胞、中性

(317) 尤瓦爾·赫拉利，《人類簡史》（北京：中信出版社，2014），頁132。
(318) 美國《科學新聞》雜誌社，《基因與細胞》（北京：電子工業出版社，2017），頁69。

粒細胞等等，也可以把它們看做微生物。科學家調動了人類自己體內的微生物幹掉了外來的微生物，所以這次的功勞還是有微生物的一半。

在這裡加個括弧解釋一下，微生物包括細菌、真菌、藻類和原生動物等，如果認為病毒是生物，那麼當然也算作微生物。組成動植物的諸多細胞從結構上並無特殊，而且也具有自己的功能和相對獨立的生存和工作能力。另外，從進化的角度來看，單細胞生物、多細胞生物到現在大型動植物，就是一個平滑漸進的過程，所以把動植物的各種細胞看做微小的生物，稱為微生物也不算太離譜。

括弧結束，回到原話題，除此之外，還有一些似乎被人類擊敗的流行病，其實是病原菌自己變得毒性越來越小，或者殺死宿主之後玉石俱焚了，反正它們自己莫名其妙的消失了。比如鼠疫，科學家從未擊敗鼠疫，而是鼠疫自己就那麼「噗」的一下，消失不見，再也找不到了。這個軍功章跟人類科學家一毛錢關係也沒有。

這樣的事情很常見，澳大利亞的兔子氾濫成災，大量啃食草皮破壞植被。於是澳大利亞政府在1950年引入專門針對兔子的粘液瘤病毒。開始的時候很有效，感染病毒的兔子很快就死亡。但是不到10年，也許是兔子免疫力的提升，也許是病毒毒性神奇地下降，反正現在病毒已經和兔子和平共處了。

另外，當遇到多重耐藥細菌，現有的藥物無能為力的時候，也許人類最好的幫手還是微生物。那就是細菌的天敵——噬菌體。馬里蘭海軍醫學實驗室是世界上最大的噬菌體實驗室之一，實驗室的科學家在幾年前剛剛用噬菌體戰勝了鮑曼不動桿菌，讓一些無助的患者看到了生存的希望。

人類歷史上確曾多次戰勝了瘟疫，但是大多數的病原體都不是被藥物和疫苗打敗的，而是被分散、隔離等減少接觸和減少傳播的方式所抵禦，然後被人類的免疫系統所擊敗。也就是說，相比病菌花樣百出的進攻和致病手段，人類的防禦和反擊措施卻相當原始，就是先縮在堡壘裡不出來，爭取時間，徐徐圖之。我躲、我貓著、我抗打，你能拿我怎麼樣？這種戰略確實很有效也很必要，是抗擊瘟疫最好的辦法。

但是說好的人類的高智商和高科技呢？傳統生物學家不是說病原體沒智商很原始嗎？我們老百姓躲著可以，你們倒是別躲著，別在防禦塔下咪咪著，開局就出去浪正面硬鋼啊，針鋒相對對著幹啊。

你別說，還真有「敢於直面慘澹的人生，敢於正視淋漓的鮮血」的猛士。這次新冠肺炎肆虐全球，大多數國家都封城封國抗擊疫情，只有達爾文的故鄉大英帝國在無畏地踐行著「適者生存」的勇士信條，對來勢洶洶的新冠病毒豎起了中指，差點就開啟了群體免疫模式。群體免疫聽起來冠冕堂皇，如果換個說法也許更容易理解，那就是全民感染、放棄抵抗和自生自滅。應不應該這麼慷慨悲壯啊？英國科技實力僅次於美國，世界排行第二，超過了日本、法國和德國，英國的醫學更是擎天一柱，世界四大醫學期刊三個在英國，《新英格蘭醫學雜誌》《柳葉刀》《英國醫學雜誌》，哪個不是聲名赫赫，你要是繳槍投降了，讓那些跟你混的小兄弟們情何以堪？

更糟糕的是，大多數病毒並不是像天花病毒一樣，感染一次就可以終生免疫，難道你真的要每年中招一次？你真的瞭解病毒嗎？

新冠肺炎雖然傳播迅速，但是致死率並不算很高。可是如果將來爆發的疫情能夠在人群內通過呼吸系統快速傳播，擁有流感的傳染能力，又具有黑死病的高致死率，那麼該怎麼辦呢？還要群體免疫嗎？不要懷疑，將來一定會有這樣的病毒，因為它和現在已經折騰過的病毒（不限於人類病毒，動物病毒一樣可能會危及人類）只差一個小小的突變。

只有重視敵人，才能搞懂敵人和戰勝敵人。所以我們在主動防禦，隔離防疫的同時，更要認清敵人的真實面目，弄明白它們與我們不一樣的思維方式。

看一下前面的例子，無論抗生素對細菌的化學攻擊，還是免疫系統和噬菌體對細菌的物理攻擊，都是微生物對微生物的戰爭。在人類遇到困難的時候，每次都是召喚神龍來幫忙，你還真以為都是自己的能力？當然，召喚神龍也是本事，但是如果神龍不來，需要自己赤膊上陣呢？在與微生物的戰爭中，人類所取得的一點勝利也是僥倖，想想看，如果弗萊明沒有發現青黴素，那麼我們不知道還要在黑暗中摸索多少年。

「植物和動物都是小型的製藥廠，隨便鼓搗出的生化藥劑都會使基因泰克公司（生物製藥業的巨頭）垂涎三尺。」[(319)] 微生物是微型化學製劑生產廠，人類對微生物的瞭解確實很少，遠比微生物對微生物的瞭解要少得多。在這方面，人類的智慧小於微生物的智慧。微生物之間的戰爭不需要意識嗎？如果讓你變成一個噬菌體，給你個任務去侵染一個細菌，可以肯定，不超過兩分鐘，你就會被細菌幹掉。

說到這裡，如果還有人樂觀地認為人類已經或者將要戰勝微生物，那麼請你在換季的時候去一下醫院的兒科門診，看一下人聲鼎沸的處置室，看一下一排排掛著吊瓶的小娃娃，也許你就會改變想法。為什麼成人的門診就沒有這麼

(319) 凱文・凱利，《失控》（北京：電子工業出版社，2016），頁549。

多患者呢？因為他們的免疫系統成熟了，比孩子的免疫系統更強大，所以抗病毒、抗感冒的能力也強了一些。

順便說一下，現代醫學確實不那麼可靠。保持健康最好的辦法還是保持良好的生活習慣和飲食習慣，少油、少鹽、少糖、少吃垃圾食品，多多鍛練身體，用進廢退，身體越練越棒。你自己的免疫系統比藥品可靠得多。

微生物學發展很快，學科水準已經高超到可以詳細而準確地觀察微生物的生長發育以及病理藥理。但是作為基礎學科的進化生物學卻還在堅持微生物無智慧以及抗藥性主要來自於隨機的基因突變，這是嚴重滯後的。如果當年列文虎克使用原始顯微鏡觀察這些奇怪而陌生的小東西的時候給出這樣結論倒是情有可原。

那麼，人類與微生物的戰爭中，微生物是怎麼做的呢？讓我們看看暴雪公司的遊戲《星際爭霸》。遊戲裡，人族與蟲族是不共戴天的兩個種族。每次戰役之後，人族的工程師可以給人族的武器和裝備升級。而蟲族也有自己的科學家——大胖蟲子阿巴瑟，它可以把蟲族士兵從戰場上帶回來的生物樣本吃下去，然後仔細分析，研究樣本的基因序列，據此強化自己種族的基因，提升士兵的戰鬥能力。比如研究出有翅膀的跳蟲，能鑽地的跳蟲等等。阿巴瑟對自己的工作有一段非常精彩的描述：

觀察實體、挖掘潛能，
研究血統、調整序列，
扭曲精華、拆解肢體，
重新組合、盡善盡美，
食肉嚼骨（把他們攝入體內），
在我的體內觸摸所噬精華，
重組它、改變它，
不斷改進，永無完美……
而蟲族的一個英雄級戰士說：
我不需要（人類的）城牆，我有護甲，
我不需要（人類的）武器，我有利爪
只需要採集，進化我自己……

儘管這只是個遊戲，但是也許這正是在和人類的對戰中，細菌一族真實的動作。那個胖蟲子科學家正是每個細菌體內的智能。

那麼，暴雪公司為什麼不把這個情節按照生物書上說的，設計成蟲族沒有科學家，只是靠著偶然的基因突變來給自己升級呢？原因很簡單，這不現實，不符合邏輯。

對於細菌的進化，暴雪很有可能比生物學家說得準確。

我不知道暴雪公司的設計師和策劃在編遊戲的時候，只是根據劇情隨便給角色安排的屬性，還是真的深入觀察生活，對生物學有了一個更加深刻的瞭解呢？確實有先見之明還是湊巧蒙對了？但是如果真的讓一群編遊戲的程式師順便改寫了生物遺傳法則，不知道生物學家會有何感想？

細菌不但超過科學家的理解，而且它的智慧也超過人類所創造和製造的任何東西，人類正在試圖創造那些微生物早已實現的自動化。

比如說，「製造自己會調整框架和車輪以適應行使路況的汽車，修築能檢查自身路況並進行自我修復的道路，建造可以靈活生產並滿足每個客戶個性化需求的汽車廠，架設能察覺車流擁堵狀況並設法使擁堵最小化的高速公路系統，建設能學習協調其內部交通運輸流量的城市。」[320]

生物可以改善自己身體的結構和裝備，這並不是無稽之談，前提是生物得有自己的心智。豆瓣評分高達9.3分的迪士尼電影《機器人總動員》（Wall. E）裡面髒兮兮的小機器人瓦力，擁有給自己更換零部件的能力，經常給自己更換一些毀壞和損耗的零件，比如眼睛和履帶。如果它再聰明一點，具有一定的學習能力，它應該還能夠給自己升級，讓自己更強大一些。如果時間足夠長，理論上，瓦力可以把自己升級為霸天虎或者汽車人。相像一下，一個沒有女朋友的小個子清潔工機器人，一個華麗轉身逆襲成了高大威猛的機器男神，是不是很勵志？可是在生物界，這樣的情節一直在上演。在這個過程中，瓦力的智慧和學習絕對是最重要的，這個能力在它的零件裡嗎？不對，在它的軟體裡。

但是我們的生物學研究卻明顯跑偏，被表像所迷惑，拼命鑽研身體結構，越研究越細。多年以來，分子生物學大行其道，不斷出現重大發現。這本來是好事，但是幾乎所有的新發現都在分子層面，離全面化全域化地破解生命難題漸行漸遠。如果這種南轅北轍的情況持續下去，即便研究到「誇克生物學」、「玻色子生物學」，也還是無法找到生物進化的真正答案。

「因為學術界在生物學上一直強調DNA測序技術的發展帶來的好處，所以，我們很容易認為大多數的概念上的突破性成果應該會源於高端的分子生物學方法。但現實的情況是，我們在基本的人類生物學和邏輯思維上都還有很長

(320) 凱文·凱利，《失控》（北京：電子工業出版社，2016），頁548。

的路要走。」[321] 作為分子生物學教授的內莎・凱里能夠說出這樣的話，可以證明她有開闊的眼界和寬廣的心胸。

但是多數傳統生物學者就沒有這樣的水準了，有一次在論壇裡和一個大咖爭論：

大咖：拉馬克的獲得性遺傳，當年他並沒有任何根據，就想當然的這麼認為了，雖然到今天已經有了很多獲得性遺傳的實證，但講道理這並不能說明拉馬克是先知，頂多說明他運氣好蒙對了一點點而已。

我：達爾文派還能不能再賴一點？罵了拉馬克一百多年，說人家胡說八道。現在有了越來越多的證據，又說人家蒙對的！！從根上說，連進化論都是人家拉馬克的。你要說一個街頭混混提出的獲得性遺傳是蒙的也就罷了。人家堂堂一個無脊椎動物學的創始人，寫了法國植物志的博物學家，根據多年的觀察提出個理論你們也說人家蒙的！偏見還能再多點嗎？（開始我以為他只針對拉馬克，誰知後來這兄台把達爾文也一起都給鄙視了）

大咖：這麼說吧，自然科學領域，找出證據的人才偉大，沒有根據就空口說大話的都沒用，在沒有找到證據之前，這樣的預測根本就是狗屁。

我：拉馬克跟普通人不一樣，他的身份和地位決定了他不能信口開河，所以不會對他沒把握的事情胡說，這是要賭上自己地位的。這份勇氣比那些整天扒論文檢索，吃人家嚼過的饃的書呆子強太多了。拉馬克是個博物學家，他對動物的理解和觀察比現在所謂的生物科研人員強的太多了。他的理論來源於動物習性的總結歸納，確實有感性的一面，但是這當然也是強有力的證據，難道只有實驗室裡的瓶瓶罐罐才算數？

大咖：達爾文當年的進化論和自然選擇學說，也並沒有什麼特別有力的證據，進化論是靠著後來人不斷的發現積累了大量新的證據才終於得以站穩腳跟的，在當時，達爾文大概充其量也就是一個提出了大膽猜想的博物學家而已，只是歷史證明他運氣很好基本都猜對了，到今天才成了受人尊敬的開山老祖。

我：歸納總結不算證據？那個時代也沒有數理統計啊，這麼說吧，達爾文、拉馬克和居維葉摸過的動物比你見過的都多。對於你來說，只有離心機和電泳槽裡的資料是證據，達爾文那麼幾大本的自然考察筆記也不算證據。

大咖：科學在發展，時代在進步，古老的落後的參雜了大量主觀偏見客觀不足的所謂經驗總結放到今天的科學標準來看自然是上不了檯面的，尊敬先哲沒問題，無限拔高就不太好了。

---

（321）內莎・凱里，《垃圾DNA》（重慶：重慶出版社，2017），頁131。

我：科學要放在時代技術水準的背景下來看，當時的生物學科水準不能和現在的分子生物學和圖表分析相比，拉馬克和達爾文的理論已經算是有相當的證據了。拉馬克專研生物學41年後提出的獲得性遺傳，達爾文生物考察結束後23年才提出進化論，他們這都是深思熟慮之後智慧的結晶，當然不是蒙的。跟一百年前相比，現在科技高度發達，所以在高科技領域確實不應該過多考慮傳統方法。但是作為科學的基礎，一些經典理論還是無可撼動的。DNA測序方法肯定不如自然選擇理論長壽。至於無限拔高麼，尊重先賢就是拔高？我是給達爾文和拉馬克挑刺的，拔高不是我的專長。

到此，我和大咖的爭論不愉快地結束了。我對那個時代的博物學家很是敬仰，「高山仰止，景行行止，雖不能至，然心嚮往之。」他們的博學和對大自然的體會比現在的生物學家強很多，雖然在知識的深度上肯定不如現代科學家。

因此，大咖對先賢的蔑視讓我尤其不爽，他甚至把達爾文比作薩滿巫師。沒聽過薩滿？跳大神聽說過吧，大神附體亂嘚瑟，連蹦帶跳熱熱鬧鬧，搖著小鼓念念叨叨的。什麼時候來吉林看看？吉林長白山雪鄉歡迎您！其實真正的薩滿教和跳大神的差別挺大的，但是現在已經難得一見，所以就以跳大神姑且代之吧。

現在東北農村還有不少人相信這個呢。但是大家看看就得了哈，別認真，這群巫師信口開河。父親小時候發高燒，爺爺找來了跳大神的，神叨叨的說有精怪附體了，非要拿一根燒紅的烙鐵捅肚子，好在9歲的小姐姐（也就是我姑姑）緊緊摟著自己的小弟弟，在炕上用身體擋著烙鐵，否則早就沒了父親，也沒有我了。

博物學家在英語裡是「natural historian」，也就是「大自然」的「歷史學家」，那麼現在這些否定歷史，又很少走出實驗室，遠離大自然的生物學家們，夠得上「自然」呢？還是夠得上「歷史學家」？

大咖後來自己把薩滿巫師這一段刪了，可能也感覺不妥吧。我把我們的爭論節選一部分帖在這裡，但是估計分子生物學專業的人未必會贊同我的想法，因為用慣了電子顯微鏡和各種分析儀的人，打心眼兒裡看不起「拿眼瞪、拿牙咬、拿手量」得來的資料，認為是瞎貓碰到死耗子而已。

越是在簡陋的條件下，得出正確的理論越是不容易。但是很多年青學者並不這樣想，他們想法很簡單：沒有離心機、電泳儀、分析天平，甚至連淘寶上一百多塊錢的電子顯微鏡都沒有，實驗資料當然不靠譜，得出的理論當然是蒙的。觀察總結、邏輯推理是個什麼東西？我們只用資料說話！

如果按他們的想法，沒有風洞實驗室，萊特兄弟製造的飛機是否也是蒙的？沒有專用試驗台，科爾・本茨發明的汽車是否也是蒙的？我本想批評這些網友智商感人，轉念一想，這些博士、博士後的智商可能都比我高，算了，就說他們目光短淺吧。

另外提醒他們一下，幾百年之後，你們現在用的這些看似高級的實驗器材，也會變得無比粗淺簡陋，而被掃進垃圾堆。那時候後代科學家們也嘲笑你們無知，說你們信口開河，說你們的理論都是蒙的，不知你們會作何感想？

雖然達爾文的理論不都是正確的，但是這並不妨礙大家對他的敬仰。畢竟在那個時代，受限於宗教和科研水準，能在總結大量觀察現象的基礎上提出一個比較系統的進化理論，這絕對是個了不起的成就。

達爾文的理論當然是經過仔細調查和反覆驗證的，「他經常涉足自然史上的細枝末節，他寫過論述藤壺分類的專著，寫過一部論攀緣植物的書，以及一部論蚯蚓形成腐殖質土壤的論著。為此，有人將他視為陳腐過時的只是描述奇妙動植物的人……有一位著名的學者，在談到達爾文時，說他是個『思想貧乏的人……不是偉大的思想家』，他的話是對同行的誤導。事實上，達爾文的每一部書都是他畢生研究的輝煌而連貫方案中的一個組成部分。達爾文並非單純為了研究蘭花而研究蘭花。加利福尼亞的生物學家邁克爾・吉色林不厭其煩地通讀了達爾文的所有著作，他正確地發現，達爾文關於蘭花的論著是支持進化論的一個重要插曲。」[322]

當然，歸納總結的結論不一定正確，我們每天都看到太陽從東邊升起，但是不能說明天也從東邊升起，因為需要計算地球壽命、太陽壽命、引力作用、其它星系的影響等等。我們看到的都是白天鵝，但是不能說天鵝都是白的，因為還有黑天鵝，而在地球的某個角落可能還有藍天鵝、綠天鵝、半藍半綠天鵝等等。所以，歸納總結從邏輯上來說是個無效的過程。但是對於一直在路上行進的科學來說，重複的觀察必然會找到普遍的規律，這正是科學需要的。不怕出錯，科學理論都有被推翻的可能，但是只要它在一個限定的範圍內有效就可以了。

許多人「將偉大見解的產生歸因為有好運氣這一難以把握的現象。所以，他們認為，達爾文幸運地生在一個殷實之家，幸運地登上了貝格爾號，幸運地在有生之年形成了他的思想，又幸運地看到了帕森・馬爾薩斯的書——實際上

(322) 斯蒂芬・傑・古爾德，《熊貓的拇指》（海南：海南出版社，2008），頁2。

等於說，一個人在正確的時間處於正確的地位。然而，當我們瞭解到，達爾文為理解自然所付出的個人奮鬥，他涉獵和研究的領域廣博，以及他在探討進化機制時的執著，我們就會理解巴斯德所講的那句著名格言：幸運只光顧有準備的心靈。」[323]

只有運氣和能力也無法成為博物學家，還需要有對大自然的熱愛。博物學家有專職的也有業餘的，大家都知道日本昭和天皇裕仁允許日本軍隊發動了侵華戰爭和太平洋戰爭，但是鮮為人知的是，裕仁非常喜歡生物學，是一個博物學家。他在皇宮裡建了一個生物實驗室，並且整天待在裡面。他的皇后也是一位業餘生物學家，花卉繪畫已經達到了專業水準，她經常協助裕仁到野外採集標本。

裕仁在1936年敕令建立臭名卓著的731化學和細菌戰部隊，不知道這和他對微生物有著深入的瞭解是否有關係，真是「學以致用」了。

距離我家幾百米就有一個日軍細菌部隊舊址（日軍細菌部隊不止一個），也就是關東軍第100部隊，日本對外宣稱是「關東軍臨時病馬收容所」，現在只還保留著一根駭人的大煙囪。

這支部隊很低調，實際上它跟731極為類似，也是關東軍的一支細菌部隊，不過研究方向更傾向於動物（主要是軍馬，因為當時中國軍隊依靠軍馬）、植物和人畜並用的細菌武器。1931年，第100部隊的前身在瀋陽成立。偽「滿洲國」成立後的1933年，該所遷至長春，並於1936年組建了第100部隊，而對外則簡稱為「馬匹防疫站」。

這支細菌部隊的研究部門分為細菌學、化學、植物學、獸醫學、病理學等幾部分，有技術人員800人左右。主要研發和生產人獸共患病的鼻疽菌、炭疽熱菌、牛瘟菌、斑駁病等細菌武器。年產炭疽菌1000公斤、鼻疽菌500公斤，其它化學藥物100公斤。聽起來似乎不多，但是這已經是巨量。這些病菌很恐怖，2001年美國炭疽攻擊事件，兇手只用幾封郵件裝了幾克炭疽桿菌就造成5人死亡、17人感染和全國性的恐慌。而第100部隊生產的如此大量的病菌，在戰場上應用後，會殺傷多少中國軍隊、無辜百姓和牲畜，這是真正的雞犬不留，也許還會寸草不生。在這些細菌武器的研製過程中，需要大量的人畜做實驗，儘管一手資料到今天仍被日本政府嚴格保密，但通過學者們的研究、採訪，和當年戰犯的供述，731部隊令人髮指的活人實驗、局部村屯傳染性染病實驗、焚馬焚人的焚化爐，這裡一樣都不少。

(323) 斯蒂芬·傑·古爾德，《熊貓的拇指》（海南：海南出版社，2008），頁38。

二戰戰敗前，日本人相當認真的銷毀所有證據。1945年8月那麼緊張慌亂的大規模撤退，寧可扔掉很多日本百姓，也要在百忙之中騰出手來，殺掉實驗動物和人，殺掉知情的中國工作人員，燒毀資料，燒毀營房，炸毀大多數房屋。爆炸之後，最顯眼的就剩下這根煙囪，而這根煙囪也只是設備動力房的，並不是當初焚化爐的那根最大的煙囪。

二戰後，平安無事的裕仁專心研究生物學（其實東京審判確實放過了很多真正的戰犯，比如發動了九一八事變的日軍參謀石原莞爾，他自己都很不滿意：為什麼我不是甲級戰犯？），成了一個頗具國際權威的腔腸動物專家。裕仁的長子繼承了他的皇位，也延續了他對生物學的興趣，裕仁的小兒子還成為了一位胚胎學專家。

再說點兒題外話，雖然我痛恨軍國主義，但是佩服日本人的工匠精神。有一次路過關東軍100部隊舊址，正好趕上保護性清理這根大煙囪，下面挖出來了一些紅磚。這些80多年前的紅磚仍然保存完好，邊線橫平豎直，基本沒有缺損。

國內最大的房企是萬科、華潤和中海等等，但是在長春，這些大房企的口碑卻輸給了兩個本地小品牌——偉峰和嘉惠，這從老業主複購率就能看得出來。複購率是指消費者對這個品牌產品的重複購買比例。萬科的老業主複購率超過20%，嘉惠的複購率達到40%，而偉峰的複購率超過50%（我對這幾個數字表示懷疑，但沒有找到權威資料，不過偉峰和嘉惠的複購率在長春遠超萬科是沒問題的），當然，大多數本地小房企的複購率都是個位數。

偉峰的房子品質最好，除了捨得用精品建築材料和工人認真負責之外，一個重要原因就是他們聘請了日本鹿島建設公司的監理。這些日本人挺謙虛：「我們建的房子沒有什麼特別，只是十年之後還是這個樣子。」

話題拉回來，在科學領域，一般來說繁複的系統都可以分成一些簡單的系統。所以追尋自然的單元，就是科學家孜孜以求的目標。而那些找到線索並且發現組成大自然的更小單元的人，都會名利雙收。但是不能因此就只注意越來越小的層面，而忽視了必然存在的不可見物質的層面。

生物學家越來越注重細節而缺乏整體和全域觀念，生物技術越來越精細和片面。幾乎每個分子生物學和微生物專業的研究生都做過基因測序，但是很少有誰到野外實習考察。除了大腸桿菌，這些研究生幾乎沒做過培養完整微生物的實驗。他們花更多的時間研究細菌碎片，而不是完整的活細菌。

當然我也很佩服現代生物學家研究的細緻和深入，他們拿出巨大的耐心數著嘌呤和嘧啶，並且仔細的比較和分析。這絕對是個技術活兒，但是生物科學越來越局部化和片面化，結果就是遇到問題大家都首先從自己熟悉的領域，從細枝末節來考慮問題。就像盲人摸象，雖然有獨到見解，但是缺乏全面，也缺乏對別人的理解。

騰訊的《新聞哥》裡面有一集討論到微生物對健康的影響，下面有一個醫科大學生的回覆很有趣：教免疫的老師說所有疾病都是免疫系統原因，教生化的老師說所有疾病都源於生化因素，教微生物的老師說所有疾病都是微生物失衡……

缺少了博物學家的生物學就像一片到處充滿零散數據金礦的荒野，一小群一小群生物學礦工各自為戰，他們受到大量局部知識的困擾，對自己礦井裡的內容越挖越深，對別人的工作卻不瞭解。生物學家們有著明確的專業細分，終日關在實驗室裡對著瓶瓶罐罐而不能走到野外觀察一下自然之美。生物學受到大量局部知識的困擾，缺少覆蓋全域、穿越時間、跨越空間的連貫的整體理論。

讓人憂心的是，博物學備受冷落，以後也許再也不會出現達爾文、拉馬克和威爾遜這樣偉大的博物學家了，他們是生物學航母的舵手。

世界這麼大，可是現在的生物學家偏偏就不想去看看，一直窩在三尺斗室裡琢磨大千世界，自己不覺得憋悶嗎？

當我踏上青藏高原的瞬間，馬上就體會到了「詩和遠方」的含義。每一寸肌膚、每一個細胞都能感覺到。

黛青色的山，綠玉色的水，亮白色的雲。西藏的風景不只是三維的，不只是立體的，而是填滿了你所能感覺到的所有維度。呼吸著氧氣貧瘠而清冽的空氣，海拔四千多米的山風把雲直接吹到你的臉上，從你的毛孔沁進去，閉上眼睛都能感覺到青藏高原的古樸與雄渾。

道路狹窄，你與巍峨的山體擦身而過，土層很薄，薄到能夠直接裸露出下面的岩石層。千層岩發出青灰的幽光，讓你聯想起億萬年前喜馬拉雅山脈從古地中海中緩緩升起，帶著海水、海藻和淤泥，帶著三葉蟲和菊石，化石鑲嵌在岩石裡，就在你的身邊。你能摸到，也能感覺到來自遠古生物的問候——「你好，人類」。

西藏的色彩相當單一。山上植被單薄，群山通體青色，而且沒有樹葉的斑駁。面對著群山，感到似乎被仙人點了一下額頭，頭腦一片清明。哦，原來我們在城市裡被喧囂和名利蒙蔽了神志。遊覽中原的山水呢？又被枝繁葉茂和繁花似錦遮蓋了雙眼。到了西藏，眼睛和心靈一下子都被放空了，那些被俗世俗物擠到了角落裡的感覺又浮現出來，讓我們可以細細品味，也許這就是通靈之地吧。正因為山體巍峨，而且沒有了樹木和繁花，所以能夠看得更遠，時間和空間似乎可以無限延伸，靈性在無限的時空中來回激蕩，迷惘而又神聖。

西藏的色彩又相當豐富，有的深邃，有的廣博，有的悠長，有的鐵骨錚錚，有的虛無縹緲——這算是顏色嗎？一望無際的青色大山讓你浮想聯翩，忽然太陽從雲層中鑽了出來，萬道金光灑在群山上，眼前景色竟然立體了起來！最遠處的山黑青色，稍遠的山深青色，稍近的山淡青色，而眼前的山亮青色，層層疊疊撲面而來。心情也隨著瞬息萬變，從驚歎，到沉醉，到崇拜，到敬畏！想趴下身來，親吻這片廣袤神聖的土地。

繞過眼前青色的大山，前面的山體竟然是灰白色，幾乎沒有植被，綿延上百公里。汽車向山上行駛，倏的一下鑽進了雲層，面前的景色馬上被渲染了濃墨重彩。山體一片灰黑，奶白的霧氣流過，就是北宋範寬的一副蒼勁雄渾的水墨山水畫，得山之骨，與山傳神！

西藏如此詩意盎然，但是以前我在公寓裡憋著的時候，想到的都是片面和幼稚的答案，怎麼都不會真正的理解「詩」是什麼樣的詩，「遠方」是什麼樣的地方……

即便我去過「遠方」，和住在「遠方」的人也不一樣。一個內蒙古小夥子在微博裡說：「你知道遠方什麼樣子嗎？我來自遠方，田園牧歌、詩和遠方的生活————我真的過夠了！！！大草原、星空下……在照片上很美，但你知道星空下的草原————有多少蚊子嗎？草叢裡的蚊子和麥克風差不多大（算上翅膀、足和口器），解手的時候需要不斷的晃動，否則被這樣大的蚊子叮一下，屁屁腫得都提不上褲子……。」

一個在草原放羊的火山主播在視頻裡說：「我一發視頻就有人說『美麗的大草原，我嚮往的地方』現在我讓你們看看草原的另一面！」然後鏡頭一晃，顯出他的白褲子上面盯著幾十隻蚊子和小咬。

我們公司裡有一個漂亮女孩兒，一雙眼睛亮亮彎彎的。也來自「遠方」。她家在海邊，推開窗戶就能看見大海。家裡有漁船，每天海鮮吃不停。我非常羨慕：「海邊漁村美麗的姑娘，每天看著海鷗啾啾翱翔，聽著大海聲音，吹著清涼海風，踩著柔軟沙灘，撫摸著海浪，感受著潮汐，想像著海的那一邊的異域風情……這樣的生活太美了！」她就回了一句「誒呀……（拖長音，有顫音），嘖嘖嘖……腥死了……。」

我喜歡大海，一直想買一套小戶型海景房，這樣就可以每年在海邊住上一段時間。今年7月，我和家人拖著房車來到海邊，就在沙灘邊上紮營住了一週。景色美得讓人心醉，海鮮美味讓人咋舌。就是太潮了～～～往床上一躺，床單「呱唧」貼在身上，衣服永遠黏糊糊的，泳衣晾了一天還能擠出水來。在乾燥的北方生活了幾十年的人真的受不了啊。於是一週之後返程的時候，我們都和出發時一樣踴躍，而且徹底打消了買海景房的念頭。

想像和現實差距太大，而這些從沒出過實驗室，沒去過遠方的生物學家寫的「遠方」的詩，又有多大的準確性呢？會前瞻嗎？會全面嗎？大家都知道理論應該結合實踐，那麼，只有理論而沒有實踐的科學能夠茁壯成長嗎？

一個女孩兒做了個公眾號——松木巴士，她的男友嗜酒，平日裡喜歡在沙發上喝酒睡覺，美其名曰「詩和遠方」，差不多是李白的境界。女孩兒會想：「老娘飛起一腳，就讓你個酒鬼帶著詩意飛向遠方。」有趣的是，倆人還當真了，買了一輛豐田中巴，自己給改裝成房車，辭了職，從此天地任逍遙去了。

他們比窩在實驗室裡的生物學家強吧，起碼他們的世界是立體而全面的。

長春市最好的一所小學的一個語文老師辭職了，放棄金飯碗，和另外一個志同道合的夥伴開了一個書韻飄香的「越讀書驛」——圖書的驛站，超越圖書，到實地去看。她經常領著在書驛讀書的孩子去實踐：她們在梅家塢看茶農爺爺炒茶，給孩子們講「茶者，南方之嘉木也」；在沙漠裡支起書桌，給孩子們講「策馬自沙漠，長驅登塞垣」；站在春播的稻田裡，給孩子們講「漠漠水田飛白鷺，陰陰夏木囀黃鸝」；坐在蘇州的小橋上，給孩子們講「姑蘇城外寒山寺，夜半鐘聲到客船」。

她們帶著孩子們繞著西湖徒步七、八公里，細細品味「蘇堤春曉、斷橋殘雪……。」孩子們興致勃發、才思泉湧，即景吟詩填詞幾十首。小學四年級的小富寫道：

憶江南　江南水

江南水，

細水靜如銀，

西子清幽花下看，

錢塘洶湧望高臨，

飛鳥鳴沙濱。

隨行的音樂老師挑了幾首韻味俱佳的詞，和著古曲彈唱出來，大家在絲竹古琴的清幽音韻中回到了千年之前「閑夢江南梅熟日，夜船吹笛雨蕭蕭」的煙雨江南……

在實踐的過程中，在老師的引導下，孩子們撫摸著大自然，親吻著大自然，感覺課本裡的內容就在眼前，就在手裡握著，就在懷裡抱著，甚至能夠體會到作者創作時候的意境，全方位去感受這個意境，這——才是真正的實踐。

實踐出真知，但是有的領域就是無法實踐，比如宇宙學，不要說實踐，多數內容看都看不到，只能靠猜。這就需要強大的猜想能力，但是重視實證的生物學家相當討厭猜想，如果你說「我認為……」，他們馬上會跳出來打斷你「『你認為』有個P用？沒證據就閉嘴！」

博物學家這個行當不容易，並不是趴在地上看看甲蟲就能寫出幾本書。與達爾文同時提出進化論的華萊士就是個走遍全球的博物學家和冒險家，他的一生也是個傳奇。在馬來群島的時候，環境之險惡真的讓人替他捏把汗。

島上有老虎，平均每天都會有人命喪虎口，華萊士在茅草屋裡經常能夠聽到虎嘯。比老虎更可怕的是捕虎陷阱，五六米深，底寬頂窄，掉下去就摔個半死，如果沒有人幫助，根本爬不上來。陷阱非常隱蔽，華萊士幾次差點掉進去。他們經常需要穿過水深及膝的爛泥塘，晚上洗澡時，能夠從身上拽下十來個螞蟥。沒水的時候就喝點豬籠草小兜的水，裡面是酸性或鹼性的消化液，泡著沒有溶解完的蒼蠅和螞蟻。在獵頭族的營帳裡過夜，屋裡掛著一些風乾的頭顱。這些困難都能克服，更可怕的是熱帶病，瘧疾和黃熱病一直困擾著他，他的弟弟就在亞馬遜叢林死於黃熱病。

當然，博物學家也不是那麼完美，華萊士同時也是個賞金獵人。他到處搜捕和獵殺奇珍異獸，打死剝皮後製成標本，郵寄到歐洲賣給博物館和有錢人。華萊士不但自己到處開槍，還雇用土著和獵人四處狩獵，也向村民購買捕捉到的野生動物：「查理斯（這個是他的同伴，不是查理斯·達爾文）發現三隻幼猩猩在一起覓食……它們動作敏捷，在樹林中的移動速度每小時足足達五至六英里，我們往往得跑步才跟得上它們。我們射殺了其中一隻，但屍身高架在樹杈上；由於幼猿不值錢，我沒命人砍倒樹取它下來。」[324] 一場探險回來，紅毛猩猩就被他們打死了幾十隻。

比起華萊士採集動物標本，我更反對的是作為娛樂活動的狩獵。不是為了生存，不是為了科研，更不是為了控制某個沒有天敵的物種過度繁殖，純粹是

(324) 阿爾弗雷德·羅素·華萊士，《馬來群島自然考察記》（上海：上海文藝出版社，2013），頁64。

為了快活一下。他們開著越野車，穿著全身的偽裝，貓在樹叢中，端著帶20倍以上瞄準鏡和鐳射校瞄儀的獵槍。躲在幾百米之外鬼鬼祟祟的開槍，然後竟然還有臉跑過去跟死不瞑目的猛獸合影，甚至把皮毛和頭骨取下來掛在客廳裡炫耀。這不是狩獵，是偷獵，是暗殺。真不明白，他們是在侮辱自己呢？還是在貶低自己呢？還是在嘲笑自己呢？

中國八達嶺野生動物園倒是歡迎這樣的勇士。把他們邀請過來遊玩，不允許使用武器，只能肉搏。然後把「猛獸區——請勿下車逗留」的牌子換成「休息區——歡迎下車喝茶。」野生動物園經驗豐富的東北虎們的野性一定不會讓他們失望，並給這些勇士一次真正挺胸抬頭做個純爺們的機會，無論誰勝利了，獎勵將是一頓豐盛的午餐。啊，對了，順便把獵取和收集犀角象牙的朋友們帶上，他們喜歡近距離欣賞野生動物的牙齒和皮毛，這回給他們看活的。

接著說博物學家，相比這些掙扎在死亡線上的科學家，現代生物實驗室裡電腦椅上的工作簡直是消遣，但是視野和見識必然差的太多太多。可是偏偏有些生物學家還瞧不起這些不知道DNA的博物學家，真是讓人無語。

回到主題，其實生物本來就具備更換自己零部件的能力，壁虎的尾巴、章魚的腕足、海參的內臟、海星的身體等等，人類也還有一些再生能力，「皮膚和血細胞在幾個星期之內就要更新一次，牙齒一生中更換一次……損壞了的肝組織可以很快更新，大多數創傷能夠很快癒合，骨折能夠重新癒合。」[325]

所以只要生物具有智慧，那麼不但再生肢體小菜一碟，就算給自己升級也不是難事。而細菌和病毒正在做的，應該就是這件事。

人類絕對不能輕視細菌和病毒，它們絕對不是沒有智慧的「塵埃」。細菌和病毒的毒性會有多麼劇烈呢？比如絲狀病毒中「最可怕的是薩伊埃博拉病毒，致死率達到了驚人的十分之九，一百名感染者有九十名難逃一死。薩伊埃博拉病毒就像是人命的黑板擦。」[326]

病毒聰明又危險，而且種類繁多，「我們生活在一個名副其實的『病毒星球』上，科學家的工作量是巨大的。伊恩・利普金和他哥倫比亞大學的同事在紐約捕獲了133只大鼠，並在這些大鼠身上發現了18種與人類病原體親緣關係很近的新病毒。在孟加拉開展的另一項研究中，他們在一種名為印度狐蝠的蝙蝠身上進行了徹底的病毒搜查，鑒定出55種病毒，其中50個都是前所未見

(325) R・M・尼斯，G・C・威廉斯，《我們為什麼生病》（北京：海南出版社，2009），頁115。
(326) 理查・普勒斯頓，《血疫-埃博拉的故事》（上海：上海譯文出版社，2016），頁25。

的。」[327]

面對細菌和病毒這些隨時可以把人類從地球上抹去的危險敵人，我們一定要重視。應該清醒地認識到它們既不原始，也不白癡。雖然微生物的智商肯定比人類低很多，但是它們對人類身體奧秘的瞭解肯定遠多於任何一個醫學家、化學家和生物學家，否則怎麼會一次次的致人類於死地（相信大多數在分子層面觀察研究過致病原理的人都能同意這句話）？如果細菌會說話，它說出的資訊會讓所有的醫生瞠目結舌、自愧不如。其實細菌已經用行動給人類上了一堂又一堂內容深刻而又令人類損失慘重的課，可惜人類並不是好學生，到現在也沒能看明白細菌無聲的行動。在這樣危險的時刻，人類追求的創新、變革精神哪裡去了呢？我們還要被刻板的傳統科學禁錮多久呢？

「生物是絕佳的化學家，在某種意義上，它們整體而言要比世界上所有的化學家，更善於合成有實際用途的有機分子。歷經數百萬個世代，每一種植物、動物與微生物都試驗過各種化學物質，以滿足其特別需求。每一種物種都體驗了無數次影響其生化系統的突變與基因重組。」[328]

同時，正因為我們輕視細菌，所以造成我們對它們的認識很片面，人類熟悉知道的細菌幾乎都是病原體。其實病原體只占全部細菌的一小部分，細菌偶爾是敵人而永遠是盟友，人畜無害的細菌才是大多數，比如自養細菌和營腐生細菌。它們不但無害，而且有益，或者說不可或缺。細菌給予人類的幫助遠多於傷害。

神經學家丹尼爾·博爾在他的書裡提到了細菌的不凡：「像細菌這樣基於DNA的簡單的生命體，不具備任何形式的意識去指導它們進行各種程度的革新——從教條式的機械運動到孤注一擲的創新，但是細菌有一套了不起的機制，當它們覺察到周圍出現危險時，會根據危險的不同程度做出相應的創新反應。這是一個令人吃驚的現象：即使是卑微的單細胞有機體也具有反映意識和無意識之間區別的複雜的學習策略。」[329]而且「一些細菌具有基本的感知能力，能夠通過蛋白質轉換覺察到什麼時候食物缺乏，能做到這點其實很聰明。」[330]

雖然看到了單細胞生物的智慧，但是作為嚴謹的科學家，博爾又不能把意識用在細菌身上，可是上述現象除了意識又沒辦法做別的解釋，真是讓人糾結。

(327) 卡爾·齊默，《病毒星球》（桂林：廣西師範大學出版社，2019），頁120。
(328) 愛德華·威爾遜，《繽紛的生命》（北京：中信出版社，2016），頁352。
(329) 丹尼爾·博爾，《貪婪的大腦》（北京：機械工業出版社，2013），頁43。
(330) 丹尼爾·博爾，《貪婪的大腦》（北京：機械工業出版社，2013），頁59。

細菌還可以形成群體，有些菌種能排成珠串狀或者葡萄串狀，有的細菌可以形成扁平的薄片狀。而這個群落裡存在資訊聯結系統，使相關或不相關的細菌彼此回應，協同行動。

細菌還能夠改變宿主的行為，以前科學家認為這是偶然的，只是發生的行為恰巧有利於細菌的傳播，但是如果細菌有智慧的話，那麼這個事情就是細菌故意幹的。

「流行性感冒、普通感冒和百日咳病菌所運用的策略就更厲害了，它們誘使受害者咳嗽或打噴嚏，把一群病菌向未來的新宿主噴射出去。同樣，霍亂菌促使它的受害者大量腹瀉，把病菌送入潛在的新受害者飲用的水源……在改變宿主的行為方面，再沒有什麼能和狂犬病病毒相比的了，這種病毒不但進入了受到感染的狗的唾液中，而且還驅使這只狗瘋狂地亂咬，從而使許多新的受害者受到感染……因此，從我們的觀點來看，生殖器潰瘍、腹瀉和咳嗽都是『症狀』。但從病菌的觀點看，它們就是傳播病菌的聰明的演化策略。」(331)

細菌看似簡單，連個成型的細胞核都沒有，實則強大，耐酸、耐鹼、耐低溫；看似柔弱，水燒開了就能殺死，實則頑強，機會一到就會捲土重來。「你越是琢磨高危病毒，就越會覺得它們不像寄生生物，而是越來越像獵食者。獵食者的特徵之一就是會無聲無息地潛行，有時候會埋伏很長時間，而後突然暴起襲擊。」(332)

如果說它們是無知的生物，那麼人類被它們打敗豈不是就像成年人被光屁股的嬰兒打敗一樣可笑？如果說它們的武器來自於基因突變，就戰勝了擁有完善的分析檢驗、電子顯微、核磁成像、納米藥物的人類，豈不是原始人靠著木棒石斧也可以戰勝文明人的飛機坦克？而且這些原始人還能和文明人軍備競賽，在文明人的戰鬥機升級成第四代、第五代、第六代戰機的同時，原始人的武器也升級成第六代木棒和石斧。有趣的是，第六代戰機還會被第六代木棒石斧打敗。

科學家一邊說不是人類無能，而是細菌太狡猾，一邊又說細菌是最原始的生物，沒智商。這不是自相矛盾嗎？

凱恩斯．史密斯認為細菌可以處理更多的資訊，「而不只是感測器與效應器之間的連線。它可以根據不同感測器傳來的資訊做出判斷並採取最優化的行

---

(331) 賈雷德．戴蒙德，《槍炮、病菌與鋼鐵》（上海：上海譯文出版社，2016），頁196。
(332) 理查．普勒斯頓，《血疫-埃博拉的故事》（上海：上海譯文出版社，2016），頁90。

為方式，其資訊傳輸管道中還有好幾個『如果…那麼…』之類的元件。」[333] 史密斯這句話很重要，什麼叫「『如果…那麼…』之類的元件？」這就是判斷元件，這就是電腦晶片的組成元件，它們可以組成智慧！

我們對單細胞生物的智慧瞭解太少，不只是細菌，也包括自身的細胞。科學家到現在還不知道腫瘤產生真正的原因，只是由於偶然的突變嗎？這應該不是主要原因，因為腫瘤是一種多階段的疾病，一個正常細胞的很多環節都出錯才會導致癌變。因為醫學還不知道真正的原因，所以抗腫瘤藥物缺少特效藥。有限的幾種，也只是靶向狹窄範圍的寥寥幾種腫瘤，缺少廣譜特效藥。比如徐崢電影《我不是藥神》裡面的格列衛（甲磺酸伊馬替尼），對抗慢性粒細胞白血病和惡性胃腸道間質腫瘤有特效，往往能夠延長患者壽命十年以上，但是對其它腫瘤卻基本沒有效果。

「一般來說，儘管科學家們儘量避免過於教條，但如果有一件事他們大多同意的話，那就是永遠沒有一種簡單的方法可以治癒癌症。」[334] 但是這應該加個前提：在不瞭解細胞智慧的情況下。

「因為癌症是多步驟的過程，兩個表現很近似的患者都有可能源於完全不同的分子過程。他們的腫瘤也許會是由突變、表觀遺傳修飾和其他促癌因數與抑癌因數構成的全然不同的組合而導致。這意味著不同患者應該需要不同類型和組合的抗癌藥物治療。」[335]

但是換個角度。「從根本上講，癌症並不複雜。無論是哪種形式的癌症，它本身不過是人類遺傳物質變質了而已。如果DNA是我們身體的操作指令，那麼癌症就是代碼的拼寫錯誤，如果不改好，錯誤的代碼就會沿著我們的身體這個網路散播開。」[336]

人類無法理解病毒的行為。它們興師動眾地感染一個又一個生物，但是最後的結果往往是與宿主同歸於盡。特別是那些致死率高的病毒。

如果說病毒在殺死宿主之前，會有一部分傳播到外面。而且有證據表明，烈性病毒在爆發一段時間之後，往往會悄悄地降低毒性，似乎是在延長宿主的壽命。那麼癌細胞的行為就更加讓人費解。癌細胞一般不具有傳染性，它們一旦被啟動，會很快擴散到全身，一般會迅速殺死宿主。這樣，癌細胞的結局只

(333) 凱恩斯·史密斯，《心智的進化》（北京：北醫印刷廠，2000），頁103。
(334) 內莎·凱里，《遺傳的革命》（重慶：重慶出版社，2016），頁160。
(335) 內莎·凱里，《遺傳的革命》（重慶：重慶出版社，2016），頁161。
(336) 馬庫斯·烏爾森，《想當廚子的生物學家是個好駭客》（北京：清華大學出版社，2013），頁106。

能是和宿主一起被送進墳墓，被各種軟體動物和細菌真菌消化分解掉，絕無倖免。

他們就像一群強盜，攻入一個城池。一番燒殺搶掠之後，這群強盜放了一把火，把城池燒了，自己也被燒死在裡邊，有這麼傻的強盜嗎？其實在癌細胞佔領宿主身體的某個初級階段時，宿主的免疫系統對它們已經束手無策了。這些強盜不但佔據了有利位置，而且擁有血管可以獲得營養。按理說它們完全可以像病毒一樣降低毒性，或者像某些寄生蟲一樣在宿主體內快樂地生活下去，但是它們沒有這麼做，而是選擇了玉石俱焚的不歸路（這裡提前說一下，如果存在輪迴，那麼對細胞來說，死亡並不可怕，只是一次輪迴的結束）。

但是如果認識到細胞有智慧，那麼研究機構就可以進行全面的分析：腫瘤來自操作失誤的故障，還是野心勃勃的叛亂？是官逼民反的起義？還是見利忘義的打劫？是蓄謀已久的陰謀？還是樹倒猢猻散的逃避？或者乾脆是損人不利己的過把癮就死？然後就能夠有針對性的研發藥物。

科學還無法解釋的是，「癌是一種細胞的叛逆行為，它違反了整體利益原則。可以看成是有著與宿主矛盾的自身利益的一個寄生物。它與感染性病原體不同之處是，癌的成功從來不可能是長期的，因為它無法散播到別的宿主去，宿主的死亡也就是它的死亡，它沒有後代。」[337]但是如果癌細胞真的沒有後代，那麼這種「叛逆行為」又是怎麼產生的呢？這個問題將在最後一章探討。

換個問題，對於藥品研發來說，最棘手的問題是怎麼樣殺死敵人嗎？也許不是，而是豬一樣的隊友：免疫細胞對藥物的攻擊，肝臟對藥物的破壞和機體細胞對藥物的排斥。

當有外來細菌侵入時，免疫系統會發現它不是「自己人」，然後就開始攻擊。器官移植的時候也會發生相似的事情，免疫系統會攻擊移植來的器官，直到把它徹底幹掉，這就是排異反應。免疫系統的工作非常高效，當年我大哥在接受腎臟移植手術的時候，那一批一共有6個患者一起做移植手術。我們這些焦急的家屬在手術室外面等待時就聽說裡面有一個女性患者在手術中就發生了超級排異，非常快，腎臟剛接上幾分鐘就變黑了，這還是手術前服用過抗排異藥的結果。這個女患者以前身體很棒，等待腎源透析的時候，還能扛100斤大米上樓。但是也正是因為這樣，她的免疫系統太強大了，直接導致手術的失敗。

毫無疑問，這很揪心。身體和藥品就是這樣的，身體把藥品當做外來入侵者而努力消滅，藥品則試圖摧毀免疫系統以便接手身體的控制權，一般都是兩

(337) R·M·尼斯，G·C·威廉斯，《我們為什麼生病》（北京：海南出版社，2009），頁167。

敗俱傷。

免疫系統和肝臟敵我不分，但是這能怪它們嗎？你又沒提前打招呼，它們當然無法分清危險的毒物和安全的藥物之間的區別，只會一視同仁地把它們拉進去，盡一切可能破壞掉。只能怪我們並不瞭解自身的智慧，無法跟它們建立良好的互動，無法告訴它們大家是自己人：「別開槍，是我！」

也許這正是我們一直忽視身體內部的智慧的結果。現在該我們換種思維來認識這個陪伴我們幾十億年的老夥伴了。如果把身體看作機器的部件（《人是機器》的作者拉・梅特里），你和他打交道的方式就會像修理工對待機床，敲敲打打、修修補補。如果把身體看作是有智慧的個體，你就可以嘗試著跟他溝通，讓他理解你的想法。這樣才能避免誤傷並且團結起來一致對外。

也許未來最好的藥物就是能夠繞過一切自身防禦系統，讓細胞「主動」配合，與細胞一起同仇敵愾打擊敵人的藥物。這將是最快速、最高效、最節約而且完全沒有毒副作用的藥物。不但如此，當與細胞的互動發達到一定程度，不僅能夠給細胞發送資訊，並且還能接收資訊。可以發明出一種檢測儀器，能夠接收到細胞和組織的呼救信號，信號裡還包括發生了什麼情況，不需要在B超或者核磁共振看到病灶，這將遠遠快於任何現有的檢測儀器，還能夠第一時間給出最正確的判斷和解決方案。

儘快承認和找到單細胞生物的智慧！知己知彼百戰不殆，這樣我們才能更好的研究它們、防禦它們、利用它們，與它們生活在一起。在人類對細菌盲目高傲或者不得要領的時候，細菌那邊可是一直沒閑著，它們仍然在交流、學習和進化著。真的不知道什麼時候會出現一種傳播能力極強、耐藥性極強的超級細菌，分分鐘消滅人類的一多半，甚至把我們徹底毀滅。如果爆發超級微生物感染，高科技會成為我們堅實的盾牌嗎？對不起，連微生物是什麼都不知道的現代醫學也許只是一個漏洞百出的巴列夫防線（請注意，我沒有說現代醫學一無是處，只是說它根基不牢、漏洞太多，花費巨大而又無法形成一個全面的防護）。

在這個方面，中醫有一定的優勢，能調動人體本身積極性。對於人體不可見、不可測的層面，中醫比現代醫學瞭解得更多。經過幾千年的摸索和猜測，中醫能夠和人體內的系統建立起簡單的應答機制，就像簡單的對話，雖然詞彙極其有限，但是畢竟可以交流。面對疾病，與自己的身體溝通疏導肯定比圍堵好得多。

簡單生物體內是否有智慧，進化生物學的祖師爺達爾文有自己的看法：

「在自然系統中，甚至那些低級的動物也具有某種理性，而這種理性常常發揮作用。」[338] 他所說的「理性」指的是本能與習性，而本書後面會提到，本能與習性可以看做是生物智慧的一部分。生物的智慧增加了生命活動的有序性（也就是薛定諤所說的「負熵」），減少了無序性，為生命做出了巨大的貢獻。

地球上曾經存在的物種，99.9%都已經滅絕了，雖然我們現在還無法準確地瞭解到底是什麼原因讓這些曾經在自然選擇下快樂生存的生物忽然就「不適應」了呢？但是，微生物感染，絕對是一個重要選項。微生物滅絕物種的效率會遠高於捕食者和小範圍的環境變化。

說實話，現代醫學確實取得了驕人的成績，現代人的壽命比幾百年前的祖先長了一倍還掛零。但是這不代表我們的壽命可以一直這麼增長下去，特別是在我們驕傲自大、自以為是的傲視其他生物的時候。打過王者榮耀的人都知道，不管你們團隊的戰鬥力有多麼強，不管已經得到了多少高分，也許打了對手40：10，但是只要一個驕傲疏忽，也許就被對手團滅，然後就毀了老家。

別看人類擁有高智商和高科技，其實我們的適應性遠低於大多數物種，特別是四體不勤、五穀不分、孱弱嬌氣的現代人類。露西之後的原始人類幾乎一直處在風雨飄搖的滅絕邊緣，有多少人類的分支早就消失不見。不要以為我們一直在滅絕別的物種就說明我們是神，也許進化樹上下一個被打叉的就是人類。

細菌留給人類的時間不多了！

本節的結論：

第一，**細菌並不簡單**。細菌擁有如此複雜的結構，有自己的信號系統和群體感應，又有說走就走的旅行，和說打就打的攻擊力，這算簡單嗎？

第二，**細菌並不愚蠢**。我們人類都已經被這些強大的細菌給打成這個熊樣了，還在嘴硬說人家是「沒有智慧、沒有意識的生物」，這是不是在罵自己？

第三，**細菌並不原始**。如果人類沒有支過帳篷，沒有搭過茅草屋，沒有蓋過磚瓦小平房，就能夠修建鋼筋混凝土的高樓大廈嗎？下一節會說到，細菌——就是這樣的高樓大廈。

並不只是細菌如此厲害，單細胞生物都這麼了不起，包括組成生物身體的細胞。一個生物體內的所有細胞，一般都來自同一個母細胞，對有性生殖的生

(338) 查理斯·達爾文，《物種起源》（江蘇：江蘇人民出版社，2011），頁236。

物來說，這就是合子。這麼多的細胞都擁有一套相同的製造藍圖，但是它們如何通過不同的方式使用這些相同資訊，然後發育得各不相同的呢？也許，這是細胞「知道」應該使用什麼資訊，丟棄或關閉不需要的資訊，並且一直這麼堅持下去。比如我們骨髓裡面的細胞一直製造血細胞，而肝臟裡面的細胞一直製造幹細胞。

傳統生物學家喜歡把細胞比作磚頭，是構建身體這座摩天大樓的零部件。實際細胞比磚頭聰明多了，它們是一個個小小的智慧體，擁有自己的智慧。

比如眼睛，「與其說眼睛像照相機，還不如說它更像大腦。眼球擁有超級電腦般的海量處理能力。我們的許多視覺感知在光線剛剛觸及纖薄的視網膜時就發生了，比中樞大腦形成景象要早得多。我們的脊髓不只是一捆傳輸大腦指令的電話線，它也在思考……我們的免疫系統是一台神奇的並行分散式感知機，它能辨識並記住數以百萬計的不同分子。」(339)

不但生物的細胞自己生活得很好，而且作為一個獨立的個體，每個細胞之間、細胞與環境之間、細胞與侵略者之間的互動也相當複雜，並不比單個細菌簡單。

問題來了，既然細菌和細胞像個高樓一樣複雜，像個城市一樣龐大，那麼原始而簡陋的帳篷、茅草屋、磚瓦小平房又是什麼呢？

## 第五節　蛋白質的智慧

隨著對基因研究的深入，生命科學已進入了後基因組時代，現在的主要研究對象是功能基因組，包括結構基因組研究和蛋白質組研究等。基因的表達方式錯綜複雜，同樣一個基因在不同條件和不同時期可能起到完全不同的作用。因此，研究生命現象，解釋生命活動的規律，只瞭解基因組的結構是不夠的，還需對生命活動的直接執行者——蛋白質進行更深入的研究。一個以「蛋白質組」為研究對象的生命科學時代已經到來。

上一節我又說了細菌有意識，如果我的讀者中有傳統生物學家，可能已經把書扔到廁所裡做廁紙了。那麼在這一節裡我如果接著說：單細胞生物不是最小的生物，也許最小的生物是蛋白質和核酸，而且它們也有意識！傳統生物學家會不會想打人呢？

在科技不發達的年代，曾經認為細胞的結構很簡單。還記得上中學的時

(339) 凱文・凱利，《失控》（北京：電子工業出版社，2016），頁78。

候，像小和尚念經一樣的背誦：「細胞壁、細胞膜、細胞質、細胞核……」但是電子顯微鏡及生化技術的發展，讓科學家們在鏡頭下看到了生命的基本單元「細胞」複雜到不可思議，細胞內的世界猶如一個大型城市一樣，甚至比城市更複雜。

細胞是一種高度有序的結構，數百萬個特殊的蛋白質分子組成了這個驚人的結構，這種結構使細胞平穩運轉。每一個蛋白質分子都有自己的任務，任務由細胞核裡的生命之書——DNA來分配。它負責著我們身體的一切：我們眼睛的顏色、我們的身高，甚至是我們性格最基本的方面。這座熙熙攘攘的大都會中的一切活動，都由很多小電池提供能量。而浮動的發電站，則不斷的為這些電池充電。

每一個細胞中，每秒發生著幾百萬次化學反應。關鍵是這些化學反應基本都能成功，達到預期的目的。做過化學實驗的人都知道，化學反應並不是那麼容易成功的，特別是有機化學實驗，溫度、順序、劑量等等稍有偏差就會導致實驗失敗。那麼這樣一個每秒成功幾百萬次的學霸，怎麼會是最簡單的生物？

細胞內部一片忙碌，它的外事活動同樣高效，一個神經元在一秒鐘內就能發射10次，而且能同時發送資訊給其他7,000個神經元。

SOHO中國的老大潘石屹發了一條微博：「一個城市比人身上一個細胞還要簡單，細胞一是要自然生長，二是不能有任何多餘東西（醫學術語太複雜，大意如此），有多餘東西存在細胞就病變。」潘總在租房子、賣房子、賣蘋果、做慈善之餘還能有這個精力琢磨生物學，實屬不易。這段話基本上是正確的，細胞比一座城市更加規範和有秩序，一般沒有火災、沒有罷工、也沒有腐敗。一切工作都在平穩有序的進行，所有的構件都很勤奮，而且不需要夜晚、週末和節假日的休整。

想像一下，如果你縮小到一粒蛋白質那樣大小，站在細胞中，就像一個鄉下茅草屋裡走出來的小夥子站在紐約曼哈頓帝國大廈樓下，一時有些不知所措。

旁邊就是車水馬龍的第五大道，上面跑著各種各樣的交通工具，裡面也坐著和自己一樣的個體。交通工具樣式很多，而且機械結構也相當複雜，不知道怎麼就能夠運動起來。遠處還有軌道交通，裡面的交通工具和地面上的不大一樣。天空中也有帶翅膀的交通工具，而且很多，幾乎任何時間抬頭都會看到幾架。它們都能夠飛起來，而你自己不能飛起來，真奇怪。

這座城市裡到處都是自己的同類，但是外形差別很大，膚色也各不相同。

大家都在忙碌，各司其職，有的衣服上寫著員警、火警，更多的什麼都沒寫。這個城市非常大，人口超過地球上任何一個城市，職業也非常多，超過2000種。

這個城市的各個行業都相當發達，比如物流和快遞業。營養物質的運輸對細胞的生存當然至關重要，但是有的細胞很大，比如神經原。神經原細胞本身就大，外面還有很長的軸突，問題是這個看似不起眼的軸突也需要營養供應啊，否則不就蔫吧了嗎？這個距離有多遠呢？舉個例子，6釐米。大家也許會笑，你動動手指頭都超過6釐米，但是對於細胞裡的快遞小哥來說，這個距離相當於繞地球轉好多圈。

這麼算吧，一個直徑10微米的神經細胞，它的軸突長度6釐米，是細胞直徑的6000倍。假如這個細胞是個大城市——上海市，那麼它的直徑大概是100公里，運送營養物質到它的軸突末端就需要跑600000公里。地球赤道周長40076公里，這就相當於運送營養物質繞地球跑15圈。更困難的是，很多貨物是大分子蛋白質，不是快遞小包裹，而是集裝箱，可見任務之艱巨。

教科書上的細胞結構並不複雜，書裡配的圖，樣子就像一個盤子裡面稀稀落落地扔著幾個大棗和幾粒黃豆，但是實際上在細胞這個盤子裡，扔著數萬個大棗和上百萬個黃豆。比如核糖體，教科書圖中的核糖體一般只有幾十個（也只能畫這麼多），而實際一個細胞中核糖體的數量可能會達到幾百萬個，並且都在高效地運轉著，生產著蛋白質。每個核糖體一秒鐘能夠把200個氨基酸添加到蛋白質毛坯上，而且每個氨基酸都是從20種氨基酸的零件堆裡挑出來的，然後還要把它們按順序首尾相接地連在一起。連結在一起的氨基酸即便順序正確也只能說是肽鏈，唯有經過了正確折疊的肽鏈才能變成蛋白質。這些由蛋白質構成的分子機器遠比人類目前所能設計出來的最高級的納米機器複雜得多，所能完成的功能也要精妙得多。

「從很多教科書，包括國內外大學生物專業所用的教科書上，都會看到剖開的細胞正中央『漂』著一個細胞核，週邊是內質網和高爾基體這些大一點的細胞器，還有很多代表線粒體的小黑點隨意散落。東西是沒錯，位置也沒有錯，但錯就錯在它們之間並非毫無聯繫，而是有著複雜的細胞骨架。」[340]

細胞這本書啊，越讀越厚，我們對細胞瞭解越多，它反而顯得越複雜。近些年來，生物學家們發現細胞內部出人意料地「嘈雜」。以前大家認為細胞內部的運轉有規律、可預測，但是這並不完全正確。細胞內的大分子小分子四處

(340) 葉盛，《「神通廣大」的生命物質基礎：蛋白質》（北京：科學出版社，2018），頁89。

遊蕩、隨機互動，這意味著所有生物化學反應，比如RNA和蛋白質的生產等，都具有一定的隨機性，場面看似一片混亂。但是並沒有真的混亂，細胞內每秒發生的幾百萬次化學反應都在有條不紊地進行。這些小機器很忙很忙，但是，忙——而不亂。

以前我經常幫別人裝配電腦，經常跑電腦城，所以跟長春最大的電腦零部件公司——科高電腦很熟悉。那個時候馬雲還是英語老師，大家都不會網購，因此科高的生意非常好。每次去他們店裡，都會看見到處都是嘈雜的人群，所有員工都忙成一團。但是，他們很少出錯，而且服務態度很好，這是不容易做到的。

我跟科高王經理是朋友，王經理勤於思考。他經常寫一些文章，也出過幾本書，把自己的一些隨想和公司管理經驗都寫在裡面，我認為那是非常實用的中小公司管理手冊。

王經理跟我介紹為什麼科高員工忙而不亂，因為公司的規程很清楚，每個員工都有很好的分工。而且經常培訓，公司花了很大精力和很多錢，具體做法就不說了，跟本書無關。也就是說，大家都知道自己應該做什麼。每年公司都會關門歇業幾天，所有員工一起出去旅遊，搞團建，因此團隊配合很好。工作中，無論怎麼忙，大家都堅守自己的崗位，並且相互幫助。所以那時科高公司一直發展平穩，效益很好，員工離職率也很低。

而我要說的是，雖然科高公司不算小，但是一個細胞的工作量可能是科高整個公司工作量的上萬倍，並且擠在那麼狹小的空間裡，都能及時而準確的完成任務，難道每個忙碌的個體不知道自己的任務嗎？它們是用什麼知道的？

「應用細胞培養的定時攝影術進行研究得知，細胞內部總處於不斷運動的狀態中。P・希克曼的描述對我們理解細胞的邏輯思維可能是有幫助的，他說：如果我們能看到飛速的穿梭般的通過膜上孔洞的分子交通和在細胞器內代謝能量的轉變，那麼，我們對細胞內部騷亂就會有一個更強烈的印象。但是細胞根本不是一堆紛亂活動的東西，它有著有秩序的協調機能，這就是我們稱之為生命的難以捉摸的現象。」[341]

細胞城市的另一個巨大優勢就是城市的高度智慧化。中國正在努力搭建城市人工智慧系統，在這個領域，阿裡巴巴公司走在了最前面，它的ET城市大腦是目前全球最大規模的人工智慧公共系統，可以對整個城市進行全域即時分析，挖掘城市的資料資訊，優化所有的城市公共資源。

---

(341) 郝瑞，陳慧都，《生物的思維》（北京：中國農業科技出版社，2010），頁93。

目前ET城市大腦已經在杭州、蘇州等地試運行，近水樓臺先得月，誰讓阿裡巴巴總部在那兒呢。杭州城市大腦接管了128個信號燈路口，讓紅綠燈跟車流完全匹配。也就是說，東南西北哪個方向的車輛比較多，綠燈時間就長一些。避免了現在城市裡那種綠燈方向沒有車，紅燈方向堵一串兒的情況。

試點區域通行時間減少15.3%，杭州試點的中河－上塘高速路，大概20公里長，車輛平均行駛時間下降了4-5分鐘。在主城區，城市大腦日均事件報警500次以上，準確率達92%；在蕭山，120救護車到達現場時間縮短一半。

人類城市智慧化僅僅是個開始，但是細胞的城市智慧化已經相當發達。人類的城市不能太大，否則就會出現交通擁擠、環境污染和資源缺乏等問題。與此相似，細胞也不能太大，否則物質到達每個部位的時間就會太長。同時，排出廢物所需要的時間也要增加，這樣不利於細胞生存。

然後，重點來了，如果有人說，這個現代化的城市不過是最簡單的原始部落，你會同意嗎？那麼，生物學家認為單細胞生物這麼複雜、龐大而有序的生命體是最簡單、最原始的生命形式，不知道你們信不信，反正我是不信。

其實現在有很多學者已經認同原核生物不是最早的生命。

「最初的生命應是非細胞形態的生命，為了保證有機體與外界正常的物質交換，原始生命在演化過程中，形成了細胞膜，出現了細胞結構的原核生物。」[342]

航空母艦不可能是最原始的船，那麼最原始的船是什麼呢？應該是像船又不像船的一塊大木頭，比如獨木舟。或者是用藤條捆在一起的幾根樹幹，就是木排。但肯定不會是有動力裝置，有導航裝置，還有武器系統的軍艦。

可是現在生物學認定了DNA是生命唯一的遺傳物質，而細胞是擁有DNA的最小單位，所以在現有的生物學框架內，沒有辦法界定比細胞還小的生物。除非找到DNA以外的遺傳物質（不算RNA，它和DNA是親哥倆兒）。

認為細胞是最原始的生物，這會影響真正生命起源的推導。要想無中生有，就要依賴於最簡單的底層。最原始的生物，應該是個似有似無的狀態，好像是生命，又不太像生命。這麼看，細胞絕對不合格，它太複雜、太發達、太先進、功能太全面了。

馬雲當年建立淘寶的時候，就是一個很小的購物網站，馬雲帶著18個人，把自己的東西上傳，然後自己購買（這算不算刷單？）。淘寶上第一件商品是一把寶劍，是一個淘寶小二家裡的東西，然後賣給了另一個小二。所以說淘寶

(342) 王紅，《古生物王國》（北京：企業管理出版社，2013），頁7。

上面的第一筆交易其實就是發生在兩個小二之間的，那時候每天就幾筆交易，很多還是做試驗或者虛擬的。但就這樣一步步的把一個簡單系統培育成了一個龐大的商業帝國，每天上千萬筆交易。

但是我為什麼又說蛋白質是生物呢？下面詳細講一個例子——《人體奧妙之細胞的暗戰》，這是一個做得非常漂亮的視頻，描述了一次病毒和人體細胞之間的生死之戰。

人類歷史上最長時間的戰爭，應該就是病毒和人體細胞之間的戰爭，從類人猿到現代人類，每天在每個人的體內進行無數次的戰爭。每個人都不停地被病毒攻擊，自古以來，病毒和我們一起進化，它們一直在研究我們。

比如腺病毒，它可以引起感冒和肺炎。它的結構很簡單，一層外殼和裡面的DNA。它對細胞的攻擊過程就是突破細胞的防禦，然後挺進細胞核。一旦到達細胞核，就會起到三十六計之擒賊擒王的效果，整個細胞都會瓦解。

腺病毒進入人體之後，在到達粘膜細胞之前，它首先會遭遇在細胞之間的空曠地帶巡邏的抗體，只要發現敵人，抗體就會貼在敵人的外殼上作為標記，或者把敵人連環鎖在一起，這樣白細胞就能夠發現和幹掉病毒。

抗體和白細胞是人體的第一道防線，但當人體抵抗力下降或者敵人太多的時候，第一道防線就守不住了，大量病毒就會趁著混亂到達粘膜細胞的細胞膜，於是就開始了戰役的第二階段。

細胞膜是細胞的皮膚，它是第二道防線，除非細胞識別無害，否則任何外來物質都無法進入。細胞膜由磷脂質雙層分子構成，水分子和氧分子這些小分子可以直接穿過，而大塊頭的營養物質則需要有與細胞膜表面的鎖相匹配的特殊鑰匙才能通過。

於是病毒使出了三十六計之瞞天過海。經過數十億年的鬥爭，腺病毒演化出了假鑰匙，「啪」的一下打開了鎖，裝作營養物質混進細胞內。前面說的抗體會銷毀大多數病毒，但是仍有很多漏網之魚。細胞膜的鎖被假鑰匙打開，而細胞膜下的膜蛋白也被病毒的瞞天過海之計所欺騙，開始接受病毒，病毒小分隊偷偷進入細胞。

但是為了阻止外來入侵者，進入細胞內部的所有物質都會被細胞送入分揀站——核內體。分揀站加工進入的物質，包括病毒，將大分子分解成小分子，然後決定輸送給細胞的哪一個部位。核內體裡面的濃酸具有腐蝕性，病毒外殼的一部分被破壞。

按理說腺病毒應該已經被徹底摧毀，但是，三十六計之苦肉計——上演了，這正是病毒入侵計畫的一部分，隨著外殼的破裂，病毒內部釋放出一種子彈一樣的蛋白質攻擊分揀站的外壁，並將它擊碎，放出裡面的病毒。附近分揀站裡的病毒也許就沒有這樣的好運氣了，它們被抗體五花大綁，無法釋放擊穿分揀站外壁的蛋白，最終溶解在濃酸中，這是大多數病毒的下場。

突破分揀站的病毒在細胞質中漂浮，離細胞核又近了一步，但絕大多數的病毒都到不了那裡，因為雖然只有5微米，可是病毒無法自由移動，它們自帶的能量這時已經耗盡，而且它們無法利用細胞內線粒體的能量。

但是這裡有很多現成的搬運工——動力蛋白，正在等待著運輸核內體拆分處理好的營養物質。這些長著動力腿的蛋白質能夠捕捉有配對介面的分子，然後從細胞內的公路——微管上，將它們運到目的地。

這些能源耗盡的病毒用上了偷樑換柱的計謀，它們在幾十億年的細胞戰爭中進化出了吸引動力蛋白的精準介面，再一次把自己裝扮成有用的東西。於是，就有個被矇騙的搬運工，傻乎乎地扛著病毒踏上了通向細胞核的微管。同時上路的還有其他一些病毒。動力蛋白還會繞開微管前面的障礙物，直到最後完成運輸任務。

病毒坐上了動力蛋白，踏上了微管之後也不會一帆風順，細胞內也有自己的免疫系統，這是一種特殊的防禦蛋白，它們飄蕩在細胞內的運輸系統旁邊，尋找任何攜帶抗體的物質（還記得病毒在細胞膜外面被抗體狙擊，外殼上沾了很多抗體麼？現在儘管有些外殼已經損毀了，但是還有抗體留在了病毒上面）。這些身上沾著抗體的病毒一旦被防禦蛋白發現就悲劇了，防禦蛋白會附在抗體上引發連鎖反應，吸引其他的特殊蛋白質，這樣越積越多就會標示出入侵者。一種稱為蛋白酶體的回收組織來到現場，把帶有標記的入侵者擊碎。

在堆積的抗體的指示下，防禦蛋白和回收組織一起，很快就能消滅絕大部分病毒。但是只要有一個病毒到達細胞核，它就能夠殺死整個細胞。

現在就有這麼一個病毒，裝著動力腿快速向細胞核移動。由於它在細胞外面沒有遇到抗體，所以外殼上面沒有任何標記，那麼對於細胞內的防禦系統來說，這個病毒就是隱形的。現在，這個病毒已經暢通無阻了，它到達了細胞核。

細胞核比病毒大很多，也有核膜保護著。只有通過細胞核的入口——核孔，才能進入細胞核。核孔的表面有觸手，尋找有用的分子並把它們拉進去。進入細胞核仍然需要通行證，與每次一樣，病毒再一次微笑著遞上了正確的通行證，笑裡藏刀、圖窮匕見，這個病毒終於等到時機要亮劍了。

但是又出了點岔子，核孔太小，病毒太大進不去。運載病毒的動力蛋白急了，使勁往旁邊拽。核孔的蛋白質觸手就使勁把病毒往裡拉，於是雙方開始拔河，結果用力過猛，把病毒拉碎了。病毒本來已經破破爛爛的外殼徹底破碎了，看起來這次它在劫難逃了，但是！但是！這正是病毒的妙計——三十六計之金蟬脫殼！碎裂的是病毒的外殼。到這裡，細胞已經沒有別的防禦措施，病毒已經不需要這個千瘡百孔的外殼了，正好借著這個機會卸下累贅，於是病毒的DNA穿過核孔，堂而皇之飄進了細胞核。

在這場侵略戰爭的每一個階段中，病毒都利用了細胞本身的機制，來打敗細胞自己。正是姑蘇慕容的霸道功夫——以彼之道，還施彼身！現在病毒要再一次把這個策略發揮到極致，不但要擊垮這個細胞，更要重新製造病毒軍隊，攻擊其他細胞，甚至擊倒整個人體。

細胞核內是細胞自己的DNA，它們是製造自己蛋白質的藍圖。細胞的DNA機器已經被病毒DNA所蒙蔽，無法分辨自己家DNA和病毒DNA之間的差別。它們懵懵懂懂的就把病毒DNA代碼轉變成很多條指令，開始在細胞內的各個組織執行。

這個過程很像電腦的解釋程式。在電腦運算過程中，電腦部件是不懂程式師編寫的程式碼的。需要有一個解釋程式把程式師的程式翻譯成電腦所能理解的機器指令，然後硬體才能一條條的執行。

一條條來自病毒的指令穿過核孔，來到細胞核外面，把旨意下達給外面的移動蛋白質生產工廠——核糖體。

正常情況下，這些核糖體根據細胞的DNA藍圖，生產細胞的各種蛋白質。但現在接收到的是病毒的假指令，所有核糖體開足馬力，為新的病毒軍團製造原材料。這是病毒的手段——三十六計之反客為主。

這些按照病毒訂單生產的新的蛋白質，又被送回細胞核，在這裡被組裝成新的病毒。

完全控制了細胞和它所有的機器之後，為了榨幹核糖體工廠所有的產能，也為了徹底摧毀細胞最後的防禦能力，病毒下命令停止所有細胞正常的進程，集中全部精力生產新的病毒。其它一切都停止了，這個細胞已經沒有任何反抗能力了——三十六計之釜底抽薪。

但是，在徹底淪陷之前，細胞已經明白了當前所發生的事情，並作出了拼死一搏。它自己已經沒有希望了，這一搏是為了自己的族群，為了周圍的細胞能夠生存下去。細胞放出了前文提到的長著飛毛腿的動力蛋白，攜帶著一個囊泡飛快地到達細胞表面。這個囊泡信使攜帶著重要的資訊，裡面有被病毒大軍丟棄的病毒碎片。動力蛋白打開快遞包裹，放出病毒碎片。這是細胞無力回天的情況下發出的紅色警報，希望人體免疫系統馬上來消滅自己。假如病毒碎片被巡邏的白細胞及時發現，它們會立刻將殘存的細胞連同裡面還沒裝備好的病毒新軍一起摧毀，這就是細胞的自我犧牲。

細胞平時也會為了集體而犧牲自己。每個細胞表面都有一種稱作MHC的物質，類似一個帶相片的身份證。「一旦細胞被感染，便將入侵者的異種蛋白送到MHC上並與之結合，變成『塗改過的』身份證，使自己成為被免疫系統中殺傷細胞攻擊的首要對象。從生物學的觀點看，被感染的細胞自願為整體利益而犧牲，是利他主義的生動例證。」(343)

接著說細胞戰爭，如果紅色警報沒有及時被白細胞發現，那麼很糟糕，這個傀儡細胞唯一能進行的活動就是生產病毒零部件。

傀儡細胞核裡，剛剛生產出來的每一條病毒DNA都是外殼長度的兩百多倍，被整齊地折疊並放置在狹小的空間裡。這個折疊有多高的技術含量呢？以人類的DNA為例：

「DNA是一條非常細長的分子。如果你把一個人類細胞裡面的所有染色體的DNA連在一起並拉直，其長度可達2米。但是該DNA不得不被收納在細胞核中，而這個核的直徑僅僅是1毫米的百分之一。這就像是要把一個長度跟珠穆朗瑪峰高度差不多的東西塞進一個高爾夫球中。」(344)

病毒新軍在這兒靜靜等待，直到這個細胞解體，然後它們將進攻其他細胞，重新開始整個過程。現在，最早侵入細胞的那個被拆零碎的病毒已經重生了——三十六計之借屍還魂。

這只新的病毒軍隊已經裝備好，這一切僅僅是因為一個病毒傳輸了一串DNA所造成的，一個單兵就能造成這麼大的影響——三十六計之樹上開花。

新的病毒大軍準備停當，要離開垂死的宿主了。在開拔之前，它還要克服兩個障礙：細胞核的核膜和細胞的細胞膜。病毒接著用歹毒的辦法，它命令細胞核外部的蛋白質發動攻擊，攻擊維持整個細胞體的支撐結構。瓦解外層細胞膜相對容易，而破壞細胞核的核膜相對困難。病毒特意製造了一種新的蛋白質，稱為腺病毒死亡蛋白，這些蛋白質摧毀了核膜。病毒用細胞自己的資源幹掉了細胞——三十六計之借刀殺人。

---

(343) R·M·尼斯，G·C·威廉斯，《我們為什麼生病》（北京：海南出版社，2009），頁37。
(344) 內莎·凱里，《垃圾DNA》（重慶：重慶出版社，2017），頁49。

細胞在病毒的連環計作用下土崩瓦解，病毒大軍自由了，於是三十六計走為上。原來那個鮮活的細胞已經支離破碎，病毒大軍噴湧而出，開始攻擊其他細胞。

一個細胞和病毒的戰鬥以細胞的失敗而告終，但是這場戰爭剛剛開始，當病毒在第一個細胞內攻城掠地的時候，接收到垂死細胞信使通知的抗體馬上著手準備，為病毒量身定制了武器，到處搜捕逃逸的病毒大軍。但是對手數量太多，抗體雙拳難敵四手。好在這時，垂死細胞的紅色警報生效了，重型武器開始登場——白細胞，衝向漏網的病菌，並且將可能被感染的細胞也一起吞噬掉——寧可錯殺一千，不可放過一個。周圍的一些細胞壯烈犧牲。

眾志成城，人體的免疫系統最終戰勝了病毒的這一波攻擊。但是，病毒也沒有失敗，早已有一部分病毒隨著我們的咳嗽和噴嚏擴散到了空氣中，它們會一直漂浮，伺機感染其他人。

幾十億年來這個故事一直在上演，病毒和細胞不斷發生戰爭，在相互的學習中改變自己也改變著對方。病毒和細胞之間就是一種協同進化，但是我的看法與傳統生物學不同。傳統生物學的協同進化認為，自然選擇是進化的唯一動力，一切都是隨機和偶然，適應環境的就生存下來，不適應環境的就被淘汰了。

我在這裡說了這麼多，就是為了說明這個問題。請大家再看一下上面這場激烈的戰爭，您會感覺這完全是「偶然」和「隨機」的「化學反應」嗎？

這個計謀套計謀的戰役完全是高手過招，即便是高智商的人類來設計實施，也未必會做得這麼漂亮。難怪宗教人士經常攻擊生物學：「從單細胞生物進化出人類的過程，如果是隨機的，那麼這個可能性跟一場龍捲風把一堆零件吹成一架飛機差不多。」科學家往往用「幾十億年的時間讓萬事皆有可能」來回應。其實有一些概率無限趨近於零的事情，你就是把宇宙年齡的一百多億年都給它，也無法實現。

我們應該仔細研究生物與其它物質的區別。生命有個神奇之處，就是以極少的物質創造出極大的多樣性。所有生物組成的生物圈，只有整個地球總質量的百億分之一。這麼一點點兒的物質還在不斷變化、不斷折騰中。而另外那百億分之九九九……在地球歷史這四十五億年裡，怎麼就沒有開啟一個進化歷程呢？甚至於沒有大的改變。這足以說明生命還是有某種我們尚未發現的活力屬性區別於其它物質。進化不是一串兒隨機事件再加上很多時間就能發生的。

看看上面動力蛋白運送病毒和囊泡，像個搬運工一樣「智慧」的行為是我認為蛋白質是生物的證據之一。需要說明的是，動力蛋白不是單個蛋白質，而是一個蛋白複合物。動力蛋白能夠執行一定的任務，還有自己的判斷能力，這當然就是智慧，而擁有這樣智慧的個體也許就是生物。作為程式師，無論編制應用程式還是遊戲，如果我想讓某個小單位能夠執行任務，就需要給它幾個判斷語句，這樣它就等於擁有智慧了，只不過是人工智慧。

用最簡單的程式設計軟體舉個例子，Scratch是為兒童設計的程式設計軟體，把一條條代碼設計成一個個積木塊，孩子只需要把積木塊連在一起，就可以編出一個小遊戲。

現在要做一個小老鼠走迷宮吃乳酪的小遊戲，可以給小老鼠的代碼里加上下面的積木塊，就像輸入了一行行指令：

當綠旗被點擊（遊戲開始）
將（小老鼠）大小設定爲30
（開局小老鼠）移動到0:0的位置
重複執行
如果按上箭頭，那麼
面向上方
移動5步
如果碰到迷宮，那麼
移動–5步……
當接收到：遊戲結束
停止全部腳本。

有了上面的指令，小老鼠就可以在鍵盤方向鍵的控制下，在迷宮裡跑來跑去吃乳酪了。同理，遊戲裡的乳酪、甲蟲和幽靈也都有自己的指令。這些指令組成了簡單的智慧，使相應角色執行自己的任務。

當然我不是說所有自動發生的事情都有智慧參與，比如酸遇到城就會發生中和反應。但是像動力蛋白和朊病毒等蛋白質的複雜行為，就像是有智慧的參與。如前所說，最原始的船一定不是軍艦，而是獨木舟這樣像船又不像船的東西。同理，最原始的生物也必然是像生物又不像生物的東西。

所以以前認為細胞是最原始的生物，這肯定是錯誤的，細胞太複雜，功能也太強大。現在還有一些前衛的科學家認為病毒是最原始的生物，因為病毒的結構比細胞簡單多了，有的只有一層有規律排列的被稱為衣殼的蛋白亞單位，和裡面包裹著的核酸（DNA或RNA）。

但是我們看上面細胞與病毒的戰爭，如果把細胞看做軍艦，那麼病毒就是攻擊軍艦的導彈（肯定不是石頭，比石頭聰明多了），雖然比軍艦小很多，簡單很多，但也不可能是最原始的船或者武器。

除了有一些「行為」可以看出好像出自意識，蛋白質還有一些有趣的活動也像「有意」為之：比如蛋白質可以快速的扭曲成需要的空間結構，芽孢桿菌蛋白酶只需2秒就能完成盤結；蛋白質為了識別特定的分子，幾乎可以形成任何結構的「插座」，然後抓住飛快流過身邊的「插頭」，不但形狀符合，而且滿足電荷、氫鍵以及疏水區等條件；變構酶（一種蛋白質）會在其生產的產品超過需求時自動關閉，而在有了需求時自動開啟；蛋白質還可以通過共價鍵在其上綁縛某些東西而使其功能得到所需的改變。

雖然其它一些物質也具有類似功能，但是從效率、靈活性和可塑性上遠遠不如蛋白質，蛋白質這些千變萬化的特點像極了電腦螢幕上的可以隨意變化的小精靈，既可以來自於大程式控制，也可以本身就是一個小程式。

可以用「兩種方法測量動物的意識：一是觀察動物的行為特徵，另一是考察動物的生理結構特徵。當然，這兩種方法有顯著的差異。行為方法撇開動物大腦的大小、神經元系統的複雜性等因素不談，提供了有趣的間接證據，證明很多物種具有意識。」[345]

很顯然，觀察動物行為特徵來測量意識這個方法不錯。用行為來衡量，就會發現所有生物都有意識，因為它們都有為了生存和繁殖而進行的某些行為。而從這個角度看，我說病毒和蛋白質都有意識也不算離譜。瞧瞧上面二者之間複雜多變的鬥爭，這當然就是它們為了自己的生存而戰。在血淋淋的戰場上，敵我雙方的意圖和行為都是那麼的明顯。如果以此來衡量意識單位，病毒和蛋白質顯然都能交上成績不錯的考卷。

相比之下，觀察生理結構特徵法和朱利歐・托諾尼的資訊整合理論都會有一點不足，那就是觀察者會傾向複雜結構而忽視簡單結構。《隋唐演義》中羅成使用的長槍只有槍桿和槍頭兩個部件，比起湯姆遜衝鋒槍來結構簡單太多，但是羅成能使出72路羅家槍，可是沒看誰能使出72路衝鋒槍來。結構簡單的生物的行為不一定簡單，病毒侵染細胞的行為就像72路羅家槍，只有一條單鏈RNA（或者DNA）和一層蛋白衣殼就那麼活躍，就能一層又一層，一次又一次的得手，把人類折騰得要死要活的。

---

(345) 丹尼爾・博爾，《貪婪的大腦》（北京：機械工業出版社，2013），頁191。

所以測量意識最好的辦法也許是行為觀察加上生理結構觀察，這樣，行為簡單和結構簡單的生物就都不會被劃入沒有意識的行列。這樣分析，蛋白質確實可以多多少少有一點意識。人類與其他生物之間的本質區別只是在於我們擁有較高的意識水準，比其他生物高，僅此而已。而不是有和無的區別。

維克托·謝列布裡亞科夫有一種較為寬泛的觀點，即智力只應被看做是「資訊的最優化行為」，而不管它是如何獲得的，不管它是有意創造的還是自動產生的，不管它是多還是少。根據這一觀點，在談到智力時就不能局限於只討論有大腦的有機體。

這裡要區別一下智慧和智商，很多科學家在這裡犯了錯誤。他們按照人類測智商的辦法來衡量動物的智慧，由此得出結論，動物的智慧幾乎為零。這當然不正確，人類測的智商只是解題能力，是思維方式的一種，與動物在自然界面臨的問題基本不搭界。人類高智商的孩子長大之後似乎前途會好一些，那是因為他們成長過程中一直以智商來評估，所以高智商的孩子每次都能獲得最好的社會資源。小學入學、小學考初中、中考、高考和考研都是以解題能力來區別孩子的智力，這對高智商孩子當然十分有利，他們可以上最好的學校、得到很好的職位、拿不錯的薪水。而這導致了我們對智慧理解的偏差。

如果把智商高和低的孩子放在一個相對公平的環境下會怎麼樣呢？智商測試發起人路易斯·特曼（Lewis Terman）博士做過一個龐大的跟蹤測試，第一次世界大戰期間有170萬士兵接受了智商測試，之後一直跟蹤統計，幾十年之後發現，那些在智商測試得分高的士兵只比得分低的士兵成功一點點。雖然不乏獲得獎項和高薪者，但是大量的天才最後被社會看做失敗者，做著毫無前途平凡的工作，或者生活在社會的邊緣。

小時候我們有四個小夥伴常在一起玩，其中三個聰明一些，另一個智力平平，在學校裡他和另外三個人沒法比，但是到了大野地裡，這個小孩子的天賦就表現出來了。抓蜻蜓、抓螞蚱、抓小魚、彈溜溜樣樣精通，把另外三個小書呆子比得跟白癡似的。毫無疑問，如果在原始社會，這個小孩一定能活得最好，狩獵和採集都是高手，但是在現在社會現狀下，他就沒什麼好工作，而另三個人考名校、出國、讀研究生。這樣的例子還有很多，相信每個人周圍都有這樣被社會環境和對智商過分的苛求而耽誤了前程的人。

智慧是一種綜合能力，高智商不一定高智慧，過於看重智商使人才錄用出現偏差，同時也導致了我們對生物智慧理解的偏差，似乎只有「聰明」的動物才有智力，這當然是錯誤的。

「所有的細胞都非常聰明，面對威脅或機遇，它們應對自如、反應得體，使機體內部保持在一種良好的狀態，時刻會有近乎完美的表現……。」(346)

細胞不但有計算能力，它還有記憶能力。因為大腸桿菌要時刻清楚其遊動的姿態是否有利，就必須有記憶，所以這個記憶機制必須是亞細胞的。比細胞小，存儲於細胞內部的什麼地方。這樣，這個地方不但能記憶，還應該能計算。

「大自然最擅長的就是設計微小的分子機械了……那麼大自然一定有一種微小的記憶系統，記憶被儲藏在細胞和分子之中。然而不管怎麼說在大腦中還未發現任何像筆記本或軟碟之類的東西。很有可能的是我們的思維和經歷有好幾種可以記憶下來的方式，同樣非常可能的是我們只對其中一些方式進行了思考。不容否認的是不斷累積的證據正在表明至少部分記憶裝置要低於有機體的神經原水準。」(347) 我們發現的記憶裝置越來越小，而且還沒結束，細菌的智慧會在這個裝置中，蛋白質的智慧也許也在更小的裝置中。當然，也許這個裝置並不在常規物質中，不為我們所察覺。

科學家認同意識、智慧和智能的前提是它們必須嚴格遵循物理定律。這沒有問題，有問題的是，當前的物理定律不完整，特別是不可見物質的物理定律，基本上一片空白（有沒有人認為現在的物理學定律已經很完善，將來也不可能被更正了？舉起你的雙手，讓我看到你～～）。現在認為支配宇宙有四種基本作用力：引力、電磁力、弱核力和強核力，雖然還沒有找到第五種力，但是應該不會有很多人認為它不存在。我們一直在現有物理定律的規範下尋找意識的痕跡，也許正是這個錯誤的前提誤導了我們，因為意識遵守的並不一定是這一套物理定律。

我們能見到或者能感知到的世界只是真實世界的一小小部分。我們相信自己的眼睛，眼見為實嘛，可惜，人類「可見的光譜只不過占到全部光譜的十萬億分之一。光譜的其餘部分——電視、電臺、微波、X射線、伽馬射線、手機信號，等等——在我們周圍流過，我們卻沒有意識到。」(348)

生物學家雅克比．馮．烏克斯庫爾（Jakob von Uexkull）提出了一個概念：你所能看見的部分世界，稱為局境（Umwelt），最大的那個現實世界，稱為完境（Umgebung）。

---

(346) 凱恩斯．史密斯，《心智的進化》（北京：北醫印刷廠，2000），頁99。
(347) 凱恩斯．史密斯，《心智的進化》（北京：北醫印刷廠，2000），頁129。
(348) 大衛．伊格曼，《隱藏的自我》（湖南：湖南科學技術出版社，2013），頁65。

而局境太小，完境太大，大到我們根本無法想像，大到所有專家學者計算和預測的都是錯的，無論什麼宇宙無限延伸、多重宇宙、平行宇宙……一定都有極大偏差，包括我自己的預測（雖然很無奈，但是要承認）。只不過，科學家認為的宇宙比普通人認為的宇宙更靠譜一點兒而已。所以人類真的應該謙虛一些。

即使我們已經擁有了很多科技和設備，可以把我們的視野擴大數萬倍，但是能說我們什麼都能看到嗎？當然不可能，我們通過一切手段觀察和感覺到的，仍然還只是真實世界的一小小部分。宏觀的不用說，微觀也是如此，比如電子，也沒有人真的看見過，但是科學家深信其存在，因為電子的性質可以精確解釋陰極射線、電場、光電效應、電力與化學鍵。

丹尼爾·博爾有一句非常重要的話：「將兩種方法（觀察動物的行為特徵和考察動物的生理結構特徵）結合起來的最簡便的方式是：承認確實存在一個意識的連續體，從人類到最小、最簡單的生物，都包含在這個連續體中。」(349)

博爾提出了意識的連續體，其實在生物智慧的深層次（後面會稱之為內程式層）也能看到智慧進化的連續體。比如在第一章中提到的基因中一串編碼D－E－P－A－R－T－I－N－G，人類細胞能夠生成DEPARTING、DEPART、DEAR等很多種蛋白，通過剪接，從一個基因裡製造多個相關蛋白質。

「70%以上的人類基因能夠製造至少兩個蛋白質。這依賴於將不同的氨基酸編碼片段進行組合……通過這種方式製造不同蛋白質的能力被稱為選擇性剪接。」(350) 這些剪接的工作只能用「目不暇接」和「撲朔迷離」來形容。也可以客觀地說成「令人難以置信的複雜，超出了我們可以用頭腦想像或者使用電腦進行預測。」(351)

而細菌之類的簡單生物體的能力就差多了，它們的基因一般只能編碼唯一的蛋白質。就像一些小公司的程式師，編寫的程式既不好看、也不高效，能湊合用就行。越複雜的生物體的基因操控能力越強，而人類的基因組就像組合樂高積木一樣花樣繁多，這樣當然會減少使用的資源，並且會有更好的彈性和適應性。更高效的利用資料的能力需要更強大的電腦程式，所以人類的程式比簡單生物強大很多。看到沒，最重要的不是基因，而是操控基因的那個智慧，那只看不見的手。

---

(349) 丹尼爾·博爾，《貪婪的大腦》（北京：機械工業出版社，2013），頁191。
(350) 內莎·凱里，《垃圾DNA》（重慶：重慶出版社，2017），頁176。
(351) 內莎·凱里，《垃圾DNA》（重慶：重慶出版社，2017），頁179。

如果把生物的智慧模擬成電腦程式，就會發現即便是細菌這樣的微生物，它的智慧系統也是一個龐大的程式，規模超過現有的任何一個電腦應用系統。這麼複雜的一個程式，又怎麼可能是憑空出現的呢？只能是從簡單的小程式一步一步進化來的。當然，自然選擇的作用很關鍵，這個小程式就是在自然選擇的篩選之下，一點點成長成為巨大的程式。

再說意識的連續性，我一直認同意識是連續的，最簡單的生物也有意識，人類的意識和其他生物的意識只是程度的區別，而不是有和沒有的區別。

對於生物學家來說，智慧的進化似乎有點不可理解，但是對於電腦程式員來說，其實這也許就是一個幾行的小程式，通過不斷的修改和添枝加葉，演變成一個複雜的大程式的過程。

原始生物的智慧和人類的智慧看起來完全沒有相似之處，以至於看不出它們有共同祖先。而且大家的生活和發育方式也截然不同，比如植物靜靜的呆在一個地方不動，植物體內的智慧系統似乎只負責調配能量、水分、養料和氧氣，而動物的智慧系統支配著動物上躥下跳、東奔西跑。可是我們看待事物的相似性並不能只看表面，人類和植物的外表完全不同，但是確實有著共同的原始生物祖先。不用懷疑，大家都是從海洋裡的單細胞生物進化之後爬上陸地，然後繁衍生息，只不過走的路線不一樣。

電腦作業系統看起來也是差別很大的。使用過DOS作業系統的人都知道，儘管同樣是微軟公司的產品，但是從外表幾乎看不出DOS和Windows有任何相似之處。比如在DOS的系統提示符下鍵入：「copy config.ini d:」，這和在Windows的資源管理器裡拖動config.ini檔到D盤的複製檔的作用是完全一樣的。從外觀來說，Windows就像一個有了視覺和聽覺等感官的動物智慧，而DOS就像一個只能接受鍵入命令的植物智慧。但是它們不但來源相同，而且也有著基本相似的內核和程式設計原理。

人類否認別的生物有智慧，也是因為智慧表現形式不一樣。牛小頓和馬小雲是高中同學，牛小頓是學霸，各類知識一點就透，把書本那點內容學得爛熟，特別是數理化，經常接近滿分。馬小雲是學渣，腦筋不開竅。牛小頓打心眼兒裡瞧不起馬小雲，經常冷嘲熱諷，「你確認你是靈長類？你的腦袋裡是神經細胞還是葉綠體？」牛小頓考上了清華大學，畢業後遠赴英國劍橋攻讀天體物理。馬小雲只考上了一個二本普通大學，畢業後自己創業。

牛小頓除了學習成績之外一無是處，不會處理人際關係，甚至生活自理能力都很差。馬小雲學習一般，但是情商爆棚，公司越做越大，竟然在紐約證券交易所上市。馬小雲特意把牛小頓招到自己公司，就是為了可以經常調侃他「你確認你是靈長類……」

雖然從智商來看，馬小雲遠遜於牛小頓，但是從腦神經細胞的數量和軸突樹突的複雜程度，以及智慧的綜合實力來說，馬小雲並不弱於牛小頓。所以怎麼能從表面層次來評估生物的智慧或者意識呢？

人類一貫驕傲，而達爾文的貢獻就是證明了人類是從簡單生物進化來的，人類的身體沒什麼了不起，就是個複雜生物體罷了。威爾遜的貢獻就是證明了人類的行為是從動物進化來的，人類的行為沒有那麼高素質，不過是多了點自律。所以現在某些「人類中心主義者」最後所剩的一點尊嚴就是「意識」，希望別的生物沒有，只有人類才有。可惜這點尊嚴成了認識「意識」的障礙，想要認清「意識」是什麼，就必須讓它走下神壇，揭開神秘的面紗，比較人和其他生物意識的相似之處，才能找到「意識」的起源。

我雄心勃勃的設計了一段話：「達爾文證明了人類的身體是從最簡單的生物進化來的，是連續的；威爾遜證明了人類的行為是從最簡單的生物進化來的，是連續的；我老李要證明人類的意識是從最簡單的生物進化來的，是連續的！」

但是看到博爾的書之後，興奮之餘也很洩氣：人家在幾年前就提出來了，嗚嗚嗚……其實在博爾之前，也有生物學家含蓄地提出過類似的問題，只是沒在知名期刊上發表。

比如馬古利斯在書中提到：「思想、思索和意識等活動是否真的起源於那些快速運動的細菌以及它們的相互作用，如它們的饑餓、活動性、飽足感、與追隨者的聯繫（不管是友好的還是不友好的）以及廢物排放過程等呢？」[352]

宗教和科學都認同人類這樣複雜的生物體不會是突然憑空出現的，一定會有一個產生原因，被設計的或者一點點進化來的，就像荒野中的一塊手錶不會憑空出現。而用程式師的眼光來看，和生物體一樣，人類複雜的智慧也一定會有一個產生原因，被設計的或者一點點進化來的。

如果生物都有意識，那麼人類似乎真的沒有什麼特殊之處，也許只是更加複雜一點。研究生物學有一個無奈，就是經常發現自己就是一個平常動物而已。

換個角度來看，人的意識當然不能憑空產生，只能是從功能相似的「東

(352) 林恩．馬古利斯，多里昂．薩根，《傾斜的真理》（江西：江西教育出版社，1999），頁158。

西」發展變化而來。人的意識是智慧系統，它的原型也就只能是某種智慧系統。於是就可以推論，人的意識由靈長類的智慧進化而來，這樣一層一層往前推（也只能是這樣）就會發現，人的意識來自於原始單細胞生物體內的智慧系統，甚至來自於比單細胞生物還要原始的生命形態的智慧系統……

科學家之所以不承認其他生物有意識，是因為人的智慧實在強大，與之相比，似乎其他生物的智慧都是浮雲。其實人的意識和其他生物的智慧並沒有本質差別，只是從事的工作不同、功能不同而已。

學歷史的人都知道，歷史學科重要的是梳理兩條時間線。中國歷史一條時間線，世界歷史一條時間線。當然，高手可以把世界地圖插進去，使兩條時間線合為一條三維時空線。頭腦裡有了這條線，然後把每一個歷史事件按照發生時間和地點掛到這條線上去。不但能夠記得牢，還可以把前後的幾個事件聯繫起來，更好的理解歷史環境和相關事件。

進化生物學也是這樣，也是一條時間線。然後把生物的產生和消亡的時間掛上去。震旦紀有什麼生物、寒武紀有什麼、奧陶紀、志留紀……這樣可以看出生物的進化規律。意識的進化其實也可以建立這樣一條時間線，然後畫出意識進化曲線，從這裡面來推測意識的規律。

生物的智慧和電腦軟體非常相似，具有相似的能力：運算能力、估算能力、判斷能力、控制能力、執行能力、總結能力、預測能力以及學習能力。結構上也相似，都有為之服務的硬體，有計算單位和存儲單位。

軟體是一種智慧，有的智慧也是一種軟體，而複雜的軟體系統當然不會突然出現，都是一行一行編寫出來，或者從簡單到複雜升級來的。比如微軟公司的作業系統，1981年，微軟公司購買了Seattle Computer公司的86-DOS之後，加以升級改造推出了MS-DOS1.0，然後就是一路升級，歷經MS-DOS2.0、MS-DOS 2.11、MS-DOS2.25、MS-DOS3.0、MS-DOS3.1、MS-DOS3.2、MS-DOS3.3、MS-DOS4.0、MS-DOS5.0、MS-DOS6.0、MS-DOS6.22，DOS時代到此結束，之後是Windows 1.0、Windows 2.0、Windows 3.0、Windows 95、Windows 98、Windows XP、Windows Vista、Windows 7、Windows 8、Windows 10等等，這還不包括中間一些不大成熟或者影響力不大的版本。

「創造一個能運轉的複雜系統的唯一途徑就是先從一個能運轉的簡單系統開始。試圖未加培育就立即啟用高度複雜的組織——如智力，註定走向失敗。」[353]

---

(353) 凱文．凱利，《失控》（北京：電子工業出版社，2016），頁724。

所有的大型軟體都是由小軟體升級而來，或者由學習過、編寫過小程式的程式師編寫出來，本質上就是由小程式一步步進化而來。1993年Windows的版本有500萬行程式碼，2003年Windows Vista版本已經含有5000萬行程式碼。

舉例來說，原始人都是從事狩獵和採摘的。部落裡每一個人都得幹活，首領也不例外，而且往往首領還是本領最強的那個人，他幹的活最多。慢慢的部落越來越大，指揮協調的工作多了起來，同時人多力量大，野獸野果收穫多，大家都能吃飽肚子了，部落首領開始專職領導工作，不幹別的活了。這時儘管首領和民眾的分工不同，但是他也是部落的一員。

人類進入奴隸社會，有了農耕生產方式。收入更多了，不但部落的首領、奴隸主可以不幹農活，而且一個專職的士大夫階層都可以遊手好閒、指手畫腳了。這時候我們看，不幹活的這些人從事的工作和農民完全不同，而且他們衣服光鮮亮麗、文化修養更高、腦袋更聰明。如果來了一個外星人，在他看來，地球上的首領和士大夫階層與農民已經不是一類生物了，差距太大。但是地球人自己心裡清楚，大家的本質是一樣的，只不過分工不同而已。

而現在社會差距就更大了，農民依然耕地，但是脫離體力勞動的人越來越多。不但國家領袖是專職，就連縣長鄉長也不用務農，而且有了從事生產活動的工人、服務業的營業員等等，和農耕的生產方式已經完全不同了。但是我們知道，所有的工作都是勞動，所有人的本質上還是一樣。

換一個角度看，科學家曾經把智慧分成四個層級，最底層是資料，是原始材料；資料經過提煉之後稱作資訊，是關聯起來的資料；從資訊裡歸納總結出的規律叫知識，是經過深加工的資訊；知識再往上是智慧，是在大量知識積累基礎上的能力。

根據這個分層法，最早的生物，能夠產生的只能是資料，很少有資訊、知識和智慧。隨著進化過程，慢慢擁有了更多的資訊、知識和智慧。而人類是擁有智慧最多的生物，人類的意識和智慧，就是這樣從最早的資料，一步一步發展而來。

那麼回過頭來推測人的智慧。原始的生物智慧的任務很簡單，就是獲取能量和繁殖。稍微複雜點的開始能夠動一動，然後就知道捕捉和逃脫了。之後的生物開始升級自己的裝備，遊得更迅速、跑得更快、力氣更大、盔甲更堅硬。等到了一些聰明的動物之後，就有會使用工具的了，然後就是會玩心眼兒的人類了。其實沒有本質的不同，人類的智慧只不過是其他生物的智慧的升級版。

「在過去3萬年間，智人已經太習慣自己是唯一的人類物種，很難接受其他可能性。對智人來說，沒有其他同屬人類的物種，就很容易讓人自以為是造物的極致，以為自己和其他整個動物界彷彿隔著一條護城河。於是，等到達爾文提出智人也不過是另一種動物的時候，有些人就大發雷霆。即使到現在，也還是有許多人不願這麼相信。」[354]

人類一直自大，總以為自己跟別的生物不一樣，以為人類有特殊的基因和特殊的意識。但是人類基因組計畫解開了人類基因的編碼之後卻怎麼也找不到人類所獨有的基因。其他動物與人類基因組大致相同，大家由同樣的零件組成，只是數量和結構不一樣。

既然我們沒有特殊的基因，那為什麼還會認為我們有特殊的意識呢？

與達爾文一起提出進化論的華萊士就犯了這樣的錯誤，他認為生物的形成是自然選擇作用的結果，是進化來的，但是人類智力的產生卻是由於神的力量。所以他的進化論並不徹底，是半個進化論。他的意圖是想把人與自然區分開，把人與其他生物區分開。這當然不對，人的身體與其他生物一脈相承，意識也是一脈相承。但是傳統生物學家認為的只有人類有意識，別的生物沒有意識，這不也會產生半個進化論嗎？

其實越來越多的科學家都在嘗試著提出意識的進化。史蒂芬・平克認為：「心智是一種巧奪天工的組織化系統，它的傑作沒有任何工程師可以複製。塑造這個系統的力量和設計它的原因怎麼可能與理解它無關呢？進化論思維是必不可少的，它的必要性不是以人們所認為的形式，如想像出人類發展史中缺失的聯繫或講述出人類各個階段的故事，而是以認真細緻的反向工程形式。」[355]

這些思想前衛而勇敢的科學家一定有更高的正確性，因為他們正在用連續的、聯繫的、進化的眼光來對待意識。但是即便這些開明的科學家仍然認為「意識是大腦活動的產物」，而且他們都悄悄地回避了一個重要的問題：沒有大腦的生物怎麼辦？

現代科學在反向推導意識的進化過程中確實遇到了巨大的困難：如果意識是進化來的，那麼動物肯定有意識，植物也會有意識，細菌也會有意識，最簡單的生物也會有意識。如果大腦活動產生意識，那麼沒有大腦的動物用什麼來產生意識呢？神經節嗎？那麼沒有神經節的生物怎麼辦呢？所以傳統生物學家常用的辦法就是否定除了人之外的其他生物具有意識，這樣做的後果只能是用一個錯誤來圓另外一個錯誤，結果就是一個接一個，一連串的錯誤。

---

(354) 尤瓦爾・赫拉利，《人類簡史》（北京：中信出版社，2014），頁19。
(355) 史蒂芬・平克，《心智探奇》（浙江：浙江人民出版社，2016），頁24。

傳統生物學家這麼做，其實也有自己的難言之隱。那就是，如果說人類以外的其他生物具有意識和智慧，證據真的不夠充分。科學很嚴謹，差一點也不行。證據鏈上缺少一環，整個系統就會被否定。這相當於司法系統的「疑罪從無」，刑事訴訟中，檢察院對犯罪嫌疑人的犯罪證據不確實、不充分時，就不會起訴，而法院也不會定罪。辦案的員警很無奈、很氣憤、很惱火、氣得直蹦，很多案子本來事實清楚，就是某人做的，但是證據鏈上缺少一項，就只能眼睜睜的看著嫌疑人逍遙法外，而且回去重操舊業。

在現有大多數科學領域，科學家這麼嚴謹又嚴密是沒問題的，也是必要的，就像一群拿著小毛刷子趴在地上清理古蹟的考古學家。但是面對95%以上還不可見，不可感知的非常規物質，以及我們幾乎完全不瞭解的精神世界，就不應該這麼謹小慎微了，開發大西北當然是用工程機械，還能用小毛刷子嗎？

大腦只是思維意識運行的場所，和思維意識是完全不同的。美國總統和他的幕僚們都在白宮，他們只是在白宮工作，並不是白宮產生他們。沒有白宮，他們在寫字樓、公寓、防空洞或者帳篷裡一樣領導國家。可以直接用「白宮」這個詞來指代他們，「海灣的緊張局勢引起了白宮的關注」，但是，這些國家領導人和磚頭瓦塊搭起來的建築物怎麼能一樣呢？

這個問題非常重要，也許這正是證明生物智慧是獨立存在的關鍵。當然，這是必要而不充分的條件，因為雖然意識不是大腦和神經的產物，但是也可能是其它功能相似的器官或組織的產物，只不過人類還沒有發現這樣的器官和組織。不過毫無疑問，這個問題為證實二元論（身體和精神分開）增加了一個重要的籌碼。

史蒂芬・平克對智慧的定義是這樣的：「智慧是面對阻礙，根據理性規則（或遵循事實）做出決策，從而達到目標的能力。」[356]

如果按照這個定義，起碼動力蛋白是具有智慧的，瞧瞧它們是怎麼繞開微管前面的障礙物的。

我承認，關於蛋白質是否有智慧確實有點證據不足而且超前，我的目的也只是想證明從最簡單、最原始的生物一直到最複雜的人類都有意識，都有生物智慧。那麼生物的起點是不是蛋白質，這並不重要，和本書的理論體系也沒有什麼很大的關係。因此對此感到不爽的讀者完全可以忽略本節，不能影響大家的心情：）

在後面生命的起源環節還要提到蛋白質的智慧，不過那部分也本書的旁

(356) 史蒂芬・平克，《心智探奇》（浙江：浙江人民出版社，2016），頁65。

支，仍然可以忽略。

本書第二章在討論拉馬克進化論的時候，就曾經說過「只要生物都存在智慧，拉馬克進化就會成為進化的主要方式。」也就是說，就可以徹底扔掉那些概率小得可以忽略不計的「隨機」和「偶然」，這些小概率事件只能在簡單問題上發揮作用，而生物體內複雜又規律的生命現象，當然只能是生物的智慧在起作用。

凱文・凱利指出：「在最近十年裡（指1984－1994），主流生物學家已經認可了一些標新立異的生物學家鼓吹了一個世紀的言論：如果一個生物體內獲得了足夠的複雜性（比如擁有了智慧），它就可以利用自己的身體將進化所需的信息教給基因。因為這種機制實際上是進化和學習的混合，因而在人工領域中最具潛力。」(357)

我認為只要是生物，不論大小，都有智慧，也都有或多或少的意識。而是否有智慧，是區分生物和非生物的條件之一。所以拉馬克進化是很現實的。如果進化的動力只是自然選擇和偶然的基因突變，而沒有任何智慧和程式的參與，那麼不管是經過了40億年還是4萬億年，現在生物的大小和複雜程度都不會超過一小團蛋白質。

生物在殘酷的自然選擇中生存並且進化，跟創業有相似之處。商業競爭也是一種自然選擇，機遇與努力並存，優勝劣汰。那麼，有誰會認為，微軟和蘋果這樣的大公司，是一群沒有智慧的原始生物組成的？或者認為他們的公司策略都沒有經過市場調查和深思熟慮，而是想做啥、就做啥，隨心所欲就像小孩過家家，就可以把公司做得風生水起？

微軟和蘋果裡面當然都是一群聰明人，甚至還有一些天才。即便這樣，有多少人認為一萬年之後，這兩家公司還會存在？其實看一下中國手機普及的這二十多年時間裡，一個個霸主崛起之後倒下，摩托羅拉、諾基亞哪個不是人才濟濟，但是仍然被自然選擇所淘汰。相比之下，生物物種就要長壽得多，原樣存在上億年的活化石比比皆是。

錘子科技創始人，《老羅語錄》裡面那個幽默、愛扯淡的英語老師羅永浩，在他的書裡提到：「創業可以簡單的歸結為光榮與夢想，失敗與反省。」生物要想生存下來，又何嘗不是這樣。首先要知道為什麼生存和怎樣生存（意識層面不知道，但是也許潛意識層面知道），然後在遇到失敗和挫折的時候，要有一個反省過程。這樣的過程當然要有智慧的參與。對於生命來說，反省非

(357) 凱文・凱利，《失控》（北京：電子工業出版社，2016），頁551。

常重要，這一點我會在最後一章中說明。

「事實上，由許多簡單控制系統組合而成的複雜控制系統可用來控制相當複雜的變數，也就是說，這些變數是許多低級感知變數通過複雜計算後合成的。」(358)

許多小的智慧組合成大的智慧，可以控制複雜系統，也許這就是大生物的由來。所有生物都有意識，只不過有簡單和複雜之分，複雜的意識會思考「明天下班之後和誰吃飯？」，而簡單的意識也會想「吃，吃，再吃點。」

薛定諤說過：「在有機體的生命週期裡展開的事件，顯示出一種美妙的規律性和秩序性，我們碰到過的任何一種無生命物質都是無法與之相比的。」(359)這種規律性和秩序性就是程式，這就是生物和無機世界的區別。

所以一定要強調一下，意識存在的前提是「生物」。我只是說「生物有意識，生物有智慧，生物知道……」，可從來沒說過「水知道、土知道、石頭也知道。」更要區別於「萬物有靈」的泛靈論，暗生物理論也許會比其它理論更加否定泛靈論。因為在常規物質中，從原子的角度來看，說實話，生物與非生物並沒有本質區別。但是在非常規物質中，我認為可以找到二者之間本質的不同。

## 第六節　意識到底是什麼

現代科學認為，意識是大腦活動的產物。也有少數科學家持不同意見：

悲觀主義者認為——意識之謎是不可解的；獨斷論者認為——意識就是顱內那一團佈滿褶皺的物質，意識、自我還有自由意志都是錯覺；謹慎樂觀主義者認為——現在不清楚，但是意識的問題可以在未來科學的發展中得到解決或判定；還有二元論者——意識和身體是兩個相互獨立的實體。

意識的產生原因是一個非常困難的問題。法蘭西斯·克裡克（Francis Crick）在1953年和沃森一起發現了DNA的雙螺旋結構，並在接下去的30年中致力於基因研究，但是最近20年，克裡克轉向意識科學領域，他認為意識研究是生物學中最難的一個領域。

很多學者認為不應該考慮生物生長發育過程中智慧的作用，因為這樣會使研究複雜化。其實恰恰相反，我們不能回避問題，只有正視問題，才有可能解

(358) G·齊科，《第二次達爾文革命》（上海：華東師範大學出版社，2007），頁46。
(359) 埃爾溫·薛定諤，《生命是什麼》（湖南：湖南科學技術出版社，2016），頁6。

決它。意識對生長發育的作用很明顯，比如安慰劑效應。還有心情對健康的影響，不只人類有這類影響，很多動物也有。

關於意識神經科學的現狀，神經學家丹尼爾・博爾在他的書裡舉了一個例子：邁克爾・紮加尼加是認知神經科學領域的元老。他講了一件小事情，「這事是他幾天前剛來到英國時碰到的。紮加尼加到了倫敦希思羅機場後，向入境護照檢查處走去。檢察人員照例問他：是來公幹還是旅遊？他回答是公幹，參加一個會議，就待上幾天。檢察人員問他開什麼會。紮加尼加說自己是研究大腦的科學家。檢察人員一聽，揚起了眉毛，很感興趣，問：『像右半腦負責空間識別，左半腦負責語言這一類的研究嗎？』紮加尼加想今天真走運（誰都希望炫耀一下自己的學識），於是帶點驕傲地回答，實際上自己也參與了他剛才說的那項研究。檢察人員很震驚，問紮加尼加這次會議的主題是什麼。紮加尼加回答是『意識和大腦的關係』。檢察人員斜眼看了看他，皺起了眉頭，說到：『你有沒有想過中途改變主意，不要參加這個會議了？』

「檢察人員的話反映了普通大眾對意識神經科學的懷疑態度。即使是現在，很多神經科學家也有同樣的想法。」[360]

講完這個故事，博爾寫道：然而，這個領域在過去20年中取得了令人興奮的成果，許多研究者開始集中研究大腦的哪些區域與意識的產生有關，這些區域如何相互作用產生經驗，神經機制又是如何運作產生意識的。

博爾看到了意識神經科學尷尬的現狀，他也對這個學科展現了一點謹慎的樂觀。可是，也許就這麼一點點的樂觀，還是有點多了。知道大腦哪個部位負責什麼工作，這和理解大腦的工作原理實在差的太遠。我們知道Intel和Google公司的總部都在矽谷，不等於我們瞭解怎麼製作晶片和智慧型機器人。

但是一些不太謹慎的科學家已經準備打開香檳了，似乎對大腦的工作方式已經很熟悉，可以應用在臨床上了，結果創造了科學史上的一大醜聞。果殼網的神經科學博士「鬼谷藏龍」，寫了一篇文章《獲過諾獎的神經科學「黑歷史」：前腦葉白質切除術》，詳細的記載了這個事件：1949年的諾貝爾生理或醫學獎授予了醫師安東尼奧・埃加斯・莫尼斯，因為他發明了額葉切除手術，這個名稱應該不陌生，因為電影《飛越瘋人院》裡面男主角邁克・墨菲就被強制施行了這個手術，使墨菲從一個活潑好動的快樂小夥子變成了一個行屍走肉。

莫尼斯和他的助手們在狗身上做了實驗，發現切斷連接大腦和額葉——所

(360) 丹尼爾・博爾，《貪婪的大腦》（北京：機械工業出版社，2013），頁138。

謂的「理性之所在」的神經，動物就會變得安靜，於是就用這個辦法讓精神分裂症患者也「安靜」一下。

手術的方法是在患者頭頂上鑽兩個洞，然後插入空心針頭掏空額葉的幾個區域，吸走大腦的某幾個部分以達到切斷神經連結的目的（毛骨悚然吧）。那個時候沒有內視鏡，所以根本無法看到大腦裡面，這些手段狠辣的醫生只是在頭骨上鑽孔然後估摸著哪裡該掏、哪裡該切。手術造成的後果可想而知，就像墨菲那樣，很多患者都變成了孤僻、遲鈍、神情呆滯的行屍走肉。因此，這個手術後來受到了醫生的抵制，在全球範圍內被廢除。

但是仍然有很多醫生認為他們對大腦的瞭解已經很多，覺得大腦的結構就像一張地圖，這塊兒負責什麼功能，那塊兒負責什麼功能都是確定的。於是類似於額葉切除手術的治療方案又出現了，這次用在了吸毒者的戒毒治療。

1998年在俄羅斯進行的這個戒毒方案，得到了似乎不錯的效果，吸毒者治療後的複吸率號稱低到30%。於是從2003年開始，中國也有多家醫院擅自嘗試這個手術，好在次年被衛生部勒令停止。

這個手術的過程就是外科醫生在患者顱骨上鑽出兩個直徑6毫米的小洞，找到形成毒癮的病理中心，插入一根低溫探針，使其冷凍10秒鐘。冷凍會使細胞破裂，同時切斷細胞之間的聯繫，因此使患者從毒品依賴性中解脫出來。

應該說，這個想法並不是很糟糕，但是現代醫學還無法準確定位腦內特定區域對人類精神疾病的影響，更不能確切的知道原理，所以儘管手術戒毒治療成功率很高，但是副作用也很大（當然，比額葉切除手術副作用小）。醫生把毒品犒賞系統破壞的同時，也把其它犒賞系統一起摧毀了，所以患者對什麼都很冷漠，都沒有興趣，麻木了。

接著說神經學家丹尼爾．博爾，博爾本人就遇到了意識異常導致的精神疾病，患者就是他相濡以沫的妻子，她患了雙相障礙症。這種疾病在發病的時候，通常心情抑鬱，情緒低落什麼也不想做。而有的時候又會表現得很狂躁，情緒高昂，失去控制。

在確診後，醫生開了很多藥，大多沒什麼效果。每用一種新藥，博爾夫妻都要經歷一次希望、失望、絕望的過程。

這些藥有的通過提高血清素含量治療情緒低落；有的是鎮定劑，「以穩定她的情緒。有些藥物使她的身體很不舒服，還有一兩種藥讓她的精神狀態一落千丈。總之，沒有一種藥物可以治療她的雙相障礙。」[361]

---

(361) 丹尼爾．博爾，《貪婪的大腦》（北京：機械工業出版社，2013），頁208。

治療精神疾病的藥物多數是安定一類的鎮定劑或者利他林這樣的興奮劑。比如治療精神分裂症的藥物常常是抑制多巴胺分泌，或者針對谷氨酸失調，谷氨酸是大腦內最普通的神經遞質。

但是這些藥物對患者的作用很小，不能有效治療患者的幻覺，主要是作為鎮定劑減輕患者的痛苦。而且這些藥物具有明顯的副作用。67%的患者認為這些藥物有害，其中一個很輕微而又很常見的副作用是讓人覺得困乏。

一些非正式的證據甚至顯示，從長期來看，一些沒有用過抗精神疾病藥物的患者比用藥物的患者情況還要好。這可太尷尬了。

醫生在開這類藥的時候，每次都開一些常規的藥物。「開始是最常用的藥，如果這種藥沒起作用，每隔6個月換一種新藥。如果所有藥物都不起作用，醫生就會同時開幾種藥。」(362) 其它科室的醫生一般只有在束手無策的時候才這麼幹，比如治療愛滋病的雞尾酒療法。

很明顯，不管從功效還是從副作用來看，目前治療精神疾病的藥物都不是很理想。更可靠的方法是採取行為治療。換句話說，吃藥還不如讓患者鍛煉身體。

「托克爾．克林伯格（Torkel Klingberg）和同事讓患有注意缺陷多動障礙（在中國被稱為多動症）的兒童完成一組工作記憶的任務，實驗連續進行了3週。研究者發現，這些兒童的工作記憶能力和智商水準都得到了提高，而且患病症狀也減輕了。」(363)

治療精神疾病藥物的療效讓人失望，比這更糟糕的是——在症狀不太明顯的時候，醫生甚至無法判定來就診的人是否患有精神疾病。大家可以查看「知乎」上面的一個帖子《假如被關進精神病院，如何證明自己沒病？》

1968年，斯坦福大學心理學教授大衛．羅森漢恩做了一個著名的「羅森漢恩實驗」。他安排8個正常人去幾個精神病院就診，然後住院。儘管這幾人在病院裡表現得跟正常人一模一樣，但是最後還是會帶著一張「輕度精神分裂症」的診斷結果出院。羅森漢恩的結論就是：以現行精神病診斷標準，沒有什麼絕對的證據可以證明一個人是健康人還是精神病人。

這8個正常人分別在幾個醫院的精神科住院，卻沒有一家識破他們，有趣的是，最先產生懷疑的，反倒是一些精神病人，他們認為這幾個不是病人（你們是臥底吧？）。這幾個人平均在3週之後被放出來，原因是病情輕微，而不是沒

(362) 丹尼爾．博爾，《貪婪的大腦》（北京：機械工業出版社，2013），頁222。
(363) 丹尼爾．博爾，《貪婪的大腦》（北京：機械工業出版社，2013），頁222。

病。

實驗報告發表後，其中一家醫院表示抗議。於是羅森漢恩說，準備派幾個假病人去就診，看看醫院是否能夠識破。很快，這家醫院就甄別出來就診的193個病人中的19人是假病人，而實際上羅森漢恩沒派去任何正常人。

「知乎」上的這個帖子被一些精神科醫生所反對，但是大家基本同意，不太嚴重的精神患者，確實有時會被誤診。

羅森漢恩的實驗已經過去五十多年了，遺憾的是，現在情況也沒有很大改觀。與其它飛速發展的現代醫學分支相比，現代精神醫學確實弱爆了，落後了不止一百年。其實這個現狀實在不應該出現。我們不缺人，神經內科、精神科和心理醫生人數眾多，都在研究和治療神經、精神方面的問題。我們不缺機器，有腦電圖（EEG）、核磁共振（MRI）、腦磁圖（MEG）還有經顱電磁掃描器（TES）等等。

也不差錢，醫院的精神科絕對是個創收科室。以前我在醫院的微電腦室工作的時候，院裡開設精神科，後來由於精神疾病收歸專科醫院，綜合性醫院不再設置，所以我們醫院的精神科就被撤銷了。財會科同事很是捨不得，會計說：精神科是個盈利大戶，床位的使用率很高。精神疾病很難治癒，來住院的都是常客，一住就是一個多月。就算有好轉，出院之後遇到點兒事一刺激，又回來了。

據世界衛生組織（WHO）統計，全世界有1/4的人患有不同程度的精神疾病，其中焦慮症和抑鬱症最常見。精神疾病帶來的經濟損失很難估計，2010年全世界治療精神疾病的費用高達2.5萬億美元。這個數字很驚人，但在未來20年內還可能大幅度增加。這還不算給患者家庭帶來的沉重負擔以及極少數患者對他人具有攻擊性。

和身體一樣，精神不但會有疾病，也會有創傷。一些人在兒童期受到的虐待和忽視導致他們在成年後的自殺概率比普通人群大三倍以上。受虐待的兒童跟一般兒童相比，在成年後患嚴重抑鬱症且難以治療的比例至少高50%……其它一些方面也有較高的風險，包括精神分裂症、進食障礙、人格障礙、雙相情感障礙和廣泛性焦慮。他們也更有可能濫用藥物或酒精。

「為什麼持續了兩年的那些事件，會對個體產生長達幾十年的不良影響？人們常常給出的一個解釋是，孩子們因為早期的經歷得到了『心理創傷』。雖然是事實，但這並沒有什麼意義……這所謂『心理創傷』背後的**分子機制是什麼？**在受到虐待或忽視的兒童的大腦裡到底發生了什麼，能使他們成長為如此容易出現精神健康問題的成年人？」[364]

內莎．凱里認為這是有分子基礎的生物學效應，宗教的靈魂說法和佛洛德治療師調用的靈力都是沒有物理基礎的理論。我們寧願探究具有物理基礎的機制，也不願意默認一種作為我們一部分的無需任何物理存在的莫名其妙的東西。

我同意凱里的意見，精神和意識一定會有其物理基礎，但問題是物理學肯定不止於經典物理學和現代物理學，將來還會有暗物質物理、暗能量物理和一大堆我們想都想不到的某某物理學。所以我們應該集思廣益和耐心的等待。

對精神疾病的忽視部分源於傳統觀念，認為精神疾病不是真正的疾病，比如中國，90%以上的抑鬱症患者沒有得到治療；另外一個原因是認為精神疾病太複雜了，很難得到有效治療……「後一個觀點有其正確的一面。我們研究了幾十年，還未能觸及精神疾病最淺層次的東西。」[365]瑞士洛桑聯邦理工學院的亨利．馬克拉姆（Henry Markram）博士認為，「我們對精神疾病知之甚少簡直是一種恥辱，他說：『今天沒有一種神經方面的疾病，我們知道是大腦線路裡什麼出現了問題——哪條通路，哪個突觸，哪個神經元，哪個受體。這讓人吃驚。』」[366]

But，我要說但是，這並不是根本原因。精神疾病已經越來越被重視，而且疾病本身也未必很複雜，出現這樣尷尬的狀況，也許只是我們從根本上走錯方向了，南轅北轍永遠也到不了目的地。

湯瑪斯．赫胥黎說過：啟動神經組織帶來了意識狀態，這是多麼的不平凡。這就象童話裡阿拉丁擦他的燈，燈神就出現一樣難以理解……

我們應該深刻認識到每種精神疾病都與意識異常密切相關。有的精神疾病是由於意識過剩造成的，比如自閉症。「而其他精神疾病則是由於永久的或暫時的意識萎縮造成的——患者的工作記憶能力降低，注意不能過濾掉無用的思想和感覺，這使患者思維結構出現異常和混亂，加重了精神疾病。」[367]

雖然每種精神疾病都有其自身的致病原因，但存在一種共同的線索把它們貫穿起來。「意識障礙」（disorders of awareness）這個術語被用來描述幾乎所有的精神疾病。也就是說，精神疾病產生的原因是意識的運行有了問題。那麼治

(364) 內莎．凱里，《遺傳的革命》（重慶：重慶出版社，2016），頁170。
(365) 丹尼爾．博爾，《貪婪的大腦》（北京：機械工業出版社，2013），頁209。
(366) 加來道雄，《心靈的未來》（重慶：重慶出版社，2016），頁229。
(367) 丹尼爾．博爾，《貪婪的大腦》（北京：機械工業出版社，2013），頁230。

療精神疾病當然要從意識產生的根源入手，而現代科學認為意識是大腦活動的產物，治療大腦就可以解決意識障礙。所以治療藥物和方法多半針對大腦，但是效果不理想——相當的不理想——非常的不理想，事實上很少有患者能夠完全康復。即便有，也難說是醫生治癒，還是患者自愈。多年來的積貧積弱提醒我們也許應該從根兒上檢討一下，「意識是大腦活動的產物」這個作為基石的理論是否應該隔離審查了呢？或者起碼應該引進其它曾經被打壓的理論來公平競爭一下。那就是：**意識不等於大腦活動，意識是有實體的。**

換個角度來看，如果說「意識是大腦活動的產物」，產物～～產物～～是不是應該有個「物」？應該有個化學成分？

汽車的尾氣是汽油燃燒的「產物」，含有上百種不同的化合物，其中的污染物有固體懸浮微粒、一氧化碳、二氧化碳、碳氫化合物、氮氧化合物、鉛及硫氧化合物。它們是真正的「物」，收集到一起可以壓制成磚頭，當然，這需要收集很久。

屁是動物排放的廢氣，是食物與唾液、胃液、胰液和膽汁混合後在腸道內被各種厭氧菌、兼性厭氧菌和好氧菌分解後的「產物」。吃不同的食物會有各種不同的「產物」，基本上包含氮氣、氫氣、二氧化碳、甲烷和氧氣。

因為包含氫氣和甲烷，所以屁可以燃燒。微博裡有一個小夥子貼近蠟燭放屁，結果「嘭」的一下把褲子點著了。他燃燒自己，照亮別人，為科學做出了自己的貢獻。

德國一家農場有90頭奶牛，牛吃草，纖維素含量高，導致屁中甲烷含量高。牛棚擁擠而且通風條件差，奶牛放的屁無處排放，遇到毛皮摩擦中產生的靜電而引發爆炸，震塌牛棚屋頂，並且有一頭奶牛被燒傷。

其它的「產物」也至少有個聲音或光線什麼的，意識這麼重要，這麼強大，怎麼會沒有組成成分？意識與軟體很相似，而軟體存放在相應的介質上，也就有了實體。進入作業系統的資源管理器就能看到把軟體還原成了一個個實際的存在。

科學家之所以認為意識是大腦活動的產物，也是可以理解的。因為我們的思想、行為的各方各面，看起來都來源於大腦的神經回路和神經遞質，都是大腦和周圍環境交互作用的結果。而且也確實沒有證據能夠證明意識是個獨立的實體。但是獨立的實體並不一定可以獨立的工作。

我想說的是，雖然大腦和意識是相互獨立的，但是必須結合在一起才能工作。大腦的活動產生思想和行為，那是因為大腦和那個看不見的意識一起工作才產生思想和行為。我們不能因為看不見意識就否定它的獨立性，就像看不見電腦軟體，但是它仍然獨立於電腦硬體而存在，而且只有軟體和硬體結合在一起才能工作。軟體也可以有其光電的、磁性的、樹脂的和金屬的物質基質，但是軟體並不是來源於這些物質，後者只是軟體的介質。

現代醫學治療精神疾病的困境，也許正是因為我們忽視了意識的獨立性。認為它們只是大腦的產物，既然產物出了問題，那麼我們修理大腦就好了。所以也許從根本上就走錯了方向。在治療精神疾病的時候，醫生們就像一群拿著螺絲刀、電烙鐵和萬用表的工人，圍著一台被電腦病毒感染的電腦，揮汗如雨的拆卸和測量著主機板、CPU和記憶體條，但是他們能把電腦修好的可能性又有多大呢？

自從上個世紀70年代克裡克登高一呼，呼籲大家科學系統地研究意識問題，到現在我們又獲得了多少呢？現在，科學家又要發力了——美國和歐洲都開始了深入研究大腦的專案，美國的簡稱「大腦研究計畫」，歐盟的簡稱「人類大腦工程」。都是舉世矚目、投資巨大的生物科研專案。是的，這幾十億美元的投入能對大腦的組成結構有更詳細的瞭解，還能收穫一大堆論文，然而，肯定不會有根本性的發現，原因很簡單——理論基礎有誤。

同理，我非常敬佩的天才發明家和企業家埃隆・馬斯克的Neuralink公司註定了失敗，不可能繼續他在航太和新能源汽車方面逆天的成功。Neuralink正在研究生物智力和數位智力的介面，但是科學家現在所定義的「生物智力」是個完完全全的錯誤，所以Neuralink只能開發出來炫酷的大玩具。

相比幾十年前，研究意識的相關科學家取得了一些進展，發現了大腦的各個部位對於控制動物的行為極其重要。比如：海馬是記憶的閘道，杏仁核是產生情感的地方，丘腦相當於信號的中繼站，前額葉皮層裡有首席執行官……但是這離發現大腦真正的工作原理相差太遠，你看到了白宮就看到美國總統了嗎？幾百年來白宮一直矗在那兒，而裡面的總統已經走馬燈似的換了四十多個了。白宮可以隨便參觀，但是總統卻不讓你看。見到總統辦公室了，你就以為總統一定在裡面辦公？也許他正在會見萊溫斯基。以現在科學的進展，也就是知道了大腦的司令部和一些分支機搆在哪裡，但是還真說不清裡面坐著總統、CEO還是司機。

應該承認，由於精神疾病治療現狀很糟糕就說意識一定是物質性的，理由並不充分。但是，現代醫學對意識的狀態和組成成分的定義一定有問題。俗話說：心病還須心藥醫。精神疾病還須精神藥物醫，而意識疾病也是需要意識藥物醫。但是由於對精神和意識組成的錯誤認識，又怎麼可能會有正確的精神藥物和意識藥物呢？

微博裡有一篇「蛋蛋姐」的文章：一個劉姓女孩兒罹患躁鬱症（基本就是前面提到的雙相障礙症，2013年在美國洛杉磯離奇死亡的藍可兒就患有躁鬱症），時而極度狂躁，時而極度抑鬱。文章說得好：「躁鬱症和抑鬱症、自閉症一樣，是情緒生病了。」也許很多人會說，這就是矯情。當然不是，正常的情況下，情緒是受大腦控制的，可是對於這幾種病來說，情緒不受大腦控制，無緣由的亢奮和消沉。這是一種平常人無法理解的痛。曾志偉、余文樂和金燕玲不拿片酬拍了一部電影《一念無明》，雖然拿了不少獎項，但是不大知名，就是講述這個特殊的群體。他們希望籍此喚起大家對患者的理解，也希望讓大家瞭解這種病可以緩解，甚至痊癒。

微博上一個人就是重度抑鬱症，後來演變成躁鬱症，重度抑鬱和輕度躁狂交替發作，他一直在積極吃藥治療，他說：「沒有指望被多麼的理解，只希望能被尊重一點，每天受到好多嘲諷，說我矯情，難受。」下面很多抑鬱症患者回覆：「沒人覺得我病了，他們只是覺得我想太多了。」「我記得當時有人告訴我，你太閑了，忙起來就行了。」這是因為平常人只知道能看得到或者能夠在化驗單上體現出來的身體疾病，而對完全隱形的精神疾病缺乏瞭解，無異於在患者已經受損的心靈上又撒了一把鹽，這也是這類疾病面臨的最大問題之一。

當然，真正的患者是需要大家理解和關懷的，但是也有不少假患者，卻是真矯情。不知道從哪裡知道了抑鬱症這個詞兒，正好拿過來為我所用，到處宣稱自己抑鬱。遇到好事兒比誰搶的都歡，遇到壞事兒比誰跑的都快，整天多愁善感賴賴唧唧，滿滿的負能量。別人還不能說——「你們就不能讓著我點？我是病人！」他們很可惡，敗壞了抑鬱症在大家心目中的印象。

這些假患者之所以得逞，也是因為現代醫學對抑鬱症的錯誤診斷太多。不能通過抽血化驗，也沒法兒用儀器檢查，基本通過臨床表現來診斷，比如是否情緒低落、興趣喪失及缺乏快感，或者有絕望與無助感、自我評價低、注意力和記憶力下降、有自殺想法等。但是說實話，真患者有這些表現，一些玻璃心的真矯情也有這些表現，怎麼區分呢？對不起，現代醫學無法辨別。似乎只有一點，真患者在努力抗爭（或者在逃避），而另有一些人很享受「抑鬱症」這個頭銜。

蛋蛋姐文章最後寫到：「請記住，你的皮囊裡住著的是你的靈魂，它和你的身體一樣，會哭會鬧會生病。」

蛋蛋姐說的情緒，就是我說的意識。她這不經意的一句話，還真的提出一個關鍵問題：如果意識只是大腦的產物，大腦健康，意識怎麼會生病？大腦不健康，為什麼醫生治不好？

但如果意識真的是一種物質的存在，也是一種生命，為什麼就不能生病呢？生命（sheng ming）和生病（sheng bing）其實只是一字（字母）之差。

「就目前來說，神經科學界的主流都信奉唯物主義和還原論，熱衷於將我們解釋為細胞、血管、激素、蛋白質和流體組成的集合體，遵循化學和物理學的基本定律。每天神經科學家們都帶著這樣的想法進入實驗室，認為只要充分理解了部分，就能理解整體。這種分析為最小要素的方法在物理學、化學和電子設備的逆向工程中獲得了成功。但這並不能保證其對神經科學有效。」[368]我贊成意識是物質的，但是宇宙中的物質可不是只有常規物質，化學和物理規則肯定也不只我們書本上的定理，所以這些科學家的研究怎麼會有滿意的結果呢？

「只需想一想，在理解光學之前試圖構造彩虹的理論，或是在具有電的知識之前試圖理解閃電，或是在發現神經遞質之前想要解決帕金森症。認為我們碰巧最先成了完美的一代，無所不包的科學的設想終於成為了現實，這可能嗎？」[369]

「在舊的理論指導下，以舊的框架收集的新事實，很少能導致思想的實質改變⋯⋯創造性思想，在科學中和在藝術中一樣，是改變觀念的動力。科學是一項精美的人類活動，並不是機械地、機器人似的收集客觀資訊，在邏輯律的指導下，產生出必然的解釋。」[370]

從表面上看，物種似乎一直沒變化，人們曾經因此反對進化論；從表面上看，地球似乎一直不動，人們曾經因此反對哥白尼。現在，從表面上看，似乎只有人類有意識，它是跟隨人類的出現而出現的，它是靜止的，這可能嗎？

達爾文的貢獻是把人和其他生物聯繫了起來，從此，人類不再是需要神仙來創造的泥人，或者從石頭裡蹦出來的猴子，也不再是卓爾不群凌駕於眾生之上的萬物之靈。那麼人的意識呢？還能區別於別的生物而存在、人類所獨有多久呢？

---

(368) 大衛・伊格曼，《隱藏的自我》（湖南：湖南科學技術出版社，2013），頁179。
(369) 大衛・伊格曼，《隱藏的自我》（湖南：湖南科學技術出版社，2013），頁179。
(370) 斯蒂芬・傑・古爾德，《自達爾文以來》（上海：上海文藝出版社，2008），頁117。

霍爾丹說過：「宇宙不僅奇異得超乎我們想像，而且奇異得超乎我們所能想像。」(371) 人類對未知事物的認識都會有個過程，從自以為是到承認無知、虛心探索再到新的突破。從世界地圖的演變就可以看出來。遠在大航海時代開始之前，很多國家就都已經有了自己的世界地圖。沒去過的地方怎麼會知道呢？當然是蒙的。對不瞭解的地方隻字不提，或者畫上想像中的各種怪物和奇景。曾經還有人畫過火星地圖，就是根據幾張模模糊糊的火星黑白照片，基本不靠譜。

到了15世紀之後，歐洲人的世界地圖上開始有空白了。就是說，他們已經知道遠方還有自己不瞭解的大陸，這就是科學的心態了。等到航海技術越來越發達，人類走得越來越遠，世界地圖也跟著越來越清晰準確。

現在科學界對意識的認識就是處於自以為是的狀態：「意識不過是身體的附屬品，資訊也好，能量也罷，不用多想。」但是科學的認知往往是從承認無知開始的，對意識的探索也會是這樣，我們應該驗證更多的可能性。

我們現在就應該驗證人的意識是否是從簡單生物的思維意識進化來的。所有生物的智慧都同樣擁有判斷和計算能力，如果說人類的意識是高大上的微積分，那麼其他生物的意識就是三角函數。簡單也是數學，列方程雖然容易，但是實用，而生活中也離不開小學數學的加減乘除。所有這些都是數學，只有難易之分，沒有本質不同。

意識是一個實際存在的實體，跟身體是可以分開——相對獨立的實體。當我們這樣去研究的時候，就會發現一個一直被我們忽視的巨大的真像慢慢浮出水面。

人類早就有過把身心混為一談，犯這個錯誤的恰恰就是我們中國人，與現在不同的是，那個時候我們的理論更加重視精氣神而忽視身體的物質結構，這就是我們的中醫。這是中醫一直沒有得到快速發展的原因之一，直到西方醫學摒棄了心智和精神對身體的影響，把身體作為獨立的實體來深入研究，才有了現代醫學的飛速發展。

中醫完全錯了嗎？也不見得，人體本來就是身心合一的有機的整體。問題在於高效的研究其中一部分的時候，就應該把另一部分放到一邊，把這一部分視為完整的個體來探究。現在精神和意識的研究嚴重滯後於身體的研究，已經到了把身體放到一邊，把意識看做獨立的實體來研究的時候了。也就是說，現在不知道意識是不是大腦活動的產物，但為了透徹的研究意識，也應該先假設

(371) 葛列格裡・蔡汀，《證明達爾文》（北京：人民郵電出版社，2015），頁87。

他是獨立存在的。

其實，讓生物學家困惑迷茫頭疼不已的「智慧」，對於電腦程式員來說一點兒都不難，人工智慧可以被看做就是一行行程式設計語句的排列而已。研究複雜問題的方法，本來就應該追根溯源，把它往前推，簡化、簡化、再簡化（或者建立模型，類比一下），直到簡化成一條語句或者一個函數。就像把一個高等生物簡化還原成一個單細胞生物，或者把整個宇宙最後還原成一個奇點，這個奇點就是宇宙的初始。生物智慧也會有一個這樣簡單的開始。

同時，把一個現實的東西數碼化和量化，就是研究現實問題的常用方法，也是一個趨勢。我們已經把很多東西都數碼化了：數碼化之後的磁帶音訊變成了mp3檔和CD音軌，即清晰又節省空間，而且可以無數次的拷貝而不損失音色；數碼化之後的錄影帶變成了avi和mp4，數碼化之後的照片變成了jpg和bmp，更加清晰而且方便編輯。

生命更是可以被數碼化，基因編碼實實在在的擺在那裡。所以現在需要做的工作就是把思維和智慧也表述為數碼，我們會發現，數碼化後的智慧也許是和電腦程式一樣的現實存在。

智慧並不一定很複雜、很高深，它可以只是一個函數，接受一個輸入，產生一個輸出，就這麼簡單。比如觸碰到一個物體，判斷它能否食用。從心理學的角度來講，這就是一個思維過程，也可以說這就是思考方式。當然，產生的輸出也許是正確的，也許是錯誤的，產生錯誤的輸出的智慧就會被自然選擇所淘汰。比如遇到有毒的食物，如果一個動物的智慧系統認為可以食用，當然就不會有好下場。

電腦看似很複雜，其實原理相當簡單。數學家艾倫·圖靈製作了一台最原始的電腦——圖靈機。這台機器能夠接收代表數位的符號，按照要求進行加法、乘法、冪運算之後，列印出代表新數位的符號。這樣一台機器並不複雜，很容易製造。電腦科學家約瑟夫·威森鮑姆曾證明可以用一個骰子、幾塊石頭和一卷衛生紙就造出這樣一台原始電腦。

現在電腦技術已經發展到比較成熟的階段，不再需要紙帶輸入和機械結構的運算，完全由矽晶片和積體電路來完成。但是這樣複雜的結構已經讓普通人無法從這些密密麻麻甚至在顯微鏡下才能看清楚的零部件裡還原出本來面目。人類的心智也是這樣，經過幾十億年的高度發展之後已經過於複雜難於理解。而心智的本源肯定簡單得就像一個二極體一樣，只允許電流由單一方向通過，方向相反時阻斷。這就是一個最簡單、最原始的判斷，這也就是電腦二進位的0

和1。

電腦晶片是由很多計算單位組成的系統，心智也會是一個由很多計算單位所組成的系統。

簡單來說，生命本不複雜，如果把生命簡化到蛋白質級別，屈指可數的幾個邏輯單位（氨基酸）就可以通過混合和配對組合成天文數字般的蛋白質編碼。

「雄性鱒魚會本能地對下面這些刺激因素做出反應：一條已經到了交尾期的雌性鱒魚，一條游到附近的蟲子，一個從身後襲來的捕食者。但是，當這三種刺激因素同時出現的時候，捕食者模組總是會壓制交配或者進食本能，搶先反應。」(372)，這條鱒魚會先逃命。

（生物智慧）「偵測到一個刺激（輸入），然後做出反應。它的反應，或者按電腦行話說就是『輸出』。」(373)這個過程就是一個判斷。

家裡的冰箱可以說就是這樣一個簡單的智慧。在出廠的時候，它被設定一個溫度區間。假如保鮮層設定為3℃－6℃。當溫度高於6℃時，壓縮機通電，開始工作製冷，使保鮮層溫度下降，而降到3℃時，壓縮機斷電。這麼一個簡單的判斷，就可以滿足它的工作需求。

每個生物都有自己的小九九，它們的思維能力確實沒有人類的複雜而快速，但是同樣實用，同樣貼近生活，人家也都是進化了幾十億年。

研究意識的原理比光、電或者神經遞質困難很多，因為很可能不在同一物質中。在我們對這些非常規物質有所瞭解之前，我們還是謙虛一點好。

「未知的東西可能遠比研究者能做的和已知的要多。關於生物的基本單位——細胞——的複雜性的每一個新進展，都讓我們瞥見生物體更複雜的一面，除非觸及已知知識的邊界，科學家們才能意識到這種複雜性的存在。」(374)

意識不會是人類的專屬，也不會是智慧的火花靈光一現的出現在人類大腦中。遠古人類曾經在地球上很多地方獨立起源和發展，但是基本都滅絕了，比如元謀人、北京人、藍田人、山頂洞人，可見比之動物的智慧，早期的人類智慧甚至不見得是多大的生存優勢。

所有生物都有智慧，這一點意義重大。就像一系列案件的現場，即便到處

---

(372) 凱文・凱利，《失控》（北京：電子工業出版社，2016），頁499。
(373) 凱文・凱利，《失控》（北京：電子工業出版社，2016），頁499。
(374) 馬庫斯・烏爾森，《想當廚子的生物學家是個好駭客》（北京：清華大學出版社，2013），頁18。

都有一個嫌疑人的指紋和痕跡，但是只要他有不在場的證據，那麼再多的痕跡都是白扯。但是如果論證出來他在現場呢？再加上海量的人證物證，他就跑不了了。

我們並不知道意識和潛意識如何工作，我們對生物智慧的瞭解程度遠不如我們對身體的瞭解。但是，面對複雜的意識，我們可以有思路，也有不斷增加的知識和想法，只要我們換一個角度來看待意識。

博爾的書《貪婪的大腦》的副標題是「為何人類會無止境地尋求意義？」人類確實一直在尋求，但是如果意識真的只是大腦活動的產物，那麼人生的意義在哪裡呢？

在本章結束之前，我要強調一下：**是否所有的生物都有智慧，這是生物學的核心問題，是關鍵點，是現代生物學和未來生物學的紐帶。如果能夠證明所有生物都有智慧，那麼生物學革命就要來了！**

# 第六章　智慧是什麼

## 第一節　內因和外因

「有一些微生物學家、基因學家、理論生物學家、數學家和電腦科學家正在提出這樣的看法：生命所包含的東西，不僅僅是達爾文主義所說的那些東西。他們並不排斥達爾文所貢獻的理論，他們想做的，只是要超越達爾文已經做過的東西……他們都不否認在進化過程中普遍存在自然選擇。他們的異議所針對的是這樣一種現實：達爾文的論證具有一種橫掃一切、不容其他的本性，結果是到最後它根本解釋不了什麼東西……自然選擇的適用極限何在？什麼是進化所不能完成的？以及，如果（大自然）放任的自然選擇確有極限，那麼，在我們所能理解的進化之中或者之外，還有什麼別的力量發生著作用？」[375]

「不論是想當物理學家、考古學家還是政治學家，在讀大學的第一年，就會有人告訴他們，要把目標放在超越愛因斯坦、施利曼和韋伯所告訴我們的知識。」[376]

凱文·凱利用人工進化的探索證明了自然選擇和進化的力量無比強大，也證明了共同祖先是正確的：一小段代碼可以進化出無數的多種多樣的個體，但這同時也說明了，這個過程必須有智慧的參與，這段代碼程式本身就是智慧。

傳統進化論認為生物的進化是自然選擇的結果，物競天擇、適者生存。但是唯物辯證法認為，要用聯繫和發展的眼光看問題。事物的發展一般說來是內因和外因共同起作用的結果。內因是指事物發展變化的內在原因，外因當然就是外部原因、外部條件。一個事物的發展內因起主導作用，外因通過內因才可起作用。適合的溫度可以把雞蛋變成小雞，但卻不能把土豆變成小雞，內因往往是外因能夠產生作用的前提條件。

---

(375) 凱文·凱利，《失控》（北京：電子工業出版社，2016），頁567。
(376) 尤瓦爾·赫拉利，《人類簡史》（北京：中信出版社，2014），頁246。

我轉發過一條微博：「雞蛋從外打破，是食物；從內打破，是生命。人生，從外打破，是壓力；從內打破，是成長。」確實，內因才是生命和成長的關鍵因素。

一個事情的發生，基本上都是外因和內因共同作用的結果，而且一般來說，內因更重要。從個人角度來看，假如你當年高考沒有考上理想的大學，那麼主要是因為周圍環境影響你呢？還是因為你自己不努力？說實話哦！

從國家角度來看也是這樣，比如中國歷史上的幾次外民族大舉入侵，都是在天災人禍、達官貴人昏庸無能或者朝廷屠戮忠良的情況下發生的。比如日本發動侵華戰爭正是趕在腐朽的清政府剛倒臺，國內軍閥混戰的時候。如果中國國力強勁，那就說不準誰打誰了。由於內因使中國的國力虛弱，就算日本不來欺負你，也還有其他很多國家排隊等著呢，世界列強的侵略，只是中國飽受欺凌的外因。

百度百科上，內因的定義是這樣的：「是事物變化發展的內在根據，是事物存在的基礎，是一事物區別於其他事物的內在本質，是事物運動的源泉和動力，它規定著事物運動和發展的基本趨勢。事物發展變化必須具備兩個條件：內因和外因。」

還是舉雞蛋的例子。雞蛋之所以能孵化出小雞，而鴨蛋只能孵化出小鴨，是因為二者的內因不同。從進化的角度來看，如果想用雞蛋來孵化小鴨子，孵出來的只要不是鴨子就淘汰掉。可以想像，就算孵化幾十億年，無論殺掉多少小雞，也不可能從雞蛋裡孵出鴨子。除非內因產生作用，雞蛋裡產生某種變異（但肯定不會是隨機的），然後一點點地變成鴨子。

內因一般都是事物變化的主因，王陽明心學的一個核心就是「此心具足，不假外求。」當然，把內因推得過高，忽視了外因也是不對的。

要注意的是，並不是內部的原因就是內因。內因是事物存在的基礎，也是它區別於其他事物的內在本質，所以基因突變和漂變這些隨機事件當然不是內因，它們只是表現出來的現象。

偶然和隨機雖然會對事件的進展和變化有影響，但不會是真正的內因。舉例來說，有人認為，明朝崇禎就是一個因為連續的天災而丟了天下的倒楣皇帝。

崇禎登基後的第五年，大旱災就開始了：「荒旱五年，致彼遍地皆賊，日甚一日。」「南北往來幾於斷絕。」之後災情不斷惡化，旱災沒結束又開始了蝗災。「大旱，蝗，米粟泳貴，餓殍載道，斗米銀三四錢。」這還沒完，乾旱、蝗災和饑荒之後，疫癘接踵而來，大部分疫情是天花引起的。

之後的事情大家就都知道了，活不下去的農民到處起義，明朝的將軍們鎮壓了一波又一波，連續取得勝利。怎奈災情不斷，所以農民軍一直有源源不斷的兵源。李自成最慘的時候被孫傳庭和洪承疇打得只剩18個人，逃進深山躲了一年，但是轉年遇到河南大旱，遍地流民又成為了兵源，李自成的隊伍馬上翻了一萬多倍，帶著20萬大軍打遍天下。這樣，明朝就在內有農民軍，外有後金軍的內外夾擊之下滅亡了。

所以，明朝亡於偶然的原因，是這樣嗎？其實崇禎皇帝連續點兒低走背字的同時，也有一連串的好運氣，接二連三的遇到孫承宗、袁崇煥、盧象升、孫傳庭、李定國、曹文詔、洪承疇、左良玉、吳三桂、祖大壽這樣的良將良相。崇禎皇帝人品還可以，但是能力真不咋樣，比太祖朱元璋和成祖朱棣差得太遠。他賞罰不明，不能很好的調兵遣將，不能協調這些將相的關係，朝廷內外亂成一團。再加上前面他的列祖列宗，那些頑童皇帝、道士皇帝、木匠皇帝、小販皇帝和二十多年不上班的皇帝，任用宦官，党爭不斷，耗盡了大明王朝的家底，這才是真正的原因——內因。

天災人禍和農民起義雖然發生在內部，但還只能算外因，唐宗宋祖，有道明君誰沒遇到過天災人禍，也沒有亡國。清聖祖康熙倒楣事兒還少嗎？但他擒鼇拜，平定三藩之亂，反擊沙俄，西北親征葛爾丹，哪個不是生死考驗。而大明王朝出了名的盛產奸臣，可是忠臣也極多，所以還是看朝廷的統禦能力。

在生物界，自然選擇也並不像達爾文所形容的那麼嚴厲，全球性的生物大滅絕幾千萬年才一次。在大多數的時間裡，自然選擇之手還是比較寬容的，並不是非此即彼的嚴格，所以才有了多姿多彩的大自然，也才有了日本生物學家木村資生的中性學說。這麼看，自然選擇像一把不太嚴厲的剪刀，只是把十分出格的物種剪除掉。所以自然選擇只是生物進化的外因，只是推動生物進化的動力之一，而進化的主要原因還是在生物體內部。

也可以說大自然是好教練，在他的教導和壓力之下，生物們都交上了不錯的成績單。「鷹擊長空，魚翔淺底，萬類霜天競自由。悵寥廓，問蒼茫大地，誰主沉浮？」在生物學領域，自然選擇主沉浮，他教導生物們扮演好自己的角色。

但是正如本書前幾章所說，自然選擇是不能單獨挑起生物進化大樑的，所以不管達爾文願不願意，進化的內因必然存在，而「適者生存」這句話本身也有點由內及外的意思——內部產生的適應性，使個體更容易生存。

道金斯教授認為：「用進廢退是個極為粗糙的工具，無法用來製造極其精巧的生物適應。」[377] 但是恰恰相反，自然選擇才是一個粗糙的篩子，並不限定你有什麼技能，達到目標就可以。假如自然選擇是一片海洋，那麼生物就是各顯其能的八仙，在生物體內智慧的控制下，進化出了各自精巧有序的身體，用各自的辦法達到生存的彼岸。可以飛，可以漂，可以遊，可以潛，也可以在海底爬過去。所以才會有這麼豐富多彩的大千世界！生物在自然選擇面前表現出了強大的彈性和韌性，這只有智慧才可以做到。

有一個很有思想的博主盧詩翰，他的微博裡轉發了一個日本短視頻，據說這是傳播專業的入門教程之一。視頻開始於一個熱熱鬧鬧的萬人馬拉松比賽，畫外音都是濃濃的雞湯文，什麼「這是一場不能回頭的馬拉松比賽……大家向一個方向，要比別人跑得更快……前方是終點，相信有美好生活……人生是馬拉松，不能回頭」等等。忽然畫風一轉——「但真是如此嗎？人生不是馬拉松！」，然後質問，「這比賽誰定的？終點誰定的？該跑去哪裡？」，最後扣題——「要走屬於自己的路！」於是這群馬拉松選手紛紛離開賽道，忙自己的去了。有的去游泳，有的去打籃球，有的去跳傘，有的去航海……「失敗又怎樣？繞點路也沒問題，不用跟別人比，路不只一條，人生各自精彩！」

我很喜歡這個視頻，也驚詫於一向被認為刻板、守規矩的日本人竟然能做出這麼靈活有創意的內容。

生物進化也是如此，誰說只有跑得最快的斑馬能活下來？吃得快也是生存優勢，消化能力強，什麼草都能吃也是本事。大家只見過獅子咬斑馬，見沒見過斑馬咬獅子？斑馬大板牙的攻擊力相當不錯。這些都是生存技能！

非生命物質只能受擺佈，只有一個方向一條路，比如水最後都要流入大海。但是有生命的生物卻可以有很多選擇，人是如此，其他生物也是如此。

我和前文提到的越讀書驛的文老師聊天，他認為書驛對孩子的教育任務是和學校互補的，學校在「補短」——把孩子學得不好的課程提高上去，而書驛的任務是「揚長」——找到孩子的特長並且加強它。

一個人在社會上能否更好的生存下來，往往不是因為他沒有短處，而是因為他有某個長處。當然，太大的缺點也不行，也會被社會所淘汰。我們每個人都是靠著自己的長處謀生，無論是工程師、教師、商人、工人和農民。所以人類應該克服自己的缺點，讓它不要影響生存，比如改掉自己的壞脾氣。但是更重要的是找到自己的長處，並且把它發揮得更好。華為員工都知道任正非的急

---

(377) 理查・道金斯，《盲眼鐘錶匠》（北京：中信出版社，2014），頁311。

性子和爆脾氣，但是人家的優點太突出，所以才會帶著自己的團隊打遍天下，成為一方霸主。

自然界的生物當然也是這樣，比如豪豬，它最需要的不是增加自己的速度和力量，也不是加強尖牙和利爪，而是更好的使用自己的豪豬刺。每個生存下來的物種，不是因為它沒有缺點，而是因為它有某個優點。

這正好解釋了很多人對自然選擇的疑問——如果自然選擇是準確而嚴格的，把不符合環境要求的物種都幹掉了，那麼每個生態位應該只有寥寥幾種生物，掰著手指頭都能數的出來。像被篩子篩過的礦石一樣，都是一樣的大小。而整個自然界也應該只有為數不多的物種，看起來會相當單調，又怎麼會有這麼五彩繽紛的大自然呢？比如前文提到的，僅在一種樹上就有上千種甲蟲。

因為雖然自然選擇在「去短」——淘汰缺點明顯，不能適應環境的生物。而生物自己在「揚長」——加強自己的長處，使之變為生存技能。多種多樣的生物找到了多種多樣的技能，大自然的物種才能多種多樣，千奇百怪。

比如為了防止動物啃咬，很多植物的莖枝、樹幹、葉子、花梗和花萼都佈滿了大大小小的棘刺。而這些刺的來源和進化過程各不相同，卻都起到了相似的防身作用。

「有些棘刺是由表皮細胞衍生而成的，例如玫瑰、含羞草及其他薔薇屬的植物；有些則是在表皮內部形成，再由內而外穿透出來，例如柚子、魯花樹等。還有一些植物的棘刺是先長出一些瘤狀的刺座，再由刺座中央長出一些短刺，我們稱之為瘤刺，例如木棉、椿葉花椒等。」[378] 而豆科植物恆春皂莢的樹幹上長滿了怪異的棘刺。棘刺不但具有分支，還有兩層以上的分支。刺上有刺，裝備精良。

生命的可塑性極強，而且富有創造性。生命不是沙子，任憑篩子晃來晃去。生物都有其精妙的結構，每個物種都有很多，只是一般情況下咱們都看不明白。比如野兔的大耳朵，是為了增強聽力嗎？其實最主要的目的是加快身體向外面散發熱量的速度。兔子大約有三分之一的新陳代謝產生的熱量可以被耳朵帶走而不消耗珍貴的水分。

自然選擇不那麼嚴厲，生物只要綜合能力還可以，沒有太大的缺點，再有一技之長就能夠生存下去。地球那麼大，環境如此複雜，競爭壓力也不相同。大自然就是一個教練，好學生獎勵，普通學生留下、差學生開除，適者生存，不適者淘汰！

---

（378）鄭元春，《植物Q&A》（北京：商務印書館，2016），頁240。

如果生物沒有智慧，那麼在自然選擇面前毫無招架之功，只能坐以待斃。如果只有基因隨機的突變，那麼自然選擇就不是一把剪刀，而是一台聯合收割機，所到之處，寸草不生。不管什麼基因突變、遺傳漂變、漸變、躍變、災變，統統逃不出收割機的手心。

自然選擇並不是非常嚴格，逼著生物只向一個方向發展。拿人類來說，上學的時候你們老師一定說過「不好好學習，將來你們都得要飯！」然而這句話並沒有什麼卵用，學生們仍然堅定而執著的不好好學習，但是畢業這麼多年，你們班裡哪個同學要飯了？學習好的出國了，長的好看的傍大款了，愛運動的考體校了，情商高的當官了，腦筋轉得快的當老闆了，老實巴交的當工人了，會畫畫的當設計師了，油嘴滑舌的買保險、做仲介去了，就是班裡那個家裡窮、腦袋笨、學習差、長得醜、不愛運動、不愛說話、沒有特長、蔫了吧唧的老蔫兒，人家開了個淘寶店，賣點土特產都已經三皇冠了，同學聚會開著陸地巡洋艦來的。

如果按照嚴格自然選擇的理論，應該只有身強體壯、智力超群的人才能生存。可實際上大多數缺點都可以被稀釋和取長補短，只是除了一個缺點——懶，日子過得差的，除了一些確實有重大客觀困難的，多數都是懶人，誰也幫不到你。就算有再多的優點，如果身體懶加上頭腦懶，都不會成功。但是不管這個懶病是先天還是後天，其實都可以被克服的，就怕你懶得克服它。別人也不會幫你，「救急不救窮，幫笨不幫懶」，窮人需要的是機會，而不是幫助。

所以對人類生存影響最大的，也許不是基因的問題，而是自己主動性的問題。這個主動性不在基因裡，一部分後天養成，另一部分來源於自己的性格——天性，這個問題暫時按下不表。

動物也是這樣，能夠生存下來並且子孫滿堂的兔子，並不一定是跑得最快的，也會有看起來最健康的、體味最健康的、長得好看的、動作好看的、性能力超群的、打洞能力強的、反應敏捷的、眼睛好使的、聽力好的、嗅覺靈敏的，或者一隻乾脆的吃貨，比別的兔子都能吃，這當然也是生存優勢。對於某些物種來說，大嗓門也是優勢，比如馬鹿打架之前先面對面吼幾嗓子，嗓門小的往往先嚇跑了。

但是如果有一隻懶兔子，懶得覓食，甚至懶得到洞外走走，那它肯定會被餓死。

適者生存歸根到底還是善於學習者生存，這個學習並不是指考試的能力，而是學習生存、學習自然規律、學習改進自己的能力。

前面提到過達爾文的聖地——加拉帕戈斯群島，又被稱做科隆群島，Galápagos，群島的名字「加拉帕戈斯」源於西班牙語「大海龜」的意思，位於太平洋東部的赤道上。這是一個火山群島，島上遍佈火山石，由19個小島及岩礁組成。跨過赤道，正處在寒暖洋流交匯處，因此海洋生物異常豐富。島上蜥蜴、海獅、海龜、企鵝等喜寒、喜暖動物一應俱全。偏偏它遠離大陸，在距離南美大陸約1000公里的地方，所以就會有很多別的地方沒有的生物。達爾文的進化論使該島聞名於世。

1835年，查理斯·達爾文考察了這片島嶼後，從中得到靈感，為進化論的形成奠定了基礎。達爾文曾把這片群島稱作「我的全部觀點的發祥地」。它幫助達爾文，也幫助人類改變了對生命的理解，所以這個島群被人稱作「獨特的活的生物進化博物館和陳列室」。今天的加拉帕戈斯群島已經被規劃成國家公園。自從被列入世界遺產名錄以後，更受到厄瓜多爾政府的重視，來這裡的遊客數量被官方嚴格控制，以確保島上的生態環境不被破壞。

由於遠離大陸，這裡的動物以自己固有的特色進化著。現存一些不尋常的動物物種，比如世界上最大的烏龜；世界上唯一不能飛的鸕鷀，它是世界上最重的鸕鷀品種；加拉帕戈斯企鵝是世界上最小的企鵝之一，也是目前世界上唯一生活在赤道以北的企鵝（其他北半球的企鵝都生活在動物園裡）；地球上現存唯一的海洋蜥蜴是海鬣蜥，它們吃海藻維生，因為攝入鹽分過多，海鬣蜥還有專門的鼻腺將鹽分從鼻孔中噴出去。

但是，給達爾文最大啟發的是，群島不同島嶼上的雀鳥會有一點差異，陸龜的龜殼也會有微小的差異。這讓達爾文想到動物是在變化的，由此慢慢總結出了進化論。所以達爾文相信，加拉帕戈斯群島是他所有思想的起源，當然也是《物種起源》的起源。

從上個世紀70年代開始，「生物學家格蘭特夫婦和他們年輕的女兒們，外加一群助手，像執勤的哨兵一樣輪流來到（加拉帕戈斯群島）荒島上。他們在達芬·梅傑島觀察了近20年。換句話說，他們觀察了整整20代雀鳥的生活。彼得·格蘭特和羅斯瑪麗·格蘭特對許多雀鳥家族都了然於心。」[379]

著名進化論學者漢密爾頓曾經誇獎在加拉帕戈斯群島上觀察達爾文雀20年的彼得·格蘭特夫婦，說他們的工作為新達爾文主義進化論提供了最詳細、最連貫的證據。這是恰當的，因為格蘭特夫婦確實連續地記載了自然選擇對生物的篩選。但是也正是這些證據，反倒論證了自然選擇不是那麼穩定，而是來來

(379) 約拿生·威諾，《鳥喙》（北京：人民郵電出版社，2013），頁3。

回回不斷變化的。這個「新達爾文主義」很有趣。

「我們今天很有影響的理論，更接近華萊士的嚴格選擇論，而不是達爾文的多元論。滑稽的是，這個理論的名字卻叫『新達爾文主義』。」(380) 也就是說，「新達爾文主義」所推行的一些理論，並不是達爾文的理論，卻被冠以達爾文的名字。

加拉帕戈斯群島上的氣候變幻莫測，乾旱和多雨交替發生。

「旱災使雀鳥朝大的方向演變——體重，翼展，踝骨，喙的長度、深度和寬度都變大——水災卻使它們朝小的方向發展。」(381) 因為乾旱的時候喙大的雀鳥可以吃堅硬的大種子，而水災的時候小種子卻比大種子多，小雀鳥吃小而軟的種子的效率比大雀鳥高。

「顯而易見，選擇壓力在某些年份比另一些年份大得多。但是在動物的一生中，劇烈的選擇壓力能使它們反向發展。進化不僅能使物種朝一個方向迅速前進，也能使它以同樣快的速度返回。」(382) 這還是因為在群島上，自然環境相對簡單：食物簡單、競爭簡單、天敵也簡單，在環境複雜的大陸上，進化的方向更是多變。

「在我們周圍的動物和植物的一生中，自然選擇的壓力又大又猛，來回搖擺……人們的研究裹足不前，其中一個原因是：人們研究活的野生動植物時一般只研究一代，所以無法看清自然選擇的全過程。如果你只檢測自然選擇對一代生命的作用，就會忽略許多東西。」(383)

自然選擇充滿了不確定性和不穩定性，而達爾文之所以認為自然選擇是穩定的，是因為他的參照物有點問題。達爾文養了很多鴿子，他的觀點是這樣的：人工飼養的動物是由人在挑選，而人在自然界也能找到相似的過程和條件，由此可以認定選擇在自然界也起到篩選品種的作用。

達爾文從人工選擇看出了物種被選擇，但是這和自然選擇有明顯區別。人工選擇保持高度的一致性，這導致了同一祖先的物種，根據人們不同喜好被培養成了不同的品種。比如宮廷犬博美，越來越小巧、可愛、毛茸茸；小短腿柯基犬，人們就喜歡它的短腿，所以每一代都選擇腿最短，臉最好看的；而獵犬呢，就挑選跑得快、機靈、嗅覺靈敏的。

(380) 斯蒂芬・傑・古爾德，《熊貓的拇指》（海南：海南出版社，2008），頁27。
(381) 約拿生・威諾，《鳥喙》（北京：人民郵電出版社，2013），頁132。
(382) 約拿生・威諾，《鳥喙》（北京：人民郵電出版社，2013），頁133。
(383) 約拿生・威諾，《鳥喙》（北京：人民郵電出版社，2013），頁134。

農作物的人工選擇就更加穩定，被農民挑選出來作為種子的一定是籽粒飽滿、生長迅速、抗病力強的品種，簡單的說就是——產量高。農民的喜好非常穩定，無論是爺爺還是孫子。所以人工選擇比較精準。相比之下，自然環境下的自然選擇很不穩定，這幾年雨水少，耐旱品種能生存下來，過幾年雨水多，生長快速的品種繁殖就更多。所以按照人工選擇來推導，達爾文自然選擇理論的參照系是有問題的。

即便是加拉帕戈斯群島的達爾文雀，雖然面臨主要的選擇壓力是乾旱或者多雨季節中能否吃到足夠的食物，但是科學家也說：

「……達爾文雀面臨的選擇壓力不止一種。它們同時承受著幾種相互衝突的選擇壓力。多種力量在進化進程中同時起作用，不同力量的衝突全然沒有規律可循。」(384) 比如喙大的鳥，雖然可以咬開更堅硬的果實，但是往往體型也大，需要的食物就更多，在食物匱乏的季節生存也更艱難。這麼多的選擇壓力同時在起作用，從這個角度來講，達爾文的自然選擇理論就忽忽悠悠地搖晃起來，而拉馬克的用進廢退會更有優勢。

如果把自然選擇比作剪刀或者篩子，不符合要求的全部淘汰，而生物還缺乏主動適應能力，完全靠基因突變來碰大運，那就麻煩了，恐怕地球早就變成了一片荒漠。因為這個剪刀或者篩子基本沒準兒，一會兒圓的能生存、一會兒方的能生存，折騰的結果是圓的、方的都會被篩掉。我們都知道「三十年河東，三十年河西」，如果生物沒有適應能力，河東和河西就會全部被幹掉，一個不留。

這樣的事情經常有：連續幾年的洪澇災害會成就一批耐水的生物，比如耐澇的植物和腿上有豐富油脂的小昆蟲，它們會生活得很好。但是轉年也許就是連續的旱災，使這些耐水不耐旱的生物折損大半，活下來的生物基本都能夠忍受乾渴。可是也許轉眼又來了一場森林或草原大火……

當然，還是有生物能夠生存下來。苦盡甘來，這些幸運兒過上了幸福生活，風調雨順而且競爭對手也都快死光了，幸運兒霸佔了整個生態位，盡情揮霍生活資源、大肆繁衍後代。但是很多年、很多代過去之後，幸運兒艱苦奮鬥的優良基因缺少了大自然的捶打而變成了化石基因，慢慢地不再表達成性狀而失去了這個能力，這時候連年的洪澇災害又來了……所以自然選擇確實不是篩子，哪有這樣不靠譜的篩子呢？

如果進化的動力只有自然選擇，那麼自然選擇一定是嚴厲、精準而穩定

(384) 約拿生・威諾，《鳥喙》（北京：人民郵電出版社，2013），頁106。

的，像工廠裡加工零部件的模具一樣，精準到毫米、微米，這樣才能在特定的環境中塑造出特定的複雜生物。可惜自然選擇既不嚴厲也不精準更不穩定，一個手抖得厲害而且性格急躁，陰晴不定的工人師傅，能夠加工出精密儀器嗎？

但是傳統生物學家是把自然選擇當做精準的尺規來看待的。現在我們可以看「累積選擇」（這個過程中，每一次改進，不論多麼微小，都是未來的基礎）與「單步驟選擇」（每一次「嘗試」都是新鮮的，與過去的「經驗」無關），它們之間的差別可大了。道金斯教授認為：「要是演化進步必須依賴『單步驟選擇』，絕對一事無成，搞不出什麼名堂。不過，要是自然的盲目力量能夠以某種方式設定『累積選擇』的必要條件，就可能造成奇異、瑰麗的結果。」[385]

其實道金斯教授所說的「累積選擇」是正確的，生物的複雜性確實是從最簡單開始，一點點累積起來的，但是，不是「盲目力量」所能做到的。雖然自然選擇的力量很強大，能夠輕鬆地把生物整個物種消滅掉，但是大自然的行為標準經常變化，它不穩定、不精準，也不嚴格。比如上面的例子中，大自然的旱災和洪澇災害你方唱罷我登場，生物耐澇和耐旱的性狀哪個能夠穩定的累積呢？不要認為能夠一起累積，生存資源有限，沒有生物擁有所有的優勢。就像前面所說，動物的速度、耐力和力量往往是矛盾的，不會出現在同一個物種。所以自然選擇是「成事不足，敗事有餘」，能夠毀滅物種，卻不足以精細的雕琢新的性狀。

而根據達爾文的進化論，自然選擇作用屬於外因範疇，不應對事物的發展即生物的進化起主導作用。達爾文也認為內因加外因推動進化，不過他所說的內因指的是隨機的突變，但是這樣隨機和偶然的東西並不是真正的內因，而只是內因的表像而已。因此從哲學的邏輯推理，自然選擇進化論的完整性就要打一個大大的問號。**達爾文的進化論是片面的！**

「生物學家們並不能（或者至少到現在還沒有）排除這樣的可能，即還有其他的力量在自然中發揮著作用，在進化過程中產生出和自然選擇類似的效果。」[386]

其實進化論的片面性並不是達爾文的錯，他在《物種起源》第三版中曾經提醒讀者：「請允許我再次重申，自本書的第一版起，我就在最顯眼的位置，也就是緒論的結尾處，寫到『我確信自然選擇是物種變化的主要途徑，但並非

---

(385) 理查・道金斯，《盲眼鐘錶匠》（北京：中信出版社，2014），目錄。
(386) 凱文・凱利，《失控》（北京：電子工業出版社，2016），頁570。

唯一途徑』。」

而且達爾文也認同「用進」的作用，他說：「至於在各種特殊的情況下，多少遺傳可以被歸於增強使用的效果，多少可以被歸因自然選擇，我們似乎就無法做出判斷了。」[387]

對自然選擇盲目崇拜的主要是那些斷章取義的傳統生物學家，但是很奇怪，他們從來不說「自然選擇是唯一途徑」，不過，當你對唯一性提出質疑的時候，他們會跳出來攻擊你，告訴你自然選擇的力量多麼強大，你的理論缺少關鍵性證據等等。然而他們並不能提出自己的理論。

這個世界上，幹活的永遠輸給挑刺的，所以從來沒有什麼第二、第三條途徑能站住腳。

達爾文把生物進化的大部分功勞劃給自然選擇，並且動情地說：「在上述的幾種情況中，自然選擇為了每種生物的利益而工作著，而且它利用著所有可利用的有利變異，在不同的生物中，產生出了功能相同的器官……」[388] 自然選擇不是自然母親，一定不會對每個生物負責，真正為了每種生物的利益拼命工作著的，只能是生物自己，利用有利變異產生器官的，當然也只能是生物自己。

還應該申明一下，我在本書中一直說，傳統生物學家認為基因突變是隨機的，但是這裡的「隨機」只是一個簡化了的說法，實際上他們所說的隨機是需要一點限定的。

道金斯教授在書裡說：「追究突變是否真正隨機，可不是個瑣碎的問題。它的答案與我們理解『隨機』的方式息息相關。要是你認為『隨機突變』的意思是突變不受外界事件的影響，那麼X光就否定了『突變是隨機的』（X光能夠誘導突變）。要是你認為『隨機突變』意味著：所有基因都有同樣的突變機會，那麼熱點證明了突變不是隨機的。要是你認為『隨機突變』意味著：染色體上所有位址的突變壓力都是0，那麼突變仍然不是隨機的。只有在你將『隨機』定義成『並無改良身體的偏見（意圖）』時，突變才真的是隨機的。」[389]

那麼我在這裡也就此給個說法：突變是生物體內的智能**有意圖**的允許發生的半可控半不可控的變化，更重要的是，生物智慧還會「觀察」突變產生的影響，積累突變的結果來豐富自己的經驗，這是一個學習的過程。也就是說，有

---

(387) 查理斯·達爾文，《物種起源》（江蘇：江蘇人民出版社，2011），頁215。
(388) 查理斯·達爾文，《物種起源》（江蘇：江蘇人民出版社，2011），頁178。
(389) 理查·道金斯，《盲眼鐘錶匠》（北京：中信出版社，2014），頁316。

改良身體或者儲備救命基因的意圖！

傳統生物學家認為基因突變沒有意圖，也是可以理解的——沒有主角，那麼是誰的意圖呢？但是本書將嘗試找到這個控制生物生長發育的主角，所以突變理所當然就有了意圖。

如果沒有一個內因造成基因突變，那麼直接、隨機的突變很少帶來有益的性狀。即使偶爾有一點有益的突變，也常常會帶來關聯的不利的基因改變，那麼這些突變個體就只能等著自然選擇的淘汰。

如果有內因控制基因突變，那麼在這樣定向的突變中，有益突變的比例當然會大幅度提高，而產生的有害關聯基因改變，也會在內因的調節下減少到最低。

傳統生物學家誇大自然選擇的力量，還誇大人工選擇的力量，好像人工栽培出來的植物是被製造出來的一樣，而忽視了生物自身發育的力量。現在鬱金香的品種大多數由人工育種，人工選擇當然重要，但是人類只是利用了鬱金香的發育原理，調整了花卉的發育方向，從而產生了如此多的新品種。

和自然選擇一樣，人工選擇也是同樣的強大。比如夏天大家喜歡吃的西瓜，為了可口，人工育種和栽培的西瓜越來越甜，籽越來越小，水分越來越多。但同屬於葫蘆科西瓜屬的籽用西瓜的瓜籽卻越來越飽滿，而瓜瓤卻不好吃。這當然是幾百年來人類根據不同用途選擇栽培的結果，中國在1536年就有籽用西瓜的記載。可是怎麼能否定西瓜自己發育的力量呢，如果不借用轉基因，人類能把茄子培育成西瓜的味道嗎？

五年前我買了一套組合健身器材來健身，天天基本都鍛煉一小時。剛剛幾天，小臂肌肉拉傷，於是買了一瓶某某緩解肌肉疼痛的搽劑，擦了幾次好了；又過幾天，打沙袋的時候手腕挫了，只好買了一副長護腕護住腕關節；過了1個多月，踢沙袋的時候，傷到了腳脖，又買了一副護腳踝的護具穿上了。不要說我沒用，讀書人就是這熊樣，要不怎麼說「手無縛雞之力」、「百無一用是書生」呢？

我是想說，和基因的關聯性一樣，很多事情也都是牽一髮而動全身的。電視機的銷售會帶來薯片銷量的增長，也會增加很多肥胖疾病。水電站給人類帶來電力，也嚴重影響了洄游魚類的生存。健身帶來了健康，也帶來了運動傷害。但是由於這些人類進行的活動是有意而為之，發現問題，解決問題，所以人們知道問題源頭在哪裡，也會想辦法來避免或減少相關的不利影響。

而假設沒有意識，這些負面影響可能就會導致整個項目被自然選擇所淘汰。如果我不用藥水，肌肉拉傷不會很快痊癒；如果買不到護具，也許就無法打沙袋。而在我的意識作用下，這些問題都找到了解決方法。所以定向突變比隨機突變成功率高得多，也就可以理解了。

再舉個例子：你聞到烤羊肉串、看到烤羊腿就邁不動步，一定要大快朵頤，撐得站不起來才過癮。是因為你自己喜歡吃？還是因為你的祖先愛吃烤肉，才能在自然選擇的篩選下一代一代生存下來？嘿嘿，其實這兩個原因都有。如果你不喜歡吃，沒人強迫你非要來幾串。而如果你的祖先看到就燉肉就噁心、看到烤肉就吐，在條件惡劣的原始森林和非洲草原上恐怕也活不下來。所以不能否定「智慧」在生命中的作用，不能因為自然選擇強大就忽略別的因素，這明顯不客觀。

生物的生長發育和進化，絕對是一件複雜的事情，只要是科學範疇的學者，不管站在什麼立場，支持什麼理論，都會認同這個複雜性。而複雜的問題，一般來說都不止一個產生原因。

舉例來說，學習也是一件複雜的事情，小明是個學霸，小強是個學渣，他倆是同班同學。學習成績差距這麼大，一般來說原因不會只有一個：

一、小明父母重視教育，拿出了很多時間和精力陪孩子成長、學習。小強父母不懂教育，常說一句話：「樹大自然直」。

二、小明父母是雙職工，作息時間比較固定，每天按點吃飯睡覺，有時間輔導和教育孩子。小強父母賣麻辣燙，天天早出晚歸，就連給孩子做飯的時間都沒有，更別提看管孩子。

三、小明家離學校很遠，他的父母乾脆在學校旁邊租了房子，節省了孩子每天上學放學的時間，寧可自己上班遠點。小強家也遠，每天坐車花了很多時間。

四、小明家條件一般，但是父母在教育上捨得花錢。上輔導班、買練習冊花了很多錢，小明的課餘時間多數用在學習和增長閱歷上。小強家裡不差錢，但是小強不願意做練習冊，更不願意上輔導班，父母也樂得省錢。別人問起來，他們就回答：「孩子不喜歡，我們也沒辦法。」

五、小明家租房時，挑了一個安靜的社區，而且社區保安很負責，小商小販收廢品的不允許進入。小強家在鬧市區，樓下是自由市場，「收酒瓶子了，破爛換錢」不絕於耳。

其實以上都是兩個孩子學習成績差距大的原因，但都是客觀原因——外因，而主要原因還是在主觀原因上——內因：

六、小明從小養成的習慣就是讀書加上適度的休閒活動，看電影、打球，小明父母懂教育、會引導，給孩子創造了一個學習氛圍。小強從小就是遊戲高手，他的父母教育方式就是散養。

七、小明上課的時候注意聽講，放學路過書店就想進去轉轉。小強看到老師就犯困，放學路過網吧就要進去玩幾塊錢兒的。

八、小明喜歡做有點難度的習題，解題之後很有成就感。小強喜歡玩有點難度的遊戲，通關之後很開心。

以上這八點都是學習成績產生差距的原因，所以一件複雜事情的發生，仔細考慮起來常常有很多原因。當然這些原因不能有排他性，不能相互矛盾，而且往往也會有一個主因。

上學的時候，你的期末考試成績很爛，看著剛開完家長會的媽媽陰沉的臉，你要怎麼解釋呢？你當然要說：同桌喜歡說話影響到你，物理老師絮絮叨叨你不喜歡，英語老師更年期脾氣不好，教學樓外面經常有收破爛的吵吵嚷嚷地路過……其實你心裡最清楚，真正的原因當然是你玩王者榮耀上癮，或者一直在偷偷看鬥破蒼穹，或者惦記著第二排那個可愛的小女生。這些才是真正的原因。

自然選擇只能是生物進化的外因。這樣變幻莫測的史詩般浩大壯闊的進化歷程怎麼能只有外因而沒有內因？其實我們人類也參與其中，一直是這個神奇過程的深度參與者，而且暫時是智慧上的冠軍。

人類生活和工作中所見所得無不證明了我們一直在用心，一直在努力。難道你的升職加薪不是你一直認真工作，並且與同事和領導關係處得都不錯的結果嗎？不會是老總扔了一個皮球，砸到誰就讓誰當部門主管吧。你兒子考上了重點大學不也是他十幾年寒窗苦讀的收穫嗎？不會是按學區隨機分配錄取名額，或者大家抓鬮得來的吧。你和你媳婦的婚姻，不也是你喜歡一個單身美女，然後不斷請人家吃飯、送人家禮物、陪人家逛街追求來的嗎？不會是兩個人走在街上，身上跳動的正負電子異性相吸，把兩個人粘到一起就結婚了吧。你在正確的時間、正確的地點，遇到了正確的女人這都是外因，你倆能走到一起並且結婚生子最關鍵的原因還是你看上了人家，黏黏糊糊緊追不捨，用你的誠意和肉麻的甜言蜜語打動了人家的芳心。姑娘一看自己年齡也不小了，你比其他追求者強了一丁點兒，才肯下嫁於你的。這些關鍵點都是內因。

我上面說的人類是「冠軍」，第一，只是智慧上，其他項目：視覺、聽覺、嗅覺、耐力、速度、力量等等，我們通通被別的生物甩了好幾條街。「通過研究不同的靈長類動物的初級視皮層占整個大腦皮層的比例，發現比起其他靈長類動物，人類初級視皮層占大腦皮層的比例最小。而且，人類視覺的敏銳性也不如其他靈長類動物。我們的其他感覺以及主要感覺區域的大小，比起其他靈長類動物，也同樣沒什麼值得炫耀的，而我們的嗅覺尤其弱。但是，進化使我們學到了一個重要的經驗：擁有什麼並不是最重要的，關鍵在於如何運用擁有的東西。我們通過感覺接收到的原始資料相對較少，但是我們能進行出色的、深入的分析，不斷地從中提煉出深刻的見解。」(390)

動物其實也具有深入分析的能力，在陽光昏暗的熱帶雨林中，百分之九十九的動物是靠它們遺留在地面上的化學痕跡辨認方向。它們知道如何運用自己發達的嗅覺。動物是一群精於化學溝通的大師，而人類卻弱得很。

第二，只是暫時，誰知道會不會有其他生物異軍突起，在智慧上超越人類。

以上這麼多事例都指向一個我們還沒有發現的可疑原因，這個原因在內部，所以當然有足夠的理由來設一個變數 $X$。至於結果是什麼，其實也不會讓我們誤入歧途，或者比現在更加無知。就算證明了沒有第三方原因，那就是 $X=0$ 唄，也是一個正常結果，為什麼要回避，不敢嘗試呢？

當然，生物進化的「內因」這個概念並不是我提出來的，很早就有人相信內因的存在，並且一直在說說說。達爾文的《物種起源》裡提到：「米伐特先生相信物種是因為『內在的力量或傾向』而變化的，那麼，這種『內在的力量或傾向』究竟是什麼呢？他本人對此也是一無所知的。」(391) 毫無疑問，達爾文肯定不相信「內因」，他很客氣地說：「但是，在我看來，除了普通的變異性傾向外，似乎並不存在任何形式的『內在的力量或傾向』。」

還是要說明一下，我強調內因的重要，並不是否定自然選擇。環境變化是對生物的考驗，生物一不小心就會被自然選擇所淘汰，但這也是加快進化速度的有效手段。武俠小說中的大俠都是在一系列倒楣事件中抓住機遇，通過刻苦學習成為高手的。這樣的途徑通常會比跟著一個師傅一直修煉成功得更快。

也不是所有事件都一定會有鮮明的外因和內因的作用。很多小事情的起因就很簡單，比如園丁剪斷枝條，就不能說內因是枝條長得不夠結實。其實就算枝條長成了一根鐵絲，園丁也會用鉗子把它掐斷。但是生物的進化是一個史詩級的浩瀚詩篇，這麼一個複雜多變、波瀾壯闊的鴻篇巨著又怎能只是來源於一

---

(390) 丹尼爾・博爾，《貪婪的大腦》（北京：機械工業出版社，2013），頁149。
(391) 查理斯・達爾文，《物種起源》（江蘇：江蘇人民出版社，2011），頁229。

個簡單的外因？更何況我們明明白白地看到生物為了生存和繁殖後代而進行的艱苦卓絕的抗爭，並從很大程度上改變了自然環境和自然選擇的方向。所以我們怎麼能漠視這個巨大的內因對進化起的作用呢？

自然選擇當然非常重要，它當然是推動進化的動力，這是無可置疑的。但是智慧在生物進化過程中起的作用，也不見得小於自然選擇。

舉例來說，人類最早使用的船是獨木舟，只是簡單地把一棵樹摳出一個洞。也有由多根樹幹和竹筒捆紮而成的木排、竹筏，從此開始了人類的造船史。之後出現的木船就已經可以在近海捕魚和航行了。中國隋代的舫是由兩艘船並列連成一體的「雙體舟」，它加寬了船身，使船更加平穩，又能載客運貨。大帆船的出現減輕了人力負擔，開始了真正的遠洋時代，人類基本可以到達地球海域的任何地方。蒸汽船是劃時代的，從此人力被解放了出來，船舶也更大、更快、更強。而內燃機和汽輪機的輪船當然就代表了當代科技，遠勝於以前所有的船舶。

在這個過程中，我們明顯可以看到自然選擇和智慧共同的作用，正是因為大海的驚濤駭浪以及小木船的費力、狹小和弱不禁風，才導致了後面先進的船隻一批一批地出現。假如小舢板也可以很安全、快速、巨量地進行貨運和客運，恐怕人類也沒有動力來設計更好的船。而如果沒有人類的聰明才智，就算小木船能下崽兒，也不會真的生出大輪船。

很多生物學家認為性選擇是自然選擇之外的進化動力，這是有幾分道理的，但是性選擇的根本原因還是意識的作用：Party上進來一個帥哥，幾個女孩眼睛一亮就要圍攏過去。這時旁邊一個男孩指出，這個帥哥家庭條件很差很窮。幾個女孩的興趣一下子少了一半。男孩又說，帥哥好賭，把周圍朋友的錢都借遍了。幾個女孩情緒降到了冰點，一哄而散。

有人說，小時候認為西天取經的九九八十一難中，女兒國是最簡單的一難，好吃好喝，甜蜜而又溫馨。長大了才知道，這才是最危險的一難，差點讓取經小分隊解散。可見性選擇力量的強大，但這不正是源自於小分隊隊長意識和潛意識對美貌異性的嚮往和理性的堅持麼，也就是唐長老這樣的得道高僧，如果換做我等凡夫俗子，又有幾人能抗拒女兒國國王那水汪汪的大眼睛裡含情脈脈一往情深的期盼？早就迫不及待地打發徒弟們去取經，然後自己留在溫柔富貴鄉里了——「悟空～～你帶著他們去天竺吧，見到佛祖幫我帶好。八戒沙僧你們要聽大師兄的話，為師在這裡等候你們的好消息！」

動物也一樣，異性的吸引來自於意識的判斷。喜歡美麗、強壯和健康的異性是潛意識的判斷，喜歡能捕獵、會築巢、有領地的異性是意識的判斷。

也有生物學家認為基因的水準轉移是進化的原因，如果把基因水準轉移看做是生物在學習，那麼這也是生物智慧的作用。

有網友發帖子問：「人類是否已經不再受到自然選擇的影響了？」

只要基因突變還存在，人類就不可能逃出自然選擇。另外，一些以前不是問題的疾病，在人類生活條件改善和壽命延長之後，反倒成了大問題。比如糖尿病，古代人類沒有那麼多含糖食品，而且一般也活不到糖尿病發病。「大多數與心臟病有關的基因，在我們過度放縱自己攝取大量脂肪之前，是無害的。引起近視的基因，也是只在兒童幼年時要讀書，要做近距離工作的文化氛圍中才起作用。」(392)

自然選擇不僅作用在身體健康層面，也作用在精神健康層面，而精神疾病很難很快根除，所以自然選擇會長期存在，自然選擇永遠會虎視眈眈地盯著人類。

傳統生物學家不願意探究生物進化真正的內因，一個主要原因是——內因會跟「目的性」聯繫在一起，而「目的性」是他們非常討厭的一個詞，因為這個詞與他們經常掛在嘴邊的「隨機、偶然」相悖，而且這個詞會和幾乎所有生物學無法解釋的生命現象掛鉤。所以傳統生物學家一定要把這個聯繫給剪斷，在解釋生命活動的時候他們會說「就是為了生存」或者「就是為了把基因遺傳下去」，如果你接著問「生存是為什麼？」、「基因遺傳是為什麼？」，他們就會很不耐煩的回答「不需要有原因」、「沒有為什麼」。

科學家在否定「目的性」和剪斷這根紐帶的同時，也剪斷了科學與眾多無法解釋的怪異現象和民間傳說的最後一絲聯繫，並從此劃清界限，準備老死不相往來。但是，你真的確信——民間傳說全都錯了嗎？

杜布贊斯基說過：「如果不從進化的觀點理解，生物學的所有東西都說不通。」借用一下杜大師的話，我想說：「如果不考慮內因，進化也說不通。不會有進化，不會有演化，甚至不會有潛移默化，頂多有個變化。」其實只要認真思考一下就知道，作為外因的自然選擇和基因突變只不過是在沒有找到內因的情況下，對生物進化暫時的解釋而已。我們應該更努力地猜測和尋找真正的原因。不能淺嘗輒止，放棄對更主要原因的探索。

另一方面，如前面章節所說，生物把生殖看得比生命還重要的根本原因並不是為了延續基因，延續基因只是手段而已，是為了生物智慧的延續，這在後

---

(392) R·M·尼斯，G·C·威廉斯，《我們為什麼生病》（北京：海南出版社，2009），頁8。

面會詳細說明。

而生命的世世代代之間的聯繫也不只是基因，基因只是一串編碼、一串符號，它沒有智慧也沒有思想。沒有讀取編碼的程式，基因什麼都不是。就像我和我的兄弟之間的聯繫，不是我們都姓李，而且都叫「李天*」，姓名只是編碼和符號，而是因為我們有同父同母的血緣關係。

所以，以研究基因為核心任務的現代生物學並沒有發現真正的延續性。也就是說，是孤立的！

**這就是現代進化生物學的現狀：片面、侷限、孤立、單調而且機械。**片面，因為沒有考慮進化的內因；侷限，現在人類只瞭解地球上常規物質中的生物，而對其他星球和非常規物質一無所知，相對於浩瀚的宇宙來說，實在是滄海一粟。孤立，因為生物學家還沒有認識到生物個體生存的連續性，並不只是這一生一世，而基因的連續並不是最主要的連續。單調，忽略了生命的抗爭，只有自然選擇這麼一個晃來晃去的大篩子，能不單調麼。機械，這個大篩子像不像用來選礦石的礦山機械？

如果想在變幻莫測的自然選擇中存活下來，需要一個強大的內因，他就像一個老司機，帶著龐大的生物體闖過每一個關口，披荊斬棘，滾滾向前。他也像一雙「隱形的翅膀，帶我飛，飛過絕望。」

## 第二節　神秘的灰衣人

那麼什麼是進化的內因呢？當然是本書前面幾章所說的那個「進化現場的灰衣人」，也就是生物體內的智能。

內因和外因不矛盾，事物的發生和發展往往是內因和外因共同作用的結果。自然選擇和生物智慧也不矛盾，雖然智慧一直想突破自然選擇的限制，但是敵人太強大，所以智慧只能順應自然選擇，並在有限的範圍內為自己爭取最大利益。生物的進化並不是只有自然選擇就夠了，這是兩者共同作用的結果。

但是，如果這個灰衣人真的被發現，那麼現代科學就要遇到大麻煩了。這就像拍完一個電影，也宣傳了，也上映了，觀眾反映還不錯，影評的分數也挺高。但是大家忽然發現忘了安排女主角了，男主角（自然選擇）、配角（漂變等）和群眾演員倒是張張羅羅挺賣力，但是他們也替代不了女一號啊。難怪大家一直感覺缺點什麼……看一下現在的生物學、醫學、心理學和哲學，也許都面臨這個問題。

如果用電腦作參照物來看（不包括操作員），這個灰衣人類似於電腦的作業系統（比如WinXP，Win10）、應用程式（office2019，360殺毒，QQ）、硬體驅動（顯卡驅動、音效卡驅動）以及電腦零部件裡固化的程式，簡單的說就是電腦的整個軟體系統。

對應於人來看，類似於人的意識加上潛意識，也類似於宗教所說的「靈魂」。關於靈魂問題，由於容易引起不必要的麻煩，本書不做討論，感興趣的讀者可以自己發散思維。但是本書所說的灰衣人，與靈魂確有相似之處。意識只是灰衣人的一部分，意識只控制人類的行動，並不控制人類的生長發育，更不能控制遺傳進化，而這一切，都是灰衣人所掌控的。

科學、哲學、宗教都是人類文化的精華，也都是人類對世界的思考。但是三者之間的關係並不和諧，對人類的影響也是「各領風騷上千年」，現在呢，肯定是科學強勢。但是也許三者並不是那麼矛盾不可調和，他們之間有一個關鍵點可以把三者聯繫起來，這就是科學所說的生物、哲學所說的思維意識、宗教所說的靈魂，這三者的關鍵點都指在了一個點上，就是這個灰衣人。

前面文章提到過，動物到底有沒有意識呢？我認為動物有簡單的意識，而人類有複雜的意識。但是即便動物存在意識，控制動物全部生命活動（生長、發育、生殖……）的，也絕不只是意識。

講一個故事，一個真實發生的事情：對於複雜的動物來說，如果有意識，那麼意識一般會在大腦裡，但就有這麼一隻雞，沒有大腦，因為它沒有腦袋！問題是這只雞活著，而且還在長大，這就是赫赫有名的美國無頭雞——麥克（The headless chicken Mike）。

1945年9月，美國科羅拉多州夫魯塔市（Fruita）的農夫羅迪・奧臣（Lloyd Olsen）請岳母吃飯，他從圍欄抓出一隻五個半月大的公雞。他的岳母喜歡吃雞脖，所以奧臣斬雞頭時留下公雞的一隻耳朵和大部份腦幹，但是湊巧並沒有把公雞立刻吃掉，而是放走了。被斬頭後，麥克反應很劇烈，但過不久便可以正常行走。在無頭雞麥克被斬首後第一夜中，它還是把殘缺的頭伸到翅膀下睡覺。這感動了奧臣，決定留下麥克的性命。

勉強「活」下來的無頭雞麥克能笨拙地走動，它甚至想用失去了的喙整理羽毛，奧臣通過滴眼藥水的小瓶以牛奶和水餵養麥克，也會加上些小粒的粟米等糧食。而當麥克的食道入口偶爾被黏液堵塞時，奧臣會使用注射器給清除掉。

麥克沒有頭，不過仍能走到雞籠高處而沒有跌下。它也會啼叫，但只能從喉頭發出微弱的沙啞聲音，沒辦法在早晨打鳴。

無頭雞麥克不死的消息傳開，人們都很好奇，於是它的名氣大起來，奧臣帶著麥克到處展覽。直到一年半之後，在巡迴展覽的時候，麥克的粘液開始堵塞，而奧臣手邊沒有注射器，所以無法清理粘液，這次麥克真正的死亡了。

麥克斷頭時體重大約2.5磅，徹底死亡時增加到了幾乎8磅。麥克死後解剖證實，斬下的刀錯過了頸部的大血管，並且在流出一部分血液後，傷口及時凝固了，防止麥克過度失血死亡。雖然大部分頭部被切斷，但部份腦幹和一隻耳朵保留了下來，該部份腦幹正是控制大多數反射行為的主要部份。

麥克沒有頭還能夠生存，說明大腦並沒有掌控著動物的一切行為和發育。這樣的例子在自然界很多，屬於扁形動物門的真渦蟲也有這個能力。

真渦蟲生活在世界各地的池塘、河流和海水裡。它的再生能力極強，甚至連頭都可以再生，是研究組織再生的模式生物。

美國波士頓塔夫斯大學的研究人員測試了真渦蟲的記憶。他們把一組學會了覓食技巧的真渦蟲斬首。兩週之後，頭又重新長出來，研究人員發現那些曾經被訓練過的真渦蟲找到食物的速度遠快於未接受過訓練的對照組。這項研究表明，真渦蟲的記憶被儲存在身體的其它部位，而不是大腦。

記憶不僅儲存在大腦裡，這個現象不只是其他動物有，在人的身上也存在。美國亞利桑那大學心理學家加里．施瓦茨（Gary Schwartz）把器官移植後的記憶改變現象稱為「細胞記憶」。

他認為至少10%的人體主要器官移植患者———包括心臟、肺臟、腎和肝臟移植患者，都會或多或少「繼承」一些器官捐贈者的性格和愛好，一些人甚至繼承了捐贈者的天賦。統計顯示，至少有70個器官移植者的性格在手術後變得與器官捐獻者性格相似。施瓦茨調查研究20多年後認為：人體的所有主要器官都擁有某種「細胞記憶」功能。

1988年，美國舞蹈家克雷爾．西維亞接受了心臟和肺臟移植手術。然而手術後，以前性格平和的她開始變得非常衝動和富有攻擊性，並且愛喝啤酒，愛吃本來並不喜歡的炸雞塊。經過調查發現，她的心肺捐贈者是名18歲男孩，死於摩托車事故，男孩生前不僅富有攻擊性，並且最愛吃炸雞塊。

有一個懸疑電影，取材於一個夢到兇手，然後抓住嫌犯的故事。一個美國7歲小女孩患有嚴重的心臟病，她得到了一個捐贈的心臟，這顆心臟的主人是一個10歲小女孩，她在幾天前被謀殺。當7歲小女孩接受了心臟移植手術後，卻從此開始經常做噩夢，夢到自己被人謀殺了。她對夢中的兇手進行了詳細而精確的描述，警方依靠她提供的線索，竟然真的一舉逮住了那個殘忍謀殺10歲女孩的兇手。這個故事廣為流傳，但是無法確認真實性。

某些天賦似乎是能夠隨著器官傳遞的。一個女性接受器官移植後，竟突然開始會說外語；還有一個女孩移植了一名年輕詞曲作家的心臟和肺臟後，忽然喜歡彈吉他，並開始寫詩和譜曲。

另有一件奇怪的事情，有一個名叫克雷爾的女孩竟然夢到了自己的心臟捐贈人叫做蒂姆，儘管從沒有人告訴她。克雷爾隨後打電話給器官移植調度官員蓋爾．愛迪，但是由於保密制度，愛迪拒絕回答她的問題。然而沒過多久，克雷爾就證實了她的心臟捐贈人的確名叫蒂姆。因為她找到了一個訃告，報導了不久之前，一個18歲男孩蒂姆．拉米蘭德死於摩托車車禍的消息。

克雷爾懷疑，也可能是某個醫生在為她實施手術時，說出過蒂姆的名字。然而愛迪告訴她，醫生也不知道器官捐贈者的名字。幾個月之後克雷爾見到了蒂姆的家人，並且得知，蒂姆生前喜歡吃青椒和炸雞腿，克雷爾非常震驚，因為她在移植之後，也突然愛吃青椒和炸雞腿了。

人體的主要器官是否擁有「細胞記憶」？現在沒有定論，只能說很有可能。以上的事件放到一起（當然，這些事件多數沒有得到證實），也許可以說明：動物的腦是專事思維的器官，但是在腦思維之外還有另一套類似的思維體系，「這種思維獨立於腦思維之外，不能像腦思維那樣可以隨意開始或終止某一思維過程。它是一種不被感覺的思維，我們可以把它叫做潛思維，以區別於腦思維。」[393]

在這方面最有名的事例當然還是螳螂交配事件：咱們前文說過，在交配過程中，公螳螂並不願意把自己當做營養品送給配偶補身子，但是實際情況是它在人高馬大的母螳螂剪刀手面前，一般很難跑掉。而母螳螂做的事情極度過分，你把人家吃掉之前，讓人家爽歪歪一下這是應有的道德吧，但是令人髮指，在剛開始交配的時候，母螳螂就會開吃，而且從頭部開吃。可憐的公螳螂出師未捷身先死，奇怪的是，沒有頭的公螳螂比活蹦亂跳的公螳螂交配時間更為持久。

這種現象的神經學解釋是這樣的：「昆蟲大部分行為都是受最後一節腹節神經（靠近尾部）控制，而不受意識控制……通常情況下，活著的公螳螂的行為受到食管下神經中樞（靠近頭）的抑制，所以是不會做持續的機械運動的。

(393) 郝瑞，陳慧都，《生物的思維》（北京：中國農業科技出版社，2010），頁46。

當這個抑制中心一消失，剩餘的部分便如失控的機器一樣停不下來。」(394)

這樣，母螳螂一箭雙雕，即防止公螳螂占了便宜就跑，同時也讓它的生殖器官更加賣命，絕不偷懶。可是可憐的公螳螂甚至不能過把癮就死了。但是，這個例子正好否定了一些人認為生殖是為了交合時候的快感，這是本末倒置的。

從這裡看，動物的思維系統不止一個，而且層次也不同。當然也不都是被意識所支配。從人類大腦損傷的患者也可以看到類似的情況，受損部位的一些功能常常會被附近的部位所代替。醫師發現，新皮層的任何一個單獨部分遭受損壞都不一定是致命的，甚至不會影響意識的延續。有的人生來幾乎沒有新皮層仍能存活，並且其生活質量也基本不受影響。認為意識是大腦活動產物的科學家該如何解釋這個問題？

世界著名的學術雜誌《科學》125週年紀念刊上，列舉出了迄今為止尚未解答的25個科學問題。其中有一個問題：意識的生物基礎是什麼？

早在17世紀，近代西方哲學之父、法國哲學家、數學家勒奈·笛卡爾就指出思想和身體是完全分離的，也就是赫赫有名，引起數百年爭端的「二元論」。

笛卡爾的看法是，「肉體是由物質組成的，而心靈則由不可明辨但很顯然為非物質的實體組成。因為笛卡爾不能識別心靈的性質，他留下了一個無法解決的哲學難題：既然只有物質能影響物質，一個非物質的心靈怎麼能與一個物質性的肉體『相聯』？」(395)是的，非物質無法與物質關聯，那麼非常規的物質可不可以與常規物質關聯呢？

之後，意識的自然屬性就一直存在爭論。今天的科學家則認為意識是來自大腦內部的神經細胞組織及其特性，並以此觀點來對笛卡爾觀點提出挑戰。而分解這些特性和過程的實驗工作目前才剛剛開始。

葛列格·米勒在《科學》雜誌的一期特刊上寫道：「即便如果實驗的結果不能為意識是如何從神經細胞的一片混亂中產生提供更深入的認識，它也能為此問題的下一輪提供參考。」

雖然大多數科學家都反對二元論，但是它仍然對社會和生活產生著巨大的影響，二元論之爭遠還沒有定論。但是本書提出了一個推論，因為我在前幾章已經清晰的描述了一個和生物在一起，決定了生物生活、發育和進化的灰衣人

(394) 斯蒂芬·傑·古爾德，《火烈鳥的微笑》（江蘇：江蘇科學技術出版社，2009），頁19。
(395) 布魯斯·H·利普頓，《信念的力量》（北京：中國城市出版社，2012），頁113。

——生物智慧。

從本章開始，我們將參考電腦軟體系統，來詳細推導和構建這個生物智慧的組成結構。既然把它比喻成軟體系統，當然可以和硬體系統分開來討論。這樣，在我的生物智慧模型中，二元論是理所當然成立的。

換個角度看，把人體還原成機械結構，可以幫助醫學更好的研究人體。把意識認為是實體，而且還原成編碼，遮罩身體對意識的影響，肯定有助於研究意識的本源。即便二元論是錯誤的，但是直面實體化的意識，對我們觀察它也是必要的。赫胥黎認為，「真理從錯誤中冒出來的可能性比曖昧不明的態度要好得多。」(396)

科學從來不怕假說，可以驗證嘛，就怕「不可說，妙不可言，天機不可洩露，只可意會不可言傳，信則有不信則無。」這就沒辦法講道理了。

為什麼要參照電腦來構建生命的模型呢？因為生命本來就是按照一定的規律，可以自動運行的機械，電腦和生命太相似了。

「機械與生命體之間的重疊在一年年增加。這種仿生學上的融合也體現在詞語上。『機械』與『生命』這兩個詞的含義在不斷延展，直到某一天，所有結構複雜的東西都可以被看作是機器，而所有能夠自維持的機器都可以被看作是有生命的……(1)人造物表現得越來越像生命體；(2)生命變得越來越工程化。遮在有機體與人造物之間的那層紗已經撩開，顯示出兩者的真面目。其實它們是，而且也一直都是本質相同的……而對於兩者共有的靈魂，我們該如何命名呢？由於兩者都具備生命屬性，我將這些人造或天然的系統統稱為『活系統』。」(397)

要說明的是，這並不是「機械論」，因為我認為生命體除了可見的機械結構之外，還有不可見的生物智慧，相當於電腦軟體。生物就是個高端的活系統，我們所需要做的，就是找到它的軟體，所以正好參照電腦建立生命的模型。

「瑪麗．黑塞曾說過，一個真正好的科學模型……應有一種『開放的質地』，它能為未來的探索提供餘地而不僅僅是總結已經知曉的一切，它既是研究工具又是教學輔助，模型本身的特性即可成為研究對象，從中可以發現新的可能性（及不可能性）並提出新問題。」(398) 也就是說，好的模型具有預測作

(396) R．M．尼斯，G．C．威廉斯，《我們為什麼生病》（北京：海南出版社，2009），頁156。
(397) 凱文．凱利，《失控》（北京：電子工業出版社，2016），頁5。
(398) 凱恩斯．史密斯，《心智的進化》（北京：北醫印刷廠，2000），頁54。

用。科學允許建立新的模型，也允許假說的存在。

凱文．凱利認為：「新理論不需要解釋所有預料不到的細節（事實上也很難做到），但必須融入既有的秩序，且達到某種滿意度。每一段猜測、假設、觀察都受限於仔細檢查、測試、懷疑和驗證。」(399) 他的意思是，你可以盡情的猜測，但是要有依據，而且你的新理論最終目的是要融入現有的科學理論。

好，本書的生物智慧模型開始建立，我現在要做的是，根據各種生物的屬性，來推測生物智慧的屬性，然後把這個模型帶回到達爾文進化體系所未能解釋的問題進行詳細論證。如果能夠解決掉這些問題，那麼生物智慧理論就是正確的，否則就白忙活了。

當然，先劇透一下，把這個模型（或者說未知數）代入生命活動後，確實比傳統進化論要合理得多。

## 第三節　生物智慧的三層結構

生物體內決定生長發育和行為的不只是大腦，也不只大腦裡面有意識，甚至細胞裡都可能存在記憶。和電腦軟體一樣，本書把這些看不見、摸不著，而又確實存在的這部分統稱為生物智慧，和生物的身體區分開，下面幾章會一點一點的分析它的屬性。

按照前面的分析，首先所有生物都有生物智慧，其次生物智慧是相對於身體獨立的（現在理由還不充分，我們可以先這樣假設），符合笛卡爾二元論；再次它是分層的，大腦裡的意識是最上面的層次，底層和組織也還有自己的記憶，或者是意識、智慧，為了不刺激傳統生物學家（連動物都沒有意識，你敢說組織有意識！！！），這裡最好只是說組織有一定智慧。那麼在頂層和底層中間是什麼呢？是潛意識層，就是心理學家佛洛德所說的「潛意識」。

生物是一個整體，但是在研究過程中，會按照不同的結構和功能分成不同的功能集團，比如人體的八大系統：神經系統、消化系統……而消化系統又包括胃、小腸和大腸等等。

如果仔細分析生物的智慧系統會發現，它的結構和功能肯定不會比生物體簡單到哪裡去，而現在沒有足夠的能力來詳細分辨它的結構，只能先簡單地劃分一下。為了描述清楚，本節先把結論寫在前面，然後在後面詳細推導。在這裡先解釋一下我所定義的生物整體結構：

(399) 凱文．凱利，《科技想要什麼》（北京：電子工業出版社，2016），頁368。

一個完整的生物是由可見的生物體和不可見的生物智慧（暗生物）共生在一起的。而**生物智慧（暗生物）包括三層組成部分：**

**第一層，意識層。**類似於人的思維和思想系統。

**第二層，潛意識層。**就是對人的意識有影響，人的意識可以感知到，但是無法控制的這部分思想。基本等同於平常說的潛意識。

**第三層，內程式層。**這是本書一個獨特的概念，這一層次是心理學家和生物學家都沒有提過的。心理學家把這一部分也歸為潛意識，其實我也應該這麼做，沒有必要新立這麼一個概念攪亂大家的思維。但是我作為一個電腦程式員，對應電腦零部件裡面固化的驅動程式，知道生物智慧必然也存在這麼一層結構，所以還是提出來供大家參考。內程式層對應底層細胞和組織的記憶，或者是意識、智慧。這個概念對本書的內容不構成影響，如果嫌麻煩，就把它認為是潛意識層的一部分就好。

「劃時代的DNA雙螺旋結構的發現、中心法則的建立、遺傳密碼的破譯給我們打開了一扇新的門：生命也是程式，我們自己也可以編碼。」[400]同理，遲早我們可以推導出，智慧和意識也是程式，也是由生物自己學習和進化來編碼。

把生物智慧分三層，這只是一個簡單的辨別方法，是為了量化和研究心智。如果把心智分成四層、五層、六層也會有一定的道理，只不過現在參照電腦的結構，分成三層而已。也可以說成心智分三個模組，也是同樣的意思。

暗生物的這個三層結構對於本書很重要，為了更好地理解下面的章節，請讀者再看一遍。這三個層次都有自己的作用，每個層次都能解決自身面對的問題。

這個三層結構也可以分別對應亞里斯多德所說的人的三種靈魂：

「『理性靈魂』（為人所特有）、『動物靈魂』（與感覺及自我運動有關）和『植物靈魂』（為一些生物所具有，並籍此得以再生，吸收養分，生長，然後腐爛死亡）。」[401]

但是本書所說的三層結構是所有生物都具有的，只不過程度不同，比如人類的意識層發達一些，而細菌的意識層很弱……

把生物智慧結構分層，也可以從生物控制論得到支持。生物控制論是運用

---

(400) 馬庫斯·烏爾森，《想當廚子的生物學家是個好駭客》（北京：清華大學出版社，2013），序11頁。

(401) 凱恩斯·史密斯，《心智的進化》（北京：北醫印刷廠，2000），頁59。

控制論的一般原理，研究生物系統中的控制和資訊的接收、傳遞、存儲、處理及回饋的一種理論。按照這種理論，生物系統常常是一個分層次的多級控制系統，即存在著不同水準的控制中心。例如大腦皮層、腦幹和脊髓就是幾個不同層次的控制中樞。暫且不去仔細考察每層控制中心確切的位置，但是分層來研究是很必要的。

雖然分層而且分工明確、各司其職，但是生物智慧各層之間相互聯繫和配合非常默契。比如一隻蒼蠅在遇到危險的時候，能夠在零點幾秒之內突然減速，盤旋、掉頭、顛倒著飛、翻筋斗和打轉，速度快得你根本看不清楚。可以說，蒼蠅的翅膀不但設計得精妙，而且使用得也相當嫻熟。這是因為蒼蠅生物智慧的每層之間配合相當好，資訊交流實用而且高效。

順便說一下，這裡說「設計」得精妙，當然不是指神仙的設計。其實生物學家的文章裡也經常使用「設計」這個詞，這還是他們努力控制自己使用這個詞彙的欲望的結果，怕引起誤會。因為他們不認同神創論，但是又找不到更恰當的詞彙來形容，就像蒼蠅翅膀這樣的精密儀器，實在不像是自然選擇的篩子篩出來的。

生命體中的每一個層次都是建立在之前一個層次的基礎上，於是最後形成了一個邏輯結構。

「DNA中的堿基按特定順序排列，經由這個系統的調控，可以編碼不同的氨基酸，而氨基酸的變化組合在一起能夠形成無數種蛋白質。這些蛋白質按照一定的順序構成組織，再由組織形成器官。」[402]

讓我們推測一下生物智慧三層結構的演化過程。最原始的生物幾乎只有內程式層（另外兩層都極弱），內程式就像工廠裡的技術工人，技術精湛，幾乎能夠解決一切生產上的問題。但是他們多數都木訥內向，不善與人交流，甚至不同部門之間的溝通都有問題。於是湊一些技術工人中相對有點協調和指揮能力的，湊成了生產部（潛意識層），負責生產資料、資訊和指令在各個部門之間的調動和傳遞。

但是工廠大了以後，還要與外界接觸，採購原材料、推廣銷售、催欠款、拉貸款。於是又找一些生產部裡能說會道的員工，加以鍛煉，慢慢就有了銷售部和公關部這些外事部門（意識層），專門處理與客戶、其他工廠和政府機構的關係。

(402) 馬庫斯·烏爾森，《想當廚子的生物學家是個好駭客》（北京：清華大學出版社，2013），頁240。

現在生物智慧的三層結構也有了，那麼它的形態是什麼樣的呢？電腦軟體本身是沒有形態的，生物智慧也和軟體一樣沒有形態嗎？這裡我們又要推理了……

其實到目前為止，我為生物的進化建立了一個「生物智慧」假說。傳統的科學方法，包括我們在中學學到的「觀察、假說、試驗、結論」這幾個步驟。當然本書的側重點是證明這個假說是正確的。

創建假說非常重要，但是科學家一般只喜歡直接的證據，不喜歡推理，特別是沒有足夠證據，又可能產生異議的推理。

達爾文確立自己的理論「採用的是假說演繹法，也就是先立一個假說，並在這個假說的基礎上進行演繹，推出一些新的認識。然後去自然界尋找證據來證明這些認識，這樣就驗證了假說。這種研究模式在當時被認為是偽科學模式，所以也一直受到了各方的猛烈抨擊，不過現在得到了平反，據說反而成了最具有說服力的方法。」[403]

「舉例來說，原子理論最初只是一種猜測，而後變得越來越可信，是因為化學研究提供了堆積如山的證據來支援原子的存在。雖然直到1981年掃描探針顯微鏡被發明出來，我們才能真正『看見』原子（而且在這類顯微鏡下，原子的確如之前所設想的，是小球狀的），但科學家們在此之前很久就已經確信了原子的真實存在。於此相似，任何一個成功的理論也都應該能夠對未來將會發生的新發現作出預測；而只要我們更加深入地觀察大自然，就必定能獲得證實這些預測的觀察結果。」[404]

其實最好的猜測、演繹和假說應該超前於觀察，但是我們往往相反。第一個發現細菌的，是荷蘭人列文虎克，在他之前，一直就沒有人能夠想到真正左右人類壽命的並不是大塊頭的野獸，而是一些肉眼看不到的小生物。

列文虎克是一個看門老頭，也是一個製造顯微鏡的土專家。業餘愛好磨鏡頭，常常把磨好的透鏡裝在金屬架子上，製成各種各樣的顯微鏡。他製造的這些顯微鏡，最好的能放大270多倍。用來觀察各種微小的東西，像螞蟻、跳蚤、細胞和血液等，都能看得很清楚。

1683年的一天，列文虎克想瞧瞧辣椒為什麼有辣味。他把辣椒泡在水裡三個星期，然後取出一滴辣椒水來，放在顯微鏡下仔細觀察。他驚訝地發現，水裡竟有許許多多各種各樣的小生命在活動著。其中有一些很小的，還能到處穿

(403) 史鈞，《進化！進化？達爾文背後的戰爭》（遼寧：遼寧教育出版社，2010），頁58。
(404) Coyne, J.A，《為什麼要相信達爾文》（北京：科學出版社，2009），頁19。

來穿去，非常活潑。就這樣，細菌被發現了。

還有一些科學家善於觀察和猜測，他們的假說對科學的發展起了巨大作用。病毒就是這樣被找到的。

1881年，法國化學家、微生物學家巴斯德發表了著名的「細菌致病」理論——一切傳染病的病原體都是細菌。按照他的理論，狂犬病也是傳染病，但是巴斯德在顯微鏡下反覆觀察，卻無法找到致病的「狂犬菌」。

無獨有偶。1886年，德國科學家麥爾摘下患有花葉病的煙草植株葉片，加水研磨後注射進健康煙草的葉脈中，結果引起了一樣的花葉病，說明這種病是可以傳染的。根據巴斯德的理論，病原體也應該是一種細菌。

1892年，俄國青年植物學家伊凡諾夫斯基重複這個實驗時，用一個非常精細的陶瓷篩檢程式過濾煙草汁液，這個篩檢程式的濾孔比細菌還小。如果確有細菌，將被篩檢程式阻擋，濾液應該不會再使健康煙草得病了。但是，實際情況恰恰相反，這表明病原體並非細菌，而是更小的東西。最初他認為這是由於細菌產生的「毒素」所引起的，但毒素被接種到一棵又一棵煙草上後，理應越來越少，致病作用隨之也越來越弱，而實際上每一棵煙草害病的程度都一樣。於是，伊凡諾夫斯基大膽推斷：「這絕不是沒有生命的毒素，而一定是一種比細菌還小，可以通過篩檢程式的細孔，並從一株煙草傳染到另一株煙草上的微生物！」

1898年，荷蘭細菌學家貝傑林克發現了一種「有感染性的活的流質」，並取名為病毒。幾乎在同時，德國兩位細菌學家發現引起牛口蹄疫的病原體也可以通過細菌篩檢程式，從而再次證實了伊凡諾夫斯基和貝傑林克的重大發現。1935年，美國生物化學家斯坦利進一步分離出煙草花葉病病毒的結晶，並因此榮獲諾貝爾化學獎。

病毒的發現對人類生活產生了深遠的影響。巴斯德的「細菌致病」理論，揭開了人類抵抗傳染病的序幕，具有劃時代的意義，但是由於歷史的局限，這種認識是不完整的。實踐表明，包括天花在內的很多傳染病，如狂犬病、流行性感冒、禽流感、愛滋病等，病原體都是各種病毒而不是細菌。病毒太小，如果把一個葡萄球菌比作一個籃球，那麼大多數病毒大約就只有一粒黃豆大小。在光學顯微鏡的時代無法找到病毒，直到1939年放大萬倍的電子顯微鏡問世後，才拍下了歷史上第一張煙草花葉病毒的照片。而第一次將病毒從宿主中分離出來，用的還是一台簡單的家用攪拌機。

伊凡諾夫斯基根據觀察，敢於提出自己的推論，無疑加快了醫學的進步。

但是更多的情況下，保守的科學家並不願意接受這樣的推論，比如命運坎坷的醫師塞麥爾維斯（I.P. Semmelweis）就是一個悲情英雄。

1846年，塞麥爾維斯在維也納大學綜合醫院第一產科任助教。當時該院每年接生達3000～4000人次，第一產科產婦死亡率達10%，而第二產科不過1%。兩個科室死亡率相差如此之大，第一產科教授克林（Klein）認為這不可避免，屬於客觀原因，但是塞麥爾維斯不這麼認為。不過除了第二產科由助產士接生，第一產科由醫生和學生接生外，其餘並無差別。

經過調查，塞麥爾維斯發現醫生和學生在病理解剖時觸摸過屍體，沒有洗手就去檢查產婦，因此他推斷病原體通過解剖者的髒手傳給產婦引起產褥熱。為了預防這種情況，他強調學生解剖後應用氯水洗手。這個做法很快顯示出效果，幾個月內第一產科產婦死亡率下降到3%。1847年12月，由朋友代寫論文，他把消毒能夠預防產褥熱的這件事情發表了。

塞麥爾維斯認為既然產褥熱是由醫師和學生的髒手把病原體傳給產婦，那麼其他化膿性疾病也是一樣的傳播途徑。為了預防這一點，他鼓勵在醫生看病前用氯水洗手（之後用價格更便宜的漂白粉代替氯水），這就是之後滅菌法、無菌法研究的起源，塞麥爾維斯是這個領域當之無愧的鼻祖。

塞麥爾維斯直接指出很多產科醫生的不乾淨的手導致了患者被傳染，這刺痛了當時的醫學權威們，他們諷刺詆毀和打擊塞麥爾維斯，使他一直鬱鬱不得志，47歲就英年早逝。

威爾遜認為「天才就是那種遇到少數事物，就能把腦海中浮現的許多東西做出一個結論的人」，塞麥爾維斯就是這樣的天才，達爾文和拉馬克也是，而且他們還有能力發表自己的理論，有勇氣面對世俗的質疑。

塞麥爾維斯的理論將近20年沒有得到醫學界的重視，使得大量產婦和其他患者感染傳染病，這無疑是巨大的遺憾。就在他去世的那一年，法國科學家巴斯德開始研究蠶病，並發現了蠶病的病原菌，從此開啟了細菌學說的偉大時代。1894年，人們在布達佩斯為塞麥爾維斯建立了紀念館。如今，布達佩斯市中心的一個廣場上豎立著他的紀念雕像，布達佩斯最著名的醫科大學以他的名字命名。

如果說塞麥爾維斯使醫生改變了衛生習慣，那麼弗洛倫斯．南丁格爾（Florence Nightingale）就為護士訂立了衛生準則。南丁格爾生於義大利，因在克裡米亞進行護理而聞名。她開創了護理事業，「5.12」國際護士節設立在南丁格爾的生日這一天，就是為了紀念這位近代護理事業的創始人。我曾經在醫院工作，還參加過護士節的新護士宣誓和授帽儀式，莊嚴而神聖。

1853年，土耳其英法等國與俄國爆發了克里米亞戰爭。英國戰地醫院裡擁擠不堪，衛生條件極差，通風不良，臭氣四溢，滿地污泥，成群老鼠到處亂竄，環境非常惡劣，傷患的死亡率接近40%。南丁格爾為醫院添置藥物和醫療設備並重新組織醫院，著重改善傷患的生活環境和營養條件，添加衛生設備、整頓手術室、食堂和化驗室，很快改變了戰地醫院的面貌，6個月時間裡，傷患死亡率降至20%（也有的說2%，總之效果很明顯）。更重要的是，南丁格爾給後來整個護理行業在衛生習慣方面建立了良好的行業標準。

上面這兩位偉人的事蹟證明了微生物對人類壽命的關鍵性作用。自從人類發明了冶煉技術，擁有金屬工具之後，野獸對人類的威脅基本上可以忽略不計了。視頻裡，非洲草原上幾個赤裸上身的土著，拎著幾根彎彎曲曲的長矛，晃晃悠悠的走到一群剛剛捕獲斑馬的獅子旁邊，揮揮手把獅子群攆走，然後大大咧咧地把斑馬扛走了，一點也不給草原之王面子。獅子不怕這幾個瘦骨嶙峋的土著，也不怕他們手裡的小木棍，而是怕小木棍上面的金屬矛頭。

特別是大型野獸，反倒成為了人類的獵物。越是大塊頭，越會成為目標，甚至被滅絕。所以電影裡的金剛、哥斯拉如果在現實中出現，分分鐘就會被幹掉，不可能讓它有時間毀掉一個城市後從容逃走。即便是《環太平洋》裡的巨大怪物，不管它來自哪個星球，只要是血肉之軀，絕對扛不住槍彈、炮彈、導彈的打擊。

真正對人類構成威脅的是微小的生物。越是微小，對人類的威脅越大，就像細菌和病毒。如果能夠更早地猜測到它們的存在，而對它們進行一些有針對性的防範，人類的損失就會降低。比如古代婦女生孩子剪斷臍帶的時候，假如能夠把剪刀先在火上烤一下消消毒，就會大大地降低嬰兒破傷風的發病率。

如果選出一個對延長人類壽命最有幫助的發明創造，不是電燈、蒸汽機等劃時代的發明，而是肥皂。據統計，當肥皂被人們大規模地應用到生活中之後，人類壽命延長了5年以上！主要原因就是它幫助人們抵禦微生物的威脅。

越微小的東西對人類生存的影響越大，那麼在病毒之後，下一個劃時代的發現在哪裡？會對人類產生一個什麼樣的影響？它一定會出現，因為現在有太多未解之謎，人類對這個宇宙仍然不瞭解，而且我們也能感知到它的存在。

人類按照以前的思維方式，認為這個「未知數」的身體很小很小，羅馬詩人盧克萊認為它一定是小小、滑滑、圓圓的顆粒。但是科學家對物質的研究已經微小到了誇克的程度，仍然沒有找到它的存在。這就提醒我們也許應該換個思路，不是越來越小，而是這個未知數根本就不可見！因為如果它在常規物質中，即便比誇克還小，但是聚集在一起就會有一定的重量或者其他常規物理屬性，應該已經被我們發現。所以只能說——**它在一個不可見的世界中！而且這個世界的物理化學性質與常規物質完全不同**。應該到這個不可見的世界中去找尋我前文所說的生物智慧。應該把視野放到整個宇宙中，放到不同理化性質的物質中。

天文學家愛丁頓使用過一個比喻：「我們假定，一位魚類專家正想探究海洋中的生命。他舒臂撒網，並且捕獲了一定數量的海洋生物。他檢查了自己的捕獲物，並且……由此作出了兩項概括：1.凡海洋生物皆長於5釐米。2.凡海洋生物皆有鰓……」(405) 愛丁頓的這個比喻正是傳統生物學家的現狀，他們的想像能力只限於自己的漁網（儀器）。

「『最深刻的技術是那些看不見的技術，』威瑟說，『它們將自己編織進日常生活的細枝末節之中，直到成為生活的一部分。』」(406)「大音希聲，大象無形。」，越好的音樂越寂靜無聲，越好的形象越飄渺無形。正是如此，對我們影響最大的東西也許就在我們周圍，但是我們卻看不到，可它一直與我們在一起，影響著我們生活的方方面面……

很多理論都相信意識是物質，有的說意識在多維空間或者量子空間，有的說意識在某種能量或者資訊裡，也有的說意識存在於多層宇宙等等。不管大家說的對不對，但是有三點是相同的：首先意識會在某處以物質的形式存在；其次意識不可見，理化性質也異於常規；第三，和常規物質在一起交互混雜……

生物智慧不是常規物質，這是肯定的。薩繆爾．詹森說過：（常規）物質與（常規）物質的差異只是在於形式、體積、密度、位移和位移的方向，但無論這些怎樣變化和組合，又怎能得到意識呢？是圓的還是方的，是固體還是液體，是大的還是小的，移動得快還是慢，是一個方向還是另一個，這些是物質存在的形式，都完全不同於思考的性質。

那麼，生物智慧到底是什麼？

## 第四節　暗物質和暗能量

宇宙產生於138億年前的大爆炸，這已經不再是個假說，而是得到了證實的科學理論。我們的地球形成於45億年前，在之後的5億年之內，開始有了原核生

(405) 福爾邁，《進化認識論》（湖北：武漢大學出版社，1994），頁23。
(406) 凱文．凱利，《失控》（北京：電子工業出版社，2016），頁270。

物。儘管相對於單個生物體來說，地球很大，可以容納很多很多不同類型的生物，但相對於浩瀚的宇宙來說，地球實在太小太小。

地球所在的太陽系主要由太陽和八大行星組成，太陽的質量占了太陽系總質量的99%。太陽系位於銀河系，而銀河系中類似於太陽這樣的恆星有1000億個以上。銀河系很大嗎？不一定，在宇宙中有銀河系這樣的星系1000億個以上。

以上這些，只是我們所瞭解和看到的宇宙，而實際上更多的是我們所看不到的。

20世紀30年代，瑞士天文學家弗里茲・紮維奇首先預言了在宇宙中暗物質的存在。當時他正在研究後發座（一個形狀像古代武士後面頭髮的星系團）方向上一個星系。通過觀測，紮維奇發現這個星系在星系團中高速運動著。學過中學物理就會知道，太空梭的速度一旦大於第二宇宙速度，就會脫離地球。如果速度大於第三宇宙速度，就會脫離太陽系，而大於第四宇宙速度就會脫離銀河系。

同理，如果星系團中的星系運動速度過大，應該也會脫離星系團而飛向宇宙。這個逃逸速度同樣可以根據星系團的總質量推算出來。但是，紮維奇發現，後發座星系團中星系的運動速度要遠大於推算出來的飛出星系團的臨界速度。也就是說，星系在星系團內的運動太快，只靠我們可見的星系團物質的引力不能將它們束縛住。由此，紮維奇推測在後發座星系團有看不見的物質，這些看不見的物質的質量應該是星系團恆星質量的10～100倍。

「到了20世紀50年代，天文學家根據銀河系的自轉輪廓，推算出了銀河系的質量。然而他們發現，這個值要遠大於通過光學望遠鏡發現的所有發光天體的質量之和。因此科學家們判斷，銀河系中也有此前人類沒有發現的物質，並給這類物質起了一個普通化的名稱——暗物質。後來幾十年間，對宇宙整體的研究也表明，星際空間深處隱藏著多得多的能將星系束縛在星系團中的暗物質，其總質量可能是可見物質的10～100倍。」[407]

暗物質既不發出也不吸收光線，這樣一來，暗物質可能在宇宙大爆炸之後和宇宙放晴之前就開始形成。在宇宙形成早期，暗物質佔據了宇宙的大部分質量，正是許多難以捕捉的暗物質粒子之間的相互作用，才導致宇宙早期結構的形成。

「我們可以這樣假設，在宇宙放晴以前暗物質因密度波動而形成，在宇宙放晴之時，暗物質以外的物質則因高密度的暗物質的強大引力而逐漸形成了星

(407) 王宇琨，董志道，《時間簡史大全集》（海南：南海出版公司，2013），頁146。

體和星系。這樣一來，星系的形成就不再受宇宙膨脹的影響。」[408]

「暗物質幾乎不會和常規物質發生耦合，它可以毫無阻礙地穿過地球，就好像我們的星球根本不在那裡。而且它們既不能發射也不能反射光線，因此我們根本無法『看』到它們。」[409]

目前，主流理論認為暗物質是超對稱粒子。也就是說，我們所有已知的正常粒子，都有相對應的粒子，這組多出來的粒子存在於暗物質中，一般不會和正常物質起作用，只會有相當微弱的重力，稱作：大顆粒弱相互作用粒子（Weakly Interacting Massive Particles）。這些粒子和正常物質的原子幾乎沒有交互作用，因此很難截取它們並加以研究。

暗物質和常規物質之間的互動有個規律，由常規物質組成的星系總是存在於暗物質密集的地方。對宇宙中的某一點來說，有暗物質存在並不一定有星系存在，但是有星系的地方卻一定有暗物質。所以雖然沒有相互作用，但是暗物質和常規物質的關係很緊密。暗物質似乎是常規物質存在的基礎。

「當我們對宇宙圖景和它的成分理解得越來越清晰時，觀測結果也明確地提出了其他三個關鍵問題。首先，宇宙中存在的物質，遠遠超過了我們在恆星和星系中所能看到的成分。第二，這些隱形物質中的大多數都不能由我們所熟知的標準模型粒子構成（比如誇克、電子以及質量更大的其它粒子）。第三，宇宙的主要成分甚至不是任何形式的物質。」[410]

宇宙中暗物質的總質量遠大於常規物質的總質量，但是這還不是最多的，還有一種看不到的成分比暗物質的總質量還要大，佔據了接近70%的宇宙總質量，它的名字叫做「暗能量」，因為它不是物質。

為什麼存在暗能量呢？因為宇宙如果只有常規物質和暗物質，那麼在萬有引力的作用下，星系就要撞到一起，或者讓宇宙整體處於坍縮之中。但是實際情況正相反，對遙遠的超新星所進行的大量觀測表明，宇宙現在正處於加速膨脹的過程中。按照愛因斯坦引力場方程，通過加速膨脹的現象可以推測出宇宙中存在著壓強為負的暗能量。

暗能量是一種充溢空間的、增加宇宙膨脹速度的難以察覺的能量形式。暗能量和暗物質都是不可見的、能推動宇宙運動的力，宇宙中所有恆星和行星的運動皆是由暗能量與引力來推動。產生引力的暗物質與產生斥力的暗能量的

(408) 王宇琨，董志道，《時間簡史大全集》（海南：南海出版公司，2013），頁188。
(409) 艾弗琳·蓋茨，《愛因斯坦的望遠鏡》（北京：中國人民大學出版社，2011），頁85。
(410) 艾弗琳·蓋茨，《愛因斯坦的望遠鏡》（北京：中國人民大學出版社，2011），頁16。

「拉鋸戰」將主導宇宙的未來。

天文學家認為，組成恆星、行星、星系的常規物質，只占宇宙總質量的不到5%。另外有25%可能是由尚未發現的粒子組成的暗物質。剩下的70%是暗能量——讓宇宙加速膨脹的力量。

「儘管我們仍然不太清楚什麼是暗物質，但至少可以認為它是某種物質（具有質量），有正常的引力相互作用，而且通過擴展常規物質的模型，我們可以選出一些貌似不錯的候選者。」(411) 相比之下，暗能量則更加令人費解。

暗物質和暗能量這些非常規物質不遵守我們現在通用的物理化學規則。邏輯是這樣的，宇宙中有大量的非常規物質，我們以前一直沒有發現它們。之所以很難發現，是因為它們的物理和化學屬性完全不同於常規物質，否則就算看不到，也能通過各種科學儀器檢測出來了。

暗能量作用的方式不同於之前觀測到的任何物質。任何物質的密度都是由固定體積內物質的量決定的，暗能量不是這樣，即使宇宙的體積不斷膨脹，但是暗能量的密度卻好像一直保持恆定，似乎隨著宇宙的膨脹，不斷憑空產生新的暗能量。

暗能量的發現，充分地體現了人類認知過程又走進了一個「悖論怪圈」：宇宙中所占比例最多的，反而是最遲也是最難為我們所知曉的。一方面人類現在對宇宙奧秘的瞭解越來越多，另一方面我們所要面對的未知也越來越多。對於宇宙的奧秘來說，也許正如暗物質的發現：瞭解的越多，未知的越多。

與此類似，生命真正的含義現在也許還沒有發現。

宇宙是由什麼組成的，這是我們需要知道的問題。但是對於人類來說，更急於瞭解的是：在宇宙的這些非常規物質組成成分裡，還有沒有生物？它們在哪裡？這個問題直接決定了人類何時能夠跳出地球。

那就先看看宇宙的常規物質之中，除了地球以外，是否還存在其他生物？

## 第五節　只有地球適合生物生存？

科學家曾經以為，地球是最適宜生物生存的星球，這裡有最恰當的溫度、光照、濕度和大氣層。實際上這個看法是錯誤的，或者應該加個限定條件：地球是最適宜「地球生物」生存的星球。而對於外星生物來說，它所在的星球才是最適宜的。

(411) 艾弗琳·蓋茨，《愛因斯坦的望遠鏡》（北京：中國人民大學出版社，2011），頁21。

理查・道金斯預測：宇宙中任何地方所能找到的生命，都將是達爾文主義自然選擇的產物。換句話說，他認為外星生物在外星球的自然選擇作用下，淘汰掉適應能力差的物種。

這應該是正確的，但是我認為還有內因，和地球生物一樣，外星生物也會在了不起的生物適應能力的幫助下，一代一代地貼近自己的生存環境，不管這裡的條件有多麼惡劣甚至極端。在內因和外因的共同作用下，舒舒服服地生活在自己的世界中。

適應環境之後，對於它們而言，自己的星球才是天堂，哪個星球的環境也不如自己這裡。所以我們根本不用擔心科幻電影中那些覬覦地球優美環境和豐富礦產的外星人真的會來地球。實際情況是，外星人很難在地球生存，不用說溫度和大氣，也許單單春季漫天飛舞的花粉就足以把他們趕走。而且比地球這個大石頭星球資源豐富的星球多了去了，根本沒必要找我們的麻煩。

大量的微生物在我們星球的深處棲息，小日子過得紅紅火火。一些微生物的生長不太受制於溫度，冷點熱點都能活；不需要氧氣，氧氣對於某些微生物來說是毒氣；也不需要光照，它們有自己的能量來源。

地球生物一定要有水才能生存，因為大家的生命活動離不開水。但是要說明的是，外星生物不一定需要水，只要有液體就可以，也許是液態甲烷，或者其他液態物質也有可能。即便是水，人們想不到的是，科學家發現了一種密度非常高的非結晶冰，經過特殊處理，這種高密度非結晶冰在-157℃下，正常壓力或真空條件下可由固態轉為一種高密度的，比蜂蜜還粘稠的液體。

這就大大地增加了其他星球適合生命生存的可能性，使冥王星這樣邊遠寒冷的星球也具備了產生生命的可能。之前被認為寒冷荒蕪的柯伊伯帶天體，也許並不是不毛之地。

地球上有大量的生物生存在極端的、人類根本承受不了的環境下，而它們很適應，換個環境反而活不下去。

「喜溫嗜酸性細菌在60℃和酸鹼度pH值1～2——濃縮硫酸的酸度時，會旺盛繁衍。這種細菌在燃燒的煤炭表面或黃石公園的熱泉中都有發現，但一遇38℃以下的溫度，就會凍死。」[412] 也就是說，假如室外溫度從60℃降到了38℃，人類剛剛從熱得發昏的溫度下喘過一口氣來，可是喜溫嗜酸性細菌已經凍死了。

「除了深海裂隙或油田的特殊環境之外，細菌也在較普通的岩石或沉積層

---

(412) 斯蒂芬・傑・古爾德，《生命的壯闊》（江蘇：江蘇科學技術出版社，2013），頁149。

中生活。甚至在美國弗吉尼亞州一處9180英尺深的洞穴中也發現了細菌。美國西北部哥倫比亞河地底下3000英尺深處的玄武岩中，有著繁盛的細菌社區。這些都是厭氧性細菌，它們好像是從氫獲得能源；而這些氫都是玄武岩中的礦物質和滲進的水反應生成的。就像深海裂隙的微生物聚落，它們靠地球深處的能源維生，完全不需要傳統生態系統所依賴的太陽能的光和作用。」[413]

由上面的事例可知，生物可以存在於各種極端環境之中（相對於人類來說，也許這些微生物只能生存於極端環境），而這些極端環境已經跟一些星球的環境很接近了。

遙遠行星冰凍的表面，也許沒有細菌存在，但是其星球內部可能形成液體，很可能類似於地底岩石中細菌的生活環境。事實上，據科學家估計，在我們的太陽系中，至少還有其他10個星體，也有產生微生物的機會。

30年以前我們連地底生物都所知甚少，「所以從一無所知轉向為普遍認知，可以說是生命史認知的修正上極大的促進力量。地表生物依靠光合作用獲得全部的能源，很可能只是生物中怪異的一支；是對於表面環境特別適合生命存在的星球，所作的調適而已。發生的機會非常難得：適合的大氣層，與發光的恆星距離恰當，水和岩石表面混合存在等。然而，深處由化學物質支援的生命，在宇宙中，可能非常普遍。」[414]

離地球最近的，也許存在生命的星球就是火星。2012年，美國的火星探測器好奇號成功登陸火星，然後不斷發回來照片和環境分析資料。美國航空航天局NASA科學家表示，好奇號某次採集到的樣本中至少包含了20%的黏土礦物，這種物質是淡水和火成岩礦物長期反應的結果。而且在樣本中還發現氧化、部分氧化和未氧化的化學物質，這為微生物生存提供了更多的可能性。

2015年9月28日，NASA宣佈，在火星表面發現了有液態水活動的強有力證據。科學家們當天在《自然·地球科學》期刊發表報告稱，在火星表面發現的「奇特溝壑」很可能是高濃度咸水流經所產生的痕跡。這項最新發現意味著火星表面很可能有液態水活動。

也許以前大家不太瞭解水對於人類移民外星球的重要性，但是在電影《火星救援》上映後，應該會很清楚了。儘管這只是一部電影，但是因為具有很強的專業性，結果它成了目前最親民的「簡版火星生存指南」。

其實美、俄、歐洲早就開始醞釀載人登陸火星計畫，NASA正在為探索火星

(413) 斯蒂芬·傑·古爾德，《生命的壯闊》（江蘇：江蘇科學技術出版社，2013），頁156。
(414) 斯蒂芬·傑·古爾德，《生命的壯闊》（江蘇：江蘇科學技術出版社，2013），頁159。

組建團隊，團隊裡每個人都像電影男主角馬克一樣有一手「絕活」。中國也正在積極規劃火星探測。但是這裡面最大的問題就是缺水，儘管火星上發現水資源已經十拿九穩，但是火星液態水是含有高氯酸鹽的有毒鹵水，分佈在一些火星撞擊坑的陡坡上，需要提純才能使用。

火星上很多資源還是不錯的，土壤與地球土壤的物質組成相似，就是鹽分高點，需要脫鹽之後才能種植植物。而且地球土壤裡有微生物群落，可以為植物提供特殊養分，而火星土壤中卻沒有微生物。於是男主角馬克把所有能找到的有機物都儲存起來，甚至出艙撿回了隊友的糞便，把它們裝進容器，加水後微生物大量繁殖，隨後加入火星土壤以及攜帶的地球土壤，讓地球土壤中的微生物感染火星土壤。一週後，一份火星土壤就被改造成充滿微生物的地球土壤，此後每週被改造的土壤規模都能增加一倍。

有了水和土壤之後，種植蔬菜就容易了，NASA曾公開了宇航員種植蔬菜的照片，在國際空間站中的宇航員早就已經吃到了自己種的無土栽培的萵苣。

於是水就成了最稀缺的資源，在電影裡，馬克為了得到水費盡周折，冒著隨時被炸死的危險，從火星大氣裡收集二氧化碳（火星大氣的主要成分），從中提取氧，然後從火箭燃料裡提取氫，將氫和氧結合，終於得到了水。

當然，將來也許可以靠鈦鐵礦和氫氣的氧化還原反應生產水，然後以水的電解方式分離水分子中的氧氣和氫氣，這套制氧設備已經成功用於國際空間站。氧氣釋放到空氣中用於維持生命，氫氣則進入制水循環系統。

可見在火星上水資源之珍貴。有了水就有了植物，就有了氧氣，甚至有了能源。等這些條件都齊備之後，人類登陸火星就只是時間的問題。

離我們這麼近的星球上都具有了這麼多生命可以生存的基本條件，那麼可能下一條爆炸性新聞就會是在某個遙遠的星球上發現了外星生物。

當然，也許外星球星體內地下水中的生命才是生物的常態。而這些不同星球的生命，不需要化學基礎的一致。可以以矽而不是以碳（人類是碳基生物，有理論認為外星球會有矽基生物的存在），或以氨而不是以水為其化學基礎。

在溫度方面，有「恆星宜居帶」（恆星就是像太陽一樣，能夠自己發光的熾熱的星球）的說法，意思是溫度對生物很重要，行星離恆星不能太遠，這樣太冷，也不能太近，這樣太熱，只有離恆星不遠不近的行星上面才可能有適合的溫度，才可能有生物。

但是現在看來，沒有太陽的溫暖陽光照耀，星球之間的撞擊、星球之間的引力造成星體變形，或者火山噴發這些能量原則上也可以用來維持生命，只是未必適宜人類居住。

太陽系裡另一個為大家所熟知的可能存在生物的星球是土衛六，它是土星的衛星，上面有厚實的大氣層和液態甲烷，雖然土衛六非常寒冷，但是它上面的風、雨和構造過程，使它成為太陽系中與地球最相像的天體之一。

在小小的太陽系中，人類已經發現至少10顆星球可能存在生命，那麼在有1000多億個恆星的銀河系中呢？1000多億個星系的宇宙中呢？

很多星球具有生命存在的條件，並不等於存在生命，還需要生命的種子。當初很多科學家認為地球生物是在地球上一點點產生和發展的，現在看來也不一定，地球最原始的生命物質有可能來自於外太空。也就是說，生命的種子來自於宇宙中。

2009年8月，美國宇航局的科學家宣佈首次在彗星上發現一類重要的生命基礎分子——甘氨酸。這為「生命的部分基本元素來自於彗星」這一推論給出了有力的觀測證據。他們的分析樣本來自懷爾德2號彗星，是由2006年1月15日「星塵」號探測器取樣後帶回地球的。彗星是來自於太陽系的遙遠邊疆的小天體，由於它們溫度低、變化小，因而保留了大量太陽系形成之初的寶貴資訊，是研究太陽系起源的重要材料。在彗星發現氨基酸，這證明生命的基本組成成分在宇宙空間中普遍存在，也進一步說明生命形式在宇宙中有可能是常見的。

氨基酸一共有20餘種，它是構成蛋白質分子的基本單位，是人體內最基本的物質之一。

宇宙中還有生命嗎？對於這個問題，從計算數學概率上得到的答案是肯定的。在這裡要澄清一下關於「生命」和「智慧生命」的區別，很多人以為外星球上的生命一定是像人一樣擁有高智慧和技術的生命，甚至擁有比人類更發達的文明，這是錯誤的（科幻小說看多了）。地球40億年前就已經有了原核生物，但是直到數百萬年前才有類人猿，相對於地球生物的整個歷程來說，這只不過是一瞬。所以其它星球上的生命，絕大多數會以類似於細菌的原始狀態存在，即便有外星智慧生命（也可以說外星人），也一定只占很小的比例。

現在估算一下有多少星球上面會存在生命，總的來看，銀河系內支持生命存在的星球幾乎遍佈銀河系各個角落。科學家們調查了近1000顆系外行星後推算出一個公式，可將行星的表面溫度、密度、大氣環境、中央恆星年齡以及軌道半徑等參數帶入，最後計算出其是否具備宜居條件。通過這種計算方法，科學家發現銀河系內可能存在1億多個可支援複雜生命的行星，只是一個小小的銀河系就有1億多個！

但是還要重申一下，這1億顆星球可能存在生命，但不一定適宜人類居住。因為它很可能有極端的溫度、光照、氣壓等自然環境，可是也許就會有奇葩的生物不怕這樣的環境。地球上就有這樣的超級生物，比如本書前面提到的水熊蟲。這種身長不到1毫米的小東西，在環境惡化時，身體會縮成圓桶形自動脫水靜靜地蟄伏忍耐，進入隱生狀態。在此狀態下，水熊蟲可以忍受150℃的高溫、負200℃的低溫、6000倍大氣壓的壓力、pH值為1的強酸一直到pH值為12的強鹼環境，或者在太空環境中都能夠存活幾天，甚至在博物館乾燥了120年的苔蘚裡，只要泡點水，它都能活過來。

觀察太陽系以外的行星是很困難的，因為行星自身不發光，只是反射恆星的光。所以儘管人類急於找到和地球自然條件類似的星球，但是這項工作進展很慢。

有足夠數量的可以支持生命的行星，而且生物對生存環境要求不高，可以適應多種極端環境，再加上含有生命基本組成成分的彗星像播種機一樣在宇宙中飛來飛去，外太空的生命豐富多彩、多種多樣是可想而知的。只是限於科技條件，我們暫時無法拜訪它們而已。但是搜尋工作已經進入關鍵時期，科學家們拼了老命加班加點地工作，都想做第一個發現外星生物的人。因此隨時都可能傳出消息：某某人第一個發現外星生命，在宇宙中，我們並不孤單！

不只是各國政府和科研機構在探索外星生物領域進行著科技的軍備競賽，精明的商人也在這裡投資，嘗試著能不能掘到一桶金。俄羅斯人尤里・米爾納（Yuri Milner）是世界上最優秀的投資人。他只用了8年就在矽谷賺到了100億美金。米爾納投資的公司中包括兩家千億美元級的巨頭（阿里巴巴和Facebook），還有五六家百億級的（京東、Twitter、小米、滴滴打車、Airbnb和Snapchat）。也有陌陌這樣小一些的公司。看到這些公司名字，大家一定已經相信米爾納很有錢了。

米爾納拿出了1億美金，專門用來資助一個尋找外星人的專案——SETI。SETI已經搞了好幾十年，但是一直缺錢。每年的經費只夠租射電望遠鏡二三十個小時，所以進展非常緩慢。但現在米爾納給的錢完全夠他們租上千小時的望遠鏡了。這也就是說，今後全球最大的兩個射電望遠鏡每年都得花好幾個月的時間幫米爾納找外星人，想想也真是醉了。

米爾納有錢、任性，但他可不是人傻錢多的土豪，人家是粒子物理博士，讀書不少，別人騙不了他。順便說一下，這條新聞是在《今日頭條》上看到的，問題在於米爾納是《今日頭條》的投資人，看著小編一口一個「俄國佬」

地稱呼自己的老闆，我才真是醉了。

做風險投資的大佬一般都很有眼光，幹這一行簡直是刀頭舔血，隨時有可能血本無歸，常在江湖飄的生涯使他們練就了一雙火眼金睛。所以有理由相信，離發現外星生命確實不遠了。離尤里·米爾納們名垂青史也不遠了。

說到這裡，跑一下題。有一次和百度貼吧裡的朋友扯淡，我說將來要是有錢，俺要建個實驗室，設計幾個大實驗，證明一下拉馬克的「用進廢退」什麼的。吧友笑話我是個窮鬼，連做夢都不知道該怎麼花錢，錢多得花不了的時候捐給紅十字會多好。於是我就呵呵了，告訴他們，國外富豪給某某大學、某某實驗室或者某某實驗項目捐款是很常見的，這是真正低調的炫耀，比炫耀跑車和別墅的強多了，是貴族和土豪的區別。在他們把自己的名字寫進科學史的同時，也造福了人類和發展了國家的科技水準。哎，想想我在讀大學的時候，實驗室裡那些頗具考古價值的實驗設備，夢就醒了。

「外星生命」並不等於「外星智慧生命」，外星生命會很多，可是外星智慧生命就少得多了。但是我認為存在外星智慧生命，因為就本書的論述來說，智慧其實沒有那麼神奇，高級智慧也不是人類所特有，只不過是生命進化到一定階段就會大概率產生的一種技能——高度發達的大腦帶來的技能而已，也可能是增強的技能需要發達的大腦。

如果真的是這樣，那麼確實應該會存在比人類更聰明的智慧生命，因為138億年之前宇宙在大爆炸中產生，過了93億年之後才有了地球。而人類更是不夠抓緊時間，在地球產生45億年之後才從混沌中清醒。但是，在有了智慧人類之後的時間裡，智慧帶動了科技的飛速發展，所以也許外星智慧生命早就已經開著飛船四處探索宇宙奧秘了。

## 第六節　暗生物來了

只有存在於常規物質中的生命，才有可能被看到。可是常規物質只占宇宙總質量的5%左右，那麼，在剩下的95%的總質量（暗物質和暗能量）裡面，是否也有生命呢？這個問題還沒有人仔細研究過，原因很簡單，暗物質和暗能量是怎樣的形態還不知道呢，怎麼會考慮裡面是否有生物。

搜尋暗物質，是物理學研究熱門，世界各國都在競賽，看誰能夠先取得突破。根據估算的暗物質屬性，搜尋暗物質的常規方法是找一個深洞，一般是一個深達數千米的廢棄礦井。這裡面環境相對簡單，受到各種污染影響比較少，而且沒有其他的移動物體，減少了引力影響。在礦井裡面放上實驗儀器，然後把人撤走。在這個相對靜止的環境中，根據暗物質可以自由穿過常規物質的特性，儀器會把受到的干擾自動記錄下來，然後分析找到暗物質粒子的可能性。比如義大利的XENON項目和美國南達科他州的大型地下項目（LUX）。

中國也加入了這個探測神秘暗物質的競賽，在四川省錦屏山地下2500米深處，中國建立了名為熊貓X（PandaX）的實驗項目。而且與同類項目連線，加入世界其他地下暗物質試驗。據瞭解，PandaX項目由上海交通大學牽頭，帶領其他幾個大學和雅礱江水電開發公司共同操作。

現在把話題轉回來，再來看看我們在前面章節中討論的生物智慧。前文已經設定，生物智慧決定了生物發育、成長和遺傳的方方面面，區別於生物的身體而單獨存在，雖然它們在一起。它可以被比喻成電腦的軟體系統。生物智慧不在常規物質中，無法看到，也觸摸不到，重力微弱到基本無法檢測。它和常規生物相對應，每個生物都有生物智慧。

說到這裡，是不是感覺有點熟悉？是的，生物智慧的屬性和我們正在討論的暗物質有些相似，而且前面說過，由常規物質組成的星系總是存在於暗物質密集的地方。有星系的地方一定有暗物質，所以暗物質和常規物質的關係緊密。暗物質似乎是常規物質存在的基礎。

從這些特徵來看，生物智慧有可能就存在於暗物質中。但是現在並沒有直接證據，所以只能說「疑似」。但這並不影響我們的研究，因為我們已經認定生物智慧看不見、摸不到，存在於非常規物質中，但是，是哪種非常規物質，都不影響本書的推論。

「在試圖理解大腦工作原理的過程中，大多數分子及細胞神經學家根本不考慮意識。但是正如我們看到的那樣，就運作的複雜程度而言，若與離子在細胞膜間的穿行、同構蛋白的彼此碰撞、膜間勢差的積聚、神經原的發射、神經遞質間湧動的脈衝等相比較，『意識中』可謂根本沒發生什麼……比如說氣體分子與容器內壁相互撞擊和氣壓之間的聯繫，這種撞擊可以引起化學反應的不同方式等等；但在神經原活動與感知之間卻沒有如此明顯的聯繫。」[415] 所以是不是可以理解為，意識的活動根本就不直接表現在常規物質中。

生物智慧應該是個什麼形態呢？它既能被常規物質分子所影響，也能夠影響分子，它是一種物理效應，也是一種客觀真實。那麼它是物質狀態？能量狀態？資訊狀態？還是生命狀態？可以說，它應該是物質的，因為只有物質才能夠影響物質。而且是生命狀態的可能性非常大，因為它賦予了生物活動的能

(415) 凱恩斯·史密斯，《心智的進化》（北京：北醫印刷廠，2000），頁277。

力，所以它自己應該會有運算、感知等能力。並且，它能夠安排自己行動和生活方式，不需要外部原因干涉，是自動的。它可以由無機物質進化出來，不需要有產生的源頭，也不需要被誰釋放出來。

那麼是不是能量狀態呢？能量是衰減的，而生物的進化有明顯的由簡單到複雜的趨勢，與之相對應的生物智慧也會是越來越複雜，所以它不像是能量。同理，資訊在傳輸和複製的過程中也是不變，或者衰減的，這與生物智慧不相符。生物智慧還是和物質的生命狀態更相似一點。

說到這裡，我做一個推論：有很多跡象表明，生物體內有這麼一種生物智慧，它也是一種生命狀態，存在於暗物質或者其他不可見物質中。所以，從現在開始，

**本書將把生物智慧正式命名為「暗生物」**

暗物質是我們賦予這種未知事物的名稱。並不是因為它顏色暗，「暗」只是表明對這種物質我們一無所知。同理，命名為暗生物也是因為它在不可見物質中，而我們對其性質更是完全不瞭解。BBC關於暗能量的紀錄片裡有一句話：「暗能量是一些完全不同的東西，似乎它的存在根本沒有任何價值，只是在提醒我們所知的遠比我們自認為的要少。」

我並沒有充足的證據證明暗生物是生物，所以它仍然可能是能量、資訊或者其他什麼東東。而且我也不確信當暗生物沒有和載體結合的時候，它有沒有感知。只不過從各種跡象分析，暗生物應該是一種廣義上的生物。

可以參考一下病毒。多數傳統生物學家認為病毒不是生物，「2000年，國際病毒分類委員會也正式表態支持這個說法，他們宣稱『病毒不是活的生物。』但沒過多少年，病毒學家就紛紛對這種陳述提出質疑，其中也不乏公開反對者。新發現層出不窮，很多舊的規則不再適用。」[(416)]

病毒似乎更像是化學物質，而不是生物體。它完全依賴宿主細胞的能量和代謝系統，來獲取生命活動所需的物質和能量，離開宿主細胞之後，它就是一個大化學分子而停止任何活動，沒有任何生命徵兆，可以被製成蛋白質結晶，完全像一個非生命體。

但是當病毒進入被感染的宿主之後，馬上就原形畢露，張牙舞爪地開始進攻。它會脫去外殼，放出自己的基因，引導宿主自身的複製體系複製病毒的DNA或RNA，並且根據病毒核酸的指令，製造更多的病毒蛋白質。新製造的這些病毒零部件組合成了更多病毒的新的複製品，它們還可以繼續感染其他細

(416) 卡爾．齊默，《病毒星球》（桂林：廣西師範大學出版社，2019），頁144。

胞。

所以病毒到底是不是生命，這是個很糾結的問題，在科學界爭議也很大，但是現在越來越多新的證據顯示病毒應該被劃到生命的範圍裡。同理，我也不知道沒有和載體結合的時候，暗生物是否有感知和活性。但是這並不重要，因為只要它和載體結合之後，能夠顯示出足夠的生物活性這就可以了。

暗生物和軟體又有所不同，軟體完全離不開各種載體，它只能存儲於載體或者介質之上。而暗生物在離開載體之後應該仍然可以生存，這就滿足了生物的多個特徵。

當真相缺失的時候，取而代之的就是視而不見或者神話和演繹。由於暗生物不可見也不可檢測，導致了暗生物進化理論的缺席，而身體的進化卻有來自化石和DNA充足的證據來描述完整的進化過程。樂觀地預測一下，隨著將來暗物質研究取得進展，暗生物的構成和它的進化歷程也能像線粒體DNA中的進化證據一樣清晰可見！

**華麗的分界線**

本書在這裡劃一條分界線，上面章節的內容來源於分析和推理，都有較多的證據和清晰的分析過程；下面章節的內容來源於分析和推測，一字之差但是差別很大，因為沒有足夠的證據，所以分析過程也比較跳躍。

本書的主體分作兩部分，第一部分論證生物智慧的存在，和生物智慧對進化產生的決定性作用。第二部分討論暗生物（生物智慧）生長和發育的方式。生物的生存過程讓我們有足夠資訊來論證暗生物（生物智慧）的存在，相比之下，對這個智慧的生長和發育方式的推測就很困難。因為在現有技術條件下，它完全不可見而且不可檢測，只能通過邏輯分析來推測。相比第一部分的言之鑿鑿，第二部分明顯顯得證據不那麼硬氣，而且推測的結果似乎有點玄妙，甚至感覺有點迷信。儘管如此，我仍然相信這個推測結果距離真相不會相差太遠。

生物和生命的關係，有一種說法：生物是表物體的名詞，生命是表狀態的名詞，本書將不做具體的區分。因為「生命」有時候可以代替「生物」，比如：「這個星球上沒有生命」就是說沒有生物。我一直在「暗生物」和「暗生命」兩個稱呼之間猶豫，但是傾向於它在不可見物質中以實體形式存在，所以稱作「暗生物」。

既然暗生物是暗物質裡的生物，那麼它就會具有一些暗物質的特性和生物的特性。到現在為止，暗生物的特性都是我們的猜測和推理，並沒有事實證據。也許它並不是存在於暗物質中，而是存在於暗能量中，甚至存在於平行宇宙中。這都沒有關係，這還是個「假說」。但是現在我要反過來，像把未知數的解代入方程，看等式兩邊是否平衡一樣，把我推理的暗生物屬性代入整個生物的生長發育和進化過程，看看能否解決達爾文理論解決不了的問題。以此來驗證它的存在。而且假如它存在，在驗證的過程中還能額外獲得一些它的屬性。

# 第七章　暗生物是什麼

## 第一節　笛卡爾的二元論

本節的主題是討論笛卡爾的二元論，在此之前，還是要仔細介紹一下與之矛盾的機械論。

機械論的開山鼻祖是法國醫生拉・梅特里，他的標誌性著作《人是機器》於1747年在荷蘭發表，是第一部公開發行的無神論和機械唯物主義著作。現在看來，這本書也就是民科著作的水準，和現在的科學著作比起來肯定上不了檯面，但是在18世紀，無疑是非常前衛的，所以很有名氣。因此，這本書的意義大於內容，或者說，內容可有可無。在那個時代，拉・梅特里敢於登高一呼，公開宣揚無神論和唯物主義，就已經足夠贏得後人的膜拜了。

拉・梅特里運用一些醫學和生理學知識（過時了，很多是錯誤的），說明人和其他動物一樣都是機器一般的物質實體，所謂靈魂只是肉體的產物。他駁斥心靈為獨立實體的唯心主義觀點，論證精神對物質的依賴關係。

拉・梅特里從自己和患者身上觀察到，心靈對肉體有緊密的依賴性。所以他認為，精神與頭腦和神經系統中的變化有直接聯繫，人的生命和感覺能力完全附屬於身體，心靈不過是有機體的一種功能，尤其是腦的功能。當體力變得虛弱時，精神功能也會衰退。因此，在他看來，一個人就像是一台機器。

我看了一下這本書的豆瓣書評，大家基本都持不以為然的態度，僅僅因為這本書的名氣很大，所以拿來瞧瞧。激烈點兒的會說：「拉・梅特里論證缺乏論據，僅有的一點兒論據以道聽塗說為主，不過是將自己的荒謬觀點重提一遍罷了。」寬容一點兒的會說：「他適合做個詩人而不是哲學家，濃濃的人文氣息。被神聖化的小冊子，用來抬扛的招數悉數奉上。全書充滿『你們怎麼這麼笨啊，我都懶得說了』的情緒。」

拉・梅特里的理論確實牽強，比如：「人類運用了一些什麼方法使自己的頭腦裝滿了各種觀念——自然之所以製造這個頭腦，本來也就是為了接納這些觀念。」[417] 等等。有的是臆斷：「我總是用想像這個詞，因為我認為一切都是想像，心靈的各個部分都可以正確地還原為唯一的想像作用，想像作用形成一切；因此判斷、推理、記憶等等絕不是心靈的一些絕對的部分，而是這種腦髓的幕上的種種真實的變化，映繪在眼睛裡的事物反射在這個幕上，就像從一個幻燈裡射出一樣（那個時代有幻燈嗎？）。」[418] 等等。

為什麼說人是機器呢？拉・梅特里這麼說：「肺不是機械地不斷操作，就像一架鼓風的機器一樣嗎？膀胱、直腸等等的括約肌，不是機械地發生作用嗎？心臟不是機械地具有比一切其他肌肉更強大的伸縮力嗎？」[419] 照這個說法，噴氣式飛機的發動機也像鼓風機，是不是可以和肺劃等號？真是醉了。機械唯物主義自然觀，唯物主義沒有錯，但是加上「機械」就教條了。其實不只是機械論的老祖宗喜歡這麼生硬的比喻，之後的很多深度機械論者也常說這樣的話。但是一些溫和機械論者就好很多，比如達爾文。

生物不是機械的，其實這應該是不言自明的。面對複雜多變的自然環境，生物用更複雜更多變的適應能力來應對，相當機敏靈活，而不是機械木訥的。

比如拿自愈性來說，一台機械如果發生故障，它是沒有自愈能力的，故障只會越積越多。一台舊汽車，可能今天齒輪掉了個齒，明天丟了個螺母，後天開始漏機油。如果沒有工人來修，這些毛病不會自己好起來，只能越來越多，最後整台車趴窩。

而生物體不一樣，它有著相當強的自愈能力，無論是外傷或者疾病，多數都能自我修復。不相信嗎？你知道你的身體每天經受多少次大大小小的攻擊和損傷嗎？但基本都被你的自我防禦和修復能力給解決了，被你的意識感覺到的，只是九牛一毛而已。

從這個方面來看，其實《X戰警》裡金剛狼的超強自愈能力，只不過是動物正常自愈能力的升級版，經過藝術誇張之後的效果。

機械論者有一個有力的證據：化學家維勒從1824年開始研究氰酸銨，他原本是要合成氰酸銨，但他發現混合氰酸和氨水後蒸幹溶液得到的固體並不是氰酸銨，到了1828年他終於證明了這個實驗產物是尿素。於是他又用氰酸銀與氯化銨反應，用氰酸鉛與氨反應，以及用氰酸汞、氰酸和氨反應，結果反應後都

(417) 拉・梅特里，《人是機器》（北京：商務印書館，2014），頁33。
(418) 拉・梅特里，《人是機器》（北京：商務印書館，2014），頁35。
(419) 拉・梅特里，《人是機器》（北京：商務印書館，2014），頁58。

得到了尿素。維勒的這個發現有重大歷史意義，它證明了有機物是可以從無機物合成的，機械論者認為這足以否定活力論。

機械論者的另一個證據，那就是一些人工合成有機物、人工合成結晶牛胰島素，都是具有生物活性的。克雷格·文特爾甚至合成了辛西婭細胞，也是具有活性的。

機械論者的邏輯是這樣的：東西是我造的，我不會製造活性物質，所以這個東西沒有任何活性物質。這個觀點似乎是正確的，科學家只製造了常規物質，而沒有製造「活性物質」，但是這個生產出來的東西就「活」了。這當然可以證明這些「生物」裡面沒有活性物質，是這樣嗎？除了一種可能——活性物質不是生產出來的，而是以某種觀察不到的方式和科學家的產品結合了。

舉個例子，假如小鳥都是透明的，我們不能看到小鳥，只能聽到鳥巢裡嘰嘰喳喳的聲音，我就說，鳥巢裡有活性物質（小鳥）。你反對，然後你用樹枝搭建了一個人工鳥巢。幾天之後，你的人工鳥巢裡面飛進了一對小鳥，也傳出了嘰嘰咕咕的聲音。這回你高興了，理直氣壯的說：看看，我用樹枝製造的東西，也能有聲音，而我不會製造生物，看來這鳥巢是機械的，沒有任何活性物質。

為什麼你會產生這樣的錯誤呢？因為小鳥是自己飛來的，而且你看不到。

電腦也是如此，在我讀大學的時候，學校用的是很原始的8086電腦，沒有硬碟。每次到機房，我們都會自己帶幾張軟碟。把帶有作業系統的軟碟插到軟盤機裡，按下開機按鈕，電腦就進入作業系統了。如果不插入系統軟碟，電腦開機自檢之後就運行不下去，彈出消息告訴你沒有系統。而現在的電腦基本都有硬碟，可以由生產廠家從軟體公司（比如微軟）購買作業系統和其它軟體，然後直接安裝到電腦裡，這樣啟動的時候就不需要軟碟了。所以普通使用者不用管什麼硬體和軟體，到手裡的電腦能用就行了。

也就是說，電腦生產廠家並不生產作業系統軟體，但是外行人不瞭解電腦硬體和軟體的關係，會以為全部都是電腦生產廠家製造的。

智慧手機也是這樣，手機裡面運行的安卓系統是一種基於Linux的開放原始程式碼的作業系統，主要用於智慧手機和平板電腦等移動設備，由Google公司開發。手機生產商並不需要編制整套作業系統，只需要讓自己的手機與安卓相容，能夠正常運行安卓就可以了，頂多開發幾個基於安卓的介面或者裝幾個讓你卸載不了的小流氓軟體就足夠了（你卸載掉了也沒用，下次系統更新又給你刷回來）。但是用戶並不這麼看，有的人會以為整個手機從裡到外都是手機生產商自己製造的，這當然不對。

好了，回過頭來討論我們的主要話題。生產手機並不需要會編寫安卓系統，同樣，能夠合成具有生物活性的有機物，並不代表對生物完全瞭解，也許有某個部分是外來的，是根據某個方式或原理吸引和匹配的（或者根據我們不知道的理化規則產生的），而生產者可能會對此全然無知。

動物克隆的原理也是如此：把成體細胞的細胞核取出來放進卵細胞中，卵子細胞質中有某種至關重要的元素，把成體細胞核重新程式設計而把它啟動，但是沒人知道卵子到底怎樣做到的。還有在轉基因的時候，在把基因片段植入之後，目標生物經過微調才能充分融入既有的基因，科學家只是利用了生物本身的特性。

另外舉例來說，就像人類意外獲得了一套外星人生產機器狗的流水線，只要在一端放入鐵和塑膠，另一端就能有機器狗生產出來。在中間的某個環節，科學家把狗的圖片換成了鴨子的圖片，於是生產出來的都是機器鴨子。但這並不能說我們明白生產的全過程，也不能肯定生產過程中有什麼和沒有什麼，更不能說我們已經掌握了一切原理，可以製造機器鴨子了。其實離開這套生產線我們什麼都不能做，更不要說再製造一套新的生產線。

換個角度看，因為我們可以人工合成某些具有活性的有機物，正好證明了生物智慧和生物體是分開的。邏輯很簡單，我在前面論證了所有生物都有智慧，而人類不能合成生物智慧（連它是什麼都不知道，怎麼合成呢？），只能合成有機物架構，但是合成的某些有機物偏偏具有生物活性（應該已經有了生物智慧），這說明生物體和生物智慧來源於兩條路。

活力論表述得不夠準確，生物體內的「活力物質」並不是莫名其妙的東西，而是一個程式。機械論也不完全錯，生物就是一台機器，人也是機器，只不過是一台自動機器。誰也無法否認，穀歌的全自動駕駛汽車（無人駕駛汽車）就是一台機器，只是另有一套控制軟體而已。這套軟體當然就是一個智慧。而這個軟體，就是所謂的「活力物質」。

暗生物理論和活力論有相似之處，但是區別在於後者認為活力物質和有機物是一體的，那等於說有機物不可創造和合成，因為活力物質不能合成。但是暗生物理論就沒有這個限制。暗生物和載體可以分開存在，當有了合適的載體，暗生物會隨時被吸引過來合成一體。

能夠用無機物合成有機物，這並不奇怪，因為最早的生物一定是無機物合成的有機物。只是合成的過程，不一定只有我們看到的原子、分子和它們之間的相互作用和反應，也許還有看不到的某個過程。

《人是機器》全書的最後一句話：「這就是我的體系，或者毋寧說這就是真理，如果我沒有太錯的話。它是簡捷的。現在誰願意辯論就請起來辯論吧！」(420) 這句話把豆瓣網友都逗樂了：「我就是真理，不服來戰！」，哈哈，這老頭兒太萌了！

本書在前面已經駁斥過拉・梅特里相關的觀點，這裡就不再細說。如果想找個樂子，買本《人是機器》自己看看吧。

雖然我上面一直在說拉・梅特里理論的不是，但是他也有不少正確的觀點，除了唯物主義，他的書裡已經隱隱有進化思想了：「從動物到人並不是一個劇烈的轉變。在發明詞彙、知道說話以前，人是什麼呢？只是一種自成一類的動物而已，他所具有的自然本能遠不及其他動物多，因之那時候他並不以萬獸之王自命，那時候他之別於猿猴和其他動物也就像今天猿猴之別於其他動物一樣，可以說只在於面部更富於不同的表情而已。」(421)

拉・梅特里謝幕的方式很可敬，1751年，他在自己身上嘗試新的治療方法，失敗，在柏林去世。敬禮！

回過頭來接著說二元論。在前面的部分，我們把生物智慧定義成支配、操作常規生物生長、發育、生殖方方面面日常活動的一套程式，類似於電腦的作業系統。後來又假設和論證它是暗物質裡的生物，而且是獨立於生物的身體而確實存在的東西。

對於意識獨立於身體而單獨存在，最早做出系統論證的是笛卡爾的二元論。現在就把笛卡爾的身心交感理論拿來參考一下。作為科學上的笛卡爾主義，它把我們思想的存在看做是最為確實的東西。他認為，精神和物質是兩種絕對不同的實體，精神的本質在於思想，物質的本質在於廣袤；物質不能思想，精神沒有廣袤；二者彼此完全獨立，不能由一個決定或派生另一個。

笛卡爾認識到，我們實際上是靈魂與肉體的聯合體，兩者雖然不同，但是卻聯繫得非常密切。他相信在人身上某個部位，也會有一個類似於舵台的交換站，它負責把身體的資訊傳遞給心靈，再把心靈的資訊傳遞給身體。笛卡爾認為松果體就是兩個運動過程的交換臺，即身心交感點。但是這個理論已被現代醫學所否定，這也意味著笛卡爾心靈調和的努力失敗了。

另外一個導致二元論被否定的原因就是前面提到的美國建築工人蓋奇被鋼

(420) 拉・梅特里，《人是機器》（北京：商務印書館，2014），頁77。
(421) 拉・梅特里，《人是機器》（北京：商務印書館，2014），頁32。

筋貫穿大腦但是仍然活了下來，不過性格大變的例子。科學家發現大腦的損傷會改變性格，於是認為大腦的特定區域與一定的行為有關，意識是大腦活動的產物。而這個問題我在前文已經反駁過，電腦硬體的損傷很可能會影響軟體的運行，這並不能證明軟體就是硬體活動的產物。

另外，如果把不可見的暗物質考慮進來，笛卡爾的思想就有了很大的借鑒價值，這套「意識——交換臺——身體」的人體模型應該重新研究一下。

笛卡爾二元論的另一個重大缺陷是認為動物是沒有精神的機器：「如果我們也能習慣於看那些能夠完美地模仿我們人類行為的自動機器，並習慣於僅僅把它們當作自動機器，那麼，我們就會毫無疑問地認為那些無理性的動物是自動機器。」[422]

而笛卡爾理論的一個閃光點在於可以把複雜事物分解成簡單事物，然後從基礎的簡單事物著手研究。

當然，將人體的整體結構進行分解細化來研究，我們需要參照物。而最好的參照物當然是電腦。人類很多機器最早來源於模仿生物，也就是仿生。後來人類的智慧成長很快，在某些方面甚至超過了生物所具有的能力。電腦就是一種超前的機器，在它的計算能力遙遙領先於動物大腦之後，反倒成了我們研究生物智慧最好的模型。不過儘管電腦運算很快，但是它的複雜程度遠不如大腦。或者說，和大腦相比，電腦結構相當簡單。

科學家批評笛卡爾的二元論是相信「機器中的幽靈」，而且他們指出，「機器是不需要幽靈的，意識的產生僅需要大腦這個機器就夠了。」[423]其實這句話在手機和電腦已經普及的今天說出來簡直有點滑稽。如果比爾・蓋茨和拉裡・佩奇聽到簡直要氣死了，他們的Windows和安卓作業系統霸佔了電腦和手機。「機器不需要幽靈」就像是說電腦和手機不需要軟體一樣不可思議。而「意識的產生僅需要大腦這個機器就夠了。」難道軟體是電腦自己「哢哢哢」地運轉出來的？不是程式師編寫的嗎？

作為一個程式師，我找不到任何一個大型複雜機器不需要軟體或者操作員，自己就能連續運轉，而且產生有變化的行為的例子。將來更不可能有這樣的機器，因為隨著數碼化的進程，機器對軟體的依賴只能越來越深。

科學家否認意識獨立存在的另一個主要原因就是意識具有主觀性——我的

(422) 林恩・馬古利斯，多里昂・薩根，《傾斜的真理》（江西：江西教育出版社，1999），頁218。

(423) 丹尼爾・博爾，《貪婪的大腦》（北京：機械工業出版社，2013），頁8。

經驗只屬於我自己，他人無法感覺到。但是，如果意識是暗生物的一部分，而暗生物可以先後與多個載體共生，那麼這些載體就都能夠感覺到意識的經驗，所以意識可以是客觀的。

古爾德這樣開明的生物學家對二元論也持反對意見，他認為「我們把自己看做生物堆積物的頂端，對其他生物具有統治的特權，將人類意識的高尚結果確定為脫離生物規律的固有東西。」

這話有一半是正確的，確實很多二元論者認為只有人類有靈魂，所以是「二元」的，而其他生物都是「一元」的。但是如果所有生物都有單獨存在的暗生物，那麼古爾德就不需要為此擔心了。

另外，如果二元論把人類分成靈與肉（靈魂與物質），確實會犯古爾德所說的問題。但是如果二元論是把人類分成兩類物質（身體是物質，而靈魂是生物，也是物質），就不會有這個問題。人類的暗生物確實比其他生物的發達，但並不是主宰，所有生物都有自己的暗生物。人類的生存能力遠遜於其他生物，就算人類毀滅十次，會發現細菌仍然繁榮昌盛、種類繁多。

說到這裡，大家就可以理解為什麼生物學家大都否認動物存在意識這麼顯而易見的問題。因為這會推導出簡單生物也有意識，那麼沒有大腦的動物的意識在哪裡？在細胞結構裡？那麼沒有細胞結構的最簡單生物的意識在哪裡？這樣推導下去，遲早要推導出意識和身體分開的二元論。這樣就跨出分子生物學的範疇了，這當然會導致生物學的重新洗牌。

傳統科學界一直把身和心強行捏合在一起來研究，卻處處碰壁，參見前面精神疾病治療的現狀。跟其他蓬勃發展的自然科學相比，精神學科實在有點荒蕪。而信奉二元論的門派又常常將科學拒之門外，當然也不會取得什麼實質性進展。所以將來發展的關鍵還是科學二元論（怎麼聽著有點像「科學創世論」？澄清一下，不是一回事。）。

「我們號召創新，呼籲創新，正是由於我們目前的創新不盡如人意。即使在發達國家，人們也在抱怨專業的研究者們為體制、文化、經費及獎懲等非科學因素的壓力而疲於奔命，以至於出現不少『人不能盡其才，物不能盡其用』的尷尬現狀，創新動力愈發變弱，創新靈感未見增長。」[424] 為什麼精神科學進展如此之慢，也是因為科學家們受到的科學訓練就是用特定的幾種思維（也許只有一種）模式來看待精神問題，不會想，不能想，也不敢想其它的可能性，

(424) 馬庫斯·烏爾森，《想當廚子的生物學家是個好駭客》（北京：清華大學出版社，2013），序3頁。

除非不想要科研經費了。

## 第二節　電腦程式和生物智慧

生物智慧和電腦程式非常相似。這裡先簡單說一下仿生學。仿生學就是模仿生物的一門學問，就是人類向生物學習的一門學問。人們發現生物各有各的精巧結構和神奇功能。有許多人類想要解決的科學技術問題，其實生物早已解決，並且解決得巧妙而又科學。於是有些研究者便模仿生物的方法，結果收到很好的效果。就這樣，一門重要的學科——仿生學就逐漸興起了。

仿生學最廣為人知的成果就是雷達，雷達在長期的研發和調製過程中，很多靈感就來源於蝙蝠的超聲波定位原理。但是仿生學所產生的科研成果，往往不如生物原有的器官，比如蝙蝠的超聲定位系統就比雷達和聲吶要好用得多。

人類的雷達系統很複雜，感興趣的讀者可以查閱一下航海雷達的操作說明書，就會相信我的話。我看過，太費勁，看不下去。但是蝙蝠的雷達系統更複雜，而且是全自動的。

蝙蝠在飛行的時候，喉嚨裡能夠產生超聲波，通過口腔發射出來。當超聲波遇到昆蟲或障礙物而反射回來時，蝙蝠的耳朵能夠接收並能判斷探測目標是昆蟲還是障礙物，以及距離有多遠。人們通常把蝙蝠這種探測目標的方式叫做「回聲定位」。蝙蝠在飛行時，發出的信號被物體反射回來，形成了根據物體不同性質而有不同聲音特徵的回聲。然後蝙蝠分析回聲的頻率、音調和聲音間隔等聲音特徵後，就能知道物體的性質和位置了。

蝙蝠捕捉昆蟲的靈活性、準確性和效率是非常驚人的。有人統計，蝙蝠一分鐘可以捕捉十幾隻昆蟲。同時，蝙蝠還有驚人的抗干擾能力，能從雜亂無章的充滿雜訊的回聲中分析和辨別出反射音波的物體是昆蟲還是樹葉，而且可以更精確地判斷這種昆蟲能不能吃。

上千萬隻蝙蝠同住一個岩洞。它們都在發射超聲波，但互不干擾。「而人造聲納，卻難以排除聲波折射和水下反響的干擾，抗雜訊能力比蝙蝠差了很多。」[425]

蝙蝠的抗干擾能力讓科學家羨慕不已。現在無人機航拍越來越常見，很多攝影愛好者都已經擁有了自己的無人機。但是無人機的操作並不容易，而且經常出現事故，比如「炸雞」（無人機從天上掉下來摔毀），重要原因之一就是

(425) 郝瑞，陳慧都，《生物自主進化論》（遼寧：大連出版社，2012），頁69。

受到干擾。特別是在城市裡航拍，迷失方向失去聯繫是常事。這些干擾包括GPS信號干擾、攻擊陀螺儀的聲波干擾，甚至是無線電劫持。而抗干擾能力是軍用無人機最大的短板，戰場上的無人機經常被敵方干擾而墜毀。

生物結構常常優於人工的產品，比如獵豹完美的力學結構、蛇的「紅外針孔攝像機」、藤壺的「強力膠」、蜘蛛像鋼絲一樣堅韌的蛛絲。

海豚在水中游的速度很快，某些潛水艇的艇身結構就模仿了海豚的形體結構，但是航行起來，受到水的阻力遠大於海豚。

不論大自然的力量和人類的智慧哪個更強一些，但是人類的精密儀器和生物的器官確實經常有驚人的相似之處，比如相機和動物的眼睛等。所以在研究複雜的人體結構時，參照一下與之相似的人造機械是有必要的。

電腦可以理解為現實世界的一個數位投影，或者說是一個數字表現形式。它和現實世界的運行方式有很多相似之處。

「約翰·沃克是世界上最知名的電腦輔助設計軟體AutoCAD的創始人，他告訴記者：『電腦輔助設計要做的，就是在電腦裡為真實世界中的物體建造模型。我相信，在時機成熟的時候，世界上所有的東西，無論是否是製造出來的，都可以在電腦裡生成模型。這是一個非常非常巨大的市場。這裡包羅萬象。』」[426]

在把人體和電腦相比較之前，有必要先仔細描述一個概念，這就是「程式」。

本書前面多次提到程式，什麼是程式？從現實來說，程式是為進行某個活動所規定的途徑、流程。比如一個大公司裡，行銷部的美女小A需要一台印表機。申請採購的程式是這樣的：小A遞交一份申請給部門經理，經理同意並且簽字後，小A拿著這張簽著字的申請單去找行銷總監，總監也簽字了。小A又來到財會部找到會計詢問行銷部本月賬上是否還有錢，可否馬上購買。會計確認有錢後簽字，小A還得去找到副總經理，副總經理對5萬元以下的採購單有最後審批權。在他同意並且簽字後，小A最後來到採購部，把這張簽了4次字的申請單遞交給採購主管，主管又簽了字，安排下面採購員來購買。這就是採購程式，次序一個不能錯，5個簽字一個都不能少。

現實中的「程式」是上面這個樣子。電腦「程式」的意思是這樣：程式由一條一條命令組成，每條命令告訴電腦如何完成一個具體的任務。然後這些命令集合到一起，按照一定的順序來執行，就構成了一個電腦程式。

---

(426) 凱文·凱利，《失控》（北京：電子工業出版社，2016），頁485。

舉一個Pascal語言編制的小程式的例子：（有點繞口，不喜歡的讀者可以直接跳過本例，無影響）

程式的目的是將三個不同的實數讀入電腦，並將大小居中者列印出來。

編程式的思路是這樣的，先假設這3個不同的實數是a，b，c，首先比較a和b，如果a大於b，那麼再比較b和c，如果b大於c，那麼b就是三個實數中居中的，列印出來，以此類推……

程式設計如下：

```
PROGRAM middle (input, output);   本條語句表示程式開始
VAR a,b,c :real;                  設置三個變數a，b，c
BEGIN                             開始執行語句
 READ (a,b,c);                         讀取a，b，c
 IF a>b THEN                           如果a>b，執行下列語句
  IF b>c THEN WRITELN (b)              如果b>c，那麼b就是居中的實數
     ELSE IF a>c THEN WRITELN (c)      否則，如果a>c，那麼c就是居中者
          ELSE WRITELN (a)             否則，a就是居中者
  ELSE                        如果a>b是錯誤的，也就是a<b，在此情況下：
   IF a>c THEN WRITELN (a)          如果a>c，那麼a就是居中者
      ELSE IF b>c THEN WRITELN (c) 否則，如果b>c，那麼c是居中者
           ELSE WRITELN (b)        否則，b就是居中者
  END                             整個程式結束
```

從這個電腦小程式可以看出，程式的執行是一個邏輯性很強的過程，一步一判斷，如果滿足條件怎麼辦，不滿足條件怎麼辦，下一步做什麼……層層嵌套，有序執行。

我做過8年程式師，編程式可以增強邏輯思維能力，而且能夠看出客觀世界的有序性。在後來攻讀植物學碩士的過程中，很明顯地發現生物生長進程中這種看似智慧的有條理、有計劃的有序性，這就是「程式」。

程式師這個工作讓人思路縝密，但是也真的枯燥乏味，把人變得木頭木腦。我剛到資訊中心工作的時候，旁邊科室的女同事告訴我，我們科長原來可是個大才子，風流倜儻，喜歡吟詩作對，還寫了一本《綠雲詩集》，可工作幾年之後，除了編程式，別的啥都不會了　　「變得傻掰掰的」（她的原話

喔）。

接著說電腦，在運行之前，程式往往有個設置環境參數的過程，比如設置系統時鐘、時間格式、鈴聲、工作區、顏色、顯示方式等等，人體的各個組織也有相應的運行環境，參看醫院的化驗單。這裡面的每一項都有相應的範圍，細胞生活在這個範圍裡，超過範圍就會給人體組織造成影響。生物也更有彈性，每個環境因數都有一些冗餘，人體還能夠維護這些環境因數，比如血糖、血壓。

人體組織系統很複雜，如果對應電腦程式，至少要對應微軟公司的Windows作業系統這樣級別的大程式。而且，人體系統的「程式」更加龐大，不會輕易藍屏，也沒有那麼多bug需要經常打補丁。當然，這麼比較對微軟公司不大公平，因為畢竟生物已經進化了40億年，而且編寫生物程式的程式師以億億億計，而微軟成立才這麼幾十年，程式師就這麼幾千個。

生物的身體結構和生長發育是有序的。生命初級階段的原核細胞的細胞質內所含的核酸、蛋白質和一些簡單的酶系統都相互混在一起。「細胞內酶系混雜，使細胞體內的調控機制還不完善……後來，細胞把細胞核用核膜包起來，置於細胞中央，便進化為真核細胞。真核細胞中還有其他的細胞器，如高爾基體、線粒體，植物細胞中還有葉綠體等。每種細胞器都用不同的膜包裝起來，把細胞內部分隔成許多空間，使各種細胞器有互不干擾的活動場所。」[427]

高等生物的身體更加有序。比如人體的每個器官相對獨立，身體的不同部分之間還有膈膜、膈肌分開，由專門的管道連接輸入輸出資訊、養料和廢物等。越是整潔有序，越是說明有管理程式（管理系統）的存在，否則身體裡會一片混亂。只能保持在低等生物狀態，不能發展成大的生物。

電腦由程式來控制，生物由生物智慧來控制。現在研究很多的是：將來電腦能否具有思維意識。其實反過來需要瞭解的是，生物體內控制生長發育的機制是個什麼樣的程式？

電腦程式由程式師來編寫，體現了程式師的想法。那麼生物的生長發育程式是由誰來編寫的呢？科學家最害怕這句話，因為這麼推導下去，神仙很快就要登場了。科學家為了避免出現這個結論，乾脆從頭否定，否定生物的生長發育存在內在的程式——「生物的發育只是單純的生化反應而已，完全滿足基本的物理化學規則，不存在什麼程式、過程、智慧。」其實這是自欺欺人。生物的發育當然有一個智慧的程式在裡面，但不一定需要麻煩神仙。如果存在暗生

(427) 郝瑞，陳慧都，《生物的思維》（北京：中國農業科技出版社，2010），頁91。

物，那麼生物智慧完全可以自我進化、發育出來。

生命和非生命的區別：非生命的物質只有相對簡單的物理、化學作用，它們的存在或者活動規律用一系列關於質量、能量、光、電、磁的方程式就可以準確地表達或者預測。生命雖然也可以看做是一個複雜的化學循環，但它不只是常規理化作用。生命的活動規律就無法用物理、化學來表達，牛往哪裡遷徙取決於草場、公貓走不走直線取決於耗子（也可能是母貓），而不是某個方程式所能計算的。

其實現在科學已經很發達，也很強勢，沒有什麼力量能夠輕易動搖科學的根基。所以很多曾經回避或者不敢討論的問題，怕引人誤入歧途的問題，只要它有一定的價值，現在就應該大大方方地擺在桌面上討論一下。只要講道理，就沒什麼不能說的。

為什麼要將「程式、過程、智慧」和物理化學規則對立起來呢？智慧也要遵守理化規則呀。人類的所有科研成果，都遵守理化規則。看似逆天的太空梭、深海潛艇、電腦手機，也不過巧妙地遵循了理化法則，並沒有真的逆天。

## 第三節　生物的共生

暗生物是怎樣和常規生物結合到一起的呢？既然是兩個生物的親密組合，而且誰也離不開誰，那麼這個組合當然是共生關係。

共生是指兩種不同生物之間所形成的緊密互利關係。在共生關係中，一方為另一方提供有利於生存的幫助，同時也獲得對方的幫助。可以簡單的解釋為「不同物種的生物在機體接觸的情況下共同生活。生物共生中的夥伴，共生的生物個體，必須同時同地堅持互相接觸甚至住在對方的體內。」[(428)]

共生生物不是很明顯，但是卻無所不在。可以分為兼性與專性。兼性共生是共生雙方離開彼此後並不會死亡，書上常用小丑魚和海葵舉例，動畫片《海底總動員》裡的Nemo就是一條小丑魚。它居住在海葵的觸手之間，海葵食用小丑魚消化食物的殘渣，而海葵有刺細胞的觸手，可使小丑魚免於被掠食。小丑魚本身則會分泌一種黏液在身體表面，保護自己不被海葵傷害。小丑魚和海葵在一起互利互惠，但是分開也能各自生存，所以是兼性共生。

專性共生當然就是共生的雙方無法離開對方。最常被提起的例子就是白蟻和披髮蟲。披髮蟲生活在白蟻的腸道中，能分泌一種消化纖維素的酶。白蟻的

(428) 林恩・馬古利斯，《生物共生的行星》（上海：上海科學技術出版社，2009），前言。

腸內如果沒有披髮蟲，即使吃了很多纖維素，由於不能消化，也終將被活活餓死。對於披髮蟲來說，白蟻的腸道內也比外面安全，而且這裡還有豐富的纖維素供它們分解利用。所以白蟻和披髮蟲誰也離不開誰。

許多共生關係最開始也許只是兼性共生，在經歷了長期進化之後，這些生物會變得越來越依賴共生關係，因為共生特徵在優勝劣汰的自然選擇中具有優勢。最終，共生雙方將完全依靠共生關係獲取食物、居所、酶等生存資料。

從白蟻和披髮蟲的例子也可以看出，共生不止局限於大家所熟知的比較大的動物之間，比如海葵和小丑魚、犀牛和背上的小鳥。其實更常見的是較大的動物和微生物之間，或者說，每種動物都有和它共生的微生物，離開微生物，它們都活不了。

人類也有共生生物嗎？當然有，人的消化道裡有無數的細菌和其他微生物，我們身體幹重的10%左右由細菌組成，人體內微生物的數量遠多於身體細胞的數量。以前非常粗略的估算是我們人體自身細胞的十倍，新的估算結果是約1.3倍。這個事實在生物學上沒啥意義，主要是人對自身的理解認識上（例如『我是誰』這種問題）有一定作用。

人排出的食物殘渣主要依靠細菌對食物的分解產生。這些細菌具有多種功能，但其首要職責是分解消化道內的物質。如果沒有它們，人的消化道就無法完成這一任務。比如，大量未經消化的碳水化合物進入腸道，腸道中的細菌能把它們分解成可以吸收和轉化的各種酸性物質。就這樣，人體利用細菌消化，從食物中獲取更多的營養和熱量，而腸道裡的細菌則通過人體獲得穩定的食物供應。然而，如果服用抗生素，人體消化道內的大量共生細菌就會被殺死，從而導致消化能力降低。而要恢復原來的消化能力，則要等到腸道內的共生細菌重新繁殖起來。人體內部分細菌雖然不是與生俱來的，卻是生命所必需的。

如果不算身體裡共生的細菌等微生物，單單考慮人體本身，還有共生關係嗎？這個問題就要從地球生物的起源算起。

「共生對於瞭解物種的起源和進化的創新能力有著決定性的意義。」(429) 生物的進化從單細胞開始，那時地球上到處都是單細胞生物，沒有多細胞生物。就這麼過了幾億年，為了更好地生存，單細胞生物互相粘附在一起，生態上互相依賴，但是分類上各自獨立。一般來說，單個的細菌也能存活，但是只要一有機會，它還會再重新加入一個群落。

「『共生發源』，這個概念的俄羅斯發明者康斯坦丁·梅列日科夫斯基提

(429) 林恩·馬古利斯，《生物共生的行星》（上海：上海科學技術出版社，2009），頁2。

出：通過共生發生的合併，形成了新的器官和生物。我將證明，這是進化中的一個最根本的事實。所有大到我們可以看見的生物，都是由曾經一度獨自生存的微生物合併而來的，它們組織起來，變成更大一些的整體。」(430)

於是開始慢慢地出現單細胞群，進而出現團藻。團藻由數百個至數萬個細胞組成，直徑可達0.5釐米，肉眼可見。組成群體的細胞排成一層，形成空心球狀，球體內充滿膠質和水。團藻僅僅是許多單細胞衣藻聚在一起營集體生活，可以認為，團藻是由群體類型向多細胞類型過渡的中間型。團藻之後開始出現多細胞生物，然後結構越來越複雜，組成生物體的細胞也逐漸增多，慢慢進化到現在的複雜生物。

「細胞結合的好處並不止於體型上的優勢。這些細胞結合可以發揮其專有特長，每一個部件在處理其特定任務時就可以更有效率。有專長的細胞在群體裡為其他細胞服務，同時也可以從其他有專長細胞的高工作效率中得益。如果群體中有許多細胞，有一些可以成為感覺器官以發現獵物，一些可以成為神經以傳遞資訊，還有一些可以成為刺細胞以麻醉獵物，成為肌肉細胞移動觸鬚以捕捉獵物，分泌細胞消化獵物，還有其他細胞可以吸收汁水。」(431)

單細胞是組成一切生物的基本單位。不論多麼複雜的高等生物，它的各種組織和器官都由細胞組成或由細胞演化。從這個角度看，任何複雜生物都可以說是單個細胞的群體。人體就是由上百萬億單個細胞組成的。也就可以說是這些單個細胞的共生體，這一點從每個細胞都保留整套的DNA可以看出來（除了紅細胞）。這就是細胞全能性的基礎。高度分化的植物體細胞具有全能性，植物細胞在離體的情況下，在一定的營養物質、激素和其他適宜的外界條件下，才能表現其全能性。換句話說，少數植物細胞就可以發育成一個新的完整植株。

高度分化的動物體細胞也具有全能性的潛能。動物細胞在離體的情況下，在一定營養物質、因數（包括特定轉錄因數或小分子化合物）的誘導下，可被重程式設計為誘導多能幹細胞（iPSC），並發育成其他類型的細胞。日本科學家中山申彌因為這個研究獲得了2012年諾貝爾生理學或醫學獎。

只不過，越是複雜的生物，細胞之間的聯繫越緊密，協調程度越高，高到已經超過了專性共生，緊密得像一個整體。不過如果把某些人體組織切一部分，放在培養基裡能夠存活一段時間，有的甚至還能夠分裂生殖、生長。生物

(430) 林恩·馬古利斯，《生物共生的行星》（上海：上海科學技術出版社，2009），頁29。
(431) 理查·道金斯，《自私的基因》（北京：中信出版社，2012），頁282。

身體裡的細胞大多數都具有獨立性，都是一個單獨的個體。

生物體的很多細胞和組織換個環境仍然可以生存，只要新環境和舊環境差別不大。器官移植說明了這一點，在排異反應被抑制的情況下，移植後的器官可以正常工作好多年。

可以做一個動物細胞的培養實驗：從動物機體中取出相關的組織，將它分散成單個細胞，然後放在適宜的培養基中，讓這些細胞生長和繁殖。加入適當的培養液，包括：葡萄糖、氨基酸、促生長因數、無機鹽、微量元素和動物血清。溫度、酸鹼度和氧氣等環境條件一定要模仿動物體內的環境，同時保證培養基中無菌無毒。這樣過一段時間就會有越來越多新生的細胞貼在容器壁上。

現在基於這個方法的人造肉項目日趨成熟，通過提取動物幹細胞後在生物反應器內獨立培養，這個不是用蛋白質和澱粉製造的麵包一樣的人造肉，而是真正的動物肌肉。但是由於原料中包括小牛血清，所以暫時成本很高。只不過解決這個困難只是時間的問題，遲早超市裡會出現不需要屠宰、殺生的人造肉。到時候就不會再有吃不吃狗肉什麼的爭論。

這個技術也被用來培養人類器官。首先做一個支架，然後將細胞播種到支架上，從而再生器官。

「細胞知道自己該做些什麼，完全知道，所以我們要做的就是把它們放在合適的環境裡，它們擁有所有必需的遺傳物質，使它們成為它們要成為的東西，它們所需要的只不過是正確的暗示。」(432)

生物最早的多細胞共同祖先是由鬆散的單細胞生物共生在一起的。單細胞的個體組成群體，其實這恰恰是進化所必須，因為進化不是仙人推動，也不是隨機胡亂變化的。

儘管我認為進化並不是以偶然性為主導，而是暗生物這個智慧體系在起作用。但是暗生物並不是萬能，並不是想變成什麼樣子，就變成什麼樣子，這裡面確實有很多偶然因素。比如大熊貓由肉食動物變成了草食動物，但是它的消化系統並沒有進化成草食動物的樣子，而是依靠消化細菌。

「只有群系統才可能將局部構件歷經時間演變而獲得的適應性從一個構件傳遞到另一個構件。非群體系統不能實現（類似於生物的）進化。」(433)

人體的細胞之間也是類似的共生關係。在人體內，還有很多和人體為共生關係的小個體，關係也很緊密，這些小個體除了大家所熟知的細菌，還有病

---

(432) 張戟，《基因的決定》（山東：山東科學技術出版社，2015），頁125。
(433) 凱文・凱利，《失控》（北京：電子工業出版社，2016），頁36。

毒。而且很多人體內的病毒是和人的胚胎一起發育成長的，因為它們的遺傳密碼乾脆就寫在了人類的DNA裡，這就是內源性逆轉錄病毒。它們就在人類的胎盤內部，這些微小的病毒環繞在胚胎的周圍。你肯定會感到奇怪和害怕，你的胚胎被這麼多的病毒感染，居然還能活下來。

但是事實上，這根本不是感染，而是懷孕過程的正常現象。這是一種內源性逆轉錄病毒，每一個哺乳動物的DNA上均有它們的遺傳密碼。這些病毒在數百萬年前侵染到哺乳動物的細胞中，由於適應了細胞的環境而保留下來。令人驚訝的是，一些生物學家認為，在哺乳動物的進化過程中，尤其是胎生繁殖方式，內源性逆轉錄病毒起了極其重要的作用。他們認為，這種病毒在胎盤的產生和保護胎兒方面起到了關鍵性作用，正是它使得胎兒免受病原感染和不被母體的免疫系統所傷害。如果沒有這些病毒，人類根本不能進化成哺乳動物。

人類身體裡的內源性逆轉錄病毒的數量驚人，「我們每個人的基因組中攜帶了近10萬個內源性逆轉錄病毒的DNA片段，占到人類DNA總量的8%。反過來看，人類基因組中2萬個負責蛋白質編碼的基因，也只不過占到1.2%而已。」[434]

細胞和細胞之間的緊密聯繫，人體和細菌、病毒之間的互惠互利，構成了共同生活的小生態系統。也許這還不夠，更緊密的聯繫發生在細胞內部，這就是內共生。

內共生學說於上個世紀20年代由哥倫比亞大學的伊萬・沃林提出，他認為葉綠體和線粒體起源於共生的細菌，但是這個理論受到了當時生物學界的嘲笑，並被粗暴的否定了。1967年，內共生學說再次由一個後來相當出名的生物學家提了出來，之所以相當出名，是因為她太生猛了。這個生物學家就是林恩・馬古利斯（Lynn Margulis）。「她」當然是個女人，但卻不像伊萬・沃林那麼好欺負，她與整個生物學界為敵，而且在各種責難和打擊面前毫不妥協，一直堅持到勝利。

馬古利斯年青的時候很漂亮，也很另類。她有主見，敢於通過努力去實現它，從小就是這樣。13歲的時候，她不喜歡自己的新學校，在父母不同意調換的情況下，她就自己跑去喜歡的學校，偷偷報名和更換學籍，悄咪咪地開始了屬於自己的學業。後來事情敗漏，她仍然據理力爭並且證明了自己具有足夠的學習能力而最終夢想成真。

馬古利斯大學讀的是芝加哥大學的人文專業。結果因為在自然科學課上讀

(434) 卡爾・齊默，《病毒星球》（桂林：廣西師範大學出版社，2019），頁77。

到了孟德爾的豌豆實驗，從而喜歡上了遺傳學（不可思議，還有女生會喜歡這個枯燥的實驗？）。其實更重要的原因是遇見了物理系研究生卡爾·薩根（Carl Sagan），這位是赫赫有名的天文學家、歷史上最成功的科普學家之一，還是一個大帥哥，經常主持科普類電視節目。他的聲音也好聽，很有磁性的男中音。本科畢業後馬古利斯棄文從理，讀了伯克利加利福尼亞大學遺傳學的研究生。

可惜兩人的婚姻只維持了7年，這是可以理解的，兩個同樣優秀有個性而又鋒芒畢露的年青人，吵吵鬧鬧不可避免。生了兩個兒子，其中的多里昂·薩根，也是科普作家，而且和父親一樣帥氣（看人家的基因）。本書多次引用他們娘倆共同創作的《傾斜的真理》。

在馬古利斯之前，生物學家認為真核細胞是一個整體，從原核細胞一步步進化而來。但是早在上個世紀初期，俄國生物學家梅里日可夫斯基便開始懷疑植物細胞中的葉綠體是外來者。

「在20世紀60年代，電子顯微鏡揭示出葉綠體含有與藍細菌相似的複雜的內部膜層結構……人們最終在葉綠體中發現了遺傳分子DNA。葉綠體DNA在結構上與某些藍細菌的DNA的共同處比與核DNA的多得多。這些發現被公認為是對葉綠體祖先的早期獨立性的確鑿證明。另一組細胞器（線粒體）起源於細菌的證據正按相同的方式累積著……發現線粒體DNA與某紫色非硫細菌的DNA相似，後者也是一種能進行有氧呼吸的光合微生物。」[435]

於是據此猜測，也許線粒體和葉綠體都曾經是獨立生活的細菌，後來被真核細胞吞進身體裡。這種小細菌並沒有被殺掉，而是在真核細胞的細胞質中生存了下來，與之形成了共生關係，成為了真核細胞的細胞器。也有說法認為好氧菌和藍藻侵入真核細胞中而形成了共生體。

面對著許多蛛絲馬跡，卻只有馬古利斯一個人勇敢地整理了所有證據，把這個看似荒謬的結論擺到了檯面上，直面人們的嘲笑。這個理論就像說一隻老虎吞了一隻山羊，結果長出了一對角一樣荒謬。當時一位審稿人感歎說「這也就是一個年青女科學家，才敢這樣肆無忌憚挑戰權威。」

內共生理論剛問世時，被科學家們大肆嘲笑。一個植物學家回憶說：「我上大學的時候，有兩個理論經常被用作反例，來顯示科學假說可以牽強到何種地步——一個是大陸漂移學說（在20世紀早期就提出來了，但由於缺少大陸移動的原因，所以受到普遍的抵制），另一個就是內共生學說。」馬古利斯請求

(435) 林恩·馬古利斯，多里昂·薩根，《傾斜的真理》（江西：江西教育出版社，1999），頁57。

一個同行評論自己的論文，此人竟然回答「滾出我的領域」。1967年，她的那篇劃時代的論文，被退稿15次才得以發表（比 J·K·羅琳遭遇的退稿還多，《哈利·波特》被退稿12次。讓男人汗顏的兩位堅強的女士！）。

科學史上一直不乏類似事件，1940年，美國俄裔物理學家伽莫進一步論證宇宙起源的爆炸論，卻飽受當時天文學界的冷嘲熱諷。著名的無神論哲學家羅素說：「整個宇宙的產生只是偶然，我們沒理由相信宇宙有什麼起源，認為凡事必有起源是因為缺乏想像力。」芝加哥大學的亞特勒在他的書裡說：「如果宇宙有起源，就得先假定有一個創始者。」

被激怒的生物學家準備用實驗來駁斥馬古利斯的歪理邪說，可是實驗結果卻反倒支持了她的理論（傳統生物學家被本書激怒了沒？用實驗來駁斥我的歪理邪說吧）：線粒體和細菌之間的相似之處遠多於和細胞的其他結構之間的共性。對線粒體和葉綠體而言，體型大小大約相同（原核生物細胞比真核細胞小很多，因此有些細菌可以輕易置身於真核細胞內），外表都像細菌，各有自己的DNA序列。這一切都顯示祖先是獨立的有機體。

「後來科學家推測這個過程是這樣的：在遙遠過去的某個時刻，一種現今已滅絕的呼吸氧氣的細菌，同時產生了普氏立克次體及線粒體這兩支微生物的祖先。兩個譜系原本皆是獨立生存的微生物，靠攝取周遭的養分維生。後來二者開始寄生在其他生物體內；普氏立克次體進化成殘酷的寄生細菌，鑽入寄主體內肆虐，另一支侵入人類祖先體內的細菌卻和寄主發展出較好的關係。洛克菲勒大學的穆勒（Miklos Muller）認為線粒體的始祖可能總是待在早期真核生物的近旁，以後者的排泄物為食；無法利用氧氣進行新陳代謝的真核生物，也逐漸變得依賴呼吸氧氣的線粒體始祖所排出的廢物。最後兩個物種結合在一起，開始在同一個細胞內進行彼此間的交易。」[(436)]

1981年馬古利斯出版《細胞演化中的共生》，這時候的生物學家們已經認同她的理論了。理查·道金斯稱她「有超然的膽量和毅力來堅持自己的內共生假說，並最終實現了其從異端到正統的轉變」（明明是你們從了人家，卻偏說人家回歸了你們，呵呵）。當然馬古利斯並不買帳，她稱呼他們為偏執的新達爾文主義者。千萬別小看這些斯文儒雅的傳統科學家，如果你膽敢在他們的圈子裡撒點野，他們絕對罵你罵到懷疑人生。本書已經多次提及道金斯教授，他是世界上最有名的生物學科普學家之一，只有古爾德等幾人可以與他齊名。道

(436) 卡爾·齊默，《演化 跨越40億年的生命記錄》（上海：海世紀出版集團，2011），頁114。

金斯也很帥氣，現在70多歲了還是個金髮帥老頭。看來生物專業出帥哥美女。

道金斯在他的著作《基因之河》裡坦率承認馬古利斯的勝利：「這一理論最初曾被視為異端邪說，當時只有少數人對它發生了興趣，現在已經被廣泛接受，可以說是大獲全勝了。」[437]

科學發展的路徑並不是一條坦途，一直會伴有一些新的理論和假說，有的前途無量，也有死胡同和歧途，甚至還會有一些聲名狼藉的研究。其實這都不是事兒，科學也是工作的一種，錯誤是不可避免的。但是錯誤的理論也許會帶來全新的視角，在證偽它的同時，正確的理論就在後面浮出水面。所以新人要有挑戰權威的勇氣，學者也要有容忍「有希望的異端」的胸襟。

相比其他國家，中國人格外缺少標新立異。所以有一句話形容中國式人才「均值很高，但是方差很小」，平均水準不錯，但是缺少頂尖人才，所以國外最好的大學和世界級的大公司裡，中國裔的教師、工程師和技術人員比比皆是，但是上層的管理者和領頭人卻幾乎沒有。

馬古利斯最讓科學家不滿的是，她攻擊了「新達爾文主義」，認為「新達爾文主義」完全走錯了方向，不能解釋化石的間斷，也不能解釋進化的躍進。真正的進化革新應該來源於共生和基因交流裡，而不是來自於自然選擇。這個說法當然會得罪傳統生物學家。

也有開明的生物學家幫馬古利斯說話，約翰・梅納德・史密斯評論說：「每個學科都需要馬古利斯。我認為，多數情況是她錯了。但我認識的大部分人都覺得有她在是件好事，因為她每次犯錯都會引出很多有價值的成果。」

但是，我在這裡要強調——這次林恩・馬古利斯又一次與整個生物學界為敵，但是也許——她還是正確的。至少這句話「真正的進化革新應該來源於共生和基因交流裡，而不是來自於自然選擇」很可能正確。

我很認同「共生和基因交流」，字裡行間的意思是「學習」，「學習」才是生物進化的主要原因，並貫穿了進化的始終。我趁著介紹馬古利斯女俠的機會重申這兩個字，這是本書的主旋律之一。而且對她提到的「共生」我也無比認同，但是比她走得還遠。也許共生不只是馬古利斯所認為的微生物和生物、微生物和細胞器的共生，還會有看得到的生物和看不到的生物共生，這個會更加精彩！

美國著名主編凱文・凱利關於「學習」的看法尤為精闢：「實際上我們高估了學習，把它當成一件難事，這與我們的沙文主義情節——把學習當成是人

(437) 理查・道金斯，《基因之河》（上海：上海科學技術出版社，2012），頁38。

類特有的能力——不無關係。我想要表述一種強烈的看法，即進化本身就是一種學習。因此，凡有進化（哪怕是人工進化）的地方就會有學習。」[438]當然，凱利的說法需要有個前提——是什麼在學習？如果生物沒有智慧，怎麼能夠學習？所以本書就是要找到這個智慧。

毫無疑問，馬古利斯是個成功者，她也是個異端。

「我們謳歌非正統的英雄，但是伴隨每一個成功的異端，都有一百個挑戰流行觀點的人被遺忘或消失。你們誰聽過艾默爾、居諾特、特魯曼的名字，他們是面對達爾文主義浪潮的最初的直生論（定向進化）支持者。」[439]

「像柯克派翠克（提出地殼完全是由錢幣蟲構成，被證明是錯的）這樣的科學家，往往要付出沉重的代價，因為他們通常都是錯的。但是一旦他們正確，他們的正確就相當突出。**他們的見解遠遠勝過那些按常規形式老老實實工作的科學家得出的見解**……我們嘲笑、不理睬一個瘋狂的理論很容易，但這樣便不能理解一個人的動機，錢幣蟲圈就是一個瘋狂的理論。我對富有想像力的人比較感興趣。他們的觀點可能是錯的，甚至是愚蠢的，但是應該仔細研究他們的方法。只有具有誠實情感的人才會有合理的統一觀，或才會去關注那些有價值的異常現象。不同的鼓點常能擊出豐富的節奏。」[440]有的理論被證明是錯誤的，但是當它被否定後，它所圈定的問題依然存在，而且被凸顯出來，還能激發很多有意義的科學工作。

古爾德接著說：「科學中的正統觀點會像宗教中的正統教義一樣頑固。我不知道除了憑藉能激發出非常規性並極有可能含有啟發性錯誤的豐富想像力外，還有什麼辦法可以動搖正統學說。正如義大利著名經濟學家維爾弗雷多·帕累托所說：『豐富的錯誤中，含有正確的種子，它們憑藉錯誤之間的相互修正而萌發。這樣你就可以獲得大量的真理。』赫胥黎也說過：『沒有理性地堅持真理，可能比理性地堅持錯誤更有害。』」[441]

所以，所以，所以，如果讀者不同意本書的觀點，請理性地拿出你的證據，我會改正。本書肯定會有相當多的錯誤，我也會理性地堅持錯誤，直到看到否定我的證據。能做個科學前進路上的墊腳石也不錯。

「一個生物學家說過，薛定諤的《生命是什麼》裡的所有細節都是錯誤

(438) 凱文·凱利，《失控》（北京：電子工業出版社，2016），頁131。
(439) 斯蒂芬·傑·古爾德，《自達爾文以來》（上海：上海文藝出版社，2008），頁115。
(440) 斯蒂芬·傑·古爾德，《熊貓的拇指》（海南：海南出版社，2008），頁163。
(441) 斯蒂芬·傑·古爾德，《熊貓的拇指》（海南：海南出版社，2008），頁169。

的。」[442] 但是這並不影響他提出了那麼多好的建議，也不影響他開創了分子生物學。

本書也會有很多自相矛盾的地方，語言學家烏那木諾說過：「如果一個人從不自相矛盾的話，一定是因為他從來什麼也不說。」更不要說本書涉及面如此之廣，而我的能力相當有限。本書的出版一點兒也不倉促，在被出版社一次又一次拒絕的同時，我有堆積如山的時間來一遍遍校稿，而仍然會保留的錯誤，確實就是因為我的水準不夠，廣度有餘而深度不足。

另外一個產生矛盾的原因，就是有的內容我也拿不準，所以寫出來，讓讀者自己去分辨。故此對本書錯誤和矛盾之處，請大家諒解，並多多指出，我會馬上修改。

波普爾認為人類知識的增長是一個近似於達爾文所說的「自然選擇」過程的產物。也就是說，對我們提出的各種假設進行的自然選擇：我們的知識是由那些目前仍然相對適應、在生存競爭中倖存下來的假設組成，而那些不適應的假設則被拋棄。

就像我們無法預測生物進化的進程一樣，我們也同樣無法預測科學的發展方向。所以真正的科學一直不害怕假說，而且歡迎假說。就像生物有規律的發生基因突變一樣。特別是在今天這樣科學全球化的時代，我們擁有如此之多的精良裝備和實驗條件來檢驗一切新奇理論，只要假說的提出者願意把自己的理論放在科學的框架裡來接受學者們的考問和質疑。

因此，我也不贊成多數「民科」的做法。他們把自己困在自己搭建的理論體系中，而這個體系與整個科學體系是完全不同的，並且不相容。他們不急於把自己的體系與科學體系接軌、相容，而是不斷嘗試讓別人進入到自己的體系中來。他們往往不允許別人質疑，否則就是對他們的打擊迫害。他們的邏輯是這樣的：「我說的東西你懂不懂？不懂？那你就相信它吧！因為我是正確的，所以我是正確的。」而一個合格的科學假說應該是這樣：「我說的東西你懂不懂？不懂？我解釋給你聽，現在懂了？好的，歡迎提出不同想法。你不同意？好的，提出你的意見，或者求同存異。」

其實像民科那些異於常理，和主流科學出入很大的理論，提出的時候一定要多加小心。舉出自己的觀點和大家商量，列出自己的證據讓大家來評判。最怕的就是自說自話、自吹自擂吹噓自己，或者耍點小手段「只有聰明人才能看懂，你自己看著辦……」，甚至是神秘主義者的故弄玄虛、搬弄是非等等。

---

(442) 葛列格裡・蔡汀，《證明達爾文》（北京：人民郵電出版社，2015），頁88。

在論壇裡見過某某民科的帖子，別人跟帖說看不懂他的理論，他大大咧咧地回覆「那你自己悟啊！」，或者擺出一副無賴模樣：「我說的就是對的，不需要論證。你們這些主流科學的學者，不要試圖證明我是錯的，你們欺負人，你們都是陰謀家。」

但是他的文章中沒有提出有說服力的論據來證明自己的觀點，基本是「自己到某地會晤了誰誰（和他一樣的民科），他們都表示同意。又到某地拜訪了某個知名學者，他很佩服我（學者被煩得受不了，只好說：你的理論太高深，我看不懂……）。」

能夠容忍異端是需要心胸的，古爾德就是這樣的學者。但是更多的學者很有趣，當他們的創新理論不被接受，受到排擠的時候，他們會大聲反對教條主義，抨擊科研現狀，悲情得像個飽受打擊迫害的布魯諾，「高加索山頂的萬年冰川，也無法冷卻我心頭追求真理的火焰！」但是一轉身看到不合自己胃口的理論的時候，他們馬上翻出教科書，換個腔調：「你看看，你看看，書上寫的明明白白……初中生都懂……人家達爾文說過……你怎麼能這麼想……一看你就錯了……」他們沒有意識到，自己已經變成了自己所討厭的人。就像有一個司機說「我開車的時候最討厭兩種人：插隊的人和不讓我插隊的人！」

馬古利斯於1983年當選為美國國家科學院院士，1999年被授予美國國家科學獎章，克林頓樂呵呵地給她頒獎。當然，這時的馬古利斯已經是發福的中年婦女，如果是面對40年前年青貌美的小姑娘馬古利斯，克林頓總統一定會笑得更加燦爛。

## 第四節　奇葩的共生

「自從林恩・馬古利斯提出『細菌共生是祖細胞形成的核心事件』這一假設之後，生物學家們忽然發現，在微生物世界中，共生現象比比皆是……馬古利斯希望我們考慮的是兩個正常運轉的簡單系統合併為一個更大、更複雜系統的意外現象。舉例來說，由一個細胞系繼承而來、負責運送氧氣的經過驗證的系統，可能和另一個細胞系中負責氣體交換的現存系統緊密結合在一起。雙方共生相聯，就有可能形成一個呼吸系統，而這一發育過程未必是累進的。」[443]

共生，在自然界中如此之常見：生物體外的共生、體內的共生、細胞內的共生，還有一些更奇怪甚至跨界的類似於共生的事例。

(443) 凱文・凱利，《失控》（北京：電子工業出版社，2016），頁575。

在中學的生物課本上，只有植物才有光合作用，植物把光能轉變為化學能儲存在體內。動物不能進行光合作用，它在吃掉植物之後，獲取了光合作用所儲存的能量。所以地球上動物和植物所需能量直接或間接都來自太陽能。但是，在一種名為綠葉海天牛（*Elysia chlorotica*）的海蛞蝓體內，卻實現了真正意義上的「光合作用」。海蛞蝓在食用藻類之後，獲取了本身屬於藻類的葉綠體，將其置於自己的細胞內進行光合作用。

當幼蟲綠葉海天牛孵化出來之後，它的身體還沒有顏色。會到處尋找濱海無隔藻，一旦找到就貼在上面吃吃吃，並發育成為幼年的綠葉海天牛。而當幼年的海天牛啃食無隔藻之後，它的身體就逐漸變綠，並一直這麼綠下去。由此可見這些葉綠體都是在吃無隔藻的過程中，從破碎的無隔藻細胞中「提取」出來的。

這些葉綠體對綠葉海天牛大有用處，研究人員發現，綠色的綠葉海天牛在陽光充足的條件下，能夠「忍饑挨餓」長達10個月——這相對於其一共才一年左右的壽命來說，實在是很長。

更令人震驚的是，通過對綠葉海天牛的生理學測定，研究人員發現它和植物一樣能夠進行二氧化碳的固定和氧氣的釋放。所以可以確信，綠葉海天牛獲取這些葉綠體的真正目的，是依靠它們來進行光合作用，並將光合作用產物作為能量來源。這一觀點，在隨後的多個觀察和實驗中得到了證實。這一超強的生存能力，讓綠葉海天牛成為了動物界中獨樹一幟的「光合作用動物」。

當然，光合作用轉換能量的效率低，要遠遜於直接食用植物的能量攝取速度。依靠光合作用生存的綠葉海天牛，各項生命活動都慢吞吞的，因為它們的能量來之不易，一定要精打細算。

綠葉海天牛獲取葉綠體，不應該算作共生，因為它已經把無隔藻破壞，只留下了葉綠體。但是這樣的物種之間的基因轉移和學習某些能力的過程，無疑為暗生物和生物體的共生共棲提供了參考範例。

仙女水母或倒立水母的身體裡也有這樣神奇的共生關係，因此它們可以過著自給自足的生活。這些水母在自己透明的身體裡，種下許多藻類。這些藻類利用陽光為水母製造食物。

這些水母體內的藻類含有葉綠素，所以它們有時候看起來是綠色的。它們倒立生長著，向上的觸手就像是樹枝一樣，目的是使體內的海藻吸收到更多的陽光。植物為水母提供食物，水母反過來又保護著植物。

生命不是單獨存在的，「是一種連接成網的東西——是分散式的存在……

沒有單獨的生命。哪裡也看不到單個有機體的獨奏。生命總是複數形式。生命承接著彼此的聯繫，連結，還有多方共用。」(444)

把暗生物看做物質，生物體也是物質。而沒生命的物質有時候也是複數形式，也有著彼此的聯繫。比如現在物理學界的熱點問題——量子糾纏。量子糾纏是粒子在由兩個或兩個以上粒子組成的系統中相互影響的現象，雖然粒子在空間上可能並不在一起。

糾纏是量子力學理論非常著名的預測，它描述了兩個粒子互相糾纏，即使相距遙遠，一個粒子的行為也將會影響另一個的狀態。其中一顆因為被操作而狀態發生變化，另一顆也會即刻發生相應的狀態變化。愛因斯坦將量子糾纏稱為「鬼魅似的遠距離作用」。但這並不僅僅是個玄幻的預測，而是已經在實驗中被驗證的現象，各國科學家也都在開發相應的應用。

中國「墨子號」量子衛星在世界上首次實現千公里量級的量子糾纏，這是量子通信向實用邁出的一大步。這就像在地球上的一張紙上寫字，太空上另一張紙即時就能顯示出來寫的內容。

既然量子可以糾纏，那麼生命呢？暗生物和常規生物體是不是以相似的方式糾纏、共生、攪合在一起的呢？現在還不知道。

## 第五節　暗生物的注入

本書認為生物由暗生物和生物體共生，那麼它們是什麼時候開始結合的呢？拿人類來說，讓我們從兩個事例來推測一下。第一個事例是孕期嘔吐。

生物學家瑪姬·普洛菲特（Margie Profet）經過長時間的研究得出結論，「通常來說，嘔吐是針對食入毒質的一種保護：在有毒的食物還沒有造成太多傷害之前，就把它從胃中吐出來，而我們對類似食物的胃口在後來也有所下降。或許孕期嘔吐是保護女性不食入或消化可能傷害到胎兒發育的有毒食物……天然食品未見得就特別健康，你的捲心菜也是進化而來的生物，它像你一樣，也不願被吃掉……絕大多數植物都在它們的組織中進化出許多種毒素：殺蟲劑、驅蟲劑、刺激劑、麻醉劑、毒藥等等。食草動物反過來也進化出反防衛裝置，比如用來解毒的肝臟和能感受到苦味的味覺，用來阻止進一步消化它們的欲望。但通常的防禦措施可能還不足以保護一個弱小的胚胎。」(445) 所以通過頻繁的嘔吐來減少任何可能傷害胚胎的食物的攝入。

(444) 凱文·凱利，《失控》（北京：電子工業出版社，2016），頁161。
(445) 史蒂芬·平克，《心智探奇》（浙江：浙江人民出版社，2016），頁40。

讓我們進一步提問，孕期嘔吐是怎麼進化來的？是母親的意願嗎？她完全可以自我調節，比如對食物更加挑剔或者減少食欲，何必用這樣傷害身體又浪費資源的笨方法呢？更好的解釋是——這是胎兒的意願，他對母親提供的營養挑三揀四，遇到不滿意的食物就用點小手段使母親吐出去。

另外一個事例來自胎兒與母親的營養爭奪戰，懷孕的母親總是希望為胎兒提供更多的營養，人們一直認為胎兒在被動地享受著這些營養的供給。然而哈佛大學的進化生物學家大衛．黑格卻提出了一個驚人的理論：其實母親未必那麼無私，胎兒未必那麼被動，一場無聲的營養爭奪戰就在子宮內發生著。

從進化的角度來觀察懷孕。成功養育後代多的父母是被自然選擇所青睞的，而為了達到這個目標，父母不能將所有的資源放在一個孩子身上，他們希望所有的孩子得到均衡的資源。但是，從孩子的角度來講，他所得到的營養越好，他活下來的機會就越大。

我母親的一個同事小時候家裡條件不好，幾個兄弟姐妹年齡差不多。父母都上夜班，每天晚上做好一鍋大碴子粥，在孩子放學之前，給每人預備一碗，然後他們去上班。孩子放學後先在門口玩一會兒，之後回家吃父母準備的粥。按理說每個孩子都是公平的，但是有一個孩子長得最強壯。成年之後，他們聊起了這個話題，這個最強壯的孩子說實話了，原來每天他都趁著兄弟姐妹玩的時候，先進屋裡，每碗粥喝一勺，然後把痕跡刮掉。當然他的營養就最好，因為他比別人的心眼兒都多。

當黑格從資源爭奪的角度觀察懷孕的時候，他發現懷孕過程就是這一衝突的最好體現。那些能夠讓胎兒從母親處獲取更多營養的基因會在自然選擇中勝出。胎盤可以生長出深入母體組織的血管，胎兒具有侵略性地從母親那裡吸取營養。黑格同時指出，自然選擇也會中意那些能夠抑制這種侵入的母親，使自己可以保留更多的營養以便養活更多的後代。

「在人類懷孕的早期階段，胚胎將自己嵌在子宮壁上，從母體血液裡吸取營養，同時在母體的血液中釋放激素，從而影響母體的血糖水準和血壓等生理狀況。母體血液的糖分和脂肪的水準越高，胎兒可以獲得的營養就越多。」(446) 胎兒爭奪母親營養的一個手段有點兒缺德——使母親血壓升高。一些孕婦在懷孕後期會發生妊娠高血壓，並在產後12週內消失。黑格假定高血壓是胎兒使用的一種極端的策略，胎兒讓母親的血壓升高以便讓更多的血液進入血壓較低的

(446) 約翰．布羅克曼，《生命：進化生物學、遺傳學、人類學和環境科學的黎明》（浙江：浙江人民出版社，2017），頁23。

胎盤。黑格指出，高血壓可能跟胎兒注入母親血流中的某種物質有關。

在過去幾年間，科學家研究證明了黑格的推理可能是正確的，現在發現高血壓的孕婦體內通常會伴隨一種蛋白質的增多。為了使流入胎盤的營養增加，胎兒釋放一種能提高母親血壓的蛋白質；而母親則釋放一種能夠降低血壓的蛋白質，放緩流向胎兒的血液，競爭相當激烈。

我住在北京的時候有一個鄰居，一個長得很胖的孕婦，目測超過180斤。我回家過年之後回來，發現她仍然這麼豐滿，奇怪的是，屋裡卻傳來嬰兒的啼哭，原來孩子已經出生。我歎了口氣，生完孩子她還能保持這麼圓潤的身材，看來在和母親的營養爭奪戰中，嬰兒一敗塗地。

從上面的兩個事例中我們可以發現，早在懷孕的初期，胎兒就已經開始有一系列行動了，而且胎兒一直是非常主動地在努力。孕期嘔吐發生在懷孕一個半月左右，三個月就已經消失。胎兒的大腦發育早於其它器官，所以B超見到的胎兒都是大腦瓜兒，但是一個半月時候的腦組織、脊髓及神經系統還只是個雛形。如果按照現代生物學所說「心智是大腦活動的產物」，那麼在大腦還沒有發動馬達開始工作的時候，心智就開始工作了嗎？而且這麼複雜而有心機，能夠戰勝母親成熟的心智。

再加上我們在前文關於天性的遺傳時推論的：天性會有一部分與基因伴隨在一起，但還有另一部分，是從我們還不知道的途徑進入受精卵的。所以，對這個過程最恰當的推測就是——**嬰兒心智並不是在精子卵子結合形成受精卵之後才開始發育的，而一直是一個成熟的個體！**

也就是說，在受精卵形成的時候，就已經具備了形成生物體的條件，就會有暗生物跑過來與這個受精卵匹配結合，組合成了一個有意識的共生體。而與其說心智是一個從無到有、從小到大的發育過程，不如說是一個完整的電腦壓縮檔的解壓縮過程。一邊解壓，一邊匹配，一邊就開始工作了。或者像迅雷下載電影，可以一邊下載，一邊播放。

胚胎發育是個複雜的過程，有著嚴格的次序，而且整個發育過程有幾百萬個步驟，分別在身體各部分按程式進行。這樣複雜而有序的過程只能在生物體內智慧的指導下進行。

用英國遺傳學家霍爾丹的話來說：「從阿米巴（變形蟲）到人的變化，在每個母親的子宮裡只用9個月就完成了。」

與動物相比，人類的智商肯定遙遙領先，所以意識也最複雜，因此暗生物和生物體的匹配和磨合所需要的時間也最長。就像微軟作業系統，安裝早期的

MS-DOS3.2只需要幾秒鐘，格式化硬碟的時候順便就帶上作業系統了（format c:/s），而安裝Windows 10需要1小時。

「著名的兒童發育專家W．M．克羅格曼曾經寫道：『在所有生物中，人類的幼年期、童年期和少年期絕對是最延遲的。也就是說，人類是幼態持續的或生長期長的動物。他的整個生命週期的幾乎30%都用於生長。』」[447]

那麼下一個問題就是，受精卵（身體）和暗生物的匹配需要什麼條件，隨便來一個暗生物就配對嗎？

## 第六節　共生的條件

「共生是指不同物種的有機體之間的自然聯繫。這類夥伴關係常常很奇特。關係非常遙遠的物種的成員通過它們的根、通過外骨骼或皮膚上的孔、借助血液以及其它方式緊密地聯繫在一起。嚴格地說來，要成為共生者，至少兩種物種的個體成員必須在大多數時間裡相互接觸。」[448]

「在某些情況下，共生伴侶的基因株（鹼基片段）會融合在一起。有人為這種共生關係所需的資訊間合作提出一種機制，即著名的細胞間的基因轉移。在野生環境的細菌之間，這種轉移發生頻率極高。一個系統的專有資訊可以在不同的物種之間穿梭往返。新的細菌學認為，世界上所有的細菌就是一個單一的、在基因方面相互作用的超有機體，它在其成員之中以極快的速度吸收並且傳播基因的革新成果。」[449]

物種之間的兼性共生相對容易，只要大家互惠互利，隨隨便便就可以湊到一起。專性共生就要嚴格一些，比如人類腸胃裡的細菌，並不是什麼細菌都可以來的，有益菌群對人類的生長發育有重要作用，和人體和平共處。有害細菌進來，或者引起人類腹瀉等消化系統疾病，或者被人體免疫系統和其它菌群殺掉。

內共生、基因的交換、器官的交換就相當嚴格了。有性生殖過程就是一個基因互換的過程，但是，這對男女主角的要求非常嚴格。

拿管水母舉個例子，管水母很大，有的長達幾十米。它看起來像一個整體，實際上是一群小生物組成的群體。它們彼此之間分工合作、各司其職。這些成員就像高等動物體的各種器官，具有各項功能，如捕食、保護、感覺、生

(447) 斯蒂芬．傑．古爾德，《自達爾文以來》（上海：上海文藝出版社，2008），頁42。
(448) 林恩．馬古利斯，多里昂．薩根，《傾斜的真理》（江西：江西教育出版社，1999），頁4。
(449) 凱文．凱利，《失控》（北京：電子工業出版社，2016），頁576。

殖等。

這群小生物在形態和功能上都是獨特而且獨立的，但是它們不能獨自生存，所以管水母介於群落及複雜的多細胞生物之間。在結構和胚胎發育上，管水母可以看作是一個個體，但是在系統發育上，它們又是一個集群。管水母和腔腸動物的出現，可以認為是進化史上最偉大的成就之一，它們通過由個體組成的器官產生了複雜的後生動物。

「在低等無脊椎動物中，集群化的另一個獨有特徵是：在某些條件下，某些無關的集群具有融合成一個單位的能力。H・奧卡發現：如果被囊動物菊海鞘屬的兩集群至少有一個共同的『識別』基因，那麼它們就會結合。當把一個集群一分為二，並把它們並排放在一起時，它們就毫無困難地融合了。這一結果是可預料的，因為集群是遺傳上相同的動物無性繁殖系。但是，如果把兩個無關的集群放在一起進行接觸，它們間就會產生一個壞死物質區。」[450] 這裡劃一下重點：「共同的『識別』基因」。

再來看植物的嫁接和動物的交配。一般來說，嫁接需要同科、同屬，交配需要同綱、同科。也就是說，生物的有性生殖需要基因非常相似的同類物種之間才可以進行。

「各種生物為了保持種的純潔，幾乎完全不與異種交配。這似乎是理所當然的，否則各種生物之間亂交，其後代亂變，生物界也就沒有了類，各個生物沒有了固定的形態特徵，沒有了穩定的生活規律，會給生存帶來很大麻煩。所以每個種一旦進化為新種，便另外形成一種新的交配關係，多半與其進化前親代的交配關係斷絕，以此來保持新種的進化。」[451]

如果不同物種的生物雜交以後會怎樣？這就涉及一個概念「不親和性」——在有性生殖過程中由於生物個體的細胞或組織水準上的不協調而使受精或接合不能正常進行，或是受精後不能產生後代的現象。

不同物種不能繁殖，即便繁殖成功，後代也不具有生殖能力。比如馬和驢雜交所生的騾子、獅子和老虎雜交所生的獅虎獸，一般情況下是不能夠生育的。

這是雙親個體間基因型的不協調或是染色體組非同源性在生殖生理表型上的一種反映。不親和性是穩定物種的重要機理之一，也有利於維持群體中個體

(450) 愛德華・威爾遜，《社會生物學：新的綜合》（北京：北京理工大學出版社，2008），頁365。

(451) 郝瑞，陳慧都，《生物自主進化論》（遼寧：大連出版社，2012），頁99。

的雜合性，因而對於物種的生存和進化有一定的意義。

1877年達爾文首先描述了生殖不親和現象。他發現櫻草的花有所謂針式和線式兩種。針式花具有長的雌蕊和短的雄蕊，線式花具有短的雌蕊和長的雄蕊。只有針式花的花粉落在線式花的柱頭上或是線式花的花粉落在針式花的柱頭上才能順利地發芽受精。因此櫻草種內的個體按花器形態可分屬於兩個交配型，交配型之間是交配親和的，交配型之內不僅自交不親和，而且異交也不親和。後來發現類似的不親和現象在同型花植物中也廣泛存在。

異種、異屬生物個體之間的生殖不親和現象常由染色體組的不同所造成。一般地說，遠緣基因差異越大，不親和性越高，直到完全不能受精。基因越接近，就越能夠增加生殖成功率。

但不代表著越近越好。和人類一樣，動物也是近親不宜生殖的。太小的種群，由於近親繁殖多，所以一些遺傳性疾病也較多。

這是因為繁殖需要其他基因的摻和，所以既要保證同一物種，又不能過於接近。但是與繁殖有所不同，暗生物和常規生物共生未必歡迎太遠的基因，這像什麼呢？就像器官移植。

## 第七節　器官移植的條件

生物的生殖是受基因限制的，血緣遠了無法生殖，太近了會導致遺傳疾病。但在人類器官移植的時候，卻是基因越接近越好。

1954年，第一例腎移植手術由美國醫生約瑟夫·默里成功進行。迄今為止，全世界僅心、肝、腎人體三大器官的移植就已經達到上百萬例。拿中國來說，目前每年大約有150萬人因末期器官功能衰竭需要進行移植。但是從2015年開始，原有的最重要的人體器官來源——死刑犯的器官不允許使用了，而我國的器官捐獻率很低。每年僅1萬人能如願得到移植，供需比例小得可憐，1：150。據世界衛生組織的資料，全球平均器官供需比為1：20～1：30。

人類的器官如此寶貴，很難得到，那麼可以用動物的器官嗎？現在還不可以。器官移植之後，最重要的問題在於排斥反應。動物和人之間移植後會發生排斥，也稱排異。動物的臟器移植到人體後幾分鐘內就會發生超級排斥。因為人類經過億萬年時間生存和進化，已經有了一套自己健全的生態系統，絕不允許外來種族進行干擾。所以一旦有「外物」侵入，人體自身就會產生大量抗體、補體，這些東西被啟動後就把外來臟器所有血管堵塞，此時這個臟器就會立即變黑壞死，不能發揮任何作用。

即便是在人類和人類之間，器官的排斥現象也普遍存在，一般來說，直系血親或者三代以內旁系血親排斥較小，基因的相似程度直接決定了排斥大小。

人類常見的可移植的器官，除了眼角膜之外，都需要配型。HLA是人類白細胞抗原的縮寫，HLA有很多位點，並按字母順序命名，其中A、B、DR三個等位基因共6個點與排斥反應的關係最密切，尤其是DR最重要，這6個位點是國際移植協會規定必須檢查的。位點相配的多少直接決定了存活時間。理論上，匹配的點位越多越好。如果能配上5個點或6個點，意味著移植後患者器官排斥會很小。

兩個生物體結合的時候，不管是生殖還是移植，都需要基因相似。很久以前看過一個科幻電影《蒼蠅人》，講述了一個孤僻的科學家，專注於時空轉移實驗。他通過分解重組的過程，將物體自一處轉移到另一處。但是有一次，他拿自己做實驗，卻不料傳送過程中飛入一隻蒼蠅，導致兩者結合，科學家變成了蒼蠅人。

其實昆蟲怎麼能和哺乳動物進行基因重組呢？雖說昆蟲和人類會有一些相同基因，但是從各種體液，到各大系統、組織結構和感官，都差異太大。所以這也只能是個科幻電影。

## 第八節　暗生物和生物體共生在一起

好了，從前面幾節的內容來看，把生物或者生物的組織結合到一起，最重要的就是基因的相似性。這就像麥金托什系統只能裝在蘋果電腦上，而Windows只能裝在PC兼容機裡。前面說過，把暗生物和常規生物結合到一起的方式只能是類似共生的方式。據此推斷，暗生物和常規生物結合成功的關鍵也會是基因的相似性（現在不知道暗生物的遺傳方法是什麼，但是生物一定具有遺傳屬性，所以暫時也把暗生物的遺傳屬性稱為它的基因）。

其實換個角度看，如果暗生物是司機而常規生物是車，那麼什麼樣的司機開什麼樣的車，轎車司機未必會開拖拉機，拖拉機手未必會開鏟車，鏟車司機開不了坦克，坦克手開不了塔吊。這不能亂點鴛鴦譜。

這裡，就匯出了本書最重要的理論之一：**暗生物爲了和常規生物結合得更好，就需要暗生物的基因和常規生物的基因高度相似。**

這個理論極其重要，這就是為什麼對於生物來說，生殖比生命更重要，生物的生生死死幾乎都圍繞著這個原因。這可以解釋本書開始所提到的達爾文遇到的多數問題。

也就是說，**生物之所以如此看重生殖，是因爲自己後代的後代，正是自己的暗生物最合適的載體。只要子子孫孫能夠繁衍下去，自己的暗生物就不愁找不到載體。**

這是本書核心理論，如果我的推斷是正確的，**這將解開千萬年以來，人類最重要的一個疑問：爲什麼活著？**

從載體匹配的角度來講，就會發現並不需要基因的完全一樣，甚至可以讓出一半的基因相似度。因為當出現新的載體時，你的競爭對手是其他暗生物，並不需要完全一致，只需要你比其他人的相似度更高就可以了，這樣這個載體就是你的了。所以，從這個角度講，有性生殖不是問題。

想像一下，黑暗陰冷的虛空中漂浮著很多暗生物，這時候忽然出現了一個新的正在孕育的、溫暖的、有能量的載體。大家蜂擁而上，然後基因和天性最接近載體的你，在眾多暗生物羨慕的目光中貼了上去……

除了基因的匹配，由於天性也是遺傳的，所以還應該有天性的匹配。因此我假設一下，常規生物和暗生物都具有基因和天性，也許常規生物中基因大而天性小，暗生物的基因小而天性大。小的基因和天性只是起到尋找匹配對象的鑰匙作用。

應該承認，這個匹配方式是我自己琢磨的，只有為數不多的一點依據。我只是想說，新生命的基因會以常規物質中生物的基因為主，而新生命的天性會以暗生物的天性為主。

順便嘗試解決一個困擾生物學家的問題：前面在討論有性生殖時說過，有性生殖的動物，其實雄性真的沒什麼大用，提供一個精子而已（這是對其它動物而言，人類男性還是大有用處的）。

比如雄性鮟鱇魚，活著的目的似乎就是交配（很多男人也願意這樣，但是往下看，你們就會改變主意），交配之後就一直附在雌魚的身上，被一點點吸收直到只剩個精囊。雄魚都這麼癡情了，雌魚是不是應該專一一點，對雄魚負責啊？非也，一條雌性鮟鱇魚身上往往寄生著多條雄魚，最多發現8條雄魚貼在一條雌魚身上，很黃很暴力。

婚飛的蜂后散發出激素的味道，被吸引的雄蜂流著口水急急忙忙跑過來，但是等待它的卻是瞬間的歡愉和永久的死亡。交配快速而慘烈，雄蜂的生殖器進入蜂后的生殖囊之後就會爆裂，然後雄蜂就死掉了。蜂后接著尋找下一個目標，直到獲得足夠的精子儲備起來。雄性螞蟻更糟糕，無論他們在婚飛中是否交配，都會離開群體獨自漫遊，並且會在數小時內死亡。

那麼，生物界雄性的作用僅僅是提供一點精子，要那麼多雄性幹嘛？占了一半的生存指標和資源。通常年青的雄性動物一般不受歡迎，死亡率也高。

「在範圍廣泛的攻擊性有組織的哺乳動物中，從象海豹、妻妾成群的有蹄動物、獅子到葉猴、獼猴和狒狒，年輕雄性照例被它們的優勢長者排除在外。它們脫離其類群，或者是孤獨流浪，或是加入『光棍』群夥。它們至多在類群的周邊得到寬容，但也是惴惴不安。」(452)有上頓沒下頓的流浪生涯，朝不保夕的光棍團夥，使這些沒有領地的年輕雄性很難生存。很多物種的流浪漢，往往不會活到第三年。

有讀者可能會問，所有生物都有暗生物，如此之常見，為什麼以前就沒人發現呢？應該說，暗生物之所以一直沒有被發現，一方面因為它存在於非常規物質中，不可見、不可測，甚至很少和常規物質發生物理化學作用。另一方面也因為它和常規生物共生在一起，歷經40億年冷酷的自然選擇的篩選，為了能夠生存下來，已經諳熟自然界的各種理化規則，並且能夠利用各種規則來達到自己的目的，看起來就像自然發生的一樣。而且它們也未必願意被發現，這就是它們的做事原則：少知道，少分心，多幹活。它們已經達到了武功的最高境界「人劍合一」「但見劍氣滿天，不見鮮花滿樓」，和常規生物緊緊的結合在一起。

生物智慧善用基因突變來改造自己，然後又利用自然選擇篩選掉不利於生存的突變，以達到適應環境的目的。駕輕就熟、不露痕跡，在不知就裡的旁觀者看來，就像自然發生的一樣。借用荀子《勸學》裡的一段話，高中語文學過：「登高而招，臂非加長也，而見者遠；順風而呼，聲非加疾也，而聞者彰。假輿馬者，非利足也，而致千里；假舟楫者，非能水也，而絕江河。君子生非異也，善假於物也……蚓無爪牙之利，筋骨之強，上食埃土，下飲黃泉，用心一也。」

暗生物就像文章裡的蚯蚓一樣，無牙無爪，本來絕對弱勢，但是在幾十億年的進化過程中，學會了因勢利導。不但達到了自己的目的，還欺騙了大家以為這一切都是自然現象。君子跑得快、能渡河，但是人們能夠看到他騎著馬、劃著船。暗生物比君子還厲害，無法看到它的任何動作，一切就像自然發生的一樣，卻已經完成了任務。可以說「生命生非異也，善假於勢也。」

但是，基因突變的學習方法的缺點是危險和小量，每次突變太多或者過

(452) 愛德華・威爾遜，《社會生物學：新的綜合》（北京：北京理工大學出版社，2008），頁272。

大，都會對生命構成威脅。而有性生殖才是最「安全」、最「大量」的基因學習方法，一次可以得到很多安全有效的新基因，而且有可能帶著說明書。也許，這才是前面所提「有性生殖有什麼好處」的答案。

暗生物就是生物體的非常規物質的部分，就像插在有機物裡的一個晶片，這個晶片裡面記錄的是生物程式，既有運算能力，也有存儲能力。沒有晶片的有機物，只能是具有生命的形式而已，但是有了晶片的有機物就活了，就變成了生命，從此開始了進化歷程。

再說一點，從暗生物共生的角度來看，載體的性別沒有任何關係。但對人類來說，生生世世都是一個性別不是好事，會導致愈發陽剛或者陰柔，不利於天性的培養，這個問題會在後面「同性戀的原因」章節中詳細討論。

也就是說，男人和女人應該是完全平等的。但是，自從原始的父系社會之後，人類女性就開始受到不公正的對待。

中國古代婦女裹足，就是對女性的迫害，對女性的酷刑。裹足原理是把腳趾關節扭曲、扭傷、脫臼，有的乾脆掰斷。剛裹上的時候，坐下時一陣陣抽痛，睡覺時又漲又痛，用腳後跟走路都刺痛。有時潰爛化膿了，潰爛的部位還緊緊粘著裹腳布，勉強撕下來，便是一片血肉模糊。這是長達六個月的酷刑，有時還會感染，變成慢性骨髓炎，痛苦多年。不要說什麼優雅、身份的象徵，有一定身份地位的大戶人家千金小姐才裹足，這些都是謊話。這就是處於從屬地位的女性為了滿足和迎合一部分男人的變態心理而摧殘和自我摧殘。

古代婦女一生都生活在男人的陰影下，從被約束到自我約束。騰訊《新聞哥》裡面有個小段子，說的是古代婦女在結婚十年之後，有的會主動跟老公說：「官人，你我年齡也不小了，你也該娶個小的了，要不左鄰右舍都會說我不懂事。」

老公頭也不抬地回答：「我天天忙，沒空想這事。」

媳婦恭敬地說：「要不我幫你相一個，你看中了，就點個頭。」

老公仍不抬頭：「你看著辦吧！」

這樣的事情很多很多，《紅樓夢》裡邢夫人就是幫她老公賈赦張羅納妾，惦記到了賈母的丫鬟鴛鴦身上，結果落得裡外不是人。

不但男人對女人存在歧視，而且通過教育的影響和輿論的壓力使女人對號入座，主動限制自己的行為，從心裡認同了男尊女卑和「三從四德」、「嫁雞隨雞嫁狗隨狗」這一套。

中國古代女子的受教育情況堪憂，女子無才便是德。國外也是如此，「直到19世紀末，女性一直是被拒絕給予高等教育的。然而當官方壁壘消除之後，這種偏見依然存在，在大學教員和科研機構中尤為明顯。19世紀末之前，在生物學以及其他科學領域，幾乎沒有向女性開放的可以謀生的職業……現在這種情況在持續改善著。今天在英國授予的學位中，女性已經獲得了超過半數的生物學學位，包括初級學位和研究生水準的學位，有很多女性繼續在生命科學領域作出卓有成效的貢獻。」(453)

對婦女的壓迫和殘害古今中外都有，華萊士在他的書裡記載了一百多年前的這樣一件事，「這裡（龍目島的原住民）的男人非常善妒，對待太太極度嚴格。已婚婦人即使在劇痛下，也不得從陌生男人手中接受一根煙或一片栳葉。據說數年前有一位英國商人娶了一位巴厘望族女子共居，在某次宴慶中，這女子觸犯了法條，因為她從男人手中收下一朵花或別的小東西。拉甲（酋長）得悉此事後，立即派人到英國人的家中，命令他交出這名女子，因為這女子必須被用馬來彎刀處死。那英國商人哀求再三，並自願償付拉甲開出的任何數目的罰金，卻絲毫不見效……不久後，拉甲派了一位手下到英國人家，招呼那女子到門口，然後說『拉甲送這個給你』，就拔刀刺入她的心臟。」(454)

「在許多社會中，婦女只是男人的財產，通常屬於她的父親、丈夫或兄弟。而在許多法律系統中，強姦罪是屬於侵犯財產，換句話說，受害人不是被強姦的女性，而是擁有她的男性。因此，這些法律對於強姦罪的救濟措施就是所有權轉移：強姦犯付出一筆聘金給女方的父親或兄弟，而她就成了強姦犯的財產。」(455)

一遇到災荒，古代很多地方都有變賣妻子的習俗。比如古巴比倫的《漢謨拉比法典》，還有清朝的《大清律》裡，都說可以買賣妻子。清朝有一個官員，年輕時得了大病沒錢治，就把妻子賣了。好在他後來做了高官，於是又花大價錢把前妻贖回來，兩人繼續做夫妻。

古代女性就是男性的附屬品，學知識是男人的事，男人能說會道是本事，而同樣的特長放到女性身上，就成了不守婦道、不夠溫順的表現，是屬於可以被丈夫休掉的七出之「條口多言，為其離親也」，所以婦言就是多聽少說別強嘴。

時至今日，仍然有丁璿之流「研習弘揚」中國傳統文化，精準的取其糟

(453) 約安・詹姆斯，《生物學巨匠》（上海：上海科技教育出版社，2014），頁193。
(454) 阿爾弗雷德・羅素・華萊士，《馬來群島自然考察記》（上海：上海文藝出版社，2013），頁202。
(455) 尤瓦爾・赫拉利，《人類簡史》（北京：中信出版社，2014），頁142。

粕，去其精華，提倡什麼「貞操是女性最好的嫁妝」、「非處女和妓女沒有區別」、「穿著暴露非常低俗」、「女人整容是為了勾引男人」等等臭氣熏天的「女德」。

這些論調迎合了很多人，比如有處女情結而且雙重標準的男人，「一方面與眾多乃至數百個姑娘性交合過，另一方面堅決不娶非處女為妻。」(456)他們的一個理由是，有過性行為的女人會更加「放蕩」，而男人就沒有這個顧慮（是不是說到很多男人心裡去了？）。事實是，金賽博士在他的《金賽性學報告》中說，「有人說，婚前親暱會使女性在婚後性交合中難於滿足，因為她的性欲望被過早激發出來了。這種說法毫無根據。在我們如此廣泛的調查中，發現的這樣的女人僅僅3個或者4個。相反，婚前親暱過，婚後性交合中又出色地做出反應的女人，我們遇到了將近1000名。」(457)

關於家暴問題，初中文化的丁璿丁大師更是見解獨到，以學者自居來教育女性，那就是女人要忍，要卑下。一個常年遭遇家庭暴力的女人，挨打以後要認命：既然打都打了十幾年了，不差多一頓打，沒關係的。嫁給了渣男不要反抗，你要去適應他、順從他，這才是女德，才是婦道。還說什麼經常挨打的女人有好命，這是什麼狗P邏輯！那些被家庭暴力打死打殘的女人怎麼算？她們也過上了美滿生活？我還能舉出很多被家暴的女人在離婚之後生活幸福愜意的例子呢，是不是這就說明經常打媳婦的渣男應該從地球上消失？丁璿還說，不要怕男人打，他們打多了、打累了就不打了。這也是一坨混帳邏輯，我研究的就是用進廢退，打順手了、養成習慣了、肌肉發達了、動作嫻熟了、產生快感了，抬手一巴掌已經刻入潛意識了，這還能放棄？另外，獲得性遺傳，常年累月打媳婦成習慣了，技巧的熟練和心理的快感也許會改變渣男的表觀遺傳，再加上言傳身教，把家暴惡習遺傳下去並不是沒有可能。

但是在這裡要正名一下，有一次和網友聊天，他聽到我是吉林人，就問我：「你們東北男人是不是都喜歡打女人？」我很認真地回覆他：「以前不知道，但現在在我們這邊，大家都認為只有最沒教養而且最窩囊的男人才打媳婦。」本來就是嘛，在外面受了氣，回家拿老婆孩子撒氣，這不是窩囊廢是什麼？

東北男人尊重女人，從這裡沒有「鬧伴娘」的陋習就能看得出來。在網上看到過不少鬧洞房和鬧伴娘的，感覺那些對女人動手動腳的男人猶如禽獸，就

---

(456) 阿爾弗雷德·C·金賽，《金賽性學報告》（北京：中國青年出版社，2013），頁100。
(457) 阿爾弗雷德·C·金賽，《金賽性學報告》（北京：中國青年出版社，2013），頁273。

像原始部落裡的野蠻人。不理解這種群體性的猥褻行為為什麼不算觸犯法律。

「知乎」上有一個帖子「為什麼在東北很少有『鬧伴娘』的」，裡面的回覆熱鬧非常，有的說自己當了二、三十次伴郎，就沒見過鬧伴娘的，有的說誰敢鬧伴娘，肯定挨揍。大家一致認同，東北這裡從幼稚園起，男孩欺負女孩就要被千夫所指，萬人嘲笑。

我在外地工作多年，接觸過很多南方和北方的朋友，奇怪的發現，人高馬大的東北爺們兒做家務的更普遍。比如，一多半的東北男人是家裡的大廚，而南方家庭做飯以女人為主。一個嬌小的南方女孩找了一個東北老公，結婚之前也有點擔心，怕挨欺負。但是結婚之後日子很甜蜜，甚至把老公比作「二哈」（哈士奇犬），因為老公雖然長得高大健壯線條粗獷而且急性子，但是幽默體貼，並不亂發脾氣，有時還有點兒呆呵呵的孩子氣。

上面提到的「知乎」帖子裡，有一個回覆說，他剛剛在澡堂洗完澡穿衣服的時候，旁邊幾個胳膊上紋龍走馬的東北大漢，在一旁小聲的討論著，「如何做菜做的不多不少，不會吃不完被媳婦罵！」也有不服氣的男人，另一個回覆說，他們辦公室一個新婚小夥兒時常吹噓自己如何在家當甩手掌櫃，啥活兒都不幹。有一次大夥兒去他家做客，發現他媳婦連自家米缸在哪兒都不知道。然後答主下結論——這就是典型的東北老爺們兒。因為這裡的男人覺得讓著女人是素質的體現，而打女人，基本等同於人渣，傳出去沒臉見人。比如幾個朋友一起吃飯，發現其中一個人胳膊上有血道子，這個人解釋：「跟媳婦打架，被撓的」，於是大家嘻嘻哈哈的嘲笑他是慫包。但如果反過來，他說把媳婦給打了，那大家就不願意理他了，因為會打心眼兒裡瞧不起他。

但是現在多數省份重男輕女的現象仍然普遍存在。一位女士32歲，在某直轄市工作。在她4個月大的時候，母親離家打工，父親就把她扔給外婆，上中學以後，除了每月寄給她300塊生活費，父母從不打電話關心問候。但是上週她接到父親電話，要她出10萬給弟弟籌錢買婚房，她拒絕了，現在父母天天打電話催「一分錢都不能少」，還罵她不是人。網友紛紛評論：這是現實版的「樊勝美」。

還有一個女網友，三十歲了，每個月工資的大部分還要交給家裡，自己沒有一分錢存款。父母還打算讓她給弟弟按揭買房，她很憤怒：「難道我將來要背著別人的房貸嫁人嗎？」

這個帖子下面有長長的一串回覆，很多女網友都說了自己的故事，她們的遭遇讓人瞠目結舌——怎麼現在還有這麼愚蠢無知的父母！而且這樣的事情不但在閉塞的農村有，在城市也大量存在，甚至一些省會城市。上面舉的例子雖然愚昧落後令人氣憤，但還在人性範圍內，另外一些事例血腥暴力，有的簡直反人類，令人髮指，這裡就不例舉了。

當然，隨著資訊技術的發展，收音機、電視、手機和網路在世界範圍內的普及，讓越來越多的女性瞭解到原來生活可以那麼美好，別的國家的女人有那麼多權力，重男輕女的觀念實在沒有什麼道理，她們就開始主動維護自己的權利，從而女性的地位就得到了大幅度的提升。

中國傳統文化博大精深，是熠熠生輝的瑰寶。但也有一些禁錮思想的枷鎖和不合時宜的觀念，需要我們辯證的看，有選擇的繼承。比如孝順，其實這是兩個詞——「孝」和「順」。「孝」是沒有問題的，對父母盡孝是子女的天責，但是「順」呢？就要重新審視了。我的母親是中學數學老師，很優秀，在教育子女方面強勢，控制欲很強（中國父母通病）。而我的性格明顯很叛逆，否則也不會認認真真地寫這麼離經叛道的書。所以我們娘倆衝突不斷，我對父母一直悉心照顧，但是卻不能事事「順」著他們，特別在我步入中年，而他們步入老年的時候。

主要原因有兩個，首先是他們已經過了思考能力的巔峰，在某些事情上會有明顯的錯誤，而我正處於學習能力的最佳狀態，也有了一點自己的經驗積累。其次是現在社會發展速度比過去快得太多了，知識隨時在更新和顛覆，墨守成規必然吃大虧。比如母親反對一切線上支付，也不讓我用微信和其它支付手段，原因是電信詐騙太多了，還是現金讓人放心。

所以經過很多衝突和磨合，我現在採取的辦法就是「你們的事情你們做主，我的事情我說了算」，不是「順」著誰，而是順著道理和科學。

到這裡，本章已經說了暗生物的一些特點，在下一章裡，可以開始推導暗生物的詳細結構了。

因為傳統生物學家把意識僅僅當做大腦活動的產物，所以一直就沒辦法對它深入研究，只是混沌的一團。如果我們想透徹的研究，就要對主導我們身體的「它」進行分層、分區、分塊的仔細考量。

# 第八章　暗生物的組成

## 第一節　暗生物的三層組成部分

前文說過，暗生物（生物智慧）包括三層組成部分：

第一層，意識層。相當於人類的思維和思想系統。

第二層，潛意識層。相當於人類的潛意識。

第三層，內程式層。這是對應電腦硬體裡面固化的驅動程式而構思出來的。

以人體為例，人體的智慧或者說有感知部分也可以分作幾部分，意識層的主要任務是感知外在世界，獲取和處理資訊資料，然後潛意識層和內程式層會在此基礎上做出反應。

汽車司機不需要知道汽油和空氣的混合物怎樣進入氣缸，只需要知道油箱裡還有多少汽油就夠了。不需要知道變速箱裡曲軸和連杆的切換方式，只需要知道掛幾擋就夠了。同樣，意識層不需要知道消化系統的存在，不需要知道上億個腸神經系統的神經元，不需要知道胃分泌的酶，也無法控制消化系統，但是消化系統有自己的工作程式，而且運轉得也很好；意識層不需要知道肌肉收縮的次序，卻可以拿起一雙筷子；意識層不需要知道手的神經系統怎麼分佈，意念所致，手就按照大腦的想法靈活運動；意識層也不需要知道記憶究竟是什麼機制，但是一樣很方便地存儲和讀取記憶裡面的內容。

意識層不知道，但是一定有某層知道。之所以人體能夠有這樣的活動，是因為有「某系統」作為「介面程式」已經幫大腦搭橋，甚至幫它操作了。所以意識層完全不需要知道下面這些層面的內容，從繁重瑣碎的日常工作中解脫出來，只負責最高端的思考。這不是為了讓意識更輕鬆，而是為了讓它有更多的時間和精力來考慮更重要、更擅長的工作。

很多人看過喬治盧卡斯的電影《星球大戰》（*Star Wars*）系列。現在可以把整個生物比作星球大戰裡天行者盧克（Luke Skywalker）和他駕駛的那艘小小的太空船，那麼暗生物就包括機長盧克、胖胖的小機器人R2-D2還有飛船上的電腦，而常規生物體就是飛船的機械部分。

機長盧克操縱飛船，而機器人R2維護飛船。盧克可以命令R2做事，但更多的控制飛船細節不用盧克操心，他只需掌握大方向就夠了。小機器人不怎麼說話，一般都在默默幹活，但有的時候也會用自己的方式給盧克提出建議。R2最重要的工作還是跟飛船溝通，架起盧克和飛船之間溝通的橋樑。比如盧克開動飛船，按照常規，有可能步驟是這樣的：打開電源總開關，運行飛船自檢，打開飛船的各個航行燈、閃屏燈，慣性導航校準，打開無線電，查看氣象預報，然後調整頻率到放行，放行指令收到後飛船開始滑行。但是在電影中，盧克當然不需要做這些工作，他只需告訴R2準備起飛就足夠了。上面的瑣碎工作都由R2來操作，如果中間出現問題再回饋給盧克。

在飛船起飛之後，R2隨時調整飛船的工作狀態。在跟敵方飛船交火後，R2還能夠修理損壞的飛船。

那麼，讓我們以電腦系統或者盧克的飛船為參照，再來看一下人體的暗生物部分到底怎麼組成的？或者說，人的智慧系統是怎麼組成的。

人體的暗生物分三層：意識層、潛意識層、內程式層。

對應電腦系統，意識就是操作人員，潛意識就是Windows作業系統，內程式就是電腦硬體驅動程式、固化程式。

對應飛船，意識就是盧克船長，潛意識就是小機器人R2，內程式就是飛船上的電腦。

再換一個例子：如果對應於一個貴族莊園，意識層就是莊園主，負責對外交往等重要事情；潛意識層就是管家，接受主人的命令，領導僕人幹活。內程式層就是僕人，它不需要掌握全域性的事件，只需要悶頭幹好自己的工作就可以了。

但是上面這幾個比喻有一個問題，就是會讓人誤以為意識層真的高高在上，掌控一切。其實不是這樣，意識層最恰當的身份應該是司機，真正的主人是背後的潛意識層。

暗生物的這三個層次協調運作的結果，就是把生物體內分散式的、時序上有先後的神經網路的活動最終顯現為一個統一的意識體驗。

生物是層次化的，基因、細胞、組織、個體、群體、物種……只不過生物的層次化是層層包含的，而暗生物層次化類似於上下層的模組，並不是包含關係，只是執行不同的任務。

人的意識大家都比較清楚，不用論述。而本章的主要任務，就是詳細論述潛意識。

暗生物的組成，從它三層結構的角度來看就容易解釋：單細胞生物的意識層和潛意識層很薄弱，但是內程式層已經比較完善，可以平穩運行了。然後向著複雜生物進化，這三層結構一起得到發展，都變得豐富起來。特別是意識層，從可有可無、沒有多大作用，直到支配動物的生命活動。

至於植物的暗生物是什麼形態，有沒有和動物一樣的智慧，本書先不做詳細探討。我認為植物當然有與之相符的暗生物，也有智慧。如果細分，那麼可以簡單地認為植物基本沒有意識，有微薄的潛意識，但是內程式層和動物的一樣發達。不過本書暗生物理論剛剛提出，而且問題多多，所以就不拓展開分析植物了。

生物智慧分三層還有一個好處：如果說任何生物包括細菌都有意識，這會讓傳統生物學家暴跳如雷。但是把生物智慧分三層，換一個說法，說細菌也有類似於電腦程式的機械式智慧——內程式，這就可以讓他們稍微消消氣了。

在本書下面的章節中，為了描述方便，我會把潛意識層和內程式層放在一起，就用潛意識層來代替。因為本來這兩層連在一起，就不大容易分辨，所以統稱潛意識。

## 第二節　潛意識和意識

眾所周知，夢遊的人完全是在無意識的狀態下做出種種舉動和四處遊蕩的。但是他的這些舉動說明他在夢遊的時候仍然有思維能力，所以這個思維能力是與意識分開的。

「人具有一種強有力、高度複雜的潛意識，且對我們的生存極為重要。只是這種潛意識總在不知不覺中非常有效率地運作，而且大多難以直接洞悉，所以我們就要付出相對的代價來瞭解自己。」[458]

意識層對環境的變化做出適應性反應，多次重複之後，對環境的回饋變成生活習性，進入潛意識層。為什麼要重複呢？因為單一事件難以準確預測，但是只要有了很多相似的事件，取平均結果就可以預測類似的事件，不會差的很多。

俗話說：江山易改本性難移，應用到暗生物，就應該說：意識易改、潛意

(458) 提摩西・D・威爾森，《佛洛伊德的近視眼》（四川：四川大學出版社，2006），前言。

識難移，而內程式就更難更改。這就像一種西藏的傳統建築方式，一層一層地夯實。

「打阿嘎」是一種藏族傳統的屋頂或是屋內地面的修築方法，利用當地特有的被稱之為「阿嘎土」的泥土和碎石加上水混合後鋪於地面或屋頂，然後經人工反覆夯打使之堅實、平滑、不滲漏水。用這種方法做好的地面或是屋頂看上去像是大理石的效果，平整光滑、結實耐磨。

有趣的是，「打阿嘎」成了西藏一景，據說經常可以在拉薩的寺院見到一群圍著圍裙的藏族婦女，手持木夯，圍成一圈。唱著高亢的藏語歌曲，反正你聽不懂，和著節奏，整齊地捶打著地面。腳下原本鬆散的土層，被一下一下的夯實，變成光滑、細膩、緊實的平面。

拉馬克認為：「我們的行為及習性對於我們體制本身的影響，我想卻從未有一人看到過。因為此等行為及習性，完全被我們日常生活於該處的環境因素所左右……事實上，環境因素的影響，雖然不論何時不論何地都在對有生命的生物發生著作用；但我們要認識這個影響，卻很困難；因為我們之感知它的作用或認識它的作用（尤以動物為甚），都是經過一段極長的時間。」[459]

拉馬克接著說：「某一環境因素的大變化，若在某種動物中成為恆常的變化，就會匯出此等動物之新的習性，是很明白的事。若新的環境因素在某種動物中成為恆久的，在此等動物中匯出了新的習性；換言之，若已將此等動物導引至成為習性之新的行為，則其結果，就會使某部份的使用次數超過其他部份以上，又在某種情形中，會使不必要的某部份完全不用。」[460]環境的持續變化產生新的習性，這也是「用進廢退」產生的根源。

一些有先見之明的理論家，「觀察到人類有很多知覺、記憶與行為的發生並未經過意識思考或意念，因此必定有『潛伏的心智』（威廉·漢密爾頓借用萊布尼茲的說詞）、『不自覺的思考』（威廉·卡彭特的用語）、『大腦的反射動作』（湯瑪斯·萊科克用語）存在……他們觀察到人的知覺系統運作，大多是在意識未覺察的情況下發生。」[461]

「漢密爾頓觀察到人們可以有意識地注意某件事，同時無意識地處理另一件事。他舉了一個例子：有人在朗讀時，心思卻整個出神到其他事情上。他說：『如果書的內容無趣，你可能會心不在焉，心思完全轉移到一連串的遐想

(459) 讓·巴蒂斯特·拉馬克，《動物哲學》（北京：商務印書館，1936），頁168。
(460) 讓·巴蒂斯特·拉馬克，《動物哲學》（北京：商務印書館，1936），頁170。
(461) 提摩西·D·威爾森，《佛洛伊德的近視眼》（四川：四川大學出版社，2006），頁11。

上，同時繼續原來的朗讀工作。在此過程中，你不會受干擾而中斷，依然很正確無誤地繼續朗讀，同時也不會分心或疲於奔命，就能專注你的遐想。』……卡彭特便提到：『我們愈深入檢視『思考的機制』，就愈清楚地發現它大多是一個自動化、潛意識的歷程。』」[(462)]

人的心智有一大部分屬於潛意識層面，這並不是新的觀念，佛洛德早已提出過，這也是他最偉大的洞見。之前的心理學把心理和意識等同起來，而佛洛德認為心理應包括意識和潛意識兩部分。潛意識的提出使人們知道了精神世界的一個一向被忽視了的奇異領域，使人們進一步認識了心理活動的複雜性和多維性。

「現代心理學的發展，的確要歸功佛洛德敢於向意識狹廊以外的天地窺探。」[(463)]

佛洛德說意識就像是心理冰山浮出水面的頂端，這不太準確，「意識或許只像是冰山頂端的雪球那麼大而已。」[(464)]

「威廉·詹姆斯在《心理學原理》中說：愈是把日常生活瑣事移交給不需費神注意的自動化心智來做，我們的高階心智就愈能釋放出來做它該做的工作。」[(465)]

從這些論述可以看出人類潛意識對人體的作用，就是Windows作業系統對於電腦的作用：操作員不需要知道硬體層面怎麼操作、程式原始程式碼怎麼執行，只要給Windows下命令就行了。潛意識也像盧克飛船上的小機器人R2，接受盧克的命令操作飛船。這就是潛意識的工作。

潛意識非常重要，是人類生存的必要條件。但是意識同樣重要，意識是對自己身心活動的覺察，即自己對自己的認識，具體包括認識自己的生理狀況（如身高、體重、體態等）、心理特徵（如興趣、能力、氣質、性格等）以及自己與他人的關係（如自己與周圍人們相處的關係，自己在集體中的位置與作用等）。

「所有生物都必須正確地認知他們的世界，以便能尋找食物、避免危險、繁衍後代，否則就會滅亡。原始人類若是把老虎看作『好玩的寵物』，把食用植物當做『可怕討厭的東西』，肯定無法生存太久，唯有迅速發現危險與機會

(462) 提摩西·D·威爾森，《佛洛伊德的近視眼》（四川：四川大學出版社，2006），頁12。
(463) 提摩西·D·威爾森，《佛洛伊德的近視眼》（四川：四川大學出版社，2006），頁5。
(464) 提摩西·D·威爾森，《佛洛伊德的近視眼》（四川：四川大學出版社，2006），頁7。
(465) 提摩西·D·威爾森，《佛洛伊德的近視眼》（四川：四川大學出版社，2006），頁45。

的人才能夠獲得巨大的優勢。」[466]

動物憑著直覺就喜歡可以食用的東西。比如人類喜歡甜食，因為糖類是生命的主要能源物質，能夠提供能量。而且越甜越愛吃，食品行業都把糖作為最主要的調味劑，放得越多，口感越鮮爽。大家都愛喝可樂，但是如果把含糖量換算出來，你就會嚇一跳，一小瓶水裡面竟然放了滿滿兩大勺糖！人類也喜歡香的食物，比如肉類和麵食，肉類富含蛋白質和脂肪；饅頭主要成分是澱粉，可以分解成麥芽糖和葡萄糖，這些都是能量轉化率很高的食物。而且越是轉化率高的肥肉和精細食物，人們越是喜歡吃。

「高熱量食物對人不好，但為什麼老是戒不掉……如果我們不想想採集者祖先的飲食習慣，就很難解釋為什麼我們一碰到最甜、最油的食物就難以抵抗。當他們住在草原上或森林裡，高熱量的甜食非常罕見，永遠供不應求，而來源只有一個：熟透的水果……。」[467]所以一旦遇到一棵熟透了的果樹，就會吃到吃不動為止。這樣持續下去，就養成了我們愛吃甜食的天性。

我們的心理狀態（包括主觀幸福感）其實並不是外在因素（比如漲工資、美女青睞、獲得權力）來決定的，而是由神經、神經元、突觸和各種生化物質（例如血清素、多巴胺和催產素）構成的複雜系統決定的。

「所以，不管是中了樂透、買了房子、升官發財，或是找到了真正的愛情，都不是真正讓我們快樂的原因。我們能夠快樂的唯一原因，就是身體內發出快感的感官感受。所以，那些剛中了樂透、剛找到真愛的人，之所以會快樂地跳了起來，並不是因為真的對金錢或情人有所反應，而是因為血液中開始流過各種激素，腦中也開始閃現著小小的電流。」[468]

這些激素和電流，當然就是潛意識控制意識的手段，是潛意識讓意識來做一些對身體有益的事情，給予意識的誘惑或者獎勵。如果這套獎勵系統出了問題，比如抑鬱症和躁鬱症，即使中了彩票大獎也快樂不起來（小龍女是不是這樣？），或者即使什麼事情也沒有，就莫名其妙的高興得睡不著覺。

所以並不是事情本身讓人快樂和鬱悶，而是潛意識的激素調節在控制著人類的情感。

而另外一方面，動物都討厭可能有毒的東西，比如苦澀的植物。這是因為多數有毒性的植物都有苦味，而澀味往往意味著還沒成熟、不宜食用的果實。

(466) 提摩西·D·威爾森，《佛洛伊德的近視眼》（四川：四川大學出版社，2006），頁39。
(467) 尤瓦爾·赫拉利，《人類簡史》（北京：中信出版社，2014），頁42。
(468) 尤瓦爾·赫拉利，《人類簡史》（北京：中信出版社，2014），頁377。

大衛・伊格曼舉了一個重口味的例子：「糞便中含有有害細菌（而且缺乏營養），我們就發展出了根深蒂固的反感，不想吃它。而樹袋熊（考拉）幼兒就吃母親的糞便以獲得對它們的消化系統有益的細菌。這些細菌對於生存是必須的，能夠讓桉樹葉變得無毒。如果我們猜得沒錯的話，考拉吃糞便一定像你吃蘋果一樣覺得很享受。沒有什麼是本來就很美味或讓人反感——這取決於你的需要。美味可口只不過是表明有用。」(469)

我某次去商場，喝咖啡、吃滷煮小丸子，回來吐了。不知道是因為咖啡過於甜膩，還是小丸子不衛生，還是堵車有點暈車。但是潛意識裡從此就不喜歡咖啡了，看到就喝不下。雖然以前挺喜歡喝咖啡，但是看來注定做不了喝咖啡的人，和本山大叔一樣，只能吃大蒜了。

上學的時候有一次吃小雞燉雜蘑，食物中毒了，估計是蘑菇裡摻了一兩個毒蘑。結果以後好多年都不喜歡吃蘑菇。也就是說，發現了也許有毒的食品，潛意識就開始對它排斥。

這種現象似乎可以用自然選擇來解釋，能夠憑直覺正確判斷食物的動物生存下來了唄。但是現在的研究發現，也許不是這樣。比如動物一般都怕辣，對它們來說，辣味也是一種毒性。

「在野外或深山中，辨識求生植物或試吃時，如果遇到麻、辣等刺激性很強的植物，最好趕快吐掉並漱口，因為它們很可能是有毒的。」(470) 而現在對人類來說，辣味已經被馴化成一種調料，所以某些地區（四川、湖南）的孩子，很小的時候就可以吃辛辣的美味。這些地區的人對於辣味的適應能力，似乎已經使他們的天性發生改變。要知道，辣椒是在歐洲人到達美洲以後才傳入歐洲的。傳入中國已經是明朝的事兒了，而中國南方大量食用辣椒則已經到了清朝乾隆年間。從中也可以看出生物的適應能力之強，把毒物變成不可或缺的食品就是這麼分分鐘的事（相對於生物進化的年代來說）。

最近幾十年，人類生活水準提高很快，當初對身體發育有利的高熱量食物已經是個負擔，糖尿病已經成為危害人類健康的大麻煩之一。人類對含糖食品的喜好也正在變化中，對肥胖也變得不再有好感。

由於對健康和健美身材的嚮往，多數人看到甜食和肉類開始又愛又怕，而少數人已經對糖類感覺到厭惡甚至是恐懼，並且這種反感已經變成了直覺，吃到甜味就皺眉。就是說，這種感覺已經深入潛意識中，不需要大腦的反應就可

(469) 大衛・伊格曼，《隱藏的自我》（湖南：湖南科學技術出版社，2013），頁64。
(470) 鄭元春，《植物Q&A》（北京：商務印書館，2016），頁60。

以直接體現出來。假如生活能一直這麼富足，雖然不會很快，但是這樣持續下去，人們早晚會害怕高熱量食物，來源於潛意識的恐懼會讓人不再願意見到它們。到那個時候，減肥就不會再吃力，而女人也都會有苗條的身材。

所以其實減肥最輕鬆有效的辦法是讓自己的潛意識反感糖類和脂肪，但在這裡就不慫恿大家這樣做了，因為如果控制不好就會發展成厭食症。而我認為保持一個健康結實的身材最重要。

人類對性行為的喜好也是來源於潛意識對繁殖行為的獎勵，通過快感和高潮來鼓勵男人女人發生性行為。如果交配沒有快感和高潮，男人女人對這項體育運動就不會再熱衷。那麼以後暗生物就很難找到載體。

當然，潛意識也不讓高潮持續太久，達到目的就消退，否則會脫力或者餓死。

很多時候，潛意識決定著意識，對人類的行為產生直接的影響。比如想培養某項興趣，就要不斷的重複這項興趣的好處。「重複是一種力量，謊言重複一百次就會成為真理。」這就是「戈培爾效應」，不過據說這並不是出自戈培爾之口。不管出自哪裡，但這確實有效。以前我的英語很差，單詞量一直徘徊在三、五百個，後來由於考試的壓力，決心突破。但是幾次都沒有成功，因為一種來自心底的抵觸，不喜歡唄。於是我就開始哄騙自己，磨磨唧唧的暗示自己英語真有趣、英語真好玩、英語好的人賺錢多、學英語的美女多……慢慢的，我還真的就不反感了，而且有點喜歡上了英語。

如果想斷掉某種行為，比如戒除煙癮或者網癮，最好的辦法就是讓自己從潛意識裡討厭它們。我有一段時間玩網遊上癮了，每天不玩上幾個小時就不舒服。時間長了覺得太浪費時間，準備戒掉。但這確實挺難，一到空閒時候手就癢癢。我知道，這又是潛意識在搞鬼，一定要先搞定它。所以就開始培養對這款遊戲的厭惡情緒。每次打遊戲之後，都挑一些毛病來破壞自己本來愉悅的心情。尤其有一天手不順，被敵人暴打，我就特意縱容自己一下，找了個小飯店一邊喝悶酒，一邊罵遊戲編得太爛，漏洞太多；隊友太差，不會配合；敵人太賴，陰謀詭計等等等等。總之就是這款遊戲太噁心、沒意思，不玩啦！！！果真，睡了一覺之後，對這款遊戲的厭惡已經深入心裡，連看都不想看了，通俗來說，就是「傷了」。

心理暗示的效果很好，這也是阿Q精神勝利法有效果的原因。現在生活壓力這麼大，非常需要把Q哥的技能發揚光大——我很累，但是那個誰比我還累；買不起房，你看那個誰比我年齡大，也還在租房呢；女朋友長得醜，醜妻近地家中寶；上班很遠坐公交，我上了車就能睡覺；錢包丟了，人生，誰都會踩上幾次狗屎！

精神勝利法能夠提高對生活的滿意度和幸福指數，如果能夠得到充分的應用，將會大大降低自殺率，這並不是玩笑。自殺一個主要原因是「想不開」，而精神勝利法專治「想不開」，而且從裡到外，從潛意識到意識都能夠「想得開」。自殺另一個名字是「尋短見」，而精神勝利法恰恰就是讓人往後看，看看不如你的人；往長遠看，這個困難早晚會過去，將來的人生很美好，火鍋小酒和燒烤。

潛意識是我們的「自動駕駛儀」；而意識是我們的人工控制。那麼意識和潛意識各有什麼特點？

「例如，如果一個球飛到你的眼睛附近，較慢的意識可能來不及察覺到這個威脅性的物體。」[471]一般來說，你會下意識的閃避，這個下意識的動作就是由潛意識來完成的。通過這個例子你會發現，潛意識的處理速度比意識快得多，因為它更接近內程式層。

「研究表明，無意識（潛意識）無法處理大多數的邏輯運算，不能進行因果推導，無法識別幾乎所有的序列。除了靠機械背誦記住的數學運算（如乘法表），其他任何數學運算，無意識都無能為力。無意識還不能掌握各種社會文化知識，而我們要想在社會上獲得成功，則必須掌握這些知識。」[472]

「越來越多的證據表明，無意識（潛意識）只能處理相對簡單的、幾乎不具備任何結構的資訊。相應地，意識處理複雜的資訊（尤其是具有多層次意義或深層模式的資訊）的作用也得到強化。」[473]

一般來說，意識在同一時間內，只能考慮一件事情，而潛意識能夠同時考慮多個事情，就像windows作業系統可以同時運行多個程式，開多個視窗一樣。一個雜技演員，腳下踩著獨輪車，手裡把3個球扔來扔去，頭上頂著一摞碟子，嘴裡還和觀眾開著玩笑。

從對身體的認知度來看：意識對自己的身體相當無知，如果不是書本上學來的知識，人連自己五臟六腑的身體結構都不知道，全是潛意識帶動這麼複雜的系統在運行。

上面簡單的說了一些，提摩西・D・威爾森博士（Timothy D. Wilson）在他

(471) 布魯斯・H・利普頓，《信念的力量》（北京：中國城市出版社，2012），頁156。
(472) 丹尼爾・博爾，《貪婪的大腦》（北京：機械工業出版社，2013），頁84。
(473) 丹尼爾・博爾，《貪婪的大腦》（北京：機械工業出版社，2013），頁86。

所著的《佛洛德的近視眼》一書中詳細比較了潛意識與意識，區別主要在以下幾方面：

| 潛意識 | 意識 |
|---|---|
| 複合系統 | 單一系統 |
| 即時模式偵測 | 延時檢查綜合分析 |
| 著眼當下，缺乏遠見 | 長遠考慮 |
| 自動運作<br>快速、非刻意、無法控制、輕鬆自然 | 控制運作<br>緩慢、刻意、可控制、需費神專注 |
| 固定 | 彈性 |
| 發展較早 | 發展較晚 |
| 對負面資訊敏感 | 對正面資訊敏感 |

根據我對潛意識的理解，又加上幾條：

| 潛意識 | 意識 |
|---|---|
| 按部就班，穩重 | 易受外部環境、情緒等影響 |
| 周密，把每一項習得經驗都查一遍 | 跳躍 |
| 記憶慢，需要很多次重複才能記住，但是記的長久 | 記憶快，幾次就能記住，但是記不了多久 |
| 對自己身體的器官瞭若指掌 | 不瞭解自己身體的硬體結構 |
| 無創造力 | 有創造力 |
| 邏輯思維能力弱 | 善於邏輯思維 |

從上面的兩個表格可以看出，潛意識和意識的差異很大。那麼，兩者之間的相互影響是怎樣的？先看一下意識對潛意識的影響：

一項新技能，從來沒有見到過，在潛意識裡是不會有操作方法的。首先由意識來瞭解和學習，然後慢慢影響，進入潛意識裡。在潛意識掌握之後，基本就不用意識再干預了。

一旦我們掌握了某一技能，比如爬樹，潛意識就會接替意識運作。那些古板無趣的資訊由潛意識處理，而意識像個教練或者司機，則處理新的、有難度的資訊。

比如一個新手學騎自行車。剛上車時，處理平衡問題主要靠大腦的意識來完成。自行車向左偏，大腦就指揮四肢把自行車向右歪。反之，則向左歪。這個時候掌握平衡很難，自行車就像個醉漢一樣歪來歪去。一點一點的，動作要領進入潛意識，就不再需要意識來參與騎車的細節活動了，潛意識會判斷怎樣用力，那個方向用力。做多了，自然就熟練了，這就是所謂的「熟能生巧」。所以賣油翁會說：「我亦無他，惟手熟爾」。

在網上有很多各行業高手的視頻，有的麵點師傅能把一張餅轉著圈扔出10米遠，另一個人能準確接住；有的流水線末端打包工人雙手如飛，比分裝機的速度還快；有的肯德基服務員能把一排杯子瞬間搭成一個金字塔。如果你到飯店的後廚看到改刀師傅切菜，你就會知道你和熟練工種的差距有多大。

內家拳講究「拳無拳，意無意，無意之中是真意」也是這個道理。當然，最糟糕的是把熟能生巧的技藝用在歪門邪道上，技術型扒手一般都練過手藝，他們就算在你眼前把錢包拿走你都看不出來。以前街頭常見騙術「三仙歸洞」，就是扣著三個小碗，讓你猜哪個裡面有小球，你無論怎樣都猜不對。網上有人用透明的塑膠碗來拆解這個魔術，我看了十幾遍才看出來他手裡的小動作，實在太快。這個騙術應該是咱們的祖傳手藝，但是現在也漂洋過海「發揚光大」了。視頻裡看到，巴黎街頭金髮碧眼的外國騙子，煞有介事的擺著一張桌子，飛快地轉動著三個小碗把遊客哄得一愣一愣的。

潛意識熟練掌握技能之後，意識只要關注前方路況怎麼樣、方向怎麼樣等等前瞻性的問題就可以，別的別管。

我們越是訓練某項技能，我們大腦中的相關通路就越得到加強，比如神經節之間的連接，而這項技能就會因此變得更為容易。在潛意識已經熟練掌握技能之後，意識就最好不要摻和了，否則不但會降低效率，而且會搗亂。比如一個熟練騎自行車的人，意識完全不在騎車的動作上。如果這個時候讓意識強行干預騎行的動作，車子馬上就會東倒西歪。同理，一個鋼琴師如果每彈一個鍵都要考慮一下用哪個手指，很快就會出錯。

筷子的使用也是一個熟能生巧的過程。筷子的歷史已經超過了3000年，是所有中國人吃飯的必備工具。我們覺得使用筷子很簡單，似乎生下來就會，但是外國人可不這麼認為。第一次使用筷子的老外都快被逼瘋了，他們在推特上吐槽：「世界上怎麼會有這樣莫名其妙的餐具？」「中國人怎麼吃米飯都用筷子（以為米飯需要一粒一粒地夾）？」，有的老外偷偷把筷子放到一邊，然後用手抓著吃；有的兩手各拿一隻筷子，吃麵條就像織毛衣；還有老外乾脆拿一個小彈簧夾在筷子上，把筷子變成了鑷子來使用。

但是經過多次練習，他們一般可以掌握筷子的用法。很多在中餐館吃飯的外國人拿筷子的姿勢比中國人還端正，就連花生米和豆子都能輕鬆夾起。「知乎」上的一位網友甚至看到一個老外雙手各持一雙筷子在大快朵頤，左右開弓、上下翻飛，像一隻大螃蟹一樣，席捲著桌上的美食，那畫面想想都霸氣。

日本建築大師西岡常一認為：「技藝來自於自身的靈感和對事物判斷的直覺，而這些是需要在無數的經驗中慢慢磨出來的，每次創作，都是一次塑造自身靈魂的過程。」也許應該說是塑造自身潛意識的過程。

「意識在開始的時候對複雜的學習來說是必需的，但是在經驗獲取後，意識反而會阻礙自動的處理工程。沙恩・貝洛克（Sian Beilock）和他的同事做了一系列實驗……如果讓高爾夫高手將注意集中在球杆的揮動上，那麼打出去的球離洞的距離會很遠，相比之下，注意被其他事情分散時，打出去的球離洞的距離要近很多。這個實驗結果與對初學者所做的測試的結果完全相反；讓初學者注意揮杆的動作，比起分散他們的注意力，前者能讓初學者更準確地完成揮杆動作。對其他動作（如足球、棒球甚至盲打）的測驗，得到相似的結果。」[474]

有的人練習過左手畫方右手畫圓，如果你不斷的考慮你的行動，基本上你只能畫出四不像。但是如果不去想，排除意識的干擾，有可能就會成功。楊過和黃蓉為什麼無法練成老頑童的雙手互搏之術，就是因為他們太聰明，意識不斷干擾潛意識的工作，而小龍女和郭靖就沒有這個顧慮。小龍女掌握分心二用之後，一個人左右手就可以分別使出全真劍法和玉女素心劍法，速度比她和楊過配合還快（是我胡猜的哈）。

體育項目就是如此，開始時都是由意識在做，比如球類運動的發球、接球。等慢慢熟練了，就是由潛意識在做，因為潛意識的很多特性（見上表）即時模式偵測、著眼當下、自動運作、快速、非刻意、輕鬆自然、對身體的器官瞭若指掌等，能夠更好、更快、更自動地完成任務。這樣就可以把意識解放出來，專注自己的任務。神經學家查理斯・謝靈頓（Charles Sherrington）也曾經對此很好奇，即便他這樣專門研究神經和肌肉的專家，在移動手臂的時候也從來沒有意識到肌肉是如何工作的，就是直接執行，毫無困難。

正是因為人類直立行走解放了雙手，特別是在大量使用工具之後，遇到了更多新的、有難度的情況，這些工作都需要意識層來處理。所以相比別的動

(474) 丹尼爾・博爾，《貪婪的大腦》（北京：機械工業出版社，2013），頁135。

物，人類意識得到了更多的鍛煉，也就得到了大幅度的增強。

自然界中動物的意識能力明顯弱於人類，生存全靠潛意識的快速反應能力。比如視頻中一條潛伏的蛇襲擊一隻經過身邊的老鼠，從蛇發動偷襲到老鼠跳開，全過程快如閃電，只有零點幾秒，連貫動作快過了人眼睛的視覺反應時間。也就是說，無論重播多少遍，你都看不清楚，只有慢放才能看明白這兩個動物過招的細節。

在蛇這樣速度的襲擊下，老鼠如果靠意識的判斷和指令來閃避，完全沒有生還的希望。因為信號在大腦中傳遞的速度非常慢，比電流在導線中傳送信號的速度要慢數百萬倍。好在世代累積的技能完整地印在了潛意識裡，生死攸關時刻全靠潛意識的自動駕駛技能了。而自動的程度越高，反應速度就會越快。當然，自動化還有另外一個好處就是節能，讓意識這麼個耗能大戶來思考是很不划算的。研究表明，一項技能越熟練，就越不需要意識的參與，耗費的能量就會越少。

意識還有一種能力，在對環境刺激的反應中進行自發性創造。這是潛意識非常欠缺的。意識的自我反思能力，能夠在執行行為的同時也監視行為。

「意識還能設想未來，反思歷史，但潛意識則永遠都在為現在而運作。當意識忙著做白日夢、創建未來計畫，或者回顧過去的生活經歷時，潛意識永遠都在值班，有效地管理當下所需的行為，而無需意識的監督。」(475)

某些「條件反射」就是由意識來學習，然後影響、寫入潛意識的一個過程。比如赫赫有名的巴甫洛夫條件反射實驗。

「巴甫洛夫訓練他的狗，使狗一聽到鈴聲就分泌唾液。他首先這樣訓練它們：搖鈴；伴隨鈴聲，給予食物作為獎勵。過了一會兒，他又搖鈴，但是不給食物。到那時為止，狗已經被訓練得一聽到鈴聲便期望食物，因此，當鈴響時，雖然沒有食物出現，它們仍然反射性地開始分泌唾液。這很清楚是一種『無意識』的、通過訓練學到的反射行為。」(476)

要說明的是，其實很多大家認為「無意識」、「下意識」的反應，其實都是潛意識的行為。而且潛意識並不是人類所特有，所有動物都有。

「雖然和巴甫洛夫一起做實驗的他的學生安東・塔斯基曾試著用狗的高級思維過程，如情感、期望、思維等，來解釋這種行為變化，但卻遭到了他的老師的反對。巴甫洛夫希望他們保持『純生理學家的角色，即客觀的觀察者和實

(475) 布魯斯・H・利普頓，《信念的力量》（北京：中國城市出版社，2012），頁159。
(476) 布魯斯・H・利普頓，《信念的力量》（北京：中國城市出版社，2012），頁122。

驗者』。」[477]（好大的一頂帽子）。因此，「他反對任何心靈主義方面的解釋，而更傾向於將觀察到的行為變化看做是簡單反射的改變。」[478]但是，巴甫洛夫的解釋是不完整的。

湊巧的是，與此同時，生物學博士桑代克也做了一個動物的學習實驗。他製造了幾個籠子把動物關在裡面，籠子外面放了食物，動物們必須學會一些特殊的動作，比如打開門閂或拉繩圈才能打開門出來。

「桑代克發現當貓狗剛到迷籠的時候，它們會做出許多隨機盲目的行動，但最終都能誤打誤撞地找到逃離這個籠子的辦法。當再次進到這個籠子的時候，它們逃離籠子所需的時間則越來越短。而到最後，它們能毫不猶豫地一下做出那個能幫助它們逃離的動作……桑代克得出了和巴甫洛夫同樣的結論：『學習是一個建立刺激和反應間的聯繫的過程。』但與巴甫洛夫的條件反射不同的是：巴甫洛夫只能解釋新的刺激與舊的反應間的聯繫，而桑代克解釋了動物大腦是如何逐漸建立起舊的刺激與新的行為之間的聯繫的。桑代克是第一位提出所有新學的行為都是隨機反應與反應強化的共同結果的心理學家。」[479]

巴甫洛夫的條件反射試驗一直被認為可以否定動物有意識，但是如果考慮到潛意識層面，這也許正是意識學習之後，教給潛意識的結果。

傳統生物學家當然不認為條件反射會有意識。其實有感覺（輸入），而又能做出正確的判斷（輸出），就可以稱之為簡單的智慧。比如用針紮一下皮膚，肌體向後收縮，生物學稱之為條件反射，就是一種智慧。只不過這個智慧不是意識層面的。

條件反射的一個作用就是對生物體的保護，所以可以把最簡單的智慧理解為有效的條件反射。經過長時間的自然選擇和自我學習的進化之後，智慧發展到可以對外界環境做出反應，再經過漫長的進化之後，發展到具有過程認識能力，而且還具有一定的預演能力。

巴甫洛夫的實驗還經常被認為可以否定動物行為的目的性，但是，美國心理學家詹姆斯在一百多年前就已經指出，有目標的行為並不是人類所特有，在動物世界裡遍佈這樣的例子。生物學家托爾曼和他的學生也早就通過實驗證實了動物行為的目的性。他們通過讓老鼠逃出迷宮找食物，看到，不論讓老鼠遊過迷宮，還是涉水穿過迷宮，它們的目的都是外面的食物，而且做得一樣好。

---

(477) G·齊科，《第二次達爾文革命》（上海：華東師範大學出版社，2007），頁28。
(478) G·齊科，《第二次達爾文革命》（上海：華東師範大學出版社，2007），頁28。
(479) G·齊科，《第二次達爾文革命》（上海：華東師範大學出版社，2007），頁30。

動物行為的目的性是顯而易見的，只有資深的機械論者才會否定這一點。事實上，要在無法預測、複雜多變的自然界生存下來，必須具有準確的目的性，比如饑餓的時候獲取食物，危險的時候快速逃跑。

很多動物還會掩飾自己的意圖。我們高中時候學過蒲松齡的〈狼〉，裡面就有這麼一個情節：兩隻狼想要襲擊一個靠在柴草堆的屠夫。一隻狼蹲在屠夫的前面，假裝睡覺，另一隻狼繞到後面鑽進柴草堆，準備從背後偷襲。結果被屠夫抓住機會，各個擊破幹掉了兩隻狼。這只是《聊齋志異》裡面的一則小故事，但是卻很真實。養狗的人可以證明這一點，有的狗會掩飾自己的目的，偷偷的做點什麼，比如裝瘸獲得別人的同情。

人們常用「披著羊皮的狼」來形容欺騙和偽裝，自然界中的狼不會披著羊皮，但是它確實會利用羊皮。一個阿爾金山保護區的志願者看到，一隻狼躲在火山岩後面偷襲路過的藏羚羊，在享用戰利品之後，狼把羊皮埋起來，而且它埋了好多張。狼經常在羊皮上面打滾，使自己身上沾上羊的味道，便於下一次偷襲。

網上有一段視頻：一隻雄獅看到不遠處站著一個小男孩，他倆面對面。獅子懶洋洋地從小山上走下來，目光懶散的四處看看，然後溫順地趴在草地上，兩隻前爪併攏就像一隻乖巧的大貓。小男孩似乎放鬆了警惕，轉過身。

突然，就在小男孩背對著獅子的一瞬間，溫順的大貓一躍而起，變成了一隻狂暴巨獸，兩步就躥了過來，兩隻前爪對著小男孩猛抓過去，然後……就紮手紮腳地撞在了厚玻璃上。這是在一個動物園裡上演的驚悚一幕，獅子忘了自己在籠子裡。

你可以嘲笑獅子笨，記性不好，也許是新來的，但是誰能否認它的險惡用心？難道它只是在散步，或者在和小男孩開玩笑？

非洲草原上的獅子當然也深諳此道，每次狩獵，它們分散包抄獵物的時候，都會壓低身子悄悄圍攏過去。遇到草食動物警惕的目光，獅子都會裝作人畜無害的樣子，眼神輕飄飄的掠過而不和對方對視，仿佛只是散步、只是路過。一旦包圍圈形成，它們就會兇相畢露，利爪彈出來了，身子站直了，眼神也凌厲了，撕掉和善的偽裝全力發動進攻。

潛意識通過意識來學習技能，等到技能寫入潛意識之後就不依賴意識了。有人拿失憶症患者做了一個實驗：因腦部受損而導致失憶的患者，還保有智力水準及一般人格，但是假如你跟他聊了一會兒離開，一小時後再回來，你會發現他不記得前一個鐘頭才跟你聊過天。失憶症患者對任何新經驗都沒有絲毫有意識的記憶。

對此，法國醫學家愛德華・克拉帕雷德做過一個著名的實驗（但也有點缺德）：每次他去訪問一位罹患失憶症的女子，她都不記得先前曾見過他，因此他必須重新介紹自己。有一天，克拉帕雷德如同往常般和她握手，但這回他手裡藏著一根別針，女患者被紮了一下，迅速縮手，吃驚的看著針孔。

下次克拉帕雷德再去訪問她時，她顯得不認得他，於是他又重新介紹自己，並伸出手來，但這回她卻不肯跟他握手。顯然她的意識不記得曾見過他，但潛意識卻知道，和面前這個人握手會有危險。克拉帕雷德還觀察了這位患者的許多其他無意識學習實例：譬如，她想不起來住了六年的療養院的佈置，也答不出怎麼去廁所、餐廳，但當她要去這些地方時，都能直接走到，不會迷路（也就是說，意識忘記了，但是潛意識記得）。

另外一個相似的例子是這樣的，教失憶症患者玩俄羅斯方塊，他是新手，一天下來，他的水準已經不錯了。但是第二天早晨起來，他已經忘了這件事，也不知道俄羅斯方塊是什麼東西。但是你把遊戲機遞給他，他就能夠飛快的玩起來，基本可以達到昨天遊戲結束時候的水準。

武俠小說中提到這樣一件事，一個絕頂高手失憶了，已經想不起來自己是誰。他遇到了一個丐幫長老，他們之間以前有過節。丐幫長老本來嚇得要命，正要求饒，但是驚喜的發現絕頂高手傻傻的啥也不知道，於是拔刀就要結果他的性命。絕頂高手雖然懵懂，但是舉手投足之間輕鬆化解開了對方的殺招，最後一腳把丐幫長老踢飛出去。

這只是小說，不足為憑，但是我認為這是完全可能發生的。假如柳海龍失憶了，誰敢過去打他一下？假如林丹失憶了，有誰認為自己可以在羽毛球場上欺負欺負他？假如傅園慧失憶了，有誰認為自己能在泳池裡追上她？

兩個失憶症患者的實驗說明了潛意識的學習方式，而且說明了，**潛意識和意識分別有自己的記憶，意識的記憶丟失，並不影響潛意識的記憶**。這一點很重要，下面的章節會提到。

「現在也有人提出潛意識可以不通過意識，而自己學習。比如人甚至在全身麻醉時（無意識），還能知道、記得他們所發生的某些事情。因此在手術麻醉期間，雖然病人對醫生說過的話完全沒有意識記憶，但若醫生曾對病人表示他會很快康復，那麼和醫生沒有表示的情況相比，前者會較早出院。」[480]

大衛・伊格曼舉了這樣一個例子：「假設將你的手指放在10個按鍵上，每

(480) 提摩西・D・威爾森，《佛洛伊德的近視眼》（四川：四川大學出版社，2006），頁28。

個按鍵與一種顏色的光對應。你的任務很簡單，每當光閃現，你就盡可能快地敲擊對應的按鍵。如果光的順序是隨機的，你的反應時間一般不會很快；但研究者發現，如果光的順序隱藏有規律，你的反應時間最終會加快，這說明你已經熟悉了序列，能夠預測下次會出現哪種光……讓人吃驚的是，在你還完全沒有意識到序列的時候，你的速度就加快了；對於這類學習，根本不需要意識思維的參與。」(481) 這個例子不但說明了潛意識的自主學習，同時還說明了潛意識也有一些計算能力。

上面說的是意識對潛意識的影響，反過來，潛意識對意識的影響也是非常大的。潛意識可以影響意識這個觀點現在已被廣泛認可。

我們在國外電影見過這樣的情節：一個員警從咖啡館裡出來，在門外站住腳，感覺哪裡不對。努力回憶，猛然一驚，剛轉過身，身後的咖啡館已經爆炸了。原因是什麼呢？咖啡館裡一個男人，神色緊張，穿的外衣寬大不合體。員警一撇之間，那個男人的外部特徵已經和員警所瞭解的恐怖分子的特徵基本吻合，這些特徵在員警日常工作中已經刻進了他的潛意識，潛意識已經發出了警報，但是意識還沒有馬上反應過來。等出了門才恍然大悟，可是已經晚了。

在潛意識的反覆提醒下，意識也常常能夠回想起來，不過總是要慢半拍。當然，主要原因還是這個員警並不是特警，如果是一個受過長時間專業反恐訓練的特警，重複的訓練會加強潛意識的印象，這是一個千錘百煉的過程，所以在咖啡店裡見到恐怖分子的一瞬間就會意識到危險並馬上採取行動。

這個例子裡提到了「重複」這個概念，如果說對於暗生物重要的任務是學習，那麼比這還重要的就是重複的學習，同樣的問題重複學習多次，就能記在意識裡。重複的學習就是對知識的強化，讓短期記憶變成長期記憶。如果再接著重複的學習，還能刻入潛意識裡，這就是習慣成自然，這就是重複學習的目的。學習也是一個思考過程，機械的重複是不會有很多知識積累的。

那麼重複學習的原因是什麼呢？為什麼動物不讓自己的記性好一點，很快就能記住呢（其實這很容易做到）？因為需要反覆驗證，不斷重複和強化的內容，準確性相對會高一些，也會更實用一些。所以動物不會讓自己草率地記住一切事情，只會記住反覆經歷的內容。

德國心理學家艾賓浩斯對遺忘現象做了系統的研究，他把實驗資料歸納分類後，繪製成一條曲線，這就是著名的艾賓浩斯遺忘曲線。曲線表明了遺忘過程的一條規律：遺忘的進程不是均衡的，不是固定的一天丟掉幾個，轉天又丟

(481) 大衛・伊格曼，《隱藏的自我》（湖南：湖南科學技術出版社，2013），頁56。

幾個。而是在記憶的最初階段遺忘的速度很快，後來逐漸減慢。到了相當長的時間後，幾乎就不再遺忘。這就是遺忘的過程，「先快後慢」。

遺忘的進程不僅受時間因素的制約，也受其他因素的影響。學生最先遺忘的是沒有重要意義的、不感興趣、不需要的材料。收集到的資訊在經過人的意識的學習後，便成為了人的短時記憶。如果不經過及時的複習，這些記住過的東西就會忘掉。而經過了多次複習，這些短時記憶就會變成長期記憶，可以在大腦中保存很長時間。

重複的學習加深記憶，這個基本上是公理。當初我的英語單詞量很少，後來找到了用電腦背單詞的辦法，單詞量就不再是個問題，一天背二百多個單詞毫無壓力。原理就是同時聽讀寫，高效地重複。

有一次，我的朋友老杜看到了一篇非常喜歡但很有難度的文章，他花了一個晚上把文章反覆認真地看了十遍。看到第十遍的時候，文章已經刻入老杜的腦海裡，他彷彿看到了作者坐在對面和他聊天，並且一問一答之間告訴了他一些文章沒有的內容。

《史記》裡提到孔夫子向師襄子學琴，一首曲子沒完沒了的彈了幾十天，就連老師都不耐煩了。但是彈到後來孔子竟然能從琴聲裡推測出曲子寫的是周文王，雖然他並不知道曲子的名字正是《文王操》。

關於重複的學習對潛意識的影響，丹尼爾．博爾舉了一個例子：「如果你重複念同一個單詞『洋薊洋薊洋薊洋薊洋薊』，那麼在當天接下來的時間裡（可能更長的時間），你每次認出單詞『洋薊』的時間會比上一次更快（你甚至可能在下次經過超市時買一個洋薊）。」[(482)]（洋薊是一種義大利蔬菜，長得像松果的花蕾，很好吃，但是買一個怎麼夠吃呢？）

短期記憶很快會被忘掉，比如我經常會在到了市場之後想不起來要買什麼菜。但是長期記憶就比較牢固，我仍然能記得很多兒時趣事。5歲的時候上幼稚園，晚上爸爸來接我，我忽然說了一句：「石阿姨真漂亮」。爸爸哈哈大笑，回家之後還在調侃。這樣的重複加深了我的記憶，到現在我仍然能很清楚的記得：面容清秀的石阿姨，穿著一件米色風衣顯得高挑，深秋的傍晚從教室裡挑起門簾走出來，長髮飄飄宛若仙子。這一幕是這樣的深刻而清晰。

重複會加深記憶，無論意識層面和潛意識層面都是如此。有一次家裡裝修，我自己動手刮大白。剛開始上手，手和刮板配合不好，感覺彆彆扭扭，大白膏也刮不勻，牆上一道一道的。好在這個工作比較簡單，上手也快，一會兒

---

(482) 丹尼爾．博爾，《貪婪的大腦》（北京：機械工業出版社，2013），頁20。

之後就有點熟悉了，動作熟練了起來。兩天之後工程快結束的時候，刮板已經在我手裡上下翻飛，遊刃有餘。我開玩笑的說，又有了一個謀生的手藝。

不止人類熟能生巧，動物一樣如此。主人教會小狗一個動作，剛開始的時候，小狗動作生硬。多次重複之後，小狗就可以很好地掌握，甚至主動跑到主人旁邊賣弄。

換個角度來看，熟能生巧這本身也是生物存在智慧的證明。因為如果沒有判斷和記憶的能力，做1遍和做1000遍是沒有區別的，不會因為做得多就熟練。

重複的學習會記住有用的內容，書讀百遍，其義自現，所以學習無捷徑，只有多讀多看。對我來說，最大的享受是看書，小時候最快樂的事情就是看小人書。

暖暖的夏日，週末，中午吃上一碗老爸的手擀麵，兜裡揣上媽媽給的兩毛錢，心裡無比踏實。來到汽車工人文化宮圍牆外的小人書攤，塑膠布上擺著幾百本小人書，每週都有更新，這對孩子的吸引力是無窮的。借閱兩分錢一本，圍坐在書攤邊的長凳上，看完再換一本，還是兩分錢。一直看到夕陽西下，落日餘暉穿過白楊樹葉，亮晶晶的像片片微黃色的水晶，斑斑駁駁的灑在孩子們稚氣的臉上，夏日微風撫過花壇，帶著暑氣和萱草的味道吹動孩子們亂蓬蓬的頭髮，或者花光了兜裡所有的鋼鏰，才意猶未盡的再撇一眼中意的幾本書，蹦蹦跳跳地回家吃晚飯。

簡・奧斯丁說過：「什麼娛樂也比不上閱讀的樂趣」。這種從身到心的富足感，不知道現在整天泡在遊戲廳和網吧的孩子能否體會？

由於豐富的小人書攤借閱經歷，和學校牆外鐵皮書屋租借金庸古龍梁羽生武俠小說的黑歷史，我看書從不論品相，不分新舊，拿來就看。再加上舊書算上快遞費還是比新書便宜一半，所以每次買書之前我都會先到舊書網上劃拉一圈，以期我得了實惠，又能避免一本好書被打成紙漿的雙贏好事。

從生物學的角度來講，讀書是非常有好處的，特別是孩子閱讀科普讀物。兒童的大腦神經元和神經鍵正是快速發育的階段，大量的使用某一部分神經元，可以增加相關神經鍵的數量和品質。而如果使用少，相關神經鍵就會減少。由於那個時代的小人書以科普為主（也許是我更喜歡科普讀物），生物、歷史、地理和名著，拓展了視野、增強了神經纖維。再加上母親工作單位的圖書館藏書很多，每個假期我都能借到一摞。閱讀量大的好處就是以後遇到相關知識的時候毫無違和感，輕輕鬆鬆進入狀態。

但是在參加工作之後，讀書的機會就少的多了。週末本是讀書的黃金時間，但是常常清早就被轟隆隆的裝修聲音吵得無法看書。這幾年，每年春天都會有幾家鄰居裝修，有的是新搬來的，有的是重新裝修，少則一、二週，多則一、二月，不要說看書，安靜的待會兒都成了奢望。

我們工廠的生活區很大，但是圖書館只有一個，而且很小，裡面有個袖珍自習室。本來應該是莘莘學子和讀書人的好去處，可是開館時間決定了這只能是閒人來的地方：週六開半天，週日、週一休息，平常九點開門，午休一小時清場，晚上四點關門，一天頂多營業六個小時，還是間斷的。在裡面看書，聽得最多的就是「午休了」、「閉館了」……然後被趕來趕去。

非常想念大學裡的圖書館，學校盡力為學生提供最好的學習環境，學生也喜歡在圖書館裡學習。特別是在冬天，清冷的清晨，四周寂靜無聲，早晨六點之前，考研的學生就已經踏著依稀的星光在圖書館門外排上長長的一隊，然後在裡面飽飽的學上一整天，晚上十點心滿意足的伴著月色回宿舍休息。相信許多讀者都有過這樣的經歷，美好而又充實的回憶。

開始工作，進入社會之後，為了生活和家庭而奮鬥，大家就很少再有大段兒的閱讀時光了。有時候有了點兒閒暇時間，想找個有讀書氣氛的環境陶冶一下情操，但從來沒有得逞過。有錢人去的會所、閒人去的茶樓倒是挺多，讀書人的圖書館和自習室卻找不到。

夢想著有一天，攢夠了錢，在喧囂的都市裡尋一個安靜之所在，窗外有花有樹，屋裡書香嫋嫋，建一個心靈的港灣。談笑有鴻儒，往來無白丁，不亦說乎？

呵呵，這只是書呆子的南柯一夢罷了。

再來看我們的暗生物，無論是意識層面還是潛意識層面，重複的學習都是懂得和記憶的最重要手段。而且也是糾正錯誤的有效手段，重複的次數多了，自然就會發現和改掉一些瑕疵。能夠被記憶記住的，往往是有用的。所以最後被刻入潛意識的，不但有用，而且基本正確。

「重複的學習」的最佳搭檔是「遺忘」，有證據表明，其實對於人類來說，「遺忘」不是必然。並不是因為存儲空間不夠或者存儲介質的有效期很短，如果有必要，人類完全可以記憶更多的內容甚至乾脆全部記住。

所羅門．舍雷舍夫斯基（Solomon Sherashevski）的例子可以說明這一點，舍雷舍夫斯基開會的時候根本不需要做筆記，「因為他清楚地記得聽到的每一句話，而且向來如此……舍雷舍夫斯基的記憶力確實驚人，他似乎能很輕鬆地記住所有事情。舉一個例子，有人對著他用義大利語大聲朗讀但丁《神曲》裡的段落，而他根本不懂義大利語。15年以後，他能夠準確地複述這些詩句，連重音和發音都與當初他聽到的一模一樣……他甚至對一歲之前的事情都記得一清二楚。」[483]

還有一些像舍雷舍夫斯基一樣記憶力超群，或者說不會遺忘的人，這個症狀被稱為超憶症。超憶症的人對自己經歷的事情記得非常清楚，往往能記住幾年前、幾十年前每一天發生的事情。他們的超級記憶能力一般不是天生的，有的是偶然發生，有的是特別事件激發這種能力，具體產生原因現在還沒有科學定論。

既然遺忘不是必須，那麼就會有它的原因。神經學家對此的解釋是：「一個人適當地忘掉一些過去的事情，有助於準確、有條理地思考當下的事情……牢記那些不斷增多的不相關資訊，會嚴重干擾我們的日常生活，最終使我們患上精神疾病。」[484] 書裡常說，時間和遺忘是治療心靈創傷的靈丹妙藥。

這個原因當然重要。但是除此之外，如果考慮到重複的學習對意識和潛意識的重要性，就會發現，遺忘也是在配合重複的記憶，目的是為了讓你重新開始幾次嘗試。舉例來說，從家到工作單位最佳的路徑應該就是常走的那條路，而其他的路不是擁堵就是繞遠。但是假如某一天，你因為心不在焉或者別的原因，走了一條新路，卻忽然發現這條路比常走的那條路還好。所以在「遺忘」的幫助下，「重複的學習」不斷開始新的嘗試。就像淘金，一遍一遍的搖動篩子，篩掉不需要的沙子，留下貴重的黃金收藏起來。

重複的學習還能增強你的學習能力，「成長型思維模式」是斯坦福大學卡洛・杜威克提出的一個觀點。他相信，人的學習能力不是固定不變的，而是隨著你的努力程度而變化。杜威克教授表示，當孩子們閱讀和學習以及面對挑戰時大腦會發生變化和成長，因此，成長型思維模式對培養毅力和學習能力大有裨益。

「令人吃驚的是，人的大腦幾乎不會完全停止發育，就算是20歲以後的成年人，只要不停止用腦，還會有新的神經元和神經連接持續生成，且不同的刺激可以引發不同的大腦生長方式。事實證明，大腦存在高度可塑性，反覆練習確實可以提高某方面的能力。」[485] 大腦的發育就是重複學習的物質基礎。

潛意識有的時候還充當一個篩檢程式，讓意識可以集中注意力在一件事情

(483) 丹尼爾・博爾，《貪婪的大腦》（北京：機械工業出版社，2013），頁46。
(484) 丹尼爾・博爾，《貪婪的大腦》（北京：機械工業出版社，2013），頁46。
(485) 史鈞，《瘋狂人類進化史》（重慶：重慶出版社，2016），頁121。

上，免得我們漏掉重要資訊。比如有的人特意到鬧鬧嚷嚷的市場上讀書，練習集中注意力，這也證明人類具有「選擇性注意」的能力。

當然，其他動物也有這個能力，比如花豹在對一隻鹿發動攻擊之前，所有的注意力都在鹿的身上，幾乎不看任何別的東西。

還有一種情況，你在茶館和朋友聊天喝茶，鄰座也在聊天，你對他們的聲音充耳不聞，但是他們忽然提到了你或者你的熟人的名字，你馬上就注意到了。戰地醫院的醫生，可以在隆隆的炮聲中酣然入睡，不受影響，但只要輕輕一聲「來傷患了」，醫生馬上會跳起來，進入工作狀態。就是因為我們的潛意識為我們所聽到的聲音做了過濾。就像電腦程式裡設計的「觸發器」一樣，只有遇到關鍵字，才能啟動程式。

上面說了這麼多意識和潛意識的關係，也許大家可以總結出來，其實潛意識更加重要，因為意識裡的內容是暫存，而潛意識裡的內容是長時間保存；意識裡的內容是毛坯，而潛意識的內容是精雕細琢的零件。在從屬關係方面來說，也是潛意識更加重要，因為它是發號施令者。參看前面提到的內容，人類喜歡甜和香，動物一般也喜歡，比如被蟲子蛀了的水果一般都是很香甜的。這都是潛意識在起作用，潛意識知道甜香的東西對生存有好處，甚至知道具體的用處，而其實意識是不知道的，它只知道「好吃」「喜歡」。

潛意識隱藏在我們體內，它就是卡爾・榮格（Carl Jung）所說的：「在我們每個人的身體裡都有另一個我們不知道的人。」也就是萊布尼茨所說的微知覺——我們沒有意識到的知覺。

我說意識不是最重要的，可能大多數人都不同意，無論誰都會認為，自己的意識當然最重要，簡直就是生命的意義。

給大家舉個例子，很多航空公司的飛行員年入百萬，受人尊重。空姐也是個好職業，她們長相甜美、舉止高雅，工資也很高，這兩個職業似乎都帶著金色的光環。但是有一次在微博上看到飛行員和空姐吵架，飛行員說「你牛什麼牛？你不就是個服務員嗎？」空姐說「你嘚瑟啥？你不就是個司機嗎？」……話糙理不糙，雖然飛行員的職業非常有技術含量，但是工作性質就是如此，飛行員就是高技術司機，而空姐就是大長腿的美貌服務員。飛機起飛之後，飛行員掌握著飛機上幾百人的生殺大權，只要他願意，似乎他想去哪裡去哪裡，那能不能說「飛機是為了飛行員而存在呢？」當然不是，飛機為了乘客而存在，飛行員也是為了乘客而存在。旅客不坐飛機，航空公司售票困難，航線取消，飛機停飛，飛行員自然就失業了。

意識與潛意識的關係正是如此，意識就是牛哄哄的飛行員，看似可以掌握一切。潛意識就是乘客，看似連點兒發言權都沒有，完全聽命於飛行員。那麼能說乘客是為飛行員服務的嗎？正相反，飛行員是為乘客服務的。

很多人把意識形容成身體的CEO、司令員，是生物體這艘航空母艦的艦長。其實意識就是個司機、飛行員、舵手而已。司令員能夠知道自己的軍隊有幾個機構，有多少武器，有多少軍餉，有多少兵，都叫什麼名字（只要他想知道）。而你知道你的身體有多少器官、多少個神經元，多少個紅細胞嗎？你知道的只是潛意識想讓你知道的一點點東西而已。不讓意識知道更多內容，原因很簡單——沒這個必要，把好你的方向盤，幹好自己的工作就夠了，別的少操心。

人類的理智和道德一般源自於學習和冷靜的思考，所以多數來源於意識。而人類的激情與欲望一般是由於生理需求，比如食欲和性欲，所以多數來源於潛意識。

「為什麼很多動物都定期發情按時交配，在發情期之外則寂寞無語、心如死灰，視異性如無物？」[486] 雄性在交配前激情四射、興奮不已，短短的高潮過去之後情緒就一落千丈、興味索然，進入了賢者模式。這就是最明顯的潛意識支配意識，只要任務完成，鳥盡弓藏兔死狗烹，馬上就撤走所有的獎勵。

正因如此，佛洛德注意到，理智和道德很難與激情和欲望抗衡。也就是說，意識很難和潛意識抗衡。但是，越是心思縝密和學習能力強的人，對現實的判斷能力越強，控制激情與欲望的能力也就越強。正如薛定諤所說：「實際上有意識的生命必然與我們原始的自我欲望進行持續抗爭。」

心靈雞湯經常出現的一句話「我最大的敵人是自己」，或者「挑戰自己」、「戰勝自己」。這句話看起來像病句，我難道不是我嗎？怎麼戰勝自己呢？當你把意識整體來看，就會出現這樣的問題。然而，把意識分三層看，就可以很清楚的理解這句話，翻譯過來就是——我的意識層要戰勝我的潛意識層和內程式層，或者說我的意識層要拒絕掉一些另外兩層的不合理需求。

你的潛意識和內程式當然是為了你好，它給你的意識層發送的一切需求都是為了你整個身體的生存和發育。但是它的很多想法是有思維慣性的，換句話說，已經過時了或者不合時宜。比如它不斷告訴你應該多吃，特別是讓你看到高糖和高脂肪的食品就快樂，這是因為，生物進化的幾十億年來，還基本沒有營養過剩到身體無法承受的程度，沒有哪個生物確切的知道明天的早餐在哪

(486) 史鈞，《瘋狂人類進化史》（重慶：重慶出版社，2016），導讀。

裡，只有人類知道明天的早餐在冰箱裡，在超市裡，外賣小哥還可以送來更多，想吃多少有多少……

所以，意識不用百分百聽潛意識的話。潛意識通過分泌化學物質來刺激大腦相應部位產生感覺，這是在告訴意識層「我希望」做什麼，而不是「你必須」做什麼。潛意識只是在提建議或者強烈建議，而「怎麼做」完全由意識層來決定，它給意識層留下了很大的自主權。這就像雖然航空公司規定了飛機的航線，但是飛行員還是可以改變飛行方向，所以飛行員會在需要的時候改變航線來規避危險。

當然，潛意識有時也會提出「你必須」，比如當身體受到損傷的時候，潛意識就會用強烈的痛覺來命令你馬上找到解決辦法。

暗生物一代接一代連續的生生死死，每次意識層都被清空，但是另外兩層的資訊會被保留。所以每次新生，天性有好有壞。因此，孔夫子的「人之初，性本善……」和王陽明的「無善無噁心之體，有善有惡意之動……」是有問題的。潛意識層和內程式層的一切行為的出發點，就是為了生物個體的生存和繁殖，相當自私，並不會考慮其他個體。為了這個目的，它完全可以損人利己。所以人的天性就是有善有惡的。

生命就是這樣，人類的意識只是司機，是個自我感覺良好的司機，似乎一切盡在掌握中，認為除了自己都是笨蛋，別的生物沒有意識。其實意識就是個開車的。潛意識讓意識做什麼，意識基本就做什麼。特別是那些意志力薄弱的人，意識完全聽從潛意識，不能理智而道德的控制自己。

潛意識比意識龐大複雜很多，意識只是露出水面的冰山上的一個雪球。有太多太多的內容潛意識知道，而意識不知道。從這個角度來說，潛意識一定知道生命的目的，因為生命有很強的目的性，但是意識並不知道。

潛意識裡有你的天性，你的本能，它才是那個真正的你，意識不算是。這麼說肯定會讓多數人接受不了，很多心理學家認為意識是首席執行官，所以到底意識扮演什麼角色，這還真要看從哪個角度來觀察。

潛意識層和內程式層提供能量給意識層，並且通過各種感覺給意識提建議，但這並不意味著意識應該完全聽話。

有人認為諸如侵犯、戰爭以及其它可憎的行為是天性，那麼它們就是「自然的」，因而也是好的。而且它們由基因決定，沒辦法改變。也有很多心理學家認為多數行為出自潛意識或者無意識，所以許多罪行應該被理解和寬恕。其實多數行為確實出自潛意識，但潛意識不是不能改變，而且意識也有一定的自主權。那麼威爾遜的「動物本能」對人類行為的影響就不是決定性的，所以人類犯錯誤和犯罪就不能以「來源於動物祖先的不可抑制的衝動」為理由。在人類的潛意識和行為之間，有一個強大的意識層在把握方向。我們只注意到了本能，卻沒有認識到意識具有自我學習和糾正潛意識錯誤的使命。

雪碧有個廣告詞「相信你的直覺，順從你的渴望」，直覺哪裡來？來自幾億年幾十億年不斷的學習，渴望哪裡來？來自你的潛意識對意識的要求，它們正確嗎？多數是正確的，但是，需要校對。因為每一世的環境都不一樣，所以應該糾正那些不合時宜的想法和觀念，也就是糾正直覺和渴望。

國外的幾個以「原始衝動」為藉口給罪犯免罪的經典案例則凸顯了法官和陪審團的無知，對於無法抑制來自潛意識的原始欲望的罪犯，把他們投進監獄，讓員警教會他們如何控制洪荒之力顯然是很必要的。在這裡他們的意識和潛意識可以學習到什麼該做什麼不該做。小時候偷東西的孩子不應該被放過，否則長大就會搶劫，這個道理在潛意識層面同樣適用。其實這對他們有好處，想像一下，野外一隻不懂得控制來自潛意識欲望的狐狸，見肉就吃，遲早有一天它會一口咬住黑熊的大腿，然後被黑熊抓過來坐在屁股底下，借用一句日本動漫常用語「你覺悟吧」！

我承認潛意識的力量很強大，就像我承認地球的引力很強大一樣，無論我怎樣跳，都被拉回地球。但是我也相信意識中那一直在抗爭和抵禦潛意識的力量，就像你每前進一步，不都是在克服萬有引力嗎？如果沒有這個力量，你是不是應該趴在地上？

法律就是大家的行為準則，是大家必須遵守的。如果沒有法律的制約，這個世界就亂套了：人類現在的眼光只有生命裡的這幾十年，多吃多占才是硬道理。然而把眼光放長遠，看到以後的生生世世，看到生命的根本目的是能夠找到合適的、優質的載體，那麼眼前這點利益和享樂就微不足道了。

什麼可以讓生物心甘情願放棄眼前的利益呢？只能是長遠的利益。其實這也是本書理論的證據之一，**生物爲什麼爲了後代可以付出一切呢——爲了長遠的利益。**

民族融合、睦鄰友好、團結合作、與人為善、理解包容，淡化基因和天性的差異，與別人增加相似點才是最重要的。為什麼這樣呢？就不怕別人佔用了你的資源嗎？其實暗生物的載體就像停車場上的車位一樣，當你需要停車的時候重金難買，當你不需要的時候一文不值，你就這麼一輛車，給你100個車位又能如何？所以最重要的不是占住車位，而是擁有一個更廣闊的停車場，或者更多的停車場歡迎你來停車。這樣在需要的時候，選擇機會才更多。其實作為停車場（載體），也希望更多的車來停，這樣它就可以挑挑揀揀，把不滿意的車輛給篩出去。

非洲盧旺達因為1994年的種族大屠殺而聞名於世，獲得了奧斯卡三項大獎的電影《盧旺達飯店》講述的就是這次人間悲劇。保羅・卡加梅（Paul Kagame）是平息這次災難的關鍵性人物，幾年之後他成為了盧旺達總統。卡加梅被很多西方國家認為是獨裁的軍事領袖而受到諸多非議，但是他確實結束了盧旺達的混亂局面。更為重要的是，卡加梅總統為民族和解和民族融合做出了有益的嘗試，他廢掉了殖民主義者強加給盧旺達人的種族標籤，在身份證上徹底抹掉了種族一項，盧旺達從此沒有了圖西族人和胡圖族人（至少身份證上看不到了），只有盧旺達人。雖然現在就認為這個政策取得了成功還為時尚早，但這個嘗試給其他存在民族矛盾的國家提供了一個不錯的榜樣。

當然，這絕對不意味著不論原因、不講原則的一味退讓和包容，比如對挪威殺人狂佈雷維克就寬容得簡直荒謬。佈雷維克於2011年在挪威奧斯陸製造了震驚世界的爆炸和槍擊事件，殺死77人，傷數百人，大部分遇害者是兒童。

32歲的佈雷維克製造慘案，只被判處21年監禁，也就是說，53歲的他就可以活蹦亂跳的出來了，仍然能夠享受幾十年的大好生活。挪威監獄是出了名的豪華闊綽，他住單人間，裡面電視、廚房、書桌、書櫃、衛浴一應俱全，條件勝過賓館的標間。入獄第三年，佈雷維克申請就讀挪威最好的大學——奧斯陸大學，並被錄取。但是佈雷維克並不滿意，他嫌監獄裡的咖啡太冷、麵包沒塗黃油、不能用潤膚霜護膚等等。最近他又起訴國家，理由是監獄對他單獨監禁不人道，令他無法跟其他囚犯交流。

對壞人的寬容，會給大眾的世界觀造成混淆。一些人認為佈雷維克這樣做並沒有錯，很多右翼勢力就以佈雷維克為榜樣。當他在法庭上做出納粹動作時，肯定會給很多人帶來錯誤的影響。其實這對他本人也是不利的，因為這樣他根本意識不到自己的錯誤，更別提改正。

現在世界的法律也確實有這樣獎懲不明的趨勢，廢除死刑、重刑輕判、人道主義給予罪犯更多的關愛（是不是有的已經變成溺愛了），似乎罪犯才是受害者，這當然已經背離了法律的初衷。在英國留學的中國女孩被男友打死，男方只需服刑18年，而C羅前女友艾麗莎被弗拉門戈隊門將布魯諾綁架並殘忍殺害，罪犯卻只服刑7年就被放了出來。對於布魯諾這樣的富豪，7年的監獄VIP生涯對他來說也許就是度個長假，出獄之後依然可以踢球和花天酒地，很快就會把那個可憐的女孩和自己的罪行拋到腦後，有誰認為他會真正得到教訓？

尤瓦爾・赫拉利在他的《人類簡史》中寫了一段話，應該能夠代表大多數西方人的觀點：「雖然一樣是為了維護秩序，現今的歐洲不會對罪犯施以酷刑處決，反而是要以盡可能『人性化』的方式來加以懲罰，才能維護甚至重建人類的尊嚴。借著昭示兇手的人性，人人都想起了人性的神聖，於是秩序才得以恢復。像這樣保護兇手，我們才能改正兇手做錯的事。」[487]

雖然我贊同赫拉利其他大多數看法，但是對這個觀點確實接受不了。適當的懲罰為什麼就一定是酷刑呢？為什麼人性化的懲罰才能維護人類的尊嚴呢？與罪行同等的懲罰就是侮辱了尊嚴嗎？懲罰兇手就不能喚起人性的神聖嗎？非得保護兇手才能改正兇手做錯的事？也許是文化背景不同，但是我確實無法理解赫拉利在這個問題上的觀念。

讓罪犯受到相應的懲罰和受到教育，讓大眾得到警示，這樣大家才能學習到正確的處事方法，讓暗生物矯正自己的方向。如果謀殺罪只需要做7年牢，讓人怎麼學會尊重生命呢？對於不經心、無意為之的錯誤，我們應該寬容，但是對不斷犯錯的慣犯和蓄意謀殺的罪犯，當然要給予相應的懲罰，讓他們徹底的醒悟。更重要的是，讓其他人從中學習到什麼事可以做，什麼事不可以做，為社會樹立正確的行為標準。而門將布魯諾這樣的大案，本來就是萬眾矚目的標杆性大事件，但是法律卻給出了錯誤的答案。

罪犯服刑時間的長短不只是基於對報復的渴望，懲罰是為了讓他們學習和降低再犯錯的風險，不只是追溯，更是前瞻性的改造。對沒有受到教育並且沒有意識到自己錯誤，也沒有改過自新願望的囚犯的一味善良和寬容絕對是愚蠢的。把他們簡單的囚禁一段時間就放出來無疑是不負責任的，不管對社會還是囚犯本人。在沒有弄明白意識和潛意識之間的關係的時候，精神病醫生和假釋裁決委員會的決定都很不準確，調查跟蹤結果顯示，他們對囚犯是否還會犯罪的判斷的準確性與拋硬幣基本相當。

從這個角度看，司法系統的改進不是簡單的減少或增加囚犯的刑期，也不是讓監獄更加人性化，而是如何讓囚犯身臨其境的體驗他們的行為造成的後果，親身體會被害人的痛苦，學習和理解到不應該做什麼，從而改變他們的潛意識。

與人為善並不是一味忍讓，讓犯錯誤的人身臨其境的體驗他們的行為造成的後果是很必要的。

---

(487) 尤瓦爾・赫拉利，《人類簡史》（北京：中信出版社，2014），頁222。

在微博的一條評論裡談到了這麼一件事情：大冬天的，一個熊孩子偷偷的往路過社區的行人身上揚水，被門衛大爺看到，然後告訴了孩子媽媽。媽媽二話不說，打開一瓶礦泉水，劈頭蓋臉地潑到了孩子身上。

媽媽問：「你冷不冷？」

孩子哆哆嗦嗦的回答：「冷」

媽媽問：「你潑別人，別人冷不冷？」

孩子哭哭唧唧的回答：「冷」

媽媽的方法簡單粗暴，但是目的達到了。

對犯了錯誤的人應該給予懲罰。也許最合適的懲罰就是把同樣的行為施加在他的身上，讓他感受一下，這樣才能夠真切的體會被害者的痛苦，這個「體會」就是一個恰當的學習。

我不贊成過度的寬容，一味護犢子的熊爹熊媽只能慣出來熊孩子，對於所犯的錯誤應該給予相應的懲罰。當然，我更是反對睚眥必報，如果對方是無心之過，事情不大就算了。假如損失大，但是對方確實無意，而且也誠懇道歉和賠償，就應該大事化小。不要遇到一點小矛盾就咒人家要死要活的。對於日常的小糾紛而產生的不滿，就祝願他上廁所沒帶紙，或者像汪涵所說，咒他吃速食麵沒有調料包也就足夠啦。

張愛玲說過：「因為懂得，所以慈悲」，張愛玲有強烈的感知力和同理心，這兩種能力強的人，不用親身體會，就能知道其中滋味。反過來說，熊孩子就缺少感知力和同理心，他們不懂受害者的痛苦，所以做壞事。因此，只能讓他們親身體會才能明白。

小學一年級的時候，我們班裡有一個胖胖的女孩，紮了一條又粗又長的麻花大辮。她的性格靦腆，學習也不好，班裡就有兩個壞小子喜歡欺負她，慚愧的是，我是之一。下課的時候，我倆常做的壞事就是躲在門外門簾的後邊，趁著胖女孩挑門簾出來，我們拽一下她的大辮。聽著她「誒呀」一聲，我倆就滿意的壞笑著跑了。旁邊人也在笑，活脫脫就像欺負小尼姑的阿Q和周圍的那些看客。

報應來得很快，一個學期之後我搬家，轉學到了另一個學校，形勢一下反轉過來。小時候我長得瘦小，再加上是新學生，所以我也開始挨欺負。被人罵幾句、打幾下是常事，但是噩夢並沒有很快結束，我被同學欺負了四年多，直到我又一次轉學。

切膚之痛讓我體會到受害者的痛苦，明白不應該欺負別人。這之後，我開始同情和關心弱勢群體，而且變得愛管閒事兒，經常幫助被欺負的一方，甚至只是一隻被狗追咬的小貓。所以在看到現在的校園霸凌事件的時候，我的代入感也很強，感覺自己簡直就是被虐的一方而格外憤怒。

這個小故事沒結束，後來我遇到了一個小學一年級的同學。我還惦記當時被我們欺負的胖妞兒，就向他打聽。他呵呵笑著告訴我，另外一個壞小子一直欺負胖妞兒。直到有一天，胖妞兒母親找到學校來，從班裡把壞小子拎了出來，大聲怒罵「老娘是小賣店的，你TM要是再敢欺負我姑娘，老娘就把你扔醬油缸裡，灌你一肚子醬油！！！」從此相安無事，哈哈。

當然，姑蘇慕容氏「以彼之道還施彼身」的懲罰並不足以讓所有人都認識到自己的錯誤。事實上，很多人會跑偏，由受害者變成害人者。比如校園霸凌事件裡，有的被欺負的學生反倒加入了黑團夥，變本加厲地欺負別人來求得心理平衡。所以在懲罰的同時輔以足夠的教育是非常必要的。

在整個進化過程中，動物看到別人的錯誤，自己也要得到教訓。一頭只顧低頭吃草的羚羊被獵豹偷襲捉到，於是其他羚羊都知道經常左顧右盼；一隻角馬在河邊被鱷魚咬住，於是其他角馬喝水的時候都盯著水面，這才是生存之道。

那麼對兇手給予過度的關懷和保護，會不會誤導其他人也想受到關懷和保護呢？在很多國家，殺人狂在監獄中的生活水準真的好過很多普通人。

也許未來就會出現根據罪犯犯罪的心理原因而個性化訂制的服刑場所，提供有針對性的學習材料和虛擬實境，以此取代千篇一律的關押。當然，這不是現在。目前精神科學還不完善，或者說只是剛剛啟動，根本無法以之為基礎來建立社會制度。

法律本身是一種因果關係，壞人做壞事，挨抓了被判刑，這當然就是衝動的懲罰。可能有的人認為可以躲過懲罰，或者破罐子破摔，這輩子就這樣了。但是如果他們知道做壞事能夠影響自己的人生觀，也能夠影響性格，會改變自己的潛意識，會讓別人更加排斥他的暗生物，會影響下輩子尋找載體，也許他就應該三思而後行了。找個工作，人家還要面試一下，看你三觀正不正，更不要說給你載體這樣天大的事。其實這也是自然選擇，壞人的暗生物不容易找到好載體，好人的暗生物誰都歡迎。如果大家都認識到了這點，這也許是比法律系統更加強大的規範秩序的力量。

但是一定要強調一下，雖然我認為很多西方國家的法律過於軟弱，可是我反對嚴刑峻法。我只贊同與罪行相當的懲罰而反對酷刑。現在有很多線民確實戾氣很重，看到激起民憤的事件就喊打喊殺，一個普通的刑期幾年的刑事案件也有人建議死刑。這就大錯而特錯，罪犯沒有造成那麼大危害，為什麼要死刑呢？只要給予與他行為相當的懲罰就好，減少死刑、慎用死刑、多層審批、反覆覆核是很必要的。

當然，更加重要的是，不要傷害無辜。《權利的遊戲》最後一季的最後一集，編劇有意安排了這樣一個情節：仁慈、堅強而勇敢的龍母丹妮莉絲，一直是影迷們心目中維斯特洛大陸最理想的王位繼承者。在最後一戰時，正義聯盟的目標是殺死邪惡女王瑟曦，並不想傷及無辜。但是龍母受到摯友彌黛拉的慘死和王位不穩的雙重刺激，在敵方百姓已經敲鐘投降的情況下，仍然血腥屠城，並且戰後還準備繼續攻打其他國家。於是深愛龍母的雪諾無奈之下刺殺了她。

這個情節讓龍母迷們接受不了，國內影迷紛紛大呼「爛尾」，國外的影評網站上也對最後一集打出了4.5分的低分，要知道，這部連續劇其它劇集經常得到9分以上的高分。

我也很喜歡龍母這個聖女一樣的角色，也對她最後的結局感到悲傷，但是仍然同意雪諾的做法，並且感謝編劇用這樣一個方式給大家敲響了警鐘（話說回來，就不能換個角色做炮灰嗎？非要選龍母？）。

為了達到警醒世人的目的，編劇特意拍攝了大量烈火焚燒和屠城的慘狀，還有在劫難逃的婦孺兒童。又特意安排了深受影迷喜愛的小英雄二丫艾莉亞也在城裡被砸得頭破血流，以此來喚醒大家對戰爭的厭惡和對濫殺無辜的痛恨。

到這裡，潛意識是什麼已經基本論述清楚。暗生物的三個組成部分：意識、潛意識、內程式，也論述完畢。需要說明的是，這只是為了仔細研究暗生物，人為地劃分為三部分。其實這三個部分的劃分並不很恰當，而且相互也有交叉重合之處，希望將來有人可以指正。

## 第三節　潛意識和意識的由來

大家會發現，本節中一直在討論人類的暗生物，那麼動物的暗生物是否也是這樣劃分的呢？我認為，和人類暗生物的結構是一樣的，只是側重點不一樣。比如動物的潛意識層和內程式層非常發達，但是意識層就要弱許多。

生物智慧不是單個器官，而是一套系統，可以看做是一套模組的集合。生物智慧分幾層，這並不難理解，複雜一些的電腦程式也是分層的。一些大程式更是分成很多模組，每個模組負責特定的任務，不同模組之間相互獨立，但可以通過介面來相互調用資料。更大的程式還可以包含很多副程式，副程式不但獨立性更強，而且可以被別的程式所引用。一個大程式可以同時執行多個任務和多個進程，每個任務和進程之間互不干擾。比如在Windows的平臺上可以同時運行很多工，一邊聽音樂、一邊和別人聊天還一邊流覽網頁。

生物智慧按照功能和作用分層、分塊，和電腦程式的這種分層、分塊正好很相似。

模組化使工作更高效，就像人類的分工合作。中醫就吃了缺少分工合作的虧，在古代，中醫的醫學理論和治療效果在整個世界醫學中都是很先進的，但是一直各自為戰，缺少配合。雖然也有婦科、兒科、骨科這樣的專科，但是大多數中醫都是全科醫生。這就導致了每個醫生都博而不精，不能對單個器官或者病症進行深入的研究，也沒有大型醫院。而西醫就分工明確，建於1136年的拜占庭潘托克拉托爾醫院，就已經分為五個療區。醫院職工的工作分工也很清晰，院長以外，另有醫生、病房主管、護士、藥劑師、車夫、保姆、廚師、門房、清潔工等等，整個醫院運行專業而高效。

在生物體方面，「很久以前，生物學家就摒棄了萬能細胞質的概念，而代之以功能專業化機制的概念。身體的器官系統正常運轉的原因是由於每個器官的結構都是根據其任務而量身定制的。心臟讓血液循環是因為它的構造就像汽油轉換器。肺不能泵出血液，而心臟也不能給血液充氧。這種專業化分工一直延續到更具體細微的層面。」[488]

什麼是模組呢？舉個電腦小程式的例子：圖書管理系統。這個系統在主程序之外，有兩個重要模組，錄入模組和查詢模組，每個模組就是一個工作視窗。來了新書的時候，操作員打開錄入模組，把新書的資訊輸入。比如書名、作者和類別等等，這些資訊被保存到後臺的「圖書資訊」資料庫。有讀者要借書的時候，操作員打開查詢模組，鍵入讀者的要求，查詢模組就會在後臺打開「圖書資訊」資料庫，根據要求檢索到相關圖書，然後清單到視窗裡，供讀者選擇。

在這個過程中，兩個模組都只針對「圖書資訊」資料庫來操作，當然也會從主程序裡讀取變數和環境資訊等。但是這兩個模組相互獨立，不需要糾纏在一起，甚至不需要知道對方的存在。就算有的模組之間需要調用資料，也可以把需求發送給主程序，然後由主程序找到相應模組提取資料。

(488) 史蒂芬·平克，《心智探奇》（浙江：浙江人民出版社，2016），頁29。

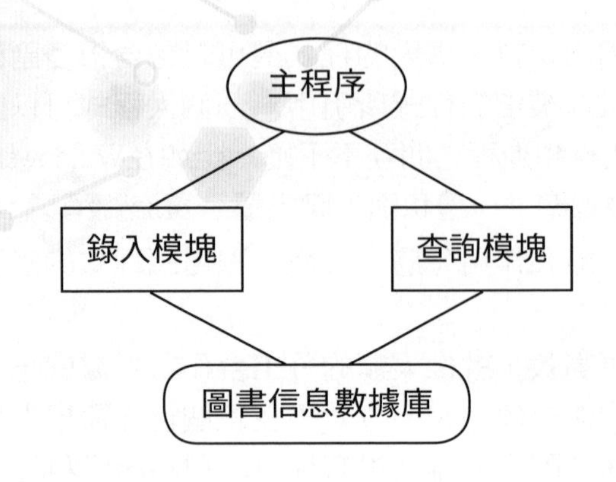


為什麼要用模組的方式，而且完全分開、互不干擾，竟然不知道對方在做什麼，甚至不知道對方的存在呢？我們每個人都從學生時代過來，上學的時候，老師和家長每天唸唸叨叨的事情就是讓我們讀書專心，做題專心、聽課專心、寫作業專心，做運動的時候也專心。要專心，做一件事情的時候就完全不能想別的事情：聽課和寫作業的時候不考慮打遊戲、不考慮晚上吃什麼，全部心思放在學習上，當然效率就高。反之學習的時候想著打遊戲、打遊戲的時候想著學習，肯定什麼都做不好。把學習和遊戲都分成模組，相互之間的聯繫只有專用的輸入和輸出介面，至於對方怎麼工作，完全沒必要知道。甚至可以不知道對方的存在，只接受對方輸出的結果就好。學習充實了心靈，打遊戲快樂了心靈。

提高工作效率最好的辦法就是各司其職、分工合作。剛發明汽車的時候，最早的汽車組裝廠都是把汽車的框架放到地上，然後一個一個地往上添加零件，每個工人都要安裝很多種零件，而且走來走去浪費時間。1913年，福特發明了生產流水線，把整車安裝過程分為很多工位，然後一個蘿蔔一個坑，每個工人負責一個工位，不用走來走去。這樣不但提高了工作效率，也因為每個工人都有具體的分工，越做越熟練而提高了準確度。流水線使汽車生產成本迅速降低，進而價格迅速降低，很快在美國普及。

不要懷疑你的身體裡除了意識之外，還有其他智慧存在，你的意識只不過是人體工廠智慧流水線上的一個角色而已。

「在設計人類的其他部分時，自然選擇有很好的工程設計理由，將主動的認知系統與控制日常生活和基礎維護的功能區分開來，如對心跳、呼吸、血液循環、汗腺分泌、眼淚以及唾液的控制。你的意識和思想與你的心跳應該多快毫不相關，所以讓你控制它沒有任何意義。事實上，這麼做反而極度危險，因

為當你分神時，你有可能忘了給自己的心臟供血，或者嘗試自己草率的想法來選擇自認為最佳的脈搏頻率。」(489)

但是有的系統需要意識的干預，比如呼吸系統，如果意識不能控制，那麼在水裡怎麼辦？所以就進化成意識可以控制呼吸系統，意識不管的時候，由潛意識層控制。

不同系統分開的模組化管理好處多多：提高效率，提高對資源的整合利用率，減少相互干擾，使流程更加清晰，方便移植。

在人類心智的三層結構中，意識層只是司機或者操作員，是人與外界的介面。潛意識才是主程序，它起到承上啟下的作用。潛意識真正的知道意識層和內程式層的存在，而且能夠發送和接受各種命令。而意識層和內程式層完全不需要瞭解對方，它們都面對潛意識層就可以，這樣可以提高工作效率。

比如意識層需要做出一個動作，就把命令發給潛意識，然後通過神經傳導，傳遞給相關的身體部位。而內程式層如果發現機體缺能量或者缺水，就發送需求給潛意識，經過潛意識翻譯成饑餓和口渴的感覺，傳遞給意識層。

當由於某種原因，不同層面之間的溝通出現問題時，麻煩就大了。比如吸毒者，毒品會阻斷各種感覺通道，他們在飄飄欲仙的時候感覺不到饑餓、口渴、痛苦和恐懼，可以整天的不喝水不吃飯，而等到感覺恢復時，已經給身體造成了傷害。

我用電腦程式的兩個模組的相互關係來比喻意識和潛意識也是兩個分工不同的模組，我想說的是……意識、潛意識和內程式有共同的根，也許最先出現的是內程式，然後由內程式分化、變化、進化出潛意識，再由潛意識分化、變化、進化出意識。

達爾文在《物種起源》的末尾也預見了意識的來源：「『我預見將來會出現更為重要的廣闊研究領域。心理學將建立在新的基礎之上，由進化而必然產生各種智力。』也就是說，我們的心理就像眼睛、拇指和翅膀一樣，也是進化產生的。」(490)

因為生物智慧的各個層次都是計算部件，都有相應的記憶系統，具有相似的物質基礎，所以從本質上來說，它們並沒有什麼不同。比如前面章節中提到過，意識有記憶，潛意識也有自己的記憶，而且會更龐大（想想電腦記憶體條的容量和硬碟的容量，我的電腦記憶體8G，硬碟3500G）。意識有計算能力，潛

(489) 史蒂芬·平克，《心智探奇》（浙江：浙江人民出版社，2016），頁422。
(490) 大衛·伊格曼，《隱藏的自我》（湖南：湖南科學技術出版社，2013），頁70。

意識也有計算能力，計算速度也不見得比意識慢多少。

順帶著提一下，電腦常用的存放裝置是記憶體和硬碟，手機的是記憶體和存儲器。一般來說，記憶體的容量比較小，而硬碟和存儲器要大很多。但是功能上最主要的區別還是在於重新啟動電腦或手機之後，記憶體裡的資料會被清空，而硬碟和存儲器裡的資料會完整保留。

雖然似乎我一直在看輕意識，但是大家不要誤會，因為大部分存儲在潛意識裡的知識一開始都是由意識運算和實踐出來的。所以意識相當有用，而且在很多方面強於潛意識，這個在前面論述過。

如果讓一個人相信人類是從類人猿進化來的，他也許會同意，因為畢竟二者有很多相似之處，但是想讓他相信人類是從肉眼都看不到的單細胞生物進化來的，這就很難，因為長得一點也不像，差距太大了。同理，如果說生物體內有某種智慧，它主導了生物的生長和發育，也許能有一部分人贊同。但是如果再說，意識是從這部分基礎智慧進化而來，就很少有人能同意了，因為這兩種智慧看起來完全不一樣。

看似完全不同的工作，也許需要的是一樣的計算能力、分析能力和邏輯思維能力。完全可以由同一批人來完成。

製造業和建築業，一個生產，一個蓋房。工作方法似乎差別很大，但是如果分成模組之後，會發現需要的人才差別不大。一樣需要策劃，一樣需要設計，一樣需要工人趕制，一樣需要宣傳推廣，一樣需要公關，一樣需要跑銀行，一樣會碰到老賴，一樣需要收錢催款……

二十年前，中國的製造業開始崛起，其實從那時起，中國的建築能力也飛速發展。哪裡有錢賺，資本和勞動力就紮到哪裡。現在製造業趨於飽和，未來形勢還會更嚴峻，發達國家製造業從業人員只占總就業人口的10%以下。在這樣的情況下，工廠裡的工程師和工人一轉身就進入了建築工地，有技術，會學習，什麼活兒都一樣幹。中國早就成為了世界工廠，中國還可以成為世界建築公司，一帶一路，我們可以為其他國家進行基礎建設。中國一直生產著性價比最好的中國製造，我們也一樣能提供性價比最好的中國建造。看起來不搭界的製造業和建築業，實際上需要的是一樣的資金、技術和人才。

木匠不能做裁縫嗎？裁縫不能做工程師嗎？工程師不能開淘寶店嗎？淘寶店主不能做計程車司機嗎？司機不能做木匠嗎？只要有錢賺，什麼工作都可以做。不但可以，甚至有可能一個人就從事過這五種職業。小保安也能夠考上研究生，研究生也可以賣豬肉，這樣的例子不勝枚舉。這是我們能夠理解的，因為這就發生在我們周圍，能夠看得到，也能夠摸得到。但是生物學家觀察「智慧」就沒有那麼容易了，看不到摸不著，只能靠猜測，所以往往不能把各種智慧聯繫起來。其實所有的「智慧」，無論意識、潛意識，還是掌控生長發育的最底層智慧，都可以來源於自然選擇篩選下的最原始、最簡單的一個個判斷能力，也就是計算能力。

舉個例子。假如有一個高校裡勵志的小保安，考上了北大的研究生，畢業之後成為了中科院助理研究員。現在有幾個來自於其他星系的高智慧生物來觀察這件事情。假如由於物質不同，所以他們看不到人類的形體，但是能夠瞭解一些人類的屬性。這些外星生物就不會相信小保安能夠變成研究員。他們這樣分析：保安靠體力吃飯，北大研究生靠腦力吃飯，中科院研究員靠腦力吃飯，而且屬於地球上最聰明的一群人。這三類人群的屬性差距太大，所以他們判斷這個小保安逆襲的事情是假的。他們不會想到，其實保安、研究生和研究員的工作性質都是包括一定的體力工作加一定的腦力工作，只不過占比不同罷了。所以一個努力的人完全可以晉級。

我們人類在分析那些我們看不到的事物的時候，也會犯這樣的錯誤。

其實自然界的相似與相異更加懸殊。如果沒有生物學家的研究，有誰會相信一隻小小的工蟻與肥胖碩大的蟻后有相同的基因，又有誰會相信這只小工蟻還和金甲武士一般的兵蟻是親姐妹。一個是忙碌卑微的工作狂，一個是舉著大鉗子站崗放哨的兇神惡煞。切葉蟻的工蟻體重只有0.42毫克，而兵蟻體重卻高達90毫克，是工蟻的200多倍。

「兩性差別常常大到似乎屬於不同的物種。在螞蟻和諸如雙翅蟻蜂科、刺角胡蜂科和膨腹土蜂科帶螫刺的黃蜂中，雄性和雌性的外表差異大到只有通過發現它們正在交配才能確定為同一物種，否則有經驗的生物分類學家都會錯誤地把它們放到不同的屬甚或不同的科。」[491]

鮟鱇魚俗稱蛤蟆魚，長得奇醜無比，號稱醜八怪群的扛把子。雄魚和雌魚的體型差距極大，長得根本就不像一家人。以至漁民一直很奇怪，怎麼捕撈到的都是雌魚，沒有雄魚呢？後來發現原來雄魚長得跟一條乾乾巴巴的小魚乾似的，而雌魚又粗又肥。它們長度差出十幾倍，體重差出幾十倍。

托比和考斯邁德斯寫道：「候鳥看著星星遷徙，蝙蝠根據回音定位，蜜蜂計算花瓣差異，蜘蛛編織蛛網，人類用語言交流，獅子結群狩獵，獵豹獨自覓食，長臂猿一夫一妻，海馬一妻多夫，大猩猩一夫多妻……地球上有數百萬個

(491) 愛德華・威爾遜，《社會生物學：新的綜合》（北京：北京理工大學出版社，2008），頁301。

動物物種，每種都有一套不同的認知程式。」

生物學家認為不同物種的認知程式不同，但是在程式師看來，完全可以是一套相同的程式，遇到不同的環境給出不同的解決方案，以及之後進化出來的一些差異而已。

相當於電腦程式中的一連串IF語句，如果遇到這個情況應該怎麼辦、遇到那個情況應該怎麼辦……假如生物學家看到一個平和的機器人和一個狂暴的機器人，會認為它們是不同的程式設計，其實完全可能是同一套程式在不同情況下的不同表現。

這就是數位編碼的神奇，分子生物學家已經證明了地球上迴然不同、千奇百怪的生物身體都來自於同一套DNA編碼體系，而大大小小、萬紫千紅的生物智慧同樣可以來源於同一套數位編碼。

## 第四節　暗生物和中醫

暗生物具有如上所述的特點，那麼在動物體內，暗生物是以什麼形式存在和交換資訊的呢？根據前面章節中所推測的特點，暗生物體系和中醫所說的經絡很相似，而且工作原理也相似，所以動物的暗生物存在於動物的經絡中的可能性是最大的。為了說明這個問題，儘管前面我已經多次談到科學界的爭端，但是這次還要觸及一個熱門的爭議話題，那就是中醫到底是科學還是偽科學？

這幾年，中醫存廢之爭甚囂塵上。分為兩大陣營：支持中醫的中醫粉，和反對中醫的中醫黑。以方舟子博士為代表的一大批青年學者認為中醫是偽科學。這批年青人的共同特點是大學本科及以上學歷，掌握著系統、正規的科學知識。方舟子是生物化學博士，有深厚的科學功底，還是一個不錯的科普作家，寫過一些有影響力的科普書籍和文章。

雖然我和他關於中醫的觀點不一致，我也知道將來他一定會來罵我，因為在他的眼裡，一切非主流的知識都是偽科學。但我還是要誇他兩句，他的文章寫得不錯，他是一個反偽科學的鬥士，科普掃盲確實功勞大大滴。方舟子能言善辯，有時強詞奪理，可是他的批判性思維很可貴，社會需要不同的聲音。

其實中醫西醫（或者說中國傳統醫學和世界現代醫學）之爭並不是現在才有，從1913年民國的「教育系統漏列中醫案」（就是不允許開辦中醫大學）就已經開始，都爭了100多年了。西醫一直佔據絕對優勢，中醫就這麼憋憋屈屈，在夾縫裡求生存。

在中醫的問題上我不是中醫粉，但是更不贊成中醫黑的觀點。我能夠理解中醫黑的想法，其實他們很有道理。這批受過高等教育的精英階層年青人，很多正在從事科研工作，經常發表論文。對於他們來說，多年的學習和研究使他們只相信科學理論和實驗，理所當然輕視缺少證據的學說，即便是廣為流傳的經驗。中醫偏偏就缺少證據，儘管多年的實踐和療效都能證明中醫在很多方面是正確的。

方舟子博士在文章裡這樣說：「科學是一個完整的知識體系，各個學科都相互聯繫、統一在一起，不存在一個與其他學科都無聯繫、甚至相互衝突的獨立科學學科。現代醫學建立在生物學基礎之上，而生物學又建立在物理、化學的基礎之上。但是中醫不僅在整體上與現代醫學不相容，也與生物學、化學、物理學不相容，它對抗的不僅僅是現代醫學，而是整個現代科學體系。這樣的東西，可以是與科學無關的哲學、玄學或別的什麼東西，但是不可能是科學。」

這個說法很有道理，起碼在我們周圍的常規物質中是正確的。但是如前所述，宇宙中有太多不可見物質，而現在的整個科學體系對此基本一無所知，無論生物學，還是物理、化學。所以，如果中醫理論是基於不可見物質層面，就不會存在這些爭論。現代醫學建立在對常規物質研究的基礎上，遵守的是常規物質的理化定律，而中醫理論未必滿足這些定律，所以與現代醫學不相容也是可以理解的。但是不能用「對抗」這樣的詞彙，因為既然是不同層面的內容，大家各行其道、互通有無就好，何必誰一定遵循誰呢？

還有很多人的爭論焦點在於「中醫和西醫哪個更強」，這還用說嗎？現在當然西醫更強，但是為什麼一定要對立呢？中醫不但沒有「對抗」西醫，而且現在的青年中醫醫師都有相當不錯的西醫功底，都在中西醫結合治療。在我們醫院的中醫科看病，大夫在望聞問切之後，多數會給患者開心電、B超和化驗單。

再讓我們往遠看，2000年之後，現在我們引以為傲的現代科學肯定已經被稀釋、革新和顛覆得七七八八了，也許只能占到未來科學的5%～20%。這不難理解，只要看近100年來物理、化學、生物和醫學發生的大事件就可以推算出來，再考慮一下占到宇宙總質量95%以上的完全陌生的暗物質暗能量。

也許很多讀者不同意未來科學會極大的改變現代科學，那麼我們算一下，如果每年科學只產生0.1%的革新（這個比例很含蓄很保守吧），那麼2000年以後會發生多大的變化呢？

所以未來人類在古籍書店裡找到了我們的教科書，打開瞧瞧，就會像現在的我們看《齊民要術》、《天工開物》、《夢溪筆談》這些古代科技著作一樣，他們看現在的醫學，就像我們看古希臘的四體液學說一樣。

現在的工程學與《天工開物》不相容，醫學與四體液學說不相容，有大問題嗎？所以，中醫這樣自成體系，傳承幾千年，有足夠多的例證的古代科學與這5%～20%的科學不相容也就不是大問題。不著急，科學接著發展下去說不定就相容了呢（這是癡人說夢嗎？我不知道，時間會告訴我們答案）。

我認為中醫也許是「未來科學」，並不是認為中醫沒有問題，相反，中醫典籍裡的各種錯誤大量存在。但是在不可見物質的層面，相對於其它國家的古代醫學，甚至相對於現代醫學來說，中醫的某些理論都是超前的。而且在未來的科技更加先進之後，中醫也許不但可以被驗證，而且應該具有可證偽性。也就是說，會被證明是真正的科學。所以中醫遠遠沒有定型，未來還有非常廣闊的研究空間，不會只是幾本《本草綱目》、《黃帝內經》、《傷寒論》打天下，還會有更多的中醫著作問世。

認為中醫有優點，這和「古人的智慧是否超越現代人的智慧」沒有關係。現代醫學很發達，但是過多的依賴現代的技術和器械，反倒不如古人那麼用心體會、深入思考。

在微博上看到一個中科院的研究生寫道：「我倒是驚訝於為啥有人會覺得我一個學了十幾年生物科學的人會贊同中醫？要我說，任何一個有著基本生物學知識的人都不會贊同中醫理論，或者稱其為『科學』。現代生物學和醫學完全可以取代任何傳統醫學，包括中醫……」可見，中醫在很多學者眼中就是「沒文化」和「迷信」的代名詞。究其原因，近現代中國貧窮落後，導致國人缺少專研和創新能力，很多事情都是跟在發達國家的後面。科技更是曾經被人家超越上百年，生物學也是如此，所以一些年青人沒有自信，這也是正常的。

問題來了，這批思維嚴謹的年輕人否認一切口碑相傳的事情。即使發生在身邊，他們也會說被中醫治好的病人是自愈，療效不錯的中藥是裡面的西藥成分起了作用等等。以前一些中藥裡面會放入化學藥物，好在國家不斷加大打擊中成藥中非法添加西藥的行為，藥監局現在已經很少批准含有西藥成分的中成藥，而且每年都會撤銷上百個因此違規的中成藥生產批號。

中醫粉絲們很氣憤，他們知道中醫黑在強詞奪理，但是中醫粉偏偏又拿不出科學上的證據，只能重複的列舉身邊中醫治療後康復的例子。結果被中醫黑輕鬆駁倒。現在中醫所處的尷尬境地，除了本身的一些問題，比如偽大師、療效不準確、誇大療效、過分的吹噓、胡亂定價之外，中醫從業者和粉絲們的反擊不力也是很重要的原因。

科學的問題只能用科學的方法來解決，比比劃劃的說「這裡、這裡、就是這裡……」是沒有用的，也許證據就在你指點的地方，但是你不能用資料和論文來說明就和沒有一樣（當然只能發表在科學界認可的期刊上）。其實在對壘雙方的陣營中間，有一些較為開明和冷靜的中立派，他們相信中醫的科學性，認為儘管中醫的醫療方法還沒有一個確鑿的證據，但是有跡可循，所以應該拿出更大的耐心。他們建議系統地歸納總結中醫的原理和治療方法，化驗中藥的有效成分，使中醫成為和西醫一樣成體系、標準化，容易推廣的科學學科。可是中立派微弱的聲音被激動的衝突雙方隆隆炮聲所掩蓋而消失不見。

中醫在療效上最大的問題是不確定性，也就是說，沒準兒。這次有效，下次未必有效，這個人好用，那個人未必好用。我們電腦程式員在解決硬體或者軟體問題時，最怕的就是這種沒準兒的故障，一會好用一會不好用。我們希望它乾脆就壞了，不好用，反倒容易對症下藥，找到問題之所在。

曾任北大校長的大文豪胡適說過，「中醫不科學，糊塗，但能治病。」我的一個同學在中醫學院畢業，之後在國外攻讀醫學博士，她在微信朋友圈轉了這麼一段：一個醫學界的朋友說：「有的疾病，中醫讓你稀哩糊塗地活，西醫讓你明明白白地死。」

一個在農村工作的醫生，遇到了一對夫妻帶來一個新生兒，初步診斷為腸梗阻，用西醫保守治療的辦法沒管用。一天之後準備給孩子動手術，孩子父母不同意，因為農村醫院的技術和設備太差。這位醫生以為孩子沒救了，但是一個月後看到了孩子健康的活著，一問之下才知道，孩子父母請了一個村裡的老郎中扎了針灸，弄了點草藥煎水給孩子喝，就好了。當然，這個老郎中也說不出個所以然，但是他就是把西醫唯有手術才能解決的問題搞定了，而且能夠讓病人稀裡糊塗地活下來，而西醫呢？就是明白地告訴他們：不手術，只有死路一條。

西醫治療骨損傷也是相當的無能，很多時候就是一句話「回家靜養」，患者很鬱悶「我都疼得動不了了，還用你告訴我靜養，香蕉你個芭樂……。」

新東方俞敏洪的老母親不小心摔倒，把上臂骨摔斷了，老俞把X光片發到了微博上，好大一條裂縫。西醫說老太太年紀太大，骨頭疏鬆，不宜開刀，只能等著自然癒合，長成怎樣就怎樣了。但是老太太疼啊，老俞聽說南京有個接骨醫院有些名氣，於是就帶著老母親千里求醫。老中醫幾下就把骨頭對上了（只是對正了，不可能很快癒合），老太太當場就說不怎麼疼了。這是個祖傳手藝，老中醫已經是第七代傳人了。

相信老俞不是拿錢說話，能雇得起集團董事長當托兒的中醫全國可能也沒幾個，南京接骨的小小醫館賣了也付不起這個傭金。老俞微博下面回覆的網友也基本持肯定態度，大家也舉出了其他地區的幾個手藝不錯的接骨醫院。

我也親身經歷過類似事情：媳婦肋骨扭傷，因為對腰椎間盤有壓迫，所以西醫把這些問題通通歸為腰間盤突出，而且沒有治療辦法，只有靜養。有朋友推薦長春農安有個正骨大夫不錯，於是我們驅車一百多公里，來到一個小小中醫館。大夫是個中年婦女，手勁大得出奇，幾下就把錯位的肋骨對正了。媳婦本來不能彎腰，這次下了診療床就能彎腰撿東西。

開始我以為大夫是蒙的，就是按摩按摩，揉一揉來緩解疼痛。後來才知道，她不但瞭解中醫裡面氣血和骨骼的理論，還曾經很多次混進醫科大學去看人體解剖。她用手一摸就知道哪裡的骨連接有問題，比X光還準。幾年之後，我的腳背骨骼不知怎麼傷到了，走遠路就酸疼的厲害。到了這個大夫的正骨醫館，她用手一摸我的腳背，就找到了問題，然後用她中指的骨節使勁一懟，就把錯位的小骨頭給按了回去。這一下疼了我一身汗，但是腳真的就好了，以後走遠路也沒犯過。

這位醫生只是中國諸多正骨中醫中普普通通的一位，這個領域的名家大師有很多，比如中醫正骨世家的劉寶琦醫生，當著大家的面，把一位陳舊性外傷引起嚴重變形的尺撓骨分裂症患者的手一按一擰，就給拉平了，幾十年的毛病一下子就治好了。他還在瞬間治好了一位頸椎幾乎完全脫位，差點高位截癱的女教師。

需要說明的是，我周圍確實有很多朋友受益於中醫接骨，但是也聽到過接骨出問題，使骨傷更嚴重的，雖然只是個例，仍然需要大家辯證的看。

十多年前，我父親的耳朵得了軟骨膜炎，腫的老大，一碰就疼。到醫院就是換著法兒開藥，吃藥無效，就打十天點滴消炎，好了，但是過兩個月還犯。每次都要去醫院打吊瓶，折騰了三次，不堪其擾。於是第四次犯病的時候，我父親給一個老中醫親戚打電話，老中醫在電話裡詳細地詢問了病情，然後讓我父親買兩種丸藥一起吃下去。我們有點猶豫，因為這兩種丸藥一個補陰，一個補陽，貌似矛盾，能一起用嗎？但是4盒藥吃下去之後，還真的好了。半年之後又犯過一次，又是4盒藥治好了，之後多年一直沒犯，還真的標本兼治了。

中醫有效性的問題，我是很有發言權的，因為我在醫院工作過，見過不少混日子的大忽悠，也見過幾個確實有本事的中醫。有一天，中醫科主任到我們辦公室來辦事，其實我們以前私底下嘲笑過他，因為他喜歡給患者開化驗單。想像一下，一個懸壺濟世仙風道骨的老中醫一邊給患者把脈，一邊說，「你的脈象浮而無力，外感病邪停於表，衛氣抗邪，脈氣鼓動於外，所以脈位淺顯。我先給你開個心電圖，然後再做個CT」，是不是很有喜感。

等中醫科主任辦完事，我們科長讓他幫著把把脈，主任把脈一會兒，說，「你*虛，身子弱啊」。科長一愣，他上高中的時候確實得過病，以為痊癒了。然後中醫科主任又幫我把脈，告訴我，「你還行，有點脾虛」，「是的，我習慣性腸胃炎，經常拉肚。」

中醫科還有一個年青醫生，他的絕活是把脈看生男生女，據說十拿九穩。於是院裡懷孕的小媳婦都找他給把把脈，院裡免費的B超都懶得做。可惜後來他中風了，之後這個手藝就沒有了。後來在「知乎」上看到，現在中醫能夠把出喜脈，或者分出男孩女孩的太多了，根本不足為奇。

中醫治好頑症的例子太多太多，可是都只能算作例證，不具有普遍性，更沒有科學性。以前有一些氣功，也號稱能治好病，也能找到一些例證。不同的是，中醫的例證是普遍存在的，比較客觀的大概率例證，而氣功的例證純粹小概率個例，並且摻雜了心理因素和人為因素，結論可疑。所以中醫和氣功的例證不具有可比性。

從戰術角度考慮，戰爭主要包括兩個方面——進攻和防守。西醫明顯喜歡進攻，主動出擊消滅敵人，手術、殺菌、消毒樣樣精通，但是不注重防禦。而中醫講求養生、調理、固本培元，通則不痛，痛則不通，理順人體大環境，調動自身精氣神和免疫系統來抵禦外敵。那個效果更好呢？短期來說，肯定西醫見效快。長期來看呢？這就說不清楚了，但是可以肯定的是，如果能夠協同作戰肯定是最好的。一個國家既有殲敵於千里之外的霍去病，又有守城固若金湯的王堅（襄陽郭靖郭大俠的原型），當然可以安枕無憂。

無論如何，把中醫作為補充和後備醫療方法還是相當不錯的。

前面說的那位轉發微信朋友圈的同學曾經是科班出身的從業人員，她的這一段話應該是有感而發，說出了中醫尷尬的現狀。在沒有西醫之前，儘管中醫的療效沒準兒，由於沒有別的選項，所以中醫大行其道。但當西醫橫空出世之後，憑藉著系統的科學性和準確、能說得清楚的療效很快搶佔了絕大部分市場。

那麼中醫為什麼沒準兒呢？西醫是在近代科學取得進步之後才發展起來

的。特別是光學顯微鏡、電子顯微鏡的發明，使它得以跨越式的進步。因為西醫研究的內容大多數都是可見的，比如人體器官、血液體液、細菌病毒什麼的。而西醫所依賴的學科：生物學、物理、化學，也都是研究常規物質。這在科研技術和器材都很發達的今天，當然能夠取得很大進步。

但是中醫就很悲催，中藥的藥理複雜，一副藥常常由幾十味組成。不像西藥起作用的多數只有一種成分，分析起來那麼容易。中醫基礎比起西醫也麻煩得多，經絡呀、氣血呀、穴位呀、陰陽呀都不可見，不可測量，甚至不可感知，更不用說規範化和標準化。

中醫另一個大麻煩是講究個體化、差異化，過度依賴經驗，望聞問切都靠經驗積累。相比之下西醫就好得多，一切標準化，各種指標可以量化，所以現在就有電腦診療系統，將來還會有診療機器人，把患者情況和檢驗資料登錄，就能判斷個八九不離十。「知乎」上有一個答主「愛彈琴的博士喵」，是中醫學女博士，批評某些中醫經驗少，還教條，說他們見到不孕不育就補腎，用藥都是滋陰補腎的，過於滋膩。其實很多不孕不育的患者都是濕熱淤血阻滯胞宮，所以她的老師常用蒲黃和炒山楂，效果非常好。還有一些教條中醫聽到患者說手腳冰涼就判斷陽虛，實際上現在人們飲食肥甘厚膩，又不愛運動，體內濕熱盛，哪有那麼多陽虛體寒的。由於資歷和經驗對中醫如此重要，所以上面這個「博士喵」已經做好了參加工作之後坐幾年冷板凳的心理準備。

中醫的療效沒準兒，這當然是中醫一大弊病，但是從進化和物種生存的角度來看，也許並不那麼糟糕：當未來人類面對某種疾病時，西醫也許束手無策，西醫的無計可施也是相當徹底而精確的，對所有人一視同仁，而且貫徹整個物種。那麼假如遇到非常危險的流行病毒，是有可能導致人類毀滅的。

中醫不一樣，它見效慢，也不精準，有的草藥甚至對大多數人都沒有明顯效果，但是也許會幫助少數人戰勝病毒，讓人類這個物種能夠延續下來。

其實我不贊同很多中醫理論，但是我在前面說過，動物的暗生物也許存在於動物的經絡中。這是因為，首先暗生物和經絡都是不可見的。自從2000多年前，中醫的基礎理論體系建立起來之後，經絡就沒能被觀察和證實。中醫書上說，古人靠「內視」來發現人的經絡和穴位，除此之外沒有更有力的證據。但是經絡似乎真的存在，越來越多的西方醫學家也同意人有經絡和穴位系統。

其次，經脈運行氣血，是聯繫臟腑和體表及全身各部的通道，是人體功能的調控系統，經脈粗大，貫通上下，溝通內外，相對來說位於深層。這麼說來，經絡有可能正是暗生物的幾個層次之間溝通的橋樑，功能上是相似的。

再者，西醫固然能把病人的病情搞得明明白白，但他們在治療方法上，一般只注重這個臟器、這個系統的疾病，而忽視人是一個整體，忽視人的每一個系統、每一個臟器都是互相依存、互為因果、互相關聯的。中醫有一句話「牽一髮而動全身」，何況是一個系統、一個臟器？這正是暗生物的特性，對於暗生物來說，意識、潛意識和內程式層層相扣，和中醫所講究的整體性是完全一致的。所以暗生物存在於中醫所說的經絡中的可能性很大。

順便說一下，不止人類有經絡，動物也有。古人還有牛馬的經絡圖，像模像樣的標上天柱、印堂什麼的，準不準就不知道了。網上還有一個小視頻更有趣，一個人給小豬點穴。一指頭戳下去，也許是嚇的，或者打疼了，小豬真的哼哼唧唧的不動彈了。

有的中醫黑這樣批評中醫「中醫把經脈講的玄之又玄，說是人體內高於血管神經的控制系統，可是到現在就是沒有中醫能找到經脈到底在那裡。」那麼，如果經脈和穴位是暗生物的組成部分，這就可以解釋為什麼一直無法被發現了，因為它根本就不是常規物質。

比如普通人在正常情況下無法察覺經絡的存在，但這並不意味著任何人在任何狀態下都察覺不到。對於人類身體的真實構造和運行機制，中醫確實不知道原理，但是通過經年累月的摸索、分析和猜測，很可能找到了一些規律。我們不能說中醫完全沒有根據。

人類的感官靈敏程度差別很大，比如我的聲音辨識能力相當糟糕，只能聽出男聲女生、高音低音和清脆沙啞等等一些明顯特徵，其它的無法分辨。而我媳婦的聲音辨識能力比我強得多，走在路上聽到一首新歌，她常能聽出是誰唱的，甚至是只聽過一首歌的某個小歌手。有時她正在打掃衛生，聽到影視劇的對白，就算不看螢幕也能很快反應出是某個演員，也許只是某個電影裡的一個小角色。而我完全無感。

我的味覺就比別人靈敏，上中學時，有一段時間感覺自來水裡面漂白粉的味道嗆人，燒開了之後味道仍然很重，但是家裡人都沒有感到，不相信我說的話。幾天之後，果然在報紙上看到了相關報導，說今年乾旱，水庫裡水不多，剩下的存水雜質多，所以自來水廠放了更多的淨水劑。估計有別的讀者也喝出來漂白粉味兒，跟媒體反映了，所以媒體做了一個跟蹤報導。

有趣的是，事情過去了大半年，某天我在小賣部喝玻璃瓶的灌裝汽水，又喝出了那股味道，於是問店老闆：你這汽水是去年夏天的吧？老闆一查果然是那個時候積壓的貨底子。

人類在不同情況下，感官能力也會有所變化。舉例來說一般人除了舌尖以外，別的器官無法感受到食物中糖的含量，不過某些特殊情況下就會不同。我有一段時間吃藥傷了腸胃，消化能力差了很多，每頓飯都只能吃小半飽，多了就會感覺胃脹氣，特別對糖類敏感。腸胃能夠清楚地分辨水果的含糖量，吃了甜水果馬上就會有明顯感覺，比舌尖對含糖量感受更準確，雖然它們產生感覺的原理肯定不同。

除此之外，經常使用某一器官，它的能力就會得到加強。古代武士為了使耳朵更加靈敏，就把眼睛蒙上，訓練一段時間之後，據說可以聽到一根針掉在地下的聲音。

剛才說了我的味覺靈敏，但是品茶的能力比茶商差得太多。我在茶城的一個朋友的父親職業批發綠茶和花茶，喝了一輩子茶，不用看葉底（一芽一葉、一芽兩葉什麼的），閉著眼睛就能喝出一款茶葉的原產地批發價，精確到5元。就是說，他可以喝出來批發價60元和65元的綠茶，而我只能喝出60元和80元茶葉的不同。所以有的感官也是能訓練出來的。

某些能力聽起來不可思議，但有人就有這個本事。馬未都先生在一次訪談節目中說，他見過一個能在水下憋氣二十多分鐘的人。聽起來似乎馬先生在吹牛，因為現在水下憋氣的吉尼斯世界紀錄也就二十分鐘出頭。但是視頻下面回覆的網友卻紛紛替馬先生作證，好多人說自己周圍就有這樣的人，還有能憋半個多小時甚至更長時間的人。有一個網友說和這樣的奇人聊過，他們似乎靠攪動水流產生氣泡，然後收集到嘴裡來維持呼吸。雖然我不認同他說的方法，但是相信不會是這麼多網友一起扯淡，而且馬老先生做人做事一向謹慎，一絲不苟，否則也吃不了文物鑒定這碗飯。所以一定真的有大神在水下能待二十分鐘甚至半小時以上。但是我也不理解，他們為什麼不去挑戰世界紀錄哩？

因此某些人如果某種能力強一些，而又一直鍛煉這方面的能力，例如長時間練習瑜伽、氣功，也許就會強化一些普通人很弱的能力，比如對自己體內氣血運行的一點點控制力等，而能夠感覺到氣血運行的位置和方向，察覺到自己的經絡和穴位並不是完全不可能。

從性質上看，經絡、穴位、氣血等更像是不可見物質，而不是常規物質。所以在西醫大行其道的今天，中醫備受冷落。那麼等到發現不可見物質一些屬性的時候，中醫的很多原理也許就會被證實，中醫的春天就要來了。

如前所述，中醫因為不能被當前的科學理論所證實，所以確實不是當代的科學。但是它在古代是科學，而且我相信在科技高度發達的未來，中醫的某些理論會找到證據。有的人說，西醫正確的名字應該是「現代醫學」，那麼中醫也許會成為「未來醫學」的一部分。

所以，當存在大量例證的情況下，儘管缺少實測證據的支持，也應該對中醫保有一份耐心，說不定什麼時候就找到證據了呢？而雖然科學只認實證，但是人證和例證在法律上都是有效的，因此，儘管現在還無法證實中醫是正確的，至少也能說中醫有一定的價值。

可以設想一下，在西醫高度發達的今天，假如忽然失去了顯微觀察的能力，那麼病毒、細菌、DNA等等肉眼不可見的東西都無法看到了，這會引起西醫理論的瞬間崩塌。因為缺少了實證啊，就算明知道它是正確的，西醫也會馬上陷入現在中醫一樣的尷尬境地。

既然是這樣，中醫的存——廢就不需要再爭論了。很多國外開明的學者也對中醫寄予了厚望，美國威斯康星大學教授布魯斯・H・利普頓在書裡這樣說，「以美國政府統計的為期十年的調查結果為基礎的新研究得出了更令人沮喪的資料。那個研究的結論是，醫源性疾病實際上是美國人死亡的首要原因。美國人的頭號殺手是處方藥的不良反應，它導致每年超過三十萬人死亡。

「這些資料令人驚慌失措，尤其是對於康復行業。它把三千年來有效的東方藥物認定為『不科學』而高傲地遺棄，雖然後者是建立在對宇宙更深入瞭解的基礎上。幾千年來，早在西方科學家發現量子物理學定律之前，亞洲人就已經把能量尊奉為保護健康和安適的主要因素。在東方醫學中，人體由一個名為『經絡』的各種能量通路的精巧陣列所定義。在中國的人體生理圖上，這些能量網路看起來就像電子連接圖。利用針灸針這樣的輔助物，中國的醫師測試病人的能量循環，其方式正如電機工程師對印刷電路板進行故障檢查，尋找電路的『病理』。」[492]

質疑中醫的學者們出發點是科學的，但是有些性急了。眼光放長遠，現代科學發展才這麼三、四百年，還有太多的未知。應該對未知保有一份好奇、一份小心和一份謙虛。特別像中醫這樣已經和中國人生活習慣緊密相連的古文化，更是應該保留一份尊敬。否則如果真的把中醫廢掉了，而將來在非常規物質中找到了中醫的證據，那時候去哪裡買後悔藥呢？

由於西醫的強勢，現在中醫確實已經越來越弱。我所在的城市裡，很多在某方面知名的老中醫去世之後，後繼無人。比如專治腰間盤突出的某中醫、專治兒科疾病的「*小孩」、專治骨病的「*氏接骨」等等。那些在世的風燭殘年

(492) 布魯斯・H・利普頓，《信念的力量》（北京：中國城市出版社，2012），頁96。

的中醫名醫都是寶貝，在這樣情況下，還不想辦法保護，如果真的等到中醫也成了瀕危技術的時候，損失是無法彌補的。保護某些中醫「絕活」的緊迫性和重要性並不亞於保護稀有動物。

當然並不是說要鼓勵中醫和西醫一較高下，因為西醫的現代科學技術的深厚基礎是無可撼動的，中醫確實應該跟西醫學習，並且在很多方面採用西醫的療法。

但是現在有太多太多的疾病令西醫束手無策，而中醫恰恰能夠解決一些問題。在醫院裡就診的患者，西醫治療無效之後往往會找中醫來碰碰運氣。一些中藥的沖劑也確實大大減少了濫用抗生素，如果沒有板藍根，各種「黴素」的銷量肯定會增加一些。

讓中醫在一定領域裡作為現代醫學的補充，是一個很不錯的選擇，也許希望並不是太大，但絕不是忽略不計。換個角度看，草藥能夠治療一些疾病，大家都認可吧？比如青蒿素。那麼為什麼要把以中草藥為基礎的中醫說的一無是處，一定要廢除呢？

中醫專業研究各類草藥，「事實上，不起眼而被忽略的物種，往往才是真正的明星物種。關於這點，一個因其生化成分而從籍籍無名變成名滿天下的例子，是馬達加斯加島的常春花。這種沒有人會多看一眼的粉紅色五片花瓣的植物，能產生兩種生物鹼，即長春城與長春新城，可用來治療兩種最致命的癌症：霍傑金氏病，患者大多為年輕人；急性淋巴性白血病，過去這種病幾乎等於兒童的劊子手。」(493)

「很少人知道我們已經多麼仰賴野生生物來提供藥物。阿司匹林這種全球使用最廣的藥，是從歐洲旋果蚊子草內提煉出來的水楊酸，與乙酸作用產生較高效力的止痛劑乙醯水楊酸。美國的藥房配售的所有處方，有四分之一是由植物提煉而得的。另有百分之十三來自微生物、百分之三來自動物，總共有百分之四十以上是從生物體提煉而得。然而這些只是眾多可利用物質的一小部分而已。全世界開花植物中僅不到百分之三，曾為科學家檢驗過其生物鹼，而且是以有限而無系統的方式檢驗的。」

毫無疑問，如果我們能確切的知道這些植物的藥用價值，就可以有針對性的分析檢驗，當然會大大的提高開發速度和準確性。常春花的抗癌效果就是因為已經知道它具有抗利尿劑的效果，才加以研究的。

「從野生生物到商業生產，有時可得自原住民的知識與傳統醫藥，這樣可

(493) 愛德華．威爾遜，《繽紛的生命》（北京：中信出版社，2016），頁351。

更加縮短過程。世界各地採用的119種已知的純醫學藥物中，有88種是靠傳統醫藥提示而發現的，這是令人矚目的事實。世界所有本土文化的知識，若加以收集並編目，將可構成一座像亞歷山大圖書館那樣大的藏書。」[494]

民間療法雖然有非常多的錯誤，但是確實是一個有待深度開採的金礦，在關鍵時候也許會拯救人類。在幾百年前，遠洋水手由於缺少維生素C而大量死於壞血病，所有國家對此都束手無策。直到1747年，英國醫生詹姆斯・林德根據治療壞血病的民間療法：多吃柑橘類水果，而成功治癒了一批患上壞血病的水手。船長詹姆斯・庫克嘗試了林德醫生的辦法，他在遠洋之前帶了很多酸菜，並且在每次船靠岸的時候，都採購大量的水果。結果這次遠洋回來，船上的水手沒有一個人因為壞血病而喪命。消息傳開，所有的船長都會在遠洋之前準備很多水果。林德醫生和庫克船長拯救了水手的生命，也大大拓展了艦船的活動範圍。當然，也使當時土著人的澳大利亞、新西蘭和塔斯馬尼亞遭到了歐洲人的侵略，這是題外話。

愛德華・威爾遜認同中藥的價值，「中國人採用該國3萬種植物中約6000種物質入藥。其中發現一種青蒿素……可望作為取代奎寧治療瘧疾的替代品。因為這兩種物質的分子結構完全不同，要不是因為它在民間的知名度，青蒿素的發現不知還會晚多久。」[495]

中藥藥典必然會給我們提供這樣的指導手冊的作用。在世界各國的傳統醫藥文化中，中國醫藥無疑是最佳體系，藥物種類的豐富和研究的深入遠非別國可比。隨著中國生物化學水準和檢驗技術的提升，如何利用好老祖宗留下的瑰寶，就看年青的醫藥工作者了。

另外一個嚴重的問題是，一些民間常識性的保健傳統並未得到現代醫學的認可，也許是這些傳統本身有一定的問題，也許是現代科技水準還不夠。比如感冒和吹風、寒熱、暑濕的因果關係，一些年青人認為：「實驗表明感冒完全是由於病毒感染引起的，只要普通感冒病毒進入鼻腔，95%的人都會被感染，『著涼』並不能增加患普通感冒的風險……有些醫生知道感冒是病毒引起的，不過他們認為著涼會降低人的免疫力，因此容易招致感冒病毒入侵。然而實驗已表明只要感冒病毒進入鼻腔，幾乎所有的人都會被感染，可見與著涼與否、免疫力的高低是沒有關係的。並不是所有被感冒病毒感染的人都會出現症狀，大概75%的人有症狀。那麼那些沒有症狀的被感染者是不是因為其免疫力強

(494) 愛德華・威爾遜，《繽紛的生命》（北京：中信出版社，2016），頁394。
(495) 愛德華・威爾遜，《繽紛的生命》（北京：中信出版社，2016），頁394。

呢？情形可能恰好相反。感冒症狀是由於人體正常的免疫反應引起的，沒有症狀反倒有可能表明其免疫系統不夠活躍……。」

寒冷能不能導致感冒或者讓感冒容易發生？這個問題爭論了上百年，在學術上沒有定論。正反雙方都有一些證據，但是又不足以把對方駁倒。「著涼」容易導致感冒似乎是常識，當有受涼、受風、淋雨、過度疲勞等誘發因素，使全身或呼吸道局部防禦功能降低時，原已存在於上呼吸道或從外界侵入的病毒或細菌可迅速繁殖，引起感冒、發燒，尤其是老幼體弱或有慢性呼吸道疾病如鼻旁竇炎、扁桃體炎者，更容易罹患。所以對我們普通人來說，冷天多穿一件衣服，滿身大汗不要吹涼風是必須的，不需要先查科學上的證據。當然，如果你像公牛一樣健壯，可以無視我的話。

另外一個話題就是中國女性坐月子。在微博上看到過一段話：「我花了點時間分析了四篇關於中國坐月子問題的科學文獻。這些科學文獻說明，傳統坐月子的行為在中國仍然很盛行。而跟流行的觀念相反，沒有科學證據顯示傳統坐月子能避免以後患慢性疼痛，反而有很多證據顯示按傳統坐月子會損害產婦的健康。」

我真的希望上面這些鼠目寸光的「學者」不要嘩眾取寵，不要出來害人，不知道他需要多嚴謹的「科學證據」。「沒有科學證據」，只是現在沒有，但是你敢說現在醫學已經高度發達，以後也不會再有補充了嗎？雖然現在沒有科學證據，但是有很多民間事例擺在這裡。我周圍已經生育的婦女，幾乎每二、三個人裡就有一個人因為坐月子時候某方面不小心，而留下了一些慢性病：關節炎、腱鞘炎、乳腺炎、牙周炎等等五花八門、奇奇怪怪。當然，確實沒有足夠的證據說明這種病一定是坐月子方式不對而罹患的。但是中國女人剛生完孩子身體虛弱，免疫系統也受影響，月子病就會從她身體的某些弱點爆發出來，這是可以理解的，在醫學上也是可以解釋通的。而每個人的體質不同，弱點也不同，所以月子病因人而異，千奇百怪，不具有普遍性，也就很難做科學統計。因此很多「嚴謹」的學者就一口否定月子病的存在，這是極不負責任的，而且具有相當嚴重的社會危害性。在他們的鼓動下，已經有越來越多的中國新潮婦女不再坐月子，這是很危險的事情。

西醫確實沒有坐月子的說法，一方面因為西方人飲食肉蛋奶比例大，所以長得人高馬大、體格強壯；另一方面也是因為西方人從來就沒有坐月子的習俗，按照達爾文自然選擇的觀點，身體不好的都被淘汰了，現在的西方產婦當然就不需要坐月子了。但是中國人不一樣，幾千年來產婦都坐月子，現在忽然說應該取消這個習俗，你說中國女人瘦小的身子骨能受得了嗎？吃米飯吃青菜長大的民族和吃乳酪吃牛排長大的民族能比得了嗎？

不過從自然選擇的角度來講，中國人如果放棄坐月子的傳統，那麼幾百年之後應該也能夠像西方人一樣的適應了。但這是在淘汰了所有的「不適者」之後的，這就要看誰的身體棒了。順便說一下，外表強壯不一定就是「適者」，因為從基因的角度來講，每個人的身體都不會很完美，能不能生存下來可就看運氣了，有沒有人想嘗試一下？

中醫的很多理論現在還無法檢測驗證，只能親身體驗才知道。比如南方人不懂真正的「嚴寒」，而北方人不懂真正的「上火」。一個有趣的事情，東北冬天的大學校園裡，偶爾會有光腿穿單褲，光腳穿拖鞋，拎個飯盆跑過操場去食堂打飯的學生，如果你去調查一下，會發現他們基本都是南方來的大一、大二新生。這就是東北人常說的，南方人比北方人抗凍。其實真正原因不是這些新生抗凍，而是他們不懂北方「嚴寒」真正的威力，南方冬天「凍皮」，北方冬天「凍骨」。

這些孩子在南方的時候，聽說東北的冬天很恐怖，來了之後才發現——不過如此麼，我光腿跑出去也沒咋地啊，哇哈哈～～一般來說，大三之後會恢復正常，經過一、兩次重感冒，都消停了，所有學生都穿著厚厚的羽絨服才出門。

我在深圳工作過一年多，我很奇怪，為什麼街上到處都是擺幾個大鐵壺，買涼茶的小販？後來在北京茶城工作，周圍很多南方鄰居，他們怕上火怕得要命，吃個火鍋怕上火，吃個餅乾怕上火，嗑個瓜子也怕上火。而我從來不怕，就算在深圳，仍然橫掃南北美食，啥香吃啥，但是一個在廣東已經工作多年的北方朋友告訴我，北方人剛來廣東的時候都是百無禁忌，從不忌口，可是一年多之後往往也開始上火了，於是多吃蔬菜，少吃辛辣乾燥食物，並且喝起了敗火涼茶。

「風寒」和「上火」是看不到摸不著的，也無法用科學儀器檢測。當然我也聽說過一輩子抗凍，或者一輩子不上火的人，但是我就想問上面提到的這一群「嚴謹」的學者，你們要不要到冬天的東北來吹吹涼風，或者到廣東吃幾個月川味麻辣火鍋？

我承認，中醫領域確實「騙子出沒請注意」。無論醫術還是中藥，由於沒有準確的計量標準，導致太多混子渾水摸魚。中醫的醫技缺少西醫規範、完善和嚴謹的醫科大學系統學習，有的人參加個一個月的短訓班，出來就是針灸師，就敢把人扎個渾身是眼兒。湯藥也挺沒譜，有一次在診所的藥房看藥師配藥，手裡的秤盤就是個擺設，每味藥抓到裡面過一下，就倒到袋子裡，根本都沒看秤桿，他的手就那麼准？中藥裡面有一些毒性很大，比如馬兜鈴，會引起腎臟損傷，這一點確實應該警惕。

在認可和發展中醫的同時，應該用科學的手段認證。現在國家對中醫的管理也正在加強，比如沒有五年的執業經驗加上中級職稱，不能開診所，相信將來能更加規範。不過話說回來，這個「科學的手段」絕對不應該只是西醫的手段。為了執行醫師法，一年查處了12萬「非法行醫」。這12萬醫師裡，肯定有很多混子和庸醫，但也一定有很多有真本事的民間醫生，對基層鄉鎮世代傳承的中醫怎麼能一刀切呢？沒有學歷，不發醫師證，不讓行醫，更不要說帶徒弟和傳承下去了。

由於中醫還不能夠融入現代醫學，中國中醫的水準也在逐年下滑，讓人痛心。中醫和中藥也正在被其他國家所超越。前幾天健身的時候用力過猛，腰部肌肉拉傷。貼了一大張中醫科朋友給的膏藥，效果不大，第二天貼了兩個小小的進口風濕膏，熱辣辣的挺舒服，很快好了一半。家裡還常備著一小瓶進口搽劑，健身導致的拉傷扭傷，搽上一點就會有立竿見影的效果。

這個事情也說明，傳統醫藥如果使用現代醫藥的量化、分析、提純和加工手段，確實能夠大大的提高療效。

相似的藥物還有很多，現在出國旅遊和代購這麼方便，周圍好多朋友都買過日本和港澳臺的中藥，療效很好，在特定方面強於西藥。比如我以前常買一款香港的治療咽喉炎的黑色小藥丸「＊＊丸」，當時5元一瓶，後來由於大陸購買的人太多，而工廠產能有限，產品供不應求，很快漲到了30元一瓶。

上小學的時候在報紙上看過一篇文章，說日本的中藥水準提高很快，正在超越中國，他們打算在中醫水準也超越中國之後，把中醫中藥改名為東洋醫學。看完之後大受刺激，把這個小豆腐塊文章剪下來貼在筆記本裡，立志要為中醫的復興而讀書。當然，這只是個小屁孩不切實際的夢想，即無法實現，也無力挽救中醫的頹勢。只是寄希望於將來可以發現中醫真正的價值。

不過現在中醫醫技不大可能被日本超越了，因為日本自己犯了錯誤，「廢醫存藥」留下中藥而放棄中醫醫術。這是更大的悲哀，中國的中醫醫術不擔心被國外中醫超越，但世界中醫整體被現代醫學遠遠甩在後面，人類的醫學寶庫蒙受了巨大的損失。

中醫就像你的祖母，是個絮絮叨叨的老太太，「不要著涼、小心上火。」

整天磨嘰讓你心煩。年青叛逆的你們迫不及待地用書本上的知識把她駁倒，但是又有幾人沒有付出過任性的代價呢？當然我們嘴上是不能服輸的，怎麼能向一個老太婆服軟呢？直到我們越來越看到周圍的朋友被這個老太婆治好病。等我們有了孩子，也會開始跟孩子念叨「不要著涼、小心上火⋯⋯。」

請記住，每一個風流倜儻、放蕩不羈的追風小夥兒，最後都會變成一個端著保溫杯泡著枸杞的慢悠悠大叔。

中醫講求防患於未然，在預防方面比西醫有明顯的優勢，「若能結合以技術掛帥的西方醫藥及非西方的傳統預防、治療或療法，或許可以帶來更有效的治療方法。」[496] 應該肯定的說，看不到的東西不等於沒有，幾百年之後就會發現相當多的當代科學主張有多麼可笑。現在我們唯一可以預測到的就是——今天的科技在未來一定會看起來很傻。想想40年前的電腦、傻瓜照相機、雙卡答錄機和大彩電就明白了。而我們對老祖宗留下來的東西，是否可以多一份謙虛，多一份耐心，多一份包容？

我認同中國傳統醫學，也更認同強大的現代醫學，只是反對非此即彼非黑即白。就像我在前面反對達爾文進化論和拉馬克進化論的對立一樣，既然雙方都有自己的理論依據，雖然有一方明顯弱勢，為什麼就不能共存呢？實在不喜歡，退而求其次，作為補充和後備不可以麼，為什麼一定要廢除呢？誰都有可能患上疑難雜症，西醫束手無策或者只能維持，不能治癒的時候（比如橋本甲狀腺炎，我身邊就有吃中藥治癒的例子），找中醫碰碰運氣不好嗎？

朋友家的鄰居有一個小男孩兒，名叫施峰。虎頭虎腦的很可愛，就是說話有點大舌頭。大家都喜歡逗他玩兒「你叫基登？」，小男孩氣哼哼地回懟「我不叫基登，我叫基登！」。

中醫有點像這個憤怒的小男孩兒，知道別人說的不對，但是無力反駁。好在男孩慢慢長大了，也不再大舌頭了，他遲早會大聲的告訴其他人——「我叫施峰！」

生物的經絡是不可見的，這是生物和暗生物的組成部分。常規生物之間可以依靠視覺、聽覺、嗅覺或者觸覺來溝通。那麼兩個不同的暗生物之間，能否以什麼方式溝通呢？下面介紹一個資訊場的概念。

(496) 安妮・馬克蘇拉克，《掉在地上的餅乾能吃嗎》（上海：上海科技教育出版社，2011），頁180。

## 第五節　暗生物和「場」

在科學和宗教這兩大陣營中間，有一個眾所周知的灰色地帶，在大陸叫做特異功能，在臺灣也稱超能力。

二十多年前，大陸出現了好多聲稱擁有各種特異功能的「大師」在到處招搖，然後被揭穿，最後抓的抓、跑的跑，風光不再。這些「大師」所宣稱的「神力」當然是不存在的，但是特異功能是否同樣都是假的呢？在「大師」們作鳥獸散之後，臺灣卻有一個科學家一直在堅持著自己的觀點，他就是曾任臺灣大學校長的李嗣涔。台大是帥哥馬英九的母校，臺灣公立大學排行第一，在世界知名大學排行榜上和清華北大的名次基本相當。

李嗣涔教授畢業於台大電機系，並在美國史丹佛大學電機系拿到博士學位，返台後在台大電機系任教多年，同時在進行特異功能方面的研究，這使他的學術地位充滿爭議。李教授在2013年台大校長任期結束後，目前仍然在做人體潛能方面的研究。

李教授多年前開設過「手指識字訓練班」，經過他培訓的兒童，有百分之二十左右可以手指識字。實驗方式是：把紙條用鋁箔包好放進卡片盒內，受測者只是握著卡片盒就可知道盒子裡紙條上的字，不需要通過視覺和觸覺。

在這些兒童裡，能力最強、識字準確性最高的是一個混血少女高橋舞，她可以手指識字，不但能知道什麼字，連顏色也知道，好像真的用眼睛看到一樣。除此之外，高橋舞似乎還具有一點和動物溝通的能力。

李教授的實驗有點奇幻，但是比較嚴謹。很多場合裡，他在眾多專家和儀器的檢測下也取得了一些手指識字的成功。他曾經接受過臺灣國學大師李敖的專訪，並被李敖基本認同。這是很不容易的，因為李敖以言辭犀利、吹毛求疵而著稱，經常搞得接受訪談的名人很尷尬。

但是李嗣涔教授也受到了其它方面的很多質疑，因為他的研究近些年沒有取得關鍵性進展，一直原地打轉，而得意弟子高橋舞曾經在實驗檢測時候做過弊，但是這並不能否定他的一切成績。網上有很多相關視頻，感興趣的讀者可以找度娘。

這一節的內容涉及特異功能，所以這裡我要強調一下：我不相信強大的特異功能的存在，可是我知道人類在多年的進化過程中，失去了很多感官能力。但是也許有一些人沒有徹底失去，可能還殘存一點點，或者通過訓練可以找回一點點，所以能夠感覺到一些普通人所感覺不到的東西。而且我也相信生物之間的溝通方式多種多樣，會有很多是人類所感覺不到的，而且用儀器也無法檢測到的內容，這是人類現在所無法瞭解的。

另外，我也不建議把特異功能說成「超自然能力」或者「超自然現象」，因為它也是自然能力的一部分，只不過還不被現代科學所理解。這也不是什麼了不起的事情，也許距離謎底只是隔了一層紙，被揭開之後發現也就那麼回事兒。「超自然」這個詞並不準確，也許稱作「非常規」還合適一點，相信自然界有很多未知的領域有待探索。

同樣，如果認為意識和思維是說不清道不明的、是玄乎的或者是神創的，那就不可能研究明白它。因為玄幻本身就意味著想不明白。所以為了弄清楚意識和思維，必須揭開它們神秘的外衣，根據現有的線索來推測它們的本來面目。其實它們和我們在一起，也遍佈在我們周圍，仔細看，線索到處都有，只要我們去掉各種限定，不難推測意識和思維的本源。

李嗣涔教授提到了「資訊場」這個概念。這是一個不可見，和現實世界有相互作用的這麼一個世界。但是他的這個「資訊場」概念有點模模糊糊，讓人較難理解，不過涉及到的這個「場」的概念還是很有參考價值。

生物之間的溝通一般通過圖像、聲音、氣味等等，而自然界有電場、磁場、重力場等，很多生物也能夠感覺到這些「場」的存在，比如鴿子就可以感受到地球磁場。那麼暗生物之間用什麼來溝通呢？在這裡先借用一下「資訊場」的概念，把暗生物之間相互感知、相互溝通資訊的環境稱為「暗資訊場」。也許存在這麼一個「暗資訊場」，每個暗生物都能發出它，並接收到別的暗生物的暗資訊場。這個暗資訊場環繞在生物周圍，並隨著距離的增加而減弱。通過它，每個暗生物就能夠知道一些周圍別的暗生物的狀態，甚至可以簡單相互溝通。

與我胡亂猜測的暗資訊場類似，還有科學家描述了一個「能量場」的理論。但是大家不需要認真理解能量場這個概念，因為每個科學家對此都有不同的理解，也說不上誰對。簡單說來，可以把能量場比作電燈泡，電力越強燈泡就會越亮，向周圍照射就會越遠、越清晰。

「量子觀點揭示出，宇宙是互相依存的能量場的一體化，這些能量場都緊密糾纏在一個互相作用的網狀物中。生物醫學家被證明是大錯特錯，因為他們沒有認識到組成整體的實體部分和能量場之間交相會通的巨大複雜性。」[497]

在2000年，V．波普赫裡斯蒂奇和L．古德曼在《科學》雜誌上發表文章

(497) 布魯斯．H．利普頓，《信念的力量》（北京：中國城市出版社，2012），頁91。

指出，是量子物理學定律，而非牛頓力學定律，控制了分子那些創造生命的運動。

「四十年前，哈佛大學生物物理學家C.W.F.麥克雷爾在一項重要研究中計算和對比了生物系統中能量信號和化學信號的資訊傳輸效率。他的關於『生物能量共振』的研究發表在《紐約科學院年報》上。文章揭示：能量信號機制，如電磁頻率，在傳輸環境資訊時，比實體信號，如激素、神經傳遞素和生長因數等，效率高一百倍……

我們知道，為了保持存活，生物體必須接收和翻譯環境信號。實際上，生存與信號傳輸的速度和效率直接聯繫。電磁能量信號的速度是每秒十八萬六千英里，而擴散性化學物的速度大大少於每秒一釐米。能量信號比物理化學信號高效一百倍，快無限倍。你的數以萬億計細胞組成的群落會選擇哪一種信號？」[498]

「在地球上有生命以來的前三十億年中，生物圈由獨立生存的單細胞組成，例如細菌、藻類和原生動物。我們曾傳統地把那種生物看成孤立的個體，但現在我們已經認識到，當單細胞用於調控其自身生理功能的信號分子被釋放到環境中時，同樣會影響其他生物體的行為。釋放到環境中的信號使大量分散的單細胞生物能夠實現行為協調。把信號分子分泌到環境中去，這一方法為單細胞提供了作為一個原始『群落』生存的機會，從而提高了單細胞的存活能力。

關於發射信號的分子如何導致群落形成，單細胞黏菌阿米巴蟲（變形蟲）提供了一個例子。這些阿米巴蟲在土壤中孤立地生活、覓食。當環境中的可用食物耗光後，細胞會合成過量的稱為環單磷酸腺苷的代謝副產物，大部分這種副產物都釋放到環境中。當其他阿米巴蟲面臨饑餓時，被釋放的環單磷酸腺苷集合體內置在環境中……這個阿米巴蟲便向其他阿米巴蟲發出信號，啟動群體行為，於是它們聚合起來形成一個大的多細胞『鼻涕蟲』。鼻涕蟲群落是黏菌的生殖生長期。在『饑荒』時期，老化細胞的群落共用DNA，創造下一代。新的阿米巴蟲像不活躍的孢子一樣冬眠。當可獲得更多食物時，食物分子充當信號，打破冬眠，解救新的單細胞，開始下一輪循環。這裡的重點是，當單細胞生物體通過釋放『信號』分子到環境中來共用『認知』、協調行為時，它們實際上是生活在一個群落中。」[499]可見，對於周圍資訊的感知和溝通，絕不只局

(498) 布魯斯·H·利普頓，《信念的力量》（北京：中國城市出版社，2012），頁100。
(499) 布魯斯·H·利普頓，《信念的力量》（北京：中國城市出版社，2012），頁118。

限於大家所知道的視覺、聽覺、嗅覺等。

動物的進化過程中，會不斷加強或者獲得一些新的能力，但是也不斷減弱和失去一些以前賴以生存的能力。而且每種動物又具有一點別的動物所不具有的能力：某些魚，例如鼓魚，魚鰾可以探測到聲音的振動，然後把振動通過一套在中耳的骨骼傳到內耳，內耳對振動做出反應，將聲音資訊再傳遞到鼓魚的大腦。

蝙蝠就不用說了，大家都知道它可以用自己的回聲定位系統發出超聲波然後對回聲信號做出分析來避開障礙物和捕捉昆蟲。

蛇的舌頭不斷吞吞吐吐，是在捕捉空氣中飄蕩的粒子，然後將舌頭塞進嘴巴頂部的一個特殊凹槽中，在那裡捕獲的粒子被分析後再以信號的形式傳遞到蛇的大腦，從而對周圍環境和獵物做出分析判斷。

鯊魚的大腦裡的某種細胞可以感知其他生物發出的電場，其他魚類遊動或者擺動它們的魚鰓的時候就會導致周圍電場變化，在肌肉抽動時也能發出微弱的電信號，鯊魚就能由此精確的找到這條魚，即使它藏在沙子下面。從解剖學上來講擁有這種能力的工具被稱作電感受器。

人類的魚類遠祖也曾經擁有電感受器，但他們在幾億年前離開水的時候，這種探測水下電場的本領不再能夠派上用場，所以這些剛剛登陸的魚類慢慢進化出了其它獵取食物的方式，因此探測電場能力也就隨著時間而逐漸失去。然而某些哺乳動物，比如說海豚和半水棲的鴨嘴獸後來各自進化出了改進的神經末梢，為它們提供了探測水下電場的特殊方式。其他魚類比如說刀魚也進化出一種名為「電子器官」的結構，它們借助這種器官形成電場，這樣它們可以使用這種電場進行水下的通信、交配選擇和定位等。

但是現在人類不再擁有我們魚類祖先的電感受器了，因此很長時間以來我們都不能夠探測水下電場，否則也許我們會有更神奇的感知能力。

## 第六節　每個細胞都有自己的暗生物

生物由細胞組成，謝靈頓這麼認為：「構成我們身體的每一個細胞都是一個以自我為中心的個體生命。」這句話不是隨便說說，也並不只是為了描述的方便。細胞作為身體的組成部分，不僅是我們看得到的可分隔的個體，而且是以自己為中心的個體生命。它按自己的方式生活……每個細胞都是單個生命，因此我們的生命完全是由細胞生命組成的統一體。

人類具有意識，這是人類暗生物的組成部分。前文已經論證生物都有意識，所以其他生物的暗生物和人一樣，也是完整的一個三層結構。那麼生物的細胞呢？生物是由很多細胞組成，每個細胞都是活的，是共生在一起的生命體，所以它們當然也有自己的暗生物。可以想像，就像人體是由上百萬億個細胞組成一樣，人體裡除了人類自己的暗生物之外，還有上百萬億個小的細胞暗生物。

例如，羅傑・斯佩里博士發現，「在切斷連接魚視網膜和大腦視覺頂蓋底部的神經纖維並將其與視覺頂蓋頂部相連接後，該神經纖維仍能長回到原來的位置。在老鼠身上進行的類似實驗也表明連接肌肉的各神經纖維『知道』它們各自所連接的肌肉組織，並能在人為擾亂其位置後長回到原位。因此，斯佩里認為在生物體的基因內存有關於神經系統連接的資訊。

「然而這一學說存在著一個很大的問題：人腦新大腦皮層本身就有$10^{15}$個神經鍵，而人體基因只有$3.5\times10^{9}$個資訊位元，而其中30%到70%的資訊位元都是沒有啟動的。一些神經學家和分子學家因此質疑，我們的基因根本沒有足夠的空間來儲存這些連接資訊。這還只是大腦皮層，更別說人體的其他部位了。這就好比試圖用一個只能存儲140萬字的光碟去保存一個有1億字的檔。」[500] 也就是說，除了基因以外，還有別的可以遺傳的物質，能夠跨代保留資訊。

除了本書前面提到的，生物體的暗生物也能夠儲存遺傳信息，生物體內有如此多的組織，有如此多樣的細胞，如果所有細胞的資訊都需要基因或者生物體的暗生物來裝載，肯定不堪重負。但是如果每個細胞的資訊都保存在自己的暗生物裡，那麼容量就不再是問題。

前面還提到過生物的「自我意識」，傳統生物學家認為除了人類之外，幾乎沒有別的生物有自我意識。其實自我意識從某方面來說就是「我是誰」和「誰是我」這兩個問題，對此類問題，也許潛意識要比意識清楚得多。因為他們一遍又一遍地與載體結合，融入這個大千世界，然後又一遍遍地分開，進入那個虛無空間，他們更加清楚「我」的本源。不但生物整體有自我意識，單個細胞也會有部分自我意識。

## 第七節　暗生物的成長

本章寫到這裡，已經詳細地論述了生物體內暗生物的存在，以及其控制生物的生長、發育，甚至控制遺傳進化。

(500) G・齊科，《第二次達爾文革命》（上海：華東師範大學出版社，2007），頁7。

以人體為例，人體的暗生物分為三個層次：意識、潛意識、內程式。對應於電腦，意識就是電腦的操作人員，潛意識就是Windows作業系統，內程式就是電腦硬體驅動程式、固化程式。

暗生物也是一種生命狀態，可以自我進化，發育出來，存在於不可見物質內。它和生物體是共生共棲的關係。暗生物為了和常規生物結合得更好，就需要它的基因和常規生物的基因高度相似。動物的暗生物存在於動物的經絡（中醫所說的經絡）中，經絡也是暗生物的幾個層次之間溝通的橋樑。

前面這些暗生物的主要性質，都是根據現有證據推測而來。這些性質構成了暗生物的框架，但是作為一個整體，還需要其他一些性質才能全面地說明整個暗生物，這些性質不如前面那些主要性質那麼重要，所以在本節裡做一個簡單的推理。

首先，如上節所述，生物體由很多微小的生命（細胞）共生在一起，每個小生命都有自己的暗生物

其次，暗生物既然存在於暗物質或者其他不可見物質內，那麼就應該具有相應的性質。比如運動速度非常快，不像常規物質的運動速度局限於光速；而且具有穿過常規物質的能力，就像暗物質粒子輕鬆穿過地球一樣；也許壽命會非常長，因為暗物質不需要拘泥於常規物質的理化性質，衰減幻滅的方式也不需要相同。

薛定諤薛大師認為：「從德爾勃呂克的遺傳物質的普遍圖像中可以看到，生命物質在遵從迄今已確立的物理學定律的同時，可能還涉及至今尚未瞭解的『物理學的其他定律』，這些新的定律一旦被揭示出來，將跟以前的定律一樣，成為這門科學的一個組成部分。」[501]

暗物質是一個有前途的科學領域。常規物質科學領域的普通層面已經被開發得七七八八，很難再像愛因斯坦時代，呼啦啦出了十幾個大師。但是我們往遠看，如果時機成熟，某些未知領域可能大有可為。比如，假設暗物質的研究取得突破性進展，肯定還會再有一次（或者多次）愛因斯坦時代的科技高潮。比如暗物質生物學、暗物質物理學、暗物質化學等等。

應該說明一下，常規物質具有相同的理化性質，不論在宇宙的什麼地方，都遵守相同的物理和化學定律。等我們發現外星生物之後會怎樣呢？

「我們看到其他行星上的生物會覺得驚訝，因為那些生物或許把我們熟悉的形式用不同的方法展現出來。因研究眼睛視網膜色素而獲得諾貝爾獎的生物

---

(501) 埃爾溫·薛定諤，《生命是什麼》（湖南：湖南科學技術出版社，2016），頁67。

學家喬治·沃爾德告訴美國國家航空航天局：『我會跟學生說，在這裡學好生物化學，你就能通過大角星上的考試。』」[502]

再有，如果暗生物是常規生物的產物（假如意識是大腦活動的產物），那麼暗生物會隨著常規生物的消亡而消亡。但是前面論證的結論是它們是共生在一起的生物，也是分屬於不同空間層面，所以常規生物死亡之後，暗生物未必死亡。它們可以回到暗物質中，伺機再和別的新生的常規生物結合。

那麼到這裡，整個暗生物就已經躍然紙上了。讓我認真地描繪一下這個「從未見過」的奇怪生物：

在宇宙的暗物質中，也可能是其他未知的不可見物質中，有生物存在，稱為暗生物。我們對宇宙瞭解很少，不可見物質可能有很多種，所以不知道暗生物屬於哪種物質。

它們能夠和可見的常規生物共生在一起，對常規生物的生存和發育起到關鍵的指揮性作用。沒有暗生物的常規生物，就會像沒有司機的汽車，沒有作業系統的電腦一樣，即便是發動或者接通電源也沒有任何反應。

拿地球生物為例，自從幾十億年前，地球從無到有地產生了最簡單的生物之後，相應地就產生了共生暗生物。就像其他共生生物一樣，常規生物的身體是暗生物停泊的港灣，載體給房客提供養料，常規生物給暗生物提供能量和發育的養料。

「世間萬物都需要額外的能量和秩序來維持自身，無一例外。一般說來，這就是著名的熱力學第二定律，即所有事物都在緩慢地分崩離析……這種現象不僅發生在高度組織化的生物當中，還發生在石頭、鋼鐵、銅管、碎石路和紙張這些最死氣沉沉的東西上。沒了照料和維護，以及附加其上的額外秩序，萬物都不能長存下去。生命的本質，似乎主要是維持。」[503]

而暗生物也是生物，而且高度組織化，當然就更需要能量來維持自己的生命。這裡面涉及一個概念「熵」，薛定諤這麼說：「一個生命有機體在不斷地產生熵——或者可以說是在增加正熵——並逐漸趨近於最大熵的危險狀態，即死亡。要擺脫死亡，要活著，唯一的辦法就是從環境裡不斷地汲取負熵……負熵是十分積極的東西。有機體就是靠負熵為生的。或者更明白地說，新陳代謝的本質就在於使有機體成功地消除了當它活著時不得不產生的全部的熵。」[504]

(502) 凱文·凱利，《科技想要什麼》（北京：電子工業出版社，2016），頁132。
(503) 凱文·凱利，《必然》（北京：電子工業出版社，2016），頁3。
(504) 埃爾溫·薛定諤，《生命是什麼》（湖南：湖南科學技術出版社，2016），頁70。

載體很重要，簡單地說就像住房對人類很重要。野外生存的人到了目的地之後，第一件事往往就是給自己先搭個窩，否則身體再好也頂不住野外嚴酷的環境。這也是中國人為什麼捨得花一輩子的積蓄來買一套好房子。但是載體比住房更重要，因為沒有載體的暗生物乾脆就無法正常活著。

動物一般會保護自己的後代，有的時候會不惜犧牲自己。但是一般來說它們會掌握尺度，在無法挽救後代的時候，它們也會自己逃命。這就是一個權衡，為了更多地留下基因，它們自己的生命也很重要，這次不成功，它們還會努力繼續生殖。留得青山在，不怕沒柴燒，但是青山沒了，柴也就沒了。

「我們的工具越複雜，就越需要我們的照料。事物對變化的自然傾向無可避免。」[505] 所以可以理解暗生物在暗物質中等待載體時的急切，越是複雜的暗生物，就越著急得到載體。

凱文・凱利從電腦的軟體和硬體關係推理，認為「沒有軀體的進化是不受限制的進化。而有實體的進化則受到諸多條件的約束，並且既有的成功阻止了其開倒車。不過，這些束縛也給予了進化一個立足之地。人工進化要想真的有所成就的話，也許同樣需要依附一個軀體。」[506] 人工智慧都需要立足之地，需要依附軀體，更不要說暗生物了。

思維活動依賴於物質，同樣是物質活動，暗生物也需要大量的常規物質。思維活動也要消耗能量，沒有能量的供應，生命活動一刻也不能進行，思維活動也一刻不能進行。據營養學家計算，人類的能量消耗中，20%～30%用於大腦的思維活動，雖然它只占身體重量的2%。整天坐在電腦前面的科學家，思維的能量消耗肯定會更多些。

大家知道，長時間高強度的思維，同樣會使人感覺疲勞。我們在思考問題時可以測到腦電波的活動以及大腦對氧氣消耗的增加，這些都說明腦力勞動確實是一種高強度的勞動。思維和其他生命活動相同，也同樣依賴於蛋白質的活動。現在已經知道一些老年性疾病，如老年癡呆症，健忘症、帕金森氏症等，都是由於大腦中的蛋白質活動失常而引起的。

暗生物的生存需要載體的能量供應，它在載體的身體裡發育。但是在作為載體的常規生物死亡後，暗生物沒有必要死亡，而是回到暗物質中。這時的暗生物失去了載體的能量供應，也許它們和一些動物能夠利用太陽能一樣，在暗物質中也可以得到一點能量，再加上一些儲備的能量，能夠維持一段時間。然

(505) 凱文・凱利，《必然》（北京：電子工業出版社，2016），頁4。
(506) 凱文・凱利，《失控》（北京：電子工業出版社，2016），頁584。

後根據遺傳物質的相似關係，找到新生的DNA和天性最相似的常規生物結合。這就是為什麼生物對生殖和遺傳這麼重視，因為這是他們的暗生物部分重新結合的關鍵依據。當沒有相似的新生常規生物作為載體的時候，暗生物就只能焦急地等待。

暗生物的壽命非常長，但是成長也非常緩慢。就這樣一代一代的生長之後，隨著地球生物的慢慢進化和複雜，相對應的暗生物也在一點點地長大和複雜。所以現在人類的暗生物的壽命也許已經達到了幾億甚至幾十億歲。當然暗生物也不是不會死亡，但是死亡的方式，現在不得而知。

暗生物成長的過程是一個長達幾億年、幾十億年的漫長過程，當然不會每一代都是一個新的物種形態，而是在很多代都保持一種生物形態，比如處在草履蟲形態幾百、幾千代。在開始和草履蟲共生的時候，暗生物操控能力比較弱，那麼這個共生個體的生存能力就比較差。經過若干世代的磨合和學習，就像駕駛員開飛船越開越熟練一樣，暗生物也會越來越適應這種宿主的身體，操作越來越嫻熟，外在表現就是共生草履蟲的生存能力越來越強，發育更健全，後代也越來越多。當達到某種條件之後，這個暗生物也許就得到晉級，和下一級更複雜一點的，而又和草履蟲非常相似的生物共生。

由此可見，暗生物成長和進化的動力就是「學習」，用林恩．馬古利斯的說法就是「真正的演化革新應該誕生於共生和基因交流裡，而不是來自於物競天擇。」達爾文的進化論強調的進化主體是物種，而不是生物的個體，生物在地球上表現的一切奮鬥似乎只為了生存。但是在暗生物的層面看，奮鬥主要是為了獲得載體和自己的進化，而生物體的生存是第二重要的，因為可以再次選擇載體。

當然，這絕對不是說生存不重要，因為合適的載體並不容易找到，而且生存時間長意味著可以學到更多的技能。更重要的是，既然暗生物是生物，它必然也是能夠死亡的，看看有多少原核生物，再看看有多少人類就可以清楚，暗生物晉升到人類這個程度並不容易。那麼一旦暗生物的載體死亡，能不能再一次找到新載體還是個未知數，如果一直找不到載體，暗生物在暗物質中能生存多長時間就不知道了。所以這就看出生殖的重要性，只有繁殖更多的後代，那麼與自己基因和天性相似的新生個體就會更多，而暗生物重新找到滿意載體的可能性就更大。

讀者讀到這裡會感覺，暗生物的共生進化和宗教裡面的靈魂投胎轉世很相像。應該說確有相似之處，但是沒有那麼玄妙。暗生物只是暗物質裡的普通生物而已，不能永生，也沒有神仙鬼怪來管理，完全是在暗物質中自然法則的作用下，一代一代地尋找有相似遺傳物質的常規生物共生生存而已。

而且，雖然我認同二元論，但並不完全認同笛卡爾的觀點，他認為精神世界具有某些本質的、主觀的、非物質的東西，而我認為暗生物是本質的、客觀的、非常規物質的物質。雖然只有幾字之差，但是這可是天壤之別，換句話說，笛卡爾基本是唯心的，而暗生物理論是完全唯物的，不但生物是物質，而且精神也是物質，徹徹底底的唯物（只是還沒有找到觀察、計量或者讀碼的方法）。雖然我在意識的獨立性上與生物學家唱反調，但是我們的出發點相同，那就是認為意識與大腦一樣，不是神奇的魔術，而是建立在物質的基礎之上。

唯物主義者說：世界是物質的，精神和意識只不過是一種能量和資訊，是物質世界的附屬物。唯心主義者說：物質世界和精神世界是分開存在的，物質世界的定理無法解釋精神世界。也許真實的情況是：世界是物質的，物質世界和精神世界分開存在，常規物質世界的定理無法解釋精神世界，但是精神世界也是物質的，只不過是另一種物質，將來會發現精神世界的物質定理。

物理學家薛定諤在幾十年前就看到了這點：「當今的科學完全陷入『排除原則』（將認知主體排除於客觀世界之外的原則）的深淵，卻對此以及由此產生的悖論一無所知……若要解決這個悖論，科學態度必須重建，科學面貌必須更新，這需要謹慎。」[507]

這不是為了彌合所謂的「物質世界」和「精神世界」，而是認為只存在物質世界，精神世界不過是另一種形式的物質世界。而且雖然在組成的結構上是二元的，但是在運行方式上，是統一的、不可分割的。就像一台電腦，由硬體和軟體組成，但是在運行的時候是一個整體，缺一不可。

拉馬克和達爾文的貢獻是結束了將生命置於科學之外的時代，也許現在應該結束將意識置於科學之外的時代了。

借著討論物質和精神，順便再批評一下機械論。生命的起源一定是簡單的、基礎的、物質的，但是當然不限於常規物質。生物——活著的「物」，是物質性的，但不是機械，因為機械不是活著的。如果想讓機械活起來，就需要有人來操作，或者由電腦程式來使之自動運行。

**從邏輯上看，相比自然選擇學說和神創論，暗生物才是進化的眞正原因。因爲它有理由，爲了自己能夠不斷找到合適的載體；有動力，爲了活下去，適者生存；有時間，四十多億年；最關鍵一點，它有能力，因爲暗生物本身是智慧，又**

---

(507) 埃爾溫·薛定諤，《生命是什麼》（湖南：湖南科學技術出版社，2016），頁123。

**學習了幾十億年。**

除此之外，還有一點，暗生物足夠細緻，因為進化是由小到大、由簡單到複雜、由內到外的，生物由細胞組成，細胞的主要成分是蛋白質和核酸，所以暗生物可以從蛋白質的層面來精雕細琢自己的身體。而不是一個外表油亮，內心粗糙的泥人。在化學力量合成氨基酸之後，剩下的進化活動由生命的力量所接管。

傳統的填鴨式學習是這樣，老師是大木桶，學生是小木桶。整個教學的過程，就是用大木桶向小木桶進行「傾注」的過程。

「越來越多的心理學家和教育學工作者不再將學生看做是被動接收教師和教材灌注的知識的空桶，轉而認為學生是在積極地創造他們所擁有的知識。」[508]

這也正是最高效的學習方式。暗生物學習的過程也不是填鴨式學習，而是通過分析、理解和實踐來得到自己的知識。

我把暗生物分成三個層次，但是暗生物的組成結構也許遠比這個複雜，就算一個人有兩個暗生物也不足為怪。就像一個人也擁有來自於兩個親本的基因一樣。

兩個意識一主一輔、一陰一陽、一剛一柔，一個理性、一個偏執，而適度的行為由這兩個意識共同產生。當然，這完全是我的猜測

人腦也是有兩個半球組成，兩個半球相輔相成。左腦擅長判斷和邏輯分析，也負責語言，右腦擅長藝術性和整體性。擅長邏輯分析的左腦占主導地位，而且拍板發佈命令，命令從左腦傳到右腦。但是如果左右腦的連接被切斷，那麼右腦就擺脫了左腦的控制，就會做出一些和左腦意願相矛盾的動作。

通過研究裂腦患者發現，大腦的左、右半球可能擁有不同的意識和不同的思維，不但不同，而且區別還很大，甚至是相互衝突的，兩個意識平行運行。

加利福尼亞大學的邁克爾・紮加尼加醫生研究過一個裂腦患者，「他開始詢問病人的左腦，他畢業後想做什麼。病人回答說他想成為一名繪圖員。但當他問病人右腦同樣的問題時，事情變得很有趣了。不會說話的右腦拼寫出來的話是：『賽車手』。右腦不讓占主導地位的左腦知道他對未來有一個完全不同的想法。右腦確實有它自己的想法。」[509]

人類大腦的「兩半球的解剖結構幾乎一樣。就好像你的頭顱兩側配備了同

(508) G・齊科，《第二次達爾文革命》（上海：華東師範大學出版社，2007），頁129。
(509) 加來道雄，《心靈的未來》（重慶：重慶出版社，2016），頁26。

一個模子倒出來的兩個腦半球，以差不多的方式同時從外界接收資料……一種名為腦半球切除術的手術可以證明兩個半球具有一樣的基本設計，在這種手術中，病人的半邊腦被整個切除。神奇的是，只要是在8歲之前進行手術，小孩就不會有問題。讓我們再重複一遍，只剩半邊腦的小孩不會有問題。他能吃東西、閱讀、做數學、交朋友、下棋、愛父母，有兩個半腦的小孩能做的事情他都能做……右腦和左腦就好像是對方的複製品。拿掉一半你還有另一半，功能基本相同。」[510] 從這個角度來看，人體內有兩個關係密切的暗生物也是有可能的。

如果暗生物真的如我所描繪的這樣，那麼自達爾文以來，進化的主體一直都錯了，這導致太多無法解釋的問題。把生物和智慧分開來看，會發現生物內部的智慧才是進化的主體。這就像一群傻乎乎的外星人看著地球上房屋進化，從幾十萬年前經過修飾的山洞，到茅草屋，到土坯房，到磚瓦房，再到高樓大廈。但是當然，我們都知道，進化的不是房屋，房屋只是載體，進化的主體是住在裡面的人類。

這就是我根據點點滴滴的線索推測出來的暗生物，也就是本書第二章所說的那個生物學「常數」，能夠解決生物學爭論，使等式平衡的常數。但是證據仍然不足，嚴重不足，因為現在人類對暗物質的研究才剛剛開始。

現在為了證明這個理論的正確性，當然要把我在上面描述的暗生物帶回大自然的生物的生長發育過程來驗證，特別是嘗試能否解決第一章所提到的，諸多生物學的爭論和達爾文進化論所解釋不了的那些問題，下一章我們來看看。

(510) 大衛·伊格曼，《隱藏的自我》（湖南：湖南科學技術出版社，2013），頁104。

# 第九章　謎底揭曉

## 第一節　出現生命

地球上存在著形形色色種類繁多的生物。保守地估計，地球上現存的生物至少應有400～500萬種。

雖然書的名字叫《物種起源》，但是達爾文拒絕討論生命起源問題，也拒絕討論智力起源、智力進化的問題。他在《物種起源》第八章「本能」裡是這樣說的：「在此當先說明，我不擬討論智力的起源問題，正如我沒有討論生命的起源問題一樣。」

生命的起源通過化學途徑實現。化學包括無機化學和有機化學，生命是有機質，當然通過有機化學實現。自從最簡單的生命在地球上出現以後，又經歷了四十億年的時間，才由簡單生命逐漸發展出了整個生物界。

地球形成之後，在開始的熾熱、混亂和撞擊之後慢慢穩定和冷卻，地表開始劃分出了岩石圈、水圈和大氣圈。那時大氣圈中沒有氧氣，宇宙紫外線輻射是產生化學作用的主要能源。原始海洋中的氮、氫、氨、甲烷和水等物質，在紫外線、電離輻射、高溫、高壓等一定條件的影響和作用下形成了氨基酸、核苷酸等有機物。科學家們所做的模擬試驗表明，無機物在合適條件下能夠變成這些有機物。

現在看來，最早的生命應該出現在水裡，也許是原始海洋，也許是深海熱泉，或者是泥沼中。二百年前的拉馬克就已經知道這一點：「自然孳生了一切列位的水棲動物，借助於各種水的環境因素，使這些動物發生特異的變化，以後，這些動物逐漸發展開來，最初到岸上，其次到地球乾燥部份的空氣中去生活。」[(511)]

氨基酸、核苷酸等有機物在原始海洋中聚合成複雜的有機物，如蛋白質及

(511) 讓・巴蒂斯特・拉馬克，《動物哲學》（北京：商務印書館，1936），頁117。

核酸等，被稱為「生物大分子」。許多生物大分子聚集，濃縮形成以蛋白質和核酸為基礎的多分子體系，它們既能從周圍環境中吸取營養，又能將廢物排出體系之外，這就構成原始的物質交換活動。這個多分子體系就已經能夠看出來是有規律地按照某種內在的程式在運行，而且這種規律性遠比常見的化學反應要複雜和全面，也許就在前面產生生物大分子的環節中，產生了暗生物，並且它與常規物質共生在了一起。

一直認為生命都是生殖而來，但是在另一層空間，也許生命還有別的誕生方式，比如，幾個氨基酸縮合在一起，在常規物質中產生了多肽，同時在暗物質或者其它空間裡，也許滿足一定的條件就可以「組合」出生命。

碳元素非常合群，含有很多能結合其他元素的掛勾，所以碳是生命的中心。碳很容易氧化，變成動物的燃料，碳也會形成超級分子中長鏈的基礎。

碳適合成為生命的基礎，最重要的原因也許還不是它的常規屬性，而是在暗物質中的性質，它和某些元素結合到一起之後，也許它們的暗屬性會具有某種活性，類似於電腦程式裡開始執行的Begin語句，於是整個程式就開始運轉。也可能它可以在暗物質的介質中開始運動，就像很多常規物質在水中那樣。

我承認，上面這幾段過於離奇，完全是我的猜測，也許就是胡說八道，大家可以跳過。但是我也想表達一下我的想法，那就是在常規物質中發生一件事的時候，在非常規物質中，比如暗物質和暗能量中，也許因此也發生了什麼。

在多分子體系的界膜內，蛋白質與核酸的長期作用，終於將物質交換活動演變成新陳代謝作用並能夠進行自身繁殖，這是生命起源中最複雜的最有決定意義的階段。經過改造構成的生命體，被稱為「原生體」。

這個過程類似於馬古利斯所堅持的「自創生」。這個詞彙由另外兩個科學家首先提出。

「從承認有機體的物理化學組成成分的唯物主義觀點看，自創生是指相對於死的同類而言，那些活的系統所具有的自我塑造和自我維持的性質。與機械系統不同，自創生系統產生並維持它們自己的邊界（質膜、皮膚、外骨骼、樹皮等）。自創生系統不斷調整它們的離子組成和大分子序列（即蛋白質的氨基酸序列和核酸的核苷酸堿基序列）。有些甚至能調節它們的內部溫度。任何一個能夠繁殖的自創生實體（即細胞、有機體、有機體的聚集群）都遵從自然選擇。」[512] 但是馬古利斯認為最小的自創生系統是細菌細胞，這個我有不同見

(512) 林恩·馬古利斯，多里昂·薩根，《傾斜的真理》（江西：江西教育出版社，1999），頁131。

解，我認為會比細菌小得多，也簡單得多。

「在動物一般順列中的任何一處，都在發生著因環境因素的影響及獲得習性的影響而起的異常變化。」(513)

值得一提的是：有生命的原生體是一種非細胞的生命物質，有些類似於現代的病毒，它出現以後，逐步複雜化和完善化，演變成為具有較完備的生命特徵的細胞，到此時才產生了原核生物。最早的原核單細胞細菌化石在距今40億年前的地層中被發現，那就是說非細胞生命出現的時間，還要早於40億年前。

這種原生體的出現使地球上產生了生命，把地球的歷史從化學進化階段推向了生物進化階段，對於生物界來說是開天闢地的第一件大事，沒有這件大事，就不可能有生物界。

有意無意的化學反應就在這樣的條件下不斷地進行著。由於那個時候基本沒有氧氣，合成的有機分子不會遭受氧化的破壞，得以進化出具有生命現象的物質，最終產生了生命。

單細胞的出現，使生物界的進化從最小單位生物階段發展到了細胞進化階段。這樣，生物的演化過程又登上了一個新臺階，40億年以後，幾百萬種形態各異的生物，但均以細胞為基礎單位的生物就充滿在地球的海、陸、空和土壤之中了。

地球上最早出現的原核生物——單細胞的細菌以周圍環境的有機質為養料，是異養生物。但原始海洋中由化學反應產生的有機質有限，當消費超過生產的最大值時，異養生物缺乏養料，就很難發展下去。由於某些原因，原核生物進化出了具有葉綠素的藍藻，它能夠進行光合作用，把無機物合成為有機的養料，生物學把它稱為自養生物。

自養的藍藻所合成的有機質，除了供應本身營養外，還能養活異養細菌。異養細菌取得食物，還把有機質分解為無機物，為藍藻提供原料。

因此在生態學中稱藍藻為生產者，細菌為分解者。自養藍藻的出現使早期生物界具備了自養和異養，合成和分解兩個環節，形成了菌藻生態體系，解決了營養問題，在原始海洋中繁衍生息。

這個體系形成之後，經過了很長一段時間，在十多億年前，隨著真核細胞生物的出現，生物界開始了向動物、植物分別進化。

與藍藻一樣，綠色植物進行光合作用製造養料，自養並供給其他生物，稱

(513) 讓・巴蒂斯特・拉馬克，《動物哲學》（北京：商務印書館，1936），頁117。

為自然界的生產者。細菌和真菌以綠色植物合成的有機質為養料，同時通過其生活活動分解出大量二氧化碳、氮、硫、磷等元素，為綠色植物提供原料，稱為自然界的分解者。動物以植物和其他動物為食，是自然界的消費者。

有了這三級生態體系穩定支撐的生物界，開始了一步步起伏跌宕的進化歷程。這個過程中既有達爾文理論的自然選擇作用，也有看不到的生物內在因素在起作用。

最早的蛋白質生物就是在某個偶然的氨基酸組合之下，組成了Begin這樣的語句，或者類似於喚醒了離子通道，打開了常規物質和非常規物質之間的通道，使非常規物質獲得了能量和資訊，那麼這個小團塊的物質就能夠利用周圍環境中的能量來結合別的原子團。當然，絕大多數結合後的大團塊都會被拆散，但是滿足某些條件的卻生存了下來。而且即使團塊被拆散，有的團塊的暗物質層面的內容不會散開。

常規生物有數位編碼卻沒有計算屬性，而暗生物有計算能力，雙方結合後，便擁有了最簡單的智慧。剛開始的時候，只有某些小團塊偶然存活，並不是「有意」的，但是在自然選擇的篩選下，一些性質穩定而且計算能力強的團塊更好地存活。當計算和判斷的能力強大到一定程度，開始「有意」地生存。

「有些珊瑚蟲和海葵的神經系統看起來只有一個神經原（或神經原狀）細胞。其全部技能不過是一個簡單的『如果——那麼』反應，比如說被觸動時收縮肌肉；為此一個神經原再加一個適當的觸覺感受器也就夠了……複雜的邏輯運算只不過是極其簡單的邏輯元素根據簡單的『如果——那麼』公式連接起來。

「神經原數以百萬計的蛋白分子中的每一個都是一台極其複雜的機器裝置。至少它們是一種『如果——那麼——除非——但是——然而——記憶』結構。」(514)

說到這裡，先討論一個在生物學界爭論不休的問題，這就是「先有『基』，還是先有『蛋』。」基因和蛋白質孰先孰後？生物學家都會認同蛋白質的重要性，它們負擔著讓生命正常運轉的絕大多數功能。蛋白質是生命的物質基礎，構成細胞的基本有機物，生命活動的主要承擔者。簡單說就是：沒有蛋白質就沒有生命。

但是，延續生命就要複製自己，而蛋白質卻沒有遺傳載體的功能。也就是說，不管別的方面多麼優秀，不能複製自己，似乎這一票就把蛋白質作為最

(514) 凱恩斯・史密斯，《心智的進化》（北京：北醫印刷廠，2000），頁127。

早生命的可能性給否決了。而RNA呢，別的功能比蛋白質差得太多太多，但是人家是遺傳信息的載體，雖然催化活性的效率低下，可是也能複製自己。所以大多數生物學家認為最早的生命是RNA，而那時候的地球是一個「RNA的世界」。然而，要這麼一大堆除了複製自己之外，別的能力極其低下的RNA幹什麼呢？怎麼展開生命的各種活動呢？

現在我們回過頭來看蛋白質被否決的原因——不是遺傳信息的載體。但是，前面說過，電腦有很多種存放裝置：光碟、U盤、SD卡、硬碟、記憶體條、唯讀記憶體ROM、緩存等等。那麼生物的資訊載體為什麼只能限於RNA和DNA呢？還是這句話，我們現在沒發現，不等於沒有。

如果在RNA和DNA之外還有其他的資訊載體，也許就可以解決這個問題。拿電腦來說，不同功能就有不同的存放裝置。

本書的主角暗生物，就有不錯的記憶能力，雖然沒有DNA那麼準確和強大，但是如果蛋白質是最早的生命，那麼與之對應的暗生物能夠記載一點資訊，也許就可以勉勉強強把自己複製一下。這樣的蛋白質種類可能非常少，功能也會比較簡單，但是能比RNA強大和靈活。

預測，就是對我們還沒有發現的東西的猜測，朊病毒給上面這個猜測提供了旁證。「朊」是蛋白質的舊稱，朊病毒意思就是蛋白質病毒，它不含核酸而僅由蛋白質構成。朊病毒具有感染性，能引起哺乳動物的中樞神經系統病變，導致羊瘙癢症和瘋牛病等。

朊病毒的作用原理是病毒蛋白質能夠影響同類型正常的蛋白質，使其構象改變，變得和自己一樣，朊病毒依靠本身並不能夠複製出完全相同的朊病毒。

舉個例子，一個瘸腿廚師來到一群正常人當中，把幾個正常人忽悠成了和自己一樣的瘸子。這些新瘸子又去忽悠其他正常人，最後這群人都變成了一樣的瘸子。瘸腿廚師並不能繁殖出和自己一樣的瘸腿廚師，但是他可以把正常人變成和自己一樣。

朊病毒的遺傳信息並不完整，因此它不能像普通病毒一樣，只需要利用宿主的機器，用一堆原材料就能製造出和自己一樣的病毒。所以很多生物學家認為朊病毒不算病毒，也不是生物。他們認為這種傳播方式是機械式的資訊傳播。

我認為，這件事發生在蛋白質這樣具有生物活性的物質上，只能是生物行為，而不是機械動作。如果考慮前文所說的「蛋白質的智慧」，那麼朊病毒既是病毒，也是生物，妥妥的。而這種傳播方式就是繁殖的一種方式，把別人變成自己，目的是使自己的暗生物擁有更多的載體。

意識的起源是一種反向工程。在正向工程中，人們設計一台機器來做一些事情；在反向工程中，人們想弄明白機器是被設計出來做什麼用的。

「生命體的反向工程原理源自達爾文。他指出，『那些令人歎為觀止、極度完美而精妙的器官』不是源於上帝的遠見，而是由複製器經過極其漫長的時間進化而來的……達爾文堅持認為，他的理論不但解釋了動物身體的複雜性，而且也解釋了動物心智的複雜性。『心理學將會基於新的基礎。』他在《物種起源》的篇尾作出了這個著名的論斷。但達爾文的預言還沒有被實踐。在他寫下上述話語一個多世紀後，對心智的研究仍然幾乎不考慮達爾文，甚至常常對他頗為輕蔑。」[515]

但是，達爾文這個預言也是對的，因為人類的心智只能是進化來的。意識的反向工程應該先把抽象的意識模型化成實體，這樣更容易追根溯源，追尋意識的蛋白質起源。心智和身體共同進化，只是不在一條線上。

說到生命的連續性，我反對基因中心主義，也不同意湧現理論，湧現理論這樣說：「生命是某種非靈性的，接近於數學的特性，可以從對物質的類網路組織中湧現。它有點像概率法則；如果把足夠多的部件放到一起，系統就會以平均律展現出某種行為。任何東西，僅需按照一些現在還不知道的法則組織起來，就可以匯出生命。生命所遵循的那些定律，與光所遵循的那些定律同樣嚴格。」[516]

生命一定是在某個時候湧現出來的，但是不會是任何東西都能匯出生命，只有某些特定的有機物才有這個可能……

「一天晚上，在首屆人工生命大會的一次午夜演講之後，數學家魯迪·魯克爾講出了一番研究人工生命的動機：『目前，普通的電腦程式可能有一千行長，能運行幾分鐘。而製造人工生命的目的是要找到一種電腦代碼，它只有幾行長，卻能運行一千年。』」[517] 地球生物從一個氨基酸、一個堿基開始，經過了一代代發展成百萬億個細胞級的大生命。暗生物也會是這樣，由一兩個代碼開始，發展成能與大生命匹配的暗生命。

智慧是由一個一個碎片累積起來的，每一個碎片是一個簡單的功能，不要神化這個功能，它只有一點點的作用和影響，能夠實現一個非常簡單的任務。

(515) 史蒂芬·平克，《心智探奇》（浙江：浙江人民出版社，2016），頁23。
(516) 凱文·凱利，《失控》（北京：電子工業出版社，2016），頁171。
(517) 凱文·凱利，《失控》（北京：電子工業出版社，2016），頁542。

但是碎片越累積越多之後，就可以完成複雜的任務。在這個過程中，大多數累積都會產生錯誤，都被自然選擇淘汰了，然後輸出結果正確的智慧就被保存了下來。這就是智慧的由來。

人類一直在犯的錯誤就是把智慧和意識的門檻抬得很高很高，結果導致誤以為只有人類才有意識。生命不同於教科書上的刻板教條，它是如此的簡約而又平常，微妙而又偉大。

「科學確實也出過圈。我們迫害過不同意見者，恪守過教條，並且試圖將科學的權威擴展到科學無能為力的道德領域。然而，不把科學和理性約束在適當的範圍內，便不能解決我們周圍的問題。」(518) 所以防範科學原教旨主義，和防範偽科學同樣重要，特別是在科學已經如此強大並且強勢的二十一世紀。

尤瓦爾・赫拉利在書裡說，現代科學與先前的知識體系有三大不同之處：

1. 願意承認自己的無知。我們承認自己並非無所不知，也願意在知識進步後，承認過去相信的可能是錯的。沒有什麼概念或理論是神聖不可挑戰的。（而科學原教旨主義恰恰死守教條，打擊膽敢越雷池一步者。）

2. 以觀察和數學為中心。方式則是通過收集各種觀察值，再用數學工具整理連接，形成全面的理論。（現代生物學再也不是達爾文式博物學家的生物學了，考察和觀察已經少得可憐，生物學家只願意坐在電腦前面數數堿基對。而數學在生物學中的應用還是不夠，一個概率計算根本通不過的基因突變導致進化的理論，卻被生物教科書使用了這麼多年。）

3. 取得新能力。光是創造理論還不夠，現代科學希望能夠運用這些理論來取得新的能力，特別是發展出新的科技。（但是傳統生物學家們只希望在現有的框架內一寸一寸的前進，完全沒有跨界革命的意願。）

「科學革命並不是『知識的革命』，而是『無知的革命』。真正讓科學革命起步的偉大發現，就是發現『人類對於最重要的問題其實毫無所知』。」(519) 這才是生物學所應有的態度，再重複一下——「人類對於最重要的問題其實毫無所知！」

北方的春天來得遲一些，四月早春，上午的陽光溫暖愜意。南方吹來的風，帶著春雨和燕子歸來的消息。我坐在體育場旁邊的看臺沿兒上，看著道金斯教授的書，跑道上閒適的散步者悠然而過。沒有十里桃花，只有寥寥幾棵桃樹。花開正豔，幾片花瓣輕盈的旋轉著飄在樹下。化作春泥更護花，這些已經

(518) 斯蒂芬・傑・古爾德，《自達爾文以來》（上海：上海文藝出版社，2008），頁104。
(519) 尤瓦爾・赫拉利，《人類簡史》（北京：中信出版社，2014），頁243。

完成使命的小精靈，一場春雨過後就會重新回到土壤裡，化為營養物質被母樹重新吸收，這也是生命的輪迴。生命是智慧，他們節約而且環保，極少浪費一點資源。

生命的起源這一段，我沒有多少證據，很多內容是猜測，所以隨時恭候新的有見地的想法和主張。拋出一小塊磚頭，看能不能有人扔塊玉過來。有，我就賺到了。

## 第二節　基因之外，暗生物也有記憶功能

先有「基」還是先有「蛋」？雖然現在已經證明了有的RNA可以自行催化和複製，但是這並不解決根本問題。根本問題是DNA和RNA除了記錄的功能之外，其它功能很弱。離開蛋白質的幫助，它們基本只是一團團絲絲絡絡的亂麻而已。

蛋白質是生命的物質基礎，1838年，瑞典化學家永斯・貝采利烏斯將這種大分子命名為protein，意思是首要的、原初的，「『蛋白質』這個譯法好的方面是通俗易懂，讓人明白了它與蛋白之間的關係；而壞的方面在於，人們總是簡單地認為『蛋白質』是食物中的一種營養物質，卻不知道它其實也是我們的身體首要的構成單元。」[520]

基因只是指令集，而蛋白質才是把指令轉化成行動的執行者。只有光桿司令，沒有士兵執行命令的軍隊肯定玩不轉。但是，蛋白質最大的問題就是本身似乎沒有自己內部的指令集，沒有穩定的遺傳方法，或者說沒有資訊記憶能力。可是，那是在有DNA作為遺傳物質的前提下，有了機槍，誰還用砍刀啊（但是話說回來，早期的武器只能是砍刀，而不可能是機槍）。有了穩定強大的DNA作為遺傳物質，其他的遺傳方式都相形見絀。也就是說，也許還有其他的遺傳方式，只不過很少使用，或者有不同的用處。

蛋白質有一個強大的能力就是在被修飾的情況下，可以實現開關的功能，也就是我們第五章中提到的那個「最簡單、最原始的判斷。」

北航的生物學教授葉盛在書裡說：「蛋白質的修飾反應也需要有專門的酶類進行催化才能完成，這類酶被稱為修飾酶。而細胞中還存在一些不同種類的去修飾酶，可以將特定類型的修飾從特定的位置上去除。如此一來，蛋白質上的修飾就變成了一種動態特徵，令本來一成不變的蛋白質有了發生改變的可

(520) 葉盛，《「神通廣大」的生命物質基礎：蛋白質》（北京：科學出版社，2018），頁7。

能。蛋白質如果能夠發生某種化學組成上的變化，那麼就有了兩種截然不同的狀態。任何一個電腦相關專業的大學生馬上就會想到：這不就是0和1嗎？」[521]

葉盛教授之所以能夠看出蛋白質的計算屬性，是因為他在清華大學自動化系讀的本科，屬於電腦專業出身，而後跨專業在清華大學生物系讀研，並且師從南開大學校長，中科院饒子和院士，攻讀了結構生物學博士。所以會有這樣跨專業的思維。

結構生物學現在是生物學熱點領域，出了不少優秀的華人科學家，比如施一公和女科學家顏寧。

葉盛教授接著補充道：「生命的進化自然不會放過這樣的絕佳機會。實際上，蛋白質翻譯後修飾相關的生物學功能當中，很重要的一種即是充當開關的角色——在一種環境狀態下加上修飾，再在另一種環境狀態下去除修飾，以此開啟或關閉細胞內不同的進程。」[522]

這就是我們在第五章中所說的心智的本源，簡單得就像一個二極體一樣，只允許電流由單一方向通過，方向相反時阻斷，一個最簡單、最原始的判斷，「幾個簡單的二極體組合在一起，竟然就能進行邏輯運算。」[523]

在先有基因還是先有蛋白質的這個問題上，我和現在生物學的主流理論「RNA世界」的看法不一致，現在科學界基本認同RNA會是最早出現的生命分子。生物學家們有很多理論依據（雖然還有不少問題），而我沒有多少證據，只是期待著發現蛋白質的資訊存儲能力，因為「從本質上講，生命是一個記憶儲存系統。」[524]

RNA世界理論的支持者們「幻想出了一家光鮮亮麗的汽車工廠，卻忽略了零件供應商的重要性。沒有零件供應商為工廠提供足夠數量的輪胎、輪軸、變速器以及引擎，工廠裡再高通量的流水線也不過是形同虛設，毫無意義。」[525]

在生命起源的基本分子這個問題上，我不打算過多糾纏，因為比起分子生物學家的專業水準來說，我差得遠了，我的優勢在於廣度，但是深度不足。而且這個問題並不影響暗生物理論，基因和蛋白質誰先出來都一樣，生命都不能沒有生物智慧，所以就讓聰明人爭論去吧。

---

(521) 葉盛，《「神通廣大」的生命物質基礎：蛋白質》（北京：科學出版社，2018），頁140。
(522) 葉盛，《「神通廣大」的生命物質基礎：蛋白質》（北京：科學出版社，2018），頁140。
(523) 葉盛，《「神通廣大」的生命物質基礎：蛋白質》（北京：科學出版社，2018），頁141。
(524) 林恩·馬古利斯，《生物共生的行星》（上海：上海科學技術出版社，2009），頁72。
(525) 安德莉亞斯·瓦格納，《適者降臨——自然如何創新》（杭州：浙江人民出版社，2018），頁50。

第二章提到過愛德華．威爾遜對「獲得性遺傳」的質疑：「昆蟲社會的工職（工蜂、工蟻）不育而不能留下後代，它們是如何『獲得性遺傳』，如何進化的呢？」現在可以正面回覆了，本書寫到現在，這個問題已經不是問題，因為真正獲得的東西，大部分並沒有保存在基因裡，而是作為天性和本能儲存在暗生物裡。而每個個體，不管是工蟻還是工蜂，不管生育與否，都有自己的暗生物，都會被生存經驗所改變，也就相當於都有自己的獲得性遺傳。

現在可以再看一下本能，本能：是指本身固有的、不學就會的能力。不通過學習即可體現出的行為即為本能。本能從哪裡來，應該說有三種可能性：

一、是從父母的基因遺傳而來的嗎？但是人類這樣天性複雜的動物，基因卻並不比水稻多。

二、是從父母的不可見遺傳物質傳來的嗎？但是同卵雙胞胎卻具有不一樣的天性。

三、不是從父母處得來。這個可能性最大。

其實如果把「本能」的概念倒推，不學習就具有的能力，又不是從父母處得來，也就不是遺傳得來。現在看來，只能是暗生物通過重複學習得來的。

在這裡提一下前面提到的兩個生物學家古爾德和威爾遜之間的爭論。我對這兩位前輩都相當敬仰，對他們的觀點也多次引用。但是和達爾文一樣，他們的理論也會有瑕疵，其實這是不可避免的。本書也會有缺陷，而且多得多。

他倆爭論的焦點在威爾遜最重要的理論：「我們的基因不僅決定了我們的身體，還決定了我們的本能——包括社會性以及諸多個體特性。」這就是我們在前面「潛意識和意識」章節中提到的「動物本能」。

古爾德認為：「腦的能力決定了所有行為，不存在預先決定，環境決定論反對生物學決定論的特定基因決定特異行為特徵的思想。」[526]

他接著說：「之所以圍繞生物學決定論生出廣泛激烈的爭論，是由於生物學決定論中的社會及政治含義的作用。生物學決定論總是利用生物學的必然性來捍衛現存的社會等級，從『窮者永遠貧窮』，到19世紀的帝國主義，再到現在的性別歧視。為什麼這樣一系列缺乏事實支持的觀念幾百年來都受到當時媒介的關注？因為科學家們雖然出於不同的原因（有些還是善意的）提出決定論的學說，但如何利用決定論卻不是科學家所能控制的。」[527]

古爾德的意思就是：一些科學家（包括威爾遜）提出基因決定論（很像宿

(526) 斯蒂芬．傑．古爾德，《自達爾文以來》（上海：上海文藝出版社，2008），頁193。
(527) 斯蒂芬．傑．古爾德，《自達爾文以來》（上海：上海文藝出版社，2008），頁194。

命論），這個理論證據不足，而且容易被野心家利用。

在本書即將結束的時候來看這個爭論，已經沒有什麼難度。兩位科學家都有對有錯，也許不應該叫做「**決定論」而應該改成「**影響」，環境影響，基因影響，生物學影響……。

如果按照我的觀點，那就是：暗生物傳承天性，加環境影響，加生物自身學習。綜合在一起，決定了生物的行為。而在這裡面，自身的學習至關重要，你可以改變自己的命運。

宿命論可以徹底下課了，命運——在你的手中！

暗生物可以跨代，從這個意義上看，暗生物也是遺傳物質。作為廣為人知的遺傳物質——基因，就像一個隨隨便便出出入入的庫房，很容易突變、改寫、發生錯誤和轉基因。而暗生物卻需要不斷的學習，只用過一、兩次的內容會被遺忘掉，多次重複的內容會被記錄進潛意識或者內程式而長期保存。在死亡的時候，不重要的內容被清空，重要的內容帶到重新與載體結合。比較這兩種遺傳物質，哪一個更重要，哪一個主導了進化呢？

## 第三節　繁殖重要的原因

在很多重要的決定上，潛意識起的作用才是決定性的，而我們的意識並不知道。

諾貝爾經濟學獎獲得者、以色列心理學家丹尼爾·卡尼曼（Daniel Kahneman）與阿莫斯·特沃斯基（Amos Tversky）合作寫了一篇論文。「文中概述了令我們日常生活中的想法和決定帶有偏見的各種原因，揭示了以下現象：我們平常做的決定是輕率的、任意的，卻是有規律可循的。例如，問參加實驗的志願者：『非洲國家在聯合國中的百分比是多少？』然後轉動幸運之輪。轉輪本身對實驗結果沒有任何影響，它只是為志願者提供數位而已。如果轉輪停在10上，那麼志願者答案的中間值是25%；如果轉輪停在65上，答案中間值是45%。無意識（潛意識）引導我們做的選擇是隨機的，但無意識（潛意識）卻明顯影響我們做出猜測。

「這表明意識的作用是進行重大革新，揭示深層的模式，但在做決定時只是起輔助作用，而不是起支配作用。從生物學上來說，人類的目的是為了生存和繁衍，無意識為這個目標盡一切努力，而意識是協助無意識達到目標的高級助手。」[528]

（528）丹尼爾·博爾，《貪婪的大腦》（北京：機械工業出版社，2013），頁89。

自私的基因最大的願望就是複製更多的自己，史蒂芬·平克認為「心智進化的最終目的是為了複製最大數量的基因」，這句話說對了一半，因為這並不是「最終目的」，複製最大數量的基因還有目的，那就是——獲得最大數量的載體。

生殖可以創造跟自己基因最相似的載體，為了以後自己暗生物能夠找到最合適的載體。需要注意的是，這並不是一錘子買賣、用一次拉倒，而是以後世世代代都受益的長期投資。當然，每一代之後，基因的相似程度都會下降，但是和別的族群的個體相比，自己族群的後代與自己的基因還是更加相似。也許在幾代之後，暗生物哄搶新的載體的時候，自己可能會因為基因差的稍多而落敗，但是搶了載體的暗生物一定也是自己的近親，肥水不流外人田，這也不算吃虧。

**一個八歲孩子寫的詩——挑媽媽**

你問我出生前在做什麼
我答　我在天上挑媽媽
看見你了
覺得你特別好
想做你的兒子
又覺得自己可能沒那個運氣
沒想到
第二天一早
我已經在你肚子裡[529]

很多生物都有犧牲精神，比如當細胞的DNA遭受無法修復的損壞的時候，它會自毀。看似為了自己基因的延續和種群或集體，其實基因的延續並不是生物個體的延續，如果自己不能延續，那麼物種的延續跟這個生物一毛錢關係也沒有了。所以關鍵還是自己的延續，如果自我毀滅能夠使整個群體生存下來，就能為自己提供載體，從而保證自己還能「活」回來，那麼一切犧牲都是值得的。

再說一個問題，性對於生物很重要，對於人類更是永恆的話題，因為人類比其他生物多了一個婚姻的契約關係。婚姻對於人類生活和繁殖的重要性無需

(529) 果麥，《孩子們的詩》（浙江：浙江文藝出版社，2017），頁6。

贅言，但是現在這個契約關係正面臨著全球性的危機，中國尤其如此，在一些大城市，離婚率已經超過了40%，即將趕超美國。婚姻的三大支柱是物質（錢、房）、精神（世界觀、價值觀、溝通）和性。國內文學作品對婚姻的物質和精神的描寫長篇累牘，汗牛充棟，而對性的闡述就少之又少，鳳毛麟角。

王小波的作品就恰恰彌補了一點缺憾，他的性描寫簡潔、清晰，粗看荒謬放蕩，細品茅塞漸開。讓人面紅耳赤卻又回味悠長，是婚齡男女不錯的啟蒙教材。這個啟蒙教育要及時，「調查發現，人的性模式在青春期或者更早就已形成並固化了。即使後來他從一個階層轉入另一個階層，在他本人的一生中也不會再發生大變化。」[530]

王小波是個特立獨行的作家，被稱為中國近代情感文學教父。但是譽滿天下的同時也是謗滿天下，主要原因就是他的著作中露骨的性描寫。

阿爾弗雷德・C・金賽在他的性學報告裡面說，「現今社會中，法律把性行為區分為『自然的』和『違反自然的』，但是這一標準既不是來源於生物學資料，也不是來源於大自然本身，而是因循古希臘古羅馬的舊制，就連變態心理學教科書也不過如此。沒有任何一個科學領域會像性研究這樣，有如此之多的科學家仍然滿足於兩三千年前的魔法巫師的分析。」[531]

性不是洪水猛獸，如果處置得當，性生活是壓力山大的現代人減輕壓力、緩解抑鬱和增進感情的一劑良藥，也是潛意識層和內程式層給予意識層的額外獎賞。雖然我不贊成極端的性自由，但是也不贊成傳統禮教和中醫對性的過分控制。「在50歲的在婚男性中，青春期早的人100%都持續著性活動，而且他們的頻率比晚者仍然高20%。這就是說，將近40年的高頻大量性活動，並沒有損耗他們生理的、精神的和心理的能力。相反，一些（不是多數）青春期晚的人已經有過5年左右的性能力衰退史，50歲時就完全喪失了……至少能證明，所謂『開始早就結束早，少時多，老來就少』的說法毫無根據。」[532]

王小波和夫人李銀河（性學家，博導）以超然的勇氣直面性生活中會遇到的問題，並且給出了他們的解決方案。比如在他的小說《黃金時代》的最後一個故事中，男主角王二的新娘沒有性知識也沒有情調，把新婚之夜的壓軸好戲當做例行公事和動物配種。早早的脫了大半衣服上了床，閉著眼睛直挺挺的躺著等著完成任務，臉色潮紅，一句話都不肯講。還穿了一條皺皺巴巴的大

(530) 阿爾弗雷德・C・金賽，《金賽性學報告》（北京：中國青年出版社，2013），頁114。
(531) 阿爾弗雷德・C・金賽，《金賽性學報告》（北京：中國青年出版社，2013），頁53。
(532) 阿爾弗雷德・C・金賽，《金賽性學報告》（北京：中國青年出版社，2013），頁73。

褲衩，弄得王二意興闌珊，再加上忙了一天沒咋吃飯有些胃疼，啥也沒做就軟塌塌了，然後在媳婦旁邊躺下。「這件事本不是沒有挽回的餘地，但是我前妻（新娘）卻大哭起來。引得丈母娘、大姨子都跑來了，問我：『你什麼意思，我妹妹可是個黃花閨女』。叫她們這麼一吵，我當然是越來越不行。最後終於離了婚。離婚之前我前妻還在醫院哭鬧了好幾場，讓大家都知道我不行，搞得我灰頭土臉。」[533]之後王二就有了心理陰影，也就做下了陽痿的毛病。

人類的性生活顯然不應該直奔主題，特別是洞房花燭夜這樣讓人浮想聯翩的曖昧時刻。就算是其他哺乳動物，也懂得纏綿溫情，金賽博士說，「在性交合之前的親暱愛撫活動中，人與動物的區別顯然並不大。」[534]

金賽博士的性學報告讓他聞名於世，但是大家不知道的是，他還是一個生物學家，研究方向是昆蟲生態學，所以他能夠從進化生物學的方向來解釋親暱愛撫的重要，「沒有性交合的親暱愛撫是生物進化的產物，而且唯有進化到哺乳動物階段時，才出現了如此之多的技巧。因此從生物學來看，親暱愛撫是一種正常的、自然的和符合人類天性的行為，而不是人類智慧所發明出來的變態行為。儘管經常有人斥責親暱，但從生物學來看，把親暱愛撫視為『違反天性的動作』才是變態，禁止和鎮壓這樣的行為才真正是變態。」[535]

男人和女人由於生理和心理的差異，使夫妻的性關係存在很多誤解，「這種性別差異使得女人無法理解：為什麼自己在家務繁忙或是社會負擔沉重的時候，丈夫卻不願意減少或者放棄性交合？反過來，非常多的丈夫也無法理解妻子為什麼在性交合開始的時候總是缺乏興趣，常常誤認為這是因為妻子對自己的感情淡薄了。其實，雙方如要協調性關係，必須明白這只不過是男女性別差異的最典型的最普遍的表現形式。」[536]

王二的新娘是護士，學歷也不算低，但是對性，卻是一無所知。這樣的女人能讓強姦犯從良，她們有個外號，叫消防隊長，管你什麼興致勃發乾柴烈火，就是熊熊森林大火也能給你撲滅不剩一點火星兒。她們不知道，男人的性活動「依靠心理刺激和心理前提」，心理因素是造成男人陽痿的最主要原因，因為性活動的根本原因是為了繁殖，是潛意識層和內程式層驅使的。同理，男人的粗魯急躁也是造成女人性冷淡的首要原因。和諧的性生活能夠穩固婚姻關係，而性生活出現問題也能導致婚姻分崩離析。

---

(533) 王小波，《黃金時代》（廣州：花城出版社，1997），頁353。
(534) 阿爾弗雷德·C·金賽，《金賽性學報告》（北京：中國青年出版社，2013），頁251。
(535) 阿爾弗雷德·C·金賽，《金賽性學報告》（北京：中國青年出版社，2013），頁251。
(536) 阿爾弗雷德·C·金賽，《金賽性學報告》（北京：中國青年出版社，2013），頁438。

王小波的小說中既有王二新娘這樣的錯誤典型，也有陳清揚這樣的奇女子。我不知道該怎樣定義陳清揚，有人認為她是女神，但更多人認為她是蕩婦。我喜歡這個角色，敢愛敢恨、敢作敢當，她大膽的宣洩著自己特殊的性取向（SM），挑戰說三道四、遮遮掩掩、「皺皺巴巴」的傳統性觀念。就像清新淡雅的風，時而「冷得像山上的水」，時而「帶著燥熱和塵土」，「好像愛撫和嘴唇」。

## 第四節　衰老和死亡的原因

另一個保持基因創造力的方式是死亡。

「有一種觀點認為，研究機構讓那些脾氣暴躁的老教授到一定年齡退休是明智之舉，這使得頑固過時的理論和思維習慣不能長久地影響學術圈，也使年輕的、富於創新思想的科學家有機會展現才華。」[537]

從進化的角度來講，最重要的事情莫過於保證動物活到足以產生下一代並傳遞遺傳物質的年齡。生物體的營養和發育的主要目的是保證我們的健康足以維持我們達到這個目標。那麼產生了足夠的下一代，完成了任務之後呢？

生物學家都知道死亡並不是必須，而像是特殊設置好的，所以也稱作「程式性死亡」。但是他們認為這是為了種群的利益，老一代生命體的死亡能使一個家族或物種有更強的能力應對變化的環境。

丹尼爾·博爾認為：「如果沒有自然死亡，一個物種的基因創造力會受到過時的思想的損害，隨著時間推移，這種損害會變得越來越嚴重。如果年老的一代不消亡，有著創新思想的後代很難得到發展，因為家庭內部就存在激烈的競爭。如果這種情況持續幾代，那麼優秀的思想會變得越來越少，而這一物種對外界變化的反應也會越來越遲緩。一旦出現危機（年老的生物是無法解決這些危機的），這個物種應對危機的能力會非常差。而如果正常更新換代，情況會好很多。」[538]

按照多數生物學家的想法，有衰老的種群比沒有衰老的種群多一些創新優勢，就會在自然選擇中勝出。但是他們沒有算過，一個種群如果沒有衰老，那麼數量上會很快超過其他有衰老的種群，這個優勢遠大於其他優勢之和，這個種群才會勝出。但是博爾也有正確之處，他提出了需要消亡的不是身體，而是過時的思想。

(537) 丹尼爾·博爾，《貪婪的大腦》（北京：機械工業出版社，2013），頁45。
(538) 丹尼爾·博爾，《貪婪的大腦》（北京：機械工業出版社，2013），頁46。

那麼衰老真正的原因是什麼呢？我們還是先來參考一下電腦。電腦長時間運行，而且運行了很多程式之後，記憶體裡面會有問題，比如產生記憶體洩漏，已經被分配的記憶體由於某種原因最後未釋放或者無法釋放，造成系統記憶體的浪費，累積之後會導致電腦運行速度減慢或者最終系統崩潰。程式在運行過程中不停地分配記憶體空間，程式運行結束會釋放記憶體空間，正常來說並不會發生記憶體洩漏，因為最終程式釋放了所有申請的記憶體空間。但是由於一些程式本身的錯誤或者異常中斷，都會造成某些申請的記憶體空間一直被佔用。就像一個公寓大樓，有一些房客離開了，不住公寓了，卻沒有退房也沒有交鑰匙，一段時間之後公寓就沒有空房間給新來的房客了。

長時間運行的大型電腦和伺服器，不斷處理由用戶端發來的請求，很多請求都會造成記憶體洩漏。記憶體洩漏本身不會產生什麼危害，一般的用戶基本感覺不到。真正麻煩的是記憶體洩漏的積累，早晚會耗盡系統所有的記憶體。

大家使用智慧手機也有過類似的體驗吧，長時間開機，一直沒有關機或者重新啟動，又使用了很多手機APP程式，一段時間之後手機運行速度就會越來越慢，有時甚至卡住無響應，逼著你不得不重新啟動。記憶體很大的高檔手機一樣會有類似問題，因為就算你的手機很好，但是APP程式爛啊，照樣吃光你的記憶體。

舉例來說，就像一個新商場的庫房。開始的時候，商品隨進隨出，一直正常流動。但是會有某些商品因為損壞或者其他原因，就留在了庫房裡。慢慢的，無用的積壓品越來越多，庫房的有效空間就越來越小，如果不整理，時間一長，庫房裡堆滿了破爛兒。

解決這個問題的辦法很簡單，重新啟動電腦就會清空記憶體裡面的所有內容。當然，重新開機並不會損壞或者刪除硬碟裡的內容和固化在晶片組裡的內容。一些維修電腦的小夥子喜歡把重新啟動叫做「放大招」，遇到電腦系統變慢或者其他解決不了的小問題就「放大招」，一般只要不是硬體損壞，重新開機系統能夠解決很多軟體問題。

包括人和其他動植物，所有生物的智慧，只要它有記憶和運算的能力，只要它不斷遇到新的情況，就必然會產生類似電腦記憶體洩漏的問題，這是智慧系統無可避免的。我們經常這麼形容一個好學的人：「他像一塊海綿一樣貪婪地吸吮著知識的水分。」而一個已經被各種錯誤和垃圾資訊填滿的記憶體就像一塊已經吸飽了的海綿，沒有辦法再接受新知識了。年長的生物智慧都會面臨這個問題，拿人類來說，一些老人的意識就像一塊吸飽了的海綿，很難接受新知識，遇到問題容易鑽牛角尖，不但記憶體洩漏，而且思維陷入閉環。

閉環是記憶體洩漏之外的一個常見軟體錯誤，它是什麼呢？程式師在編程式時，有時會遇到一個無法靠自身的控制終止的循環語句，稱為「閉環」，這樣的語句會一直重複一個動作，循環下去直到天荒地老。就像玄幻小說中的「鬼打牆」，誤入之後就會一直原地繞圈，很難出去。

有的程式語句設計錯了，執行就會陷入閉環，但多數是因為觸發了某個條件，使程式進入了閉環的岔路。運行程式時，若遇到閉環，有時可以按下Ctrl+Pause/Break鍵來結束循環，但是生物智慧就沒有這樣的停止鍵了。

人類的思維產生記憶體洩漏或者陷入閉環，會是怎樣的表現呢？在微博上看過一個討論話題，關於周圍奇葩的吝嗇鬼。被吐槽最多的是老人。他們在年青的時候，因為條件限制，都很節省，這幫他們度過了艱難歲月。但是等生活條件好轉之後，節約的品質卻走向了極端。吝嗇鬼們的事蹟真是五光十色，有的退休金過萬的老兩口很少坐公交，因為車票太貴，竟然要八毛一張；有的一根牙籤能用一個月；有的把擦過的手紙晾乾回收再利用。

還有一個生活條件不錯的老人，胳膊骨折，一片碎骨卡在關節裡。她捨不得3000元手術費（這也就是她半個多月的退休金），寧願胳膊殘廢也不手術。還有一個重口味的老人，為了節省沖廁所的水，每次大便的時候都在馬桶裡套一個塑膠袋，然後打包下樓扔到垃圾桶裡。但是有一天放在廳裡忘了扔，孩子回家一開門，滿屋的**味那個熏人啊。不過，這個老人雖然吝嗇，但是還沒有過於影響他人（清潔工人表示強烈反對），另外一個老太太就五行缺德了。估計她也是為了省水，就把糞便裝到了塑膠袋裡，但是她竟然把塑膠袋從窗戶扔出來，扔到了樓下陽臺上，袋子裂開，糊了人家滿窗戶。大快人心的是，人家報警了，員警把老太太揪了出來，責令給人家擦陽臺。

思想走了極端陷入閉環只是一方面，另一方面是學習能力的下降，也許是由於經驗積累過多，填滿了記憶體，或者過度自負。上面說的那個骨折的老人，為了讓她手術，所有家屬圍著勸說，她盡然在醫院裡嚎啕大哭，哭了一下午。回家之後還經常吊著那支殘廢了的手臂到處跟人炫耀這三千元省的容易。也許這就是她的大腦存儲和知識更新的極限，已經無法再接受新的內容。

當然不同人之間這個極限的差別會很大，就像六千元的蘋果手機和六百元的山寨手機的記憶體容量和品質差別很大一樣。當然這跟你是否富有無關，而是要看你的心胸氣度和學習能力。很多專家和學者七八十歲了還能寫出相當精彩的論文，很多老人退休後仍然看書學習而且操持家務。我在微博和論壇上也經常能看到老人發表的很有見解的文章，這些老人雖然年齡大了，但是意識和思維仍然處在中年人的成熟而活躍的水準。而那個扔糞便袋的老太太，估計意識的記憶體已經溢出，不但學不到新東西，而且把道德都擠沒了。

無論是誰，按照一個方向一直走下去，容易使性格偏執，鑽牛角尖，而且很難調整。這和電腦程式陷入閉環一樣，一般跳不出來。一個偏執的人很難從別人的教訓或者自己的失敗中學習經驗，因為偏執的人往往很有毅力，也常常因為堅持一件事情而取得成功。這樣他就更加有了偏執的資本，而且他會固執的認為只有偏執狂才能生存，於是一條路走到黑，甚至死亡都無法改變：如果讓他再活一次，他也許還會這麼做。就像閉環的程式，不改變其中的某些參數，重新啟動之後，再運行還是閉環。如何改變參數呢？也許改變性別是最好的辦法，我們將在本章「同性戀的原因」一節中詳細討論。

對於生物來說，在暗生物處於「記憶體洩漏」或者「閉環」的時候，也許死亡是僅有的維修手段，就像電腦的重新開機一樣。

在生命剛開始的時候，最原始的生物的死亡應該是被動的解體和破碎。但是在後來的輪迴中發現了死亡的用處，於是它們開始在允許的範圍內計算壽命的合理範圍，絕對不是最大值，而是最佳值。一般來說，簡單的生物壽命短，比如細菌，因為它們的記憶體小，用不了很長時間就滿負荷了。新陳代謝慢的動物壽命長，比如烏龜，因為它們的軟體運行太慢，學得太慢了，遲遲達不到滿負荷。當然，多數生物是這樣，例外的情況也有不少。

重新開機之後，暗生物會擺脫「記憶體洩漏」和「閉環」，而回到年青狀態。相比年青的動物，年老的動物欠缺什麼呢？好奇和冒險！

還是拿人類來說事兒，與成人相比，孩子更加好奇，他們不但善於觀察，而且努力地把觀察轉化為有效的歸納，並能總結出自己的看法，他們充滿科學精神和敏銳性。好奇心驅使他們不斷地嘗試新的技能並且犯錯，再從錯誤中學習。

犯錯（或者說試錯）對生物的進化非常有用。其實從某個角度來說，教師就是給孩子創造一個犯錯的環境，大錯不犯、小錯不斷，然後在糾正錯誤中學習和成長。老人由於經驗豐富，犯的錯誤少了，也缺少犯錯的勇氣，學習和成長就會很慢。

和人一樣，動物也充滿了好奇心。一個穿越藏北無人區的小姑娘，在她的旅行日誌裡提到：「藏羚羊看似膽小，其實對外界事物充滿了好奇。羌塘深處的藏羚羊並不十分怕人，最近距離可至30米。它們會安靜地看著你，揣測著你是什麼玩意，為何走得這麼慢。它們會在你的前方來回穿插，時而佯作一副膽小的神情躊躇不定，實則逗你玩。」

麅子就是這麼一個好奇心很強，但是學習能力也很強的動物。因為《爸爸去哪兒》而火起來的麅子常被認為很傻，所以被叫做「傻麅子」。據說麅子有幾個特點：受驚以後尾巴的白毛會炸開，變成白屁股，然後思考要不要逃；假如追趕它的獵人停下來，麅子也會停下來看看獵人為什麼不追啦；獵人發現麅子在吃草，離近之後會大喊一聲，麅子聽到聲音，並不像其他動物馬上逃走，而是左右看看，這時獵人就跳出來，一槍撂倒。

實際上，麅子並不傻，只是過分的好奇。炸尾巴不是麅子嚇傻了，而是受到威脅後的一種自然反應。它不跑是因為還沒有確認威脅是什麼，一旦確認了它會立刻逃跑。麅子停下來分辨喊它的聲音，並不是因為它不害怕，而是它想搞清楚這個聲音是來自一隻老虎還是一隻兔子。這個時候雖然它停了下來，但是已經高度警惕。假如蹦出來的是老虎，它完全有機會逃跑的。可惜等來的是一顆比老虎快得多的子彈，麅子沒有了任何機會。但是在麅子種族誕生的這數百萬年裡，子彈剛剛出現幾百年，還算新鮮事物，所以吃了大虧實屬正常。

麅子這麼做是正確的，因為假如是一隻兔子在叫喊，那就不用在意，停下來繼續吃草就好。不像有的食草動物，一點風吹草動就能把它們嚇得掉魂，惶惶不可終日，這當然影響吃飽肚子，也就會影響生存。「好奇害死貓」，不好奇的貓因為缺乏各種經驗，在自然選擇的篩選下被淘汰得更快。

「有時角馬、羚羊和斑馬根本不注意所有路過的鬣狗，即使它們靠得很近也不予理睬。而另一些時候同樣是角馬、羚羊和斑馬，但當同樣是捕食者的鬣狗一出現，甚至離得還很遠時，這些動物就已經極其緊張並慌恐地奔跑起來。很明顯，它們並不是僅僅簡單地對鬣狗的出現作出反應，而是通過鬣狗行為中的微妙細節而調整自己的對策。這些細節能顯示出它們的處境是否危險。」(539) 也就是說，這些食草動物明白那些鬣狗和獅子有沒有「殺氣」，是不是奔著自己來的。而這些判斷當然是經驗的積累，麅子喜歡盯著陌生的事物看是有原因的。

「實驗證明，這種定向的、受控制的注意能夠提高資訊處理能力和我們對事物某些特性的認識。注意會引導我們看感興趣的物體，使視覺區域的中心——視網膜中央凹集中到物體上。視網膜中央凹聚集了大量的光感受器，比周

(539) 瑪麗安．斯坦普．道金斯，《眼見為實-尋找動物的意識》（上海：上海科學技術出版社，2001），頁69。

邊視覺更靈敏。所以，僅僅通過轉動眼球，將注意集中到一個物體上，我們就能接收到豐富的視覺資訊；相比較而言，如果我們不是直視一個物體，接收到的資訊要少得多。動物看一件物體時，會盯著瞧，彙集更多的資訊以仔細分析這個物體，這樣才能更高效地處理收集到的資訊。」(540)

學習和觀察是動物的基本生存能力，同樣重要的還有試探和開拓。「試驗心理學家已經觀察到，圈養的黑猩猩具有極強的試探開拓傾向，對新對象的出現，它們總要採取一定的行動加以探測和處理。」(541)

動物都有學習能力，特別是幼小的動物。一個明顯的特徵就是幼小的動物往往有更強的好奇心。小學老師都知道，好奇心重的孩子往往思維活躍。

「注意是通往意識的門戶，離開注意，就意識不到周圍任何事物。這種感覺在心理學實驗中一再得到證明。」(542) 而麞子毫無疑問是在觀察和注意著周圍的環境。

看一個物種是否成功，就看它的分佈是否廣泛，麞子就滿足這個條件。在中國，麞子沿著山地一路繁衍生息，從東北大小興安嶺往南直到西藏東南部和雲南西部，廣泛分佈於東北、西北、西南和中部，一直到達緬甸北部。中國往北就更多，麞子沿著山脈進入朝鮮、蒙古和西伯利亞。這麼大的生存區域，只能說明好奇的「傻麞子」其實真的很成功、很聰明。

中國高科技公司的商業模式缺少原創，多數來自於模仿。而西方國家有好多原創公司，很大程度上就是好奇心導致的。美國公司的創始人可以因為有了一個好點子，好奇是否能行得通，就創建一個公司試試看。有時根本沒考慮是否能賺錢，是否能上市。而且也能找得到同樣好奇的人，大家合作一起幹。

好奇是一個學習心態，我們小時候都有過因為好奇而吃虧的糗事。上幼稚園時，媽媽告訴我，冬天外面結冰的時候不要舔鐵器。我偏要偷偷嘗試一下，然後舌頭沾在鎖頭上面拽不下來……多麼痛的領悟啊，這麼多年仍然清楚的記得。讓我高興的是，我並沒有傻得出類拔萃，不是唯一的傻瓜，很多人都這麼做過。還有一個人把這個傻了吧唧的過程錄了視頻在微博上曬。也許是為了讓眾多像我們一樣不撞南牆不回頭的二貨們少走彎路吧！

當然，好奇心是控制不住的，我得到的教訓不是不做，而是下次犯傻之前

---

(540) 丹尼爾·博爾，《貪婪的大腦》（北京：機械工業出版社，2013），頁102。

(541) 愛德華·威爾遜，《社會生物學：新的綜合》（北京：北京理工大學出版社，2008），頁165。

(542) 丹尼爾·博爾，《貪婪的大腦》（北京：機械工業出版社，2013），頁99。

先做好準備工作，比如手裡拿一杯不燙嘴的熱水，或者找一些簡單的來練手，不要直接挑戰高難度，太遭罪啦。

現在流行一句話：「貧窮限制了我的想像力。」其實你看了《孩子們的詩》之後會發現，限制你想像力的不是貧窮，而是年齡和腦子裡亂七八糟的各種想法。

「燈把黑夜，燙了一個洞。」(543)

「樹枝想去撕裂天空，但卻只戳了幾個微小的窟窿，它透出天外的光亮，人們把它叫做月亮和星星。」(544)

「我的眼睛很大很大，裝得下高山，裝得下大海……我的眼睛很小很小，就連兩行淚，也裝不下。」(545)

「風是一個胖子，鑽進了對面的樹林，撞得小樹搖搖晃晃，樹縫冒出它氣喘的聲音……」(546)

「（水坑裡有個月亮）我用力一踩……月亮還是在那兒，只是瘦了一點。」(547)

大家現在還能寫出這樣的詩嗎？

愛因斯坦這麼評價自己：「我並沒有特殊的天才……我只是過分的好奇。」但就是這個「過分好奇」的愛因斯坦，上了歲數之後也不那麼好奇了。有人開玩笑說，1925年之後的愛因斯坦就算改行去釣魚，科學也不會有絲毫損失。

愛因斯坦還說過：「智力的真正標誌不是知識，而是想像。」年青人的頭腦是空的，有的是時間、空間來想像，來把空空的大腦裝滿。老人的頭腦裡裝滿了孩子、家庭、塵世瑣事和各種經驗，也就沒有那麼多地方裝想像。

現代醫學的發展，已經大大地延長了人類的壽命。德格雷說：「我認為，我們有充分的理由去設想，未來任何人的生理年齡永遠都可以在20～25歲之間波動。」這並不是不可能，但是，科學永遠無法讓人類的心理年齡在20～25歲之間波動。而這恰恰是最重要的，因為意識和潛意識才是生命的核心。三十多年前醫學就已經將腦死亡作為判斷臨床死亡的依據，無意識則無生命。

---

(543) 果麥，《孩子們的詩》（浙江：浙江文藝出版社，2017），頁9。
(544) 果麥，《孩子們的詩》（浙江：浙江文藝出版社，2017），頁12。
(545) 果麥，《孩子們的詩》（浙江：浙江文藝出版社，2017），頁51。
(546) 果麥，《孩子們的詩》（浙江：浙江文藝出版社，2017），頁93。
(547) 果麥，《孩子們的詩》（浙江：浙江文藝出版社，2017），頁96。

對潛意識來說，它需要的是嬰兒的好奇，兒童的想像，少年的激情，青年的冒險和中年的成熟，還有無論哪個年齡都必須的學習，但是到了老年的糊塗或者難得糊塗，它就不喜歡了。

前面提到過創新對生命的重要性，而沒有了好奇、想像、激情和冒險，當然也就沒有了創新。

國人缺乏創新精神，經常會認為一點動動腦筋的小事情就是創新，比如很多服務性企業把開發大數據也稱為創新。清醒一點，這只是日常工作而已，就像你收拾收拾抽屜，整理整理衣櫃，本就應該做的。然後這些企業把這算作研發，吹噓投入了多少，號稱自己是高科技公司。

真正的創新是提高科技含量，帶來較大的技術革新。對應於生物，膚色變化一點，體重變化一點都不叫創新。只有出現新器官、新功能，或者為出現新器官、新功能打下基礎才是創新。但是創新是要有膽量而且要冒險的。

生物學家文特爾說：「為了成功，我甘願冒失敗的風險。許多人永遠不會取勝是因為他們害怕冒失敗的風險。試問，一個連試都不敢試的人，又怎麼會成功呢。」[548]

生物崇尚冒險，當環境發生改變的時候，生物會扔出基因突變的骰子，來賭一把運氣。如果是關鍵點上的突變，對於個體來說，毫無疑問九死一生，但是如果成功了，收穫也是巨大的。現在生存著的生物，都是不斷突變，也不斷成功的冒險家的後代。地球生物圈就是個冒險家的樂園。而老齡的個體，不管體力和智力如何，冒險精神基本上都會蕩然無存。老驥伏櫪志在千里的，往往也是在給兒孫打江山，或者認為世界這麼大，我要去轉轉，並不是真的在暴風驟雨中尋找新的寶藏。

物種的生存需要冒險家，需要第一個吃番茄的，需要第一個吃螃蟹的，需要第一個吃斷腸草的。但是老者一般不會嘗試，豐富的經驗告訴他這很危險，還是讓年青的來試試看，「愣頭青」嘛，很少有「愣老頭」的。我說的只是冒險和探索方面，其他方面，「楞老頭」還是不少的。

當種群密度過大時，生物的生存需要開疆辟土。如果沒有六萬年前的走出非洲，那麼人類現在也許還是非洲草原上的幾小撮原始部落。馬的祖先如果不是在地球上到處轉轉，也許現在早就滅絕幾個來回了。

冒險是因為缺少生活必需品。只有餓著肚子的動物才會冒險，比如攻擊和它一樣強壯的獵物。也只有沒有物質基礎而又渴望成功的年青人才敢於冒險，

(548) 張戟，《基因的決定》（山東：山東科學技術出版社，2015），頁38。

反正一無所有，也沒有什麼怕失去。而老年個體一般都已經有了安穩的生活環境，比如老河狸搭建好了自己的小池塘，老雄獅有了自己的獅群和領地，功成名就的老人當然不再願意鋌而走險，安逸的生存環境讓他們不會再出去轉轉，不會再銳意進取，而從物種的角度來看這當然是不可忍受的。

除了利益之外，探險最大的動力也許就是好奇心和爭強好勝。歐洲人當年征服美洲大陸，靠的就是好奇和貪婪。這對美洲原住民是一場空前的浩劫，但是對於侵略者卻是一場盛大的狂歡，對歐洲人基因的延續和傳播居功至偉。

2012年8月，「好奇號」火星車成功登陸火星表面。這個名字起得很好，人類確實非常好奇火星上有什麼、環境怎麼樣，然後就會去火星開疆辟土。美國人為了這個「好奇」花了26億美元，但是大多數人都認為非常值得。

對於老人來說，見多識廣，走過的橋比小夥子走過的路都多，吃過的鹽比小夥子吃過的飯都多。大千世界了然於胸（起碼自己是這樣感覺的），那麼當然也就沒了棱角，沒有年青人那麼好奇了。

好奇是因為有「奇」，老人經歷多、見得多，自然就見怪不怪，也就不「奇」了。很多事情他已經知道，或者認為自己已經知道。

激情是因為「刺激」，見的多了之後當然不會再感覺刺激，也就沒了激情。就像一對結婚50年的老夫妻，哪裡還會有熱戀時候的激情。

好奇的生物更有靈活性，面對環境的變化就會有更多的辦法來應對。沒有了好奇和激情的生物就不會再探索，年齡越大越是如此，而生命的本身就在鼓勵不斷的嘗試和冒險，基因突變就是這樣，它是生物進化的動力之一。失去了好奇心的心智就像不再變化的基因，慢慢會被自然選擇篩選掉。

學習能力毫無疑問是所有能力中最重要的，在所有的年齡段中，平均來說，老年的學習能力最糟糕。大家還記得前面提到的能夠洗土豆的日本猴群嗎？科學家發現，在第一隻猴子發明了洗土豆的技術之後，5年之內，80%的2至7歲獼猴都學會了這項高科技，而只有18%的老年獼猴也學會了。並且發現猴子學習洗土豆的最佳年齡為1～2.5歲，學習洗麥粒的最佳年齡為2～4歲。而創新最強的年齡為4～6歲。

冒險也很重要，但是一般來說，如果知道危險了，是不會主動冒險的，誰都不傻，被黃蜂蜇了的鳥還能記半年呢。所以最好的辦法是把它的經驗大部分抹掉，讓它重新變成「愣頭青」，無知者無畏嘛。

所以，當我們周圍有這樣冒險家的時候，我們應該尊敬他們。中國航海家郭川，2016年10月25日下午3點左右，消失於茫茫太平洋。之後，很多人發出這樣的疑問：「這年頭還需要哥倫布？」，「浪費資源，卻沒為社會做出實質貢獻」，「毫無意義，好比把飛機再發明一遍」，「我們為什麼需要郭川？」是啊，郭川航海究竟有什麼意義？

郭川很帥，也不差錢，他是北京大學光華管理學院的MBA。參與過國際商業衛星發射，曾任長城國際經濟技術合作公司副總經理。他似乎完全沒有必要冒險，但是他在追求夢想。郭川就像那個突變了的基因，而且是個優勢基因。他拓展了人類基因庫，在裡面增加了一份好奇和野性。在和平時期，這樣的好奇鼓舞著人類開疆辟土、探索未知。在災難時期，這樣的野性支撐著人類度過難關。

當然，我也不是說這樣的勇士越多越好。就和突變基因一樣，突變率一定要保持在一個很小的範圍內，才能對整個物種有利。而且我也不贊成一些單純尋找刺激和炫耀式的冒險，比如微博上有個小夥子在100多米高的煙囪頂上騎獨輪車，一隻手還在自拍錄影。只想跟他說：你媽媽正等著你回家吃飯。

還有差勁的——拿別人來滿足自己的好奇心！騰訊新聞專欄《新聞哥》記載了這樣一件事情：有一個美麗的小姑娘（我跑到她微博上看過，是很漂亮），對海鮮嚴重過敏，周圍朋友都知道這件事。一次小姑娘和幾個朋友一起吃飯，朋友們吃海鮮，而她吃米粥。本來相安無事，期間小姑娘上廁所，朋友b就扒了幾個蝦撕碎了攪在小姑娘的粥碗裡，說：「這麼好吃的海鮮不吃，多可惜。她一定是因為減肥才不吃的。我們不要說，等她吃完了再告訴她。」

小姑娘回來繼續喝粥，快喝完的時候。舌頭發麻、胸悶頭暈，過敏性休克不省人事。幾個小時之後醒來發現朋友b已經買了機票跑到別的城市了，而且b還和朋友說：「誰知道她的過敏能嚴重到這個程度啊。」

像朋友b這樣的行為，已經超出好奇的程度，達到了犯罪的界限。國外就發生過一個人用摻了花生醬的食品害死了一個花生過敏者的事情。自己無知不要拿別人當試驗品。就像很多古裝肥皂劇裡，漂亮的腦殘女主角因為某件缺心眼的事情，害死了某個朋友。按套路一定會給自己辯解「我也不知道會這樣啊」「我也不想這樣呀」「人家也好怕呀」。真應該讓她們也過敏性休克一下，死亡邊緣轉一圈回來，她們才會懂得尊重別人的生命。

順便說一下，過敏性休克真的很快、很嚇人、致死率很高！我以前在醫院工作的時候發生過這樣一件事：門診護士給患者打青黴素試敏針——只是低濃度、低劑量的試敏針，針頭剛扎進手臂的皮膚，壯得像牛似的患者仰頭直挺挺的向後就倒。好在打針的也是一個壯實的老護士，大家叫她胖姐，反應奇快，一把抓住患者的衣領就給拽了回來。而且注射室的藥品齊全，一針抗過敏藥打下去，把患者搶救了過來。如果不是護士經驗豐富，反應這麼強烈的青黴素過敏就很危險了。

換個角度來說，雖然好奇和冒險是生物生存和進化的必備條件，但是我們對未知的事情應該抱有一份小心和敬畏。特別是，如果你有好奇和冒險，請你親力親為，不要拿別人的安全和生命做犧牲品！偏偏這樣的人不少。

上面已經說了很多年齡過大對於暗生物發展的不利影響，比如缺少好奇心和冒險精神，還有的陷入「記憶體洩漏」或者「閉環」。而意識和潛意識是暗生物的重要組成部分，偏偏這些不利影響不能通過別的辦法解決，除了重新開機系統，也就是衰老和死亡。那麼，重新開機系統的過程會是怎樣？讓我們先來看看擦除意識層記憶。

「精神分裂症的標誌之一是（患者）確信自己頭腦裡的想法不是自己的。換句話說，很多精神分裂症患者相信，他們的某些經驗至少有部分是屬於別人的。」[549]

在剛剛與新的載體結合的時候，暗生物要把以前的意識層面完全清除乾淨，否則對新生命的意識就會有所影響。這也是生物需要死亡的原因。老年的意識的記憶裡有太多記憶體洩露和閉環，需要把它們徹底擦去，就像重新啟動電腦和手機，會丟掉記憶體裡所有的資料一樣。即便如此，一些在潛意識裡印象過於深刻的記憶仍然會帶來麻煩，也許產生同性戀的原因就在於此。下面「同性戀的原因」章節中會提到。

本書前面章節中提到過記憶體和硬碟的區別，估計很多讀者已經忘了，所以在這裡拷貝過來再說一下。電腦常用的存放裝置是記憶體和硬碟，手機的是記憶體和存儲器。一般來說，記憶體的容量比較小，而硬碟和存儲器要大很多。比如有的手機記憶體8G，存儲器128G。有的電腦記憶體16G，硬碟2000G。但是功能上最主要的區別還是在於重新開機電腦或手機之後，記憶體裡的資料會被清空，而硬碟和存儲器裡的資料會完整保留。

其實對生物來說，擦除記憶一定很簡單，因為它經常做類似的事情。比如當一個精子和一個卵子結合後，兩個細胞核會被卵子的細胞質重新編程式，卵子的細胞質在移除表觀標記方面具有極高的效率，就像個高效的分子橡皮一樣，迅速擦掉兩個細胞核上不需要的分子記憶，特別是精子的細胞核，在精子穿入卵子的瞬間，它上面幾乎所有的甲基化都會被迅速抹去，基本會被擦成一

(549) 丹尼爾·博爾，《貪婪的大腦》（北京：機械工業出版社，2013），頁112。

張白紙。當然，如果某些表觀修飾還有需要，那麼也會被保留而不會被擦除。

對於自己體內沒有用處的東西，生物從來都會大力清理。比如幹細胞分化的時候，還有很多信使RNA存在。但是只要分化開始，細胞就會開啟一套新的miRNA，它們會靶向殘存的幹細胞RNA，促使其降解，這就保證了細胞盡可能快速而且不可逆地進入分化階段。

當暗生物和他的載體（受精卵）結合的時候，受精卵也會拿出分子橡皮的本事，把暗生物意識層的記憶擦掉（保留潛意識和內程式層的記憶），也可能是關閉。當然，在某些特殊情況下，也許會有遺漏，會有擦不乾淨的地方，所以常常有一些人宣稱還有上輩子的記憶。也有科學家對此跟蹤調查過，不過證據還不夠完整。感興趣的讀者可以自己搜索，比如視頻《生死與輪迴》，當做奇聞異事看看還是蠻有趣兒的。

跑題一下，在輪迴的問題上，科學家又表現出了超凡脫俗的傲慢，他們劃定靈魂為宗教信仰和偽科學，嘲笑不否認輪迴的人為民科。但正如電影《I型起源》中女科學家所說：「假如我扔下這個手機一千次、一百萬次，其中有一次並未掉到地上，只有一次，它懸浮在空中，即使這樣小的誤差也值得去研究一下。」這才是科學精神，而不是因為和現有理論體系不相容就回避、逃避。

面對世界範圍內發現的大量保留前世記憶的案例，已經有一些科學家開始研究，但是他們的工作基本沒有得到同行的認可。其實如果真心想要證實或者證偽這些案例並不困難，只需要在科學家調查每個號稱轉世的人的時候帶上刑偵人員就可以。不需要辣椒水和老虎凳，只需要測謊儀和一些簡單的刑偵手段，悍匪巨騙都可以搞定，更不要說一群也許只想嘩眾取寵的小學文化的村民，小騙子只能忽悠普通人，但是在有經驗的刑偵面前不超過三句話就會露餡。同時承諾對揭露騙局的知情人給予重金。大棒加胡蘿蔔，相信很快就能真相大白，何必含糊曖昧這麼多年？是對生命中特殊現象的偏見，還是有意無意的回避？

「今日，仍有不少知識尚未建立關聯（未被納入科學範疇）。原住民部落長久以來，近距離擁抱自然環境（比科學家更加接近自然），獲得了傳統智慧獨有的資源，而這種資源很難離開原生的環境。在他們的系統中，敏銳的知識緊密纏繞在一起，但和其餘人的集體知識卻沒有關係。很多通靈的知識大同小異。在現代，科學沒有方法能接納這些屬靈的資訊並將其納入目前已經融通的知識裡，因此相關的真實仍『未經發掘』。某些邊緣科學，例如第六感，一直留在邊緣，因為相關的發現在它們自己的架構中十分連貫，但無法融合到更大規模的已知事實中。」[550]

英國作家阿道司．赫胥黎的爺爺是達爾文最堅定的支持者湯瑪斯．亨利．赫胥黎，但是這祖孫倆的世界觀卻差距很大。阿道司是著名作家，薛定諤看過他的一本關於世界各地神話的書，並認為：「這是一部收錄的時代和民族最多的神話總集。隨意翻開它……你會驚詫於不同種族不同宗教的人們那種不可思議的一致，雖然他們相隔幾個世紀甚至千年，生活在我們地球上距離最遠的地方，彼此根本不知對方的存在。

「我們的科學，是以客觀性為基礎，它切斷了對認知主體、對精神活動的恰當理解之通路。我認為這正是我們現有思維方式所欠缺的。」[551]

這些民間知識有一定的真實性，因為它們在不同大陸、不同國家、不同語言、不同種族、不同文化和不同的宗教信仰中都有相似之處，比如轉世和算命，如果按照概率計算，怎麼都不會發生，但是有的算命人在某一時期內就是很准。當然絕大多數都是迷信、欺騙和以訛傳訛，可是剔除這些糟粕之後，我們仍然可以看到一些現代科學解釋不了的神秘寶石閃爍著光芒。我們應該思考這些邊緣科學，比如透視、遙視、感知和思維傳感等，或者不要蔑視它們，至少不能鄙視它們。每隔一段時間，就應該用已經進步了的科學檢驗一下，說不定就會有顛覆性的發現。拉馬克的獲得性遺傳理論就是融入了很多民間智慧之後形成的。

我們不用怕錯誤的理論，因為我們有很多科學的驗證方法，比如必要的重複性、盲目隨機的設計、可以否定的可檢驗性、電腦模擬、雙盲實驗、綜合分析等等。

1991年《科學》雜誌上「有一篇文章認為：『只有在新的基本概念範圍內對某些異常事物做出令人信服的解釋，它們才能為大家所公認。在此之前，那些特異的事實在舊框架內要麼被當作假想的事實，要麼被忽視』。換句話說，最終顛覆典範的真正異常事物，最初甚至沒被看作異常事物。它們被視而不見。」[552]

跑題結束，回到正題。對於生命來說，最重要的不是身體，身體只是載體；最重要的不是基因，基因只是編碼、圖紙；那麼最重要的是什麼，是意識嗎？

我們在前面章節中提到過，意識和潛意識分別擁有自己的記憶，意識的記

(550) 凱文．凱利，《科技想要什麼》（北京：電子工業出版社，2016），頁368。
(551) 埃爾溫．薛定諤，《生命是什麼》（湖南：湖南科學技術出版社，2016），頁131。
(552) 凱文．凱利，《失控》（北京：電子工業出版社，2016），頁703。

憶丟失，並不會影響潛意識裡的記憶。

科學家發現，「大自然似乎發明了不止一種存儲記憶的方法。例如，在平常環境中，你對日常事件的記憶由海馬區存儲。但在受到驚嚇時，比如交通事故或搶劫，杏仁核也沿另一條獨立的記憶通道存儲記憶。杏仁核記憶有不同的特性：它們很難擦除，並且能夠以『閃光燈』的形式再現——性侵受害者和戰爭倖存者常常如此所說。也就是說，不止一條存儲記憶的途徑。我們不是在討論對不同事件的記憶，而是對同一事件的多重記憶——就好像兩個個性不同的記者速記下的同一個故事。」[553]

據此，我們可以假設海馬區存儲的是意識的記憶，日常小事存儲在這裡，臨時性存儲。而杏仁核存儲的是潛意識的記憶，經過意識記憶中的重複學習的內容會轉而記錄在這裡。同時，突然發生的嚴重事情也會記在這裡，因為它非常重要，所以不用重複，一次就足夠直接進入潛意識記憶了，長期存儲。

意識是一個運算器，加上一點記憶，但是往往這裡的記憶是不成熟、淺顯的經驗。相比之下，潛意識的記憶裡的也是經驗，是成熟、深刻的經驗。意識的記憶相當於電腦記憶體裡的內容，是暫時存放運算資料的場所。每次開機之後，使用什麼軟體或者功能，都會在記憶體裡留下一些內容，只要不重啟，下次使用的時候會運行得更快。比如使用Word軟體，開機之後第一次運行會比較慢，你把這個Word視窗關閉，再打開就會快得多。但是關機之後，記憶體裡的東西會像垃圾一樣被扔掉。下次開機第一次運行Word還會比較慢，這時記憶體空空如也，再一點點往裡載入內容。

潛意識的記憶相當於電腦硬碟裡的內容（大腦的皮質就像電腦硬碟，記憶時間較長。大腦的海馬區像記憶體條，處理臨時資料，經常刪除），是自己工作的成果，或者從別處拷貝來的檔。都經過推敲和驗證，是有用的檔，需要長期保留的。比起記憶體裡的內容，硬碟裡的內容重要得多。記憶體裡的內容每次關機都要清空，而硬碟裡的東西關機和重啟都不會清空，但如果被清空，損失就會很大，一般都要費盡周折給恢復回來。所以有專門的硬碟資料恢復、U盤資料恢復、SD卡資料恢復，但是沒有記憶體資料恢復。順便說一下，某寶裡的資料恢復服務真的物有所值，有一次把我硬碟一個分區被刪除的內容基本都恢復了過來，才收費30，很划算。

潛意識裡的記憶是經過重複學習的記憶，是經過錘煉的記憶，還有極少數突發的重要事件，是個寶貝。

---

(553) 大衛・伊格曼，《隱藏的自我》（湖南：湖南科學技術出版社，2013），頁104。

反覆學習，反覆推敲，反覆驗證，拋棄錯誤的、拋棄也許錯誤的、拋棄不常用的、拋棄無關緊要的內容，然後把剩下的精華儲存起來，這正是暗生物最為擅長的，其實也是生命的根本目的之一。

還記得前文提到過的表觀遺傳嗎？不就是暗生物通過控制基因上的旋鈕來應對環境的變化，然後把錯誤和疑似錯誤的內容拋棄，把通過了反覆驗證的內容保存到基因裡的麼。暗生物就擅長這一手，反覆學習，然後才改變並儲存。

意識的記憶相當於電腦記憶體裡的資料，基本都是臨時內容，是沒有經過反覆驗證的，甚至是錯誤的。多了之後會減慢電腦的運行速度，有時會造成系統崩潰和死機。很多時候重新啟動電腦（手機也一樣，有時需要重啟動），就是為了丟掉記憶體裡的內容，這樣可以加快運行速度。所以意識裡的記憶是生活的流水帳，沒有經過多少提煉，積累多了就是累贅。

潛意識裡的記憶比意識裡的記憶更重要，想像一下，你和你的妻子感情很好，你更需要她的性格，還是她的記憶？當然是她的性格，就算她失憶了，只要潛意識裡的性格不變，時間一長，又有了新的記憶之後，你們還會美滿如初。這就是所說的「人沒有變」。但是如果她的記憶還在，然而性格變了，那個吸引你的女人也就變了。

意識的記憶多半用處不大，而且一般並不長久。針對被邪教和傳銷組織洗腦的研究表明，大多數人離開邪教和傳銷組織之後，會慢慢恢復以前的人格和性格。就是因為潛意識裡的記憶才是長期的，而這些被洗腦的人，被灌輸的內容只是停留在意識記憶層面，或者有一點在潛意識表層，一旦恢復正常環境，這些記憶就會被遺忘。

這裡也要澄清一下，雖然意識裡面的內容具有很強的臨時性，但並不都那麼糟糕，比如人類的理智和道德多數儲存在記憶中，而潛意識與內程式打交道，所以往往反應出來的是自私和欲望。人生的一個重要任務就是強化意識中的理智和道德，把它們刻到潛意識裡，這樣才能更好的融入人類社會。雖然意識的記憶裡也有很多寶貴的經驗，但是當這些經驗通過重複的學習而刻進潛意識之後，就像記憶體裡有用的內容存儲到硬碟之後，意識的記憶就沒有多大用處了。

人們都非常重視意識的記憶，因為裡面有他對父母、妻子、子女和朋友的記憶，有生活的記憶等等，其實這些記憶一般來說對生物生存的意義不大。因為生存需要的是具有通用性的知識，放到哪裡都好用，對什麼事兒都好用，對什麼人都好用，而不是專一的內容，換個環境就變了。所以潛意識會從意識裡提煉出通用性的知識，然後死亡會把其它的內容抹掉。

當你在生活中遇到一個問題，需要尋找解決方案，會首先進入潛意識查找，如果找到了，直接執行。但是意識也會在旁邊監督，避免發生重大問題。如果在潛意識裡沒找到解決方案，那麼會在意識的記憶裡查找，想像一下，如果意識的記憶太過複雜，當然會降低搜索速度，或者產生矛盾的解決方案。

過多的記憶還會浪費寶貴的能源，身體要養活用於保存這些記憶的神經元，這當然需要額外的開銷。我的一個朋友在北京做展會銷售手工藝品，有一批產品已經過時了，沒什麼價值，留著沒用、扔了可惜，於是他租了一個庫房存放這些東西。幾年之後他發現，庫房的費用遠大於這批手工藝品的價值，於是狠狠心都扔掉，這才停止了持續的損失。所以對於大腦來說，也許遺忘是節省能量的好辦法。

電腦硬碟資料是可以更改的，與此相同，存儲在潛意識裡的記憶也是可以更改的，雖然它們很重要。我經常往返於北京和長春兩地，在北京有一輛五菱小面，在長春有一輛福特汽車。兩輛車都是手動擋，油門和離合器的強度差別很大，五菱的油門和離合器都很軟，一踩就下去，而福特就偏硬，需要用點力氣。每次我到了另一個城市，剛上車的時候都會不舒服，因為潛意識裡已經記住上一輛車的腳感了。但是一般開一會兒，來來回回踩了幾十次之後，就會完全適應了，因為潛意識裡的記憶已經被更正。

潛意識的記憶當然也需要更改，因為雖然它是經過重複學習的，但是也會有偏差。那麼對於一項比較複雜的技藝，需要多長時間才能形成比較穩定的潛意識呢？答案是1萬小時。

「神經科學家丹尼爾・列維京（Daniel Levitin）說：『……要達到一流專家的水準，1萬個小時的訓練是必須的，對任何事都是如此……在對作曲家、籃球運動員、小說家、滑冰運動員、音樂會鋼琴家、象棋手和高級罪犯等的不斷研究中，這個數字一再出現。』」[(554)]

這種現象稱為「1萬小時規則」，這時候這項技藝就深深的刻在潛意識裡變成了專業能力，重生之後變成天賦，不會忘記。這也是為什麼我們的天才這麼少，因為真正花1萬小時來訓練一種技藝的人太少。

當然，這並不說明我鼓勵大家都要花1萬小時來學習一種專業技能，因為重生換個環境，你的專業技能就未必用得上，所以還是通用技能更實用一些。

說到這裡，我要討論一個問題，因為潛意識的記憶可以修改，所以，修改

---

(554) 加來道雄，《心靈的未來》（重慶：重慶出版社，2016），頁119。

能力比少出錯更重要，開放謙虛比保守頑固更重要！

比如在百家講壇講過《塞北三朝》的「史上最牛歷史老師」袁騰飛，他的課程風趣幽默，觀眾都喜歡看。但是歷史學家對他嗤之以鼻，因為袁騰飛的錯誤多，一劃拉一大把。可是這些錯誤往往發生在細枝末節上，並不影響主體。比如太平天國洪秀全后妃的準確數量，唐太宗到底有沒有把女兒嫁給魏徵的兒子。

普通觀眾本來就對這些東西不感興趣，也記不住，誰會管隋文帝和明孝宗有沒有妃嬪，宣華夫人、容華夫人是誰。對於不是歷史專業的吃瓜群眾來說，百分之九十五以上正確率的知識就可以拿過來了，沒必要百分百正確，而且誰的書是百分百正確的？

當年在我決心要學好英語的時候，另外一個朋友和我同時起步。他是一個精益求精的人，市面上那麼多單詞手冊，什麼劉毅單詞、星火單詞、新東方單詞他都沒看上，嫌裡面有錯誤，甚至有的字典他都不滿意，因為裡面有的解釋不夠準確。最後找了一個老版本像個磚頭似的英漢對照字典，用這個來背單詞！

就讓他啃這個1982年的法棍麵包吧，我既沒有這個牙口，也沒有這個毅力。於是我找一切有英語的東西來學習，包括動畫片、電影字幕、英文歌詞、廣告和標牌。雖然這些內容錯誤太多了，比如商場裡「一次性用品」被翻譯成了「One time sex thing」，但是我可以全方位擁抱英文，肯定進步飛快啊。然後在考研的時候，我的英語成績是本專業第一。我是跨專業考研，所以專業課成績是本專業最低，對此我很不服氣——你們這些本專業的考生就靠專業課超過我，有本事比英語啊，比政治啊，哼哼。結果過幾天發現統計漏了一個外地考生，外語分比我高，專業分比我還低，這就是後來我的師妹，也是跨專業，她本科是大連外國語大學的。

我這破破爛爛的散裝英語還能通過考研和六級，原因很簡單，沒人要求你不能出錯，必須100分。只要過了及格線就可以了。

所以要區分一下科學和知識，科學是嚴謹的，科學家應該一絲不苟，爭論和校對每一個細節。而知識不需要極度的嚴謹，相比之下，更需要的是知識的廣博。大千世界紛繁複雜，如果你的知識在某方面有大面積的漏洞，就有可能會出麻煩。

所以在科學家嚴謹搭建科學體系的時候，非專業人士完全不需要精益求精。開券有益，多多攝取各類知識就好。我們更需要的是判斷能力和承認自己的知識儲備有錯誤，隨時準備修改和更新自己肚子裡的知識。

需要強調的是，我說的知識是百分之九十五以上正確性的知識，比如本書，我都已經完整校對12遍了，每次還會發現不少錯誤，但是我能保證本書引用的內容和知識點百分之九十五以上都是正確的。而要注意地攤文學，和那些沒有任何證據、完全嘩眾取寵的東西，比如公眾號和朋友圈裡的某些文章。

扯遠了，回到主題。有的人認為意識的記憶最重要，好像沒有記憶就不是自己了。失憶症患者就是丟失記憶的人，但是他們還是自己，並沒有變。電影《諜影重重》裡面馬特．達蒙扮演的特工儘管記憶喪失了，但是能力還在，性格還在，人品還在，功夫還在，還是他自己，別人還是打不過他。所以意識不太重要，潛意識才是最重要的。

清空意識層，能夠解決軟體問題；重新選擇載體，能夠解決硬體問題。所以一個從死到生的過程，軟體和硬體的問題都解決，就構成了一個生命的循環。也許這就是「程式性死亡」產生的原因。

重生之後，印在潛意識裡的記憶作為天性仍然存在，包括你的善良、你的隱忍、你的狡黠、你的勇敢、你的堅毅等等。

整體來看，身體的健康也許不是最重要的，經歷一次死亡之後，會重新獲得健康。暗生物的健康才是最重要的，重新和載體結合也未必完全康復。這也許是暗生物用盡各種辦法，變換各種方式來校正跑偏意識和潛意識的原因。

上面說了老年所欠缺的各項能力，如果認為生命只有這一世，那麼能力欠缺也沒辦法解決，沒有生命就什麼都沒有了，還能怎麼辦？然而這也不是大問題，反正自己的資源都是自己創造的，不用白不用，什麼時候用完了，揮揮衣袖不活了，不就得了。但是假如認為生命是一世一世不斷輪迴的，那麼就會發現，當老年各項能力缺乏的時候，是對自己生存資源的浪費，投入多而產出少。所以聰明的辦法是給自己的壽命設定一個界限，到了年齡就讓所有器官一起衰老失靈，之後重新找載體進入下一個輪迴。然後把生存資源留給自己的後代，讓他們給自己的暗生物創造更多更好的載體。

要澄清一下，上面說了這麼多老齡帶來的問題，但不是說越老越無價值。只要保持一定的好奇心和學習能力，就一直都有價值。別忘了，老人有一個最大的優勢是經驗豐富。只要能夠經常清空自己大腦的記憶體，扔掉過時的思想，保持思想的柔軟，保持虛心學習的態度，也許能夠活得更有價值。虛心的意思，就是清空內心，虛位以待，等著新知識的注入。虛心，和年齡關係不大。

隨著科學的進步，重大理論和發明的發現人的年齡也在不斷上升，牛頓23歲發現萬有引力定律，愛因斯坦26歲提出狹義相對性原理。但是現在的年青人已經很難再取得這樣突破性的成就，只能依靠不斷學習和經驗累積。而人類能夠接受新事物的年齡也大大提高，古時候四五十歲的人已經是老叟，現在七十多歲了還在上網，還在刷朋友圈。

所以年齡並不是最主要的問題，關鍵還是學習和接受新鮮事物的能力。一些中年人，還沒到退休年齡，就已經無所事事不工作，整天打孩子罵媳婦，喝酒賭博到處抱怨，全世界都欠他的，別人都錯，他都對，已經沒有了思考和分辨能力。他們才是需要重新開機清空記憶體的人。中年朋友們，如有雷同，不是巧合，歡迎對號入座。

不只是人類，高齡靈長類也是有用處的。

「生物學家德沃發現，作為成員中的『中心領袖』，年老的雄性狒狒首領可以在體質過了最強壯的階段後，仍舊還能維持其領導和統治地位。瑟爾馬．羅威爾基於對同一物種的獨立研究，詳盡地敘述了其群體中成員一致尊重並把權威賦予身體衰弱但富有經驗的首領的益處，因為靈長類動物是在競爭中進化的，其群體中最老謀深算的成員所積累的知識對其他個體是非常有益處的。」(555)

人類社會更是如此，早就已經跨過了動物群體「體力至上」的階段，發展到需要經驗和智慧來領導群體的階段。老人的經驗閱歷和知識積累能夠指導年青人，國賴長君，年長有經驗、老成持重的君主一般比毛頭小夥子更擅長治理國家。即便是原始人類，有活動能力的老人也可以幫助撫養和教育孩子，增加了經驗和文化的傳承，大大加快了人類的進化速度。

生命的意義在於學習到更多有用的知識，從這個角度來說，意識和潛意識健康比身體健康更重要，意識和潛意識年青比身體年青更重要。隨著年齡的增加，智力水準會有所下降，但是有很多方法會緩解這個過程。有氧運動能夠改善神經元的生存環境，進而提高智力水準。一個酗酒熬夜不運動的30歲大腦，很可能不如一個經常鍛煉的60歲大腦。腦力勞動非常重要，大腦越用越聰明，複雜的認知活動多多益善。多讀書，多玩益智遊戲，多參與文化教育活動，多旅行接受新鮮刺激，這都對智力有很大好處。保持健康心理和年青心態也很重要。心理壓力會影響中樞系統。如果你整天琢磨著「已經老了，肯定笨了」，

(555) 愛德華．威爾遜，《社會生物學：新的綜合》（北京：北京理工大學出版社，2008），頁485。

那麼心理暗示和升高的皮質醇對大腦傷害可不小。

另外，智力水準下降未必導致學習能力的下降。一個心態年青、虛心學習、喜歡新鮮事物的老人遠比一個無所事事、不願意動腦或者剛愎自用、聽不得別人意見的年青人學到的東西多很多。

「我們是出色的習得動物，我們兒童期的延長有助於通過教育來傳播文化。許多動物的幼體也都表現出易變性，並且像人類的幼兒一樣愛玩耍。但是，動物一到成體之後便在行為模式上變得循規蹈矩。」[556] 而人類的學習能力明顯優於其他動物，即便成年，甚至老年都會保持一定的獵奇和學習能力。所以，沒價值的不是年齡大了，不是身體老了，而是思想老了，不願意接受新鮮事物了。

種群內新的生命是其他個體未來的希望，因為它會產生新的載體。載體很重要，合適的載體更重要，好的合適的載體最重要。誰都想有王健林這麼個爸爸，有馬雲這麼個哥哥，但是你夠不著。對暗生物來說最合適的載體就是有親緣關係的群體內的新生命。新生命的最大受益者當然是與載體血緣關係更近的個體的暗生物，但是在近親載體有富餘的時候，遠親和其他種族內的暗生物也會有希望。

1996年3月13日，湯瑪斯·漢密爾頓拿著4支手槍走進蘇格蘭的一所小學，他向在體育館裡玩耍的學前班的小朋友們開槍，打死打傷28名兒童和一個老師，槍手最後飲彈自盡。但是，這個魔鬼不知道，他在毀滅別的家庭的希望的同時也毀滅了自己的希望。

如果暗生物理論是正確的，那麼這些敵視人類，希望毀滅世界的人就應該換一個看法。鮑勃·狄倫說：「當你一無所有時，你就沒什麼可失去的了。」也許這些瘋狂的人大肆殺戮的原因就在於此。但是你還有你的暗生物，你需要給他留條後路，你現在努力生活應該是在給自己暗生物的未來創造機會。即便不想努力，也不要絕了後路，除非你真的想在無盡的虛空中一直遊蕩下去。「人們既看不到自己來自虛空，也看不到自己身處無窮。」——帕斯卡

其實在這個問題上，宗教是有優點的。他們認為死亡並不是終點，死後還有什麼東西存在，所以活著的時候要為死後留餘地。而科學否定了這一切，所以才會有那麼多不畏懼死亡、不尊重生命的暴徒，既然死了之後一了百了，那還有什麼可顧忌的？但是他們錯了，而根本原因是——**在這個問題上，科學錯了！**這個錯誤的後果很嚴重，誤導了很多心理不健康的人。

---

(556) 斯蒂芬·傑·古爾德，《熊貓的拇指》（海南：海南出版社，2008），頁67。

當然，宗教也有不足之處：既然死後會去天堂或者地獄，反正不用回到地球上，那麼，關注未來的人類和環境還有什麼用呢？

大家都認為法國國王路易十五說過一句話，「我死之後，哪管洪水滔天。」其實這句話並不是路易十五所說，而是他的情婦蓬巴杜夫人說的，而且這句話也是被曲解了的，原意是「我們死之後，將會洪水滔天。」但是很多人認同這句被歪曲了意思的話，我都不在這個世界上了，洪水滔天關我什麼事？

如果暗生物理論是正確的，這些人就應該改變看法了，因為他們重新找到載體之後，也會生活在水深火熱之中。

一個穩定的秩序對生物群體中的所有個體都是最有利的，因為混亂秩序會減少種群數量，導致大家都無法找到合適的載體。特別是人類這種破壞力極大的物種，人類的亂世動輒死亡一多半人口。

人生常犯的錯誤是「堅持了不應該堅持的，又放棄了不應該放棄的」，而作為「人生指南」的科學，在一些問題上也會有重大偏差，那麼人類犯錯誤就是順理成章的了。

衰老和死亡的根本目的不是為了後代，更不是為了族群，歸根到底還是為了自己。生命在輪迴和學習中砥礪前進，這就是生命的意義。

人類一直在努力尋找長生不老藥，從有史料記載直到現在，從未間斷。現在研製長生不老藥的一個熱點就是延長染色體末端端粒的長度。雖然現在還有諸多困難，比如端粒太長就會增加患腫瘤的風險。但是這樣的藥物遲早能夠研發出來，而且未必需要等待幾百年。所以本書的責任之一就是在大家開始愉快地大吃長生不老藥之前問您一下：您確定在思維已經滿負荷、基本沒有了學習能力，或者意識已經迷糊，或者身體已經沒有了使用價值的時候，還要延長壽命嗎？這麼活下去的意義是什麼？真的不想重新開始一場學習和探險之旅？

先說前提！非常重要的是，一定要強調的是——這是在疾病或者高齡導致思維滿負荷意識已經糊塗，而且沒有恢復的希望之後！！！因為對於生物來說，載體一定是最珍貴的資源，非常不容易得到，理想的載體更不容易得到，不知道要等待多少年、幾十年、幾百年……

如何正確的面對死亡，這是一個沉重的話題。對一個重病患者來說，生存品質遠比多活幾天重要。美國南加州大學副教授穆尤睿，發表的一篇文章裡提到他的導師查理，確診為胰腺癌之後，拒絕了給他安排的美國頂級專家的外科手術，第二天就出院了，再也沒有邁進醫院一步。查理用少量的藥物來控制病情，然後把精力放在享受最後的時光上，心態平和的走完生命最後一程，非常勇敢，非常睿智。

對於很多沒有靶向藥的晚期大病來說，手術開刀的結果就是多活幾天，基本沒有治癒的可能。會遭受更多的痛苦，剩下的時間多數在醫院裡度過，而且手術和治療的費用高昂，很多大病患者賣房湊錢，問題是，為了這樣一場打不贏的戰爭，是否應該搭上所有的軍隊？

從暗生物的角度來看，查理的選擇無疑是非常正確的，老人的正常死亡不可怕，只是一次普通的生命輪迴。只要這輩子一直認真生活、努力工作、善待家人、與人為善，該做的都做了，死亡之後等上一段時間，還能找到合適的載體，生命重新開始！

在生命最後的時間裡，少受一些痛苦，保持頭腦清醒，認真回想今生所作所為。正確的錯誤的都多多考慮幾遍，這就是一個重複學習的過程，把有價值的內容盡可能多的印到潛意識裡，帶給來生。就像電腦關機或者重啟動之前，記憶體裡的東西要消失了，把重要檔都保存到硬碟，這比吃力的多待機幾分鐘重要得多！

很多大病晚期，臨終的一段時間相當難熬。不只是天價的醫療費用和尊嚴的喪失，巨大的痛楚更是讓人膽寒。對於這時候的患者，臨終關懷的重要性遠大於無謂的治療，讓他平穩、少痛苦、少負擔的走完最後一程才是最大的幫助。但是，世界上真正有安樂死立法的國家非常少，只有荷蘭、比利時、盧森堡、瑞士和其他有限幾個國家。而最近與中國國情相似的印度的最高法院裁定，贊成無治癒希望的絕症病人和永久植物人可接受被動安樂死，這給我國遙遙無期的安樂死合法化帶來了一點點希望。

對於悲傷的家屬來說，老人大病死亡也是正常的，給老人充分的支持和尊重，比多挽留他幾天更恰當。親人逝去之後，不要過多的鋪張祭奠，從暗生物角度來看，這一點用都沒有，活著的時候多看望、多交流，比死了之後的豪華葬禮重要得多。祭奠之後，生者和死者的緣分已盡，除了留在心底最深處的回憶之外，生者應該儘快拋掉所有包袱，儘快開始自己新的生活，這才是對逝者的告慰和對自己生命的負責。生者更努力的生活，是自然選擇的真諦。

大病晚期患者的過度醫療，如果因為患者對生命的不舍、家屬對親人的不舍，是人之常情，是可以理解、可以原諒的。那麼還有一個原因，就是醫療機構對金錢的不舍，是不可原諒的。這在我國相當普遍。其實患者那點渺茫的希望和將要承擔的痛楚和負擔，醫療機構是最心知肚明的。但是他們往往不但不會奉勸患者和家屬止步，反而會給對方一點天方夜譚的幻想，因為很多大病的進口藥和進口器械都不在醫保範圍內，全現金！這是醫療機構重要的收入來源。

我就曾經遭遇過，當家裡的老人多臟器衰竭被推進ICU（重症加強護理病房）之後，大夫不斷要求上各種藥品和器械，靠輸液維持血壓，靠呼吸機維持肺功能。最後被要求使用移動透析機，每天費用1萬元，醫保不負責。我很清楚透析機意味著什麼，因為當時我正在護理著每週三次透析的病人。所以就問他，類似情況的老人，有沒有上了透析機之後還能下來的？大夫回答，現在還沒有，但是理論上存在著這個可能。

每天1萬元！對於我們這樣普通家庭絕對是天價。那時候老人的退休金每個月兩千五，如果再加上其它搶救費用，老人所有的存款加上賣掉住房，僅能支撐一個月。

在我們這些家屬面臨著選擇的煎熬，希望醫生不要逼得太緊時，醫生又加上一句「但是理論上存在著活下來的可能」。就這一句，不知道坑了多少患者和家屬，使他們為了這點基本沒有希望的希望讓患者身上插滿管子，最後仍然人財兩空，傾家蕩產。現在醫生對我也用了這一句，問題是，他知道我在醫院工作過，算是半個內行，卻還在忽悠我，這只能有一個原因，謊話說了一千遍就是真理，壞事做多了，也會理直氣壯，真的以為自己做的是好事，自己真的是一個盡職盡責的白衣天使。難怪醫院每個月績效考核評定獎金時，ICU都是效益最好的科室之一。

披著救死扶傷外衣的搶劫，也是搶劫！這跟那些忽悠老人買幾萬元保健床墊的騙子有多大區別？「讓你兒子給你買，他不給錢，就是他不孝！」

這裡也凸顯了醫療系統的一個問題：重視醫技的培養，不重視醫德的培養。中國的醫療水準提高比較快，有些診療項目已經跟世界接軌。但是對患者的人文關懷缺缺，把他們當做喘氣的ATM提款機。

人不僅作為一種物質生命存在，更是一種精神的存在。一個年老體弱、大病晚期的載體，就像一台銹蝕磨損到了極限的機器，不應該考慮讓它怎樣再多用幾天，而應該讓它站好最後一班崗，幫著操作員把工作告一段落。搶救的目的應該是實現比較長遠的有品質生存，而不是賴賴巴巴、迷迷糊糊的維持幾天，這是摧殘，嚴重的背離生命的本意。就如前面所說「堅持了不應該堅持的」。

如果我的暗生物理論是正確的，真的希望家屬和醫療機構，放過那些沒有治癒希望的重病患者，讓他們安詳平穩的進入下一個輪迴。但是還要說一遍，放棄治療的情況，是面對著沒有治癒希望，連無痛楚的生存幾個月也做不到的患者。

在生命告一段落之前和之後，反省一下是很必要的，這一點前面章節中提到過。這是一個歸納、總結和複習的過程，如果反省得好，學習的收穫多了很多。

一個遊戲高手建了一個微信公眾號，經常發一些攻略和技巧。他的幾個遊戲帳號都是最高段位，而且有的已經獲得國服排名。他說他在打遊戲的時候，每次被對方幹掉，在等待復活的幾十秒時間裡，都會反省為什麼被幹掉，哪個策略出了問題，看看幾個對手的裝備和實力狀況，然後決定自己下面出什麼裝備，走那條線路，主要打擊誰，避開誰。在每局結束之後，他不忙著開始新局，而是仔細研究這一局的戰況，總結對方幾人和己方戰友的成功和失敗之處。

如果生命可以輪迴，可以延續，那麼反省和總結今生，放眼和規劃來生就是落幕之前最重要的事情。

## 第五節　寶貴的生命

暗生物理論認為死亡只是載體的終結，並不是一切的終結，暗生物還會繼續生存下去，進入下一次輪迴。但是，這絕對絕對絕對不是說明載體的生命不重要，可以隨意揮霍！相反，載體非常非常非常寶貴，千萬要珍惜！特別是對於人類。

首先，進化到哺乳動物之後，相比細菌、植物和昆蟲的幾萬億、幾百萬億的種群數量來說，哺乳動物的種群很小，和自己基因、天性相似的載體就更少。一個合適的載體可能需要幾年、幾十年的焦急等待。

其次，一個人的身體裡有上百萬億個細胞，每個細胞都是一個生命。人的意識就是這樣一個超級列車的司機，不但要對自己的生命負責，也要對這百萬億個「小兄弟」的生命負責。

再次，宿主把載體給了你，你要對宿主負責。一個輕易毀壞載體的暗生物，下次誰還會給你載體？

這就要說一個沉重的話題——自殺。與其他國家比起來，中國的自殺率是較低的。也許是因為勤勞的中國人熱愛生活。但是每年仍然會有十萬以上的人死於自殺，而且讓人痛心的是，絕大多數是身體健康的年青人，只是因為一些能夠康復的心理問題，或者一點生活瑣事。中國93%有自殺行為的人沒有看過心理醫生。

應該承認，2000年之後的10年時間裡，中國自殺率下降了58%，特別是農村年青女性，自殺率竟然下降了90%！這個可喜的成就竟然是因為一個可笑的原因：農村年青人進城務工，以前唾手可得的農藥這回拿不到了。換句話說，大多數自殺的年青人都是死於衝動，而不是別的問題。現在有了緩衝時間，冷靜冷靜就好了。

新的民法典規定，從2021年1月1日起，夫妻提交離婚申請之日起一個月內，任何一方不願意離婚的，都可以向政府撤回離婚申請。雖然大多數網友不喜歡這個新規，但是我很歡迎，因為多數離婚來源於衝動，新規一定能降低離婚率。如果自殺也能有一個月的冷靜期，那麼自殺率可能會降低一半。如果能有一年或者十年的冷靜期，自殺率也許只剩一個零頭了，那樣世界多美好啊。

我害怕提起自殺這個話題，因為我初中班裡的50個同學中，竟然有3個人這樣結束了自己年青的生命。3個身體非常健康、樂觀聰明、朝氣蓬勃的年青人，我現在仍然非常清晰的記得他們的音容笑貌。他們只是因為一點心理問題，一點生活上的挫折，或者一個很容易治癒的小疾病，既沒有找心理醫生，也沒有找醫院大夫，就草草結束了自己，讓人扼腕。

我曾經做過一個相關問題的百度貼吧的吧主，也和許多心情糟糕的吧友聊過。有的人不相信有來世，覺得人死之後一了百了。有的相信有來世，但是希望死亡之後很容易就能有一個重新開始，一個新的美好人生。他們這都是嚴重錯誤的，源自於一個錯誤的認識：認為死亡是解脫，擺脫一切問題。但是在這裡，我可以肯定的說，如果草率的結束這一生，下一次的載體必然不如這個載體。

死亡不是終點，也不是可以洗白一切的洗衣機。它是生命輪迴的一個環節，不會給人一個燦爛的未來，而且不能解決潛意識裡的缺陷。換句話說，今生遇到的問題一定要拿出耐力和勇氣，今生解決，否則來世遇到了相似的問題，還會卡在這裡。

暗生物理論告訴人們會有來世，但是我很怕讓人產生誤解，認為生命不值錢，可以輕易放棄，反正還有來世。如本章開始所說，生命非常寶貴，合適的載體也非常寶貴，載體來之不易，千萬要珍惜。所以不能放棄不應該放棄的。

不要放棄生命，即便有難以解決的問題。相比自然選擇的優勝劣汰、適者生存理論的冷冰冰，暗生物理論相對溫和得多。既然生存是為了學習，為了下次活的很好，那麼病人、老人和殘疾人就都有了足夠的生存理由，而照顧弱勢群體的人也會學到相應的知識，他們的工作也就更有意義。

在生存資源足夠的情況下，幫助弱者生存下去是有必要的。從暗生物的角度來看，弱者的自強和家屬的幫助其實都是對自己的學習和鍛煉，甚至是磨練。可以增強自己暗生物的生存能力，也會使自己的天性更加有愛，更為社會所接受，將來可以更容易找到載體。

心理學家認為，來世、靈魂這些信念，就是人類內心的一套隱藏防護機制，幫助我們應對來自死亡的焦慮和恐懼。如果這個世界真有靈魂，如果人死後仍然能以鬼魂的形式存在，這對於我們這些渺小、脆弱、碌碌無為的生物來說，將是多麼大的慰藉！現在看來，也許這並不只是個心裡安慰。

還有一個問題，衰老和死亡就像電腦重啟動一樣，是為了清空意識裡的內容。但是，清空意識並不是只有死亡能做到，還有別的方法也可以。比如失憶症患者，意識裡的內容都不見了，但是潛意識還在。死亡會浪費很多生存資源，對於暗生物這樣的高度智慧體，為什麼一定要用這個笨辦法呢？

我認為有兩個原因，前面都提到過：首先因為死亡也是為了換一個環境，假如環境一直不變，意識裡現有錯誤可能還會發生。換個環境，換個角度，換位思考就能改變原來的行為，也許就可以改正錯誤。其次如果有必要，也可以改變性別，雄性和雌性的性格差異大，也有糾正原來錯誤的可能。但是這就引出了一個問題，假如對異性的喜愛過於深刻，已經超越了意識層而被刻進了潛意識層，那麼換了性別之後會發生什麼情況呢？下節就來說說這個問題。

## 第六節　同性戀的原因

上節說過，暗生物在與新的載體結合的時候，要把以前的意識層面的記憶完全清除乾淨，否則對新生命的意識就會有所影響。但是，一些過於深刻的記憶已經印在潛意識裡，就不會被抹掉，也許這就是產生同性戀的原因。

同性戀很常見，是個普遍現象，不管這是來自於基因還是天性。不止人類會有，動物也會有同性戀。動物同性戀是指成年同性別的動物之間發生的求偶或者性行為。「人類所研究過的任何一種動物中，都存在著同性性接觸，儘管不如異性的多，卻也占相當大的比例……動物的同性性接觸，在雌性和雄性中都有發生。」(557) 研究表明，至少在130種脊椎動物中也都存在著同性戀或者是

(557) 阿爾弗雷德·C·金賽，《金賽性學報告》（北京：中國青年出版社，2013），頁361。

同性性行為。黑猩猩、黑天鵝、美洲野牛、長頸鹿、日本短尾猴等都存在同性戀，有一些動物同性戀的比例甚至達到30%以上。

華麗的黑天鵝是同性戀高發群體。大約有20%的黑天鵝家庭是由同性組成。不過到了交配的季節，同性戀雄黑天鵝還是會找雌性黑天鵝交尾。當雌天鵝產下蛋後，雄黑天鵝就會趕跑異性戀雌黑天鵝，並把蛋據為己有，由他和同性伴侶孵化天鵝蛋，養育下一代。

人類的同性性行為也很常見，「同性性行為，是指確實達到性高潮的舉動，而不是一般人說的愛慕同性別的人。這方面的數字比一般人所認為的要高得多。」[558]《金賽性學報告》中的資料是20%以上，而中國的性學調查資料是10%以上。

同性戀行為會很大程度影響動物的繁殖，也就影響動物的種群數量。不管是什麼原因造成，按照傳統進化理論，早就應該被自然選擇所篩選掉，但是為什麼在自然界和人類社會中大量存在，並且沒有跡象表明同性戀有減少的趨勢？

「而且由於專一同性戀（深同）並沒有孩子，那麼在達爾文式的世界中怎麼能選擇出一種同性戀基因……我們已經確定不存在同性戀基因。」[559]所以雖然不斷有新聞說某某科學家發現了某個同性戀基因，但每次都是空歡喜，因為從根本上來說這就不可能。如果有同性戀基因，它一定會隨著專一同性戀的不育而一直減少最終消失在人群裡。

對於同性戀的解釋，比較有影響力的是威爾遜的版本。他認為有同性戀的群體，雖然同性戀本身沒有孩子，但是他會在其他成員狩獵或者採食的時候幫忙撫育小孩，這樣對群體的生存是有幫助的。

其實這種觀點當然不正確：動物也有同性戀，絕大多數雄性動物連自己的孩子都不管，它還會撫育別的孩子？所以，古爾德認為威爾遜的用意是好的「他試圖提出，一種不常見並備受誹謗的性行為在某些人那裡是自然的，而且是有益的。」但是威爾遜的理由實在站不住腳。

威爾遜的解釋都被認定有誤幾十年了，可是現在還不斷被翻出來。比如大象工會就發文認為「一部分家庭成員如果沒有自己的後代，就很有可能投入精力照顧親屬的後代，從而極大提高家庭的後代品質……。」說實話，我還真沒見過照顧親屬孩子比照顧自己孩子投入的愛心和精力更大的。也許有，但肯定

(558) 阿爾弗雷德·C·金賽，《金賽性學報告》（北京：中國青年出版社，2013），頁68。
(559) 斯蒂芬·傑·古爾德，《自達爾文以來》（上海：上海文藝出版社，2008），頁201。

不會很多。

大象工會的文章還認為「同性戀作為多基因性狀……少量基因並不改變性取向，反而讓攜帶者獲得某種優勢，比如男性更加溫柔細心，女性更加果斷幹練，結果更能吸引異性，提高了繁殖成功率，對種群整體有益。」把這個論點放到動物界馬上就看出問題了：如果雄獅更加溫柔細心（缺少威猛勇敢），如果雌獅更加果斷幹練（缺少對幼崽的體貼呵護），會提高繁殖成功率？

同性戀不是來源於基因或者生長發育過程，現在科學家只是基本認定同性戀來源於天性，但是又說天性隨著基因遺傳，這明顯解釋不通。

還有其他一些對同性戀的解釋方法，但是都離題太遠漏洞百出。比如《金賽性學報告》指出，「動物對任何一種足夠的刺激都會做出相應的反應，這種生理能力又遺傳給人類，這就是人類中，存在同性性行為的根本原因……不存在什麼能促使個人投入同性性行為的特殊激素，也不存在什麼特殊的遺傳因數。」(560) 但是很快金賽博士自己就推翻了：「更難解釋的倒是：當事雙方以及每一個人，為什麼並不從事所有形式的性行為，卻一定要有所偏愛。」(561) 是的，如果對任何一種強刺激都會做出反應，那為什麼深度同性戀對異性就沒有反應，而異性戀對同性也沒有反應呢？

但是引入暗生物的概念，認為天性主要跟隨暗生物遺傳，同性戀的產生原因就簡單了。讓我們來理順一下這個過程。

雖然動物的雄性和雌性身體差異比較大，但是一個動物暗生物在結合載體的時候，既可以是雄性，也可是雌性，為什麼呢？

因為暗生物的內程式有個重要的能力——打開有用的功能或者關閉無用的功能。根據表觀遺傳學的研究發現，生物程式能夠打開或關閉基因的「開關」來控制這個基因是否表達。那麼生物程式通過控制暗生物的「開關」或者控制載體的「開關」來讓兩者吻合也不是什麼難事。其實性別只不過是物種之內交換基因的方式而已，從這個角度來說，同物種雌性和雄性之間的差別，遠遠小於不同物種之間相同性別的差別。比如亞洲羊頭瀨魚，因為長相很醜，又被稱做史萊克魚。這種魚的雌性就可以根據需要變成雄性，然後和其它雌性繁殖後代。

男人和女人的身體結構看起來有較大的區別：男人身材高大，女人身材嬌小；男人的皮膚比較粗糙，女人的皮膚光滑細膩；男人的肌肉發達，女人的脂

(560) 阿爾弗雷德·C·金賽，《金賽性學報告》（北京：中國青年出版社，2013），頁360。
(561) 阿爾弗雷德·C·金賽，《金賽性學報告》（北京：中國青年出版社，2013），頁362。

肪比較多；男人心臟跳動慢，女人心臟跳動快一些；男人的肺活量大，女人肺活量小。男人骨盆窄一些，女人骨盆寬一點……男女之間的最大差別，是有著不同的生殖器官：男人的生殖器官包括陰莖、陰囊、睪丸和輸精管等等，女人的生殖器包括外陰、陰道、子宮、輸卵管和卵巢等等。

但是仔細比較發現，男人和女人的身體結構並沒有本質的區別，完全可以由一套相同的「軟體」來控制，只不過在初始階段加以判斷就好。

「男女性器官的顯著差異提醒我們，性別不同可能意味著不同的設計，我們知道這種差異來自一個基因『開關』的特殊小裝置，它引發了一系列生物化學的連鎖反應，從而啟動或抑制了整個腦和身體的基因大家族。」[562]

男人女人的身體結構在出生之後也是一直在改變，比如男人雄性激素會刺激男性性徵的出現。而如果女人注射雄性激素，那麼也會出現一些男性的特徵。這就說明性別的差異並不是本質的區別，而是受到諸多因素調控的。

對於暗生物來說，改變性別也許會有利。換個環境，換個性別，能夠使意識跳出一些前世思維的閉環，比如對某個事物過分的偏執。多數賭徒是男人，如果一個嗜賭如命的男人的來生還是男人，他可能會把賭博進行到底，輸光一切。可是如果變成女人，也許對賭博就失去了興趣。

動物對異性的嚮往幾乎高於一切。比如一個男人，整天琢磨的都是女人，必然會變成他的潛意識——看見美女就邁不動步。這本來很正常，但是印象過於深刻，而且他下輩子找到個女性載體，會發生什麼呢？

男人和女人的身體會分別分泌雄性和雌性激素，這能夠促進相應性別的性器官成熟及第二性徵出現，並維持正常性欲及生殖功能。正常的情況下，性激素的分泌會讓人產生對異性的嚮往，但是前面這個男人太喜歡女性了，或者連續幾次生命的載體都是男性，儘管這輩子已經是女性，但是雌性激素產生的效果壓不過她的潛意識，她的性取向就拉不回來了。她會接著喜歡女人。也就是說，同性戀是潛意識裡對同性愛慕和性激素對異性愛慕的拔河比賽，性激素輸了。

所以同性戀的產生無外乎兩個原因，長時間重複學習，或者一次高強度印象深刻的學習。換句話說，一個原因是多次同性別的輪迴，另一個原因是上輩子有海枯石爛、至死不渝的愛情，用情至深導致深陷其中無法自拔。高強度的情感學習不但刻骨銘心而且深深的刻入潛意識，使得這輩子的性激素失去了作用。

(562) 史蒂芬·平克，《心智探奇》（浙江：浙江人民出版社，2016），頁50。

既然如此，那為什麼不多分泌一些性激素來戰勝潛意識呢？

當然不可以。拿雄性激素來說，能夠產生對雌性的欲望，但是又不能太多，過高的雄性激素會導致過高的性欲，也會使雄性更加好鬥，可能會讓雄性動物爭奪雌性的點到為止、有分寸的格鬥變成不死不休的生死決鬥，鬧著玩下死手，無論對於個體還是種群都是個災難。

正常情況下，同一物種間的戰鬥都是儀式化的，雄性動物都很理智，它們首先會亮出武器，比如龍蝦的大鉗子或者鹿的角；如果對方沒有被嚇跑，它們就會進行中等強度的攻擊，比如推推撞撞，這時候強壯的雄性就已經差不多可以取勝了；如果雙方基本勢均力敵，那就麻煩了，下面就是械鬥，刺刀見血的來幾個回合。不過戰爭的結果一般也不致命，都是失敗者停止戰鬥逃跑而已。有的時候也發出信號，比如非洲野狗，輸家會張嘴露出哭臉，低著頭搖頭表示認輸。

這是在正常情況下，但如果雄性激素過高，那就不好說了，失敗者會喪命，勝利者也會遍體鱗傷。同級別的生死決鬥，結局一定是兩敗俱傷。

過高的雄性激素還會影響糖和脂肪的正常代謝，增加心血管疾病和糖尿病的發病率，

雌性激素分泌過高也不是好事，雌性動物每次發情、懷孕、生產、養育，都會幾乎消耗掉半條命。每年一次還行，如果一窩接著一窩的折騰，也許只有老鼠和兔子這樣適應力超強的動物才能堅持下來。即便是它們，也要避免在缺少食物的季節發情，否則一定會悲劇。

性生活消耗體力，美國奧克拉荷馬州立大學的卡斯滕教授在馬魯穆庫特魯山意外發現幾隻交配後死亡的變色龍，他通過對這種變色龍的激素變化研究表明，原來在這種變色龍體內含有非常高的雌、雄性激素，在這種性激素的刺激下，它們瘋狂交配，釋放能量。當性激素全部釋放完了，它們也就因此虛脫而亡！

順便說一下，羊和鹿的角多半是用來炫耀或者和其他雄性打架的，所以很多種類的羊和鹿的雌性乾脆就沒有角，或者只有一對很小的角。這也是為什麼網上一直激烈地爭論，美羊羊怎麼會有這麼大的一對角呢？她是綿羊，又不是山羊，這不科學！

既然性激素不能分泌過多，那麼當潛意識裡攜帶對同性的感情過深時，性激素就會敗下陣來，於是就產生了同性戀。

最深度的同性戀也許是變性群體，他們（她們）意識上完全是另外一個性

別，認為自己就應該是另外的性別，甚至做手術來改變性別。有人稱之為「裝錯了身體的靈魂」，其實應該說是「不習慣身體的暗生物」，是潛意識不習慣當前載體的性別。

所以同性戀是一種可以理解的性取向。任何暗生物都可能會發生，也都有可能發生過。雖然和今生今世的性別並不吻合，但是來世應該就會吻合。也許這就是同性戀沒有被自然選擇篩選掉的原因。

對於同性戀的產生原因，相比傳統的進化理論，毫無疑問，暗生物理論給出了更貼切的解釋。反過來看，這也印證了暗生物理論的正確性，同性戀的性取向不可能來自基因，如果不是暗生物帶來的天性，不利於種群繁殖的性取向又是從哪裡來的呢？

## 第七節　做夢的原因

如第一章所問，我們為什麼做夢呢？做夢影響睡眠，耗費了大量的能量，還打擾大腦的休息。先讓我們看看做夢是意識的行為還是潛意識的行為。

睡眠中無意識地走動或做出其它無意識的行為稱作夢遊症。在影視著作裡，夢遊者閉著眼睛，雙手平伸四處亂撞，其實正相反，夢遊者眼睛是半睜或全睜著的，他們走路姿勢與平時一樣。

夢遊者離開床之後，仍在沉睡狀態，但是可以行動。當事人可在睡眠狀態下從事複雜的活動，會開門上街、拿取器具或躲避障礙物。折騰夠了，自己回到床上接著睡覺。

其實夢遊者一般做的都是日常的事，夢遊時也極少作出傷害性的進攻行為。但是也會有一些離奇的事情：我們這裡一所最好的醫科大學裡，據說有過一個偶爾夢遊的同學，同宿舍的人發現他有時深更半夜從床上起來穿衣下樓，於是就好奇地跟著，發現他竟然進了基礎樓醫學標本存放室，用小刀一點一點的割屍體上的肉，而且吃了下去。同學連忙把他叫醒，他發現了眼前的屍體並且嚇昏了過去。

所以夢遊和做夢是潛意識的行為，即使沒有意識的參與，潛意識仍然可以驅動身體各器官的活動。佛洛德認為夢遊是一種潛意識壓抑的情緒在適當的時機發作的表現。所以次日清晨醒來，夢遊者會否認夜裡發生的一切。

在我們做夢的時候，大腦會把涉及嗅覺、味覺和觸覺的區域關閉，夢裡所有的圖像和感覺都是大腦類比出來的，同時關閉大腦指揮中心的背外側前額葉皮層，關閉處理知覺運動信號的顳頂區，整個身體基本與外界隔絕。就像一個學者把自己關在一個小屋子裡，遮罩全部紛擾，只留下一點警戒，然後投入全部身心思考。研究顯示，大部分人的夢的構成相似，比如當天白天或者前幾天自己的經歷。

睡眠的時候並不是一直在做夢，人類平均壽命80歲，睡眠時間加到一起大概25年，但是做夢加起來只有6年左右。可是做夢的效率很高，一個晚上做6—20個夢，常常各不相同，這樣導致有時一晚上的夢境比一個白天的所見所得還要豐富。另外夢境也是對白天學習到的內容的一個很好的複習，也是對未來可能發生事情的一個推斷、演練和預習。所以一方面日有所思夜有所夢，另一方面人們有時感覺當前發生的事情曾經夢到過。

學習對生物很重要，生物生存最重要的目的之一就是學習生存能力，再對這個能力加深印象，然後刻入潛意識，甚至刻到內程式裡。為了實現這個目的，生物需要更多的活動時間和經歷，但是有個簡潔的辦法，不但能夠節約時間，而且節約能量。

兩個同學一起寫作業的時候都睡著了，一個媽媽發現了，數落兒子：「你怎麼學習就睡覺！看人家小明，睡覺還學習。」

小明當然睡覺的時候無法學習，可是學業繁重的學子們確實都希望能有更多的學習時間，最好還能保證足夠的睡眠，如果真的睡眠時候還能學習該有多好。

對於進化了幾十億年的動物來說，這也許真的可以實現。

出於各種原因，動物每天都有不能活動的時間。有的為了躲開酷熱和寒冷，有的為了避開天敵，有的為了獵食方便等等，造成有的無法在夜間活動，有的不喜歡在白天活動。而且這個休息時間很長，很多動物的休息時間遠遠超過活動時間。在這個時間裡，除了保持一點警戒之外，大腦沒有別的工作。

於是潛意識層充分利用這些大塊、小塊的時間，開始重演或虛擬白天發生的事情，加深對生存技能的學習。但是潛意識層的主要功能是連接意識層和內程式層，判斷分析意識層的指令並執行，本身並不能分析複雜的體外的環境和發生的事件，所以這個學習任務需要一部分意識層面的參與，也許這就是做夢的原因。

同時，潛意識需要一定的休息，意識也需要休息。因此人類睡眠的時候並不是一直在做夢，做夢的時候也不是整個意識都在活動。由於做夢只是個操練和模擬，和現實的活動無關，所以並不需要身體的配合，頻率和速度也不需要一致。這就導致了夢境往往是很快的，也許只睡了幾分鐘，但是卻做了一個歷時幾天完完整整的夢。也許有極少數人需要身體配合，或者錯誤的帶動了身體來配合，就會產生夢遊。

也許有人會問，白天也琢磨、晚上也琢磨，有沒有那麼多事情需要學習呢？對於動物智慧系統這樣複雜的大程式，會有兩部分構成：程式部分和資料庫部分。程式部分負責運算，而資料從資料庫中調取。舉例來說，如果你在街上遇到一個人摔倒了起不來，你很想幫她。這時候你的大腦就會飛快地運算，從資料庫中調取諸多訛人的老頭老太太來和地上的傷者相比較。如果覺得傷者年青面善，不像歹人，你還要決定怎麼幫她。根據她受傷的情況和你當時的情況，你會計算出：扶她一把、招呼別人幫忙、呼叫120、還是親自送她去醫院。

這個思維運算的過程不算複雜，但是每一個思考的步驟都需要大量資料作為參考。你頭腦裡的事例越多越完整，運算的結果就會越精確。如果你不知道相關事例，沒有資料可以比照，那你只能自求多福，蒙一個解決方案吧。然後第二天報紙上又會出現一條《好心小夥助人被訛，歹毒老太誣陷好人》。看看，事事關心皆學問，收集整理資料，豐富頭腦裡的資料庫是多麼重要。

「我們只需要幾條關鍵的線索即可啟動內心模型的適當部件。好像自有生以來我們一直致力於建造一整套的期待，它不只是以往記憶的一個目錄，因為我們一直在依靠一個得自遺傳的基本感知模型。」[563]

學習的目的就是完善這個模型，而且這個模型是可以遺傳的，比如一個嬰兒看到一個慈眉善目、表情和善的人就會高興，看到一個青面獠牙、面容陰翳的人就會害怕。

克雷格．文特爾是一個非常有名的生物學家。不但因為他才華橫溢，也是因為他不按常理出牌，曾經公然挑戰「人類基因組計畫」，被稱為生物學界的壞小子。

「文特爾曾經說過：『處在我們這個年齡階段的人都知道，當回首過往時你會發現，生命其實超乎尋常的短暫。我在越南瞭解到，生命對某些人來說就如曇花一現。我從疾病研究中獲悉生命的脆弱……確切地說，我的工作不是在與某個人進行比賽，而是在與時間比賽』。」[564]儘管相比其他動物來說，人類還算長壽的。

既然學習很重要，而生命的時間又是如此有限，那麼增加大腦容量不就可

(563) 凱恩斯．史密斯，《心智的進化》（北京：北醫印刷廠，2000），頁217。
(564) 張戟，《基因的決定》（山東：山東科學技術出版社，2015），頁35。

以更快的思考、更多的學習了嗎？理論上當然如此，但是大腦是一台價格昂貴的機器，而且不如多數器官耐擊打，需要加強保護，看看動物腦殼骨骼厚度就知道了。同時，更大的大腦需要更多的能量。所以最佳的策略絕對不是增加大腦容量，而是增加大腦的使用時間，讓它白天晚上加班加點的工作。

我的很多同學都在中國第一汽車集團上班，當需要提高產量的時候，制造型企業的首選方案不是增加機床，而是讓工人上夜班，兩班倒、三班倒，歇人不歇機器。走進深夜的一汽廠區，你會看到燈火通明的車間，聽到轟鳴的馬達聲。

最近幾年一汽的效益挺好，主要歸功於紅旗和解放的銷量。紅旗轎車和紅旗SUV高端大氣，是身份的象徵，我們都以開輛大紅旗為榮。而解放J7重型卡車品質不錯，性價比很好，一直供不應求，所以零部件廠就一直很忙。一汽薄板分廠就在廠區一號大門的旁邊，我同學是分廠主管，由於這幾年生產任務緊，因此不管什麼時候打開車間大門，都能看到兩層樓高的巨大衝壓機咣咣咣地把鋼板壓成卡車駕駛樓的形狀。衝壓機的精度高，一次成型，光滑美觀，相比之下，某些品牌的汽車鈑金就像錘子敲出來的章丘鐵鍋似的，坑窪不平。

同學告訴我，這台德國進口機器太貴了，所以除了每年的檢修之外，只要有訂單就從不停機。（當然這也有弊病，常年值夜班的工人在檢查身體的時候往往都會發現一些問題，這是由於作息時間不規律，代謝紊亂造成的。）

機器昂貴所以很少停機，工人加班連軸轉，同學是領導必須負責，晚上有時間他就會來車間看看，也許這恰恰就是做夢時候大腦的工作狀況。潛意識就是值夜班的工人正在工作，偶爾的意識參與就是領導在查崗和現場解決問題，產品就是我們獲得越來越多的經驗，而且印在潛意識裡。

還可以換一種方式理解夢境：工廠裡有一群實習生，師傅上班的時候，這些實習生跟著師傅一起工作，每天師傅下班的時候，這群精力旺盛的實習生就自己開動著機器，把白天工作中遇到的問題再演示一遍，需要強化的內容再操作一遍，這樣他們可以學到更多的手藝。當他們遇到解決不了的問題，就打電話請示在家裡休息的師傅。

同樣一件工作，由意識來完成比由潛意識來完成的效率低很多，而且所耗費的能量也很多，所以潛意識就像這群勤勞的實習生，抓緊一切時間學習，以期能夠接手更多的工作。

夢在一方面學習新知識，另一方面也在整理雜亂的舊知識。

大腦「是某種神經網路，在學習到新技能後不斷重構。致力於研究神經網路的科學家發現了一些有趣的事。這些網路系統在過量的學習之後經常會飽和，不再繼續處理資訊，而是進入『夢境』的狀態。在這種狀態下，當神經網路試圖消化新材料時，隨機的記憶有時會漂移並結合在一起。因此，夢就像『打掃房間』，大腦在夢的狀態下試圖用更連貫的方式組織記憶（就像電腦整理磁片碎片）。如果這是真的，那麼所有神經網路，包括所有具有學習能力的生物體，都可能進入夢的狀態進行記憶清理。所以夢很可能有其目的性的……神經學研究似乎支持這一結論。研究表明，在活動和測驗之間加入充足的睡眠可以改善記憶力。神經成像顯示，睡眠時啟動的大腦區域與學習新技能所涉及的大腦區域相同。做夢也許對於鞏固新資訊有所幫助。」[565]

夢境經常啟動杏仁核，所以會帶有強烈的情感，引起快樂和恐懼的感覺。可能是因為潛意識開啟了燒錄模式，研究顯示，帶有情感的記憶格外深刻。

夢境往往不合邏輯，也許是因為大腦正在打掃房間、整理知識碎片，所以夢可以快速地從一個場景轉換為另一個場景。一般來說，睡醒之後我們記不住夢到了什麼，這就像實驗室裡完成了一個實驗之後，會清理整個試驗台，還原所有的實驗用具和藥品。雖然看似什麼都沒發生過，但是有用的資料已經被妥妥的記錄下來。

夢境有時不連貫，跳躍很快，因為夢的一個功能是複習學到的內容，一般來說，複習功課不需要重複全部的功課，只要把重點的、不熟悉的或者弄錯了的部分複習一遍。

人的思維能力和方式是不同的，面對同一件事情，有的人很快就明白了，但是理解的不夠深入；有的人可能反應不快，可是多考慮幾次，就能夠理解的更加透徹。我是後一類人，說話辦事的時候，缺乏快速反應能力，往往不能第一時間考慮清楚，但是事後閒下來的時候，把這件事情在大腦裡面重複兩遍，常常會有重要的收穫。就像牛反芻一樣，把白天沒有時間消化的食物重新咀嚼一遍，變成營養吸收進身體。

潛意識和意識相比，毫無疑問也是理解的速度慢，但是印象更加深刻。潛意識的邏輯運算能力弱，所以需要更多的時間把發生過的事情重放，或者變換人物和場景一遍遍類比，有的時候需要一點意識層面來參與一下，以求判斷事情發生的原因、意識層面處理問題的習慣和下次發生類似事情應該怎麼處理。所以在做夢的時候，潛意識是主角，意識是配角，意識層面就像是在看電影，偶爾參與一下。

---

(565) 加來道雄，《心靈的未來》（重慶：重慶出版社，2016），頁151。

動物也會做夢，就是這個道理。

夢是重複白天遇到的事情，模擬可能會發生的事情，就是潛意識在演習。很多人都有過類似的經歷，忽然感覺此時此地的情境似曾相識，好像在哪裡見過，可能經歷過。其實也許這就是曾經在潛意識裡構想的某一片段現實發生，設計的情景、人物和時間恰好都對上了，所以就會覺得很熟悉。這個不是預兆，而是湊巧。

潛意識主要的任務不是預測，它只是把已經發生過的事情重溫一遍，以便找出意識的思考習慣，為以後遇到事情可以快速反應做準備。為了加深印象，它可能把一件發生過的事情更換一下參 數（時間、地點、人物）再重演一遍。這個過程當然需要意識的配合，所以夢境儘管以潛意識為主角，但是意識也會參與一點，那麼當夢境被打斷或者其他一些情況，人就能夠記住所做的夢。

一天中所遇到的事情越多、越複雜、越新鮮、思想越投入，晚上做夢就越多，第二天人也會感覺越累。很多人都有過類似體會，幹體力活的時候，晚上睡覺就很香、做夢少；做腦力勞動的時候，晚上做夢多、睡眠差，也許就因為體力工作重複性比較大，不需要多思考，所以晚上睡覺的時候，潛意識所需要複習的內容不多，就可以少做夢。當然，體力勞動使人更加疲勞，更需要休息也是主要原因。

多數做夢只是複習近期遇到的事情，當天的或者前幾天的，但是對一些記憶深刻的事情，也許過了幾年、甚至幾十年還在回憶。比如中學的考試讓大家印象很深，很多人在二三十年之後還會夢到。當然，對大多數人來說，這並不愉快，甚至是揮之不去的夢魘。

也有學者認為夢境是白天思維的延續，這麼解釋也可以。因為白天思維活動的目的除了維持生活之外，也是為了學習和積累經驗刻入潛意識。

夢境是想像出來的，是對最近發生的事情換個場景的複習，是潛意識的學習過程。人的意識和潛意識的假想能力本來就非常強大。取材自真人真事的電影《美麗心靈》裡，患有精神分裂症的數學家約翰・納什（博弈論創始人）憑空想像出來了一個大學室友、一個小女孩和一個特工，這三個人如此的活靈活現，以至於納什無法分辨他們的真假，認為一直和他們生活在一起。即便是後來在精神分裂症已經得到控制的情況下，納什仍然不敢確認周圍出現的陌生人是不是幻覺。電影在這裡安排了一個有趣的橋段：當一個陌生人出現在教室門口通知他成為諾貝爾經濟學獎候選人時，納什拉住了一個學生問「你能看到他嗎？他的確出現在你的視野中嗎？」聽到確認的答覆後，才半信半疑的點了點頭。

電影裡的納什是由羅素·克勞扮演的，沒錯，就是《角鬥士》的男主角。這麼個五大三粗的虯髯大漢還能成功飾演這麼個神經質的老數學家，真應該得奧斯卡最佳男主角獎，可惜只得了個提名。

對於動物來說，知識來源於：先天能力×後天經歷×學習，先天的能力是基礎，後天的經歷是參照，而學習是手段，這三者缺一不可，有一個是零，整個結果就是零。這就是為什麼做夢的時候一定要有一點意識的參與，因為意識的思考和學習能力最強。

本書寫到這裡，我已經清楚的表達了我對生命的看法，和生命無處不在的目的性，從人的行為和生理活動可以明顯的看出來，人的意識和潛意識在為「自己」的將來做打算。如果意識只是大腦活動的產物，那麼身體死亡之後意識消散，還有什麼將來呢？基因的延續又和自己有什麼關係呢？

本書前面提到過的傳統生物學有一個關鍵的缺陷，那就是認為生物的生命只有這一世，能夠世代相傳的只有基因。這是錯誤的，基因世代相傳不是目的，暗生物的生生世世才是目的，所以傳統生物學是孤立的，而不是連續的。

如果生命只有這一世，那麼本書所提到的問題都解釋不了，比如為什麼生殖比生命重要，為什麼需要衰老和死亡，同性戀怎麼回事，為什麼會做夢等等。

我們再看一下這些問題，相比傳統進化論，暗生物理論的解釋肯定更為完整，而且關鍵是——更加符合邏輯。暗生物就是傳統生物學缺失的那個未知數，那個灰衣人，那個能夠使等式兩邊平衡的生物常數。暗生物理論相對比較完整，但是遠不夠完美，主要原因是我的水準不夠。我跨專業研修生物學，雖然能看到傳統生物學家所看不到的廣度，但是卻看不到他們的深度，所以真心希望能夠接納（或者不反感）暗生物理論的專家多做補充。當然，這是一個長期而且艱難的過程。

其它還有一些問題，比如毒性強的細菌和病毒有時為什麼要殺死宿主，這麼做損人不利己，它們會與宿主同歸於盡。其實它們讓宿主染病，但是仍然生存，然後到處傳播，這才符合微生物的最大利益。

當然，這不會是微生物的無心之過，因為能夠和宿主和諧共處的病原菌有好多，而且就像姬蜂幼蟲能夠繞開宿主所有重要器官，讓它多活幾天一樣，微生物也有這個能力。所以最好的解釋還是：對於細菌這樣生命短暫、繁殖很快的生物來說，生命的輪迴就相當於給它們插上翅膀，可以飛到新的宿主身上去。

另外在前面「細菌的智慧」章節中提到，如果癌細胞真的沒有後代，那麼它的「叛逆行為」又是如何產生？現在看來，如果存在輪迴，那麼癌細胞就不是沒有後代，它也不會跟宿主同歸於盡。毀滅的是身體，而它的暗生物會返回暗物質等待新的載體。同時，它的行為並不是損人不利己，而是對它自己有好處。

## 第八節　從暗生物的角度來解決其他問題

自然科學滲透到生活的方方面面。進化生物學更是給如何看待生活提供了一個特殊的視角。比如《奇葩說》裡面有一集，討論相親的時候餐費是否應該男女AA制。正反兩方嘉賓主要從男人的風度、男女平等和女人的經濟獨立等角度來爭論。有一個娘娘腔小夥子叉著腰、點著蘭花指說：「我都娘成這樣了，還贊成吃飯應該男人掏錢。你們對面這些純爺們還想AA制？」全場哄堂大笑，但是仍然有很大一部分人贊成AA制。

其實從進化生物學的角度來看就簡單多了，這不過是個性選擇的問題。在性選擇的時候，為什麼雌性動物處於主動，而雄性動物都是被挑選呢？因為對於雌性來說，孩子的父親只能有一個，所以她要挑選一個健康、強壯而且能給它們母子提供良好生活條件的。而對於雄性來說，他可以做很多孩子的父親，希望跟更多的雌性交配。供需關係決定了擇偶時候的主從關係。所以雌性要求雄性證明自己的經濟實力這是很正常的事，因為她將來要生兒育女啊。

也許有人會說：人類已經進化到高級階段，一夫一妻，而且女性在工作上可以跟男人從事相同的工作，經濟上也獨立，已經不同於動物。

但是我想說：可是人類生養下一代工作的主角仍然是女人啊。男人如果想經濟方面完全AA，等科學發展到可以普遍讓男人懷孕、生孩子，而且男人給孩子哺乳的時候再說吧。

需要解釋的是，我只是希望糾正人類歷史上男尊女卑的現象，而不是說女性應該獲得超然的地位，或者乾脆「女尊男卑」。因為從生物學看，雌性和雄性處於平等的地位，而人類的女性和男性也應該平等，雖然社會分工會有差異。女權的「權」，應該是平等權利，而不是特權。

就像「知乎」上有人抨擊某些現代女性：一邊要自由戀愛，一邊要高額彩禮；一邊強調自己的權利，一邊逃避自己的義務；一邊要求男人溫柔體貼勤快賺錢，一邊自己只顧梳妝打扮奢侈消費，只注重權利平等，卻不提責任平等。你跟她說新時代，她跟你談傳統（要彩禮）；你跟她說傳統，她跟你談平等（不受氣）；你跟她說平等，她又和你談女權（少幹活）。生活條件越來越好，這樣雙重標準、好逸惡勞的女性一定會越來越多。

接著說自然選擇，如果在非常規物質的層面，會發現生物智慧也許才是真正自然選擇的基本單位（參照第四章中「自然選擇的基本單位」一節）。

首先，因為暗生物是生物，也是不斷生長的，自然選擇可以淘汰不適應環境的暗生物，所以就滿足古爾德所說的自然選擇直接施加影響。

另外在道金斯看來，一個成功的自然選擇單位必須具備的特性是長壽，而他認為基因是永存的：「基因像鑽石一樣長存」，「遺傳單位越短，它生存的時間——以世代計——可能就越長」。[566]

基因合理性的另一個方面是，它不會衰老，即使是活了100萬年的基因也不會比活了100年更有可能死去。它一代一代地從一個個體轉到另一個個體，用它自己的方式，為了它自己的目的，操縱著一個又一個的個體；它在一代接一代的個體陷入衰老死亡之前拋棄這些將要死亡的個體。

「DNA分子上的資訊，要是以個體生命史的尺度來衡量，幾乎可算不朽。」[567]「乳牛DNA上有一串字碼，共306個，豌豆DNA上也有這一串306個字碼，幾乎完全一樣。兩者只差兩個字母。我們不知道乳牛與豌豆的共同祖先究竟生活在什麼時候，但是化石證據顯示：那必然在10億到20億年前。」[568]

所以道金斯認為，基因當然可以成為自然選擇的單位。

但是現在讓我們來看一下這個問題，基因是永世長存的嗎？拋開基因突變不論，即使基因一絲不苟精確地複製，也只不過是順序完全相同的核苷酸鏈而已，可見的排列是相同的，但是不可見的部分有沒有區別，我們不知道。同卵雙胞胎的DNA如果不考慮突變，是完全相同的，但是雙胞胎的性格往往存在很大差異。而且基因在每次更換宿主的時候，老的基因會和宿主一起解體消亡，在新宿主身上的只是複製品，只是編碼次序相同，所以怎麼能說基因「永世長存」呢。難道一樣的編碼就是一樣的個體嗎？

那麼這麼看，真正能夠永世長存的只有暗生物。它有多長壽呢？和人類共生的暗生物，是從單細胞生物一代一代，經過了萬萬代成長來的，那麼它的壽命很有可能超過10億年！同時，暗生物一直在成長，並沒有衰老的跡象，反而

(566) 理查·道金斯，《自私的基因》（北京：中信出版社，2012），頁32。
(567) 理查·道金斯，《盲眼鐘錶匠》（北京：中信出版社，2014），頁135。
(568) 理查·道金斯，《盲眼鐘錶匠》（北京：中信出版社，2014），頁132。

越來越複雜，越來越強大。

從另一方面來說，基因也不是很好的自然選擇單位，因為一個很小很短的基因顆粒往往不能承載多少信息量。儘管它很穩定，可是正常情況下對生物整體的影響不大。那麼大的DNA片段呢？儘管承載的信息量夠多，但是容易被打散。所以，暗生物才是最好的自然選擇單位，兼具上面的優點，容納的信息量足夠多，又穩定。而且在進行有性生殖時，由於同一物種基因差異很小（差異稍大的會有生殖隔離），所以暗生物不會受到生殖的影響而被拆散。另外，一個基因需要和很多其他基因相配合才能生存下去，也就是說「好基因」受「壞基因」影響太大而影響生存，所以不是很好的自然選擇單位，而暗生物則沒有這個問題。

「我們的未來是技術性的，但這並不意味著未來的世界一定會是灰色冰冷的鋼鐵世界。相反，我們的技術所引導的未來，朝向的正是一種新生物文明。」[569]正確認識暗生物的屬性，正是他們讓我們的世界豐富多彩、生機勃勃，比達爾文式進化生動得多。

地球是我們的生存環境，人類是我們的種群，離開他們，我們無法生存，也無法輪迴。但是現在它已經、正在、還將遭受破壞！破壞環境的不止人類，還有人類飼養的家畜。

山羊適應能力強。山羊會改變植物種群與森林結構，它被國際自然保護聯盟物種存續委員會的入侵物種專家小組（ISSG）列為世界百大外來入侵物種。

山羊的覓食能力太強，食性雜，能食百樣草，對各種牧草、灌木枝葉、作物秸稈、菜葉、果皮、藤蔓、農副產品等均可採食，其採食植物的種類較其他家畜廣泛得多。根據對5種家畜飼喂植物的試驗，山羊能採食的植物有607種，不採食的有83種，採食率為88%，而綿羊、牛、馬、豬的採食率分別為80%、64%、73%和46%，也就是說，大家一向認為最不挑食的豬，其實是相當挑剔的。

「科學家很少用帶有感情的詞彙來描述，但山羊確實有著累累的罪證……馴養的山羊已經遍佈全世界，現在已成為移植最廣泛的哺乳動物……山羊能夠在貧瘠得無法養活其他草食動物的地方茁壯成長，它們能夠忍受許多植物為了不讓草食動物食用而製造出的油膩、味苦的東西。它們在灌木和樹木間覓食，甚至能爬上枝頭去吃多汁的樹葉……迅速地消滅膽敢破土而出的小樹苗。由於山羊幾乎能夠以任何一種有機物為食，它執意要將其置身的環境吃成如月球表

(569) 凱文·凱利，《失控》（北京：電子工業出版社，2016），頁3。

面一般方肯甘休……（由於山羊的破壞）聖海倫島的植被只存在於陡峭的山脊和狹窄的溪穀裡。島嶼本土的33種植物物種中，山羊消滅了10種，還有18種正面臨著滅絕的危險……1890～1934年間，新西蘭島旁的格雷特島上143種植物物種有73種因山羊的破壞而滅絕。」[570]

沙漠的植物本來是乾旱地帶的適者，「剩者為王」，它們進化出來的耐旱能力讓它們笑傲沙漠數萬年。在青海格爾木去往西寧的國道兩側，一望無際的黃沙上面只點綴著細小乾枯的小樹叢，苦澀幹硬的枝條外面還包裹著厚厚的蠟質。幾乎沒有什麼動物能夠受用這麼難以下嚥的植物，除了山羊。即便在生態如此脆弱的沙漠，我仍然能看到牧羊人趕著山羊啃食著這最後的一點綠色，就像拔掉禿頂男子頭上最後的幾根茸毛，好疼，好疼。

每一個零碎的生物多樣性都是無價之寶，它是用來學習和珍愛的，絕不要輕易放棄。各種生物在幾十億年的進化歷程中一直與我們相伴，為我們提供生態環境、食物和基因樣本。它們的價值遠超過我們平常垂涎的黃金、美玉和鑽石。

其實礦物質財富在地球上多得是，而且將來我們開發外星礦藏的時候，會看到它們堆積如山，有的星球乾脆就是整個礦石星球，比如鑽石星球。

但是地球生物物種在別的星球上絕對找不到，只存在於地球，一旦消失，就再也無緣相見。

「我們可以很有把握地臆斷，還有極多其他有益但尚未為人所知的物種。例如，在一個遙遠的安第斯山谷地，有一種棲息在蘭花上的罕見甲蟲，會分泌一種能治療胰臟癌的物質。在索馬里，一種僅剩20株的禾草，能為世界含鹽的沙漠帶來綠色與飼草。我們沒有現成的辦法來評價這個野地的聚寶盆，而只能說巨大無比，並且其前景未蔔。」[571]

「最貧窮且人口增加最快的居民，就生活在生物多樣性最豐富的寶庫旁邊。一個靠開墾雨林養家糊口的秘魯農夫，會隨著土壤養分的流失逐地而耕，從這塊地轉移到那塊地，如此他所砍掉的樹木種類，將多於整個歐洲的特有種樹木。假如他沒有別的謀生方法，那些樹木就會倒下。」[572]

山民破壞自然環境的幫兇是他們帶到山裡的牲畜和寵物。很多人養貓是為了抓老鼠，但是據統計，被貓吃掉的鳥類是老鼠的兩到三倍。城市裡的貓

(570) 克裡斯・萊弗斯，《大象之耳》（江蘇：江蘇科學技術出版社，2008），頁153。
(571) 愛德華・威爾遜，《繽紛的生命》（北京：中信出版社，2016），頁347。
(572) 愛德華・威爾遜，《繽紛的生命》（北京：中信出版社，2016），頁349。

破壞有限，它們頂多就吃幾隻麻雀、抓兩隻燕子，沒什麼野味可吃。山區裡的貓的菜譜可就豐富多了：錦雞、鷓鴣、斑鳩、松鼠、飛龍（花尾榛雞）……應有盡有。別管多珍稀的物種，在它的眼裡不過是一頓美餐。山裡人養的狗也多，不同於城市裡最受歡迎的泰迪、博美、比熊、金毛，山裡人的狗可不是賣萌的寵物，它們是要看家護院的，都是一些身高腿長的中華田園犬（就是各種土狗）。而且大多數的貓和狗並沒被圈養，它們自由自在地遊蕩在周圍山林之中，橫掃一切遇到的美味，管你有多珍貴，有多瀕危。

城市裡，被遺棄的貓和狗已經成為了一個普遍問題。其實山裡被遺棄的貓和狗的問題更大。當然這個問題不是它們的生存問題，而是它們變成了野貓野狗之後對山區自然環境的損害很大，而且持續時間長。甚至主人都搬走了，人去村空之後，這些人類帶到山裡後遭到遺棄的動物卻常駐下來。

「在斯蒂芬小島，燈塔守護人的一隻貓就滅絕了當地罕見的蜥蜴和叢異鶲。」[573]

現在中國正在進行的大量農村人口城市化對保護環境是很有好處的，經常有新聞提到某某海島漁村已經沒有了居民，某某山裡的幾處村寨已經成了荒村。大家無限惆悵感喟慨歎光陰荏苒日月如梭，時光飛逝美景不再，紅顏易老歲月蹉跎，人去村空荒無人煙；

籬笆外的古道我牽著你走過

荒煙蔓草的年頭就連分手都很沉默

誰在用琵琶彈奏一曲東風破

歲月在牆上剝落看見小時候

……

在周董低吟淺唱的惆悵哀婉氣氛中，生物學家卻不厚道地笑出聲來——一個村寨的撂荒棄荒，也許就有一種或幾種差點被消滅的昆蟲和植物物種得到恢復；一片山區人去山空，也許就會有一個重要的生態系統得到休整。越是偏遠荒僻、人跡罕至的村寨，棄荒之後對野生動植物越有好處。大家只知道保護大熊貓和藏羚羊，但是將來真正能拯救人類的，卻可能是一種醜陋的昆蟲和一株不起眼的小草。

野生動物既然叫「野生」，本來不需要保護，人類不去打擾它們就是最好的保護。地上本沒有路，走的人多了，也便成了路（但是沒了草）；山裡本來

---

(573) 克裡斯・萊弗斯，《大象之耳》（江蘇：江蘇科學技術出版社，2008），頁155。

有鹿，來的人多了，也便沒了鹿。

人類對自然的破壞實在是太過巨大。最早的人類踏上澳大利亞大陸的時候，這裡有24種體重50公斤以上的動物，包括和非洲獅一樣大小的袋獅。幾千年過去了，除了袋鼠以外統統都被滅絕。智人登陸北美之後，北美洲原來47屬的大型哺乳動物滅絕了34屬，南美洲60屬被滅絕了50屬。在美洲大陸上活躍了3000萬年的劍齒虎瞬間被滅絕，同時消失的還有美洲的本土馬和本土駱駝，而這也導致後來沒見過馬的印第安人在歐洲入侵者騎的這種恐怖巨獸面前吃了大虧。

順便說一下，並不是每種馬都能馴化，都能乖乖地給人類幹活，斑馬就不能。「斑馬和中亞野驢的脾氣暴躁，斑馬有咬了人不鬆口的討厭習慣。它們因此而咬傷的美國動物園飼養員甚至比老虎咬傷的還多！斑馬實際上也不可能用套索去套——即使是在牧馬騎術表演中獲得套馬冠軍的牛仔也無法做到——因為斑馬有一種萬無一失的本領，在看著繩圈向它飛來時把頭一低就躲開了。」(574)

接著說人類對自然的破壞，生物「第一波的滅絕浪潮是由於採集者的擴張，接著第二波滅絕浪潮則是因為農民的擴張；這些教訓，讓我們得以從一個重要觀點來看今日的第三波滅絕浪潮：由工業活動所造成的物種滅絕。有些環保人士聲稱我們的祖先總是和自然和諧相處，但可別真的這麼相信。早在工業革命之前，智人就是造成最多動植物絕種的元兇。人類可以說坐上了生物學有史以來最致命物種的寶座。」(575)

當年我曾在深圳的神舟電腦工作，一次休息的時候，和幾個裝配線上的工人聊天。一個小女工來自四川山區，我就問她是否見過大熊貓。她的回答把我嚇了個跟頭：「偶爾會見到，小時候還撿到過一隻走丟的大熊貓小崽，讓我們給玩死了。」「給玩死了……玩死了……死了！！！」聽者震驚而且心痛，說者卻語氣輕鬆，稍有點遺憾而已。對山民來說，沒有很強烈的國寶概念，只知道被抓到要判很多年，但是不被發現就問題不大。科普教育也起不到很大作用，根本辦法還是人類人口的城鎮化，把森林草原還給野生動植物。

人類做了這麼多壞事，現在把自然環境還給其他生物不是理所當然麼。中國最近幾年棄荒和退耕還林，但是很多其他國家正在砍伐熱帶雨林毀林造田，哪裡的自然環境都是人類的基因寶庫。真正應該做的是降低人口增長速度、使

---

(574) 賈雷德·戴蒙德，《槍炮、病菌與鋼鐵》（上海：上海譯文出版社，2016），頁167。
(575) 尤瓦爾·赫拉利，《人類簡史》（北京：中信出版社，2014），頁73。

用高產良種和土地集約整合利用。

美國在恢復生態方面做了很多有益的嘗試，由於一百多年來不斷的棄耕，「美國東部的針葉林與闊葉林面積一直在增加……在美國其他地方，已有數百個小規模的復原計劃，全都努力增加自然棲息地的面積，以及要完全恢復已破壞的生態系統的健康。」[576]

開採森林和荒地的正確辦法是開採裡面的基因材料，這樣不會破壞環境還可以帶來經濟效益。森林和荒地放在那裡讓它自然生長，永遠會不斷產生新的物種和新的基因材料，這是取之不盡用之不竭的寶庫。

以前認為國家財富主要有兩種：物質的和精神文化的，現在看來有三種：物質的、精神文化的和生物的。在生物學家看來，每個生物的基因都是一本書，如果能夠讀懂，會得到巨大的財富。但是在我看來，從暗生物層面來看，生物的價值不止於基因，暗生物裡面的知識更會讓我們瞠目結舌！

不要指望人工選育和飼養的動植物對保留基因材料能有多大幫助。人類飼養的動物基因相當單一，一頭名為桑尼的優質荷蘭公牛一共繁殖了200萬頭小牛，而其它很多普通公牛的基因已經消失了。

「歐洲文明不斷入侵，許多原住民的知識逐漸在消失，並且殘存的熱帶國家中尚無文字的原住民文化，正日漸衰落與消失，我們將永遠失去那些真正的科學知識。」[577]比起現代文明來，這些原住民的文明更加適應大自然，這是人類基因中最野性、最頑強的一部分。即使在沒有任何現代工具的幫助下，原住民也能在野外生活得有滋有味，而我們則需要掙扎著「荒野求生」。隨著這些野性基因的不斷流失，我們這些吃著速食，開著汽車的現代人，如何面對第六次地球生物大滅絕呢？還能夠保證我們人族的物種延續嗎？而且，也許下一次大滅絕正是被現代文明所開啟，可能很快，說來就來。

「墨西哥的一位卡車司機，當他射殺了全球啄木鳥中最大、最後兩隻帝王啄木鳥中的一隻之時說：『那是一塊很棒的肉。』」[578]從獵殺上千隻火烈鳥只為加工一盤鳥舌菜肴，到北美消失的野牛群，愚蠢的人類一再犯這樣的錯誤。

當員警出現在鄱陽湖捕鳥村民的面前時，幾個愚夫蠢婦的臉上滿是不以為然：「靠山吃山靠水吃水，我們以漁獵為生，幾千年以來，都是這麼生活的……。」古時候沒有槍，沒有炮，沒有化學毒藥，沒有斷子絕孫天地網（一

(576) 愛德華・威爾遜，《繽紛的生命》（北京：中信出版社，2016），頁413。
(577) 愛德華・威爾遜，《繽紛的生命》（北京：中信出版社，2016），頁67。
(578) 愛德華・威爾遜，《繽紛的生命》（北京：中信出版社，2016），頁313。

種很大很大的掛網），也沒有這麼多人口。如果現在國家取消對鳥類的保護，放開捕獵，有理由相信現代高效的黑科技會讓中國境內所有的大型鳥類在幾年之內絕種。

2018年春天，內蒙古東烏珠穆沁旗發生毒殺野生鳥類案件，三個案犯是我的吉林老鄉，把吉林人的臉丟到了千里之外。他們一共毒殺了4484只野生鳥類，主要以百靈鳥為主，準備拿回去賣給餐館。不知道被毒殺的野生動物味道怎麼樣，也不知道吃了之後是否會容光煥發，但是我可以負責任地說，一定不會延年益壽。

太多的人不瞭解環境的重要，除了讓人類遠離野生動植物生存區之外，解決這個問題無外乎兩個辦法，首先是加強法制管理，其次是加大科普宣傳。在這方面，三門峽市絕對可圈可點。河南三門峽位於黃河岸邊，一直以豐富的黃金、鋁土礦和煤炭資源而出名。一座資源型城市的環境當然好不到哪裡去，所以儘管氣候適宜，但是早年並沒有多少候鳥來這裡過冬，每年只有幾百隻天鵝和寥寥數種野生鳥類。

1999年，兩個男子在這裡一口氣毒殺了27只白天鵝，成了年度環保大案。三門峽市政府大怒，嚴懲兩個罪犯，並且加大管理和宣傳力度。政府和市民盡了全力：每年10月底至次年3月上旬被設立為白天鵝越冬保護期；對天鵝棲息地周邊進行封閉管理，所有機動車輛禁止通行，減少了機動車輛鳴笛等噪音對天鵝的驚嚇；成立天鵝隊，組織人員分四班實施24小時不間斷看護，將汙水處理廠整體搬遷，使其遠離白天鵝的棲息地；加強對居民的科普宣傳，出臺關於白天鵝保護的地方性法規……

經過將近二十年的努力，這裡的生境已經大幅改善，青山綠水吸引來更多的候鳥。每年來這裡越冬的天鵝已經超過了一萬隻，三門峽人以此為驕傲，有時在論壇裡遇到三門峽網友，他們會美滋滋地聊聊家鄉的天鵝。人家有牛哄哄的本錢——天鵝，你家有嗎？

我們要重視保存整個棲息地，而不只是其內的若干主力物種。沒有生存環境就沒有生命，保護環境就是保護我們自己和子孫後代的生命。學習生物學，能夠瞭解生物多樣性對我們人類生存的重要性。

「必須還要有更強烈的承諾，不能眼睜睜地看著任何物種的滅亡，要採取所有合理的舉動，來保護每一種物種與種系的永續。政府在保護生物多樣性上的道德責任，和其在公共衛生與軍事防衛上是不相上下的。」[579]

---

(579) 愛德華・威爾遜，《繽紛的生命》（北京：中信出版社，2016），頁416。

李微漪的小說《重返狼群》描述了一隻人類飼養的小狼重新回到若爾蓋草原狼群的故事。後來拍成了電影，大量隨筆、紀實和第一視角拍攝使得整個情節相當真實而感人。作者對野生動物習性的準確把握，讓人懷疑背後有資深的動物學家做顧問。雖然不是大製作，但是比之國外一些動物主題的大片也不遑多讓，甚至各有千秋。

裡面提到了一個深刻的話題，就是人類侵佔野生動物的棲息地。雖然有些區域被劃為自然保護區，但是仍然有牧民獵殺野生動物的行為，這和我在西藏和青海的所見所聞差不多。當我們快要進入可哥西裡的時候，跟一家牧民聊天，她說附近狼、藏羚羊和黑熊很常見，雖然政府控制，但是牧民還會偷偷用夾子和獵槍打狼，原因很簡單，狼會攻擊犛牛和羊。還有的牧民在自家牧場周圍支起了鐵絲圍欄，這東西傷害的野生動物比獵槍還多。

這是一個完全無法調和的矛盾，當人和野生動物都為了生存而戰的時候，必然產生尖銳的對立。看著狼群圍殺自家犛牛牛犢，讓牧民袖手旁觀，這可能嗎？在這場鬥爭中，要不就是動物被趕走、被消滅，要不就是人撤退，牧民和牛群根本無法和這樣掠食性的野生動物共同生存。

## 第九節　生命的意義

人類有三個最基本的問題，以前沒有人能回答上來：

1. 我是誰？
2. 我從哪裡來？
3. 我要到哪裡去？

如果本書的論述是正確的，那麼這三個問題已經可以回答了：**身體只是載體，暗生物才是我；我從非常規物質中來，還會回到非常規物質中去。**

在現實的世界中，公平和自由向來都是熠熠生輝的金字招牌，引得人類一直苦苦追尋。比起祖先，我們也確實得到了更多的公平和自由。但是現實的差距依舊存在，或者說是天然的，不管人類怎麼努力也不可能填平所有不平等。醜小鴨變成白天鵝不是自己有多勤奮，而是人家爹媽就是白天鵝。這不是一隻勵志的黃毛鴨子就能攆得上的。如果父母基因有優勢，孩子也會更加漂亮、聰明、強壯，這就是贏在起跑線上。

另外，出生在王侯將相、富商巨賈之家，生來就會得到更多的資源。「條條大路通羅馬，可是有的富人家孩子出生就在羅馬。」而窮人家孩子奮鬥一生也很難到達羅馬。山溝裡的學生，能夠和城市學生一樣，接受良好的教育嗎？涼山彝族天梯小學的孩子，每次上學放學都要爬懸崖，他們的求學之路必然無比艱辛。當然，比起殘疾人所面對的困難，普通人的難處並不算什麼。這些各種各樣的不公平是現實社會中實實在在的存在，我們會努力減少，但是永遠沒有辦法抹平。

相比之下，暗生物的世界是個相當公平和自由的世界。富人家的孩子得到了錦衣玉食的生活，窮人家的孩子得到了生活的歷練。城市的孩子學到了更多的科學知識，山裡的孩子學到了更多的生存技能。漂亮的孩子收穫了與美貌異性交往的快樂，長相普通的孩子也能得到相濡以沫的愛情。健康人過的是平實的日子，而殘疾人面對的是不一樣的世界，打開心扉反倒能學習到普通人所不容易觸及的人生真諦。說實話，這些人生感悟對現實的生活未必有巨大的作用，但是對心靈的刻畫和對將來世界的影響卻是非常重要的。在暗生物的世界中，並不在於你天生得到什麼，也不在於你機緣巧合得到什麼，而在於你是否努力，是否學到了什麼。

在現實的世界中，富人家的孩子就像坐進了飛機頭等艙，普通人家的孩子就像坐在經濟艙，甚至憋在了貨倉裡，舒適度差得太多太多。但是在暗生物的世界，大家都在為實現自己的目標而努力，那麼，借用比爾·蓋茨的話：「頭等艙會比經濟艙飛得快麼？」

不但人類的暗生物世界相當公平，其他生物也是如此。從暗生物的角度來看，每一個程度暗生物，都會有它們各自的生活，一輩子下來，也會有它們各自的收穫。很難說人的一生會比一條魚的一生收穫更多，大家得到的，都是各自所需要的。

傳統生物學家認為：「拉馬克主義加深了我們兩個最深的偏見——我們相信努力應該能得到回報，我們希望存在一個天然目的性和進步的世界。」在這裡，我要用此書證明，這兩個不是偏見，是正見——努力學習和生活必然得到回報，而且能夠帶到生生世世。生命也有明確的目的性，找到更好、更合適的載體是超級目標。這兩個「偏見」就是生命的意義。

微博上看到這樣一件事：1984年，一個北京人為了圓出國夢，30萬賣掉自己鼓樓大街的一套四合院，拿著錢背井離鄉來到義大利。半夜三更學外語，風餐露宿送外賣，在貧民區被搶7次被打3次……如今兩鬢蒼蒼，省吃儉用30年終於攢下百萬歐元，回國來養老享受榮華。一回北京發現當年賣掉的四合院現在掛牌8000萬，剎那間崩潰了。於是很多人認為，人生多半是胡亂忙活，有時選擇比努力更重要。

從平常的角度來看，這個北京人的選擇是錯誤的，努力30年，結果資產縮水了90%。但是從歷練的角度來看，他的後半生幾乎推倒了以前的經歷，重新來過。一世為人，兩世的經歷，收穫遠遠大於留在家鄉無所事事、坐等房屋升值的生活。

有的人的理想就是做個鹹鴨蛋，鹹（閒）得難受，富得流油。「平平淡淡才是真」，安靜平淡的生活是大家所嚮往的，但是平淡不是平庸。平淡日子裡仍然不斷地學習和積累，這樣才能在遇到生活的變化和挫折時有更強的反應能力和生存能力。這正是在自然選擇篩選下生存下來的生物所擁有的共性。而平庸則是失敗的，平庸的生物無法逃過同類的競爭和環境的改變對它的考驗。

中國人喜歡說「是非成敗轉頭空」，真的空了嗎？空的是成敗，得的是打拼的艱辛。繁華落盡，確實只有一世蒼涼；容顏老去，真的空餘幾許惆悵。但是不變的卻是獲得榮華富貴和如花美人之前奮鬥的篤定和執著，這對你性格的塑造和打磨，不但影響你一生一世，而且會凝結在你的內心，鐫刻進你的基因和你的潛意識裡，影響到你以後的世世代代，這才是你真正的收穫。

生活中經常能聽到「人生贏家」這個詞，似乎誰賺錢多、工作好、生意風生水起就是人生贏家。這當然是錯誤的，從進化論的角度來看，適者生存，而不是強者生存，所以真正的贏家是「適者」。從暗生物的角度來看，贏家也不是遊手好閒的富二代、官二代，而是學習能力強，每一生都能有所獲得，向著正確方向不斷摸索前進的暗生物。

網上有篇文章《摩拜創始人套現15億背後，你的同齡人，正在拋棄你》，說的是摩拜單車的創始人胡瑋煒如何只用三年時間就把公司做大，並且成功套現2億美元。其中有一段寫道：「（你）要麼在北上廣的寫字樓裡，剛剛成為一個總監，小腹上長出贅肉，每月因為房貸不敢辭職。要麼在三四線城市裡，過著平淡，卻一眼可以看到未來的日子……」大家有沒有嗅到毒雞湯的味道？

作家韓寒在自己的微博裡犀利地批評了原文章，他說：「沒有賺到大錢就叫被同齡人拋棄了嗎？很多人也都在努力幹活認真生活，成功的定義絕不只是套現幾億十幾億。身價千億的首富，面對一個園丁，一個美編，一個程式師，都不存在拋棄不拋棄的關係……我不明白這些有什麼不對不好的，當了總監肚子上有贅肉怎麼了？覺得爸爸肚沒問題的就留著，嫌棄自己有贅肉就去健身；因為房貸不敢辭職難道不正確嗎，沒有自己更喜歡的工作或者更明確的方向，辭職了是這篇文章的作者來養你嗎？三四線城市一眼能看到未來的日子不好在哪？有人就是不喜歡飄搖動盪起伏不定有問題嗎？」

韓寒的微博被眾多網友點贊。他說得有道理，從暗生物的角度來看，人生目的當然不是權利和錢，生不帶來死不帶去。重要的是能力，這是可以隨著暗生物和基因遺傳下去的東西。所以，「一眼能看到未來的日子不好在哪？」

當然，韓寒後來也作了補充：「再多說一句，以上文字，看著可能舒服些，安慰人一些，但也不是你好吃懶做不思進取的藉口。」平淡的生活沒問題，但是好吃懶做就是你的錯了。

有網友在火山視頻上發了一段國外懶漢的生活：很少工作，即便上班，拿到工資就曠工或者辭職。住在窩棚裡，靠媳婦養著或者靠救濟度日。下面大多數的評論都在批評懶漢，但是有一個網友評論：「這就是生活，自由自在逍遙一輩子。反觀我們一輩子累死累活為了房子車子孩子……做牛做馬的一代又一代，悲哀，來世上一回根本沒有好好體會生命的意義。」生命的意義就是過著寄生蟲的日子嗎？這些男人明明身強體壯，但是遊手好閒，無所事事，四體不勤也就罷了，頭腦也懶惰，他們的暗生物所學所得少得可憐，白來世上一回。

新東方俞敏洪說過：「進了北大之後我發現同學都比我優秀，自己真是一窮二白。窮是經濟上的，白是知識上的。經濟上的窮不可怕，知識上的空白卻讓我陷入了極度的自卑。」生命本來就是這樣，錢很有用，但是生不帶來死不帶去。知識卻不一樣，印象深刻的知識就可以寫到天性裡帶下去。賺錢不容易，但是學習知識更不容易，對知識真正的理解是需要生活的積累。即便這樣也還是會遺忘，需要不斷的學習和複習。當然，收穫也會更大。

我佩服老俞，我感覺我倆挺像的。不只是因為我倆都有一張大長臉，而是因為我們都不斷遇到困難又不斷想辦法。經常被打倒，趴一會兒再爬起來。不斷地碰壁、不斷地解決、不斷地學習、不斷地思考。而且我倆也都有點小成就，他有一百億，我有一百塊，差不太多。

重複的學習和劇烈的刺激會改變潛意識，也會改變天性。本書一直在強調潛意識和天性的重要，在一定程度上，比身體重要。所以潛意識的健康（包括心理健康）很重要，特別是兒童，但是現在明顯不夠重視這個問題。前面提到過，在南非，幾乎所有殺害過犀牛的年青公象，幼年時都曾經目睹過自己家人被射殺。而我聽過不止一個朋友提到過上學時候遭到了校園霸凌，心裡一直有陰影。還有一些猥褻兒童的案件，罪犯只被拘留7天，但是對孩子的心理傷害卻是終生的。如果我的理論是正確的，心理健康的重要性不亞於身體健康，心理傷害也就不亞於身體傷害，那麼社會是否應該更強勢的介入校園霸凌、家庭暴力和猥褻兒童呢？

下面說一下我對金錢的看法。太史公司馬遷年青的時候並不看重金錢，後來因為替李陵辯護而被判刑下獄。太史令只是俸祿六百石的小官，司馬遷拿不出五十萬錢來給自己贖罪，只能受腐刑。從此，司馬遷的金錢觀發生了根本的變化，他在《史記》的《貨殖列傳》中寫道：「『天下熙熙，皆為利來；天下壤壤，皆為利往。』夫千乘之王，萬家之侯，百室之君，尚猶患貧，而況匹夫編戶之民乎！」他認為，人們追求財富是正當的。關鍵在於是否取之有道，追求財富沒有錯，錯在不正當的手段。

世界上沒有給旁觀者準備的板凳。每個生物都是自然界的參與者，都是進化中的一個角色，這是我們不可回避的。我喜歡平平淡淡的生活，但是在遇到大風大浪的時候，自己也要有抵禦的能力，毫無疑問，金錢是重要手段。在家庭遇到變故的時候會深有體會。

閒置忙用，有錢可以存起來以備不時之需，自己不用也可以幫助別人，但是用錢的時候沒有就麻煩了。所以不管你是否追求物質享受，努力工作，多賺錢多存錢是必須的，以「平凡」做藉口而好逸惡勞是錯誤的，無論為了生活還是為了暗生物的學習。

生命的目的並不是名利雙收，而是為了生活而奮鬥的過程。「最美的風景不在拉薩，而是在去拉薩的路上。」開車行駛在318這條中國最美的國道上，你會理解這句話的含義。回來之後，布達拉宮和大昭寺的壯美可以留在照片上，但是318國道上的幾天風雨兼程、高原缺氧和美景震撼才是你永世難忘的。

對生物智慧的研究可以帶來一個新的人生觀，能夠告訴你什麼才是人生最重要的事情。考慮到暗生物的進化過程，多活幾年不如多學一點，多花錢不如多行善，拉近與別人的距離，得到別人的認可是非常重要的。有個好人緣，就能更容易融入別人的群體。器官與組織相似相溶，性格和天性也是相似相容。

相比其他動物，人類會更多地幫助同類。人類利他行為明顯多於其他生物。生物進化這40億年，一直是靠天吃飯，有上頓沒下頓的，幾乎沒有完全吃飽過，也沒有十分安全過，更沒有舒適安逸過。荒野生存十分不易，基本是饑一頓、飽一頓。為了一頓飽飯，常常需要拿命去換。即便是食物鏈頂端的動物也是如此，獅子有時圍捕野牛和角馬這些大動物，一個不小心就會被開膛破肚。野生動物也很少有善終，年老體弱的時候不是被抓住吃掉，就是被餓死。野生動物們的居住條件堪憂，風餐露宿，山洞賽過星級賓館，還要時時提防天敵的騷擾，睡覺都要睜著一隻眼睛。這麼艱苦的條件下，當然只能把自己的生存和繁殖放在第一位，哪有精力顧及其他。

但是人類就不一樣了，這些年大多數人口的溫飽已經不成問題，安全也基本有保障，人類的壽命不斷增加，多數人口死於老年病。春秋時期管仲有句名言：「倉廩實而知禮節，衣食足而知榮辱。」生活條件好了，眼前問題解決了，就可以考慮一些長遠的問題。對於生物來說，與生存同等重要的事情就是載體的培養，自己的直系後代當然是最好的載體，同物種的生物當然也是不錯的目標。暗生物和載體匹配的時候，關鍵是基因和天性的匹配，而利他行為則可以增加天性的適合度。

微博大V「回憶專用小馬甲」出題：如果一定要選：1.功成名就然後孤獨終老；2.碌碌無為但子孫滿堂……選誰？

從暗生物的角度來看，很容易選擇，功名並不重要，生不帶來死不帶去。真正地學到了什麼才重要，這個是可以帶走的。如果說讓我選擇一樣東西帶走，我就選「喜歡讀書」。這就是學習的能力，授人以魚不如授人以漁，有了學習能力才能有知識。如果一直在努力學習，努力生活（能不能滿腹經綸、洞察世事也不是必須，功名利祿更是沒有必要），然後還能子孫滿堂，家庭幸福就足夠，將來就會有載體了。

從進化的角度來講，對人類來說，讀書當然是最有用的技能。生物通過「用進廢退」來增強自己的生存能力，讀書就是大量地吸收、借鑒別人的「用」，來使自己更快地「進」。

你這一生一世的知識和能力的積累，有一些會以天性和本能的形式繼承下來，對你的生生世世有幫助。這才是真正的用進廢退——獲得性遺傳。這才是生物學的精義。

《權利的遊戲》裡面小指頭和王后瑟曦爭論，到底權利是力量，還是知識是力量。在我看來，權利的力量沒辦法遺傳下去，只是暫時，知識的力量能夠刻進潛意識，才是生生世世。

讀書和學習的重要性不止於指導你今生的生活和工作，讓你活得更明白一點、更理智一點、更睿智一點。更重要的是，如果你能把這些知識裝入你的潛意識，甚至把讀書和學習的習慣和能力也一起壓進、刻入潛意識，把讀書和學習變成了興趣愛好，才是真正的沒白活這一輩子。

王陽明提出知行合一，通過提升自己的認知，來驅動正確的行為。通過意識對客觀世界的實踐和判斷，加上重複的學習，把正確的認知刻畫進潛意識，而潛意識會驅動你的行為。這樣，正確的行為就會不假思索的隨手而發。

生物都在學習，人類在學習，就連騙子也在學習，我們還有什麼理由不學習？最近電信詐騙非常多。由於工作關係，我的手機號碼曝光率比較高，所以接到的詐騙電話也很多，有時每天都會接到。

接到這類電話時，如果手頭工作不忙，我經常跟騙子們聊一會兒，為了熟悉他們的套路，同時浪費點他們的時間。我也常常假意上當，在他們滿懷憧憬、熱情高漲的時候，當頭一盆冷水拆穿騙局，打碎他們的心理期望，希望可以把一些心理脆弱的小騙子震盪出局。

跟騙子們扯淡的過程中，發現他們的學習意識遠遠強於普通人。所以才使他們的手段和技巧不斷推陳出新，讓老百姓防不勝防、不斷中招。

某天接到一個顯示號碼為「0431110」（也就是長春110）的外地腔調電話：

「我這裡似倉村公安局，你似李先僧嗎？」

「我是」我回答

「你澀嫌一起金融紮騙案，請到公安局來協助調嚓⋯⋯」

我又裝傻充愣的扮演一個驚慌失措的菜鳥，弱小而又無助的需要他的幫忙，巴拉巴拉扯了好一段之後，在他覺得我已經束手無策任人宰割，馬上就要繳槍投降，把卡號和密碼都告訴他的時候，我忽然說「嗯？長春民警怎麼會有外地口音呢？」一般這個時候，騙子會馬上掛掉電話，但是這次沒有，騙子沉默了兩秒，慢悠悠的說道：「似的，我正在學習普通話，我會唆好的⋯⋯」

另外還有一次，一個騙子在淘寶旺旺上面試圖讓我用支付寶轉款。她的同夥扮演淘寶客服。兩個人一唱一和，配合默契，整個過程絲絲入扣。直到她們不停催促，讓我感覺到了她們過分的心急之後，才確定碰到了騙子，然後拆穿了她。

就要在我關閉旺旺的時候，忽然她蹦出來一句「你在哪個步驟發現我們是騙你的？」

哈哈，我當然願意扯一會兒了。然後兩人對著忽悠，她想套取我對她們整個流程的「客戶」體驗和合理化建議，而我想勸她從良。半個小時之後，我倆發現我們都無法得逞，於是假惺惺的互道平安，我祝她不被員警抓，她祝我不被騙子騙，心平氣和的再見。

有人說，某些國人有六大癖好：一、好賭，省去辛苦打拼，就想立刻發財；二、好嫖，省去戀愛長路，直接享受性福；三、好罵，省去論證艱難，立馬撂倒對手；四、好補，省去鍛煉流汗，暫保身體健康；五、好吹，省去修行立德，馬上自抬身價。六、好喝，省去心靈交流，快速拉近關係。

但是，被他們省去的，恰恰是暗生物學習最重要的途徑。

人類需要學習什麼呢？就是學習怎樣生存，怎樣與世界相處。為了生存，動物行為中最重要的不是對與錯，而是行為的適度，適度就是站在平衡點上。

除了某些明顯的罪惡，大多數行為並沒有嚴格的對錯之分，拿人類來說，做事最重要的是把握分寸。比如傲慢、貪婪、好色、暴怒、暴食、懶惰、嫉妒是常說的七類罪，都是錯誤的行為。但是如果輕微、適度，就不是大問題：

適度的傲慢是傲骨，
適度的貪婪是享受，
適度的好色是審美，
適度的憤怒是勇敢，
適度的暴食是好胃口，
適度的懶惰是休息，
適度的嫉妒是羡慕。

這些反倒都成為了人類前進的動力，也是生活的潤滑劑，能保護好身體，勞逸結合才能更好的工作和學習。而另一方面，很多優良的品質，如果沒有把握好尺度，也會起反作用：

過度的直爽是缺心眼，
過度的忠誠是死心眼，
過度的骨氣是賭氣，
過度的果斷是武斷，
過度的誇獎是奉承，
過度的謙虛是虛偽，
過度的相信是放任，
過度的善良是懦弱，
過度的執著是執迷，
過度的規矩是迂腐。

生命就像走一根獨木橋，下面就是萬丈深淵，一步一小心，某一步偏離方向太遠了，就有可能掉下去。根據自己和別人的行為來判斷正確與否，當然是很好的一個學習方法，但是暗生物的輪迴恰恰提供了更好的一個解決手段，從自己失敗中學習，從上一次的生命中學習。

下一個話題，藝術對生命的作用是什麼呢？我認同汪涵微博的說法：「……你就會緊張，你就會誠惶誠恐如履薄冰。如果你一旦認為自己走的這條路是如履薄冰的時候，你就會放下身上很多濁、重和沉的東西，和欲念儘量的放下。讓自己變得更加的輕快、輕盈和清澈。才能夠在如履薄冰的這條路上走得更踏實。如果你身上有很多欲念，有很多濁的東西，有很多笨重的東西，你就會掉下去。」而音樂、詩歌、美術等等藝術就可以讓我們的思想更清澈。

如果把思想比作一個倉庫，各種想法和體會就是一個個物品，不斷的放到倉庫裡面，既有珍寶，也有垃圾。

視覺享受——比如風景，人文享受——比如藝術，感官享受——比如音樂和美食，就像思想的催化劑，雖然並不能產生新的想法，卻能讓現有小想法加速反應，生成大的理念。

所以思想的累積和歷練非常重要，在生活和工作中多看、多聽、多思考，毫無疑問會增加各種想法的積累，這些小的想法會慢慢地發酵，或者在催化劑的作用下變成理念。對於頭腦裡沒有積累的人來說，美酒、美景的刺激並不能給他帶來什麼。李白鬥酒詩百篇，酒鬼喝得爛醉連個打油詩也寫不出來；也許釋迦摩尼坐在楊樹、柳樹、桃樹下都能悟道，而有的人看到菩提樹就要在樹下盤腿坐一會兒，可是就連中午吃什麼都沒想出來。

藝術能夠給人帶來享受，使身心得到休息。藝術還有一個重要的作用，就是使「生活充滿節奏感」。舞蹈和音樂都有這個妙用，給我們忙亂的工作和生活帶來有序的步調。一個恰當的節拍對生命同樣重要，心臟的跳動、呼吸的快慢都是如此。生物的進化也按照一定節奏有序的進行。

基因突變的節奏，準確到可以用來計量進化的時間。程式師程式設計也是如此，一個優秀的程式師編寫的程式規則而整齊，分段、分層次、分區塊、分功能，工工整整，一目了然。而糟糕的程式師編的程式就像一團亂麻，別人基本讀不懂，時間一長，自己也讀不懂了。

打亂生命的節奏會出問題，單調乏味失去節奏會使心智錯亂。「加拿大心理學家赫伯斯對一些案例發生了很大興趣：據傳，一些人在極度無聊的時候出現了詭異的幻覺。雷達觀測員常常報告發現了信號，而雷達螢幕上卻空空如也；長途卡車司機會突然停車，因為他看到搭便車的旅行者，而路上連個鬼影都沒有……

「1954年，赫伯斯為此在蒙特利爾麥吉爾大學搭建了一間避光隔音的小房間。志願者們呆在這個狹小的房間內，頭上戴著半透明的防護眼鏡，手臂裹著紙板，手上戴著棉手套，耳朵裡塞著耳機，裡面播放著低沉的噪音，在床上靜躺兩到三天。他們先是聽到持續的嗡嗡聲，不久即融入一片死寂。他們只感覺到背部的鈍痛，只看得到暗淡的灰色，亦或許是黑色？與生俱來氤氳心頭的五色百感漸漸蒸發殆盡。慢慢地，各種意識掙脫身體的羈絆開始旋轉。有半數的受測者報告說產生了幻視，其中一些出現在第一個小時……受測者們可能會報告『現實感沒了，體像變了，說話困難，塵封的往事歷歷在目，滿腦子性欲，思維遲鈍，夢境複雜，以及由憂慮和驚恐引起目眩神迷』。他們沒有提及『幻覺』，因為那時詞彙表裡還沒有這個詞。」[580]

類似的試驗，科學家們做過很多，受測者們普遍反應就像沒有了正常的思維，注意力已經土崩瓦解，虛幻叢生的白日夢等等。

這類實驗的特點是高強度、短時間的單調乏味會讓思維意識出問題，同樣，低強度、長時間的空虛無聊也會讓意識鈍化、混沌。一些單獨關在小屋裡的人，出來之後甚至已經不能正常交流。

所以意識需要調劑，需要生活的豐富多彩，需要藝術的賞心悅目，需要唱歌跳舞來放鬆自己。潛意識應該也需要，雖然它已經習慣了日復一日的機械性工作，像個機器人一樣一絲不苟的工作，每天做的事情基本一樣，枯燥而繁瑣。但是它工作得很好，很少出錯，也從不抱怨。它就像一個程式一樣兢兢業業做著自己的工作。

多數人從事的職業單調、重複和乏味，年復一年的做著相同的工作。缺乏新鮮事情和新鮮知識供自己學習。所以人們需要一些能夠引起浮想聯翩的藝術，比如繪畫、攝影和音樂，以及一些小說、評書、相聲和電影來瞭解一些平常不易遇到的事情。人有一種發自內心的對學習的渴望，而這些故事也確實會給人類提供生活所必須的知識。韋小寶這麼一個沒讀過書的小混混，胸無點墨，靠著在青樓和茶館聽到的一點評書典故，卻能夠官至驍騎正黃旗都統、太子太保、一等鹿鼎公，可見評書曲藝裡面的知識實在不可小覷。當然，金庸老先生的幫助是前提。

人類應該謙虛，不要以為自己有多麼偉大，人類的身體是從原始生物進化來的，行為是從原始生物進化來的，意識也是從原始生物進化來的。

不要以為人類的意識在控制著自己的身體，其實是潛意識通過釋放各種化學元素提出需求來控制意識。

---

(580) 凱文·凱利，《失控》（北京：電子工業出版社，2016），頁80。

不要以為人類的意識瞭解自己，其實只瞭解潛意識允許意識瞭解的那一點點。

達爾文的進化論容易被誤讀為「為了生存而無所不用其極」，道金斯的理論也容易被解釋為「人，生而自私」。而真正的自然界到處都是種群內的協作和母子情深，卻往往都被忽視了。

讀完本書，你會發現生命既不像某些民間傳說那樣玄幻，也不像傳統生物學所說的那麼冷漠，既不複雜，也不抽象，他就像一個你身邊友好的鄰居，一直被你忽視。某天他對你笑著問好，你報以微微點頭，才發現原來一直就這麼接近。

認識到生命的意義之後，希望讀者對人生能夠有個「聯繫」的認識：你身體裡的暗生物壽命很長很長，認認真真過好每一代，你的暗生物的影響是持續而連貫的。善待你周圍的親人和朋友，你和他們是聯繫在一起的，因為你們基因和天性相似，也許他們的後代會是你的暗生物未來的宿主。也要善待其他人，因為也說不定他們能給你提供載體呢。

人民網的微博轉發過洪晃給女兒寫的一封信，其中有一段話：「媽媽希望你懂的第一件事情是人的尊嚴，就是爸爸常說的，你要有禮貌，別人才會對你有禮貌。別人沒有禮貌，不要去理睬，但是自己要有禮貌，這就是你的尊嚴。」

其實不只是有禮貌，助人也一樣：你要幫助別人，這是你應該做的，這樣大家才能相互幫助。即便你的善意沒有獲得回報，也不要理睬，因為你已經學習到了，而且已經拉近了和別人的距離，付出即是獲得！

幫助和改變別人，因為團隊合作是生物進化的一個主要內容。保護自然其實是給自己的將來提供更好的生存環境。幫助別人可以讓跟你基因相似的人活得更好、繁衍更多的後代。同時性格、興趣和愛好也在遺傳物質裡有所反映，也是可以遺傳的。所以在你幫助、影響和改變別人的同時，也是讓他們更加接納你的基因，為你的暗生物將來尋找載體提供更大的便利。

可以想像，孔老夫子建立了一個儒家學派，把很多人變成了儒生，所以假如他的暗生物需要尋找載體，選擇餘地是很大很大的。

主持人汪涵曾經因為辛苦而產生過退居二線的想法，但是諮詢了一位老先生，他勸說汪涵：不能退，以前釋迦摩尼說一次法，往多了說也就一千多人聽到，而你在臺上說一句話，就會有上千萬的人聽到，所以你要利用這個話語權，利用這個機會，多傳播一些積極的、向上的好的能量。

這就是「窮則獨善其身，達則兼濟天下」的原因，不但對社會，對自己也是有益的。

網上有一段搞笑小視頻：下雨，一位女士站在門口要上計程車。一個紳士很有禮貌的把自己的外衣脫下來遞了過去。女士接過衣服卻並沒有披在身上，而是鋪在了地下，然後優雅的踩著紳士的外衣上了計程車。看了這個視頻，覺得這兩個人誰更可憐？男主角嗎？錯了，女主角更可憐，古怪的性格會導致她很難和人相處，除了基因之外，性格、習慣、愛好、能力的接近是暗生物和載體匹配的關鍵點，將來這會讓她的暗生物更難找到載體。

與人相處有利於找到載體，與之相似，民族融合同樣重要。在民族融合方面做得最好的，當然是北美洲的移民國家。北美洲的原住民是印第安人，在五月花號到達美洲之後的400年裡，歐洲的農民和清教徒、黑人、印度人、墨西哥人，以及華人勞工和留學生等等，一批又一批不同民族、膚色、信仰的移民走上了這個大陸。他們在這裡共同生活、和睦相處（或者說儘量和睦相處），跨越了國家、民族、膚色、語言和宗教的藩籬。

中國在民族融合問題上做得也不錯，儘管沒有移民國家的成分那麼複雜，但是民族也有56個之多，民族之間的關係融洽。跨民族的婚姻也沒有什麼障礙，我本人就有1/4的滿族血統，周圍朋友不同民族之間通婚也很常見。

當暗生物尋找載體的時候，民族融合當然非常重要——選擇餘地多了嘛。你和別人融合得越好，越能夠包容別人，性格、愛好和生活習慣越接近，選擇空間就越大。

毫無疑問，民族融合後，大家的暗生物在等待載體的時候都會有更多的選擇和機會。也許你的民族有更好的生活條件，你會想：我寧願等上一萬年，也不要生活在那麼落後的破地方。但這只是你錦衣玉食情況下的挑三揀四，等你的暗生物飄蕩在陰冷的虛空，缺少能量、無可奈何而又饑不擇食，也許你會迫不及待地要找一個溫暖的窩兒，一個能給你能量的載體——不計條件，什麼都行。

所以我們應該做的不是把自己圈在一個小範圍裡，不讓別人進入你的世界。而是打開圈子，讓大家融合進來，提高別人的生活條件。因為，也許你將來會用到。

什麼樣的人的暗生物容易找到載體呢？就是那些人們認可度高的人：教育家、科學家、真心為民的領袖，他們能夠讓別人的思想和自己接近、認同自己；或者慈善家，能夠幫助別人、感動別人；獻血和器官捐獻能夠直接讓別人接受捐獻者的基因，同時也感激他巨大的、無私的幫助。如果實在沒什麼能力，也要做個好人，沒辦法讓別人靠近自己，也要讓自己接近別人，拉近和別人的距離。總之不要脫離社會，更不要反社會。性格、愛好和世界觀與別人差別太大，和身體的基因與別人差別太大是相似的，在尋找載體的時候都會遇到困難。

東晉權臣恆溫有一句廣為流傳的話——「作此寂寂，將為文、景所笑……既不能流芳後世，亦不足複遺臭萬載邪！」他認為作為男人應當在世上留下自己的名聲，留下一些值得後人記住的事情。但是這句話一直被錯誤地理解為「大丈夫若不能流芳百世，也應當遺臭萬年。」從暗生物尋找載體的角度來看，這句話更是錯出了新高度：流芳百世當然是上上之選，但是「遺臭萬年」……你真的希望所有人世世代代都煩你，都離你遠遠的，都不給你載體？

暴力和戰爭能夠獲得土地，但是不能獲得認同感。成吉思汗的蒙古鐵騎肆虐亞洲歐洲，蒙古人擁有了世界上最大的領土，卻無法成為一個偉大的民族，繁華過後，任然偏安一隅。

發明炸藥的瑞典人諾貝爾真心相信他的炸藥會遏制戰爭，發明機關槍的馬克沁認為自己的殺戮機器會讓戰爭不可能出現。

「科技史學家大衛．奈伊列出了更多發明物，想像著這些東西能永久廢除戰爭，引領我們進入宇宙和平：魚雷、熱氣球、毒氣、地雷、飛彈和雷射槍。」[581]似乎別人怕了你，戰爭就不會發生了。

暴力征服不會有好下場，怕你的結果，只能是躲著你，遠離你，把你拒之門外。如果為了更快地找到更好的載體，當然需要讓別人接受你，為了達到這個目的，就應該和別人多溝通，善待別人，幫助別人，讓別人認同你，最起碼不能排斥你。

如果你有能力，就讓別人靠近你，孔子、孟子就是最好的例子，他們有自己的思想，創立了學派，讓別人向他們學習、接近。當然，強迫別人向你靠近是沒有作用的，甚至會產生反作用。征服了別人的身體，征服不了心靈，中國歷史上多次被征服和統治，但是最後都能重新站起來，而且一直保持著文化的持續和包容。

如果你沒有能力讓別人的思想接近你，連個小老師你都無法勝任，不會替別人授業解惑，那麼你就要向別人靠近，融入社會大家庭。現在有個熱詞——人類命運共同體，其實從生死輪迴和尋找載體來看，人類確實是命運共同體，

(581) 凱文．凱利，《科技想要什麼》（北京：電子工業出版社，2016），頁218。

你好我好大家才能好。

尼采說過：「一個人知道自己為了什麼而活，他就能夠忍受任何一種生活」，另外也有人說：「如果你真的願意去努力學習，並勤於思考你的前進方向，你人生最壞的結果，也不過是大器晚成。」所以我們確實非常需要知道為什麼活著，並且為之學習和奮鬥。

我認為暗生物和常規生物需要匹配的不只是基因，還有另一種不可見的「基因」——天性。精子和卵子結合之後，在新的基因形成之後，同時也會形成一個天性的範本。這樣就可以據此尋找基因和天性都相似的暗生物，找到並且匹配之後，新的生命就開始孕育。

人類的天性遠比其他動物要複雜。所以對於人類來說，父親只是提供了一顆精子，如果他對孩子沒有任何養育和教育，那麼他們的天性匹配程度就會越差越多。換句話說，如果父母把孩子賣身為奴、暴力摧殘孩子、為了彩禮把女兒嫁給老頭子或者對孩子的衣食溫飽不聞不問，那麼孩子肯定疏遠他們，天性也會拉開距離。簡單地說，父母給孩子良好的照顧，特別是跟他們溝通良好，就會讓他們的天性更貼近父母，會增加天性的相似度。

另外一個問題，眾多相信輪迴的人都有一個解釋不了的問題：有科學家統計，從進化出最原始的人類以來，地球上一共只生存過300億～600億左右個人類。那麼現在這75億人口的暗生物都是從哪裡來的？一代不會有這麼多，難道真的是其他動物變來的？

如果暗生物理論是正確的，人的意識和潛意識真的是生物，那麼上面這個問題就可以解釋，因為生物有個能力——繁殖。

西藏是一個可以放空心靈的地方。站在羊卓雍措岸邊，眼前只有黛青色的雪山和碧玉似的湖水，耳邊只有呼嘯的山風。這一刻，時光彷佛是凝滯的，任由思緒四處飄蕩。被撥動的心弦和被震撼的靈魂似乎感受到了生命的真諦。人類的心靈和基因穿越了幾十億年時空來到21世紀，回首慢慢長河無疑感慨良多。從一粒最簡單智慧體結合的氨基酸到現在這個有大智慧的百萬億細胞的身體，真是一部史詩一樣的長篇巨作。我們人類一路風塵僕僕而來難道真的只是一連串的巧合？而我們站在這裡真的只是為了奮鬥和享受今生？

理智告訴我們，不是的。這幾十億年才真的是一次漫長的修行，在無數無數無數次肉體的湮滅之後，我們百折不撓的心靈砥礪前行。在無數個一起發源於大海的暗生物夥伴煙消雲散之後，我們的暗生物仍在奮進。這是一種艱辛，生活不易，不能放棄；但這更是一種幸運，我們已經是億裡挑一、百億裡挑一的倖存者，僥倖躲過無數次地球生物大小滅絕。回首我們的昨天，已是如此艱難，眺望我們的明天，依舊脆弱，一個瘋子手裡的核按鈕或者一個生物駭客試管裡合成的超級病毒，都有可能讓我們徹底滅絕。幾十億年的進化成果來之不易，可是隨時會前功盡棄。**所以我們的機會把握在我們自己的手裡，珍惜現在擁有的一切，在摸索中學習，在磨礪中奮進，因爲，我們還有來生！**

## 第十節　證偽暗生物理論

雖然我們拒絕偽科學，但也不懼怕偽科學。「區分科學與偽科學其實並不需要高深的理論，並不像科學哲學中『劃界問題』那麼困難，沒有必要人為製造複雜性。對於少數的確不容易劃界的，持**寬容和懷疑**兩種態度就是了。」(582)

哲學家卡爾·波普爾提出：「所有科學命題都要有可證偽性，不可證偽的理論不能成為科學理論。」

可證偽，就是說可以被證明是錯誤的。科學界認為，凡是不具有可證偽性的「科學理論」都是偽科學。

舉例說明：

朋友告訴你，桌子上有一盆花。（可證偽）

你一看，沒有。（證偽了）

朋友告訴你，桌子上有一盆花，心誠才能看到。（不可證偽，偽科學）

再舉例：神仙的事情，凡人的智慧不可理解。（不可證偽，因為你怎麼說都不對）

所以，一個以事實為依據的理論，一定可以被證明是錯的，或者是對的。一個科學理論必須可被證偽，並且仍未被證偽。

拿達爾文的進化論來說，有人曾問生物學家霍爾丹哪些證據可以否定進化論，以脾氣暴躁、粗魯無理而著稱的霍爾丹回答：「前寒武紀的兔子化石！」因為按道理說，前寒武紀只有一些非常簡單的原始生物，但是如果忽然發現了高級的哺乳動物化石，就為「物種不變」理論提供了證據，當然也就證偽了進化論。

本書提出了暗生物理論，雖然只是搭建了一個生物模型，提出了一個生物假說，但是這一切都是在科學的框架內發生的，也一定只限定於科學的框架。

---

(582) 林恩·馬古利斯，多里昂·薩根，《傾斜的真理》（江西：江西教育出版社，1999），總序02。

所以一定要具有可證偽性。

如何證偽暗生物理論呢？不難！

我們假設有這樣一個故事：一個自戀的富豪，找了一個瘋狂科學家，用富豪的幹細胞一下子克隆了10個自己，他給這些克隆人相同的居住條件、相同的食物、相同的衣服、相同的老師等等，在一切生活條件都完全相同的情況下，這10個人發育得也完全一模一樣，長得一樣、性格一樣、興趣一樣、性取向也一樣，他們要笑一起笑，要哭一起哭，要玩一起玩，長大之後愛上了同一個女人……

如果這個故事真的發生了，那我就承認暗生物理論Game over了。因為這證明了天性和本能真的是完全隨著基因遺傳，而除了基因之外，並沒有別的遺傳物質，也沒有什麼智慧來和生物體結合。同時，也證明了意識來源於大腦，而不是大腦服務於意識，相同的基因產生了相同的大腦，相同的大腦又產生了相同的意識。

有人認為克隆人類是不是太難了點，其實這在技術上已經不是問題，但是這是違法的，而且涉及道德問題，大多數國家都嚴令禁止。可是一定有科學家正在悄悄嘗試，早晚會有成功或失敗的克隆人被曝光出來。

如果覺得這不道德，那麼，換成高智商的黑猩猩也行。

上面的故事只是舉個例子，其實證偽暗生物理論的方法還會有很多，只要將來能夠證明基因是唯一的遺傳物質，或者證明了意識真的是大腦活動的產物，那麼暗生物理論就是村口廁所裡的一疊手紙。

證偽暗生物的方法一定非常多，限於想像力貧乏，我只能想到這些，相信聰明的讀者一定能找到更多的辦法，也希望大家能到百度貼吧的「暗生物吧」來告訴我。

無論是暗生物理論，還是證偽暗生物，都很簡單，只用一些常識性的推理，不涉及繁瑣的公式和複雜的定理。

「科學界有個不成文的觀點，越是簡潔的理論，就越有可能正確。愛因斯坦在欣賞自己的質能方程時，曾經不無驕傲地讚歎說：這個方程肯定是正確的，因為它是如此簡潔優雅。」(583)

暗生物理論：

不是神秘學，只是未開發的、完全可以驗證的理論；

---

(583) 史鈞，《瘋狂人類進化史》（重慶：重慶出版社，2016），頁62。

不是超自然，自然當然也包括不可見的物質；
不是超現實，意識和你我在一起，是現實生活的一部分。

國家圖書館出版品預行編目資料

衰老是必然的嗎？暗生物來了！／李天適著, -- 初版 -- 臺北市：
博客思出版事業網, 2021.03
面；　公分. --（自然科普；1）
ISBN：978-957-9267-87-8(平裝)

1.演化論 2.生物

362　　109020003

自然科普 1

衰老是必然的嗎？**暗生物來了！**

作　　者：李天適
編　　輯：凌玉琳
美　　編：凌玉琳
封面設計：凌玉琳
出 版 者：博客思出版事業網
發　　行：博客思出版事業網
地　　址：台北市中正區重慶南路1段121號8樓之14
電　　話：(02)2331-1675或(02)2331-1691
傳　　真：(02)2382-6225
E—MAIL：books5w@gmail.com或books5w@yahoo.com.tw
網路書店：http://bookstv.com.tw/
https://www.pcstore.com.tw/yesbooks/
https://shopee.tw/books5w
博客來網路書店、博客思網路書店
三民書局、金石堂書店
總 經 銷：聯合發行股份有限公司
電　　話：(02) 2917-8022　傳 真：(02) 2915-7212
劃撥戶名：蘭臺出版社　帳號：18995335
香港代理：香港聯合零售有限公司
電　　話：(852)2150-2100　傳真：(852)2356-0735
出版日期：2021年3月 初版
定　　價：新臺幣650元整（平裝）
ISBN：978-957-9267-87-8